国际时装系列丛书

登丽美时装造型设计与工艺

（新版）

⑤

套　装

日本登丽美服装学院 编著

袁观洛 袁 飞 祝煜明 黄国芬 陈 峰 译　　张怀珠 校审

東華大學出版社

上　海

本书由日本杉野学园 / 登丽美学院出版公司授权出版 .
版权登记号 图字：09-2014-273 号
Title: レメファッション 造型讲座⑤——ス－ッ
Original Copyrighe:2001/2002 学校法人杉野学园 / 登丽美学院

Original edition published by 学校法人杉野学园 / 登丽美学院 .in 2005 年 4 月
Chinese translation rights arranged with 学校法人杉野学园 / 登丽美学院 through Joie，Inc.Tokyo.

图书在版编目 (CIP) 数据

登丽美时装造型设计与工艺 . 5, 套装 / 日本登丽美服装学院编著 ; 袁观洛等译 ; 张怀珠校 . -- 上海 : 东华大学出版社 , 2015.1

ISBN 978-7-5669-0680-9

Ⅰ . ①登… Ⅱ . ①日… ②袁… ③张… Ⅲ . ①套装 – 服装缝制 Ⅳ . ① TS941

中国版本图书馆 CIP 数据核字 (2014) 第 284855 号

责任编辑： 竺海娟
封面设计： 潘志远

登丽美时装造型设计与工艺 ⑤ 套装
日本登丽美服装学院编著
东华大学出版社出版
上海延安西路 1882 号
邮政编码：200051 电话：（021）62193056
新华书店上海发行所发行 苏州望电印刷有限公司印刷
2015 年 1 月第 1 版 2020 年 5 月第 3 次印刷
开本：889mm × 1194mm 1/16 印张：16.5 字数：580 千字
ISBN 978-7-5669-0680-9
定价：69.80 元

序

登丽美时装造型设计与工艺是引进日本登丽美服装学院的专业系列教材。全系列共分 8 册，分别为：①基础(上)；②基础（下）；③裙子·裤子；④女衬衣·连衫裙；⑤套装；⑥上衣·背心；⑦大衣；⑧婴幼儿装·童装。这套系列内容详尽，可操作性强，读者从中可以学到日本各种服装款式造型设计及精致的制作工艺。本套系列从最简单的服装工具讲起，深入浅出地讲解了不同的面料、不同的造型设计其剪裁方法与各种缝制工艺，从局部到整体一步一步详解了局部制作及基础缝制，对初学者有极大的帮助，是一套值得保留的工具书。

本书为“套装”篇，图文并茂地详细叙述了各种套装的款式、纸样及缝制工艺。

对服装界专业人员及服装爱好者来说，本书可作为服装设计、服装工艺制作时的参考用书，也可作为不同层次服装教学的专业教材。

登丽美时装造型设计与工艺 ①～⑧ 内容简介

《登丽美时装造型设计与工艺 ①　基础（上）》

学习服装制作与技术的入门篇、基础篇，从服装用具讲起，详解了领子的款式、纸样及缝制工艺。

《登丽美时装造型设计与工艺 ②　基础（下）》

学习服装制作与技术的入门篇，详解了门襟、袖等的款式、纸样及缝制工艺。

《登丽美时装造型设计与工艺 ③　裙子・裤子》

裙子、裤子的各种款式、纸样及缝制工艺。

《登丽美时装造型设计与工艺 ④　女衬衣・连衣裙》

女衬衣、连衣裙的各种款式、纸样及缝制工艺。

《登丽美时装造型设计与工艺 ⑤　套装》

套装的各种款式、纸样及缝制工艺。

《登丽美时装造型设计与工艺 ⑥　上衣・背心》

上衣、背心的各种款式、纸样及缝制工艺。

《登丽美时装造型设计与工艺 ⑦　大衣》

大衣的各种款式、纸样及缝制工艺。

《登丽美时装造型设计与工艺 ⑧　婴幼儿装・童装》

婴幼儿装、童装的各种款式、纸样及缝制工艺。

目录

套装

夏乃尔套装

编织带镶边的夏乃尔风格的套装。由装全夹里的短外套和后面开衩的简洁的紧身裙组合而成。

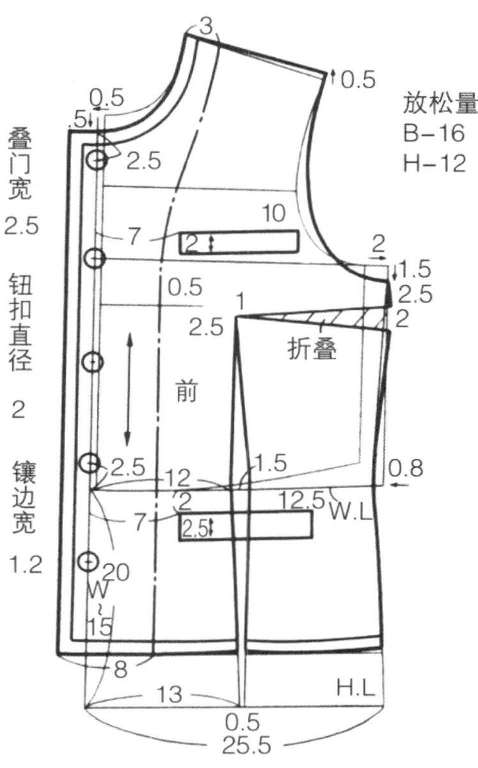

注：图中 W ~ 15，是指腰围线到衣底边的尺寸为 15cm ，全书同。

用料

面料　门幅 150 cm，2.1 m

里料　门幅 90 cm，2.6 m

黏合衬（薄型）　门幅 90 cm，1.5 m

附件

钮扣（直径 2 cm）　5 粒

（直径 1.5 cm）　6 粒

垫肩（厚度 0.8 ~ 1 cm）　1 副

袖山衬条　1 副

镶边带　1.2 cm 宽，3.5 m

黏合带（直牵条衬）　1 cm 宽，0.7 m

（半斜条衬）　1 cm 宽，1.5 m

袖窿黏合带　1.5 cm 宽，1 m

拉链（比开口尺寸短 1.5 cm）　1 根

裤钩袢　1 副

腰头黏合衬　2.5 cm 宽，0.7 m

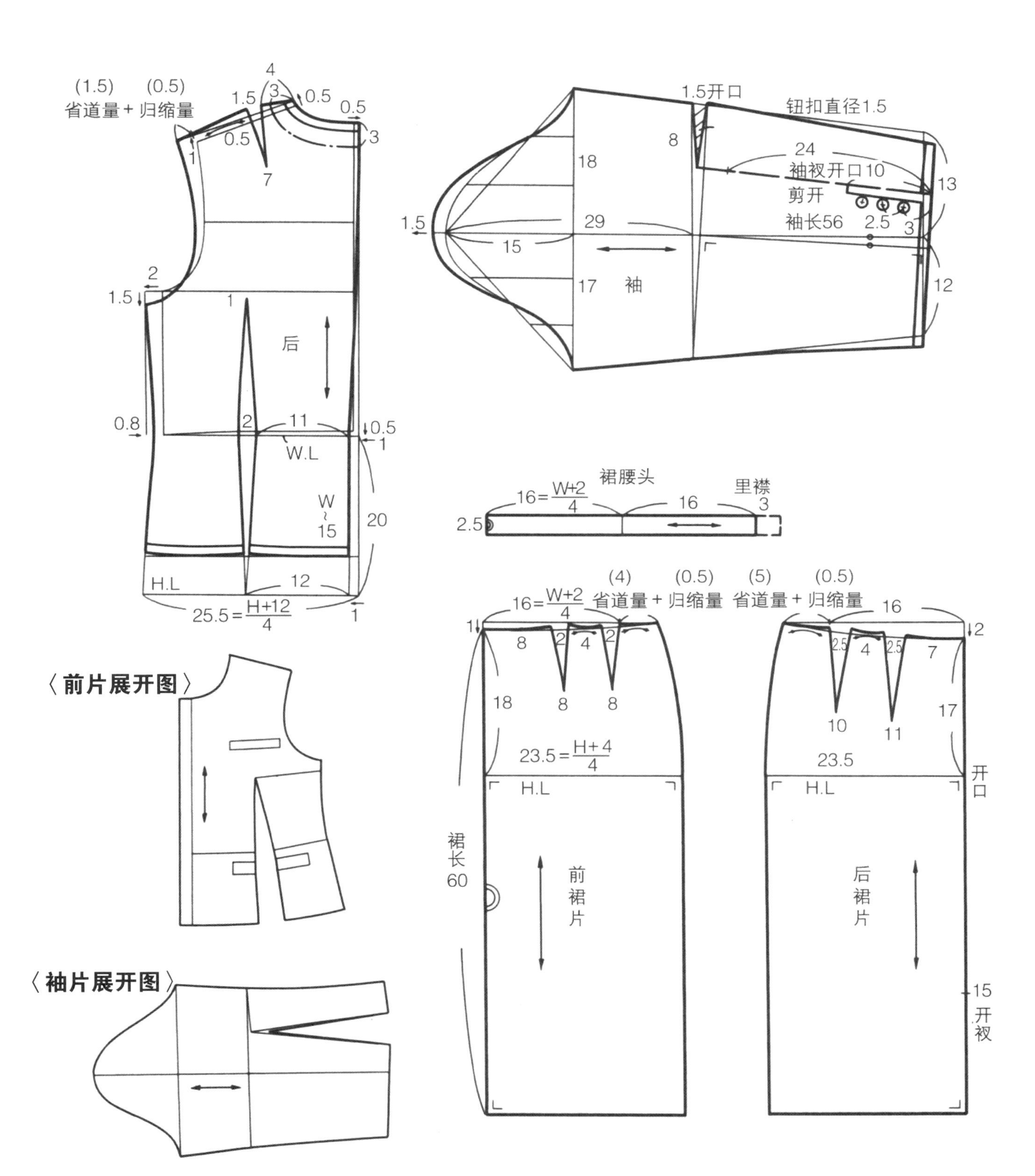

(1.5) (0.5)
省道量＋归缩量
后
W.L
H.L
25.5＝H+12/4
〈前片展开图〉
〈袖片展开图〉
1.5开口
钮扣直径1.5
袖衩开口10
剪开
袖长56
袖
裙腰头
16＝W+2/4
里襟
(4) (0.5)
省道量＋归缩量
(5) (0.5)
省道量＋归缩量
23.5＝H+4/4
23.5
开口
裙长60
前裙片
后裙片
15
开衩

黏合衬位置及纸样

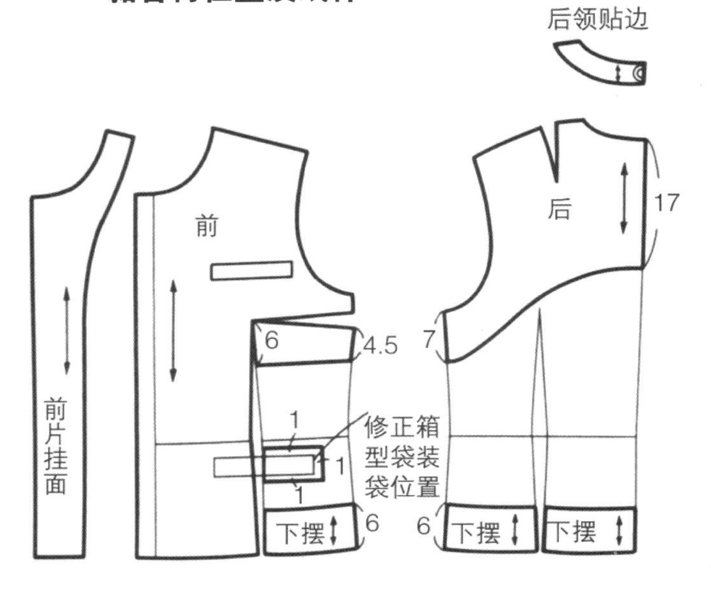

箱型胸袋袋口布

箱型腰袋袋口布

3
袖山
8
袖
1
3
6
袖口
6
3

裁剪

整理布料（参照第 242 页），然后参照裁剪图进行面料裁剪。由于体型因素需要补正的地方或对于易散边的面料，缝头要多放一些。如果是有花纹的面料，裁时还要考虑对花。这张裁剪图纸样是按同一方向排料的。如果面料许可，也可以将纸样插入进行套裁。

面料裁剪图

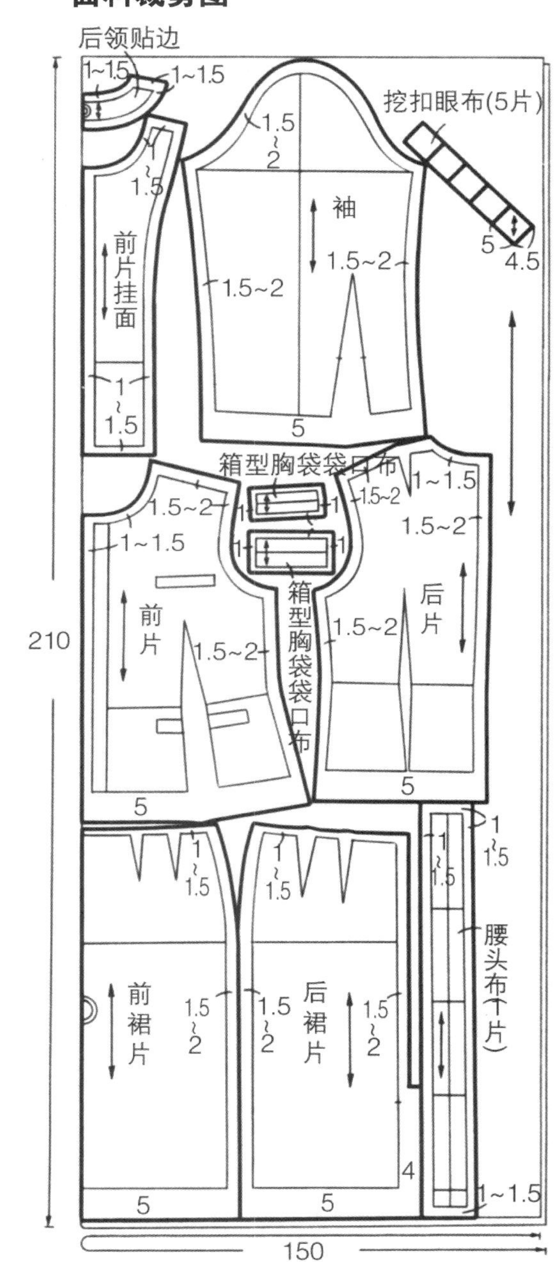

袋布纸样

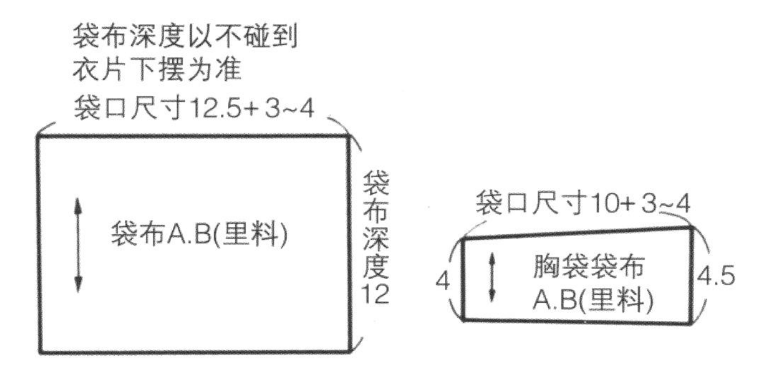

里子裁剪图

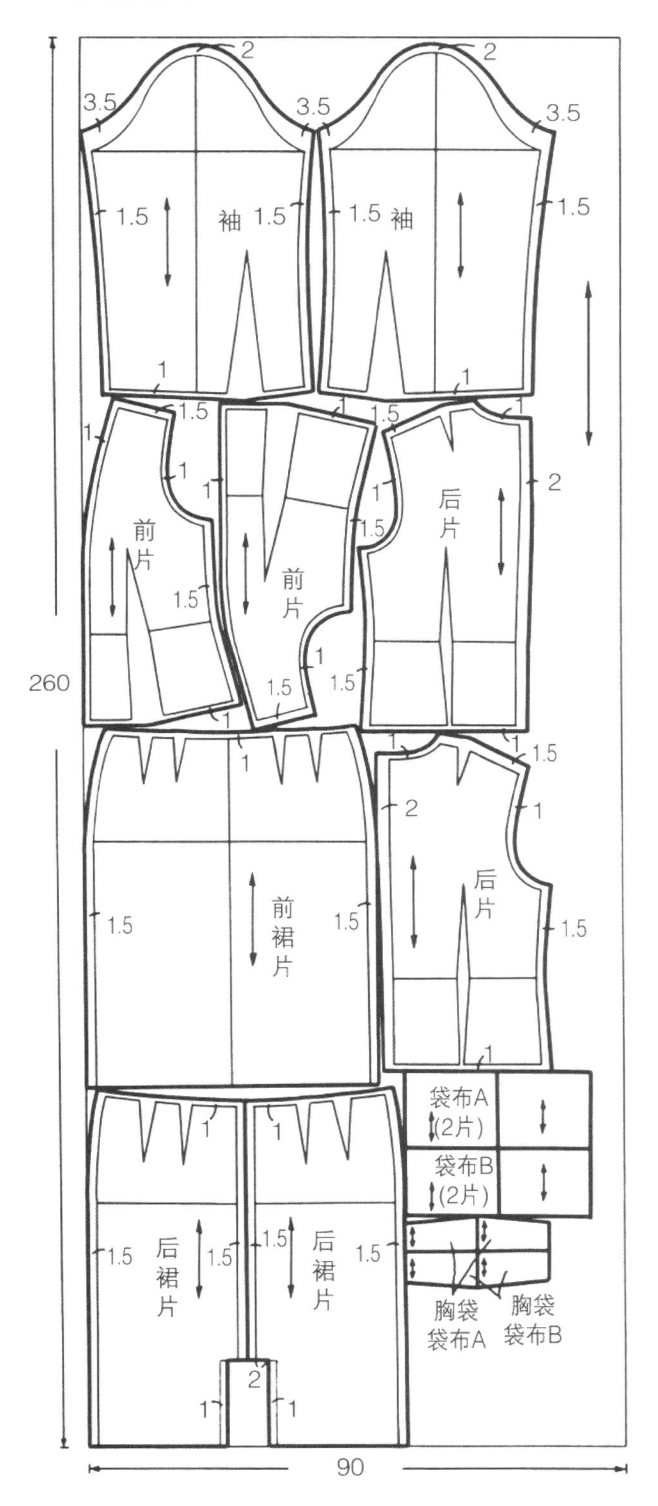

黏合衬裁剪图

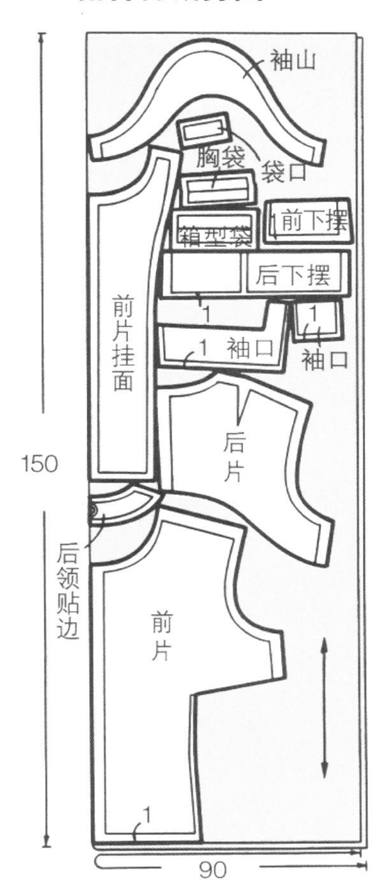

★ 黏合衬的布纹、缝头和面料一样在袖山、下摆、后背、贴边等处，使用较软的黏合衬。

正式缝制

上衣的缝制方法

1　贴黏合衬和牵条衬

贴黏合衬，做标记。为防止面料拉伸，在净印标记外 0.1 ~ 0.2 cm 处往缝头上贴黏合带。

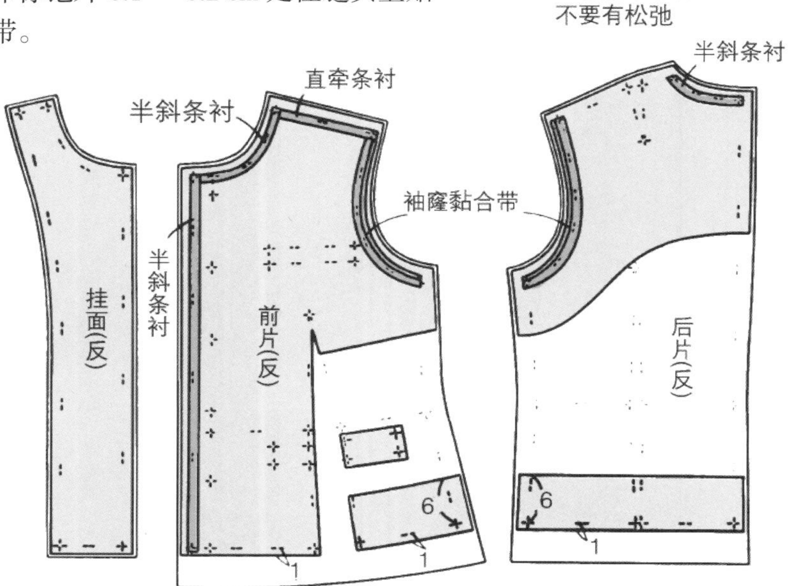

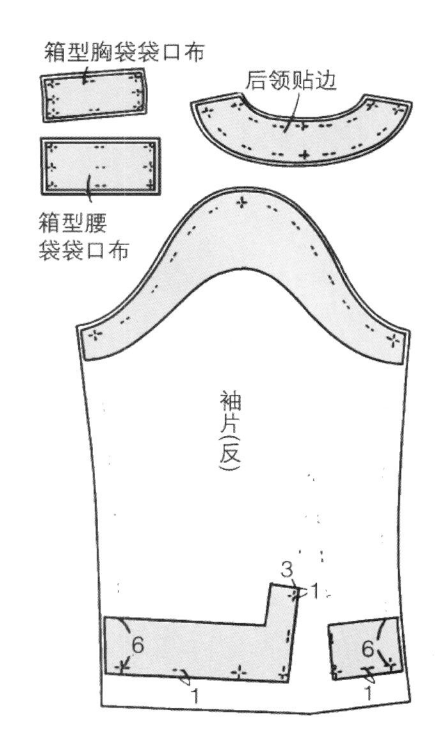

2　缝衣片面子省道

2-1　前后衣片各自正面朝里折叠，缝合腰省、肩省。省尖残留 10 ~ 15 cm 的线头。

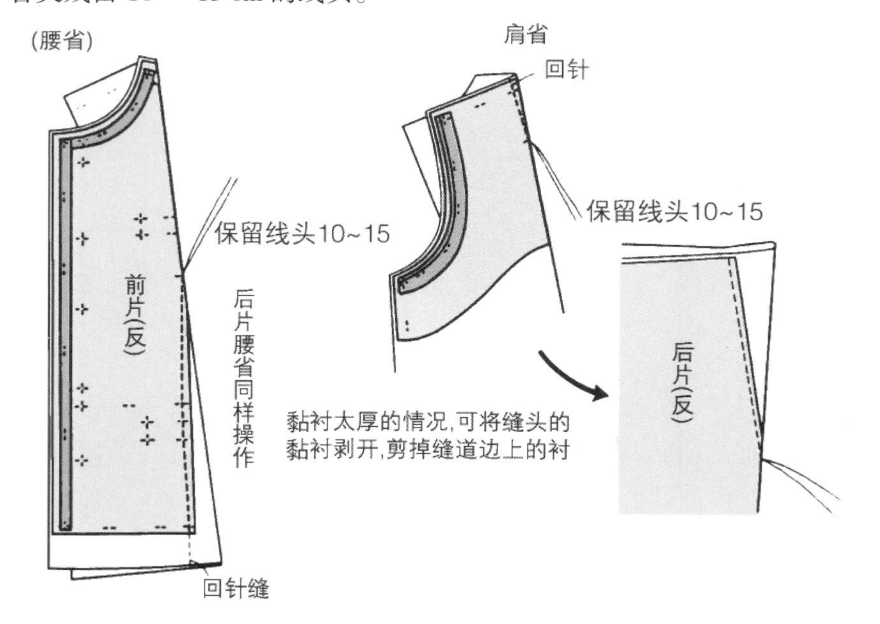

2-2　将省尖残留的线头打结，并剪短。

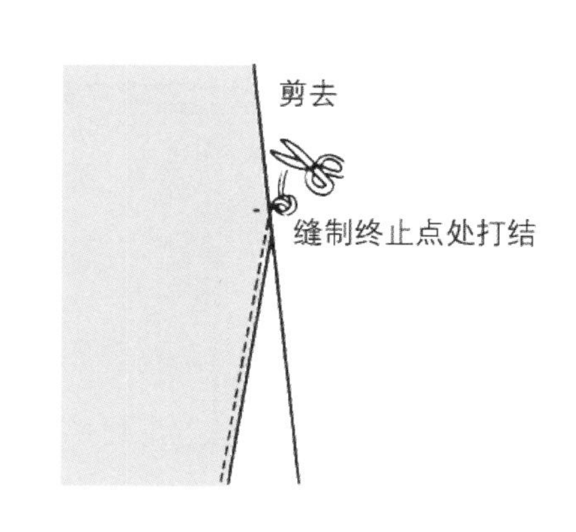

★ 省量大的情况下，可将省剪开，留 1 ~ 1.2 cm 的缝头。烫平缝道。注意不要在衣片上留下省道折痕印。省道端点处为防止起皱可用熨斗熨烫拉伸。

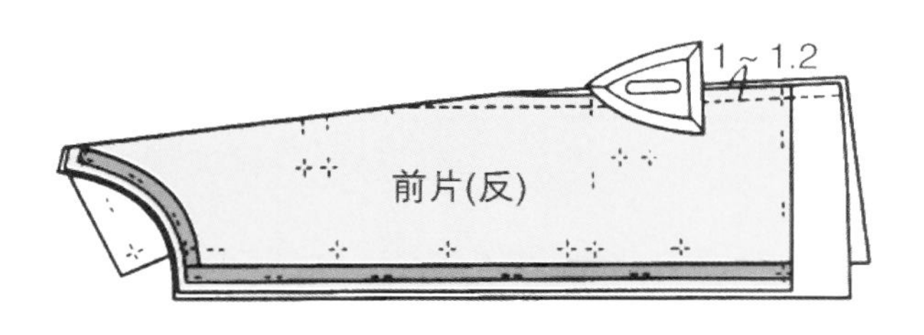

腰省中弧度较大的部分用烫斗熨烫拉伸缝头

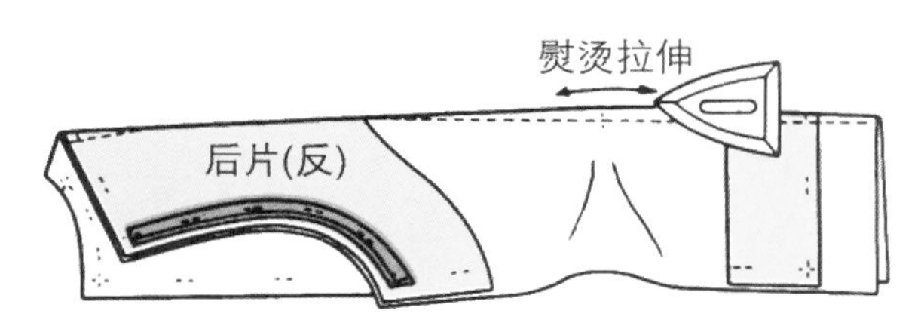

2–3　省道缝头倒向前中心侧并熨烫。缝头印迹容易显露的面料可垫一张纸进行熨烫。

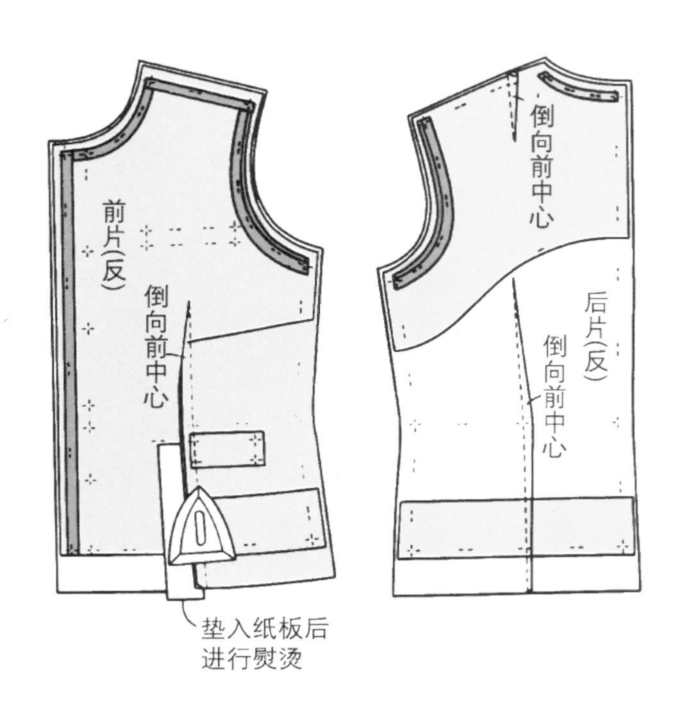

2–4　后片面的肩线净印外 0.2 cm 处和再往外 0.2 ~ 0.3 cm 处，取双股本色线进行拱针。此时要注意不要将省道缝头缝进去。

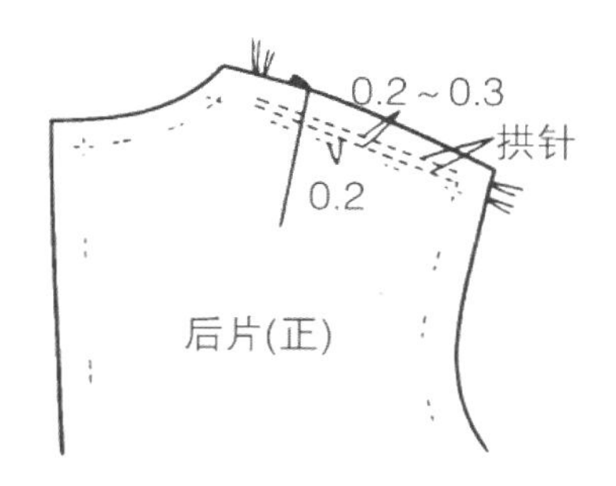

2–5　抽拉疏缝线，使后肩宽与前肩宽等长，并用熨斗烫出肩部圆势。

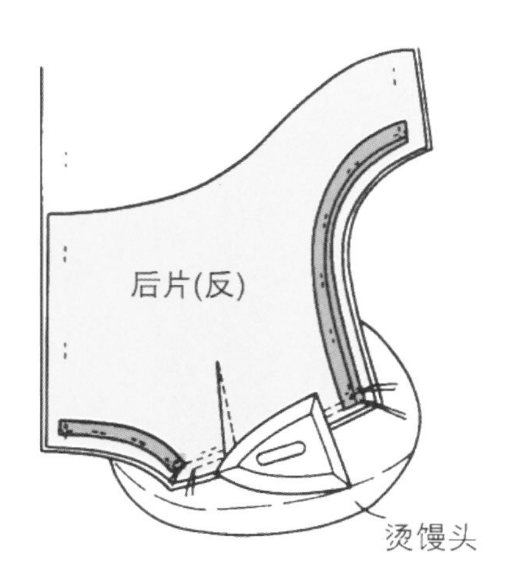

3　缝合后片面子中心线

3-1　左右后片正面相对叠合，缝合中心线。

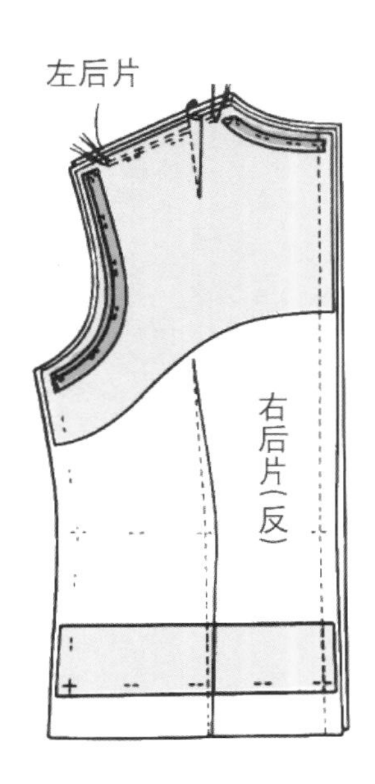

3-2　劈缝缝头，烫平缝道。

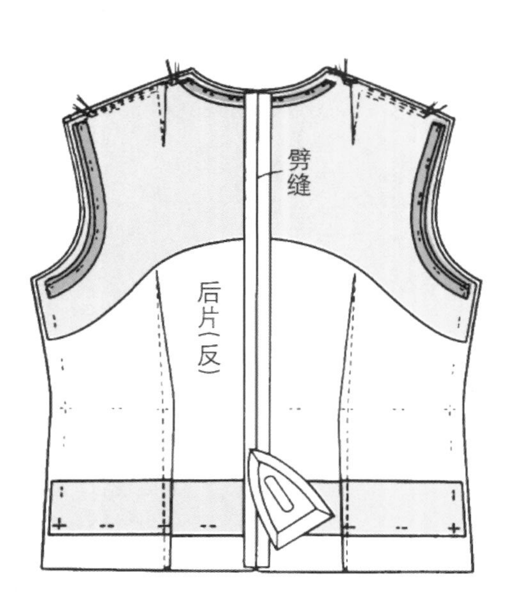

4　箱型袋制作

4-1　拼合袋口布和袋布 B。袋口布两侧从制成线净印处各往里 0.4 cm，中间缝合固定。

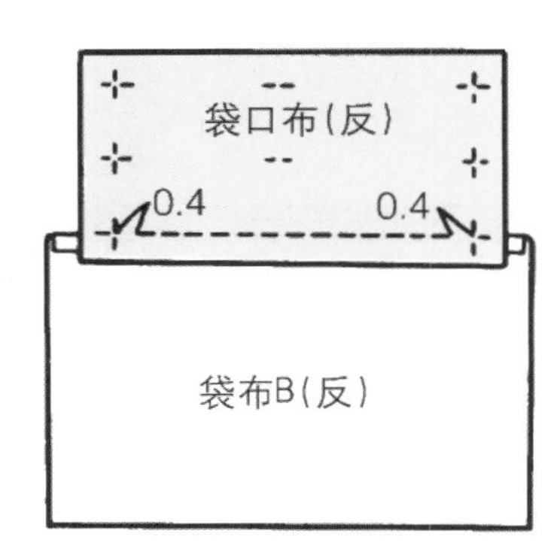

4-2　在装袋位置将袋口布与衣片正面相对叠合，在两端净印间缝合。袋布 A 距离装袋位置 1 cm 处，以 0.5 cm 的缝头缝合固定，两端比装袋位置端点各往里 0.4 cm。

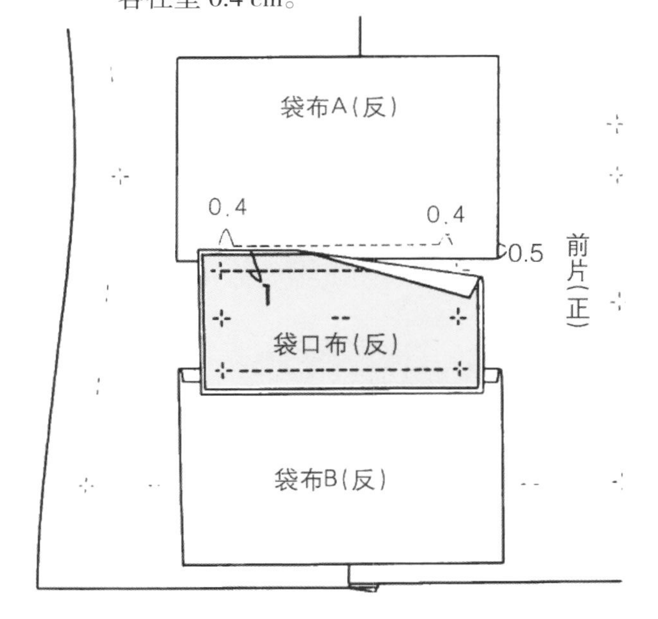

4-3　在两条缝道间剪切口。切口长度与袋布侧较短的缝道相等。袋口布侧（缝道长的一侧）对着缝合止点将衣片斜面向剪开，袋布侧（缝道短的一侧）对着缝合止点将衣片和袋布沿直角一起剪开。

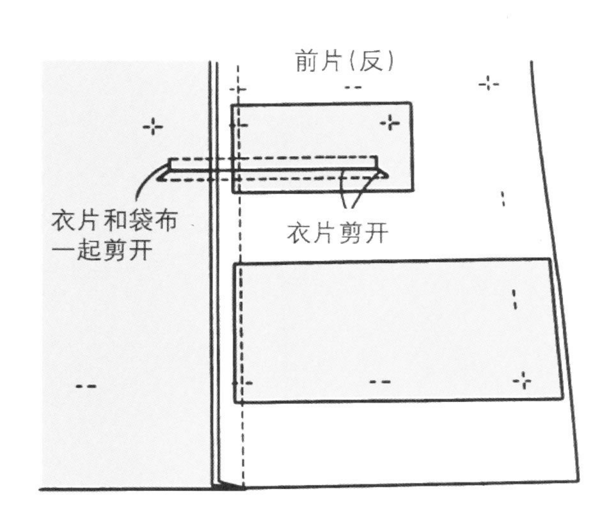

4-4　在切口处将袋口布和袋布 B 拉至里侧。

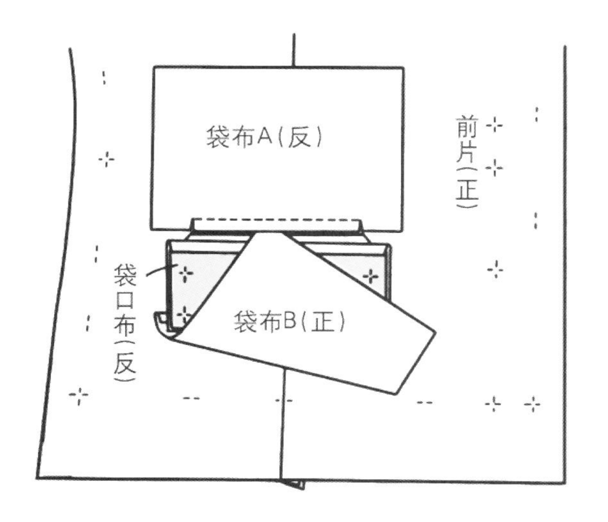

4-5　图将袋口布里两侧剪去，并将衣片和袋口布缝合的缝头劈缝。

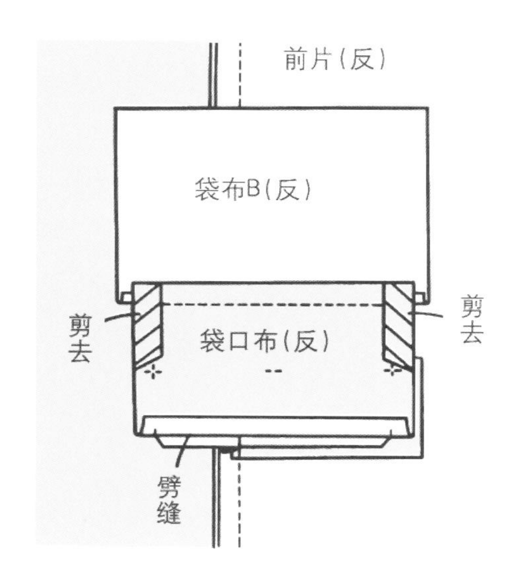

4-6　袋口布面（和袋布 A 缝合的一方）两侧缝头往里折进，并将袋口布里从折线处翻折叠合，整理袋口布形状并将其锁缝固定。

4-7　将装袋口布处劈缝的缝头和与袋布缝合的袋口里布缝头叠合在一起。然后在衣片正面缉漏落缝。

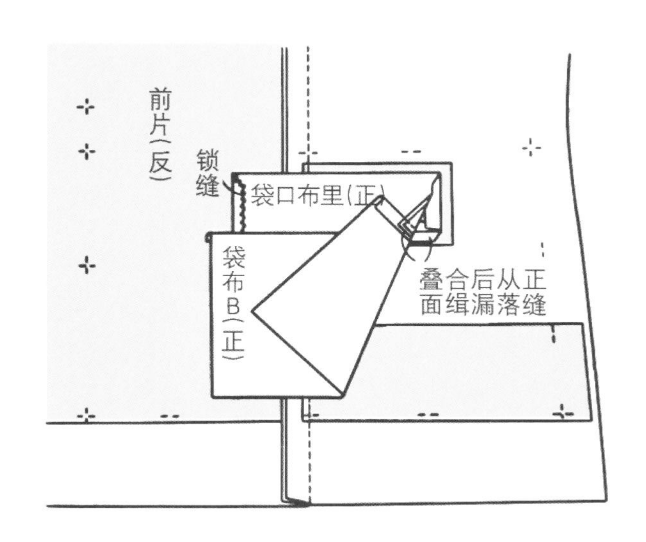

4-8　将做好的袋口布从切口处翻到衣片外面。将已缝合的袋布 A 拉至衣片里侧，缝头倒向袋布。

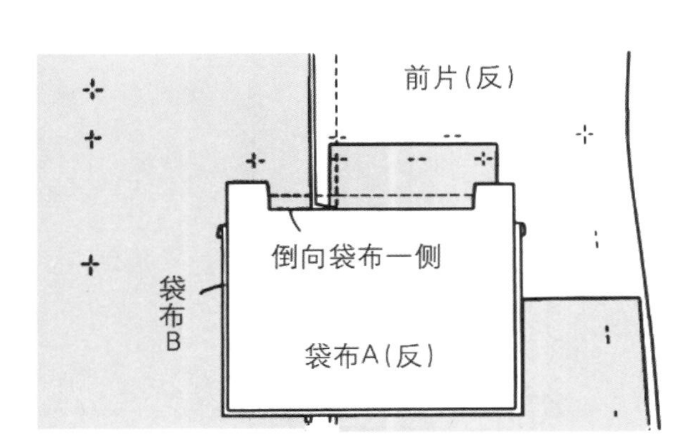

4-9　将袋口布疏缝固定在衣片上。两端从正面暗缲缝。

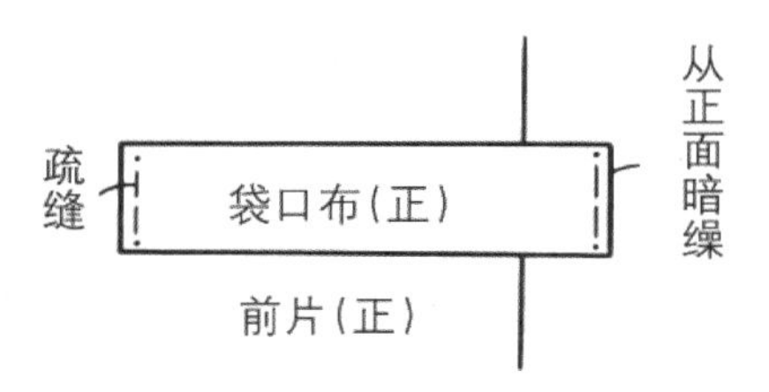

4-10　再从暗缲部位往里 0.6 cm 处从反面回针缝（注意不要将袋口布面缲缝进去）。

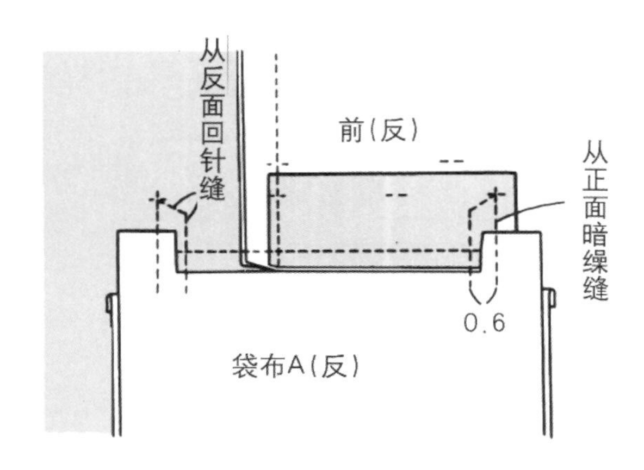

4-11　避开衣片，在袋布四周缉缝两道。

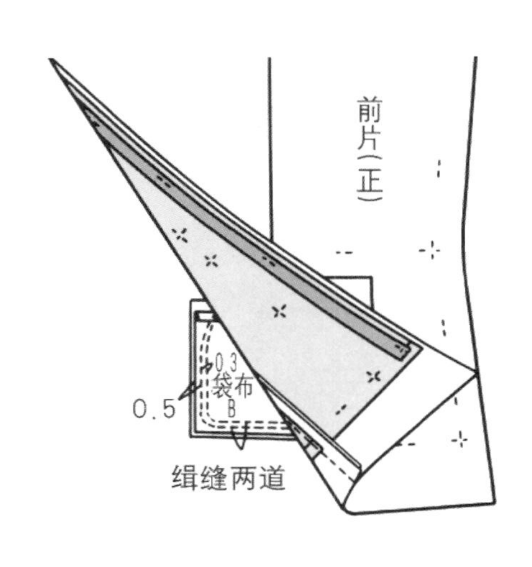

4-12　将袋布用三角针固定在省道缝头上。

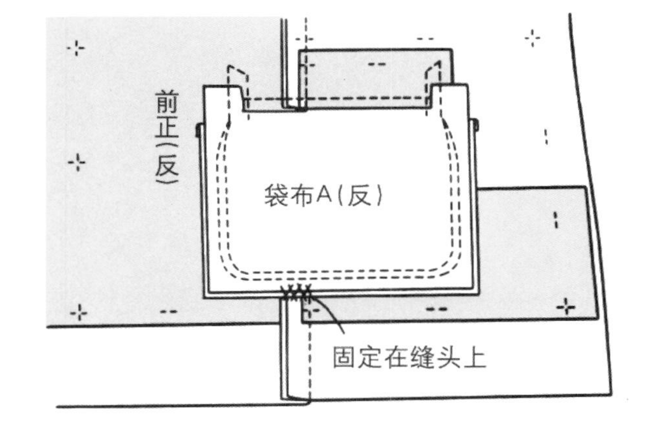

4-13　胸袋同样操作。

5 双开线扣眼制作

5-1　在前片正面画扣眼标记。

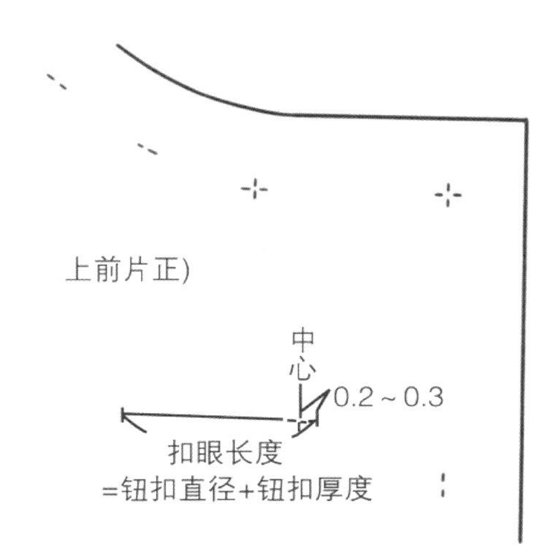

5-2　扣眼布正面朝外对折。

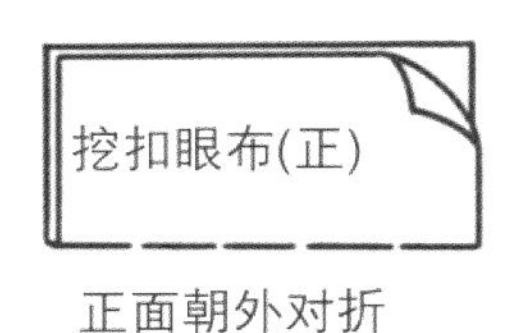

5-3　将扣眼布的折山线和衣片上的扣眼位置正面相对叠合，疏缝固定。在疏缝线上下各量取 0.3 cm 开线宽，画扣眼标记。

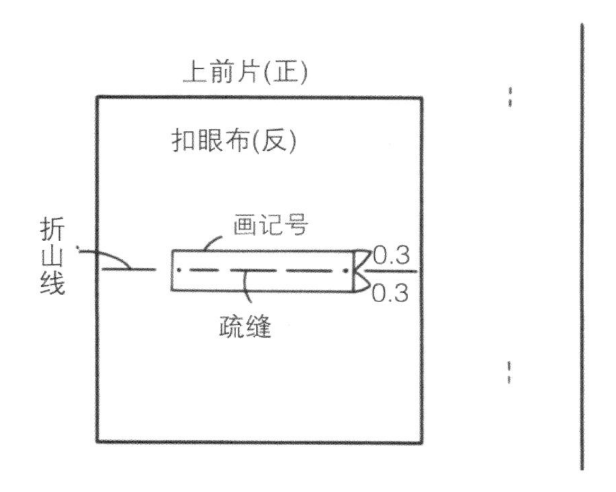

5-4　在扣眼四周用细密的针脚缝合，缝纫时图从长方形断开处开始，沿箭头方向四周缝合，最后在开始位置重叠 2 ～ 3 针。

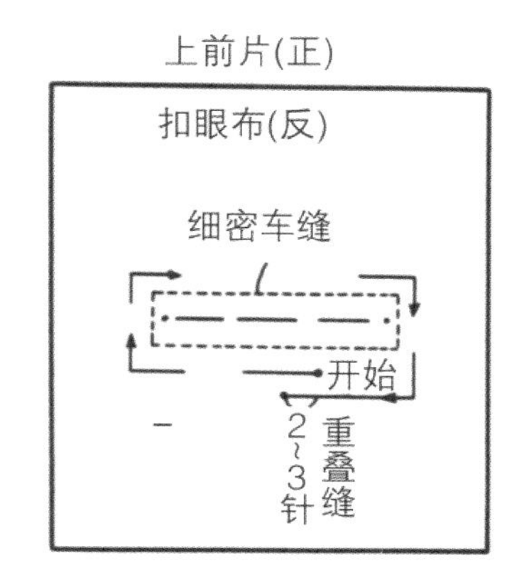

5-5　图在扣眼中间剪切口，两端剪到转角处。

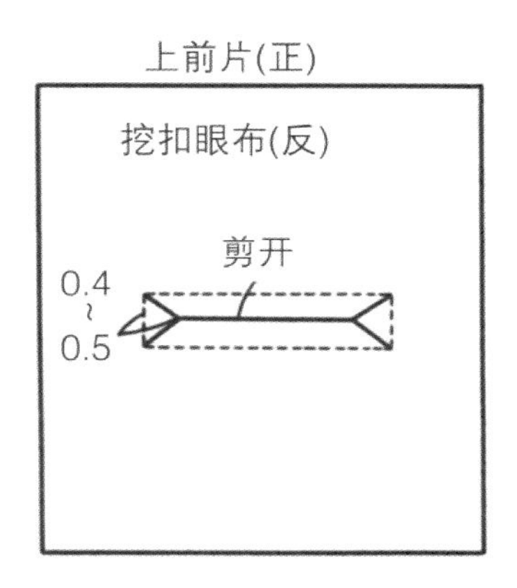

5-6　将扣眼布从切口处拉至里侧。

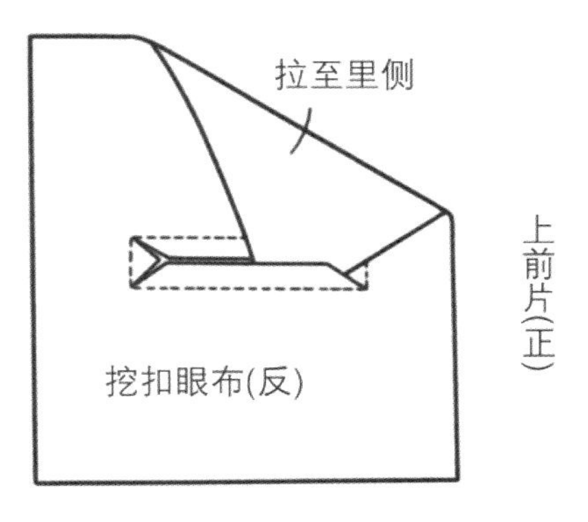

5-7 用熨斗整理长方形。

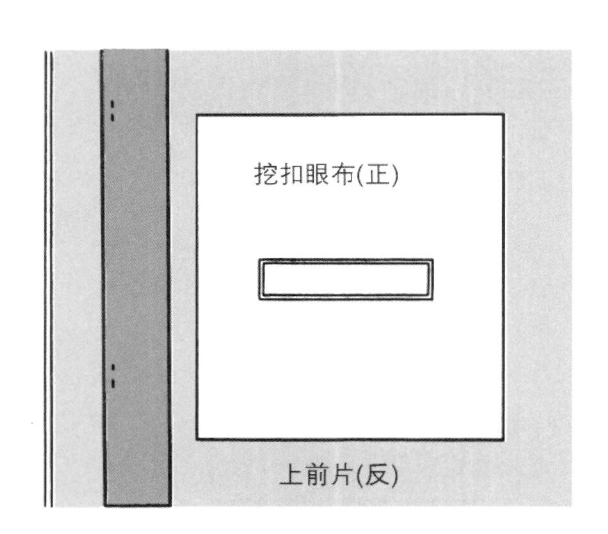

5-8 翻起扣眼布，将衣片和扣眼布缝头用熨斗劈缝。

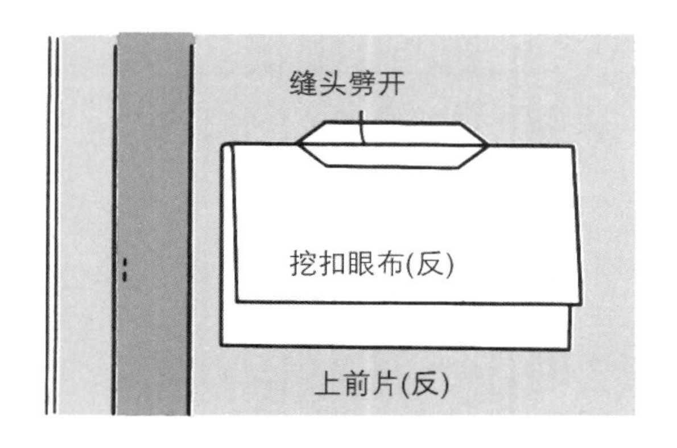

5-9 以烫开的缝头为衬，将扣眼布上下各折叠成0.3 cm宽的包边。

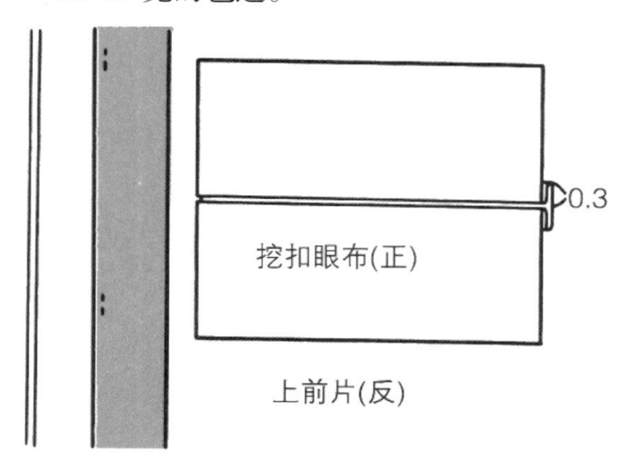

5-10 在缝道边上从正面疏缝固定。

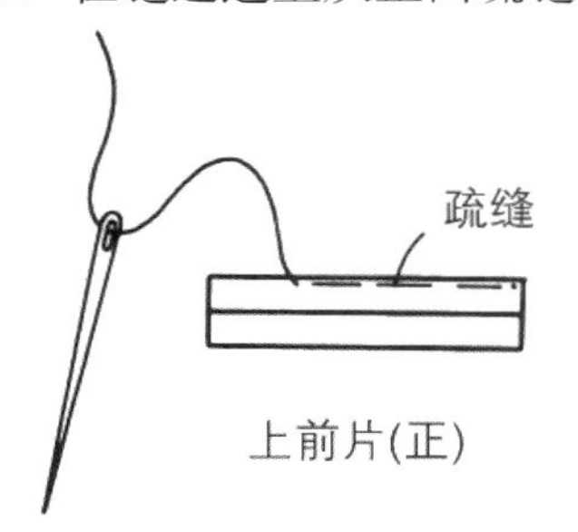

5-11 翻起衣片，将扣眼布和衣片缝头在缝道边上缉线。

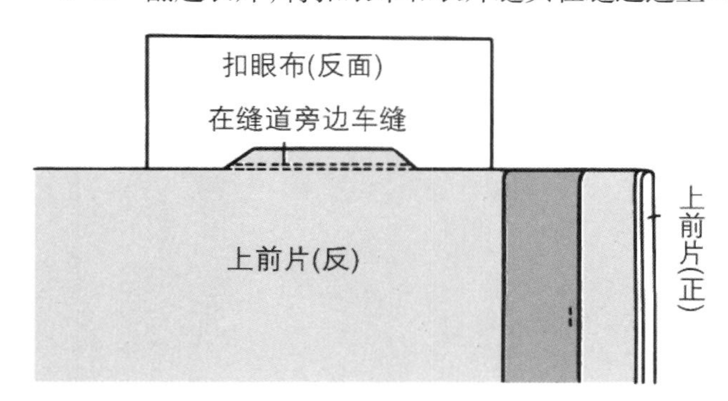

5-12 翻起衣片，将两端的三角形缝头和扣眼布一起缉合。

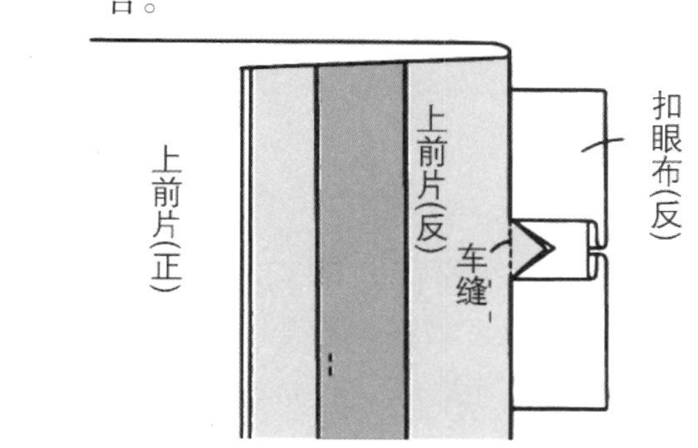

5-13 将扣眼布剪成0.7 ~ 1 cm宽度。

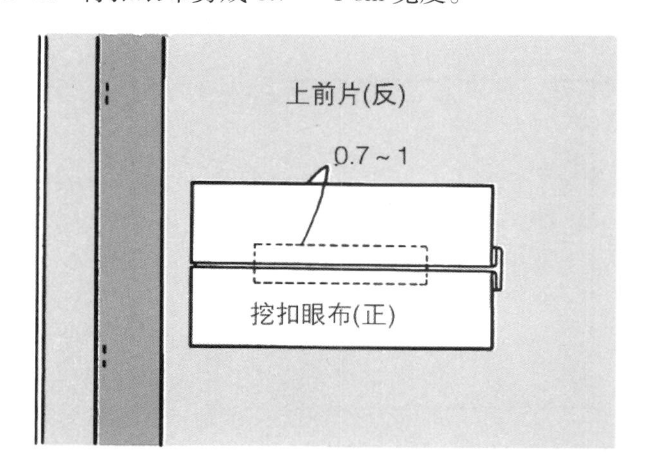

6　缝合衣片面子的肩线和侧缝线

前后衣片正面相对叠合，缉合肩线和侧缝，并劈开缝头。

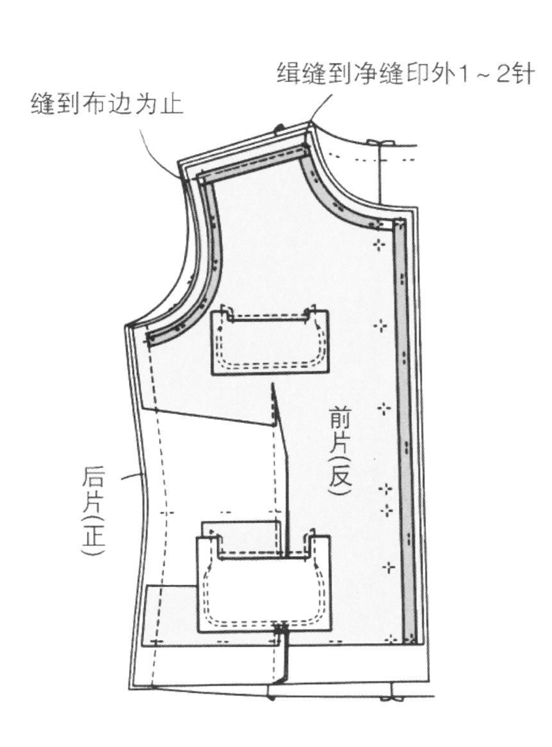

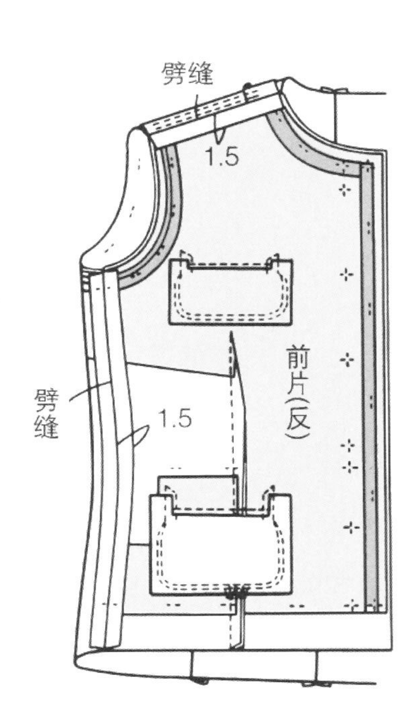

7　做里子

7–1　衣片里子的腰省和肩省与衣片面同样缝合，缝头倒向侧缝。

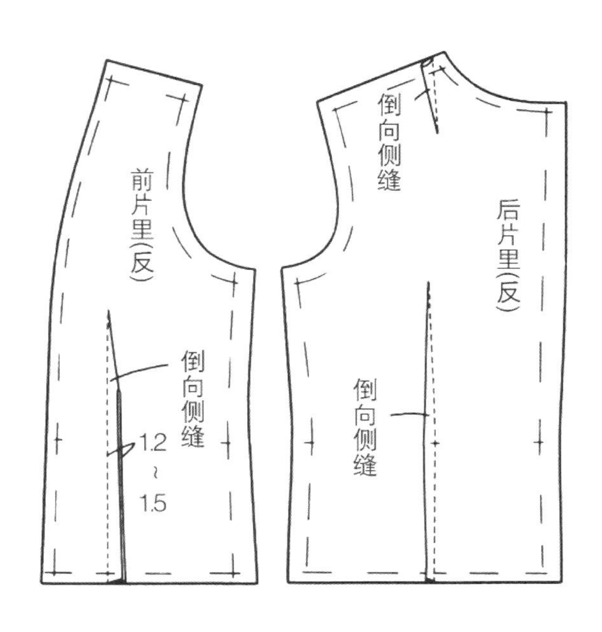

7–2　左右后片里子正面相对叠合，沿后中心净印疏缝固定，在缝头处留 1 cm 余折缝头进行车缝。

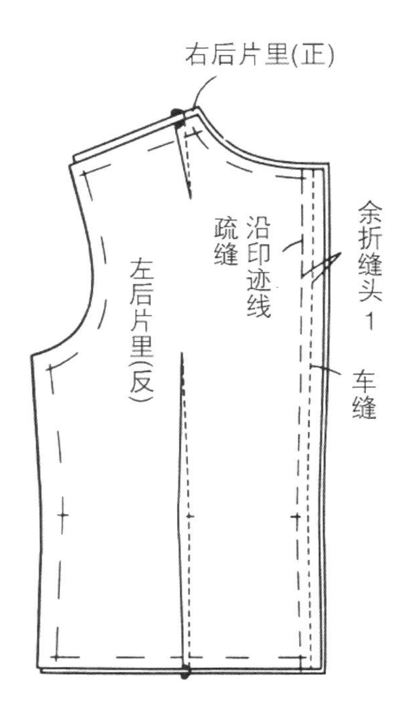

7-3　前后衣片里子正面相对叠合，沿侧缝净印线疏缝固定，在缝头处留 0.3 ~ 0.5 cm 余折缝头进行车缝。

7-4　将挂面和前片里子正面相对叠合，肩侧净印处和下摆净印往上 2.5 cm 之间缝合。

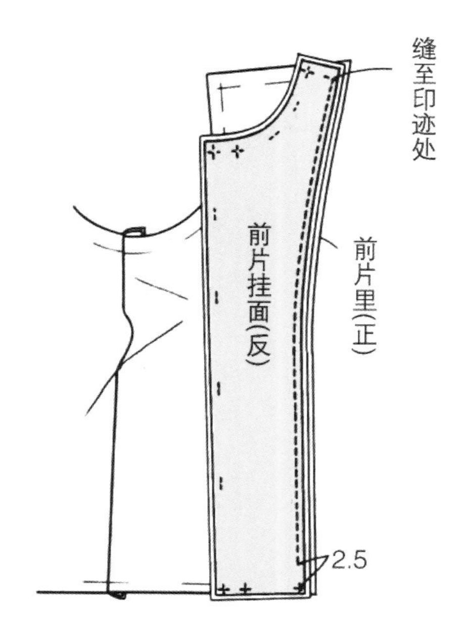

7-5　侧缝缝头倒向后片，挂面缝头倒向侧缝。

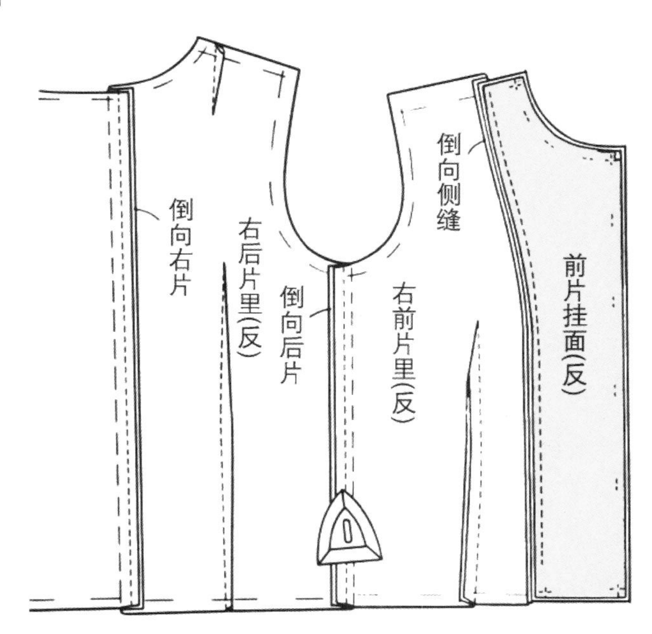

7-6　前后领贴边正面相对叠合，缝合肩线。

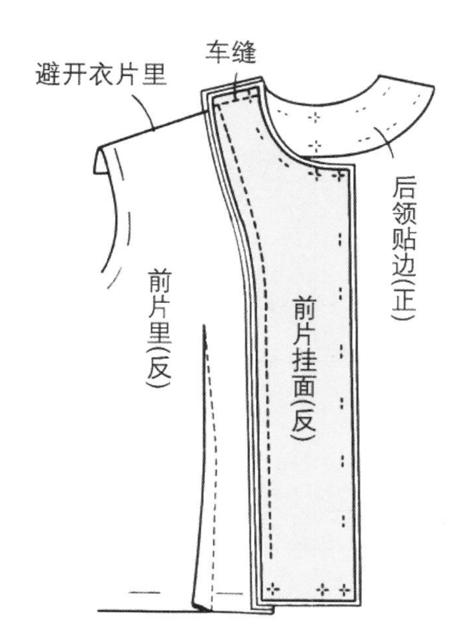

7-7 将肩线缝头修剪至 0.5 cm，劈开缝头。

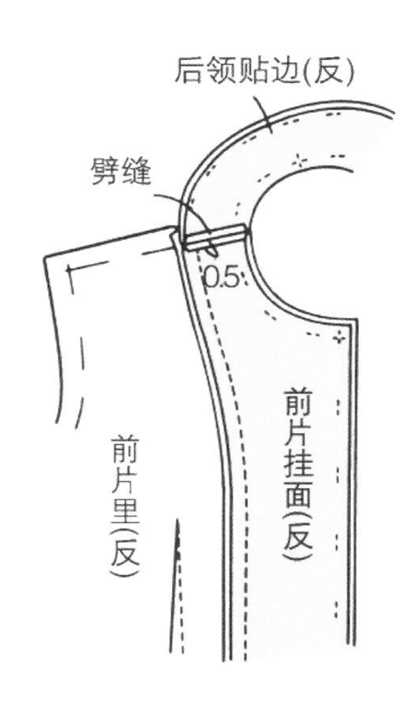

8 装挂面

8-1 将前后衣片面子和前后贴边正面相对叠合，贴边处从净印往里 0.1 cm 和衣片面净印往外 0.1 cm 对齐，并疏缝固定。转角处对准净印，在疏缝线外侧缝合。

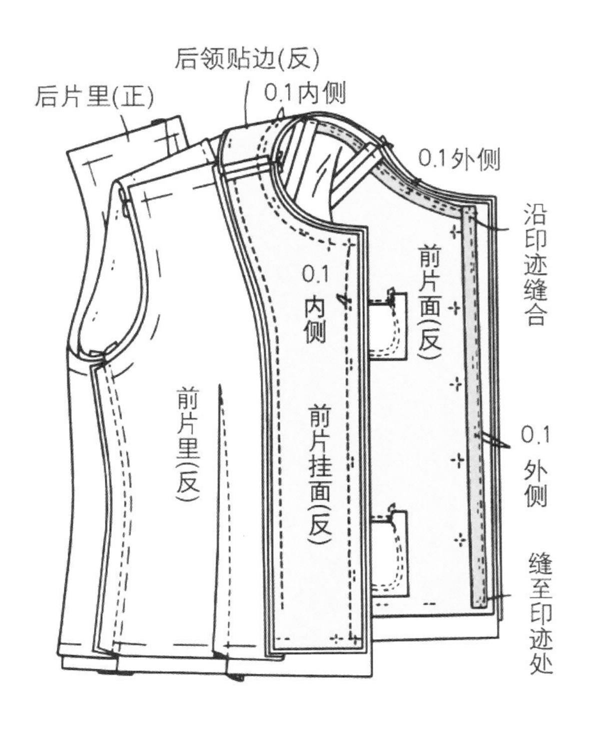

8-2 整理缝头。贴边缝头修剪至 0.4 cm，前后衣片面子缝头修剪至 0.6 cm，在领圈弧度较大的地方剪刀口。修剪角部缝头，侧颈点处重叠的缝头图剪去。

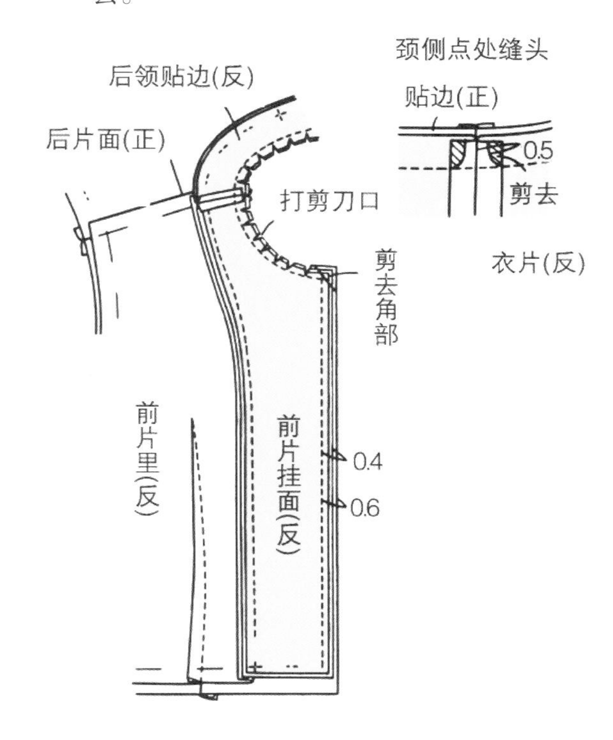

8-3 劈开领圈缝头，将贴边翻至正面，并退进 0.1 cm 熨烫定型。

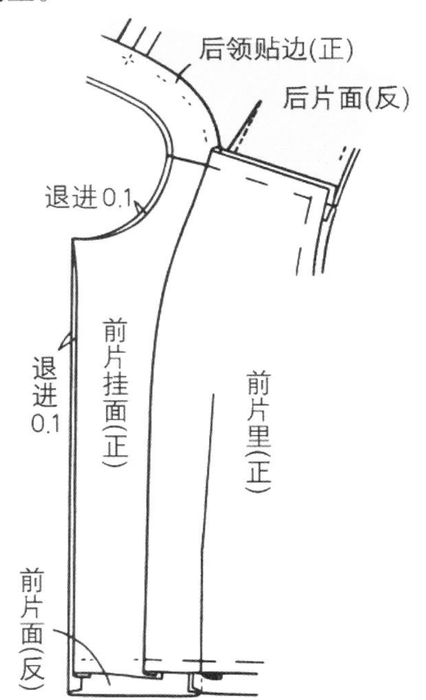

8-4　叠门止口和领圈线往里 1 cm 处，到下摆靠上 6 cm 处为止用单股本色线斜向疏缝固定。

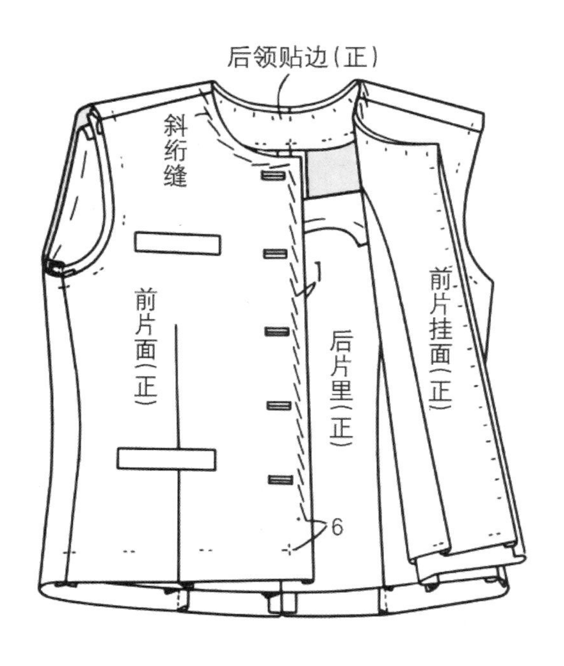

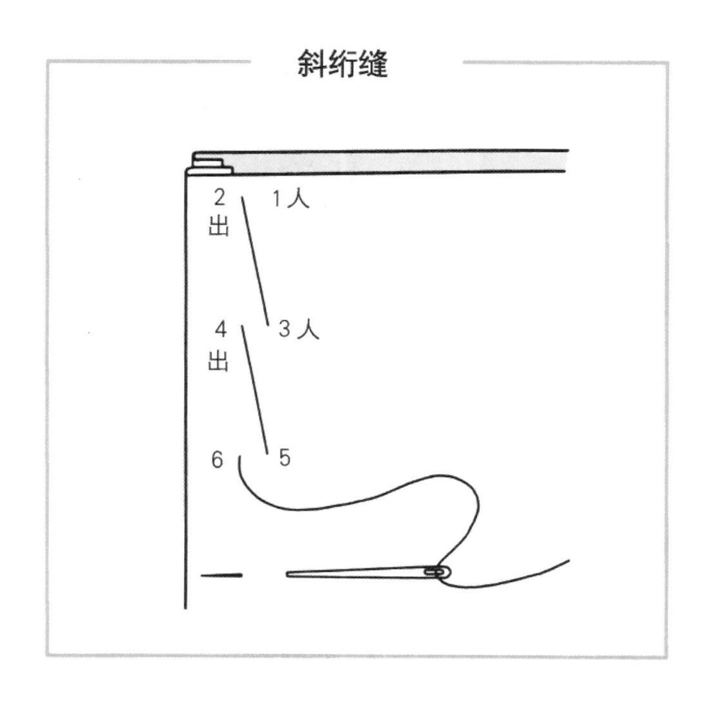

9　处理双开线扣眼侧挂面

9-1　将扣眼四周疏缝固定。在衣片正面用大头针垂直地插入扣眼的四个角，并在挂面上做扣眼标记。

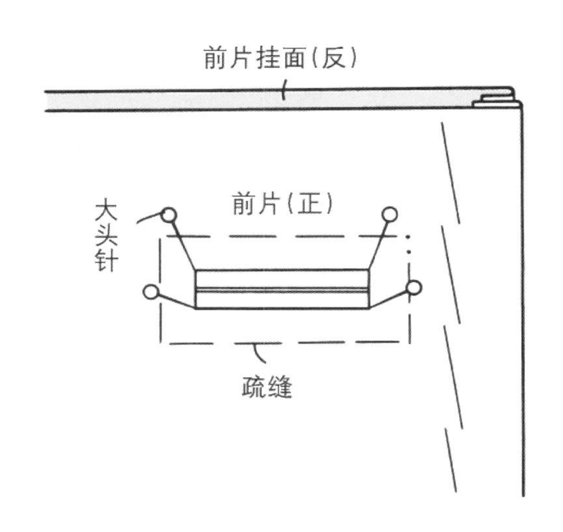

9-2　在做好标记的挂面上，图剪开，剪开部分往里折进。

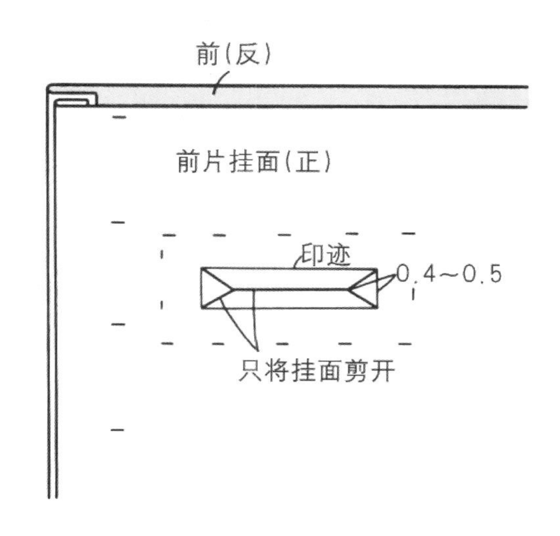

9–3　将挂面在扣眼布内侧缝道处用纵缲缝固定。

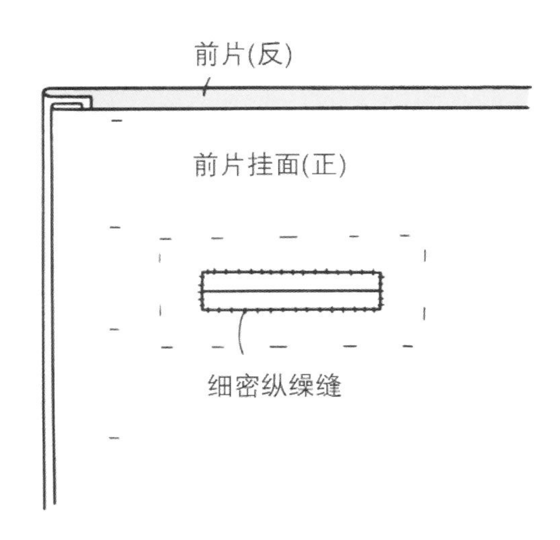

10 衣片面子下摆处理

10–1　将衣片与挂面下摆重叠部分的缝头图所示剪去，布边往里 0.5 cm 处拱针缝。

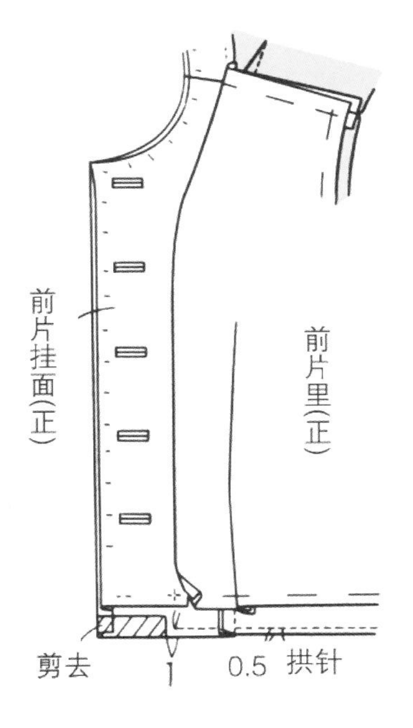

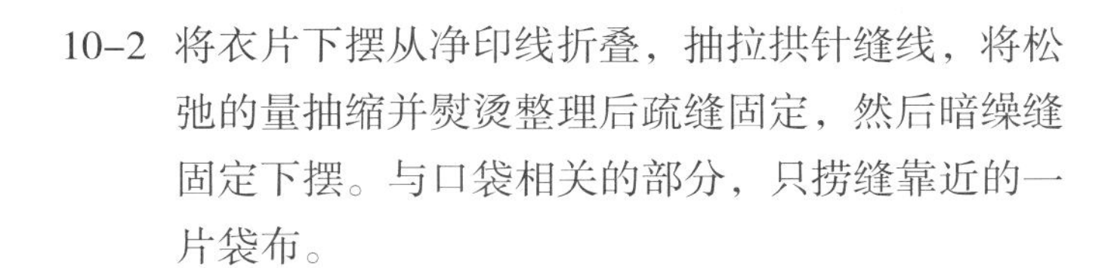

10–2　将衣片下摆从净印线折叠，抽拉拱针缝线，将松弛的量抽缩并熨烫整理后疏缝固定，然后暗缲缝固定下摆。与口袋相关的部分，只捞缝靠近的一片袋布。

10–3　将挂面下摆纵向缲缝。

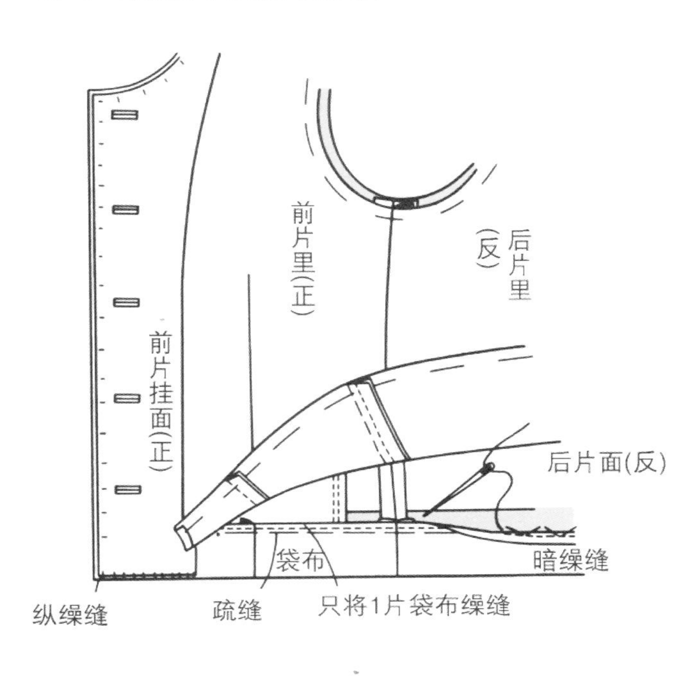

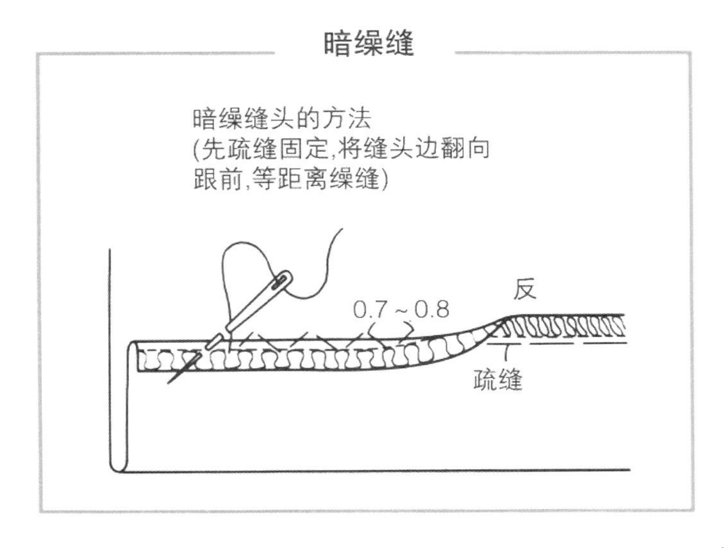

11 固定侧缝

11–1 将面子和里子的侧缝缝头对合，固定。袖窿侧留 7 ~ 8 cm，下摆侧留 10 ~ 12 cm，用双股本色线松松地固定。

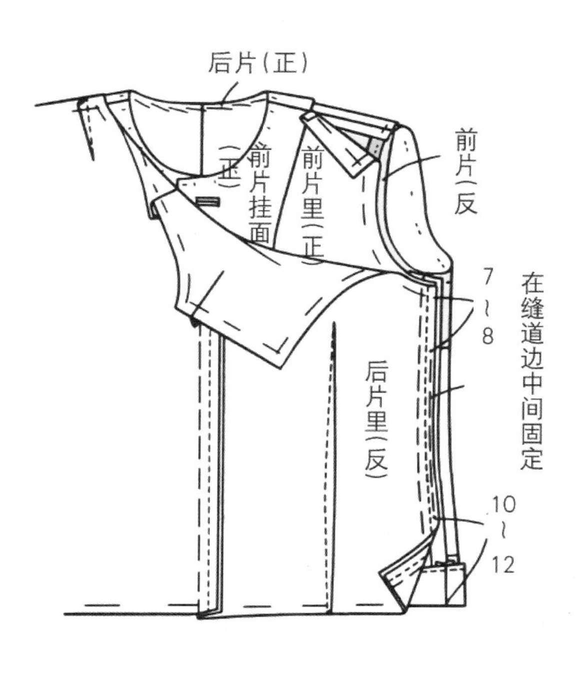

11–2 将里子翻至正面，注意平衡，并用斜绗缝固定。避开装垫肩部位，将袖窿往里 6 ~ 7 cm 处固定。下摆部分从净印线往上 8 ~ 10 cm处用疏缝固定。

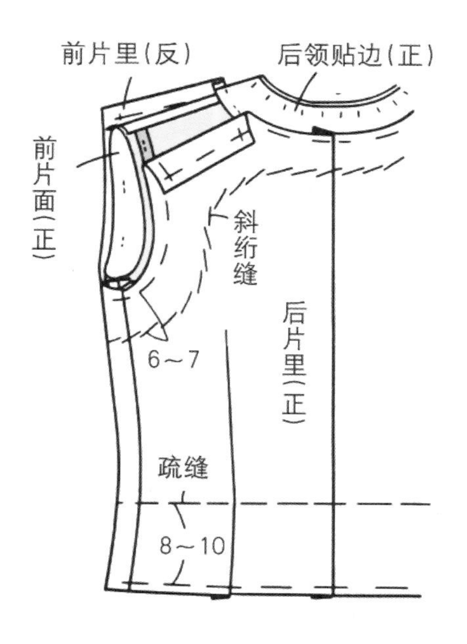

12 衣片里子下摆处理

12–1 衣片里子下摆距离衣片面子下摆 2.5 cm 折进，翻折线往上 2 cm 处用疏缝固定。

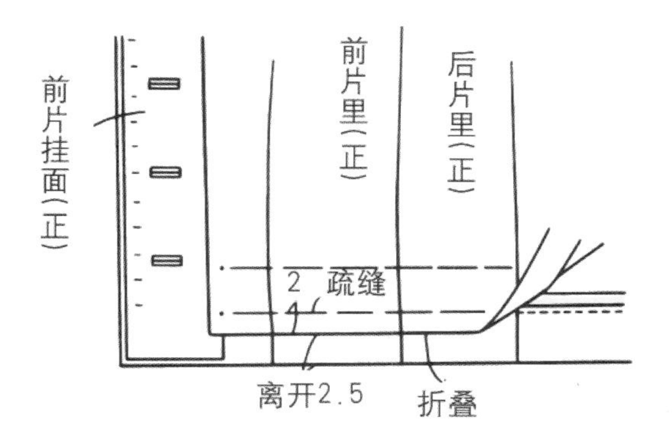

12–2 翻起下摆里子，1 ~ 1.5 cm 处暗缲缝。

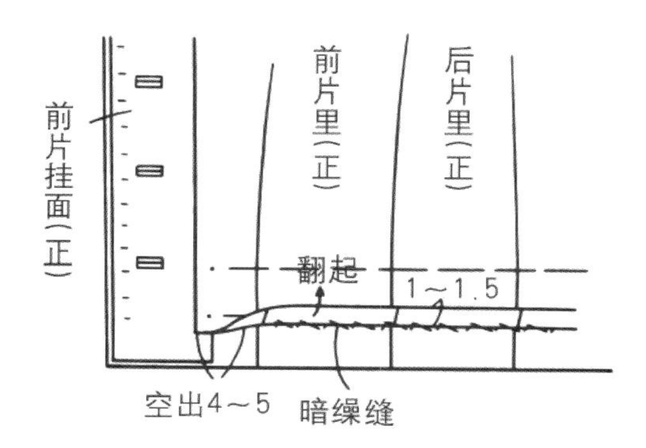

12–3 将挂面内侧裁边用三角针固定在下摆折边上，下摆里子也从挂面处开始用三角针绷 3 cm。

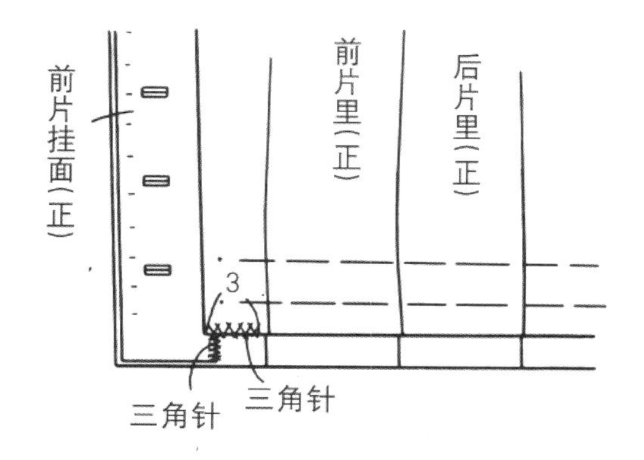

13 做袖面

13-1 袖底缝正面相对叠合车缝，并劈开缝头。

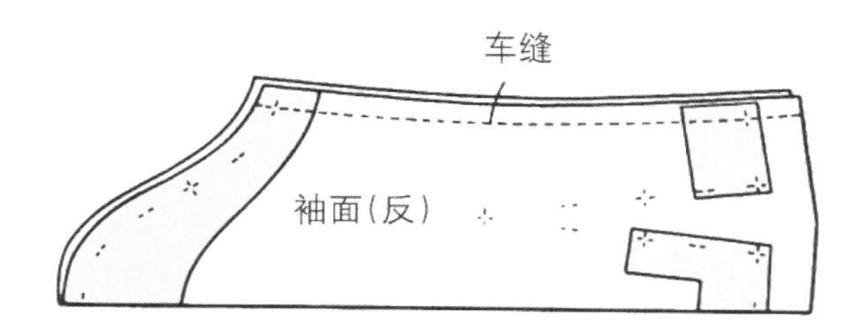

13-2 图剪去袖口缝头。

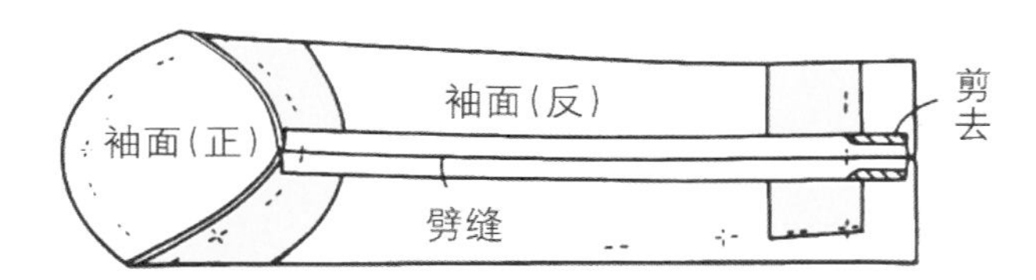

13-3 袖口折边从净印处翻折，暗缲缝固定。

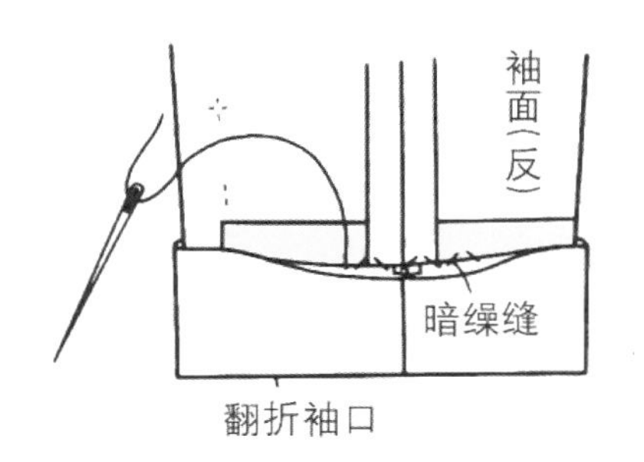

14 做袖里

14-1 沿净印车缝省道。袖底缝正面相对叠合，沿净印疏缝固定，在缝头处留 0.2 ~ 0.3 cm 余折缝头，并缝合。

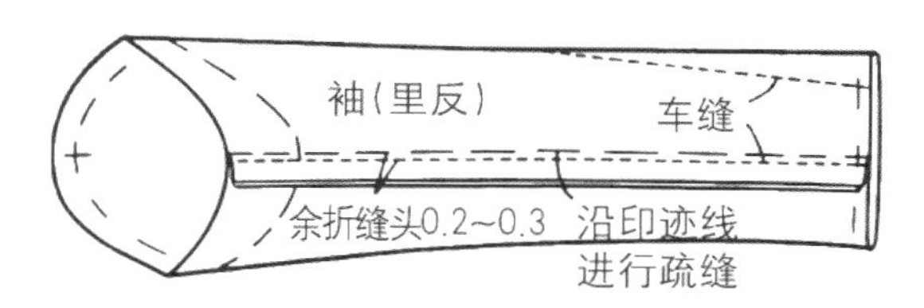

14-2 袖底缝头从疏缝线处倒向前袖，省缝倒向袖底缝。

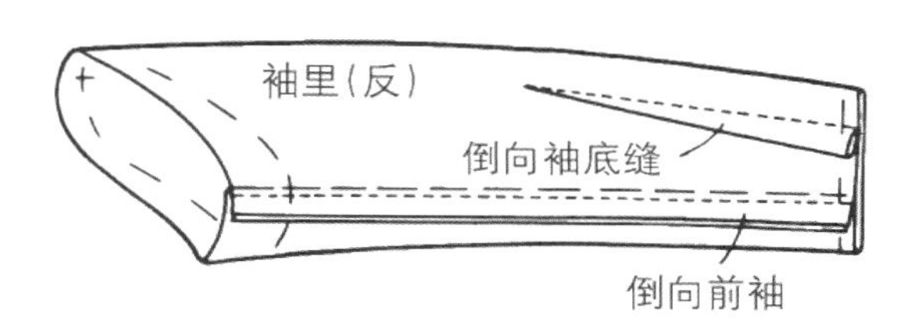

15 装袖口镶边带

15-1 标好装镶边带尺寸记号和折缝头 0.8 cm 印迹后裁剪。

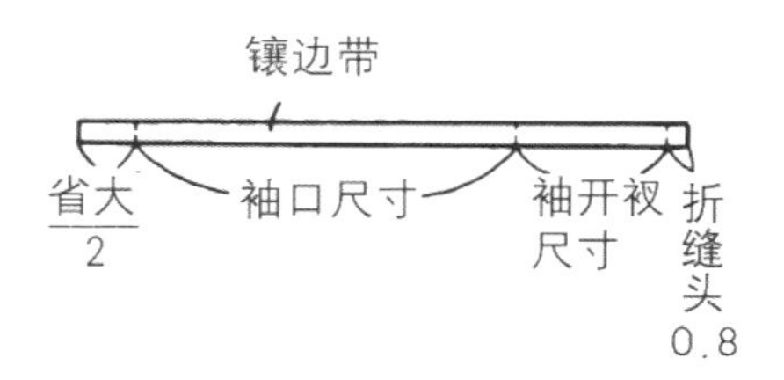

15-2 将镶边带开衩转角部分，正面相对折叠，斜向车缝，并留 0.5 cm 剪开。

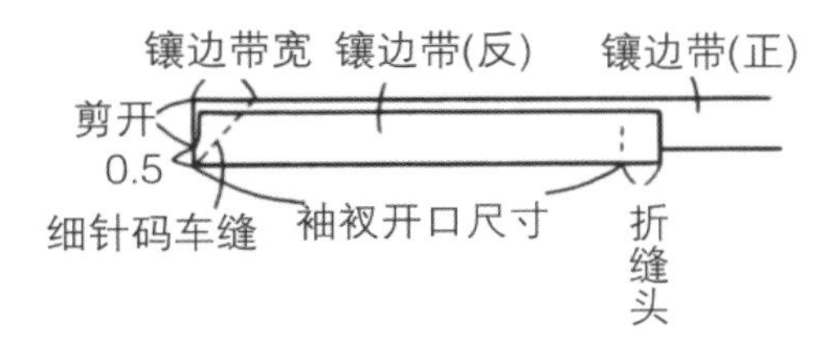

15-3 将剪开部分劈缝，做成框形。折转折缝。

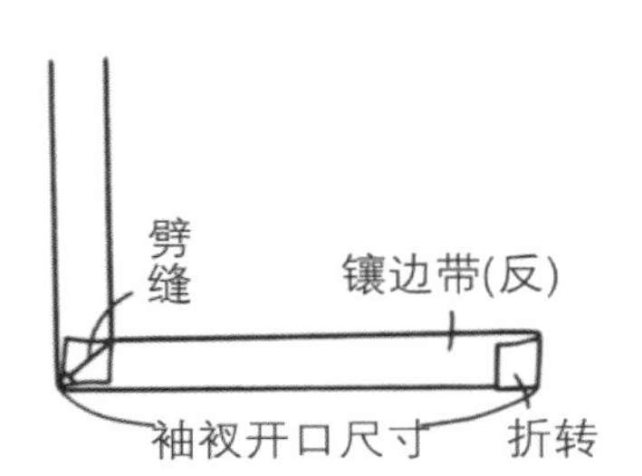

15-4 将镶边带放置在安装位置，往里 0.2 cm 处疏缝固定。机缝的话，在正面压缉缝。如果镶边带凹凸不平，或采用钉珠子的镶边带，可用同色线缲缝，以免太显眼。

〈机缝装镶边带的情况〉

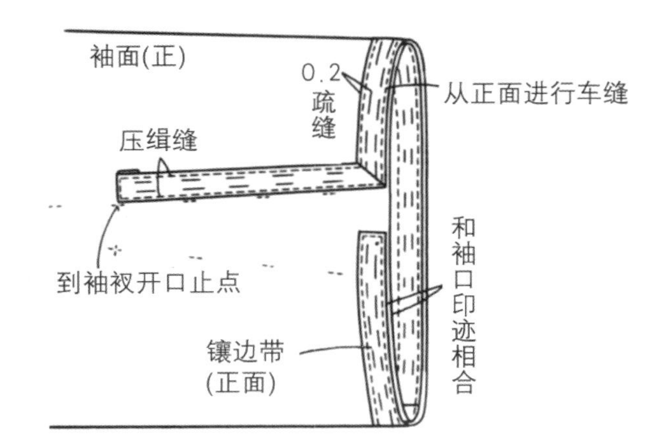

〈手缝装镶边带的情况〉

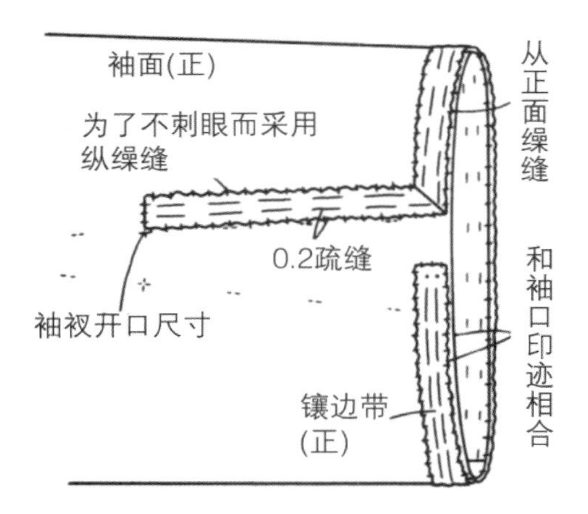

16 做袖开衩

16–1 将袖面省道按净印对合，从袖口到开衩止点处往外 1.2 cm（镶边带宽）缝合，而开衩止点以上部分省道按净印车缝。省尖缝线打结处理（参照第 6 页）。

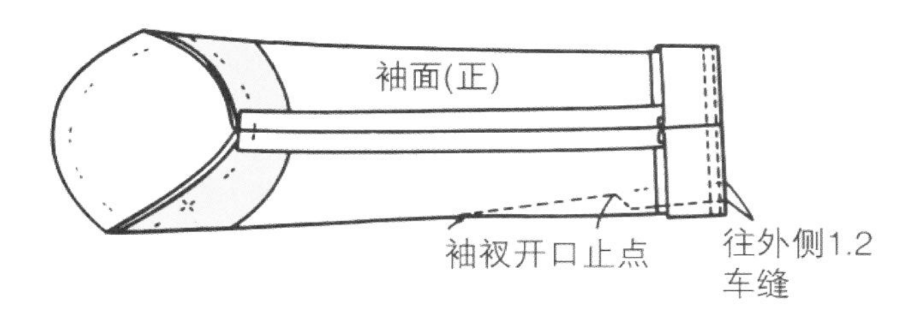

16–2 将省道缝头倒向袖中线，缲缝袖口缝头。

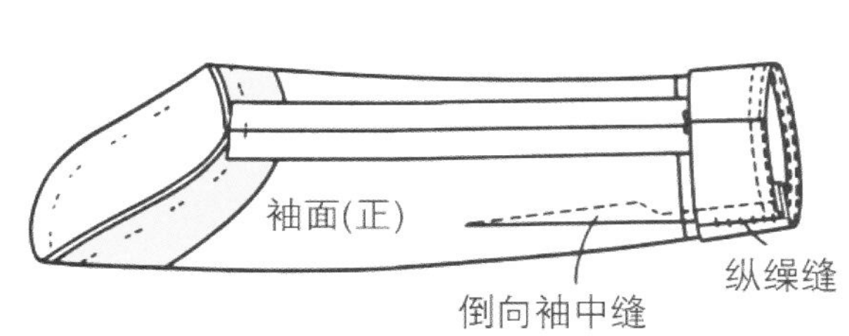

16–3 开衩的袖口部分从缝道往里将 3 片一起缲缝固定，缝道头上 2 片一起缲缝固定。

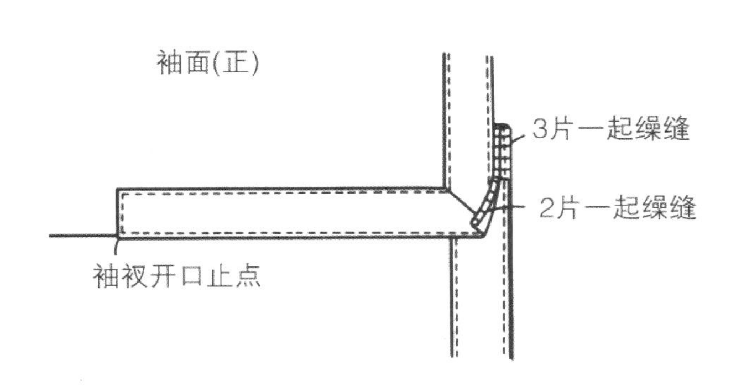

16–4 将钮扣和省缝一起钉住。

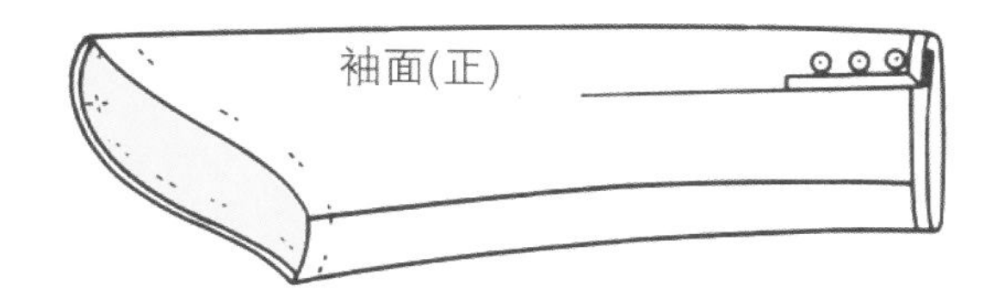

17 装袖里

17–1 将袖面和袖里的袖底缝对合，上下分别留出 8 cm，将缝头中间固定。

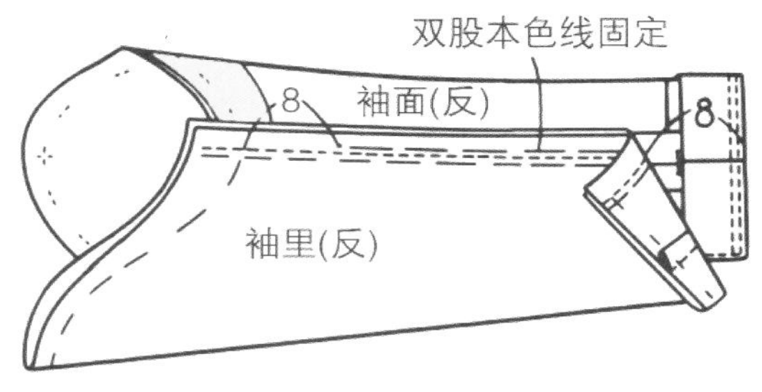

17–2 将袖翻至正面，注意袖里平衡性，从袖山往里 7 ~ 8 cm 处用斜绗缝固定。

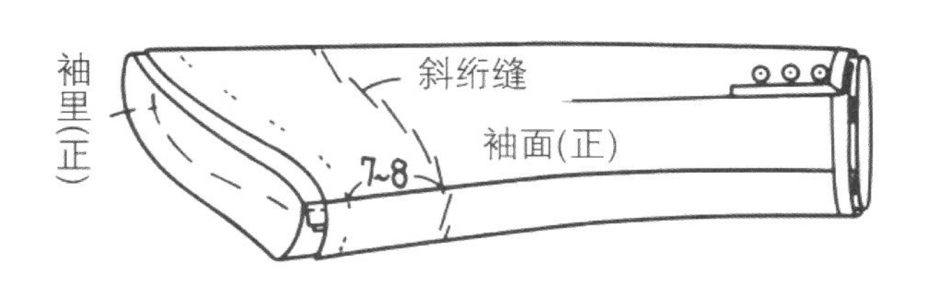

17–3 袖里袖口距离袖面袖口 2.5 cm 折进，用纵缲缝固定。

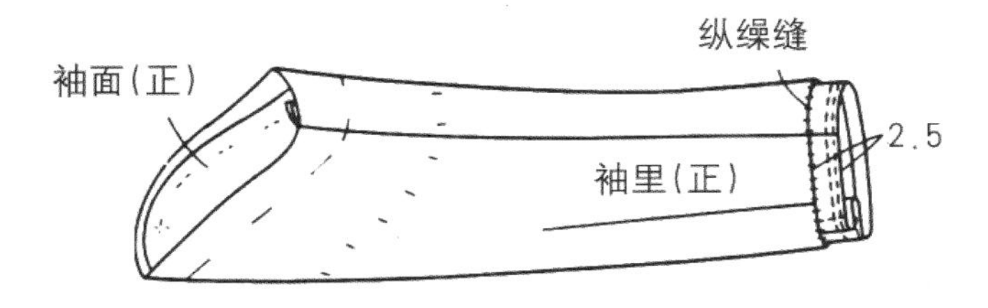

18 归缩袖山

18–1 袖面净印外 0.2 cm 和再往外 0.2 ~ 0.3 cm 处进行拱针。

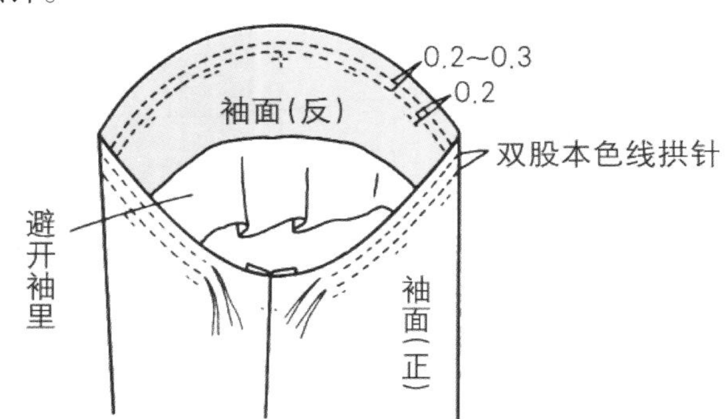

18–2 抽拉疏缝线，用熨斗整理袖山缩缝量。

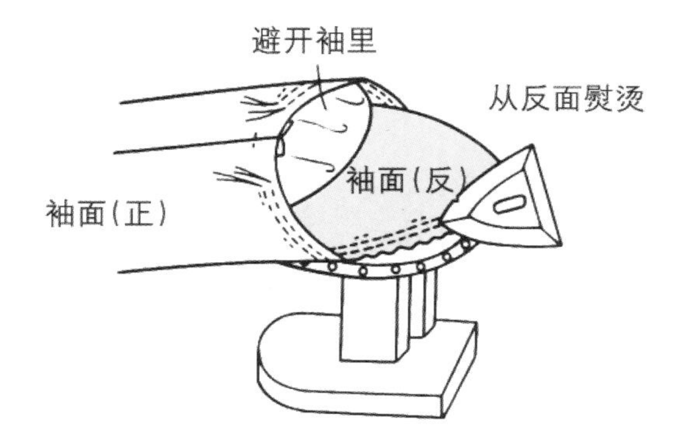

19 装袖

19–1 衣片和袖正面相对，对准净印，从袖片一侧插入大头针，然后单股本色线疏缝固定。袖子在袖山部分是压在衣片上的，因此插大头针时应注意袖山绕到衣片的量。

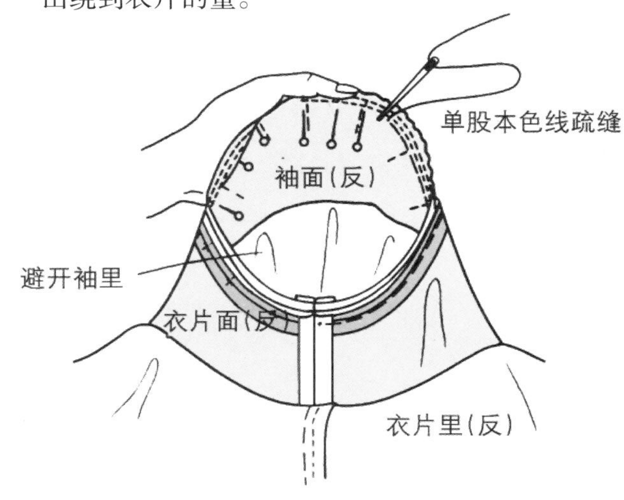

19–2 从袖底处开始兜缝一圈，最后在开始位置重叠几针。为不破坏袖山归缩，可用熨斗将其烫平固定。

19–3 修剪缝头，在袖山处留 1.5 cm 宽度，袖底处留 1 cm。

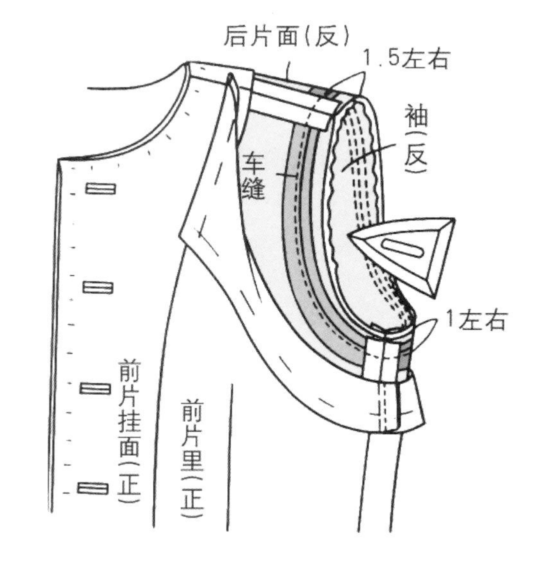

20 装袖山衬条

20-1 袖山衬条前长 10 ~ 13 cm，后长 12 ~ 15 cm 裁剪（袖山衬条可以使用市面上出售的，也可以将本料布、斜料毛衬或者是绒胶衬按尺寸裁剪得到）。

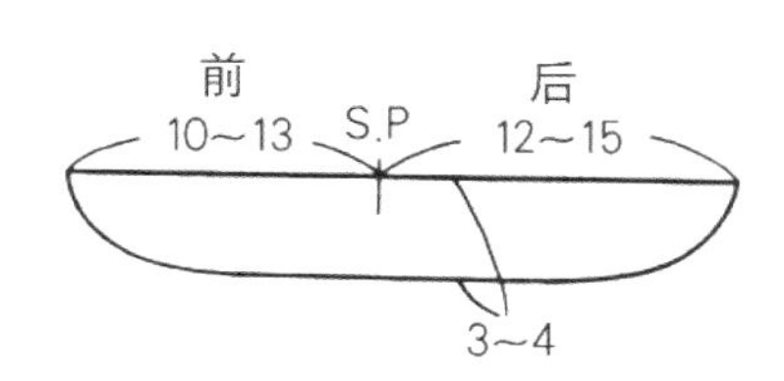

20-2 袖山衬条的边和袖窿疏缝缝头叠合，沿袖山胖势，插入大头针。在缝道边上用单股本色线固定。

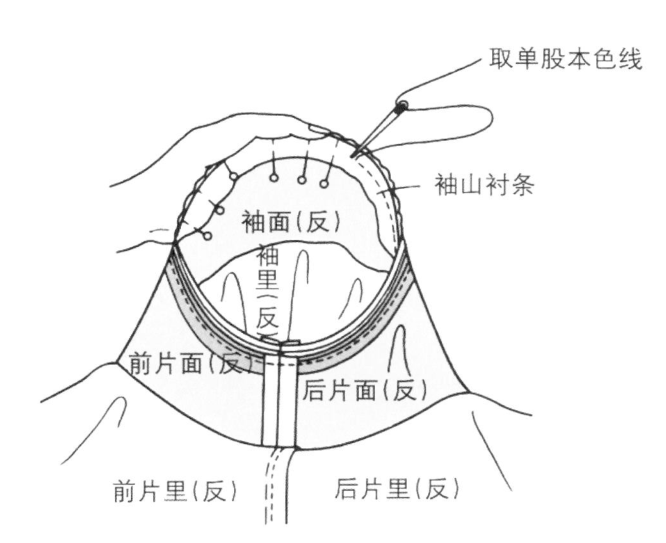

21 装垫肩

21-1 垫肩主要用于支撑袖山胖势，将其伸出肩端外 1.5 cm，然后沿肩线用大头针固定。

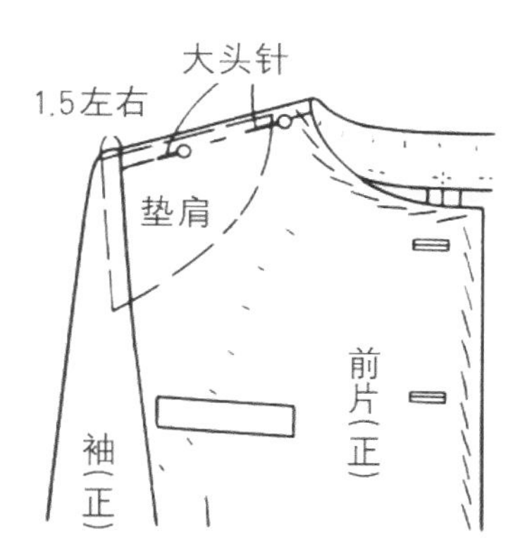

21-2 将垫肩固定在肩缝上。

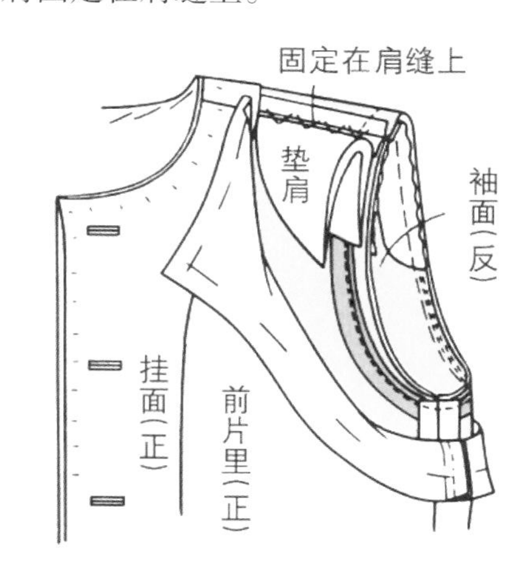

21-3 注意垫肩平衡，并将其用双股线固定在袖窿缝头上。

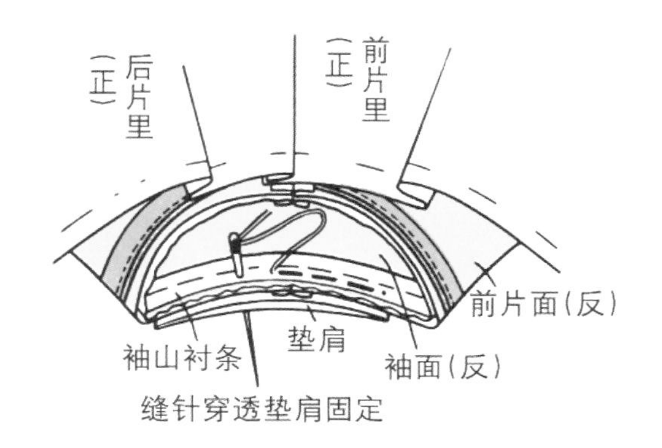

21-4 在领圈侧将垫肩用三角针固定在肩缝上。

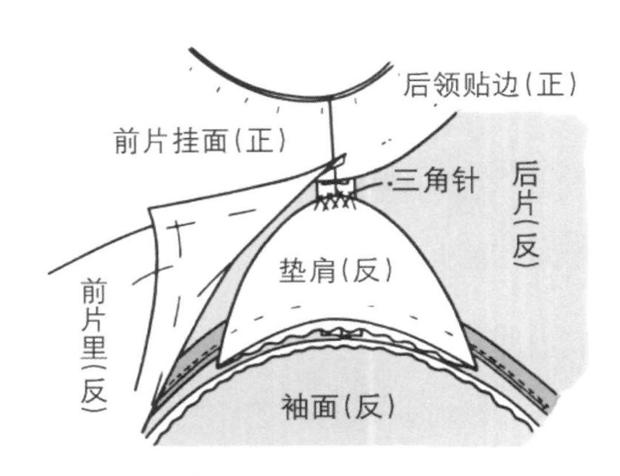

22 缲缝里子的肩线和后领圈

22-1 将里子肩线缝头固定在垫肩上。

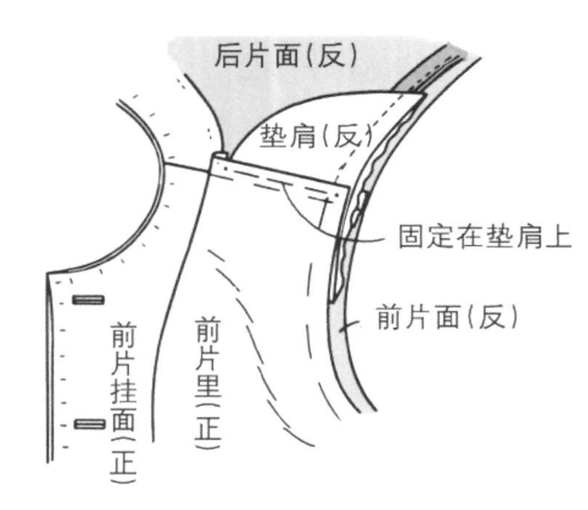

22-2 在里子后领圈缝头上剪刀口，折进肩线缝头和后领圈缝头，然后纵向缲缝固定。

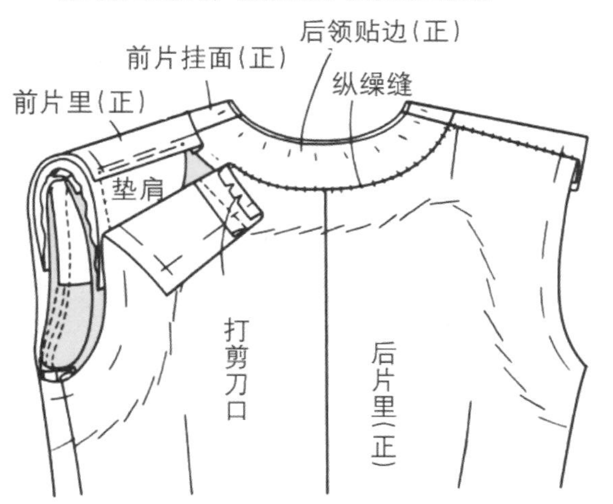

23 固定衣片面、里袖窿

将衣片里袖窿净印外 0.3 cm 缝头固定在衣片面子缝头上。

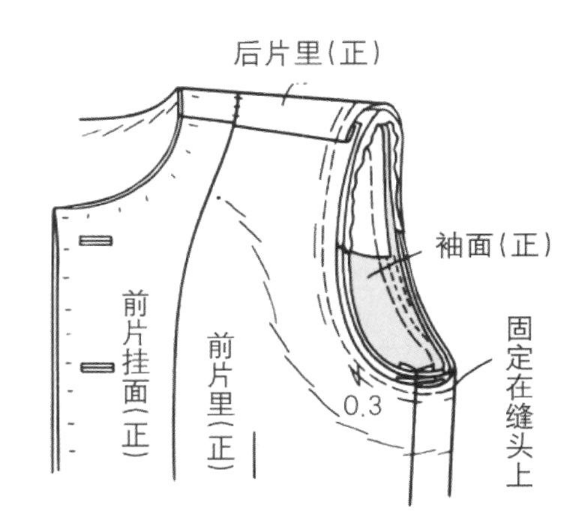

24 将袖里缲缝于衣片上

注意袖里袖底平衡，将袖山缩缝量打细裥，用大头针固定在装袖线上，并用纵缲缝固定。

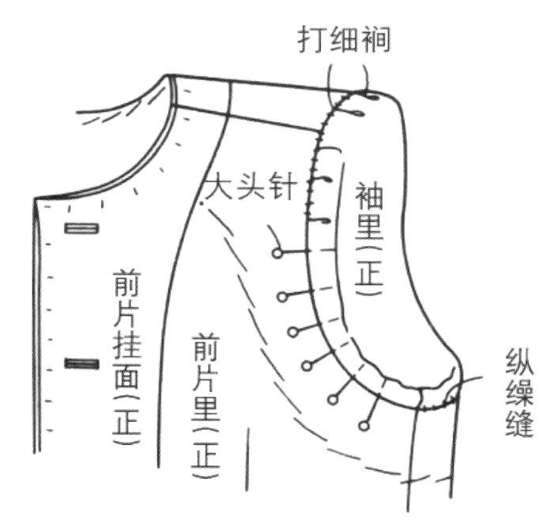

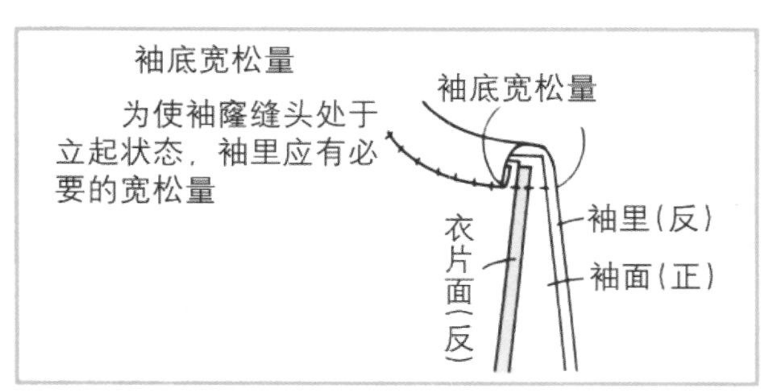

25 做镶边带形状

将镶边带对准纸样，做好与衣片对位的标记，角部参照第 20 页 15-2、15-3，做出框形。领圈部分从反面熨烫做出弧线形状。下摆左侧缝处拼接，以 0.8 cm 缝头缝合并劈缝。

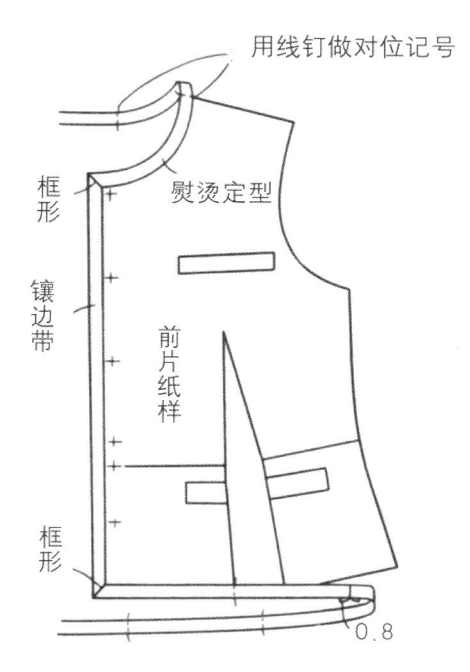

26 装镶边带

参照第 20 页 15-4 将镶边带装在衣片上。

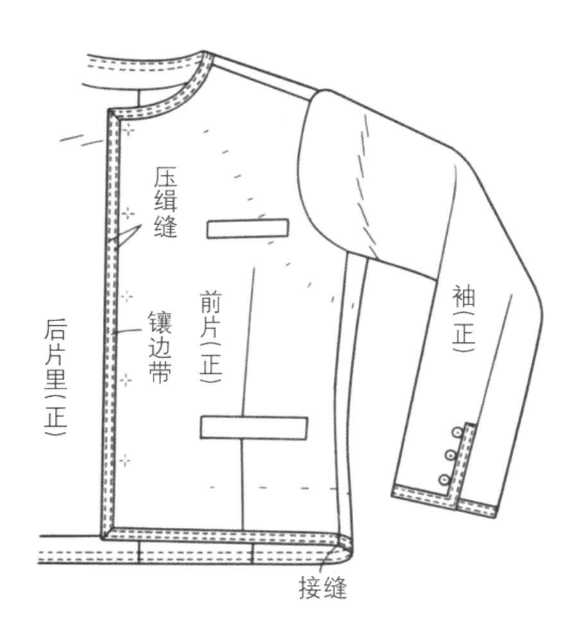

27 整烫

27-1 除钉扣位置外，拆除所有的线钉线和疏缝线，进行整烫。

27-2 在左前片上钉钮扣（参照第 248 页）。

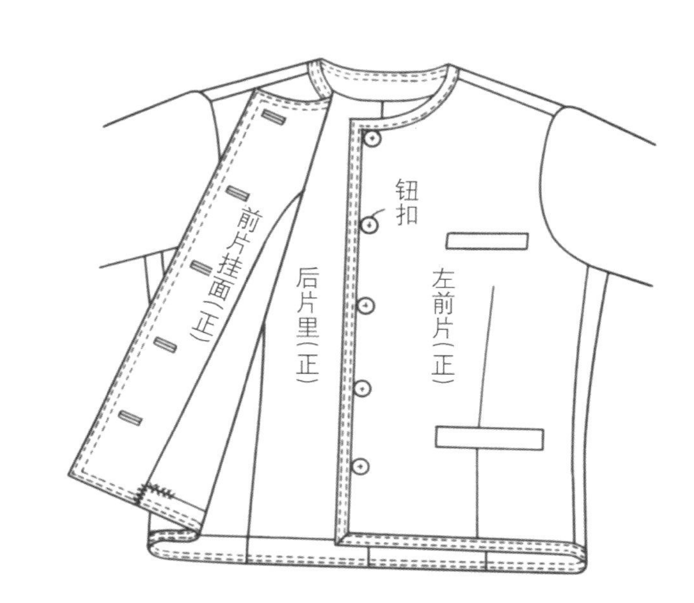

裙子缝制方法

1　做裙片面子的省道

1-1　在后片装拉链的缝头上贴直牵条衬，后开衩缝头上贴黏合衬。

1-2　缝合省道，处理线头（参照第 6 页）。

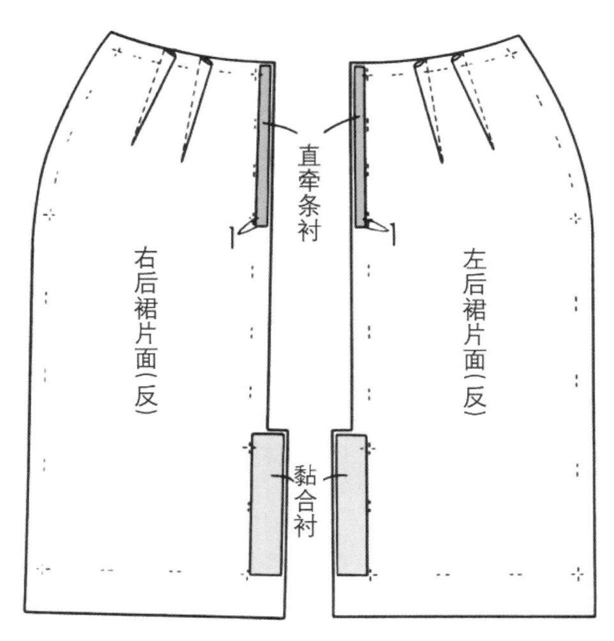

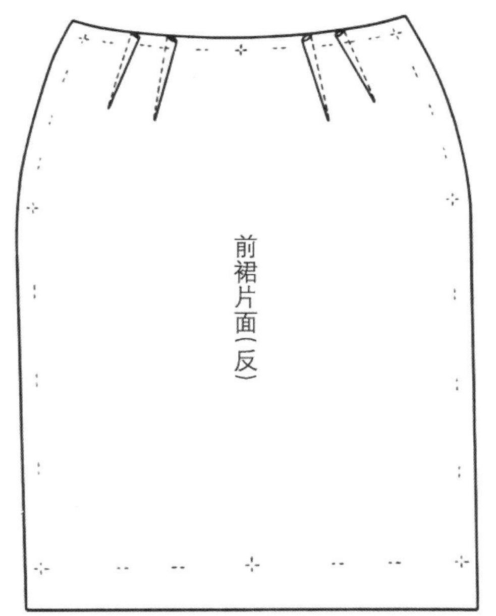

1-3　将省缝倒向中心侧。

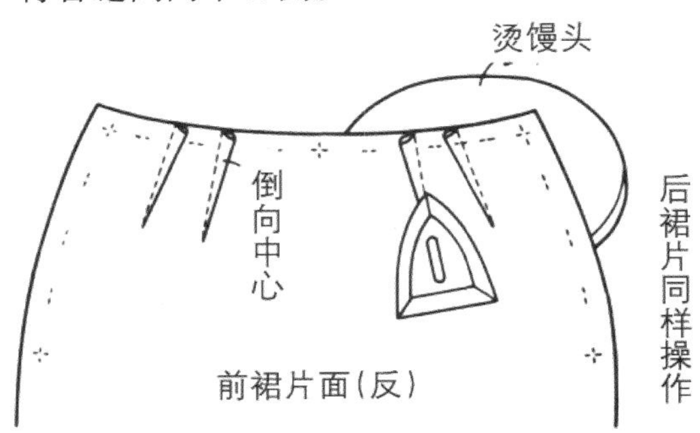

1-4　在腰口缝头净印外 0.2 cm 和再往外 0.3 cm 处进行拱针缝，用熨斗进行归缩。

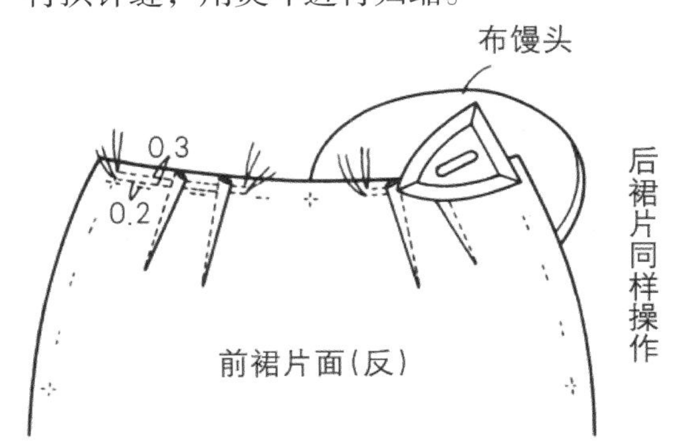

2　缝合后中心线、装拉链

2-1　左右后片正面相对叠合，缝合中心线。

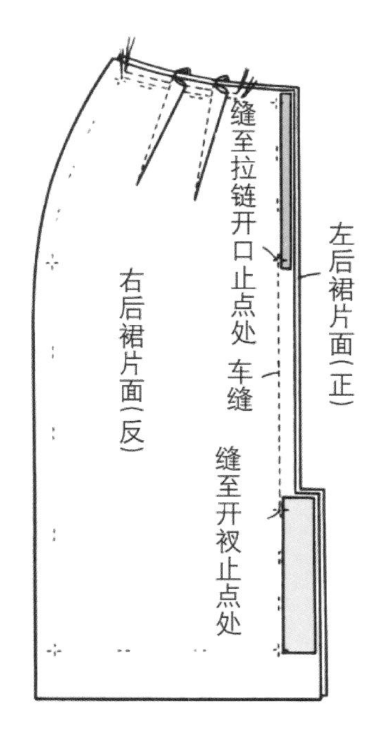

2-2　将右后裙片开口的缝头按净印折进，并将开口止点以下的缝头劈开。

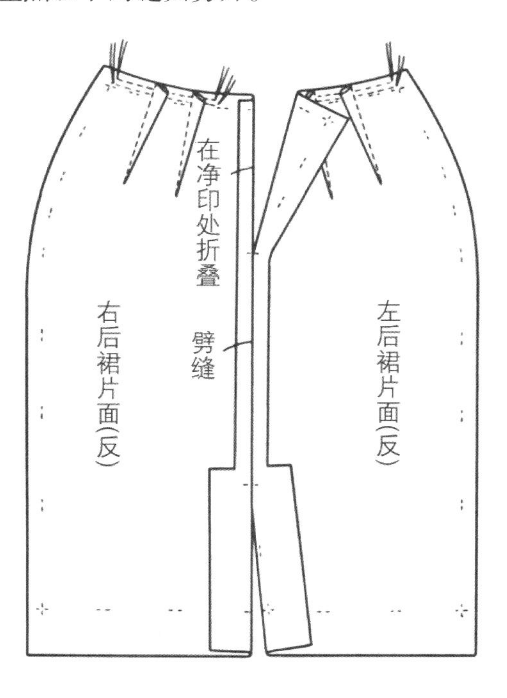

2-3　左后裙片开口处缝头离开净印 0.3 cm 折叠至开口止点下 1 cm 处。

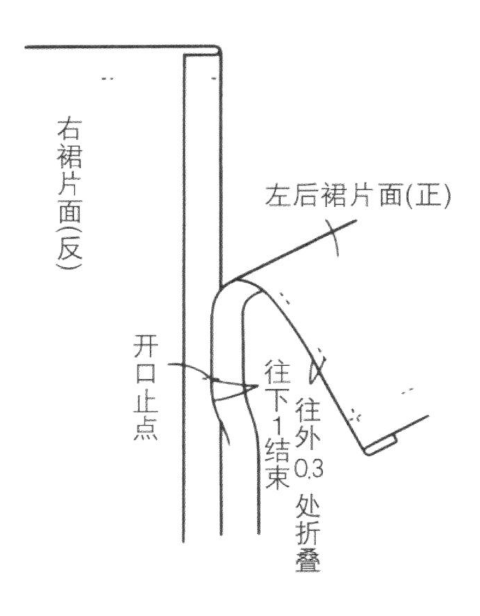

2-4　将拉链对准左后裙片开口折线（拉链牙从腰口线净印往下 0.7 ~ 0.8 cm 开始，到开口止点上 0.7 ~ 0.8 cm 处结束）疏缝固定。在折线上缉明线至开口止点往下 1 cm 处为止。

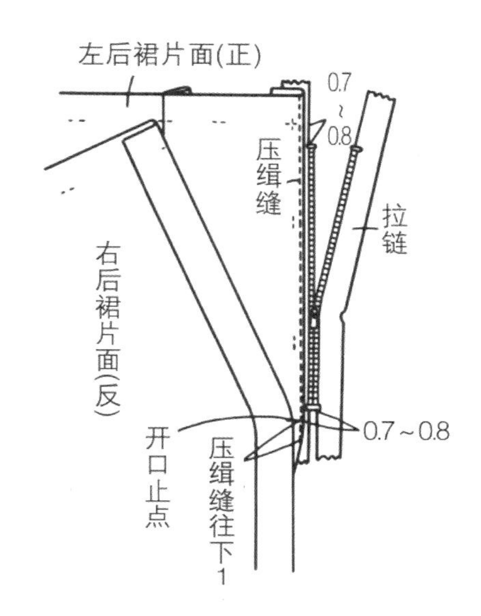

2-5　闭合拉链，将右后裙片开口折线叠在左后裙片净印上，疏缝固定。离开折线 1 cm 宽缉线。距离开口止点 0.5 cm 处至开口止点斜向车缝，并倒回针。

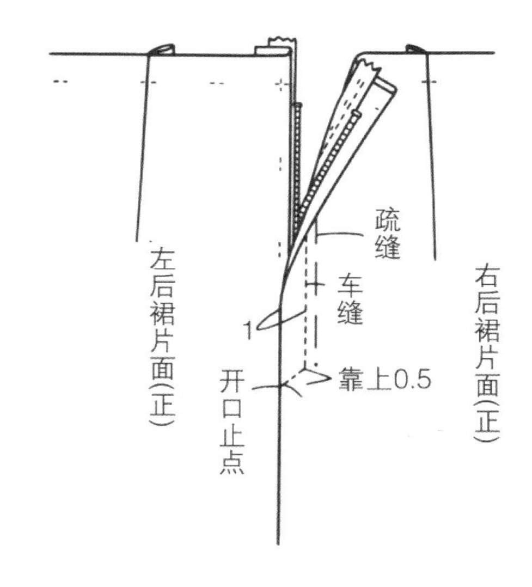

3　缝裙片面的侧缝线

前后裙片正面相对叠合，缝合侧缝，并劈缝。

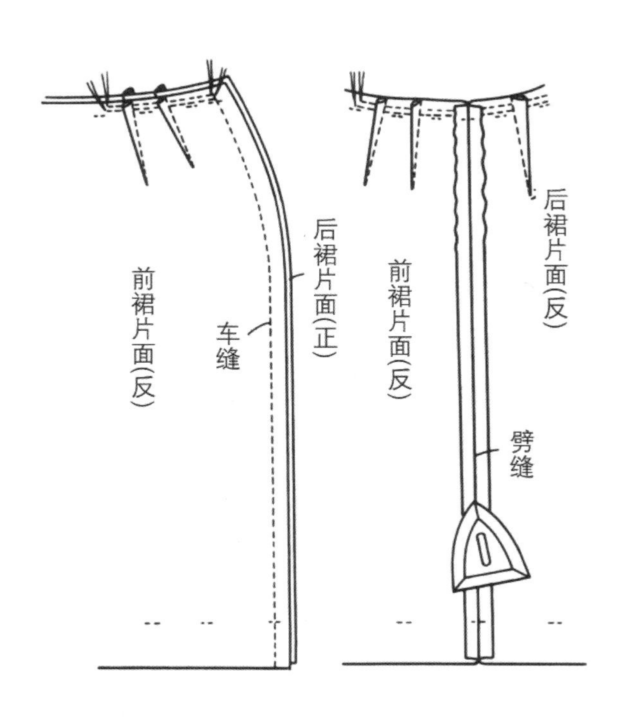

4　做裙子里子

4-1　与裙片面一样缝省道，省缝倒向侧缝侧。

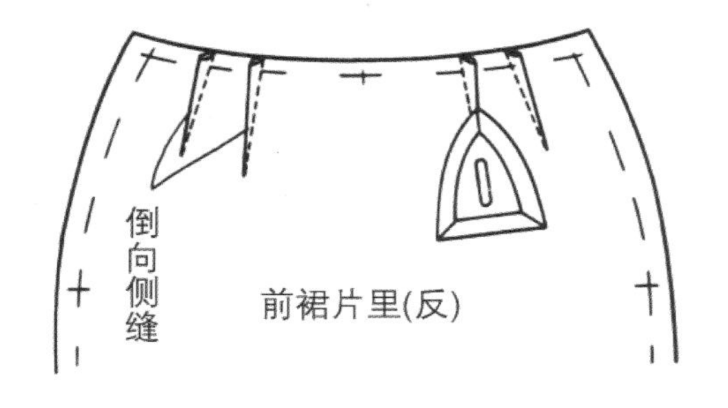

4-2　将左右后片里子正面相对叠合，在中心线上，从开口止点往下 1.5 cm 处开始，沿净印线至开衩止点。

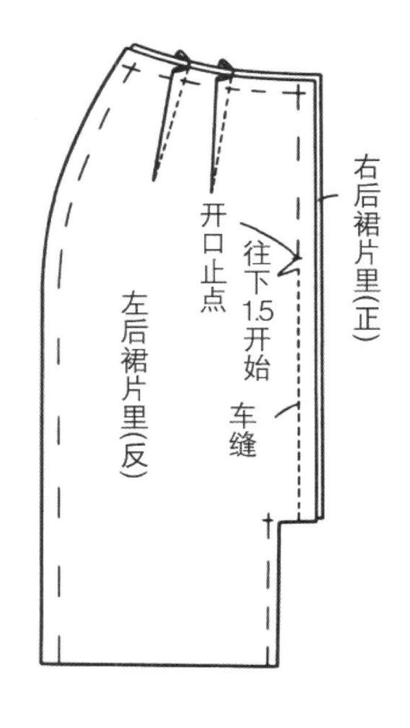

4-3　后中心缝头倒向右后片。

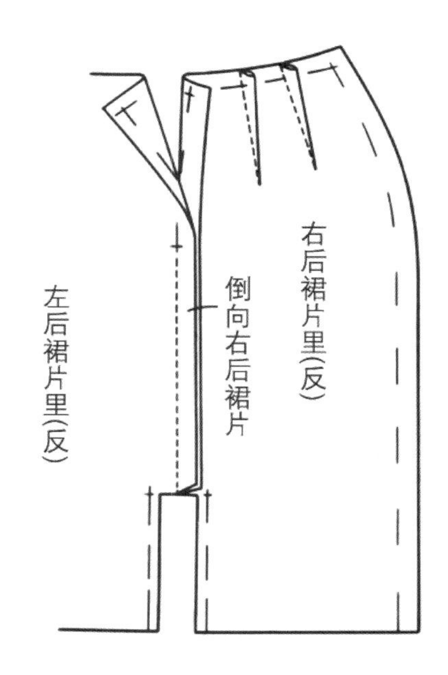

4-4　将前后片里子正面相对叠合，沿侧缝净印疏缝，在缝头上留 0.3 ~ 0.5 cm 余折缝头，然后进行车缝。缝头从疏缝位置倒向前片。

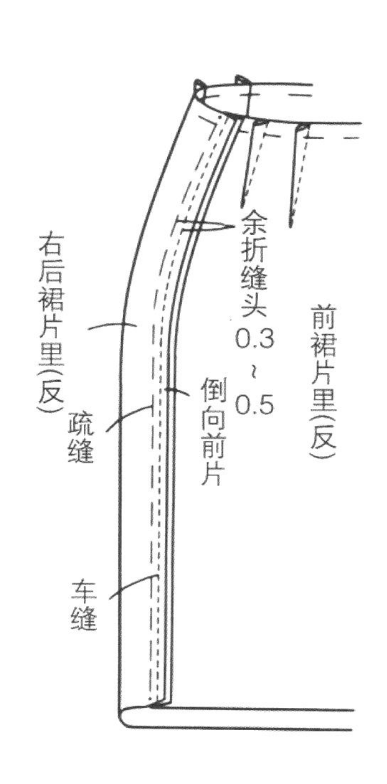

4-5　下摆里子以离开裙片面下摆 3 cm 为标准，确定长度，将缝头折三折，并压缉缝。

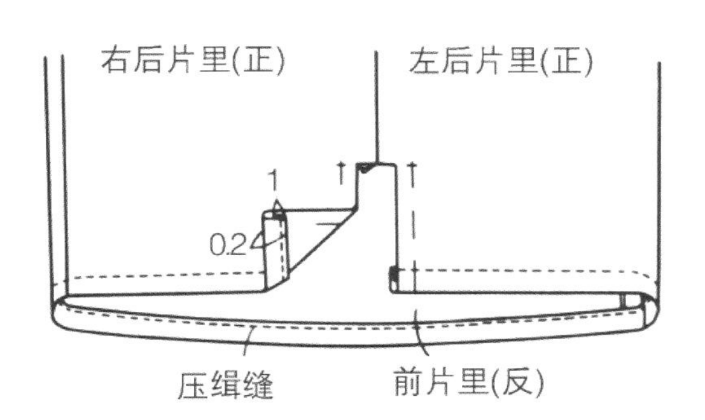

5　装里子

裙面和裙里正面相对叠合，在净印线外侧疏缝固定。为使拉链开口部分的里子不影响拉头，将其折进，缲缝固定在拉链布带上。离开折线 0.5 cm 处星针固定。

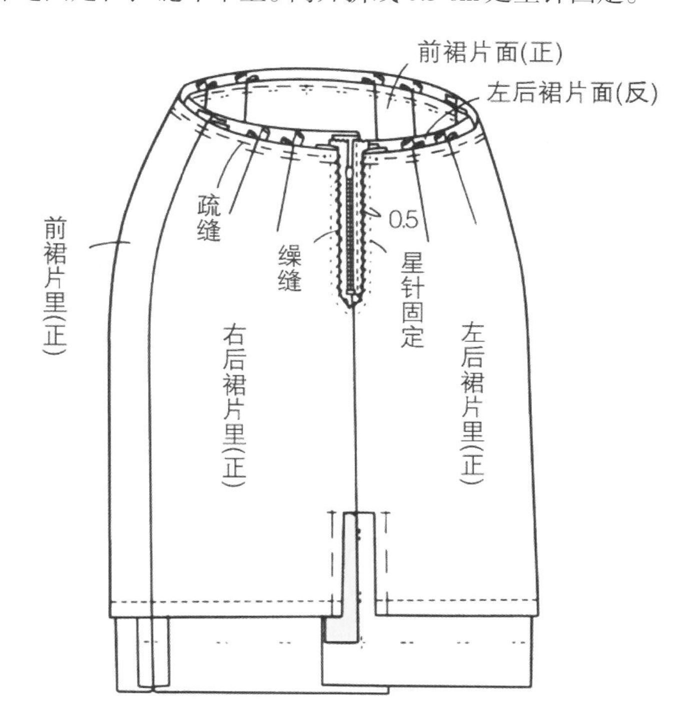

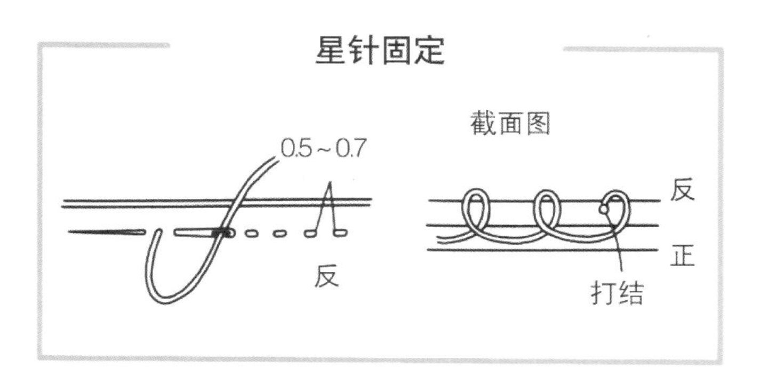

6　装腰头

6-1　在腰头布反面贴腰头衬，图做标记。

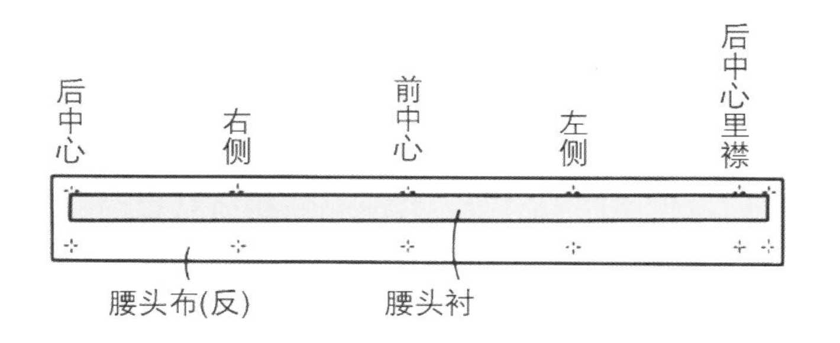

6-2　腰头布和裙面正面相对叠合，疏缝固定后车缝。

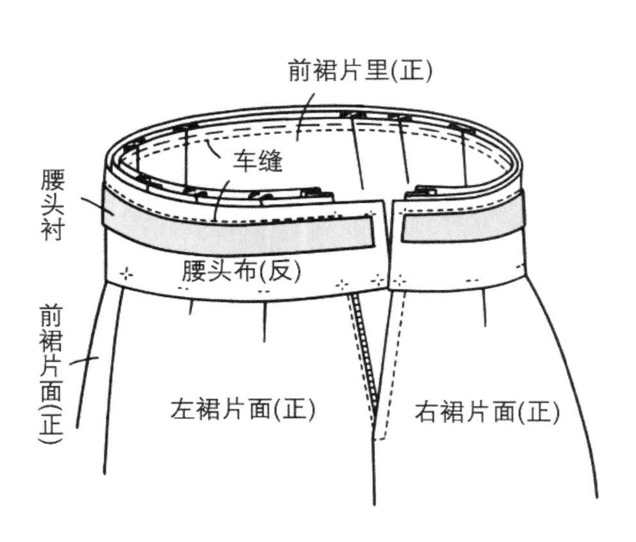

6-3　将腰头布正面相对对折，衬布厚度为从折线处缝至净印处。

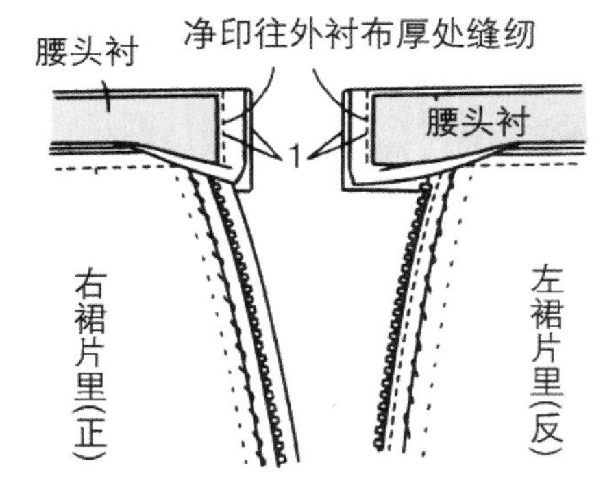

6-4　将腰头翻至正面，将缝头对准装腰缝道折进，缲缝固定（也可以在腰头四周压一道明线）。

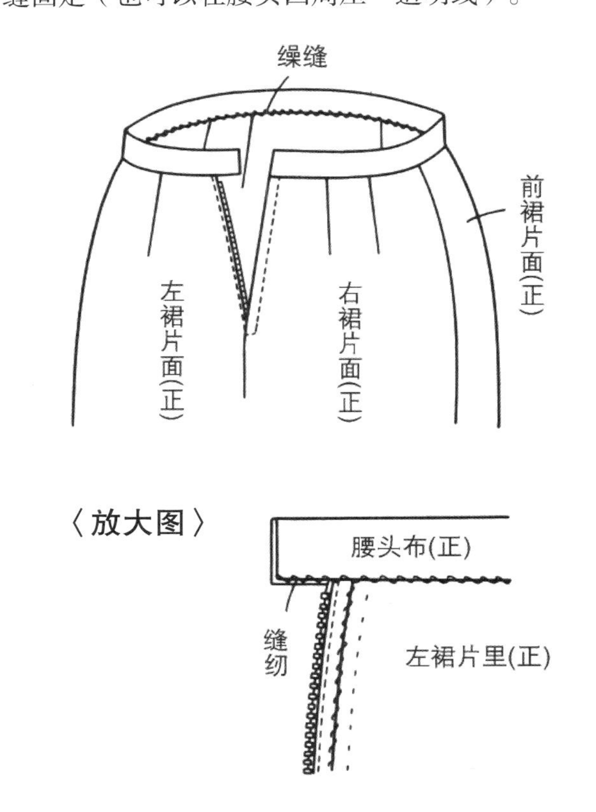

7　开衩、下摆处理

7-1　裙面侧缝和开衩缝头图修剪，底摆折边从正面锁边。

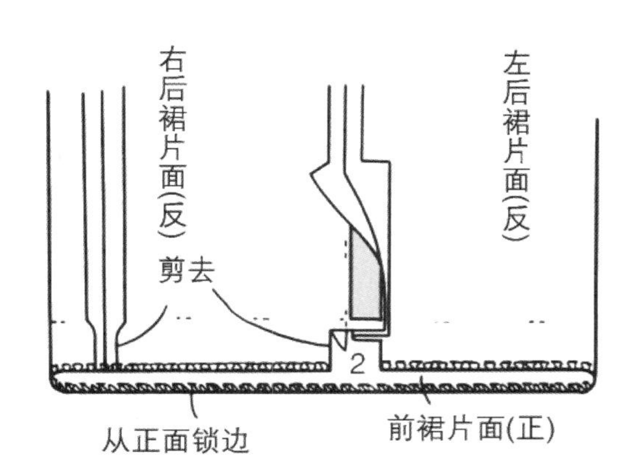

7-2　底摆折边按净印折进，疏缝固定后暗缲缝。

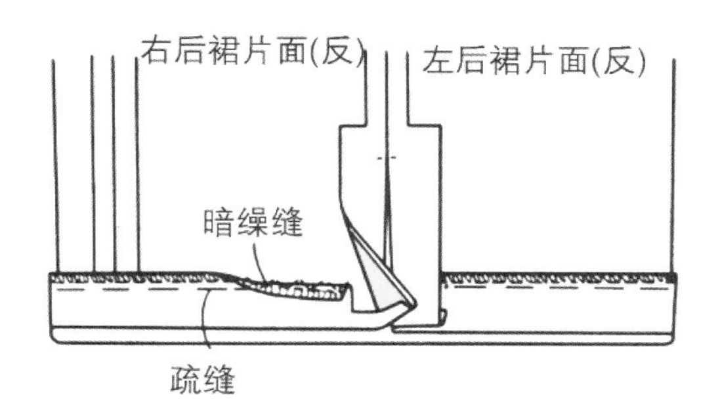

7-3　将开衩处缝头从净印往里折进。底摆侧缝头用纵向缲缝、三角针固定。

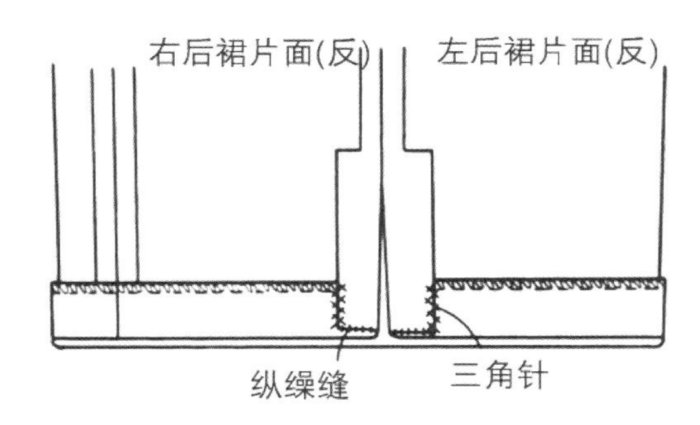

7-4　注意裙面和裙里的平衡，在开衩周围用大头针固定，转角处剪刀口。

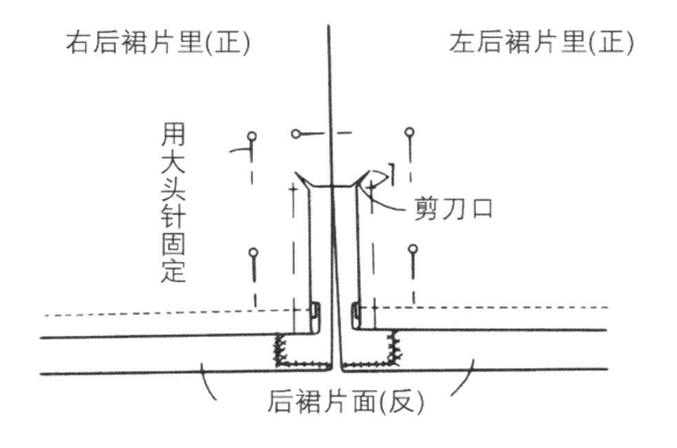

7-5　将开衩缝头往里折进，纵向缲缝固定。底摆用三角针缝 3 cm。

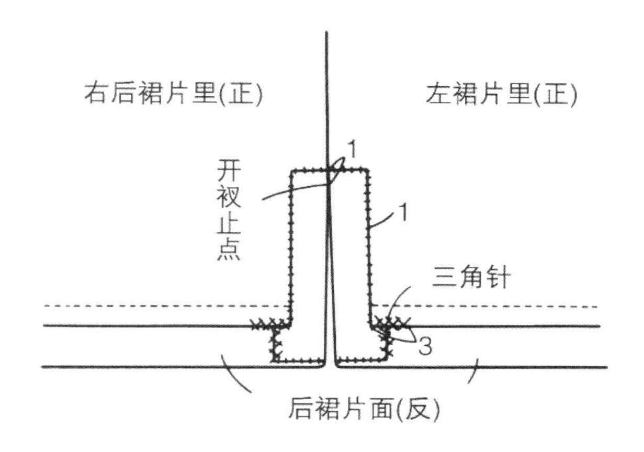

7-6　裙面和裙里的下摆两侧缝处用 2 ～ 3 cm 长的线固定（参照第 253 页）。

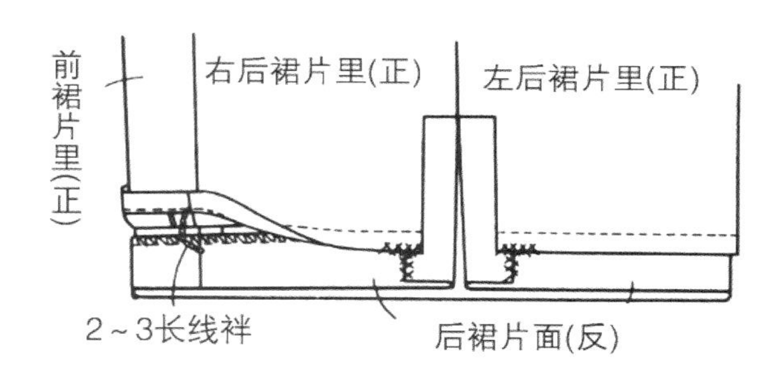

8　钉裤钩袢

8-1　在上片腰头反面钉钩，缝针缝到衬布为止，注意不要在正面露出针脚。

8-2　闭合拉链，在裙腰里襟上确定袢的位置，然后钉袢，缝针穿透腰里。

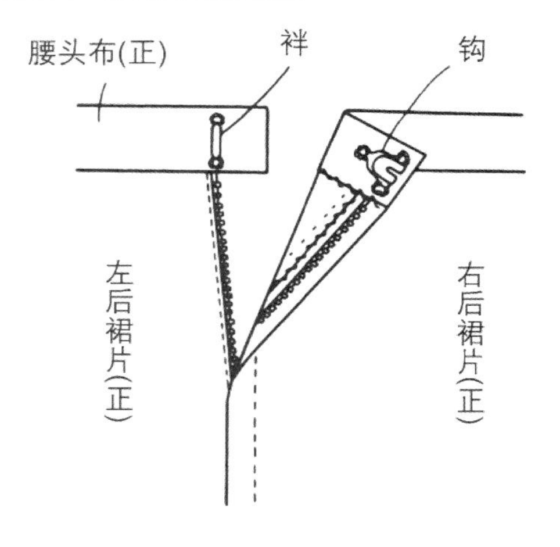

V 型开襟套装

半夹里 V 型领开襟外套和半窄裙的组合。

用料
面料　门幅 150 cm，2.1 m
里料　门幅 90 cm，2.7 m
黏合衬　门幅 90 cm，1.05 m

附件
钮扣（直径 1.8 cm）　3 个
垫肩（厚度 0.8 ~ 1 cm）　1 副
袖山衬条　3 cm 宽，22 cm
黏合带　1 cm 宽，1.6 m
直牵条衬（半斜条衬）　1 cm 宽，0.8 m
拉链 (比开口尺寸短 1.5 cm)　1 根
裤钩袢　1 副
腰头衬　3 cm 宽，0.7 m

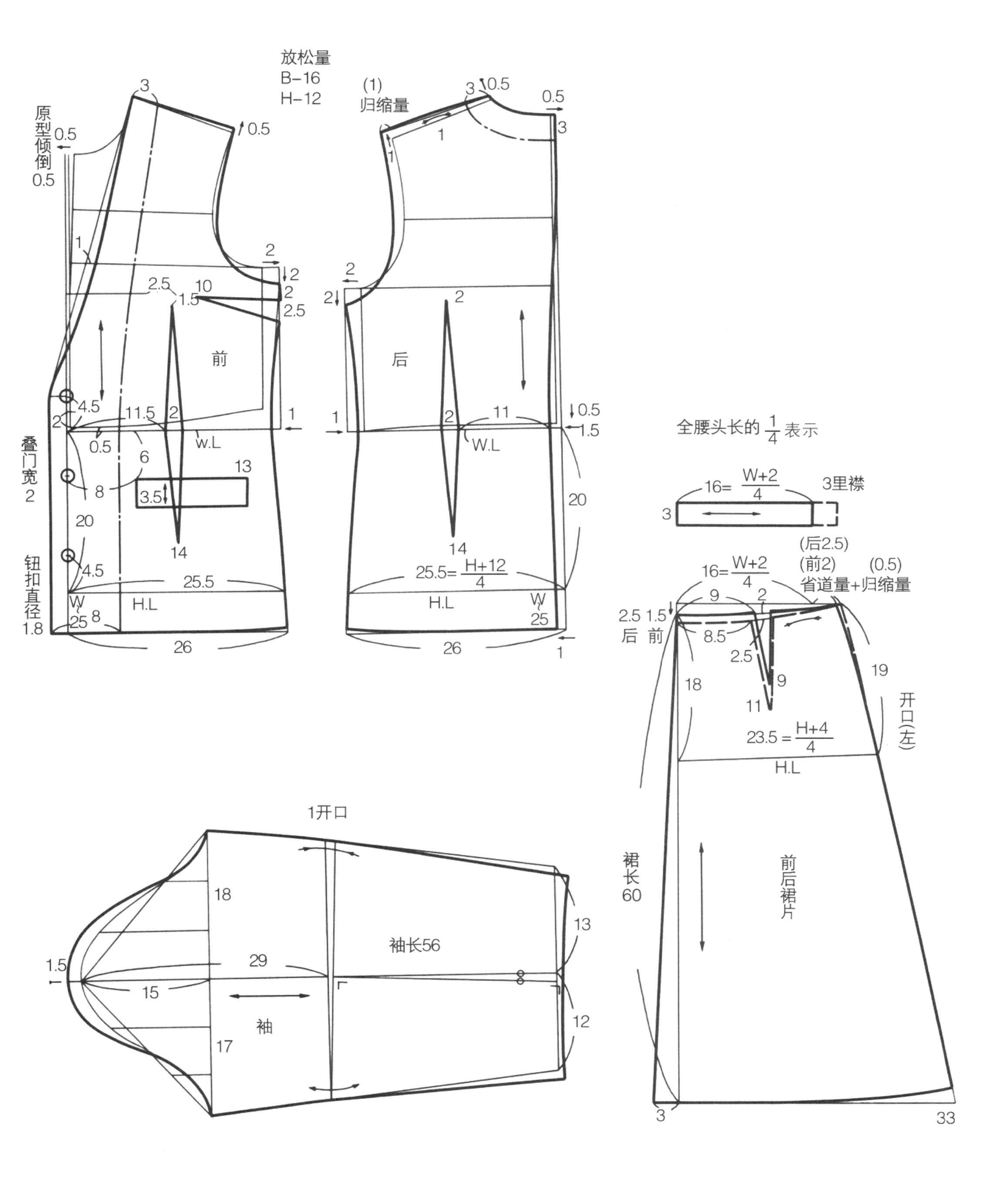
放松量
B-16
H-12
原型倾倒0.5
0.5
(1)
归缩量
前
后
W.L
叠门宽2
钮扣直径1.8
H.L
25.5=$\frac{H+12}{4}$
全腰头长的$\frac{1}{4}$表示
16=$\frac{W+2}{4}$
3里襟
(后2.5)
(前2)
(0.5)
省道量+归缩量
后 前
23.5=$\frac{H+4}{4}$
开口(左)
裙长60
前后裙片
1开口
袖长56
袖

衬的位置及其纸样

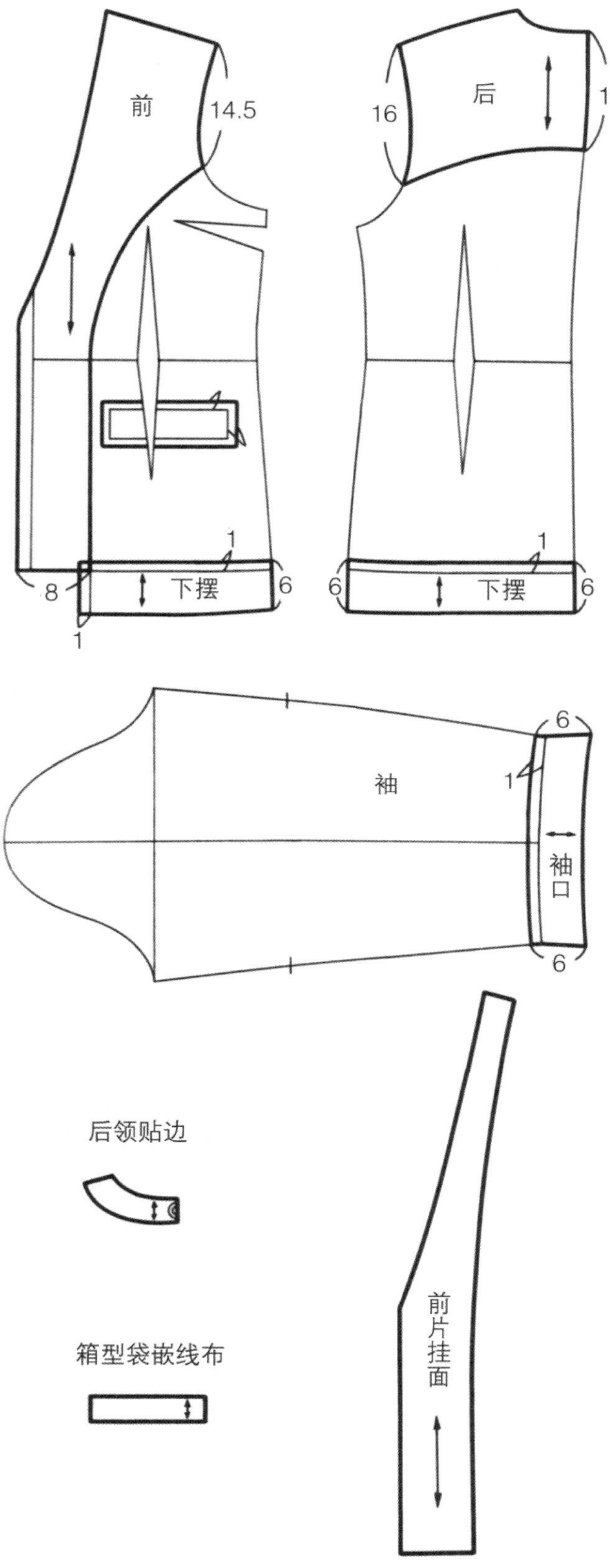

前
14.5
后
16
15
下摆
8
1
6
1
下摆
6
6
袖
6
1
袖口
6

后领贴边

箱型袋嵌线布

前片挂面

大身里子纸样

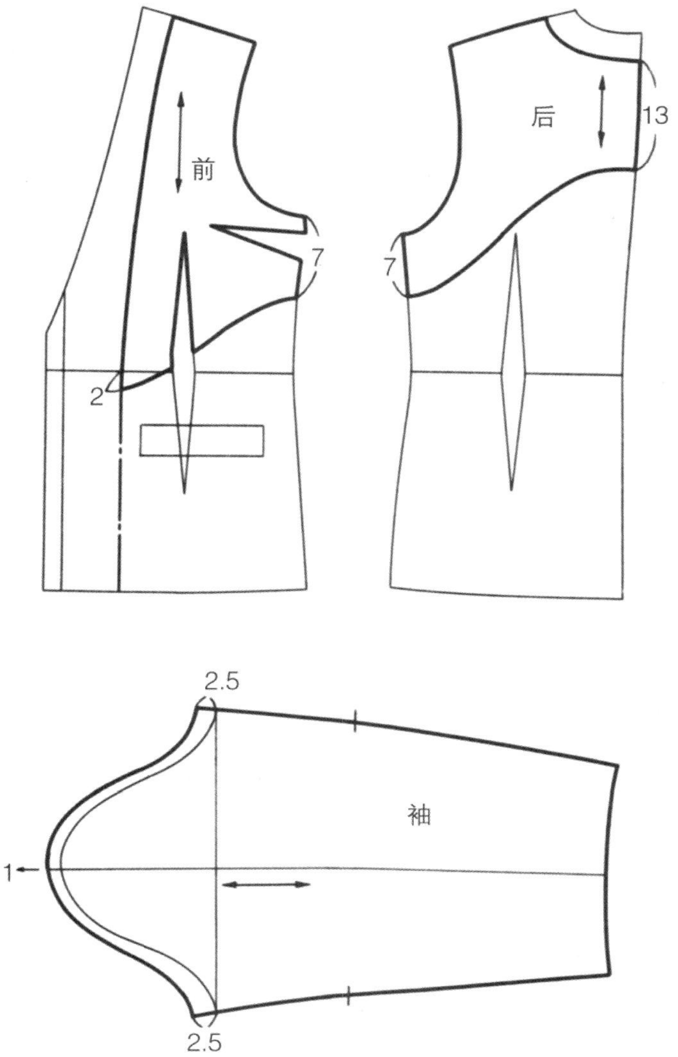

前
7
2
后
13
7
2.5
袖
1
2.5

袋布（面料）纸样

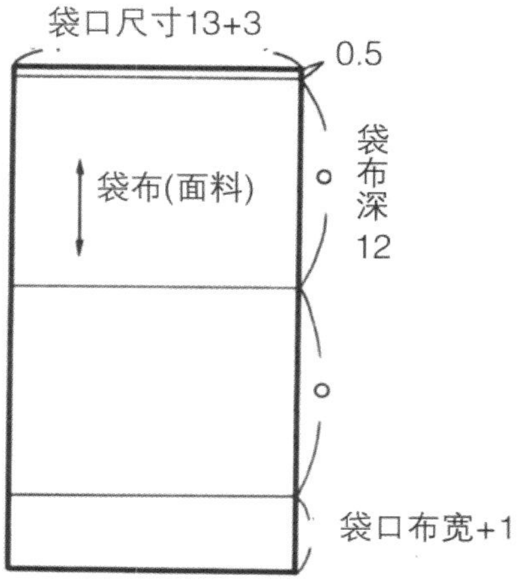

袋口尺寸13+3
0.5
袋布(面料)
袋布深12
袋口布宽+1

裁剪

先整理布料（参照第 242 页），然后参照裁剪图进行面料裁剪。由于体型因素需要补正的地方或对于易散边的面料，缝头要多放一些。如果是有花纹的面料，裁剪时还要考虑对花。这张裁剪图是按同一方向排列纸样的，如果面料许可，也可以将纸样插入进行套裁。

面料裁剪图

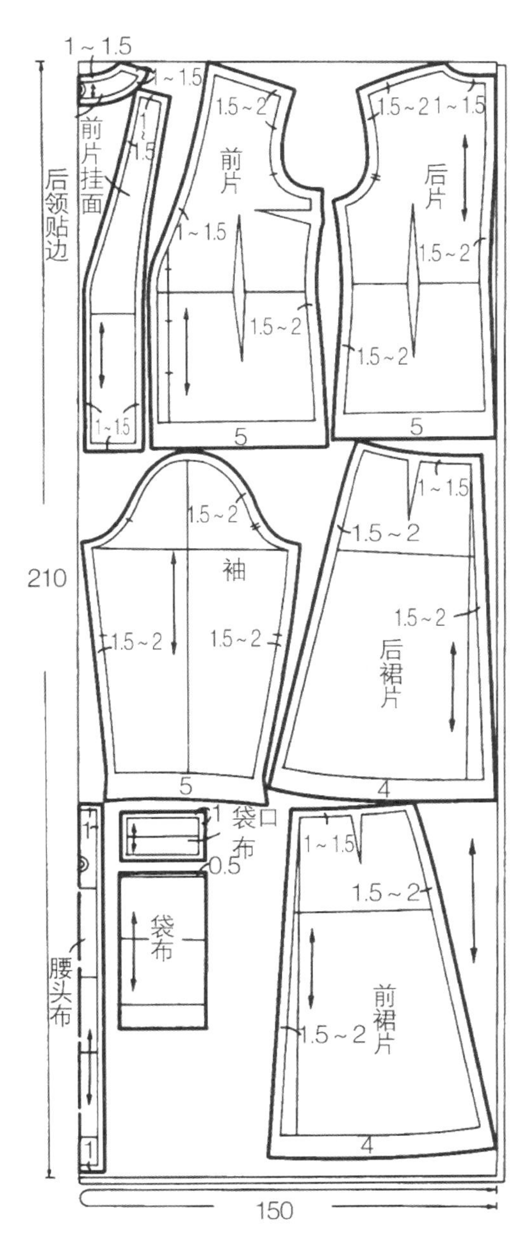

里子裁剪图

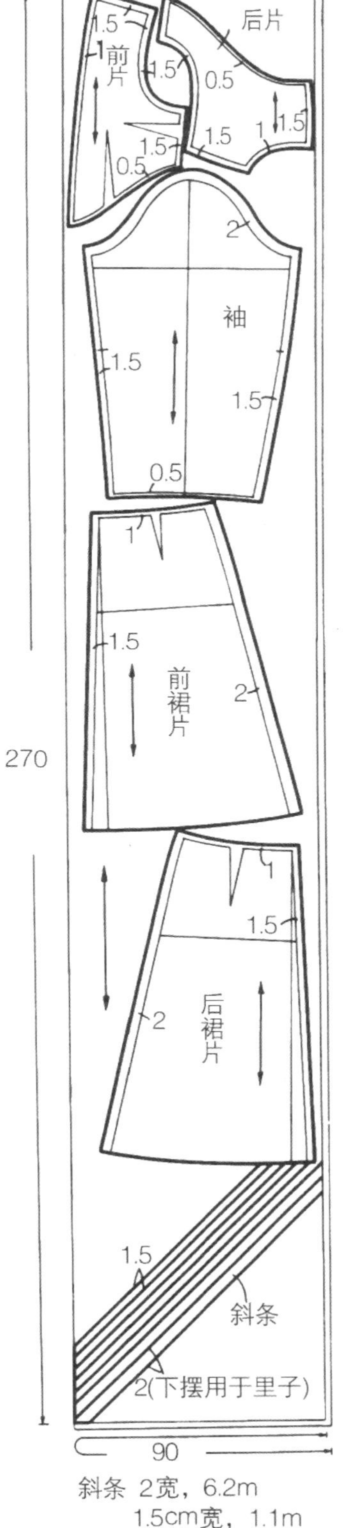

斜条 2宽，6.2m
1.5cm宽，1.1m

黏合衬裁剪图

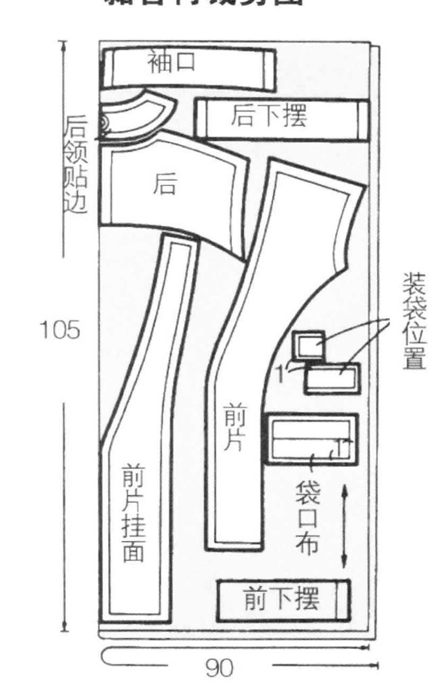

★ 黏合衬基布的布纹、缝头和面料相同。因为是半夹里，为看不到下摆黏合衬，可以从下摆净印内侧 1 cm 处在下摆折边上贴黏合衬。
太透的面料可以不贴黏合衬，也可以只在缝头上贴黏合衬。

正式缝制

上衣缝制方法

1　黏合衬和牵条衬的黏合

贴黏合衬，并做标记。防止面料拉伸的牵条衬，往缝头方向超出净印标记 0.1 ~ 0.2 cm 处开始黏贴。

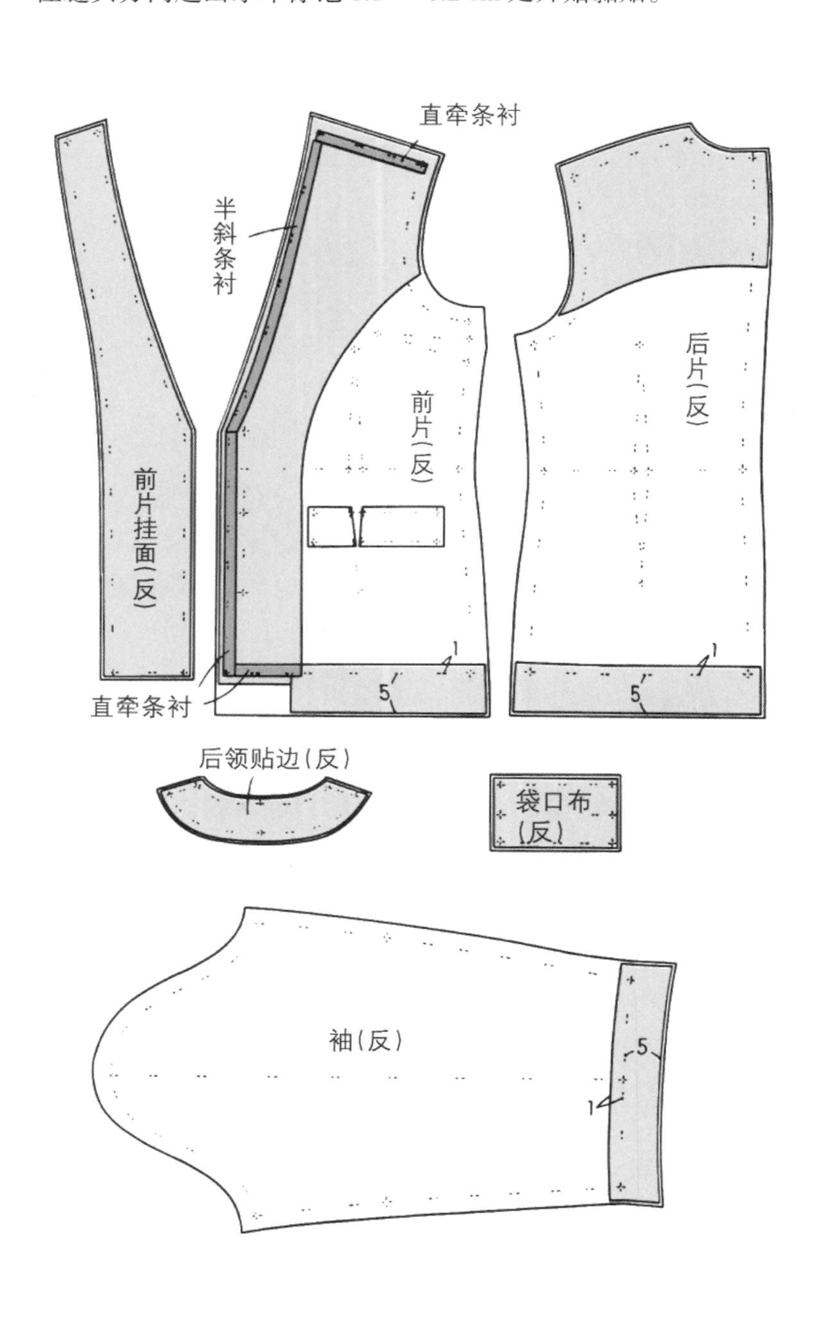

2　缝前后衣片省道

缝合侧胸省和腰省。侧胸省倒向上方，腰省倒向中心。在省尖残留的线头打结、并通过缝道剪短。

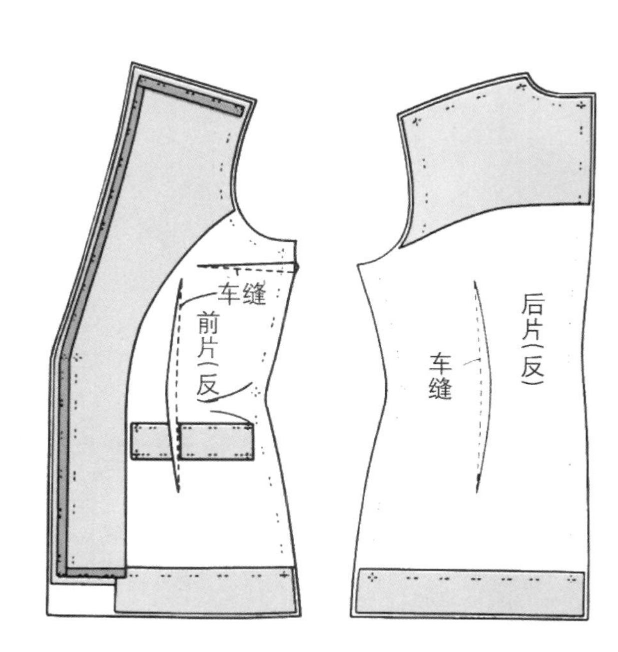

<省尖残留线头处理>

车缝

打结

车缝

3 做箱型袋

3-1 将袋口布正面相对对折,袋口布里稍稍缩进一点,两端缉合。

3-2 翻至正面，用熨斗整形。

3-3 装袋口布、袋布。袋口布正面对准衣片上装袋口布位置，然后将袋布叠放在上面，按袋口布宽缝纫。

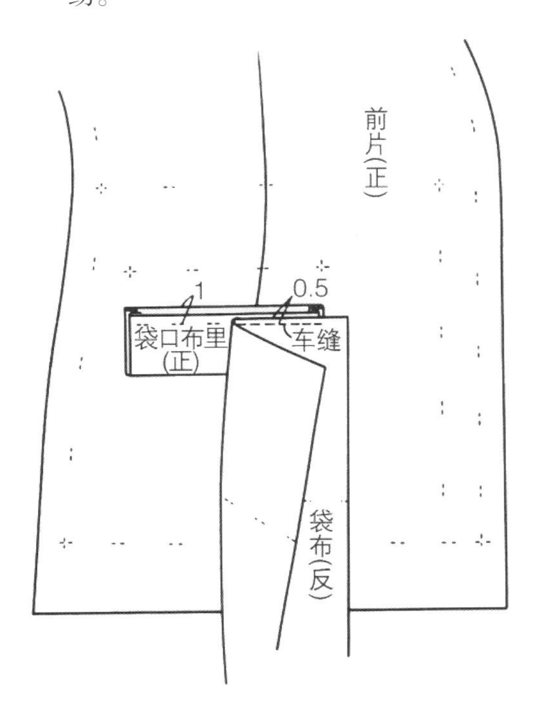

3-4 避开袋口布缝头，离开装袋口布位置 0.5 cm 平行的剪切口。两端图剪至距袋口端 0.5 cm 位置。

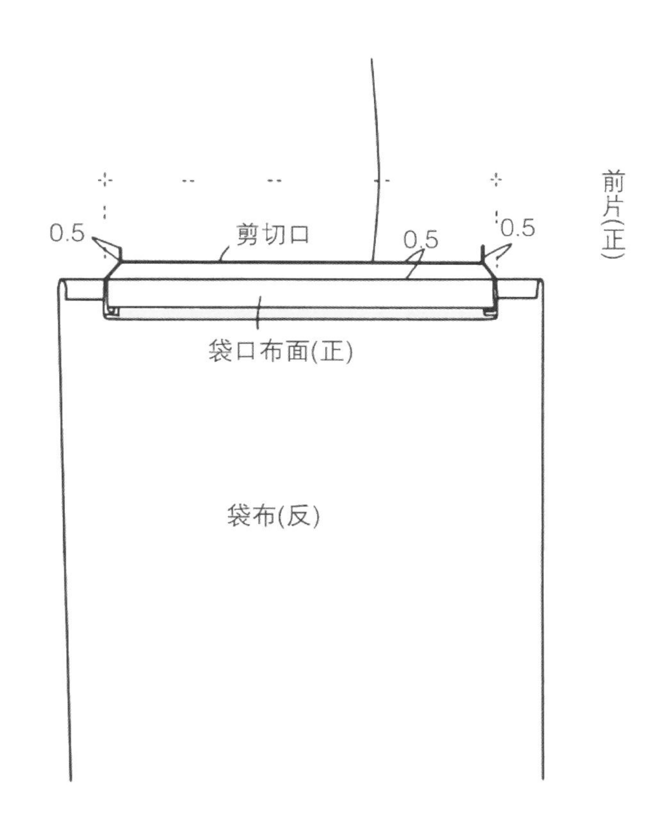

3-5 将袋布从切口处拉至里侧。

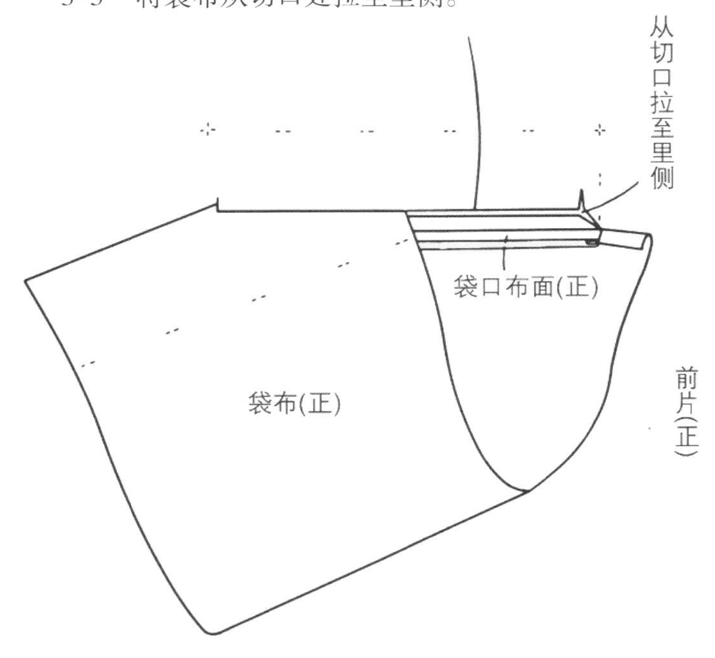

3-6　将切口处衣片缝头往里折进。

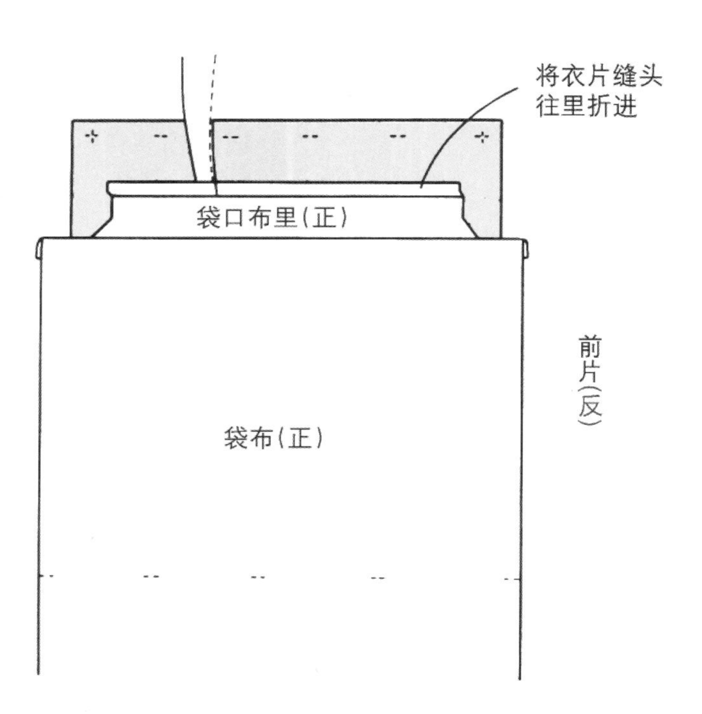

3-7　将袋布往上翻折，两端疏缝固定。

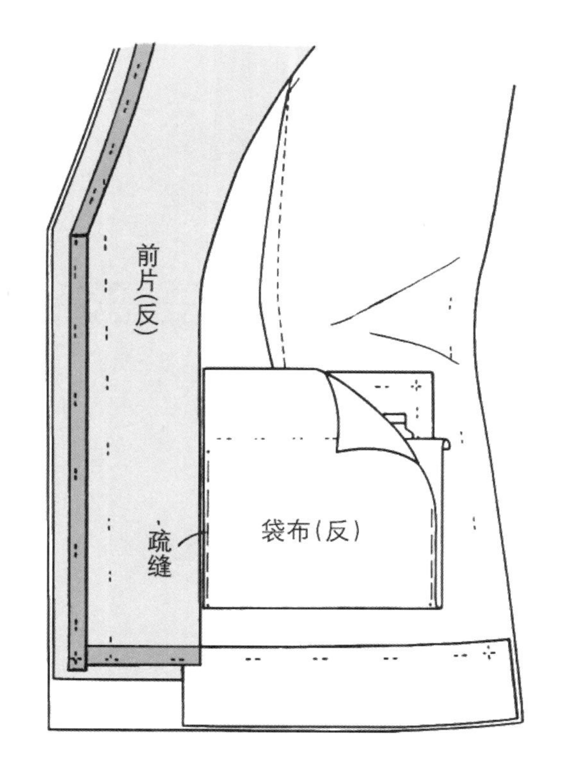

3-8　避开袋口布，将三角形缝头和3-6中折进的衣片缝头图绢线。

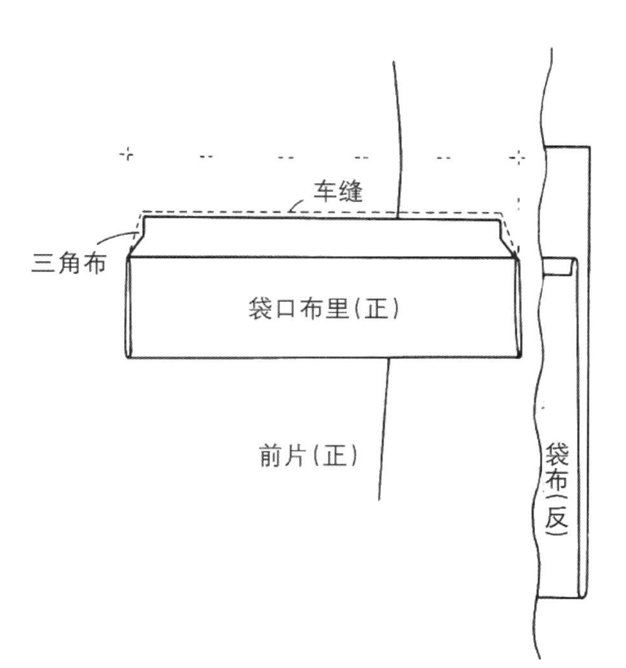

3-9　袋口布两端疏缝固定，从正面暗缲缝，将其与袋布一起固定。

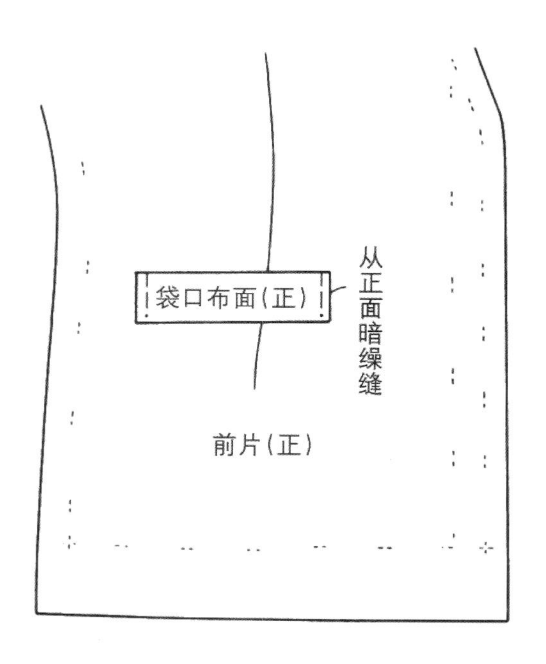

3-10 为了不影响袋口布形状，图从里侧用回针缝固定袋口布。袋布下端剪成圆角。

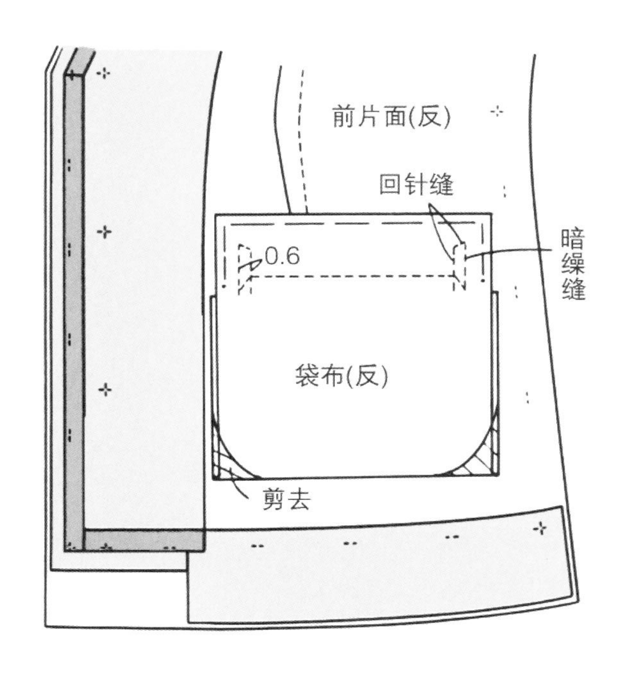

3-11 袋布上端用斜条包边处理。袋布周围先用两端折进 0.5 cm 的斜条疏缝固定。

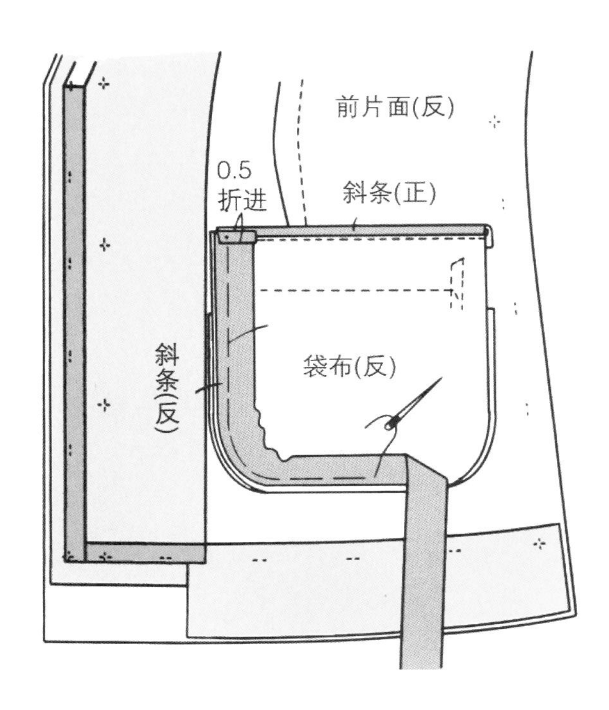

3-12 袋布周围滚边处理。

前片面(反)
袋布(反)
0.3
漏落缝
从
正
面
漏
落
缝
袋布
(反)
滚边(正)

4 后衣片面肩线归缩处理

后衣片肩线净印外 0.2 cm 和再往外 0.3 cm 处用双股本色线进行拱针，将其抽缩至和前肩等宽，熨烫缩缝。

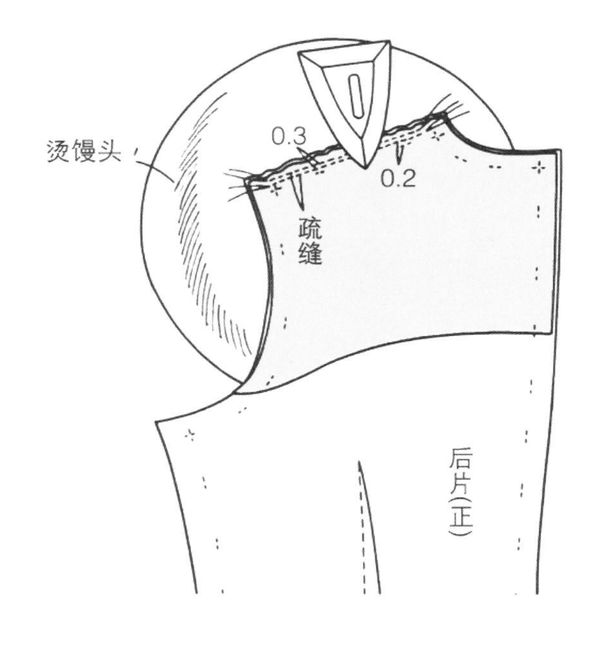

5　缝合后片面子中心线

左右后片正面相对叠合，缝合中心线。劈开缝头，1.5 cm 宽滚边处理（参照滚边法）。

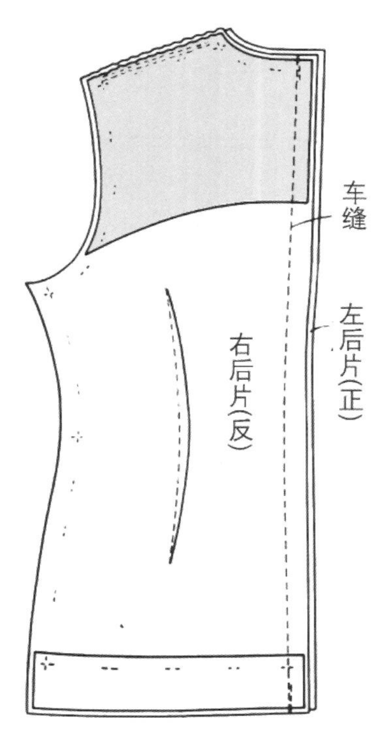

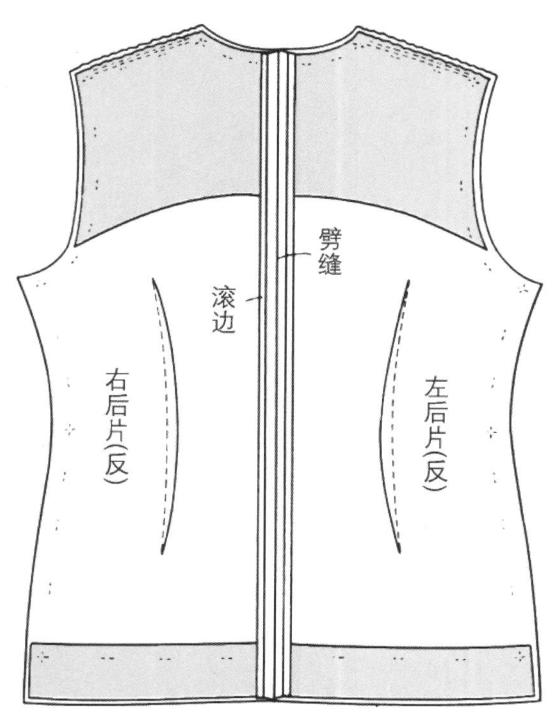

6　缝合衣片面子的肩线

前后衣片面子正面相对叠合，缝合肩线，并劈开缝头。

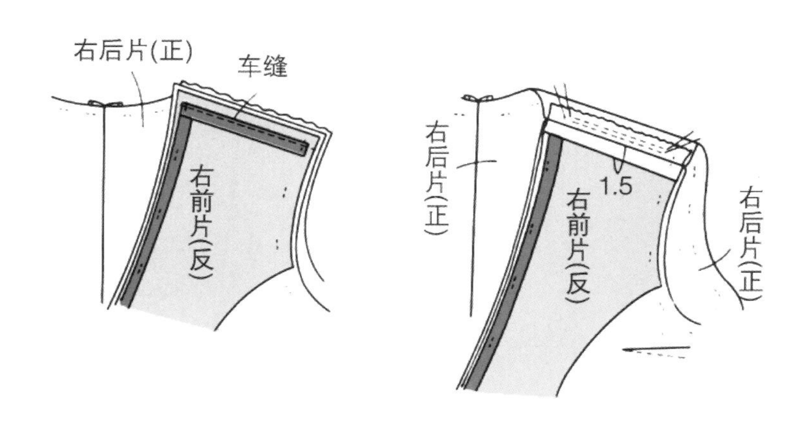

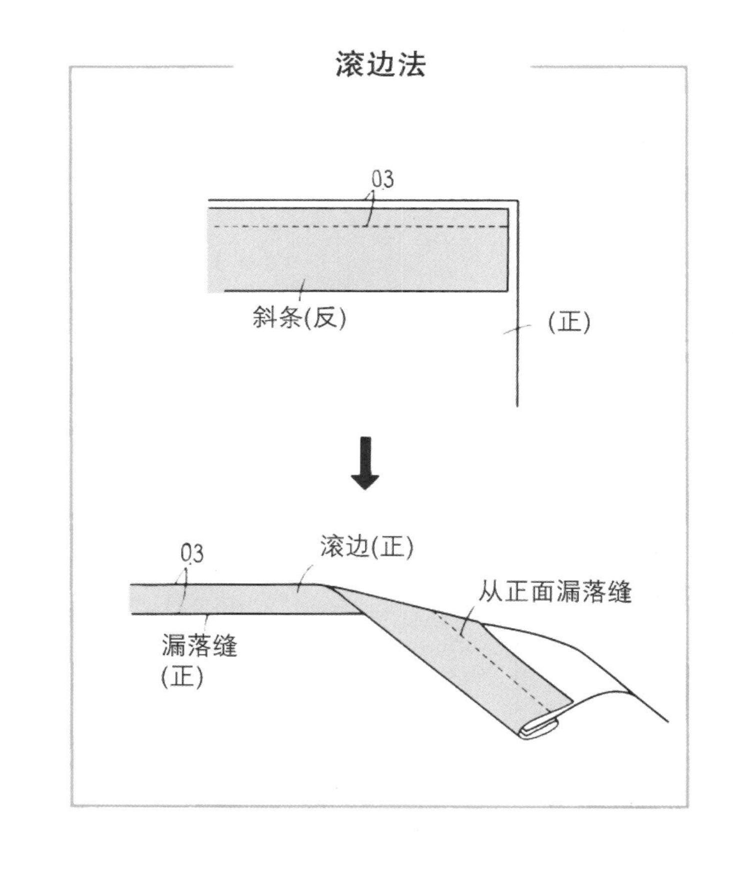

7 缝合挂面肩线

前片挂面和后领贴边正面相对叠合，缝合肩线，并劈开缝头。

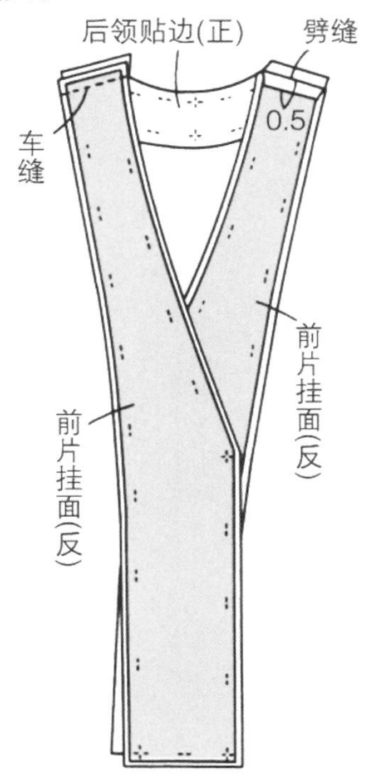

8 缝前片里子省道

同衣片面子一样，缝合前片里子省道，侧胸省倒向下侧，腰省倒向侧缝。

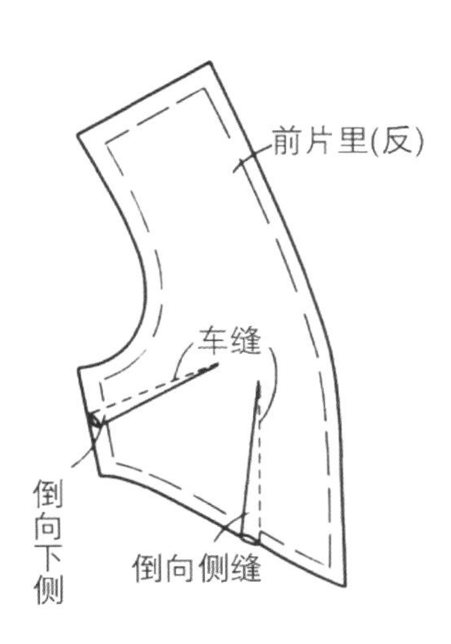

9 缝合后片里子中心线

9–1 左右后片里子正面相对叠合，在中心线上沿净印疏缝，在缝头处留 1 cm 余折缝头后车缝。

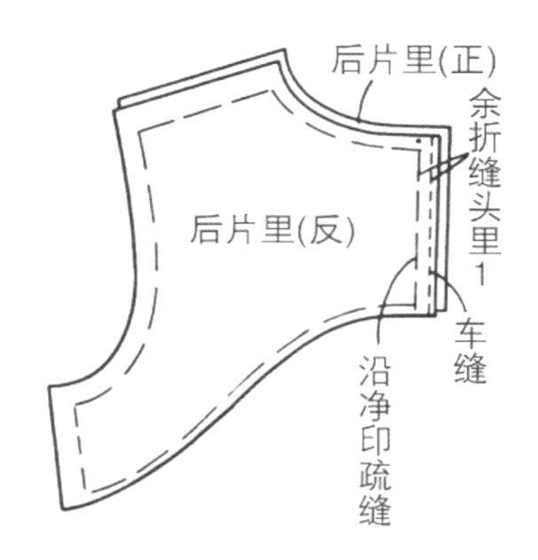

9–2 缝头从疏缝线位置倒向后片。

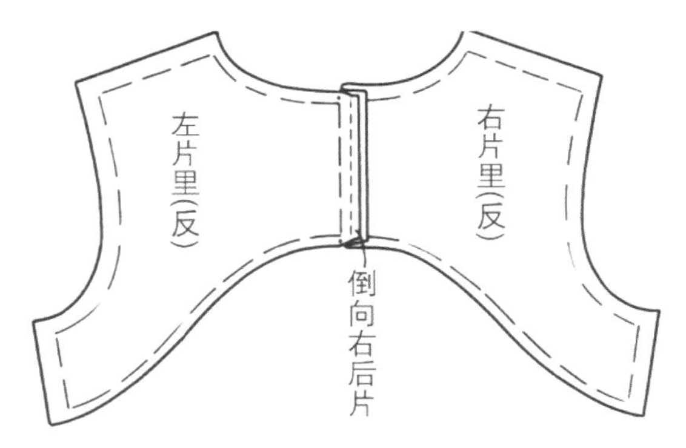

10 缝合衣片里子肩线

10–1 在左右后片的肩线缝头上同后片面子同样进行拱针，抽缩肩线。

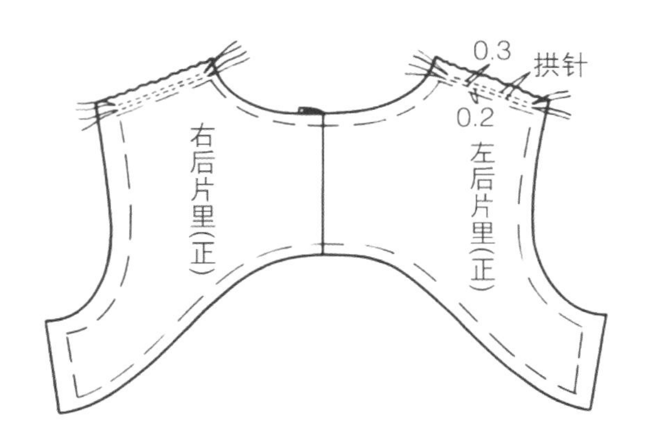

10-2 前后肩线正面相对叠合，沿净印缝合。

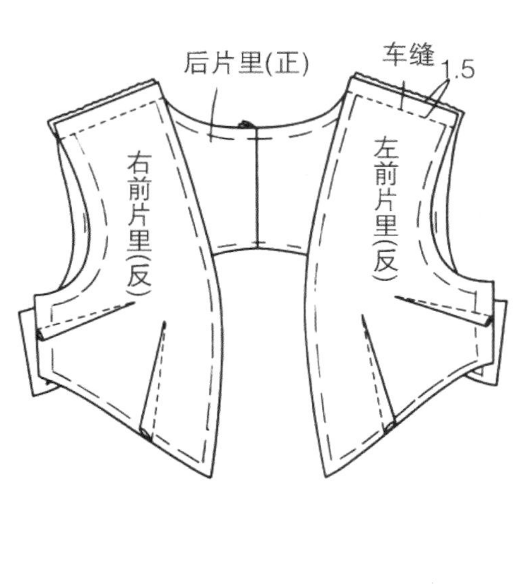

11 缝合挂面与里子

11-1 挂面、后贴边和前后衣片里子正面相对叠合，缝至下摆里子靠上 3 ~ 4 cm 处。

后片里(正)
后领贴边(反)
车缝
3 ~ 4
前片里(正)
3 ~ 4
前片挂面(反)

10-3 缝头倒向后片。

11-2 将衣片里子后领圈部分剪刀口。弧度大的地方剪刀口打得密一点。

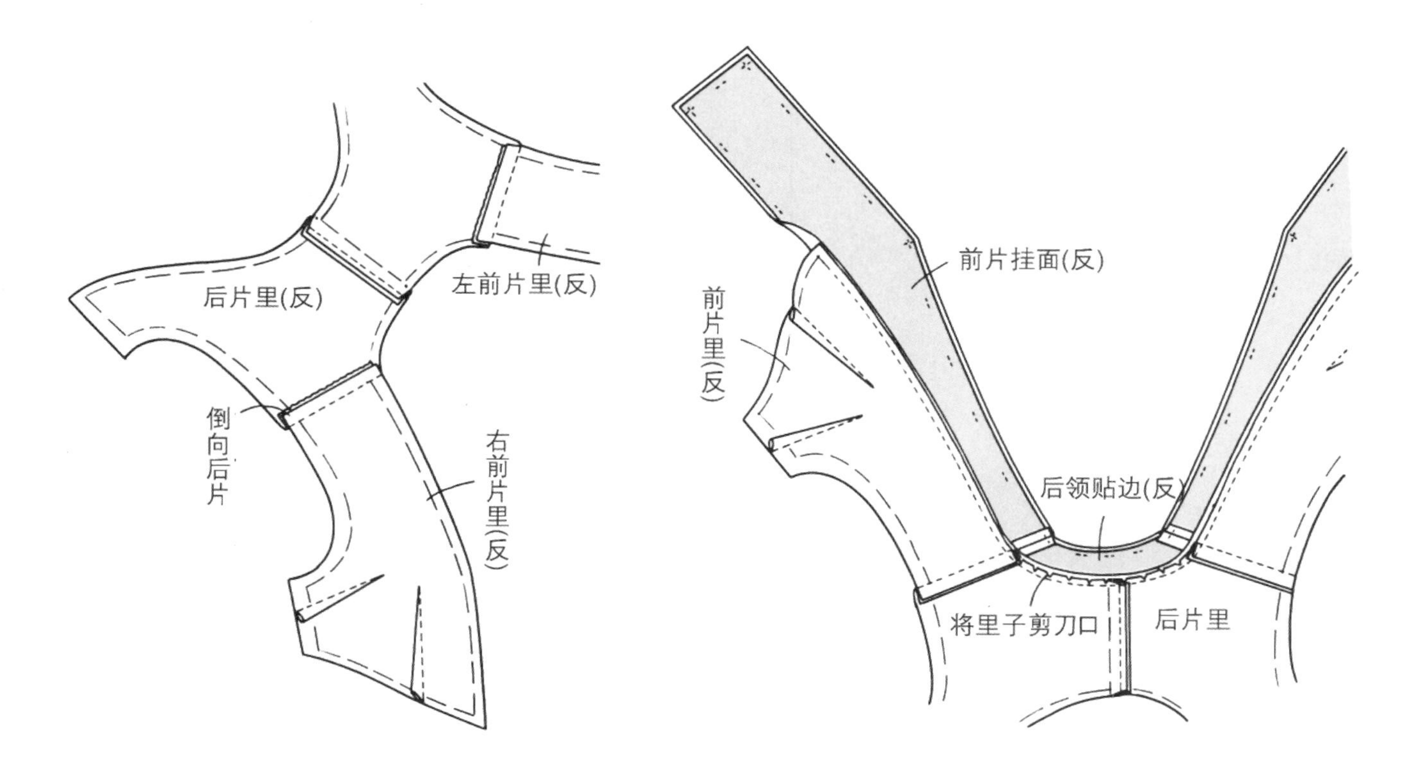

11-3 下摆里子靠上 3 ~ 4 cm 以下的挂面内边缝头，用 1.5 cm 宽斜条滚边处理（参照第 255 页）。挂面缝头倒向衣片里。

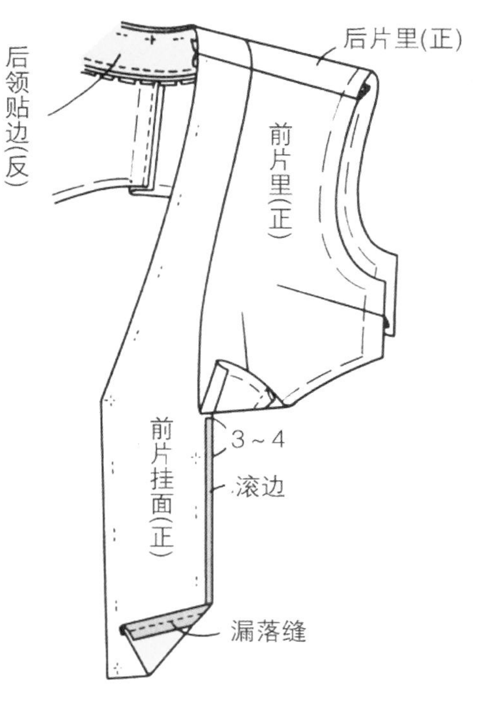

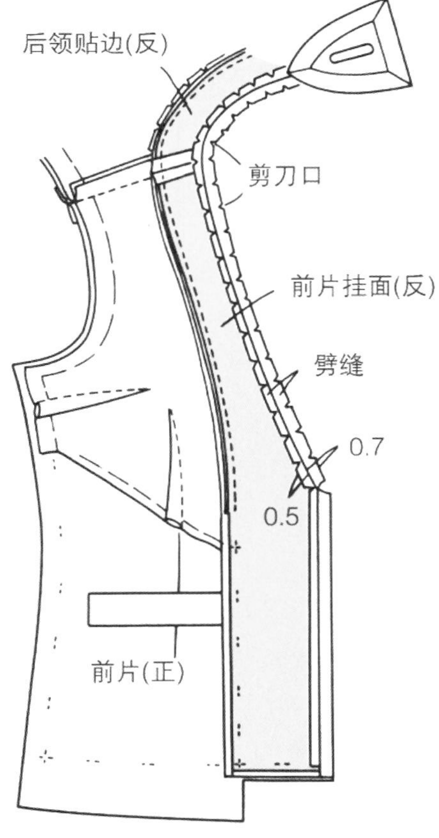

12 装挂面

12-1 前后衣片和挂面、贴边正面相对叠合，挂面从净印往里 0.1 cm 和衣片面子从净印往外 0.1 cm 对合，疏缝固定，疏缝线外侧缉合。转角处对准净印。和挂面重合的下摆折边图修剪。

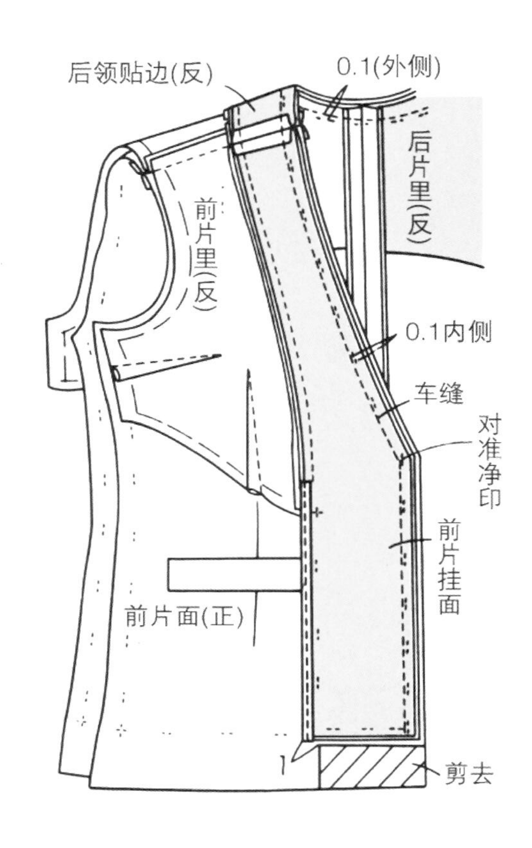

12-2 在缝头弧度较大的地方剪刀口，并将衣片缝头修剪至0.7 cm，挂面缝头修剪至0.5 cm，劈缝熨烫。

12-3 翻至正面，挂面退进 0.1 cm 熨烫定型。下摆缝头处挂面退进 0.1 cm 用纵缲缝固定。从领圈到下摆斜绗缝固定。挂面内边用放置式绗缝固定，与口袋重合部分挂面用暗缲固定。

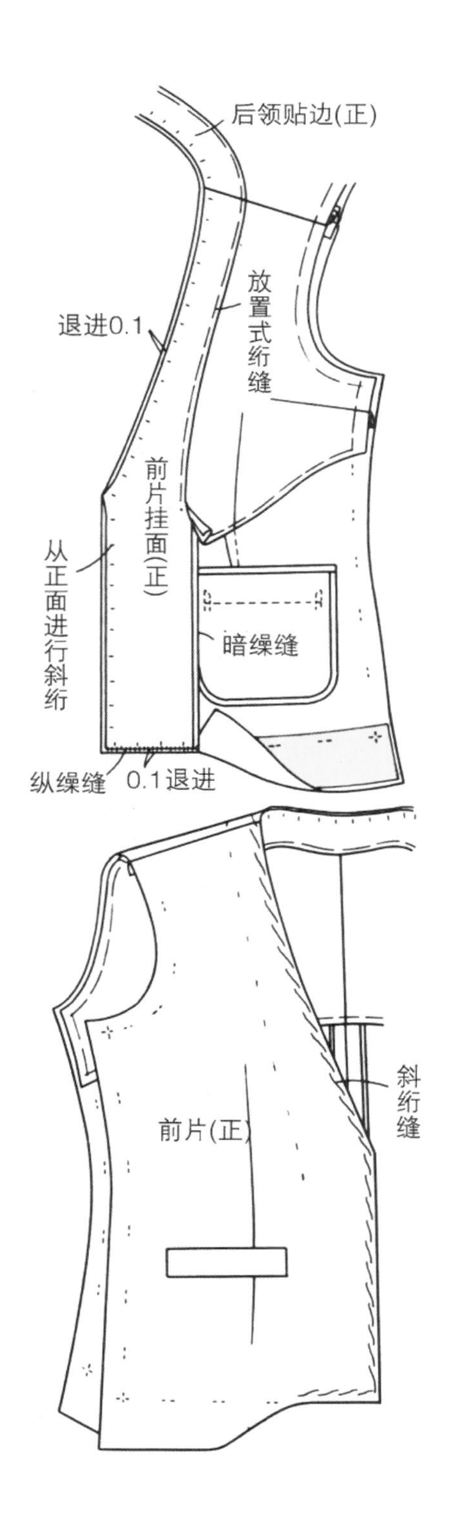

13 缝衣片面子侧缝线

13-1 前后衣片正面相对叠合，缝合侧缝。

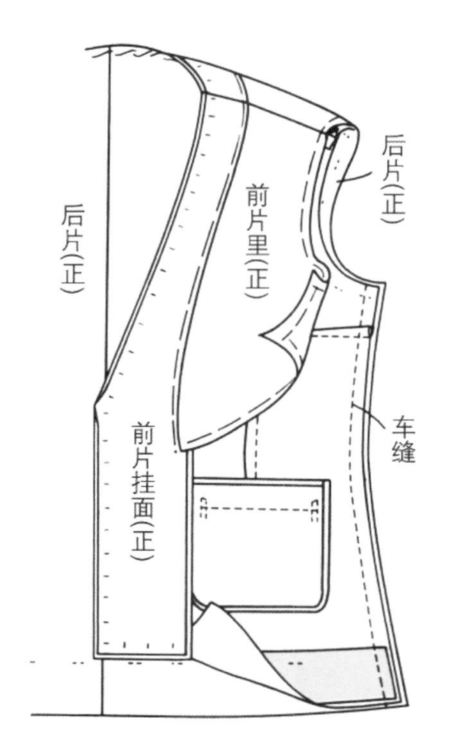

13-2 劈开缝头，1.5 cm斜条滚边处理（参照第255页）。

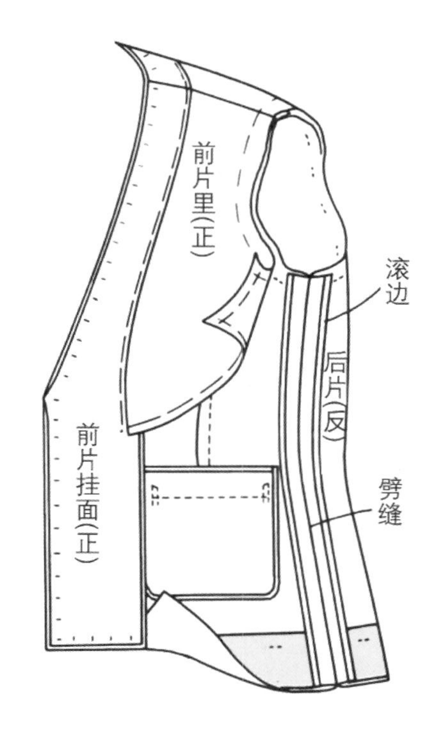

14 衣片面子下摆处理

14-1 下摆缝头 1.5 cm 斜条滚边处理（参照第 255 页）。

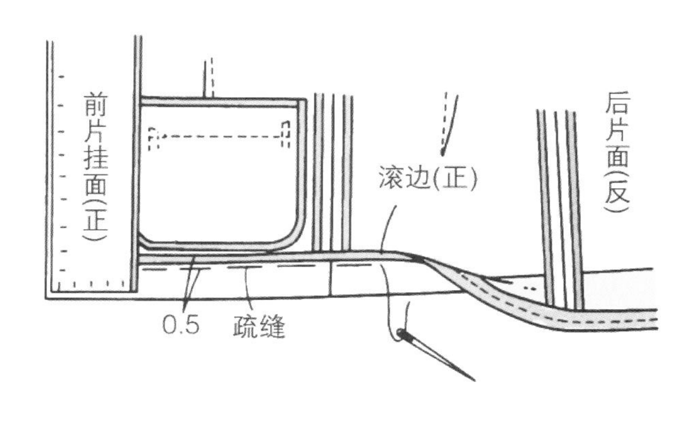

14-2 沿净印折进，疏缝固定，为在正面不影响滚边外观，在漏落缝位置暗缲缝。

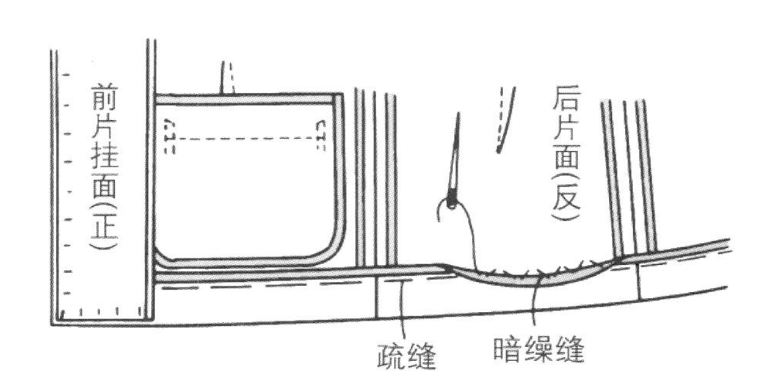

15 缝衣片里子侧缝线

15-1 衣片里子正面相对叠合，在侧缝上疏缝固定，在缝头上留 0.5 cm 余折缝头后缝合。缝头从疏缝位置倒向后片。

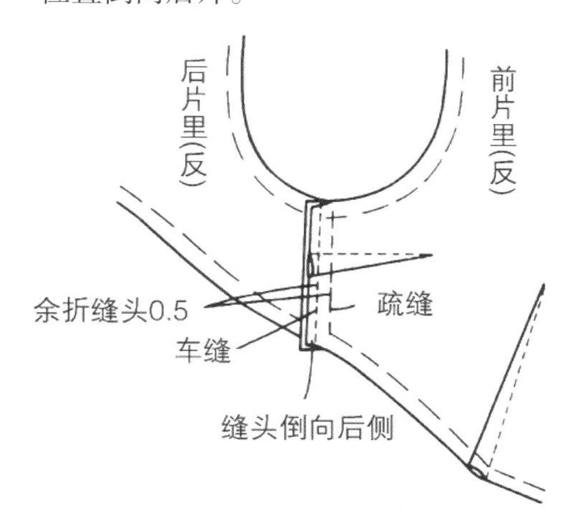

16 衣片里子下摆的处理

16-1 斜条（2 cm 宽）和衣片里子正面相对叠合，在离开裁边 0.4 cm 位置处缉线。

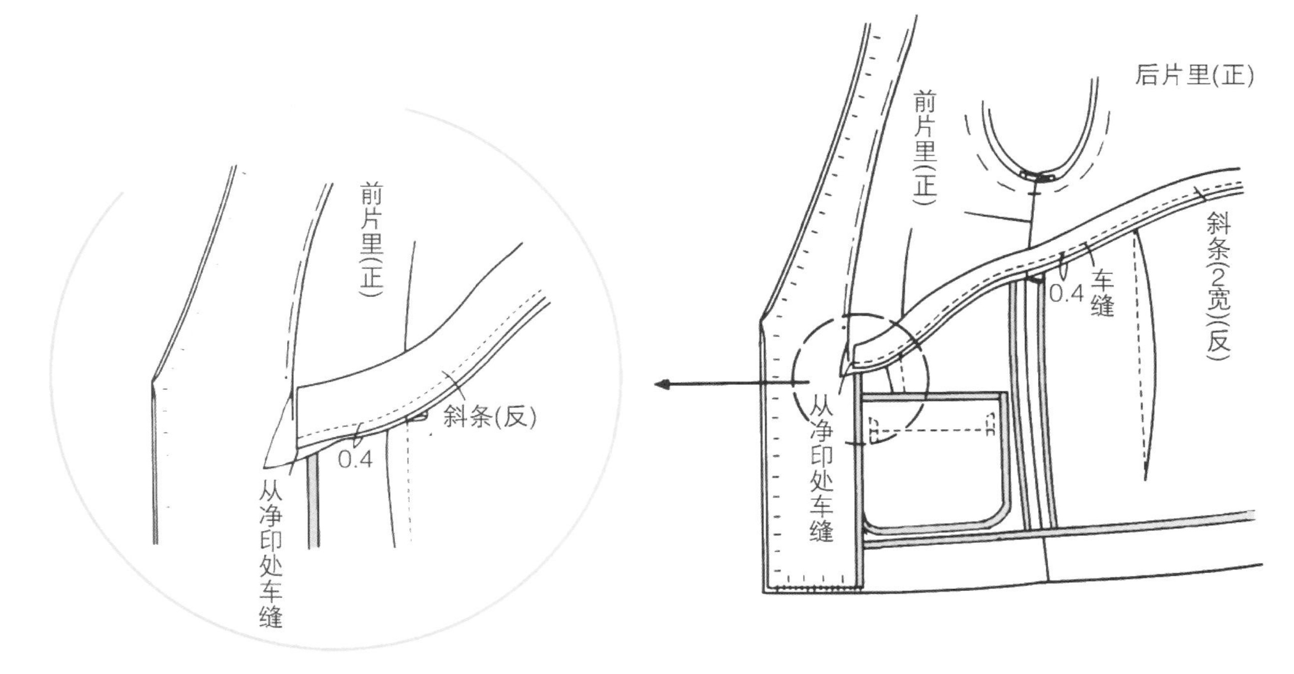

16-2 将斜条翻向衣片里子反面，退进0.1 cm熨烫定型。离开下摆里子净印 1 cm 内侧车缝之。

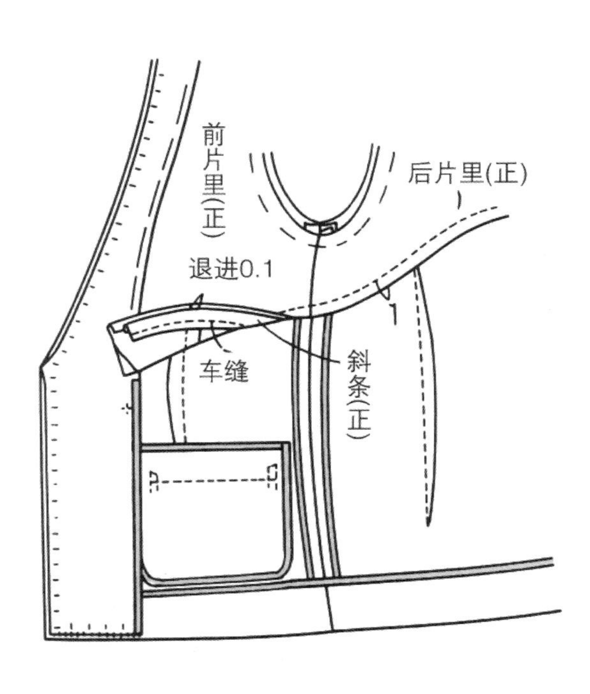

16-4 注意衣片里子平衡，在袖窿周围用斜绗缝固定。

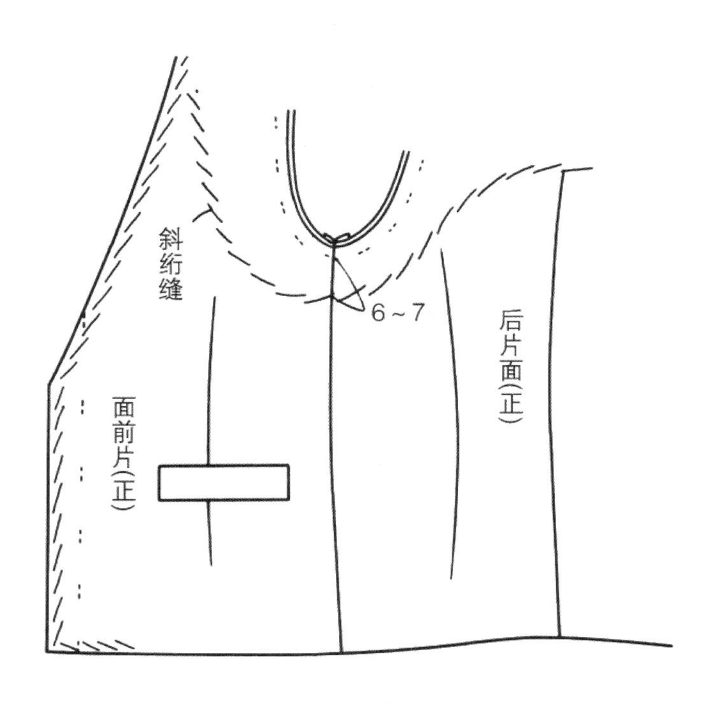

16-3 未缝部分衣片里子按净印折进，并将其用纵缲缝固定在挂面上。

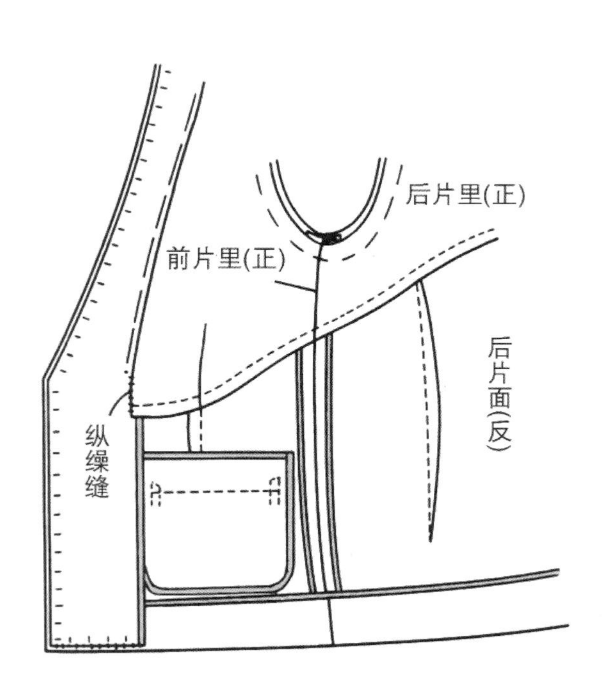

17 缝袖面袖底缝

17-1 袖面后袖侧拱针后抽缩熨烫归缩，前袖侧用熨斗拔伸。

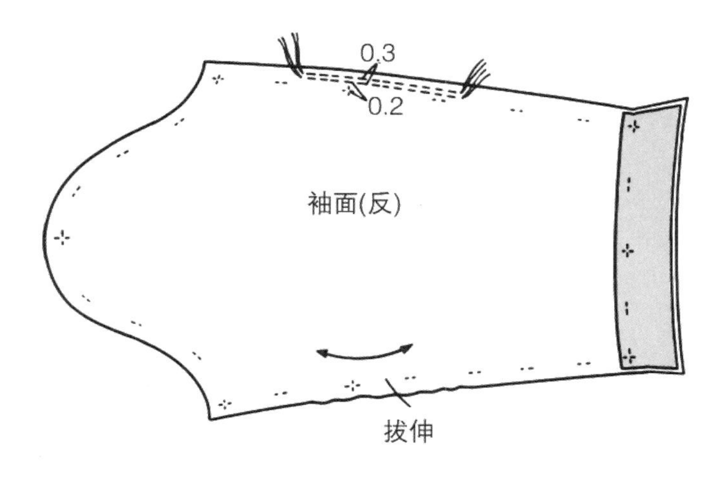

17-2 袖面正面朝里叠合，缝合袖底缝。

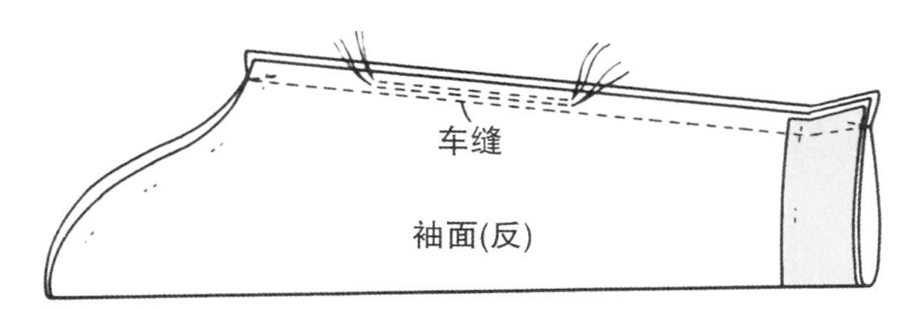

17-3 缝头劈开熨烫，袖口缝头图修剪。

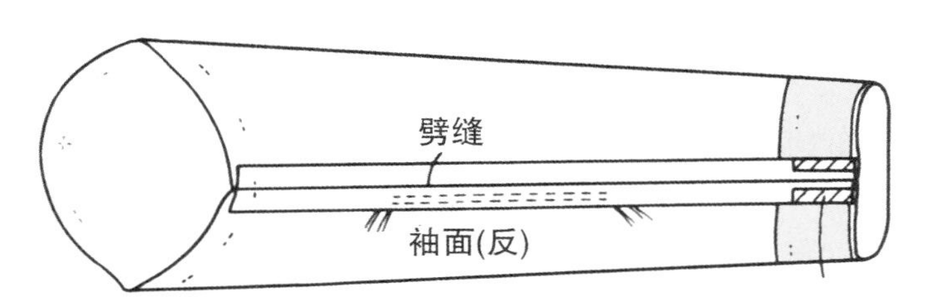

18 袖口面子处理

18-1 袖口边往里 0.5 cm 处暂缝，沿净印折进，疏缝固定。

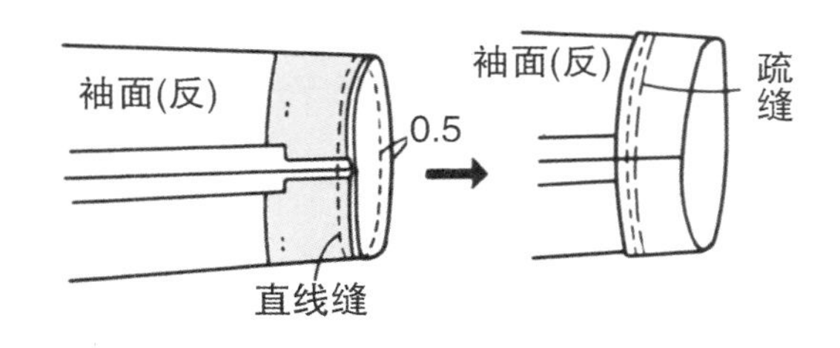

18-2 撩起直线缝位置的袖口边，为了在正面不露针脚而进行暗缲缝固定。

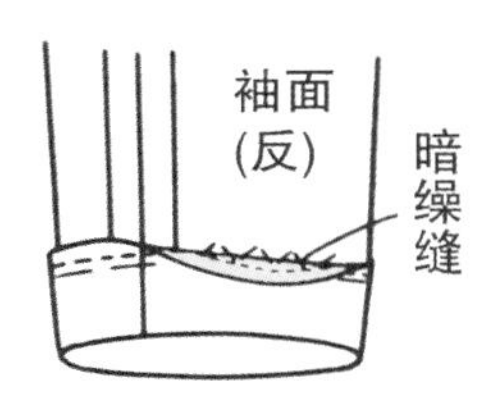

19 缝合袖里袖底缝

袖里正面朝里叠合，沿袖底缝净印疏缝固定，在缝头上留 0.5 cm 余折缝头后缝合。缝头倒向前袖侧。

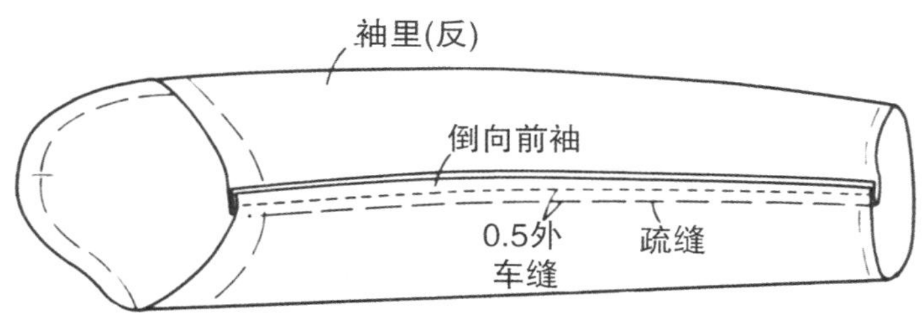

20 固定袖面和袖里

袖面和袖里底缝缝头叠合，在袖窿和袖口处各留 8 cm，在缝道外侧用双股线松松地作中间固定。

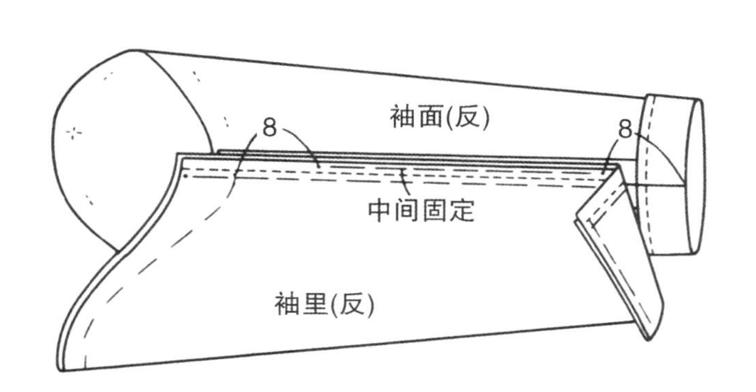

21 袖口里子处理

21-1 将袖子翻至正面，注意袖里、袖面平衡，离开袖山净印 7 ~ 8 cm 做斜绗缝固定。

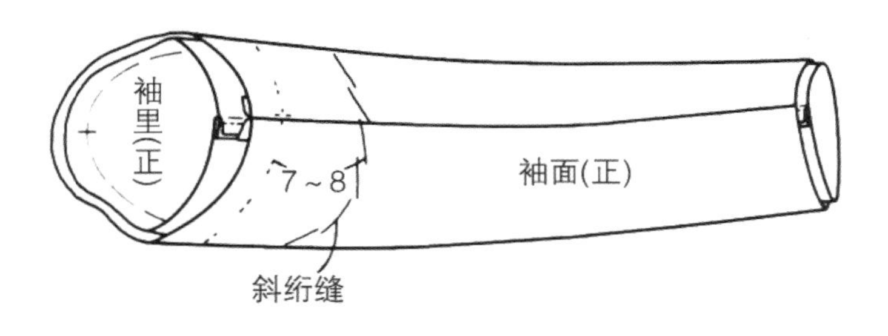

21-2 距离袖面口 2.5 cm 处将袖里口折进，纵缲缝固定。

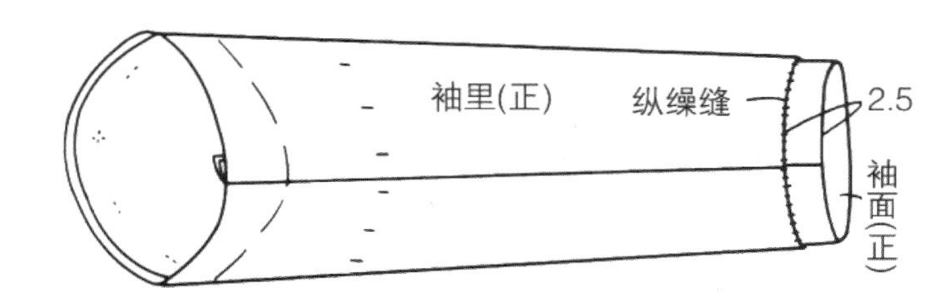

22 装袖

22-1 袖面子袖山缝头疏缝后抽缩，并用熨斗归缩缝量（参照第 22 页）。

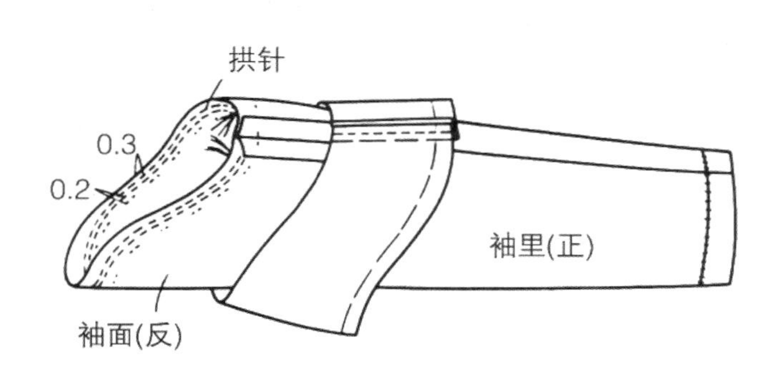

22-2 将衣片和袖正面朝里，对准净印线，从袖侧插大头针，并用单股本色线疏缝固定。因为袖山部分是压在衣片上的，因此在插大头针时应注意袖山绕至衣片的量。

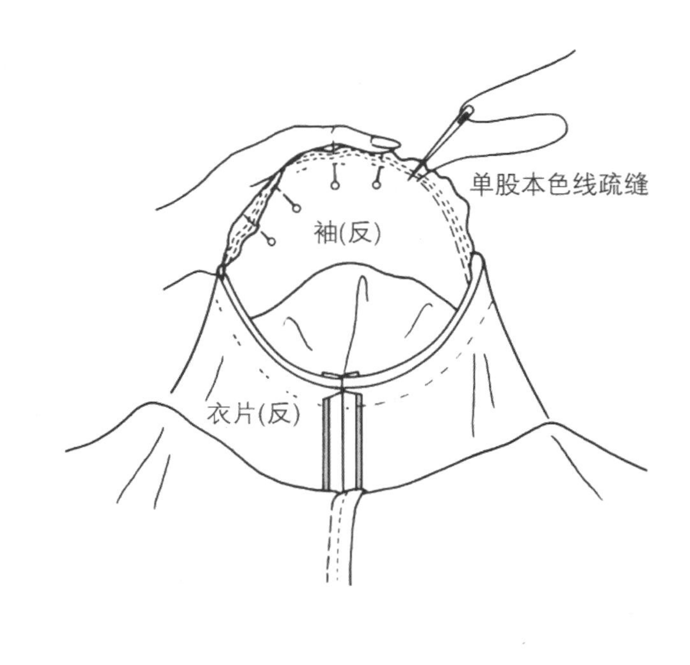

22-3 袖下 1 ~ 2 cm 重叠，沿疏缝线缉缝。

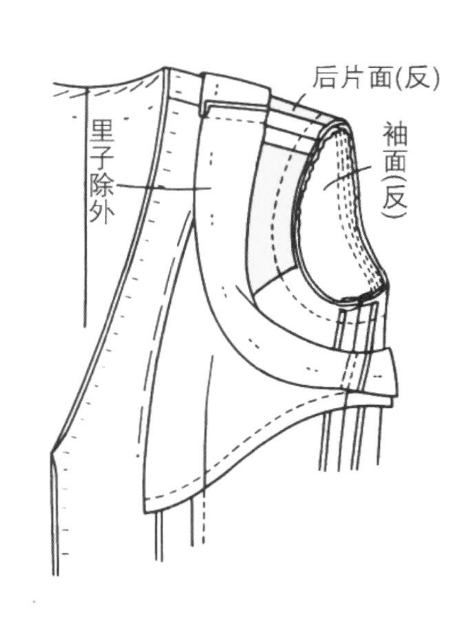

23 装袖山衬条

将袖山缝头在袖山处修剪至 1.5 cm，袖底处修剪至 0.8 ~ 1 cm，然后用回针缝固定袖山衬条（参照第 23 页 20–2）。

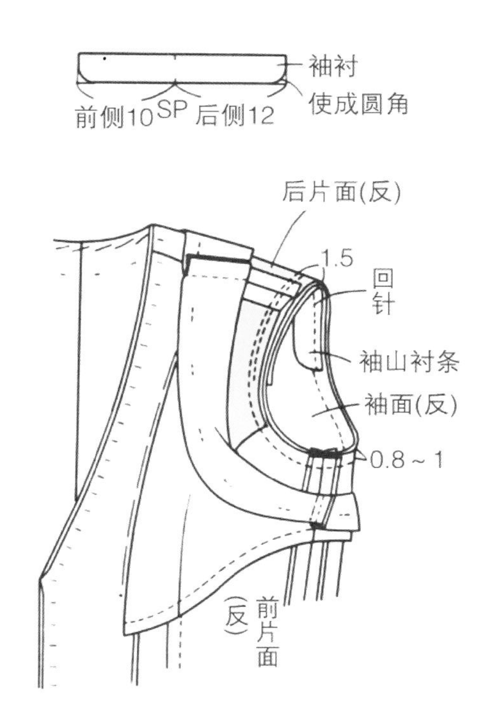

24 装垫肩

24–1 为了支撑袖山胖势，将垫肩往肩端伸出 1.2 ~ 1.5 cm 处安放，沿肩线用大头针固定。

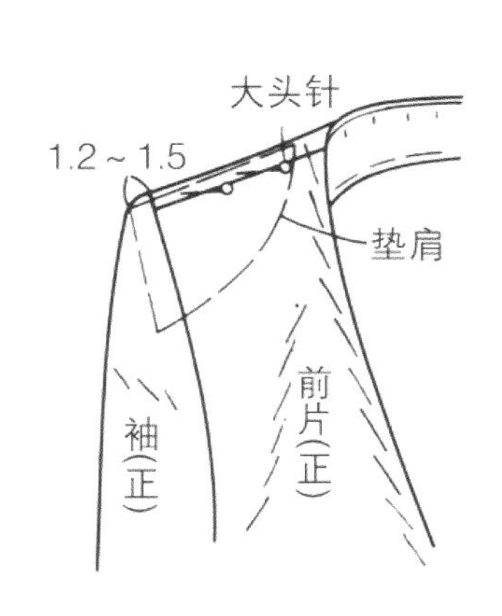

24–2 将垫肩固定在肩线缝头上，注意肩端平衡，将它固定在袖窿缝头上。靠近领圈处将垫肩用三角针固定在肩缝上（参照第 23 ~ 25 页）。

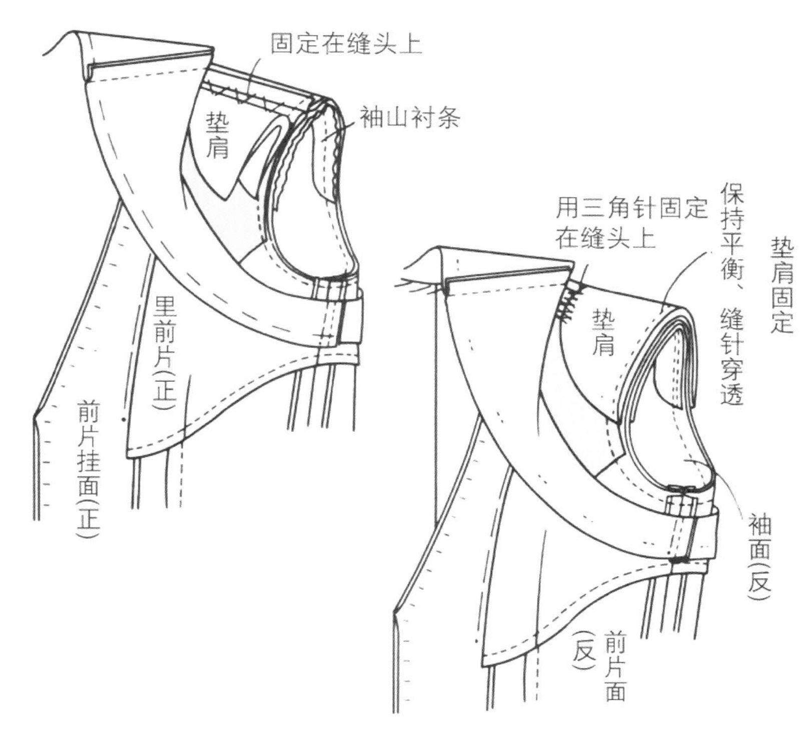

25 将衣片里子固定在衣片面子袖窿上

25–1 将衣片里子固定在装袖缝头边上。

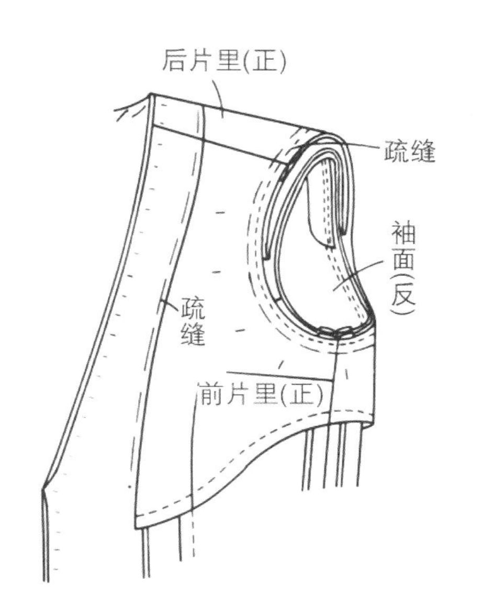

26 将袖里缲缝于衣片上

注意袖里平衡，将袖里的袖山缝头折进，离开折山 0.3 cm 拱针并抽袖山到装袖尺寸，确认袖底宽松量后用纵缲缝固定于装袖位置。

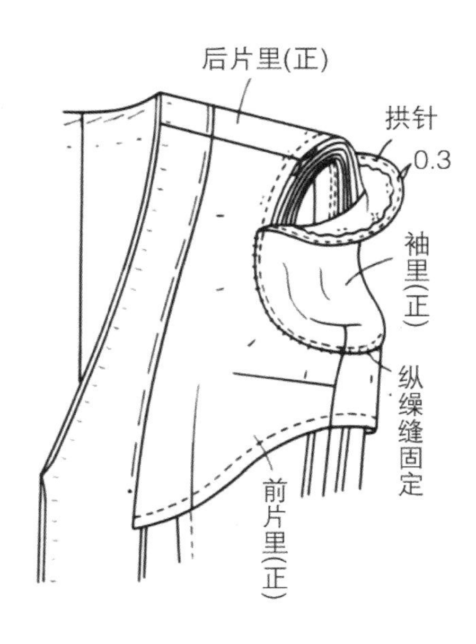

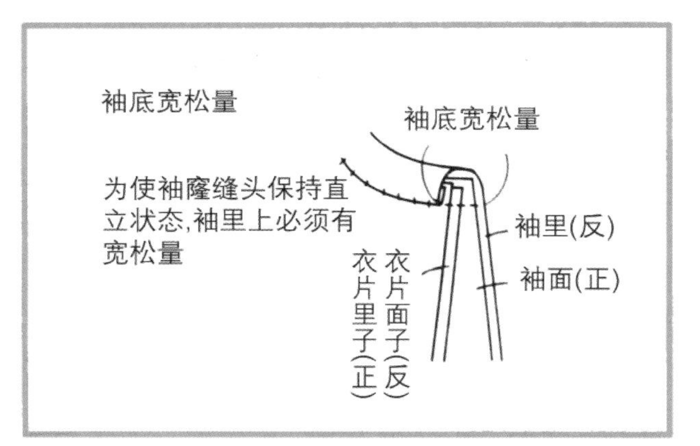

27 用线袢固定里子

将衣片面子的侧缝缝头和下摆里子用 1.5 ~ 2 cm 的线袢固定（参照第 253 页）。

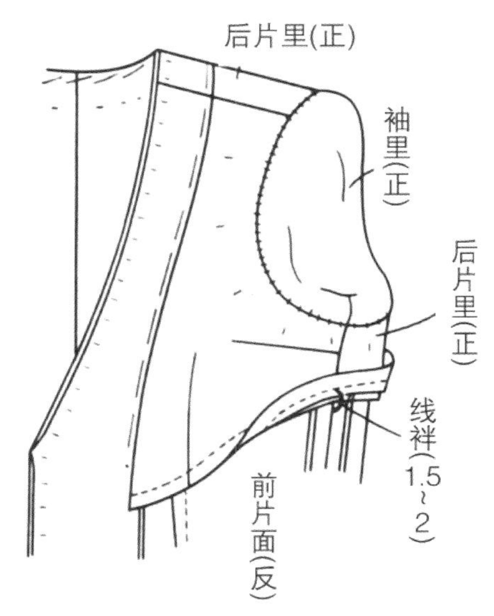

28 整烫

28-1 除钮眼和钉扣位置外，将其余的线钉线和疏缝线拆除，并整烫。

28-2 挂面往里 0.5 cm 处，为不影响外观，用星针固定（参照第 29 页）。

28-3 锁平圆头钮眼，钉扣（参照第 249 ~ 252 页）。

裙子缝制方法

1　缝裙片面子省道

1–1　在前后裙片开口缝头处净印上下各伸出 1 cm 贴斜条衬。左前片面子从净印往缝头侧贴，左后片面子是从净印往外 0.2 ~ 0.3 cm 缝头侧贴。中心线、侧缝线的缝头处从正面锁边(也可以不锁边)。

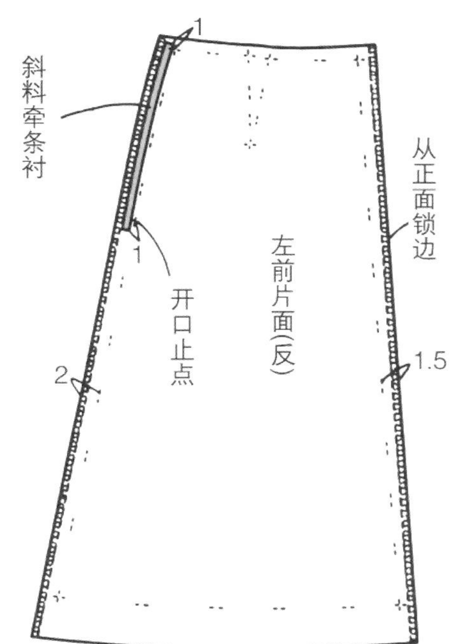

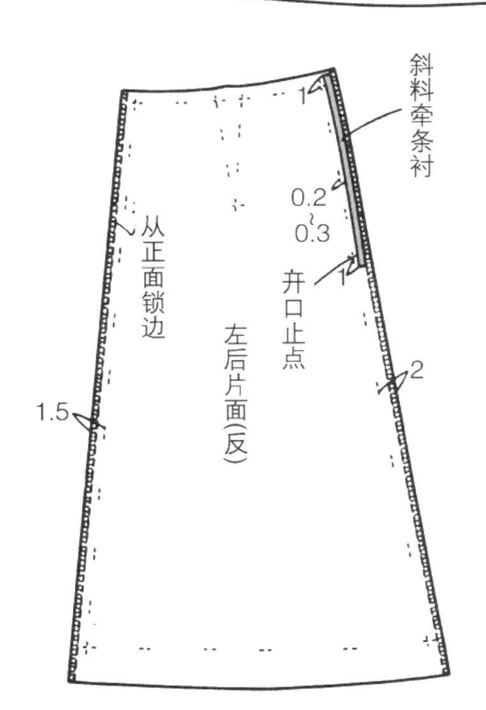

1–2　前后裙片面子省道也如衣片省道一样缝合，并缝头边倒向中心。

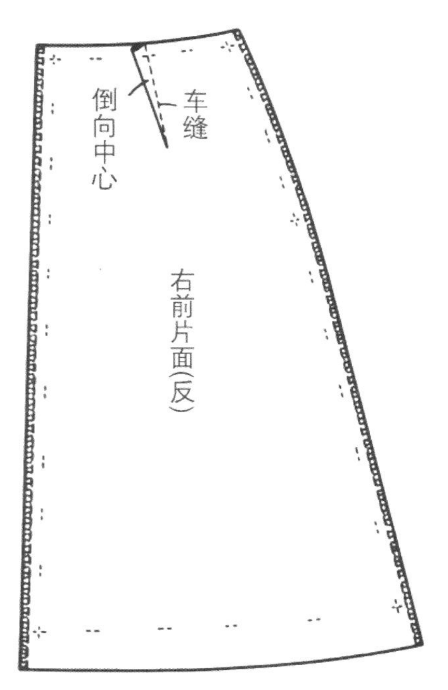

2　缝裙片面子侧缝线

前后裙片面子各自正面相对叠合，缝侧缝线。左片缝至开口止点，并劈缝缝头。

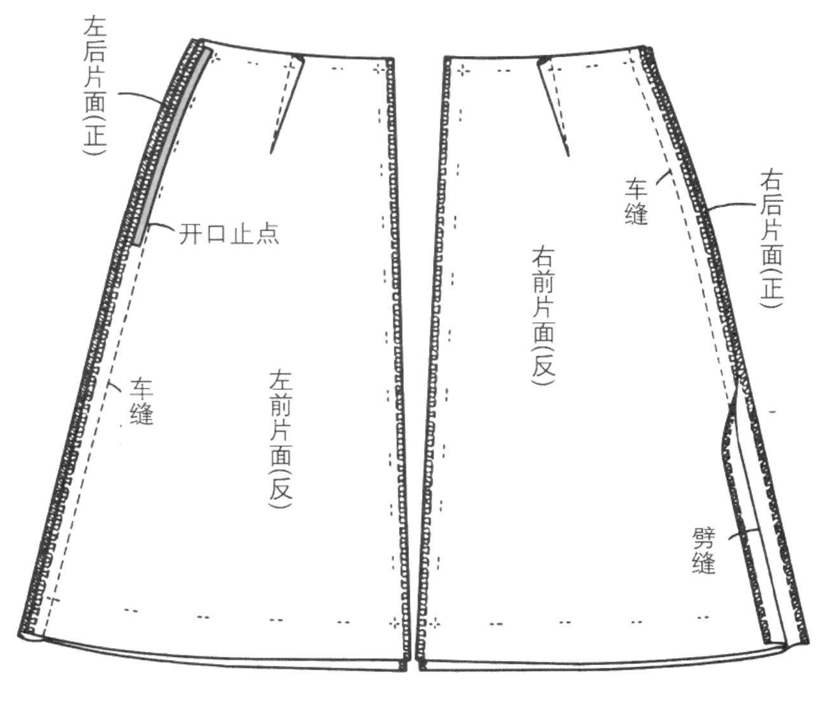

3 装拉链

3-1　前片开口处缝头沿净印折进，后片缝头从净印外 0.3 cm 处折进至开口点往下 1 cm 处为止。

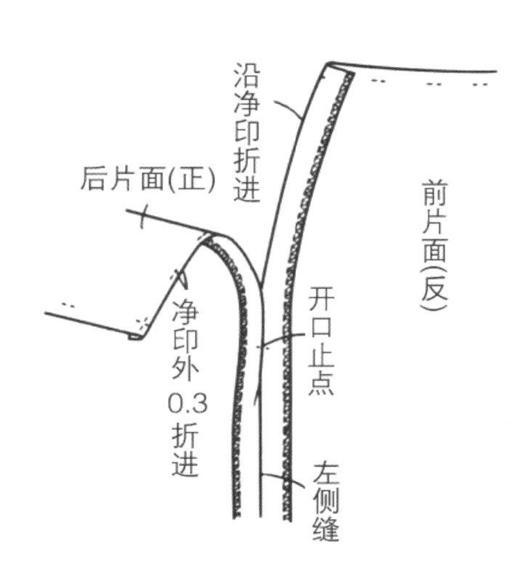

3-2　将拉链对准后片开口折缝（拉链上下止点从腰口线净印往下 0.7 ~ 0.8 cm 处开始，到开口止点净印往上 0.7 ~ 0.8 cm 处结束）。根据拉链易拉程度决定拉链牙与折边的距离，并疏缝固定拉链。在折线上压缉缝至开口止点往下 1 cm 处。

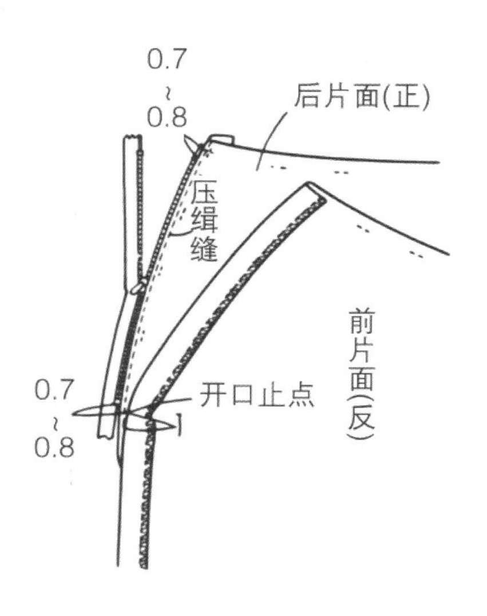

3-3　闭合拉链，前片开口折线和后片侧缝净印对合，疏缝固定。

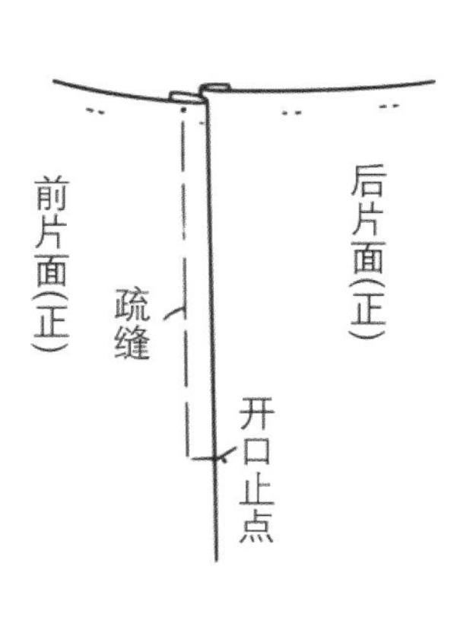

3-4　在前裙片上离折线 1 cm 处缉缝固定拉链，快到开口止点处对准开口止点斜向缉缝，并倒回针。

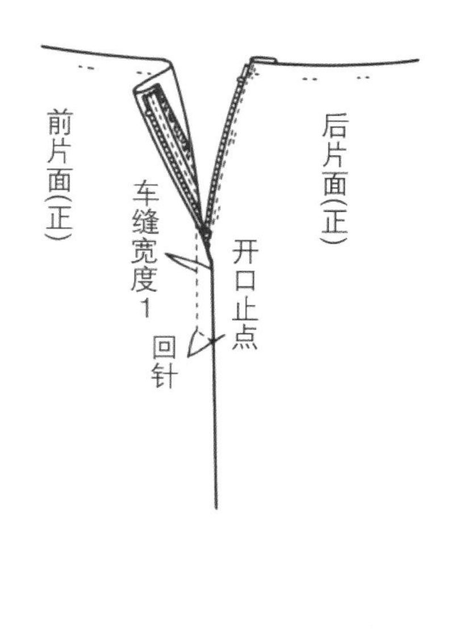

4 缝合裙片面子中心线

左右裙片正面相对叠合，缝合中心线，并劈开缝头。

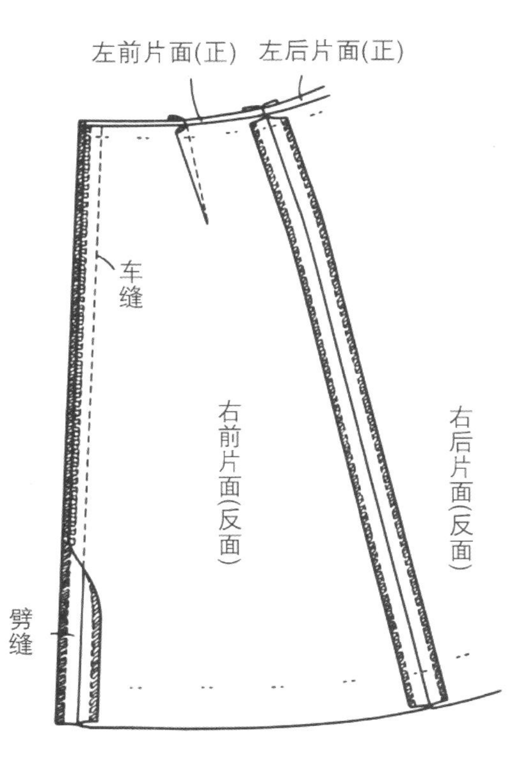

5 做、装里子

5-1 缝合里子省道，缝头倒向侧缝。缉合中心线，缝头倒向右片。沿净印疏缝固定侧缝，留 0.5 cm 余折缝头，缝合侧缝。左片侧缝从开口止点往下 0.5 cm 处进行疏缝、并车缝。

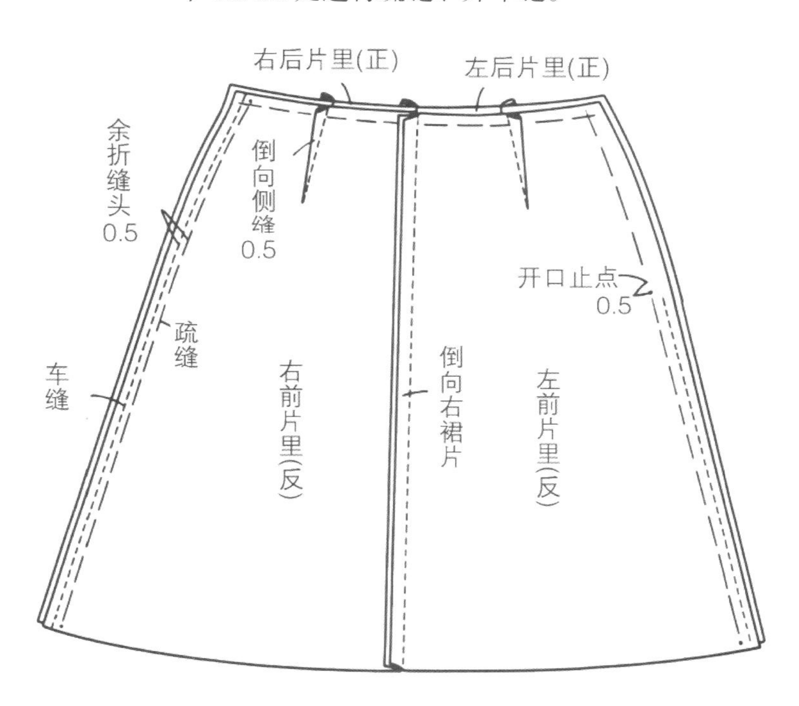

5-2 侧缝缝头从疏缝线位置倒向前片。

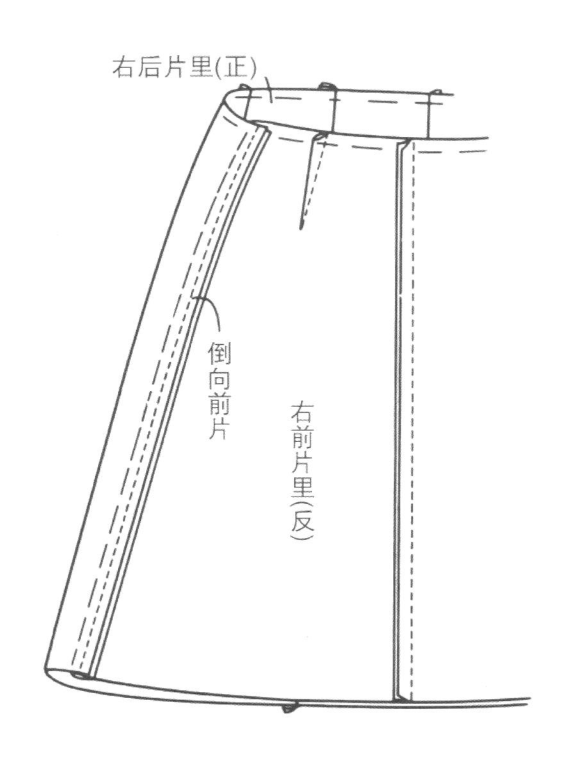

5–3　裙子面、里正面朝外叠合，在腰口线净印外疏缝固定。在拉链开口位置，为防止里子挂住拉链牙，里子稍稍离开一点折进，然后缲缝固定于拉链底布上。离开折线 0.5 cm 星针固定（参照第 29 页）。

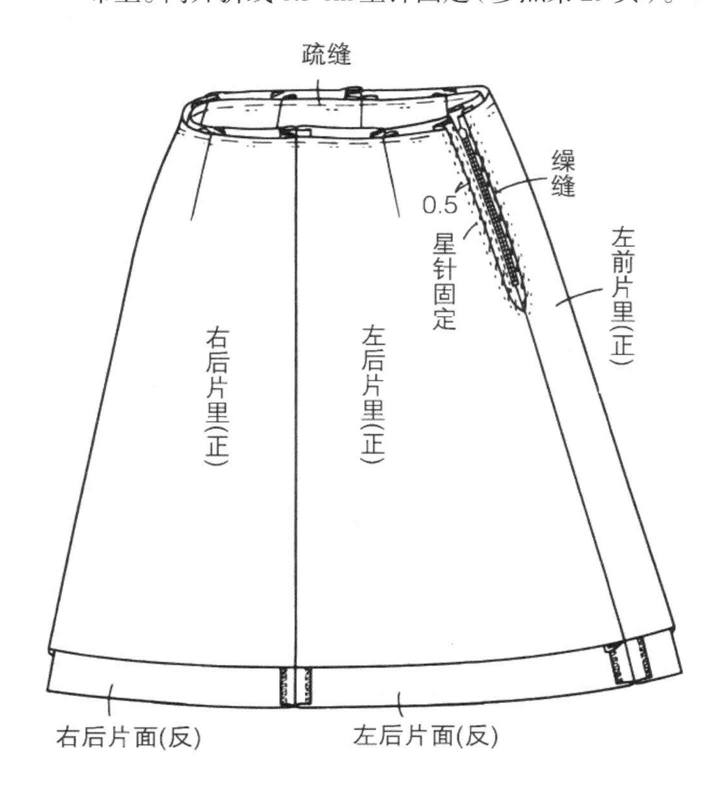

6　做、装裙腰

6–1　在腰头布里侧缉缝腰衬。

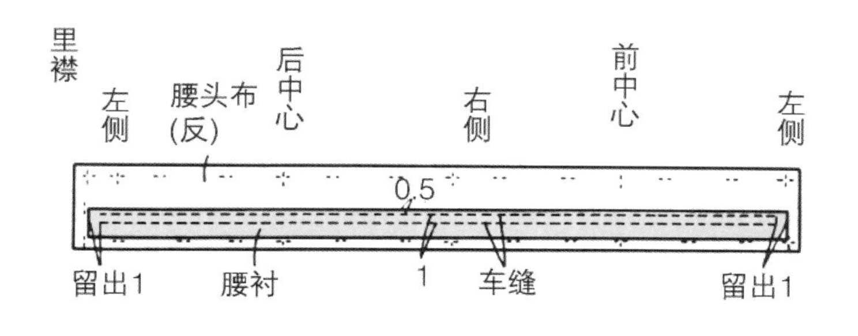

6–2　将腰头布按腰衬对折并熨烫，在正面重新做标记。

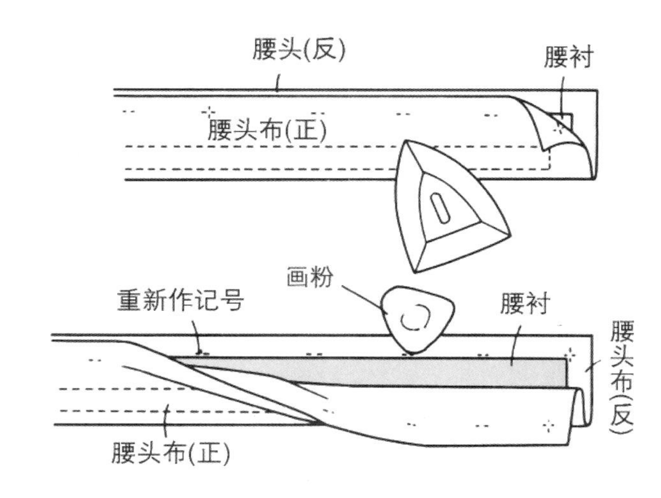

6–3　腰头布和裙片正面相对叠合，将 6–2 所做的标记和裙片标记对合，然后缉合。

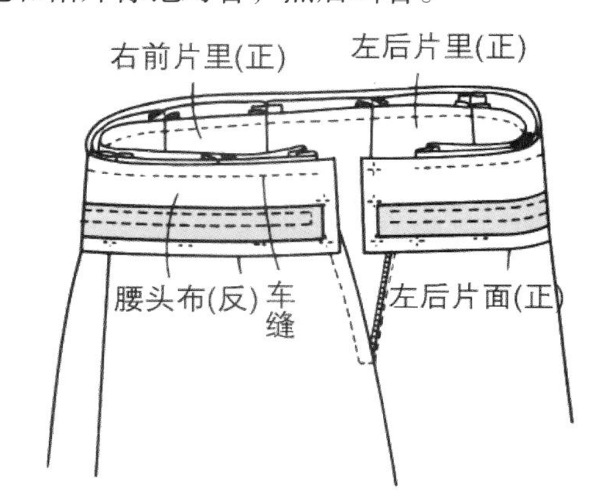

6–4　将装腰缝头修剪成阶梯状（0.7 ～ 1 cm），腰头两端在衬布外侧缝合。

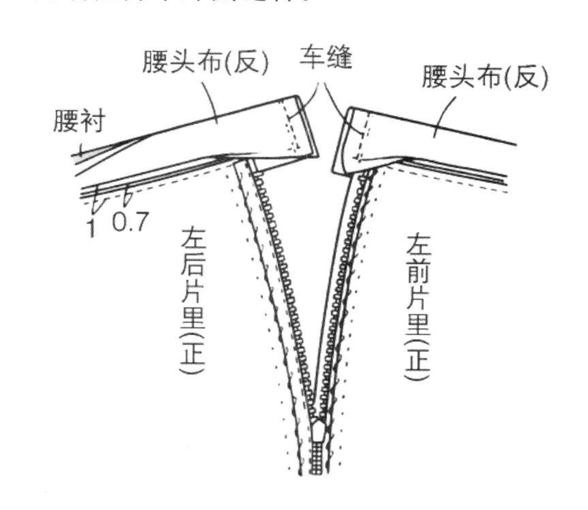

6–5　将腰头布两端缝头折进腰头布和腰衬之间。

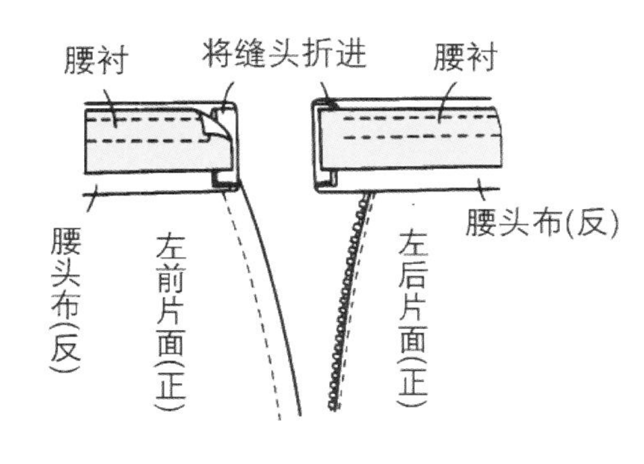

6–6　将腰头布翻至正面，按缝道线折进缝头，缲缝固定。

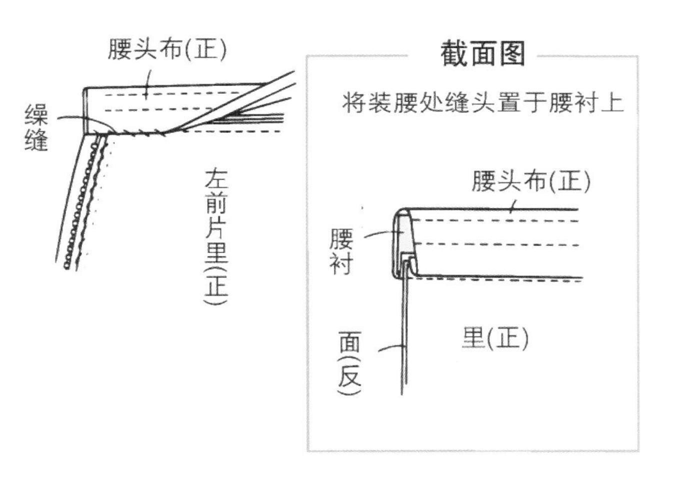

7　下摆处理

7–1　裙片面子从正面锁边。按净印折进，将松弛部分归缩，疏缝固定后暗缲缝（根据面料不同，也有打细裥的情况）。

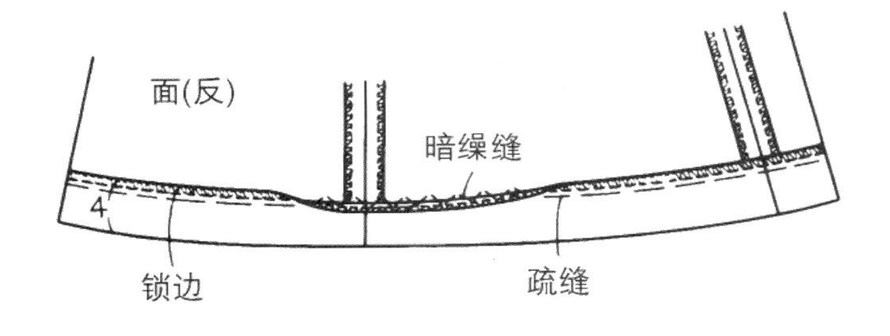

7–2　下摆里子比下摆面子短 3 cm，以 1.5 cm 宽折三折，压缉缝。

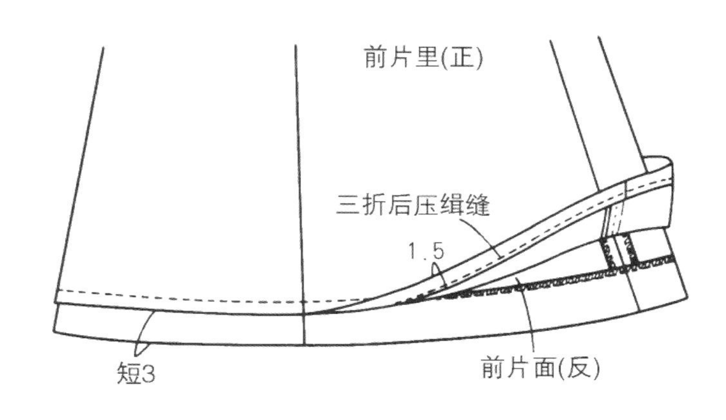

7–3　面、里两侧用线袢固定（参照第 253 页）。

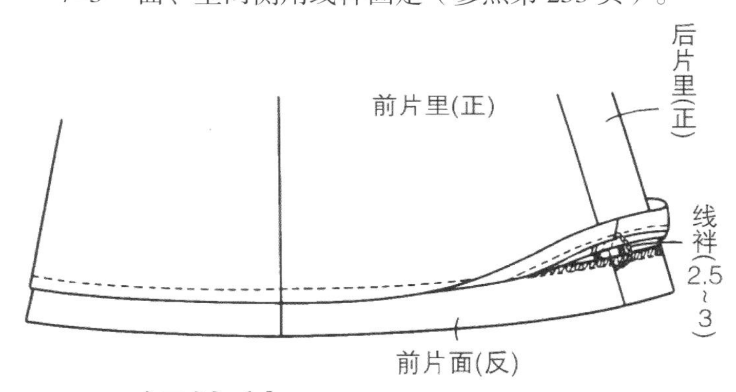

8　钉钩袢

在上片腰头里钉钩，注意不要在正面露针脚，因此手针只刺到衬布为止。闭合拉链，根据钩的位置，在下片腰头上确定袢的位置后钉袢，缝针穿透腰头牢牢钉住。

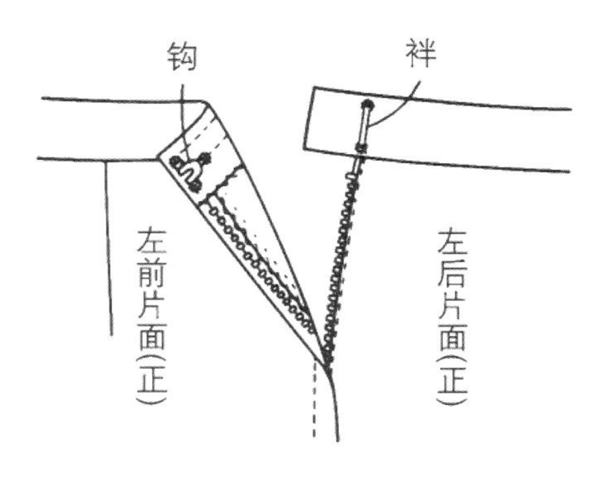

柔软套装

翻领的没有夹里子的柔软外套和长斜裙组成。腰带位置随各人喜爱而定。

用料

面料　门幅 150 cm，2.7 m

里料　门幅 90 cm，2 m

黏合衬　门幅 90 cm，1 m

附件

钮扣（直径 2 cm）　4 粒

垫肩（厚度 0.8 ~ 1 cm）　1 副

黏合带（直牵条）　1 cm 宽，25 cm

拉链（比开口尺寸短 1.5 cm）　1 根

裤钩　1 副

腰带衬　3 cm 宽，0.7 m

腰带扣　1 个

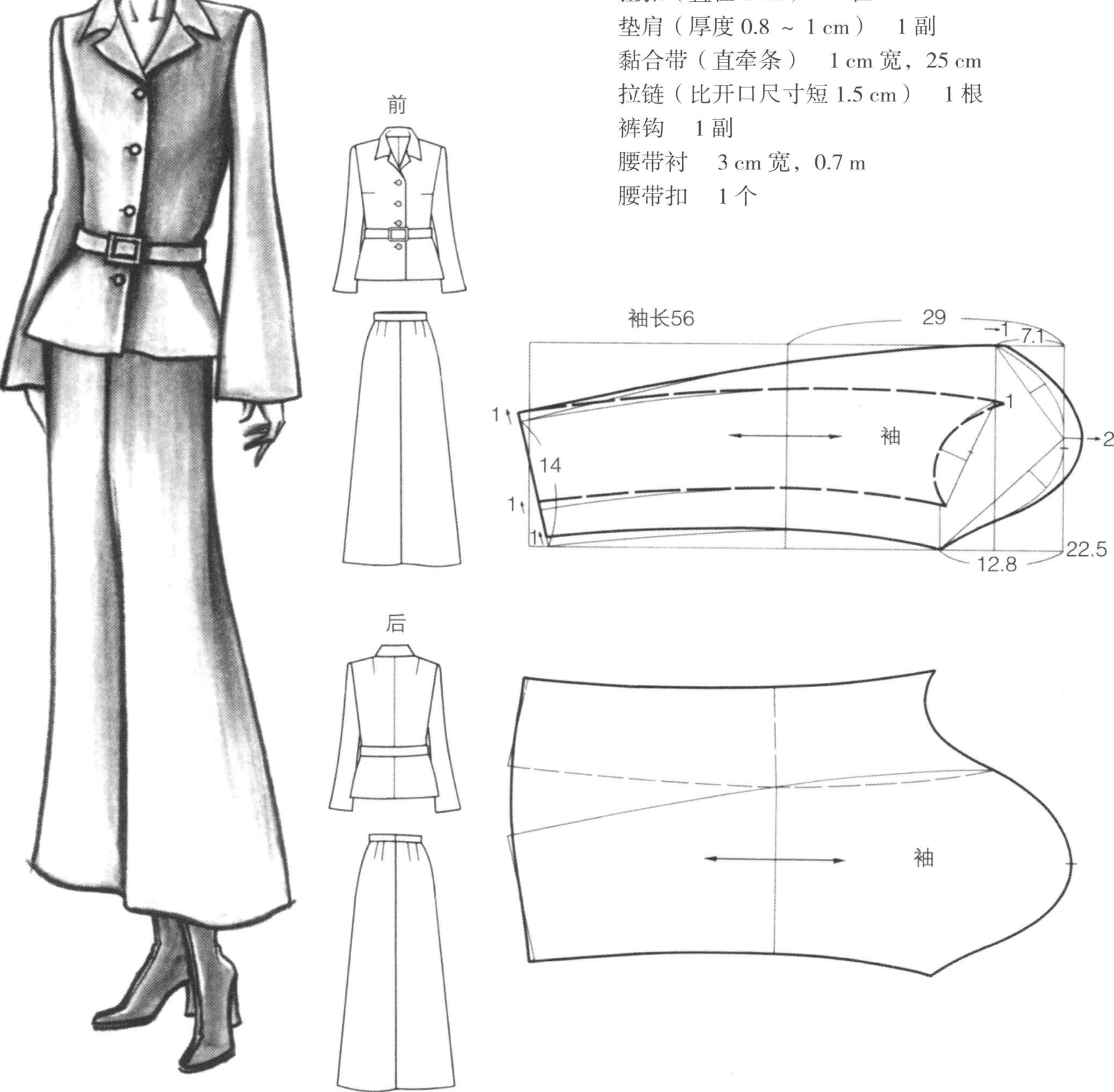

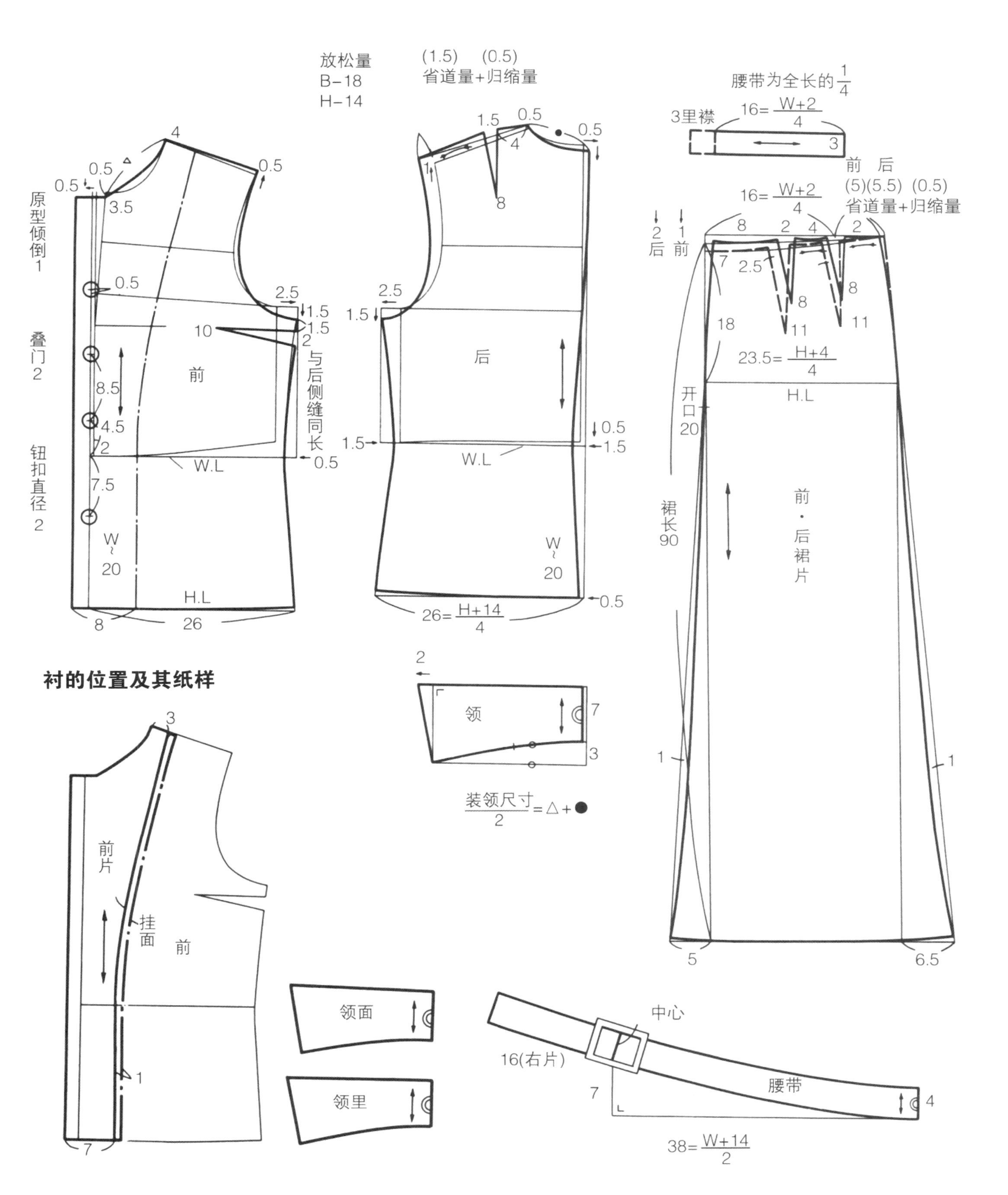
放松量
B−18
H−14
(1.5) (0.5)
省道量+归缩量
腰带为全长的$\frac{1}{4}$
3里襟
16=$\frac{W+2}{4}$
前 后
(5)(5.5) (0.5)
省道量+归缩量
原型倾倒1
叠门2
钮扣直径2
前
与后侧缝同长
W.L
H.L
W~20
26
8
后
26=$\frac{H+14}{4}$
2
后 前
开口20
23.5=$\frac{H+4}{4}$
裙长90
前·后裙片
衬的位置及其纸样
领
装领尺寸/2=△+●
前片
挂面
前
领面
领里
中心
16(右片)
腰带
38=$\frac{W+14}{2}$
7

裁剪

先整理布料（参照第 242 页），然后参照裁剪图进行面料裁剪。由于体型因素需要补正的地方或对于易散边的面料，缝头要多放一些。如果是有花纹的面料，裁剪时还要考虑对花，在排料时纸样要按同一方向配置。在可以插入面料的地方插入纸样。

面料裁剪图

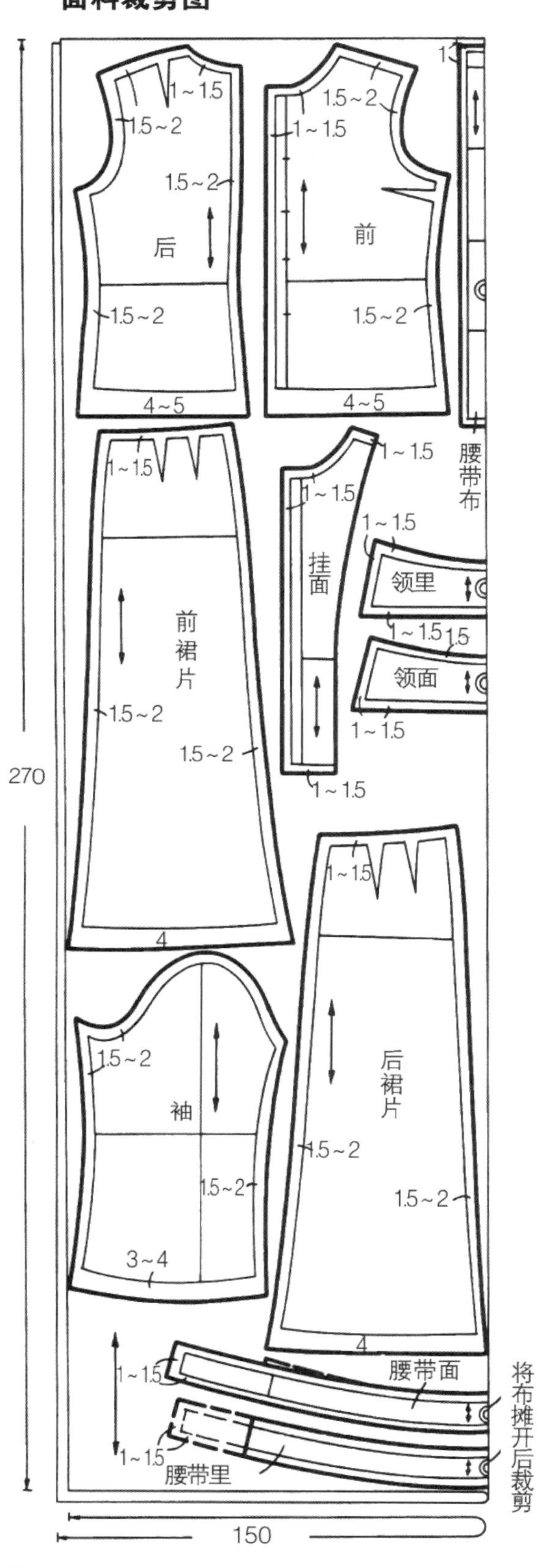

里子裁剪图

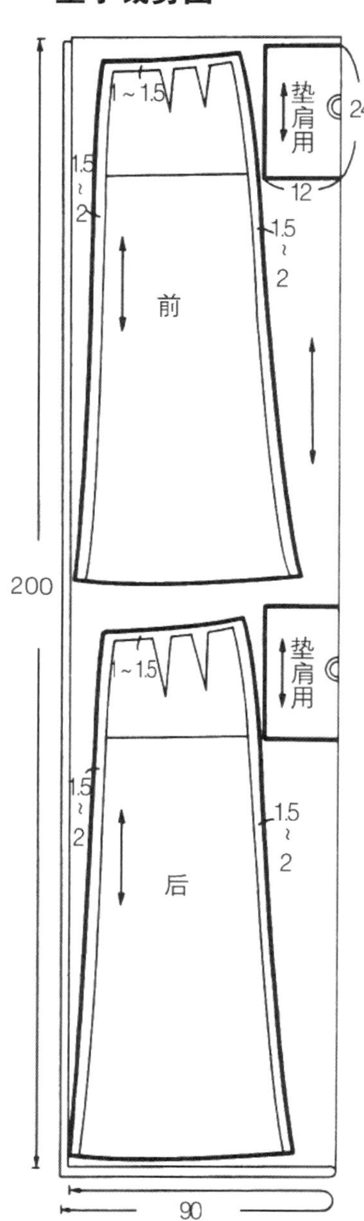

黏合衬裁剪图

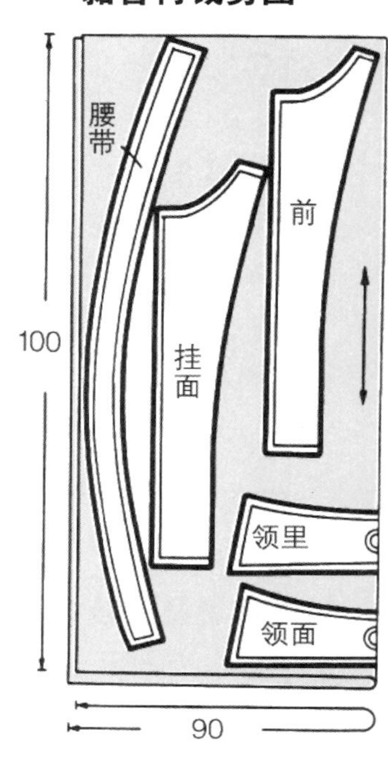

★ 黏合衬的丝缕（腰带除外）、缝头和面料一样

正式缝制

上衣缝制方法

1 贴黏合衬

1-1　贴黏合衬，做标记。

1-2　从正面将缝头锁边（也可以滚边处理）。

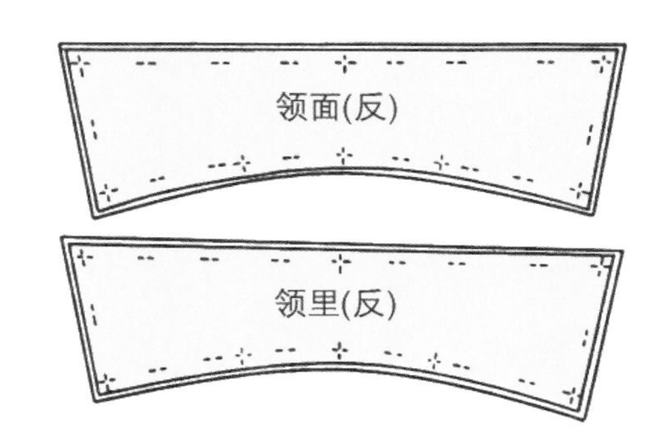

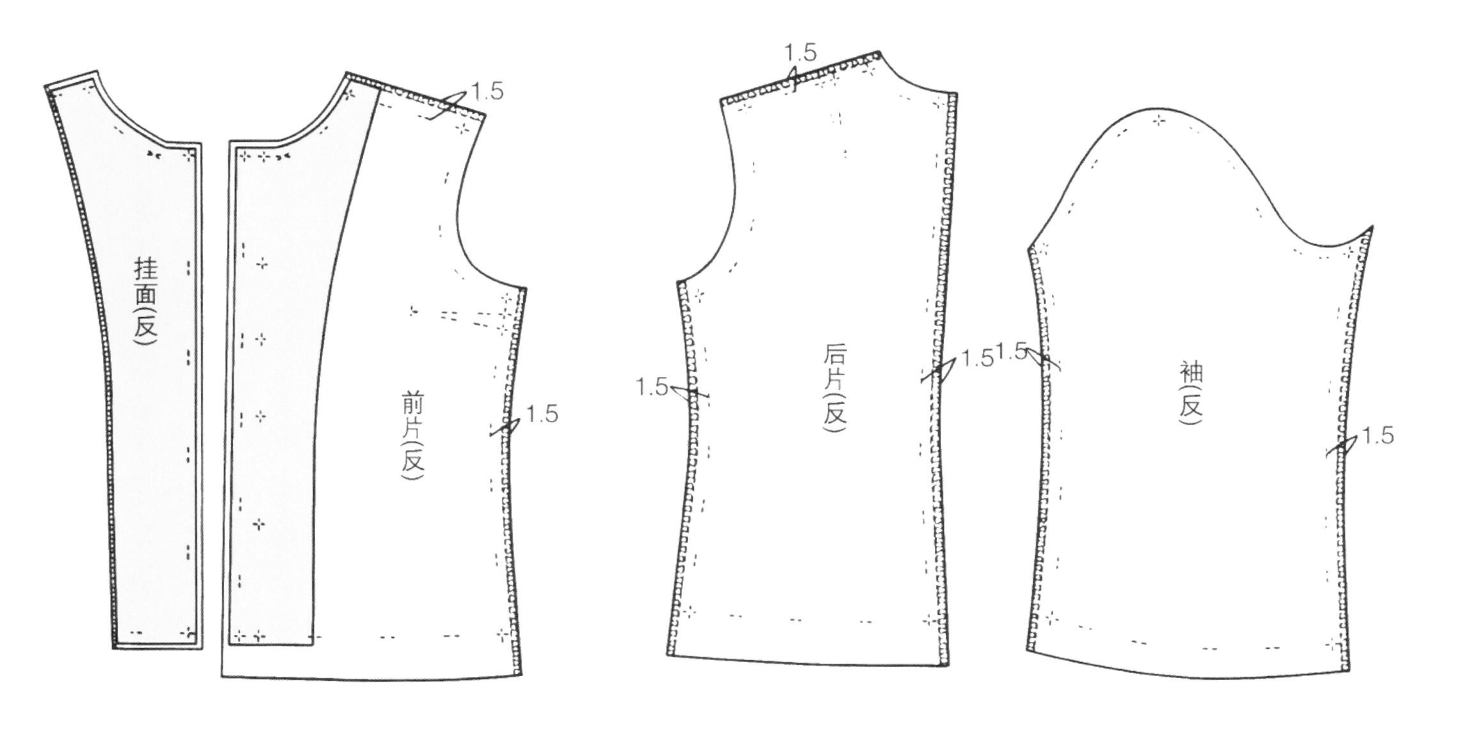

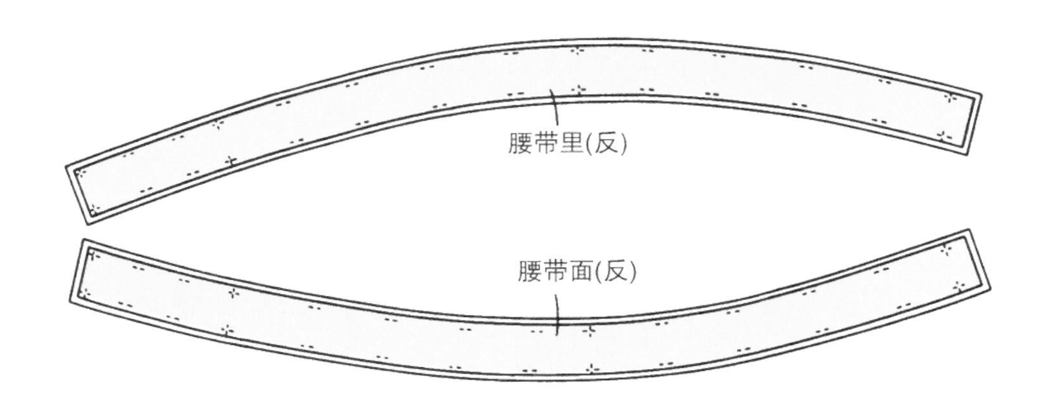

2　缝衣片面子的省道

缝合前片胸省、后片肩省。（参照第 36 页 V 型开襟套装 2）烫平省的缝道，侧胸省缝头向上侧，肩省缝头倒向中心。

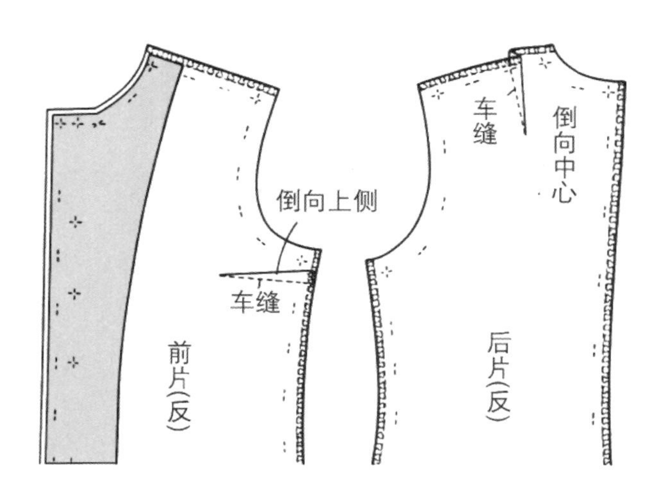

3　缝后片中心线

左右后片正面相对叠合，缝中心线，并劈开缝头。

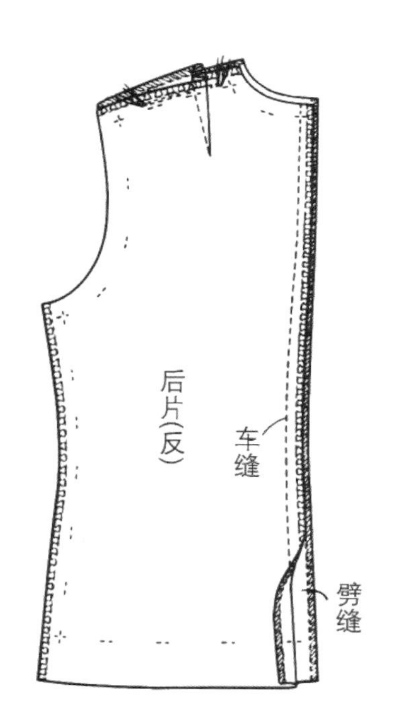

4　装挂面

4-1　前片和挂面正面相对，下摆转角和翻折点对准净印，翻折点以上将挂面从净印外 0.1 cm、衣片从净印内 0.1 cm 对合。翻折点以下将挂面从净印线内 0.1 cm、衣片从净印线外 0.1 cm 对合，疏缝固定，疏缝线外侧缝合。修剪前衣片下摆缝头。

从前身看到的图

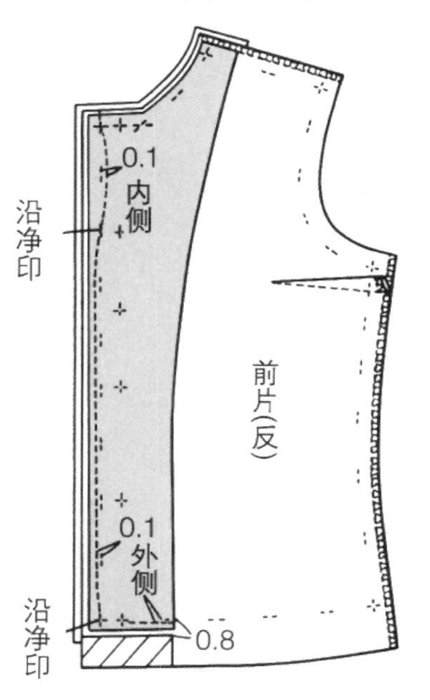

从挂面见到的图

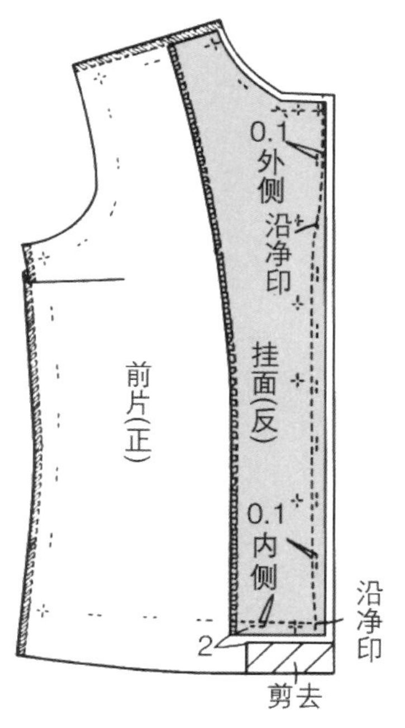

4-2　将挂面缝头在翻折点上侧修剪至 0.8 cm，翻折点下侧修剪至 0.6 cm；衣片缝头在翻折点上侧修剪至 0.6 cm，翻折点下侧修剪至 0.8 cm。

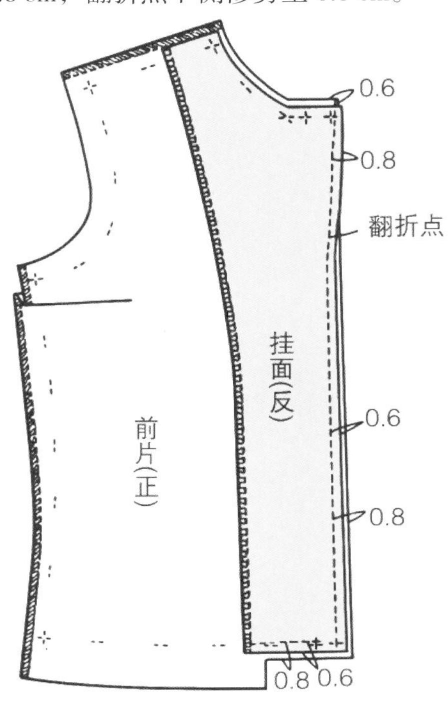

4-3　将缝头从缝道边烫折至挂面处。

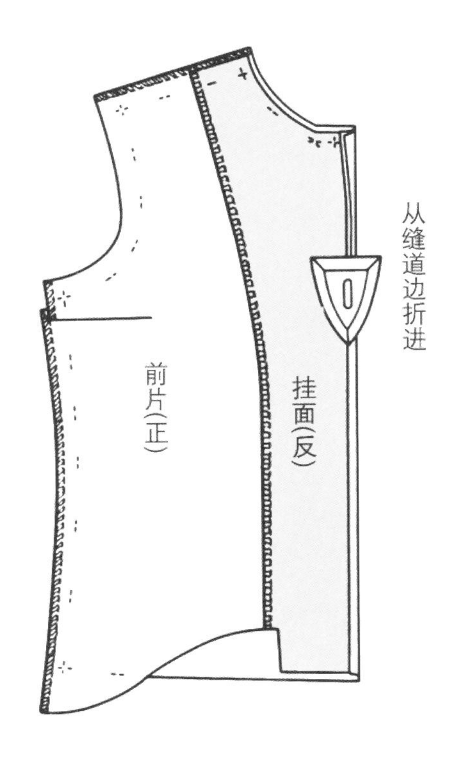

4-4　将挂面翻至正面，翻折点以上衣片退进 0.1 cm，翻折点以下挂面退进 0.1 cm 熨烫定型。

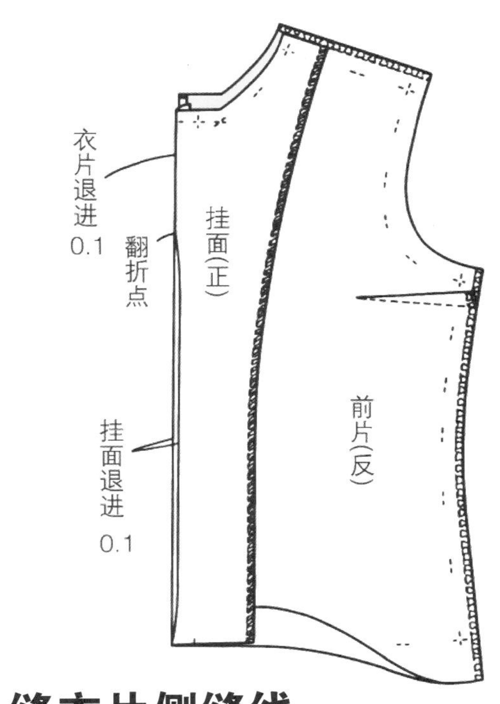

5　缝衣片侧缝线

将前后片正面相对叠合，缝侧缝线，劈开缝头。

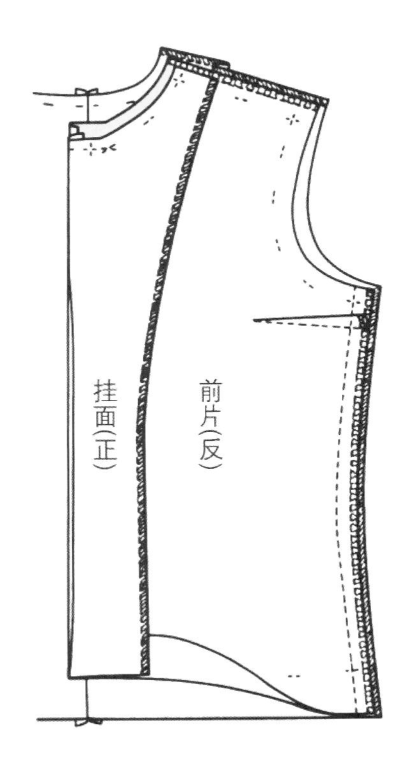

6 缝衣片肩线

6-1　后片肩线净印外 0.2 cm 和再往外 0.2 ~ 0.3 cm 处用双股线疏缝两道（不要缝住省缝）。

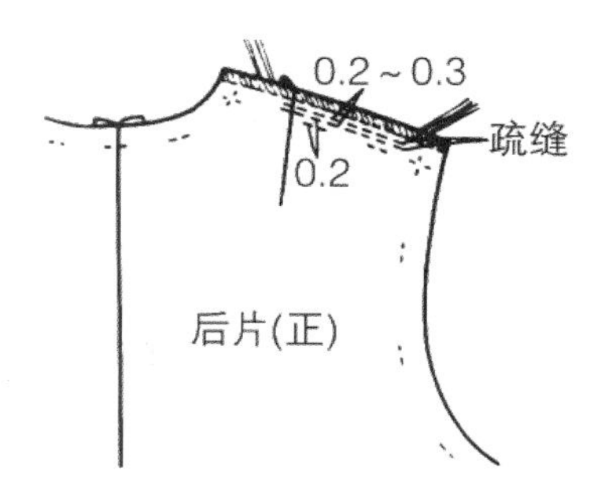

6-2　抽缩疏缝线，使其与前肩线等长，用熨斗整烫缩缝，肩部呈现出胖势。

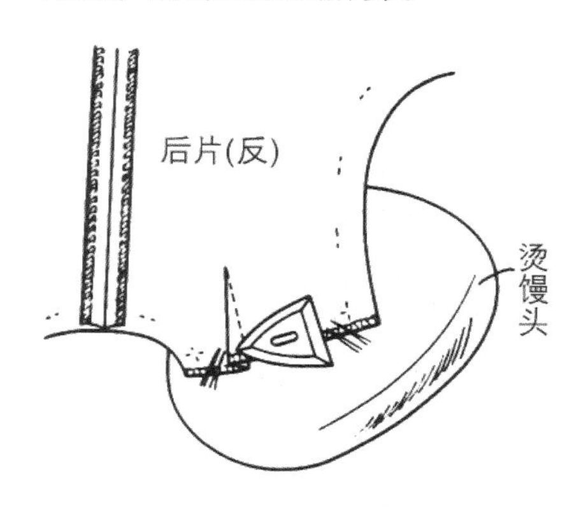

6-3　前后衣片正面相对叠合，缝合肩线，并将缝头劈缝。

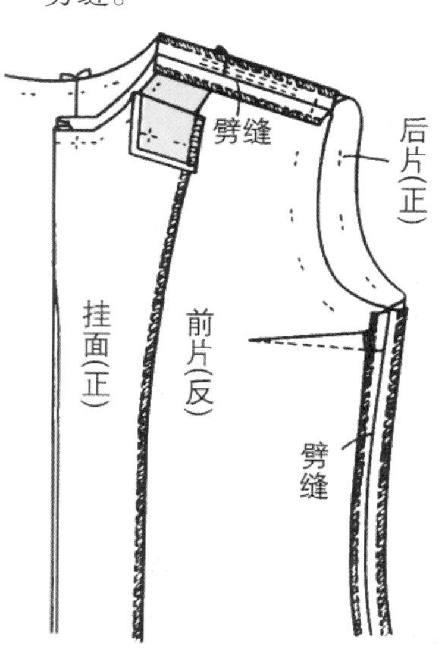

7 处理下摆

下摆折边按净印折进，疏缝下摆线，抽缩松弛量（参照第 17 页）。下摆折边可以在正面锁边，也可以滚边处理，沿净印折进后暗缲缝。将挂面用暗缲缝和三角针固定在下摆折边处。

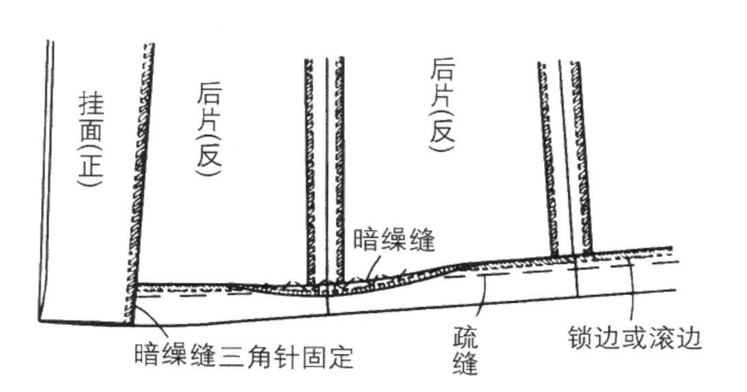

8 做领

8-1　领面和领里正面相对，领面在净印外 0.1 cm 处和领里在净印内 0.1 cm 处对合，疏缝固定。尖角处按净印对合。疏缝线外侧缝合。

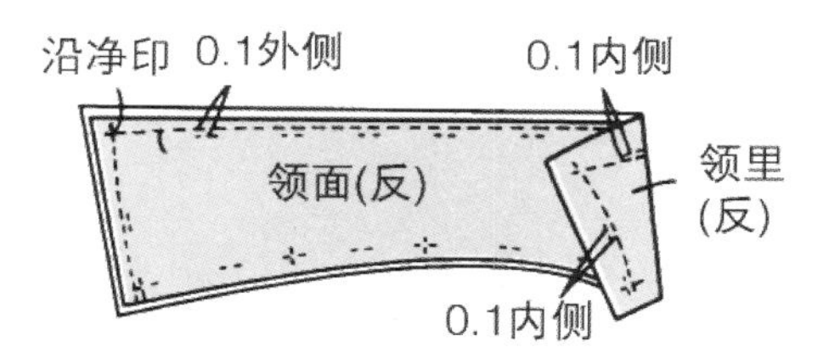

8-2　外围缝头修剪至 0.6 ~ 0.8 cm，并将其烫折至领里或劈缝。两边缝头修剪成阶梯状。

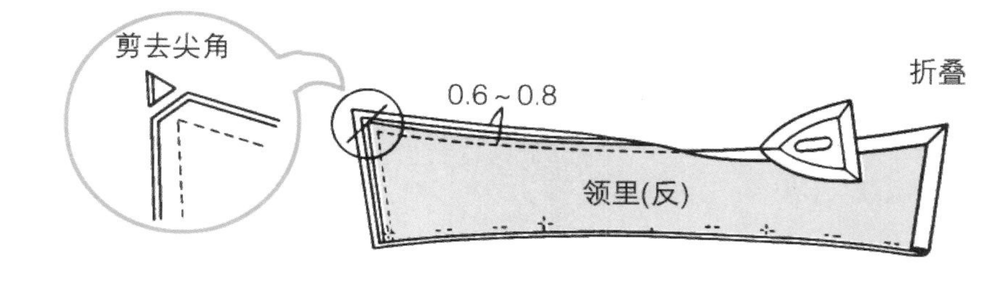

8-3　将领子翻至正面，从领里处熨烫定型。

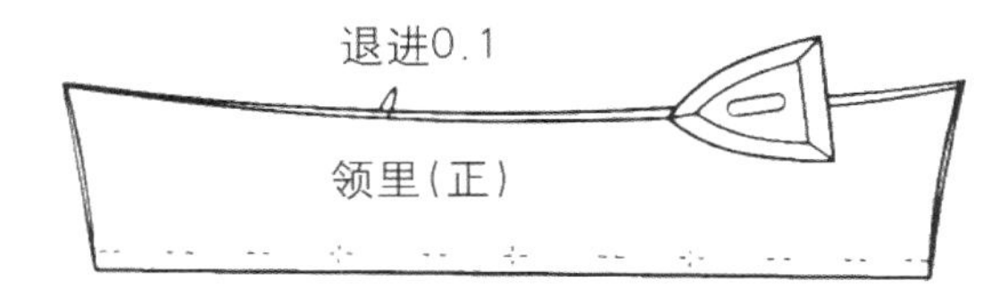

8-4　将领做成完成后的状态，根据翻折后的状态重新做领面装领记号。领子周围用斜向疏缝固定（参照第 16 页）。

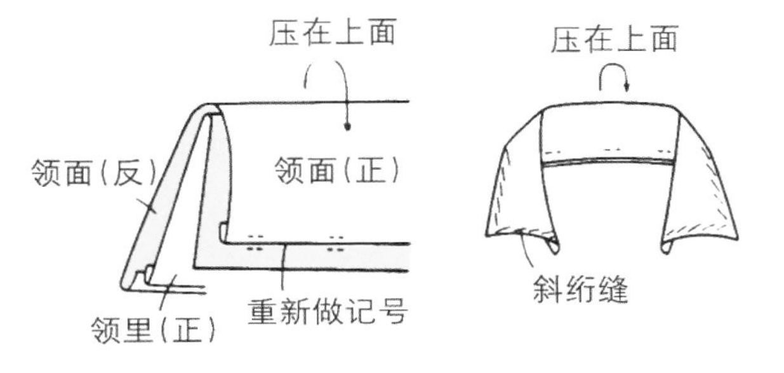

8-5　肩线合印（N.P）开始往前 1 ~ 1.5 cm 处领面缝头剪刀口。将领面装领线缝头往里折进。

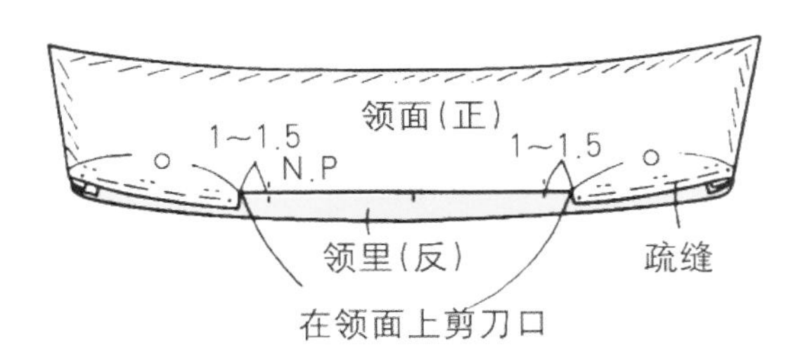

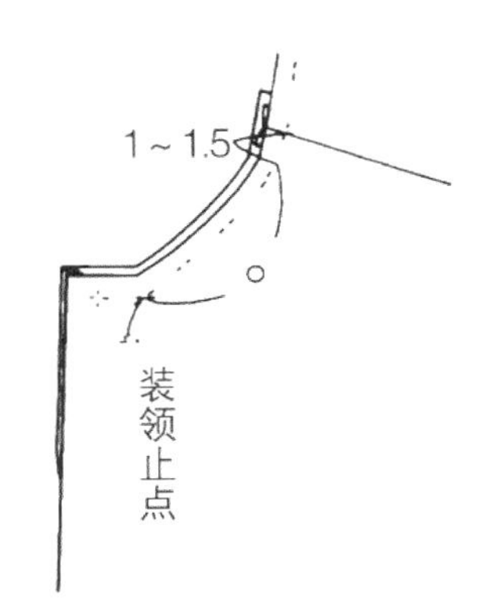

9　装领

9-1　将领面叠在衣片正面，从一端装领止点疏缝至另一端，仅将领里缝头露出部分缉合，避开领面。

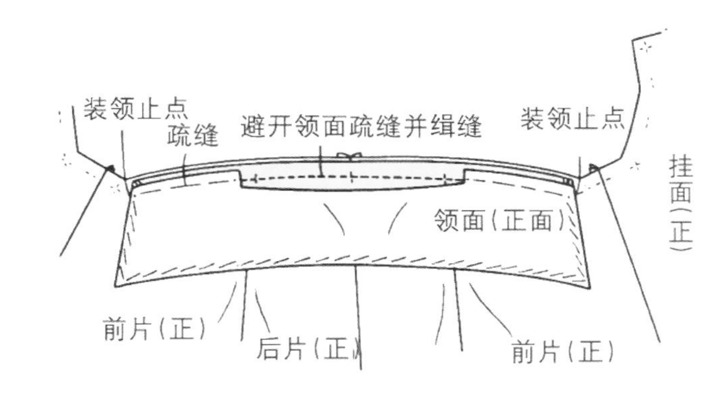

9-2　挂面从叠门止口开始正面相对折进，疏缝至领面切口处，并车缝。

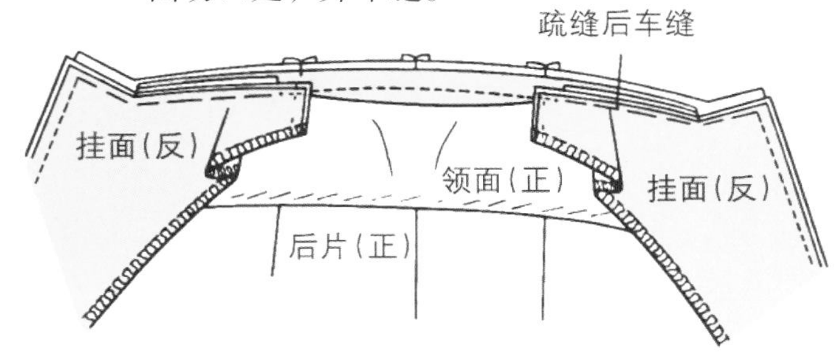

9-3　将缝头修剪至 0.5 ~ 0.7 cm，衣片和挂面的装领止点处剪刀口。注意不要剪到领子。在弯弧的地方剪刀口。

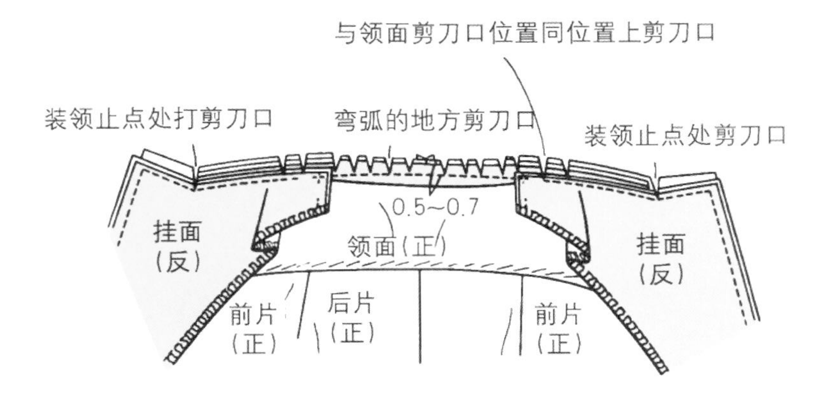

9-4　将挂面翻至正面，肩线缝头往里侧折进并缲缝。

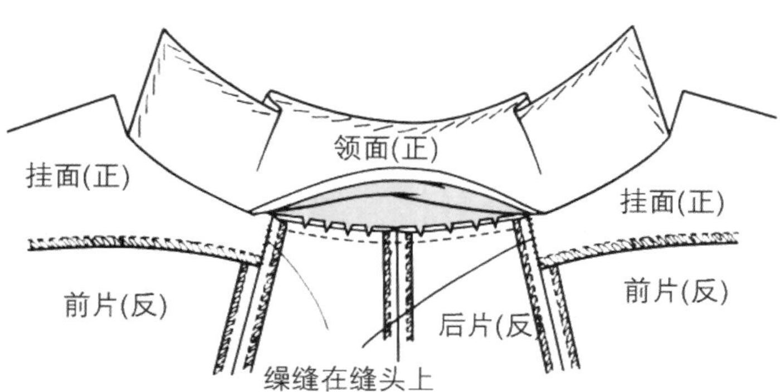

9-5　将领面装领线重叠在缝道上并折进缝头，压缉缝（也可以缲缝）。

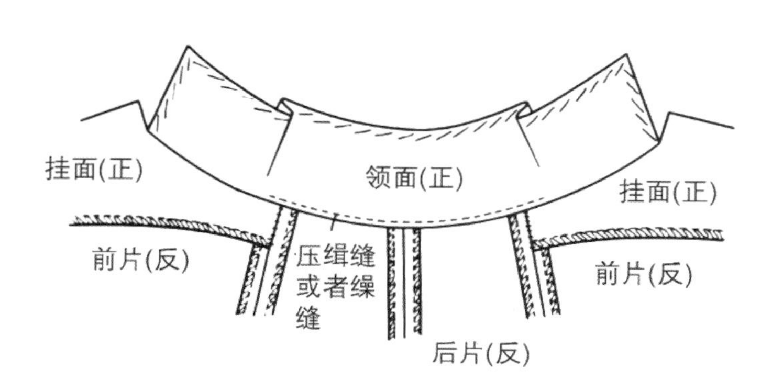

10 缝袖子

10-1　在袖山缝头上取双股线进行拱针。

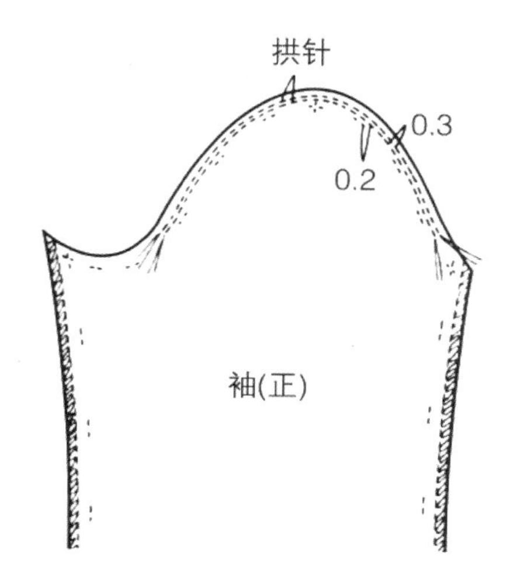

10-2　袖子正面朝里叠合，缝合袖底缝，并劈缝。将袖口缝头修剪成阶梯状。袖口从正面锁边或滚边。

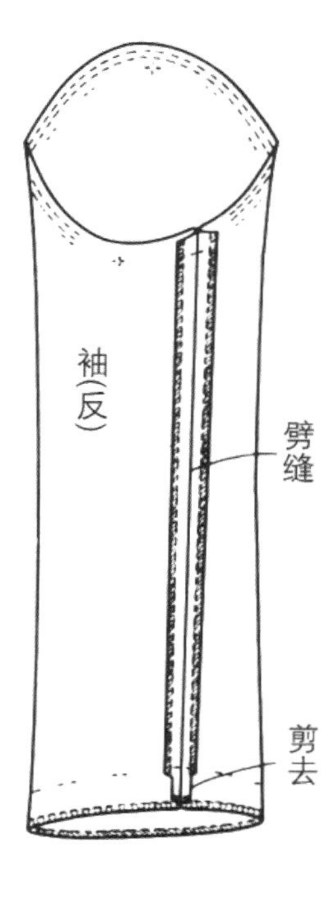

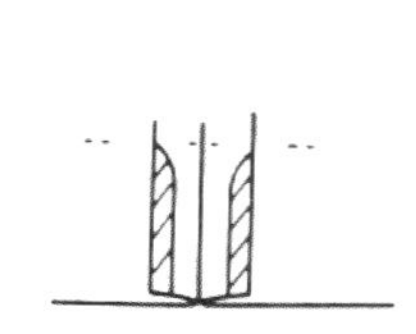

10-3　袖口按净印折进，疏缝后暗缲缝。

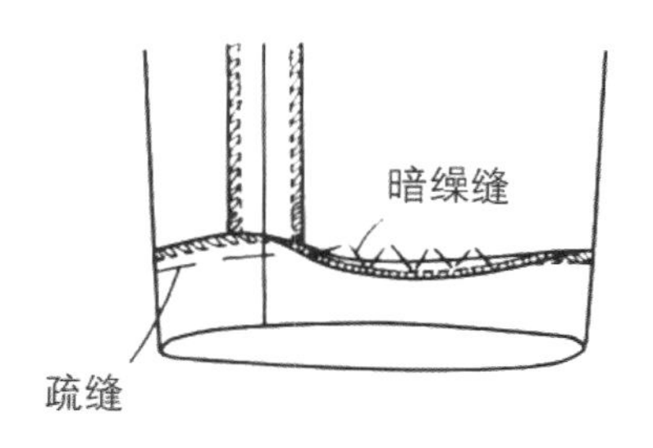

10-4 抽缩袖山拱针线，做出袖山形状后用熨斗整烫定型。

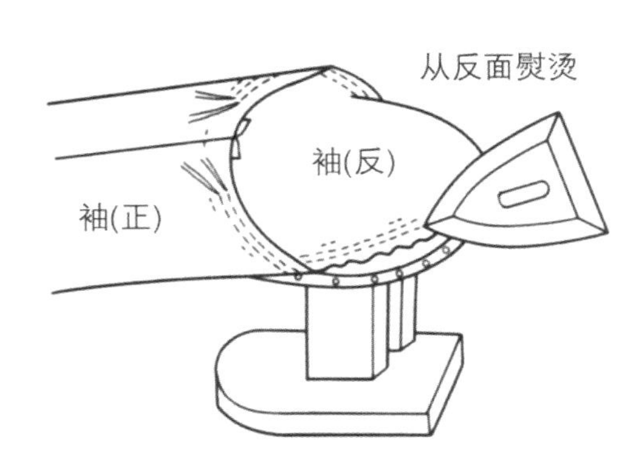

11-3 在袖片处按净印缝合，再往外 0.3 ~ 0.5 cm 处压缉缝，缝头烫平。

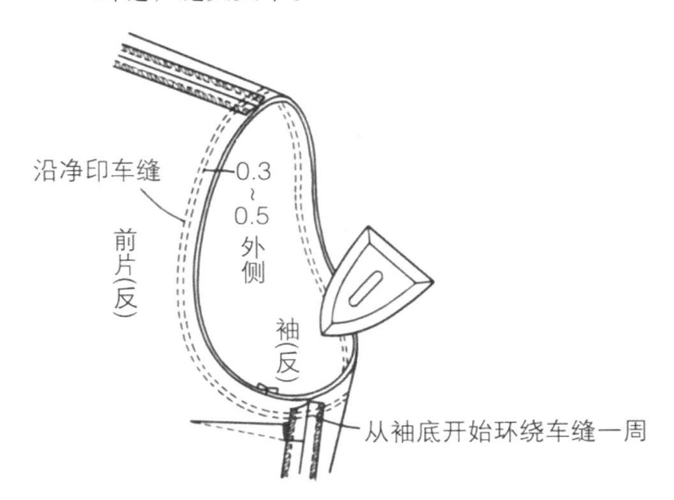

11 装袖

11-1 衣片和袖片正面相对叠合，对准对位记号。因为袖子是叠在衣片上的，所以注意袖子绕到衣片上的量并从袖子这一边用大头针固定。没有缩缝的地方平平地插入大头针。

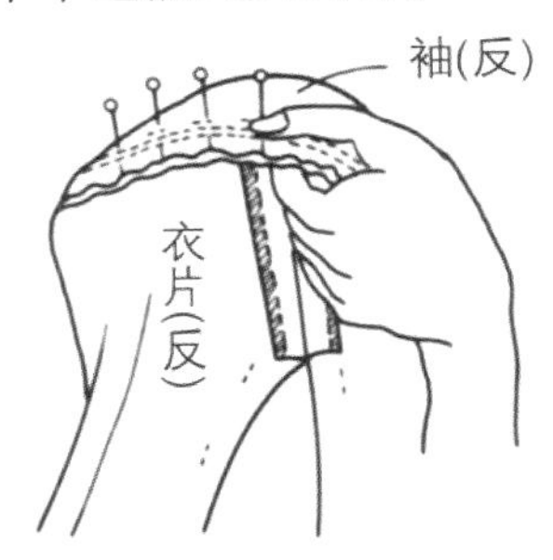

11-2 单线疏缝。为了不使袖片和衣片错位，疏缝时都用回针缝。

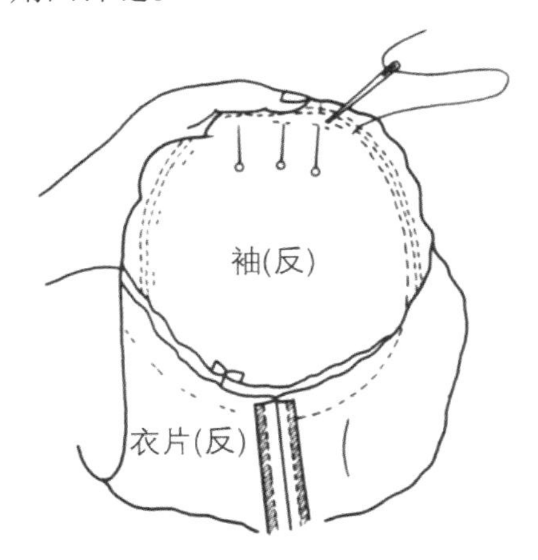

11-4 修剪缝头，在袖山处为 1.2 ~ 1.5 cm，袖底为 0.8 ~ 1 cm。并用锁边或滚边处理缝头。

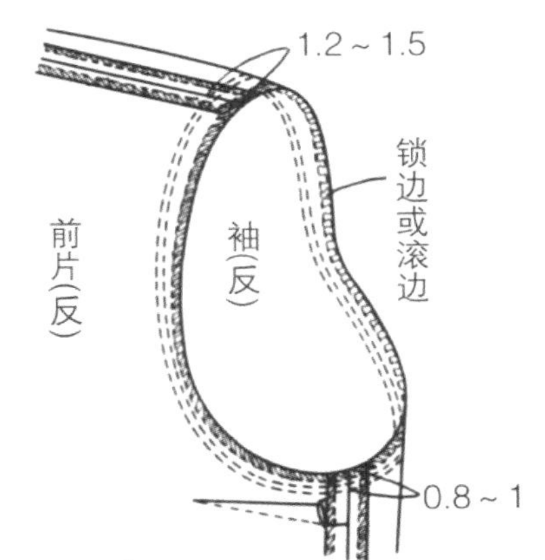

12 装垫肩

12-1 用布包垫肩。准备一块面料（薄型）或同色里料，斜裁。

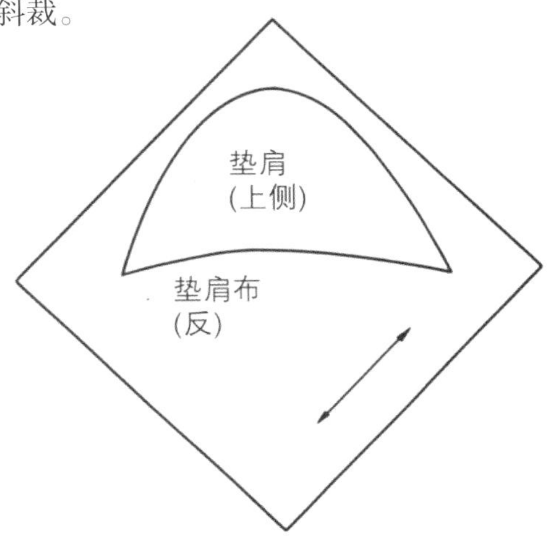

12-2 图将布按肩部形状放置，包好垫肩并疏缝固定。

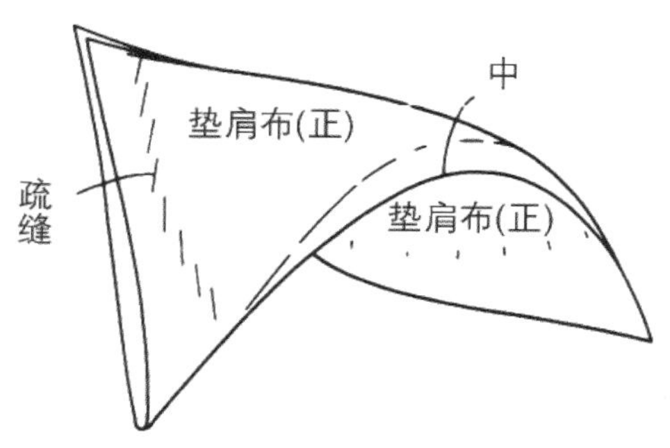

12-3 垫肩外端往里 0.3 cm 缝纫，缝道外 0.5 cm 锁边。

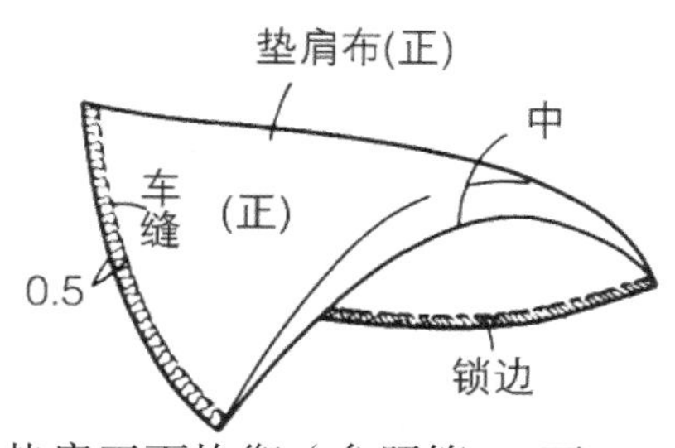

12-4 注意垫肩正面均衡（参照第 23 页 21-1），确定位置并将其固定在肩线缝头上。

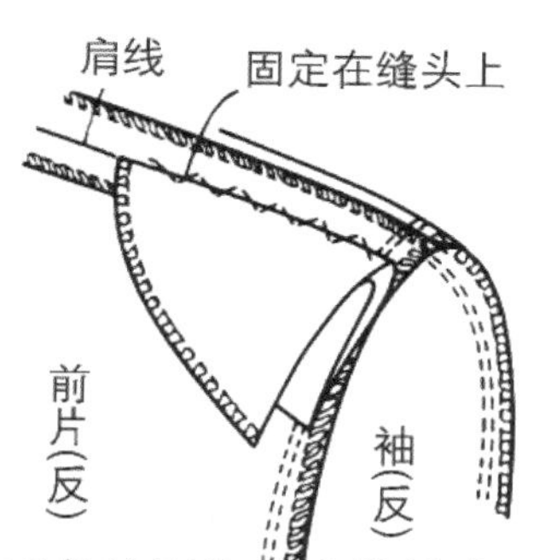

12-5 将垫肩用三角针固定在肩线缝头上，注意袖窿侧平衡，将其固定在袖窿上，注意不能影响垫肩的厚度（用同色线固定）。

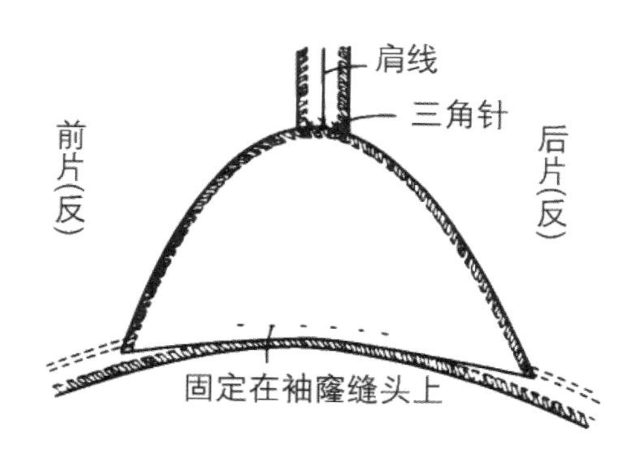

13 做腰带

13-1 将腰带面、里正面相对叠合，留出装腰带扣位置，其余三边缝合。

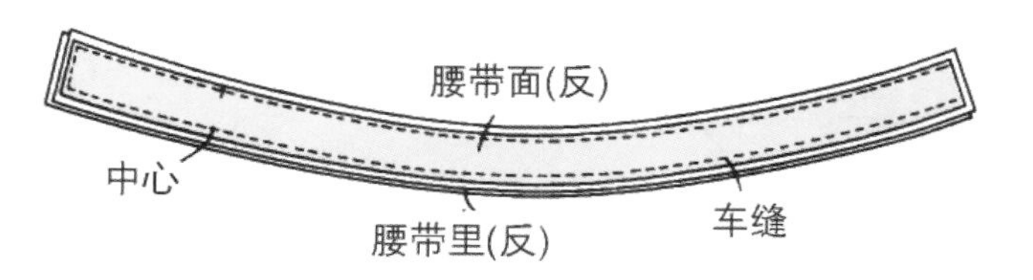

13-2 修剪缝头至 0.5 ~ 0.8 cm，并将缝头从缝道处折进腰里处。

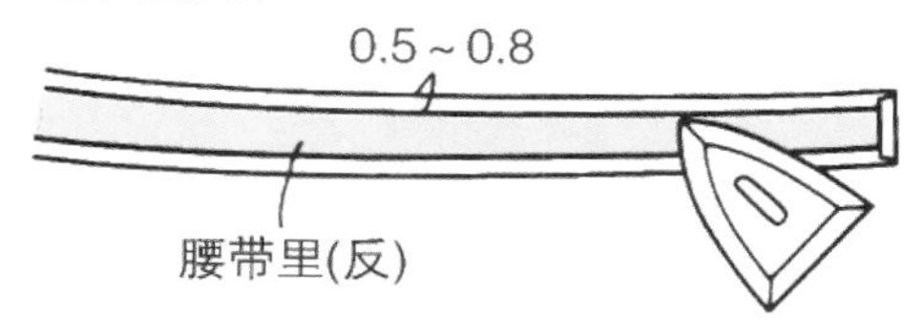

13-3 翻至正面并熨烫定型。装腰带扣位置锁边。

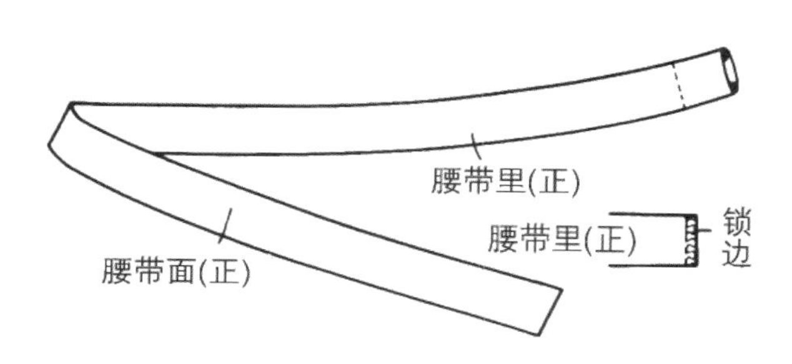

13-4 装腰带扣。

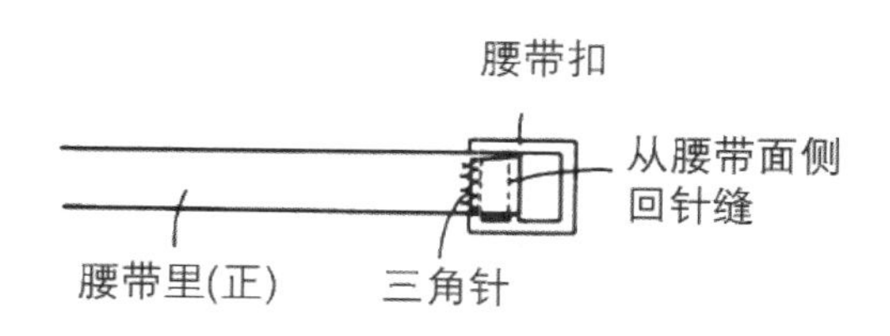

14 整烫

14-1 除钮眼和钮扣位置外，拆除所有的线钉线和疏缝线，并整烫。

14-2 锁平圆头钮眼，钉扣（参照第 249 ~ 252 页）。

裙子缝制方法

1 裙片面子缝头处理

1-1 在后片面子装拉链开口部分的缝头上贴直牵条衬。

1-2 前后面子中心线、侧缝缝头处从正面锁边。

2 缝裙片面子省道和中心线

2-1 缝合前后省道，处理线头，缝头倒向中心。

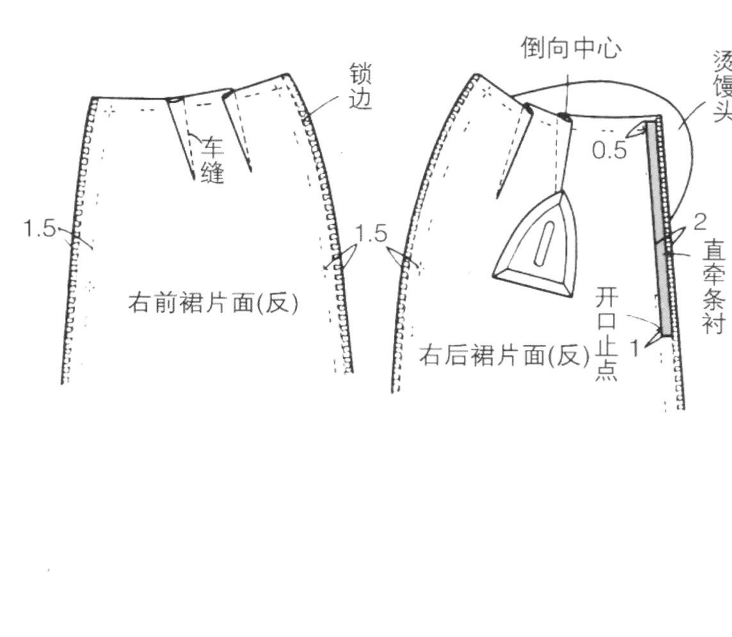

2-2 腰口缝头在净印外 0.2 cm 处和再往外 0.3 cm 处疏缝抽缩，用熨斗归缩。

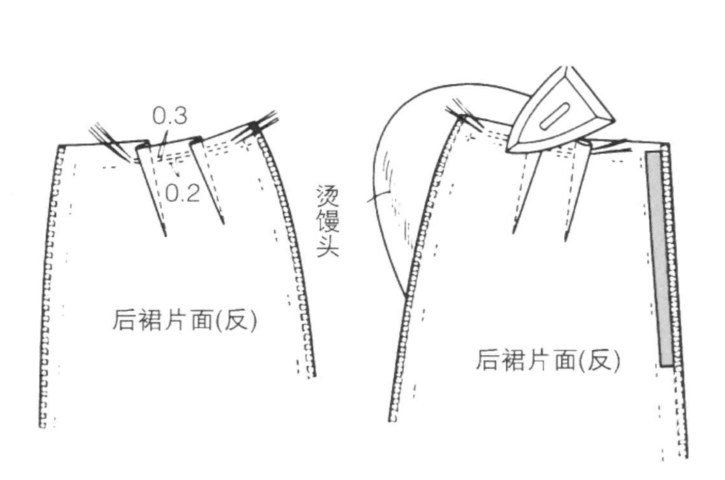

2-3 左右裙片正面相对叠合，缝合前中心线，并劈开缝头。

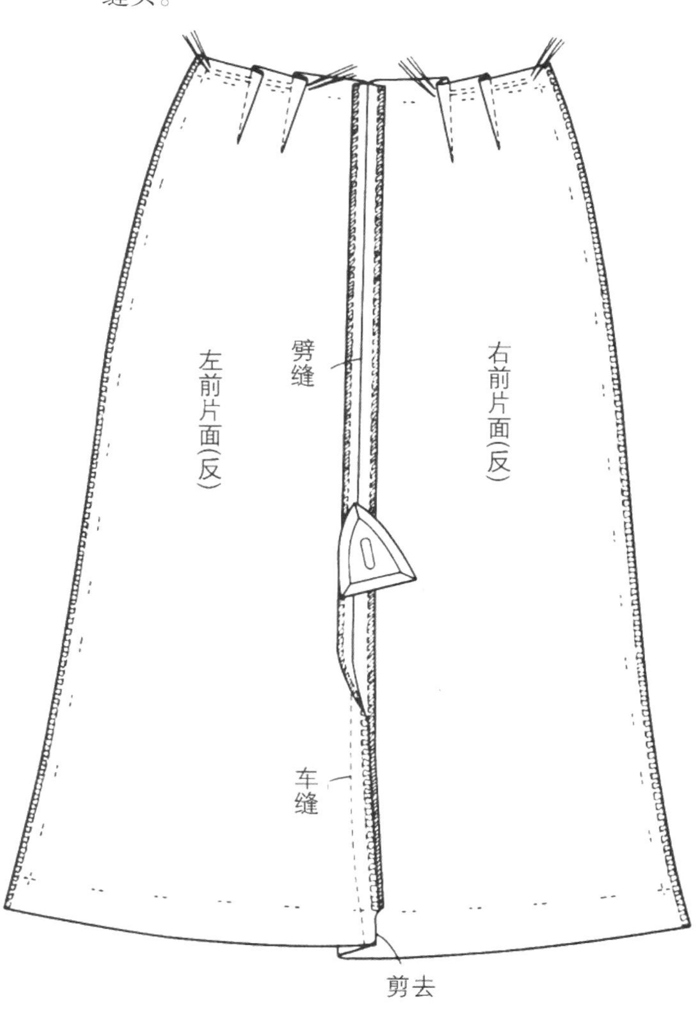

2-4　左右后片正面相对叠合，从后中心线开口止点到底摆处缉合，劈开缝头。

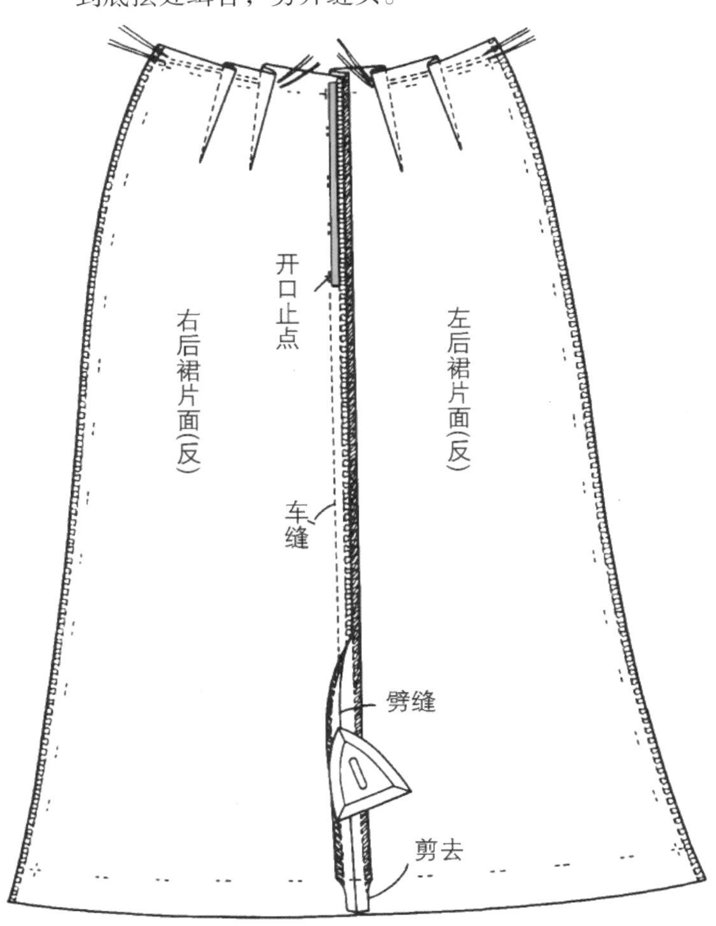

3　装拉链

3-1　将右后片开口处缝头沿净印折向里侧，左后片缝头从净印外 0.3 cm 处折向里侧。

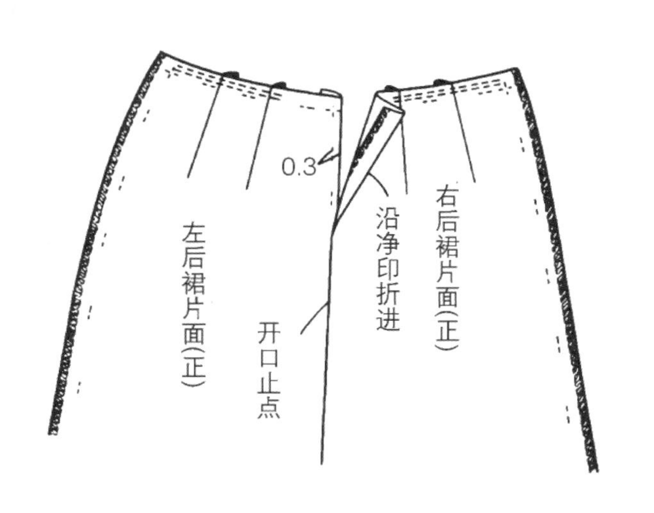

3-2　将拉链叠在左后片折线上。（拉链上下止从腰口净印下 0.7 ~ 0.8 cm 处开始，到开口止点上 0.7 ~ 0.8 cm 处结束）为使拉链易拉，将拉链牙稍稍离开折线疏缝固定。在折线上压缉缝至开口止点下 1 cm 处。

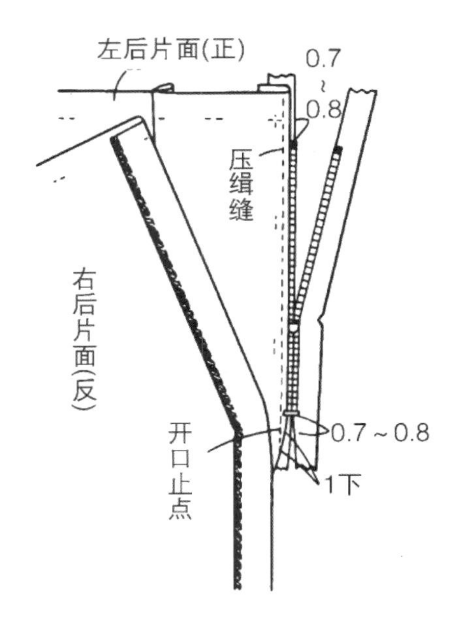

3-3　闭合拉链，将右后片折线叠合在左后片净印线上，注意平衡，并疏缝固定。离开折线 1 cm 宽缉线。缝到距开口止点还有一点距离处与开口止点斜向缝合，并倒回针。

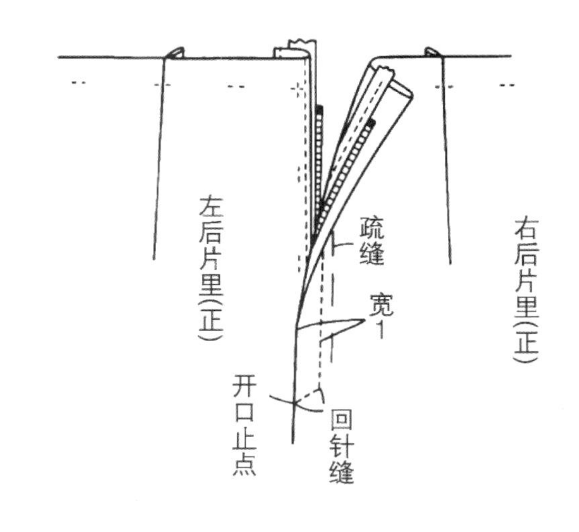

4 缝裙片面子侧缝线

前后片面子正面相对叠合，缝合侧缝，缝头劈缝。

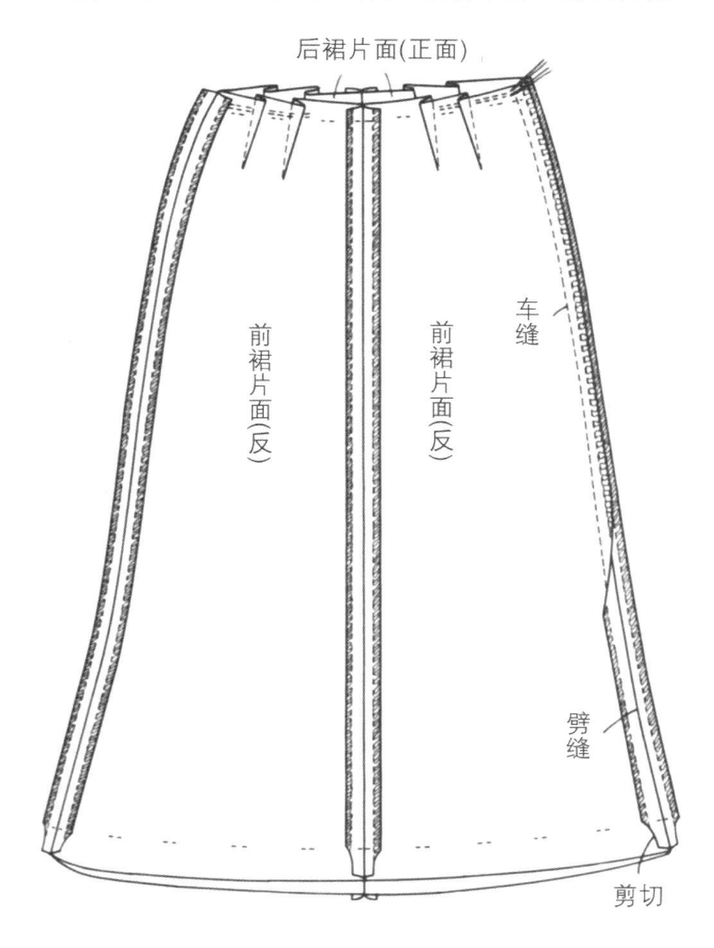

5 做、装里子

5-1 缝合前后片里子省道，缝头倒向侧缝。

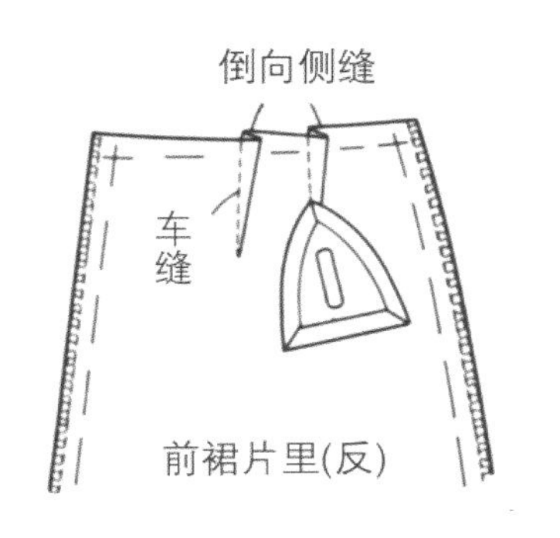

5-2 左右前片里子正面相对叠合，缝合中心线，缝头倒向右前片。后片中心线从开口止点往下 1.5 cm 处开始缉合，缝头倒向右后片。

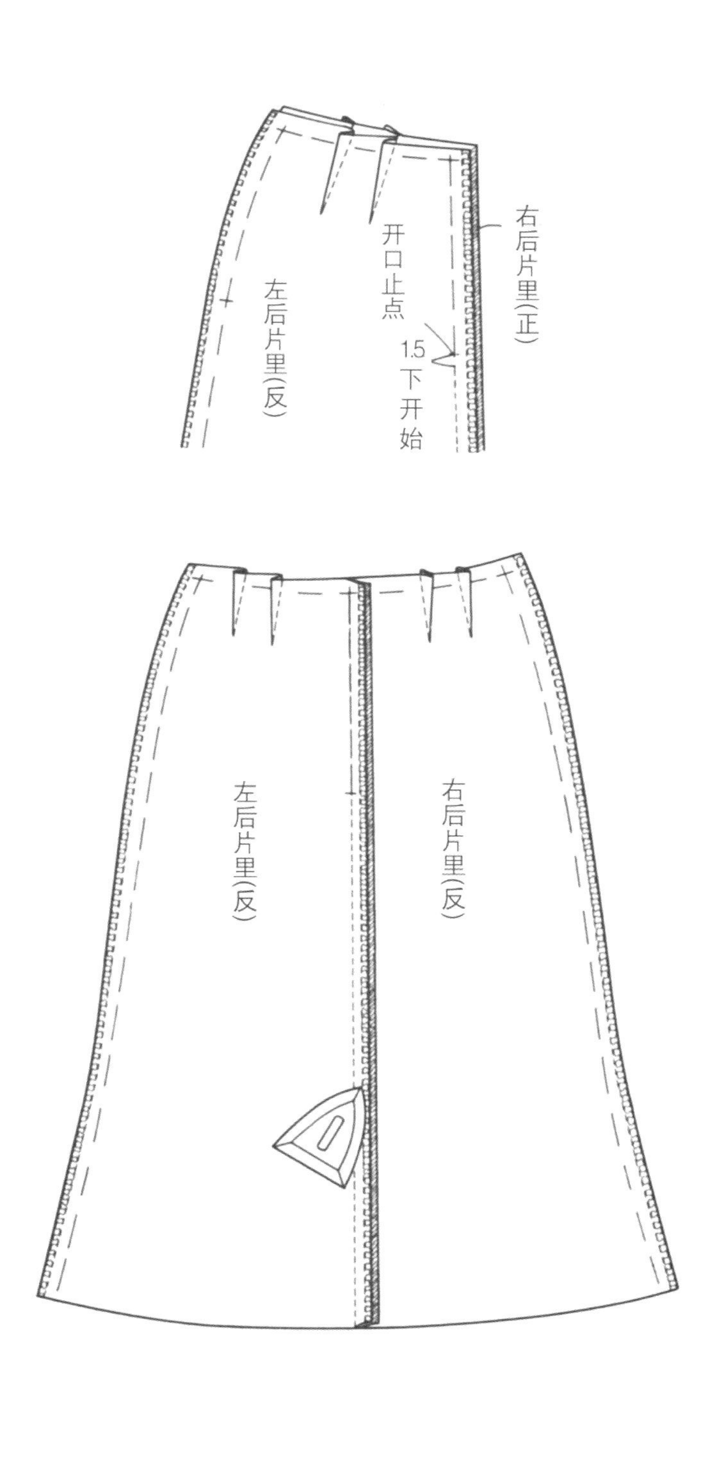

5-3　前后片里子正面相对叠合，沿侧缝净印疏缝，在缝头上留 0.3 ~ 0.5 cm 余折缝头后缝合，缝头从疏缝位置倒向前片。

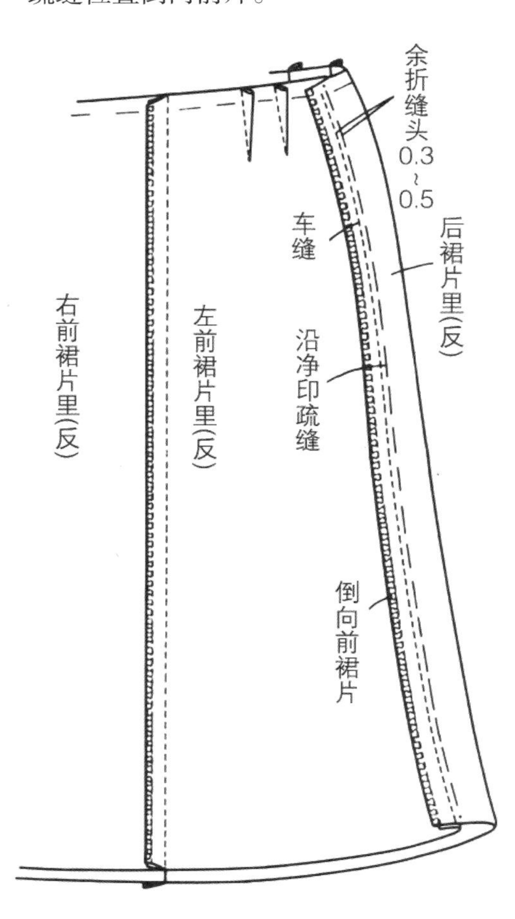

5-4　面、里裙片正面朝外叠合，腰口线净印外疏缝固定。为了使拉链开口部分的里子不挂住拉链牙，将其离开一点折进，缲缝固定在拉链基布上。距离折线 0.5 cm 处星针固定（参照第 29 页）。

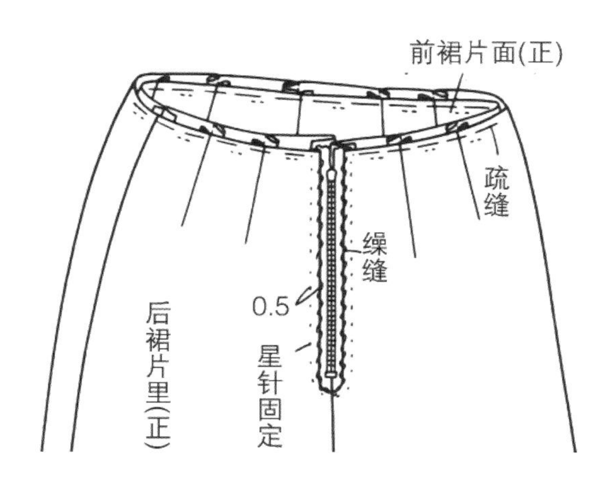

6　做、装腰头

6-1　在腰头布反面贴黏合衬，图做净印标记。

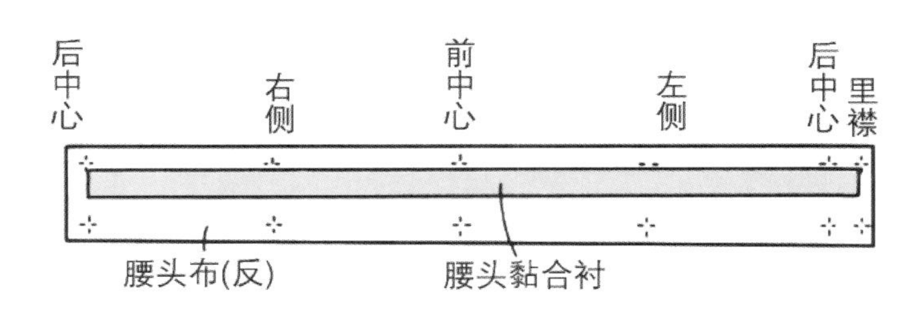

6-2　腰头和裙片面缝合（参照夏奈尔套装第 30 页 6-2、6-3）。

6-3　将腰头翻至正面，装腰缝头叠在腰衬上，折进腰里缝头，疏缝固定，从正面压缉缝。

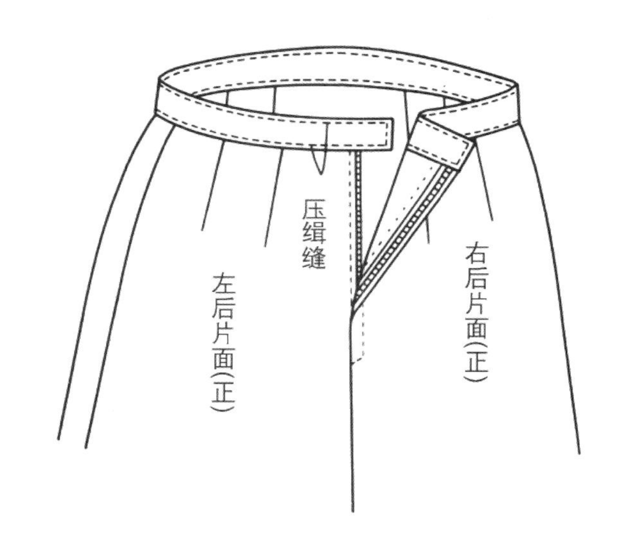

7 下摆处理

7-1 下摆缝头裁边处进行细密的拱针或车缝，抽拉线头使松弛量归缩，并熨烫定型。

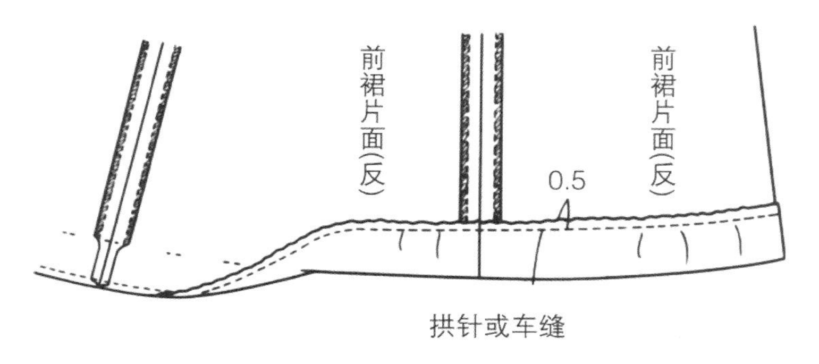

7-2 裙片面下摆从正面锁边，沿净印折进，疏缝固定后暗缲缝。

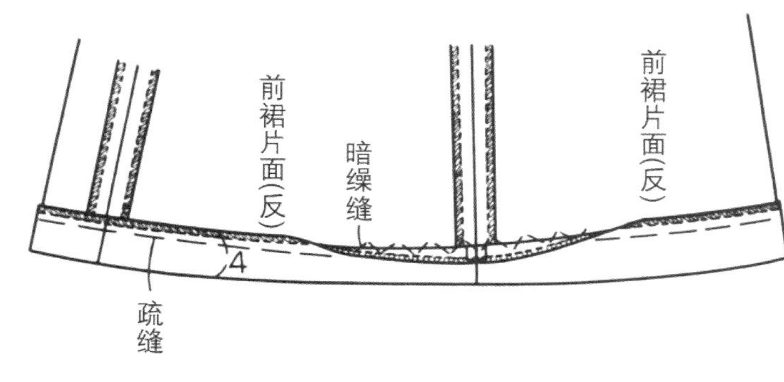

7-3 距离裙片面下摆 3 cm 处将裙片里下摆以 1.5 cm 宽度三折后缉明线。

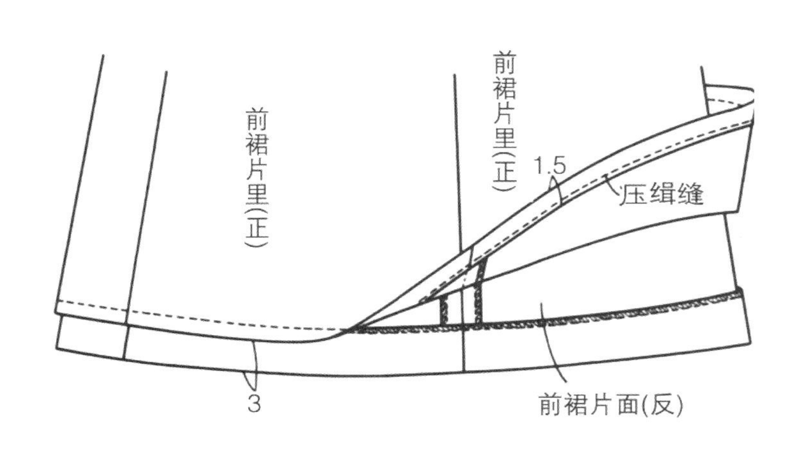

7-4 下摆两侧缝用线袢固定（参照第 253 页）。

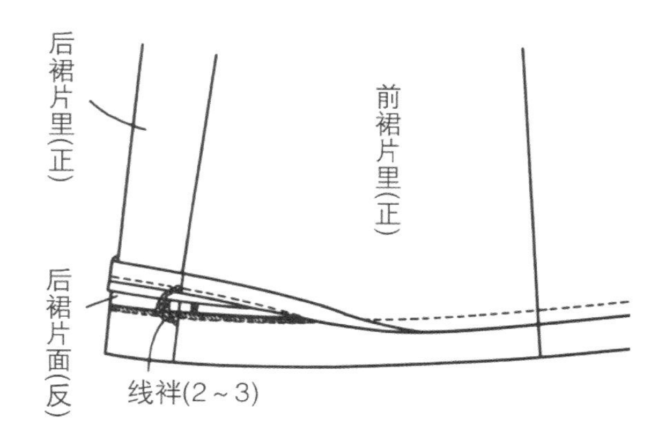

8 钉钩袢

在上片里侧钉钩。为不在正面露出针脚，缝针刺到腰衬为止。注意上下平衡在腰里襟上钉袢，缝针穿透腰头布。

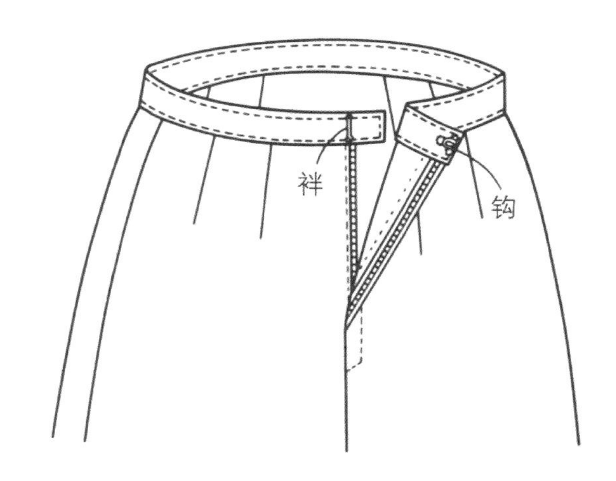

有领座衬衫领套装

富有朝气感觉的有领座衬衫领、长外套和迷你裙组合而成的套装。

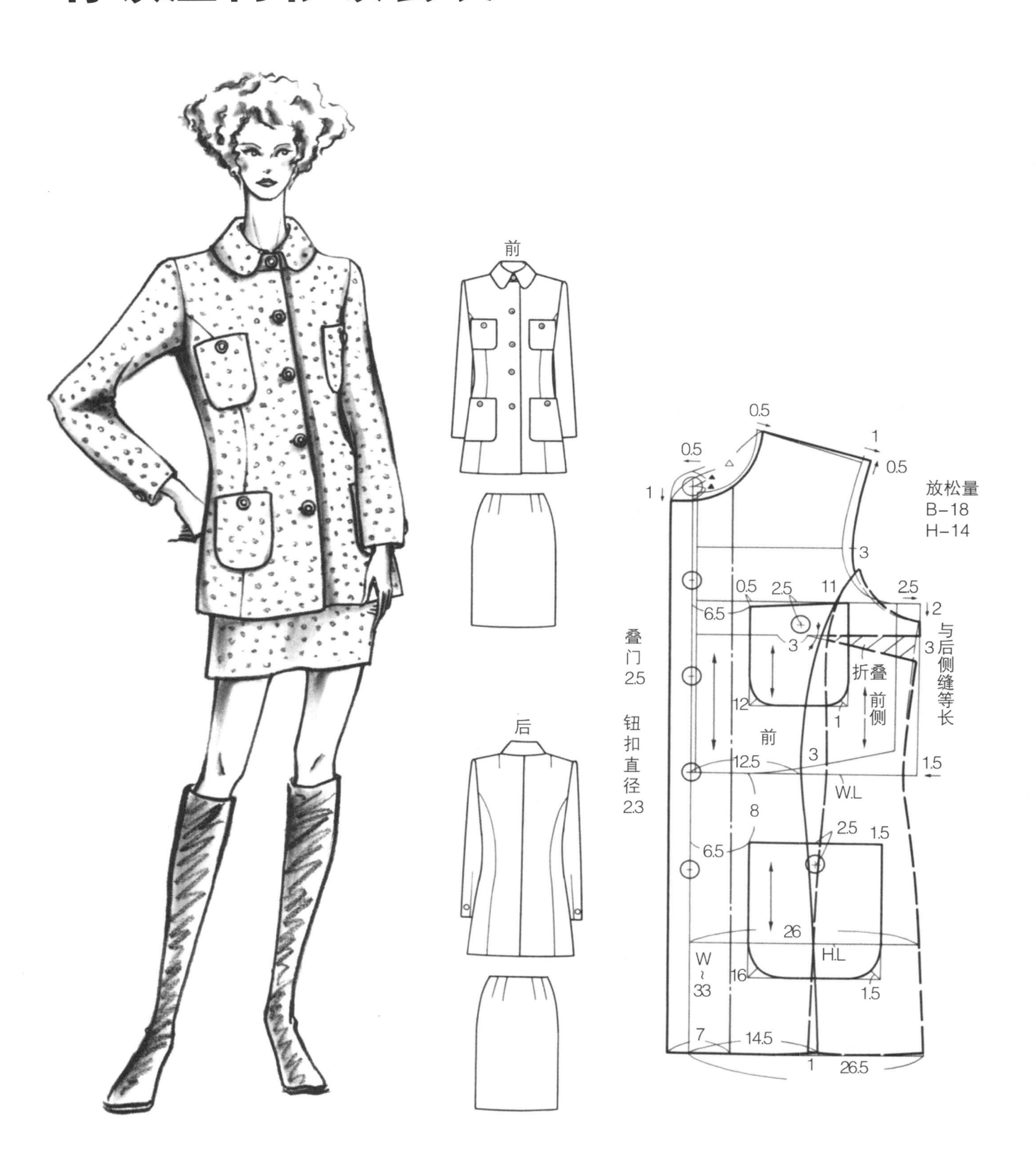

用料

面料　门幅 150 cm，2.3 m

里料　门幅 90 cm，2.6 m

黏合衬（薄型）　门幅 90 cm，1.6 m

黏合衬（厚型）　门幅 90 cm，0.2 m

附件

钮扣（直径 2.3 cm）　11 粒

垫肩（厚度 1 cm）　1 副

黏合带（直牵条）　1 cm 宽，1.8 m

隐形拉链（比开口大尺寸 3 cm）　1 根

钩扣　1 副

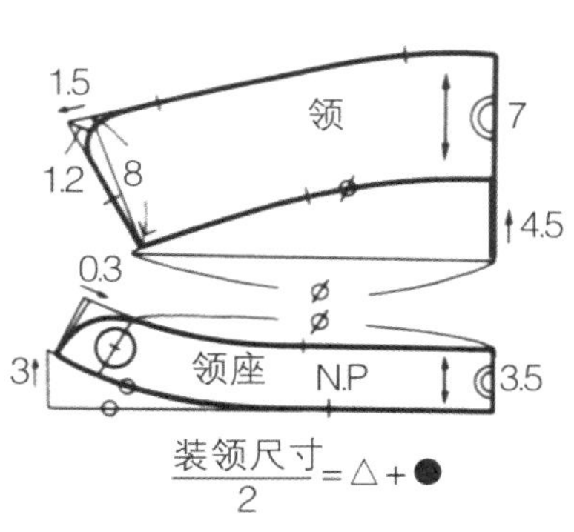

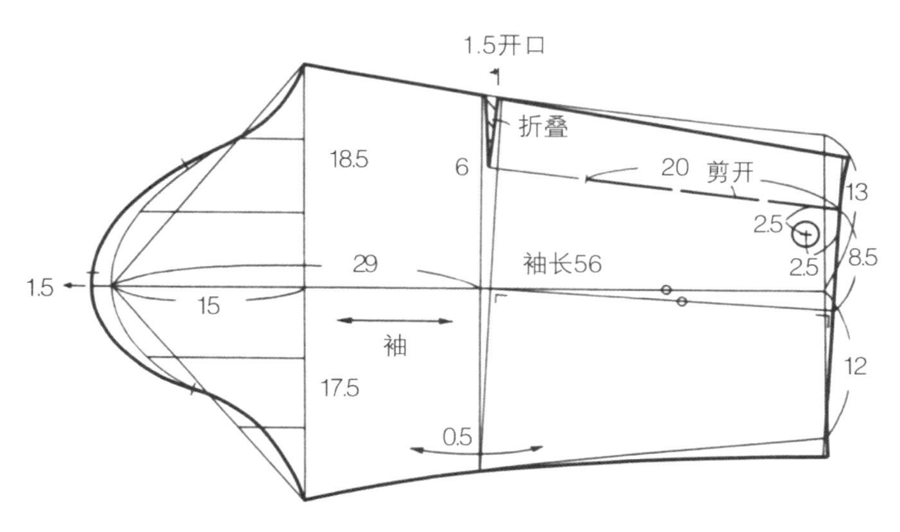

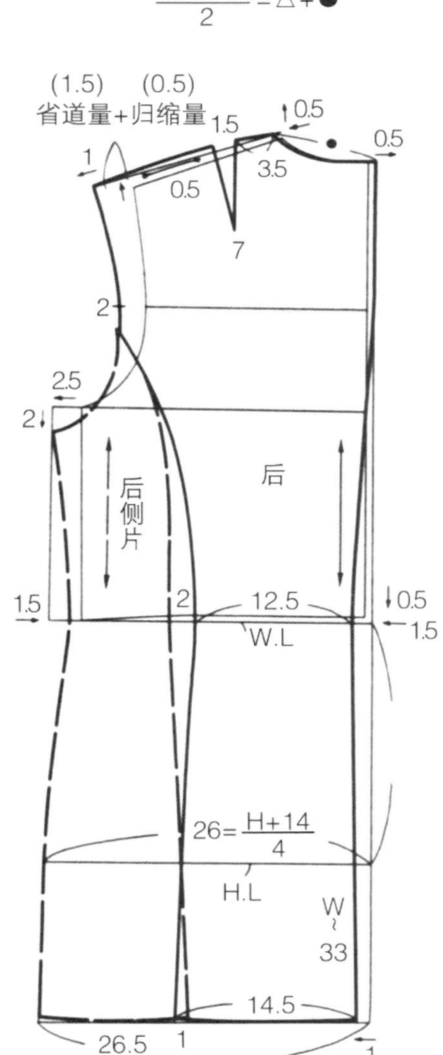

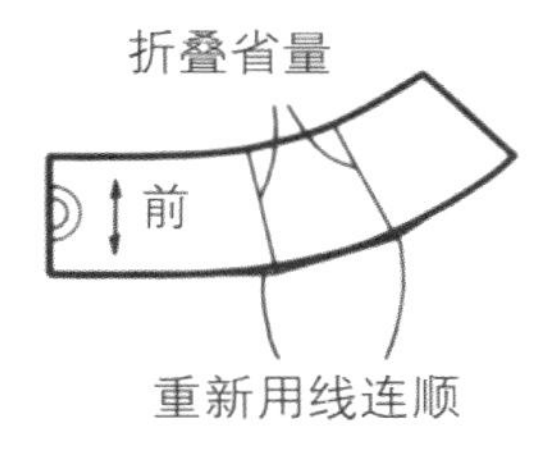

〈腰口贴边〉

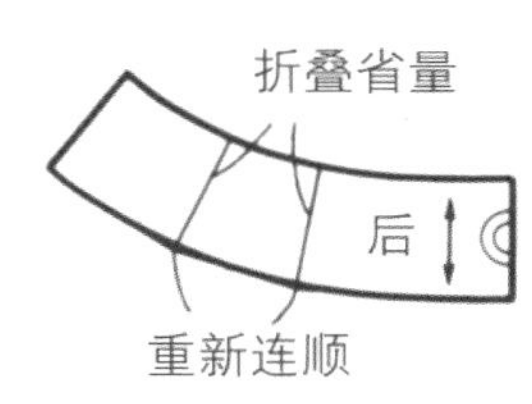

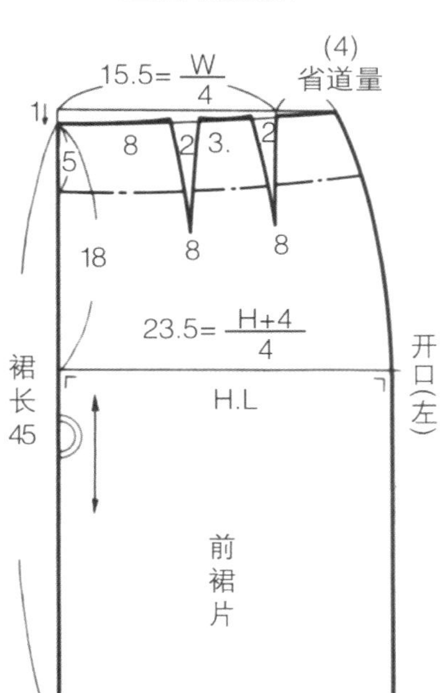

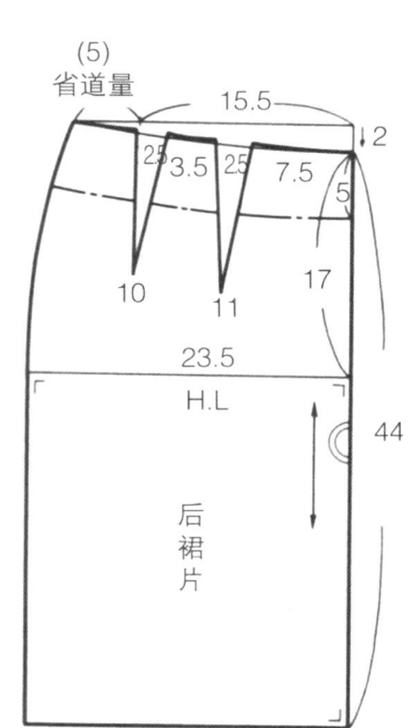

〈前侧片展开图〉

〈袖子展开图〉

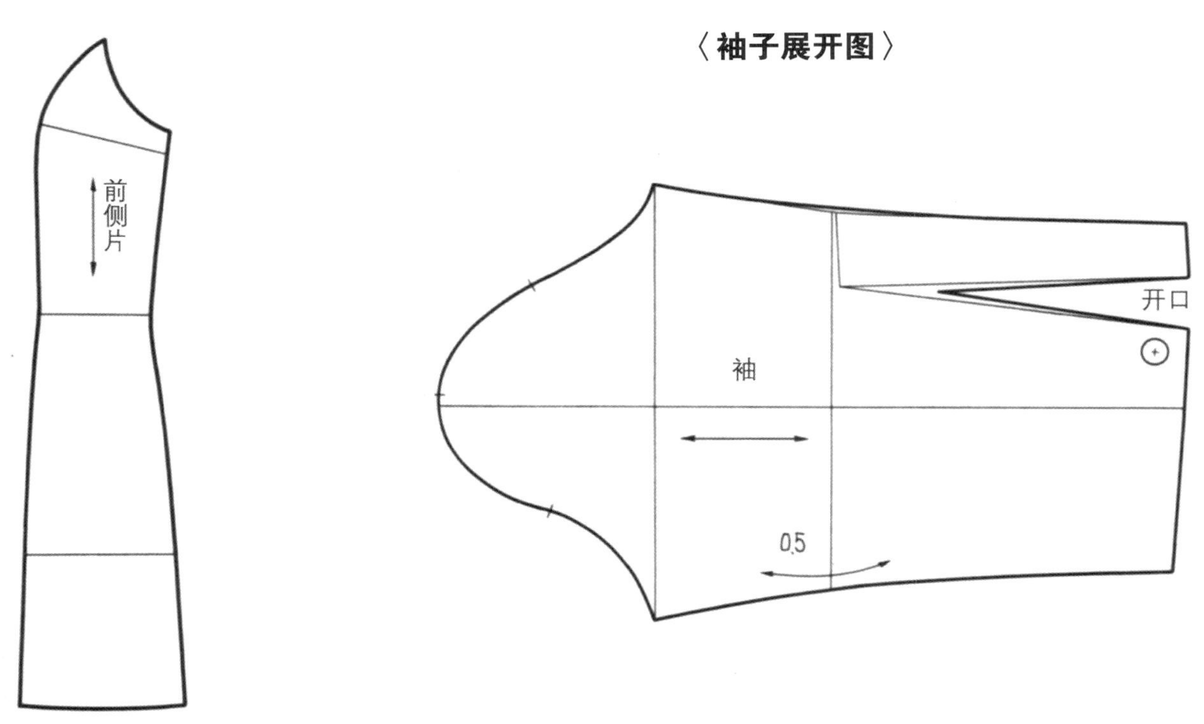

衬的位置及其纸样

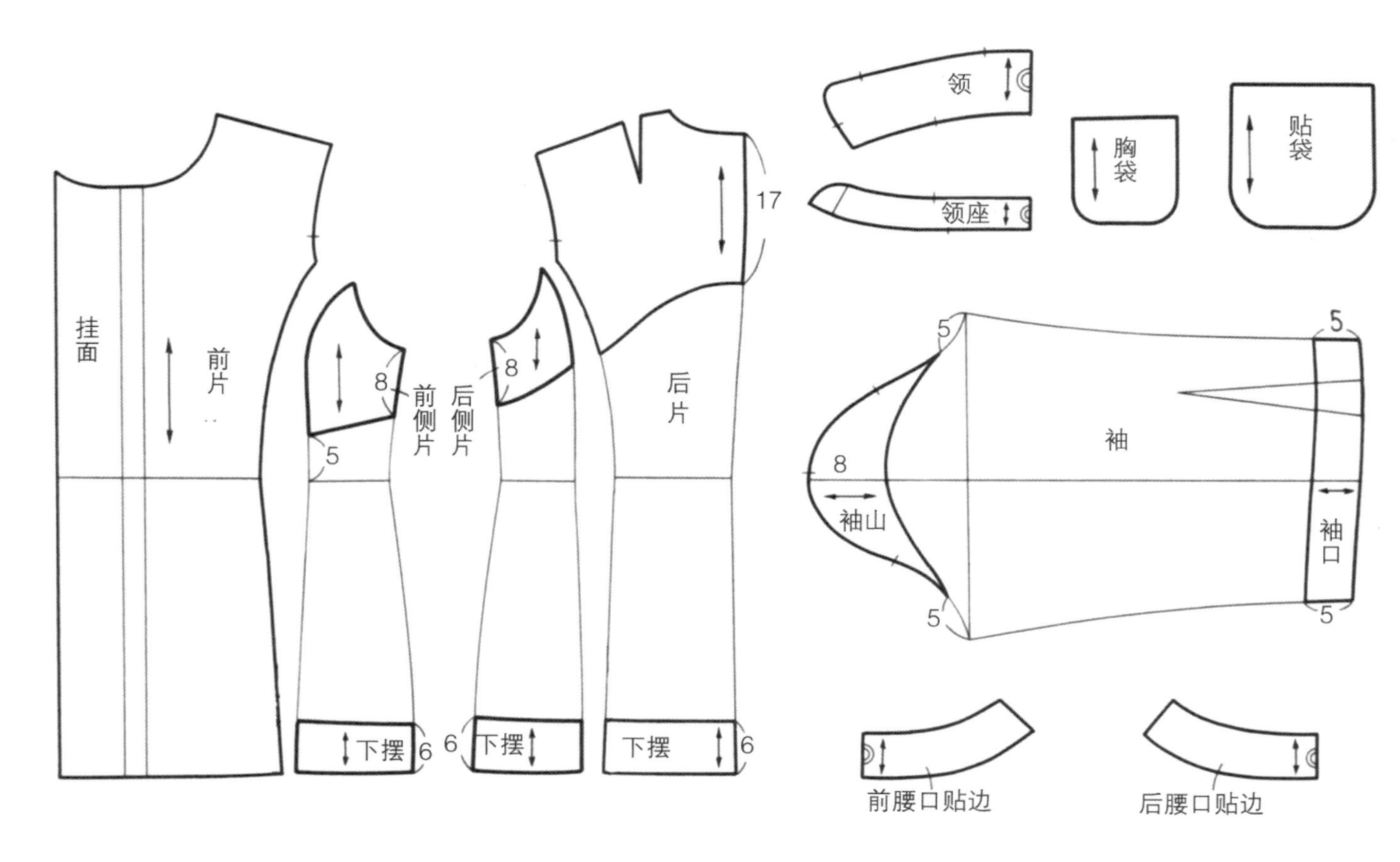

裁剪

先整理布料（参照第 242 页），然后参照裁剪图进行面料裁剪。由于体型因素需要补正的地方或对于易散边的面料，缝头要多放一些。如果是有花纹的面料，裁剪时还要考虑对花。这张裁剪图是按同一方向排列纸样的，如果面料许可，也可以将纸样插入进行套裁。

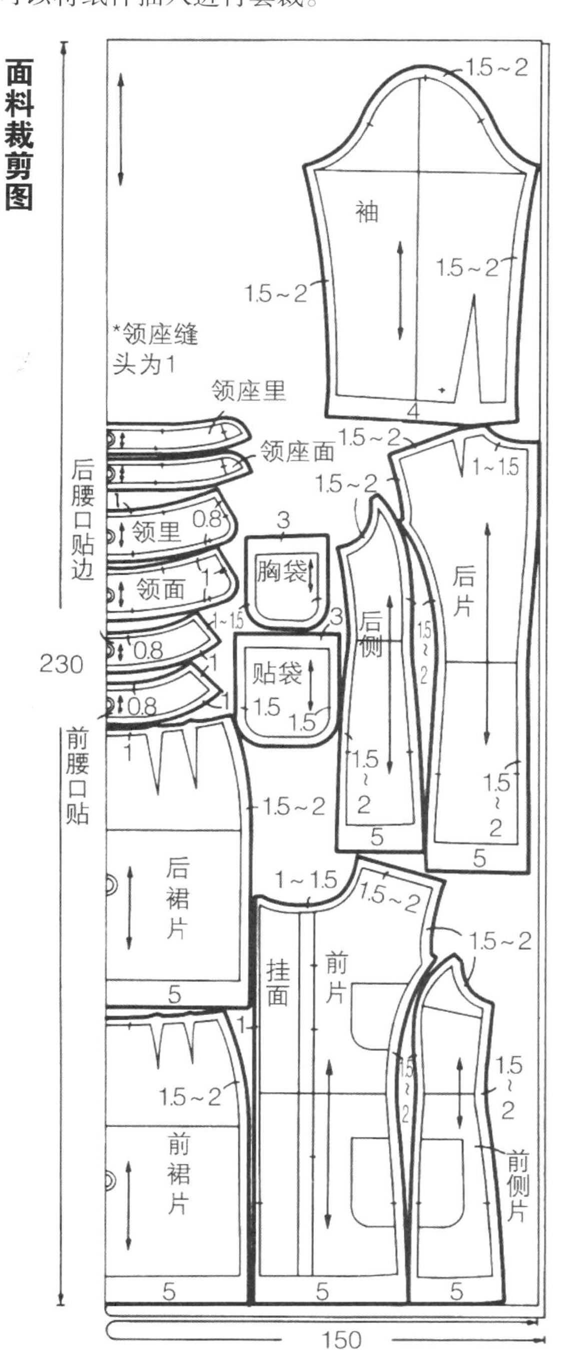

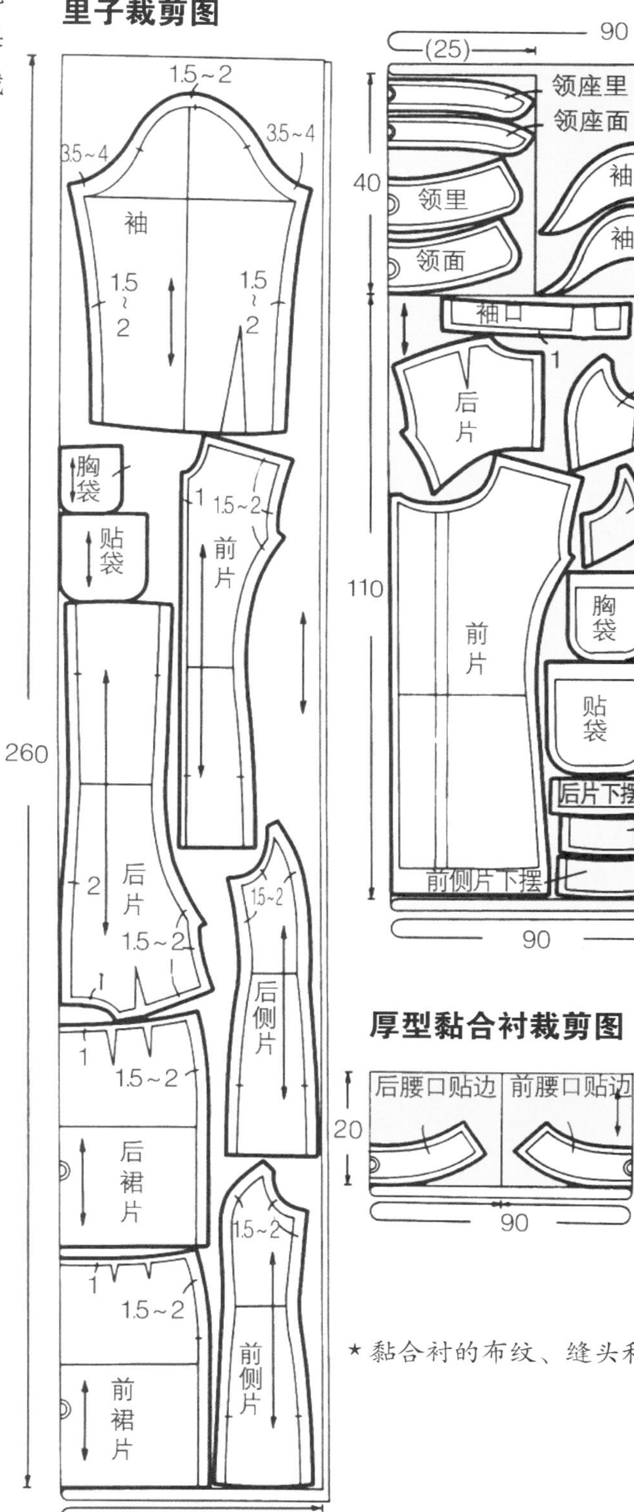

★黏合衬的布纹、缝头和面料相同。

正式缝制

上衣缝制方法

1　贴黏合衬和黏合带

贴黏合衬，做净印标记。防止叠门止口伸长的黏合带在净印线外侧（挂面侧）。防止肩线伸长的黏合带贴在净印外 0.1 ~ 0.2 cm 处。

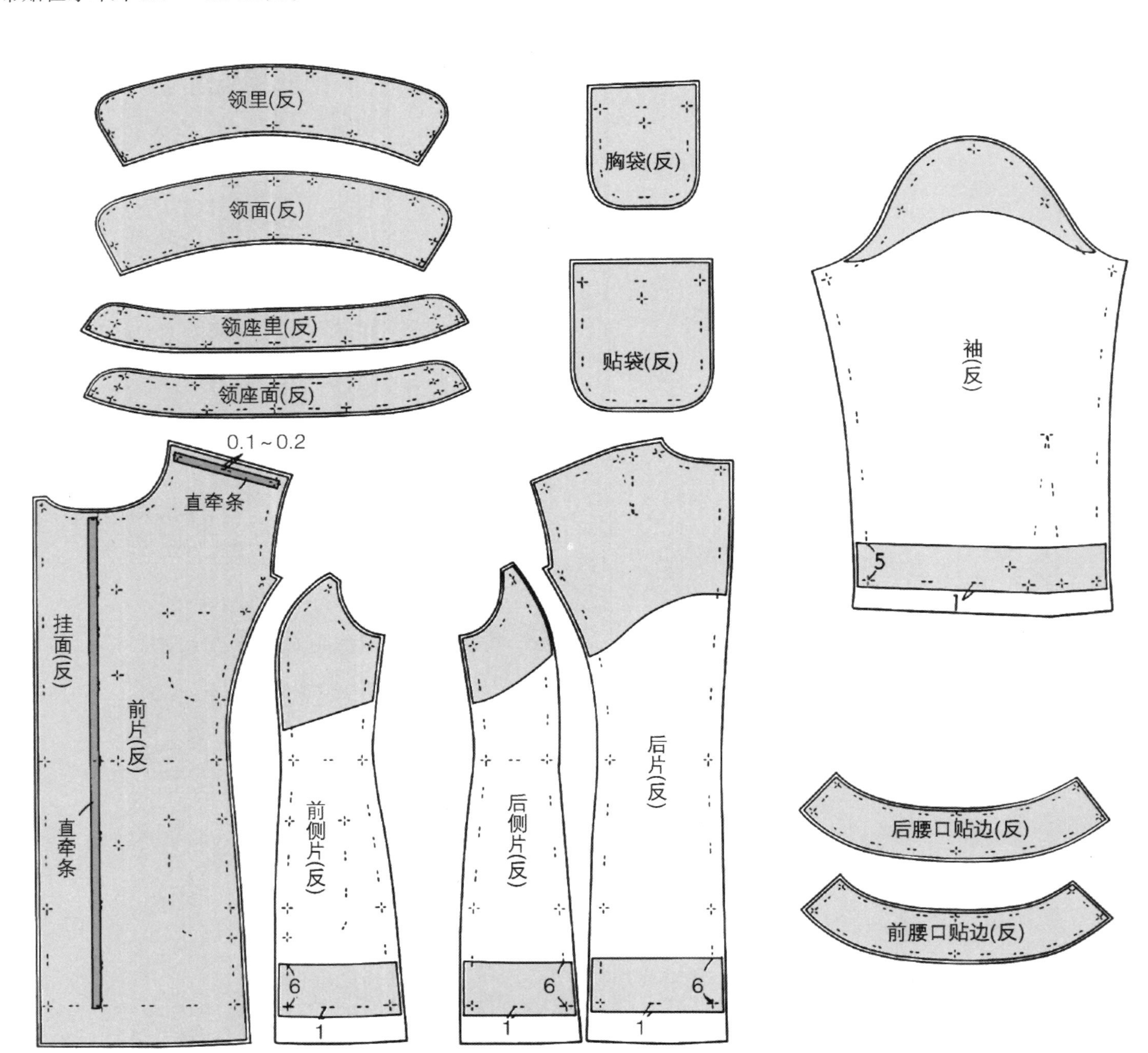

2　缝前片面子拼接线

对前衣片面子的拼接线做缩缝处理后，将前衣片和前侧片正面相对叠合后缝纫，并劈开缝头。

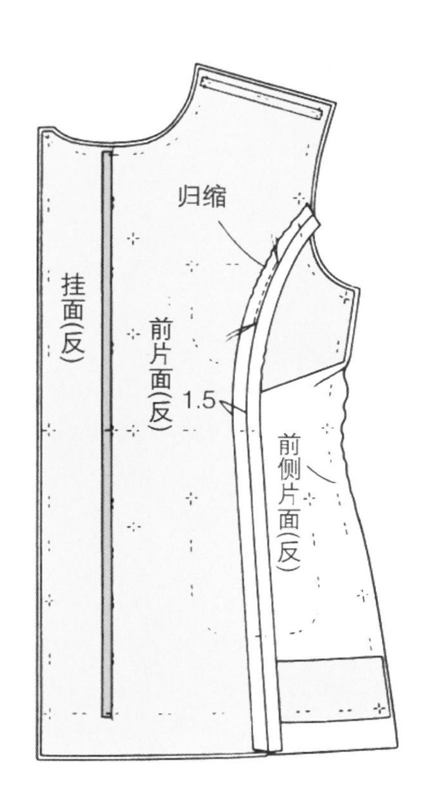

3　后片面缝制

3–1　后片正面朝里叠合，车缝肩省，缝头倒向中心，并将其剪开后劈缝。肩线净印外 0.2 cm 和再往外 0.3 cm 处双股线疏缝。将其抽缩成和前肩线等长后熨烫归缩。

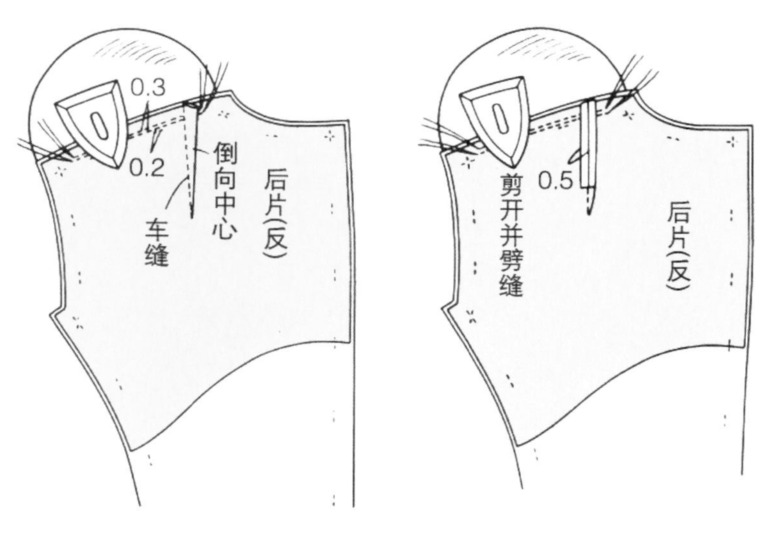

3–2　缝合后中心线和剪接线，劈开缝头。

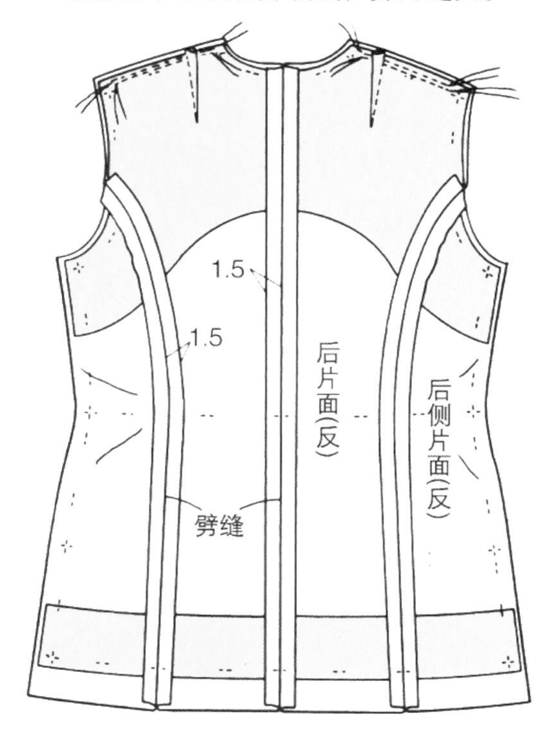

4　做、装贴袋

4–1　贴袋里和贴袋面袋口相差 1 cm 裁剪。

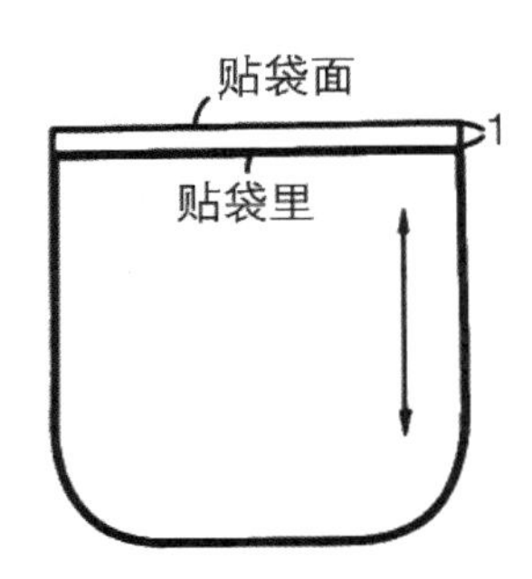

4–2　为了将贴袋面两个角的缝头做成框形，图做标记。

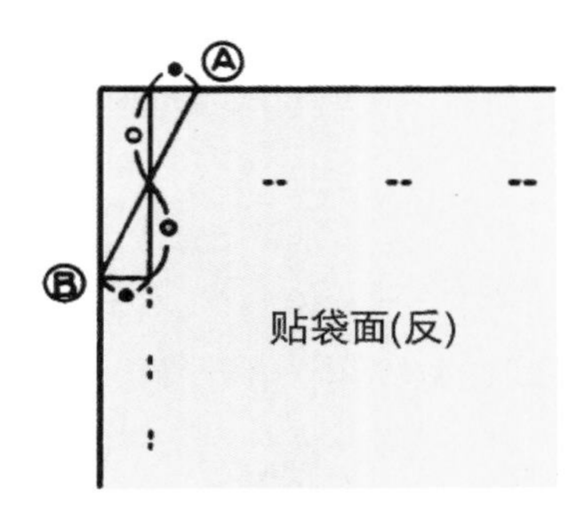

4–3　在袋角处将贴袋面正面朝里折叠，对准标记缝纫，并修剪缝头。

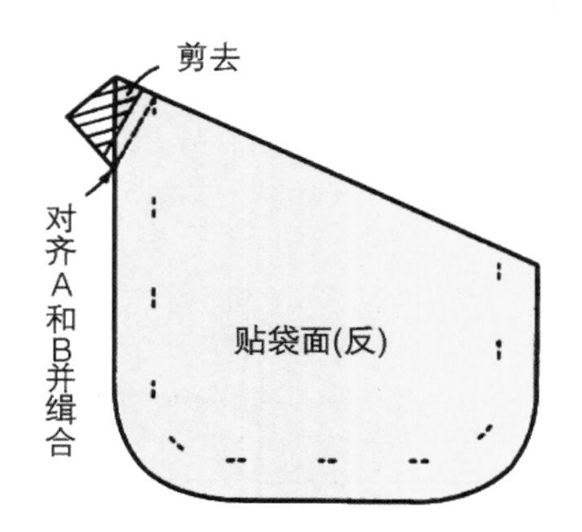

4–4　劈开缝头。

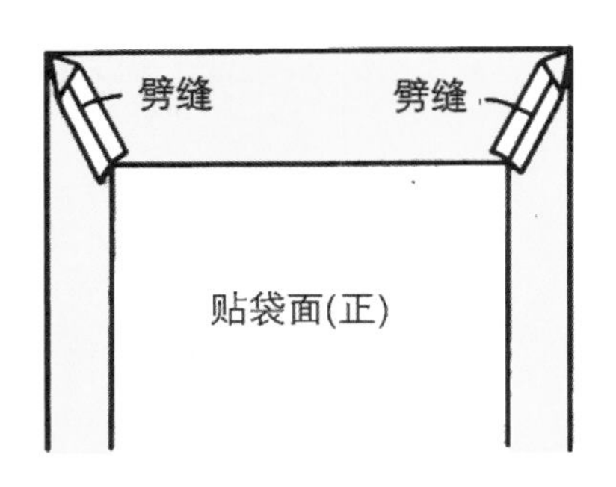

4–5　袋底圆角处缝头施以细密的拱针，做出口袋圆角，然后借助于厚纸板扣烫定型。

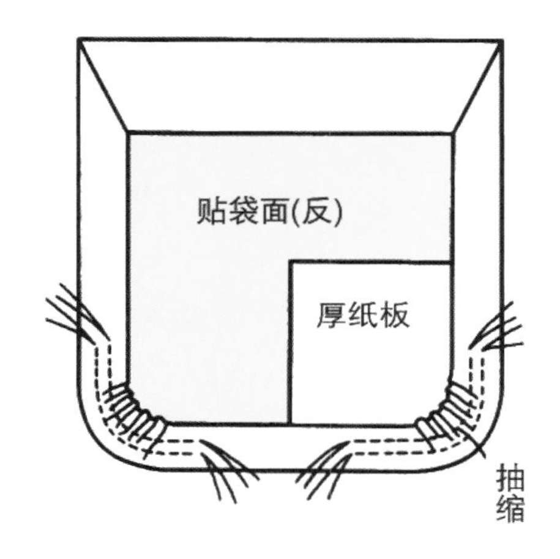

4–6　将贴袋里缝头离开贴袋面袋口一定距离折进，并纵缲缝固定在袋面缝头上。

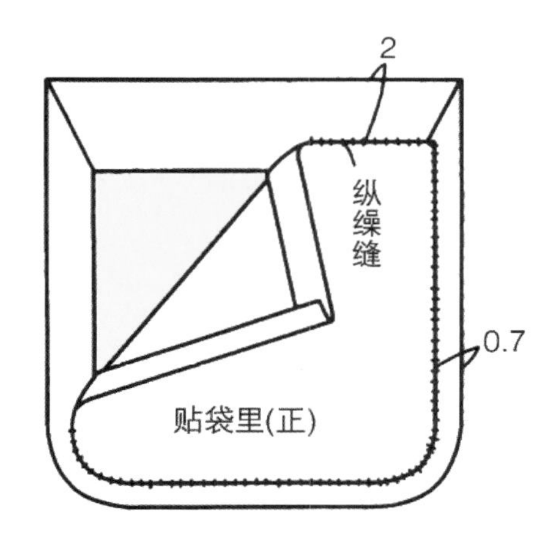

4-7　将袋布放在衣片面子装袋位置，并用斜绗缝定。（为使袋口不起吊、不松弛，可将其放在烫馒头上，注意其平衡性。为增强袋口牢度，可在侧衣片反面贴黏合衬作增强布。）

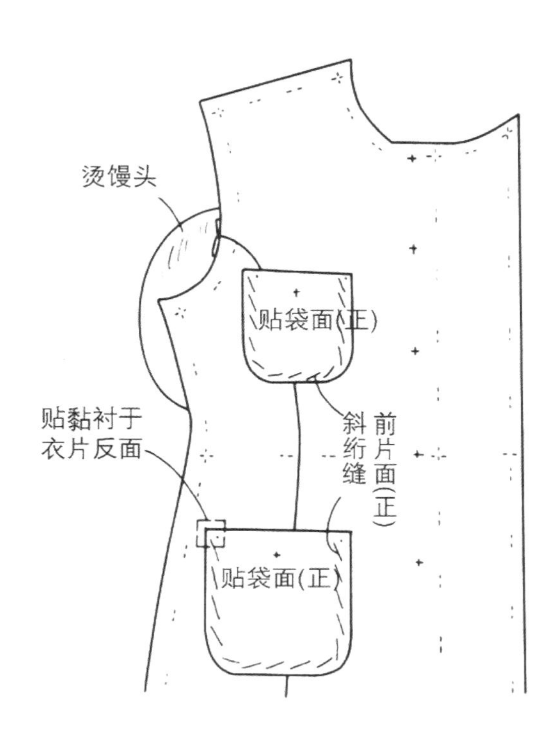

4-8　袋布周围往里 0.2 cm 处从正面用细密的针脚暗缲，在往里 0.5 cm 处从反面用回针缝固定，注意在正面不露针脚。

5　缝合前片里剪接线

5-1　前片里和前侧片正面相对叠合，沿净印疏缝，在缝头上留 0.3 cm 余折缝头，缉合。

5-2　缝头从疏缝位置倒向侧缝。

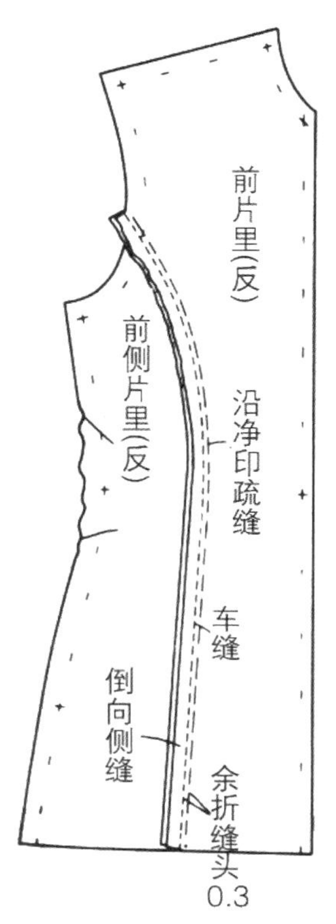

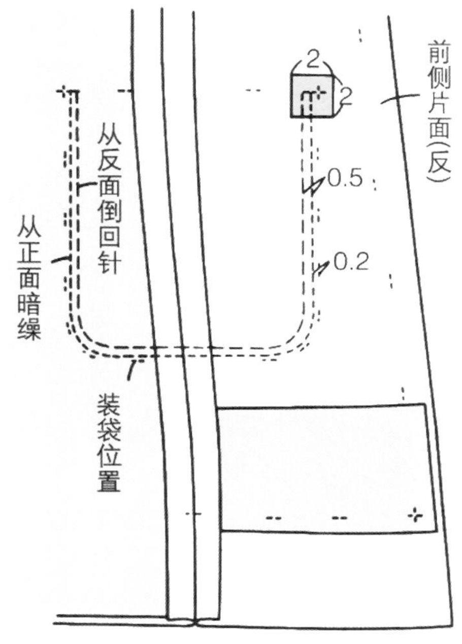

6 缝制后片里子

6-1 缝合后片里子肩省，缝头倒向侧缝。

6-2 左右后片里子正面相对叠合，沿净印疏缝中心线，留 1 cm 余折缝头后缝合，缝头从疏缝位置倒向右片。

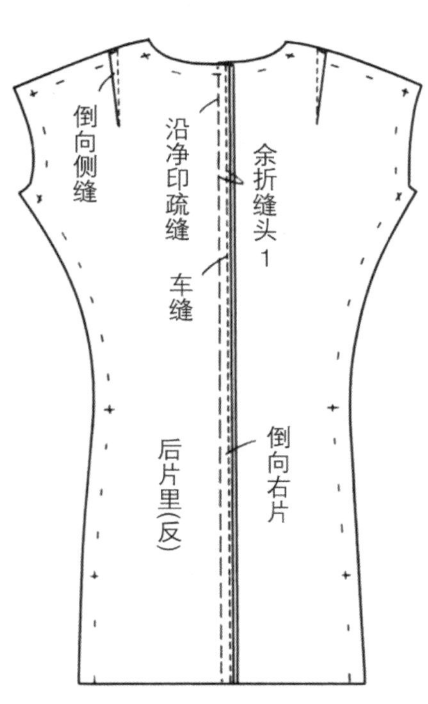

6-3 后片里和后侧片里正面相对叠合，沿净印缝纳针固定，留 0.3 cm 余折缝头后缝合。缝头倒向侧缝。

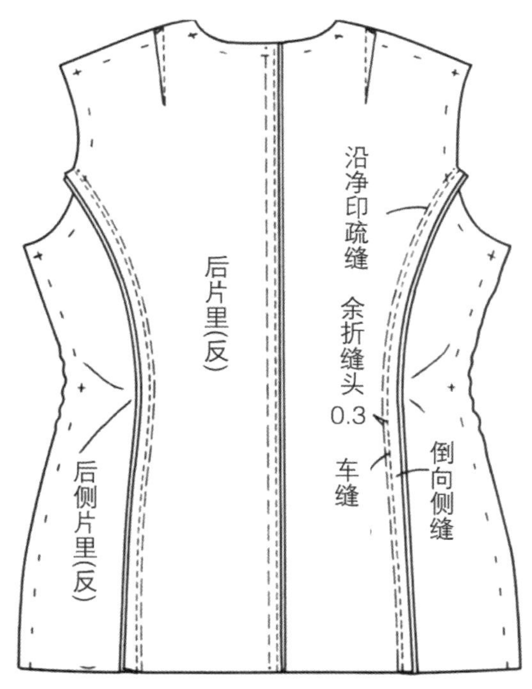

7 缝合挂面和前片里、缝挂面下摆

7-1 挂面和前片里正面相对叠合，缝至下摆侧净印往上 2.5 cm 处。

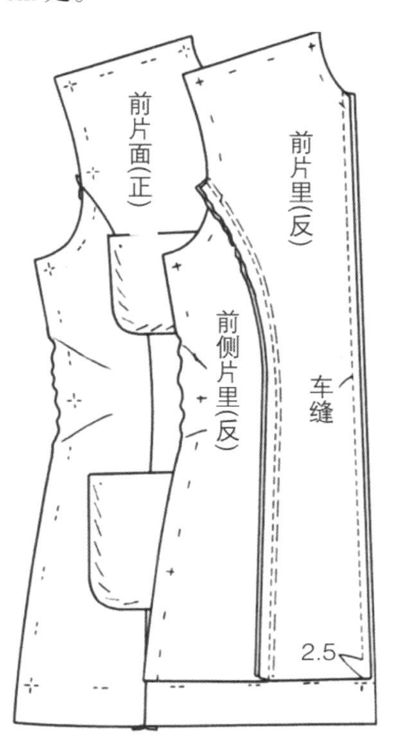

7-2　前衣片和挂面沿叠门止口线正面朝里折叠，缝合下摆，下摆处挂面缝头修剪至 0.5 ~ 0.8 cm，翻至正面。挂面下摆退进一点熨烫。

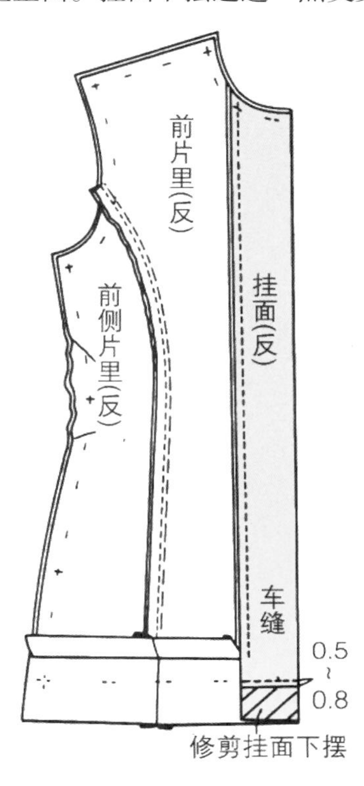

7-3　叠门止口沿净印线折叠，斜向疏缝固定。挂面内侧亦疏缝固定。对准衣片面子净印标记重新做里子肩线、侧缝标记。

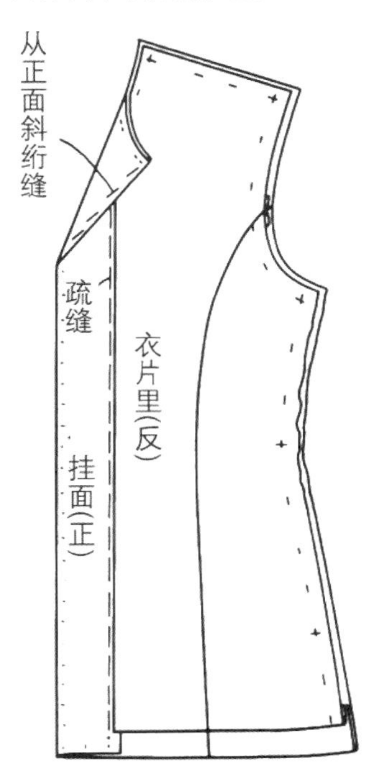

8　缝合衣片面子侧缝

前、后侧片面子正面朝里叠合，缝纫后将缝头劈缝。

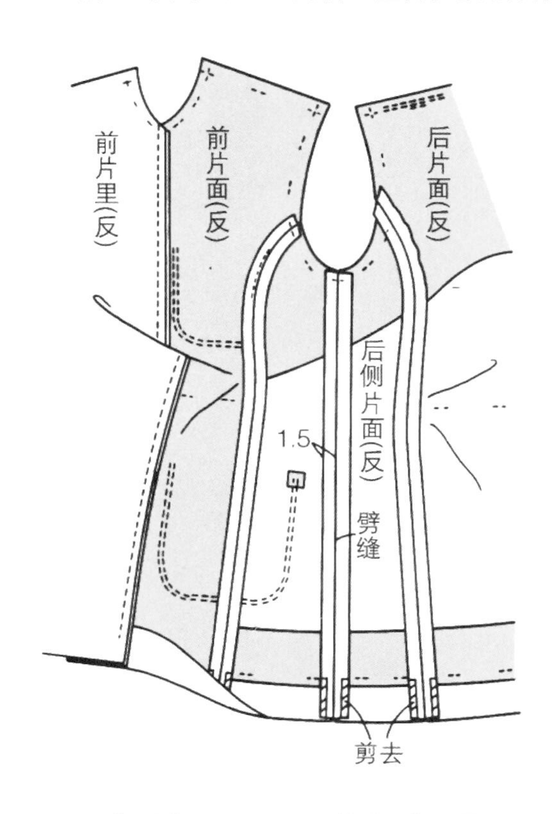

9　衣片面子下摆处理

下摆面折边在裁边处粗粗车缝或细密拱针，然后沿净印折进，抽缩松弛量，并用熨斗归缩，暗缲缝固定。

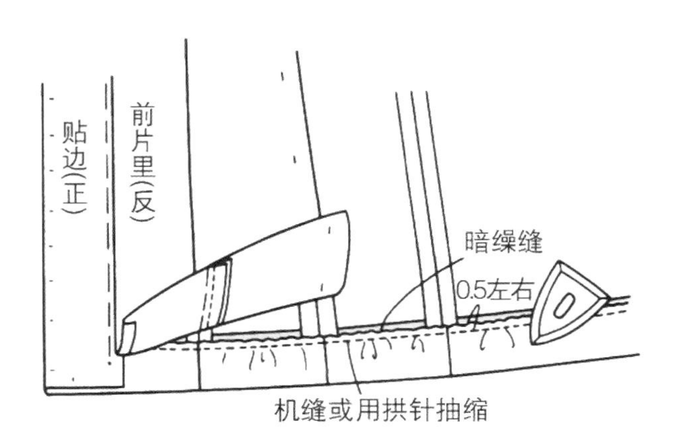

10 缝合衣片里子侧缝和固定里子

10–1 前、后侧片里正面相对叠合，沿净印疏缝固定，留 0.3 cm 余折缝头车缝。缝头从疏缝位置倒向后片。

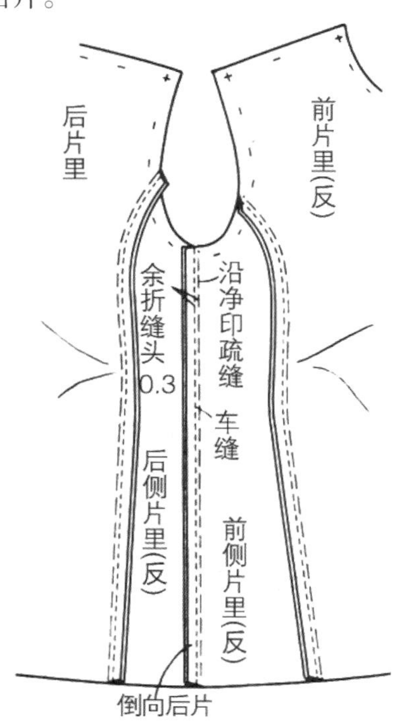

10–2 衣片面、里侧缝对齐、在缝道处固定。袖窿侧留 7 ~ 8 cm，下摆侧留 10 ~ 11 cm，取双股线松松固定。

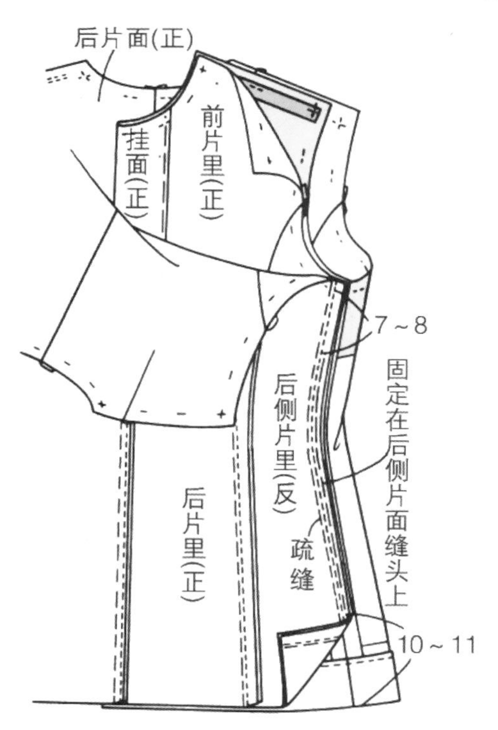

10–3 将衣片里翻至正面，注意面、里平衡，并在衣片面子上用斜绗缝固定。

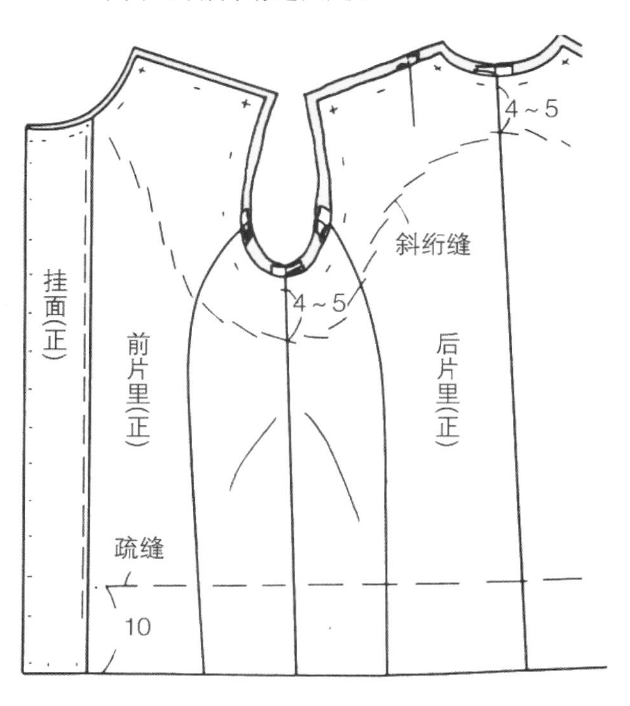

11 衣片里子下摆处理

11–1 离开下摆面 2.5 cm 将下摆里子折进，下摆端往里 2 cm 疏缝固定，1 ~ 1.5 cm 处缲缝。

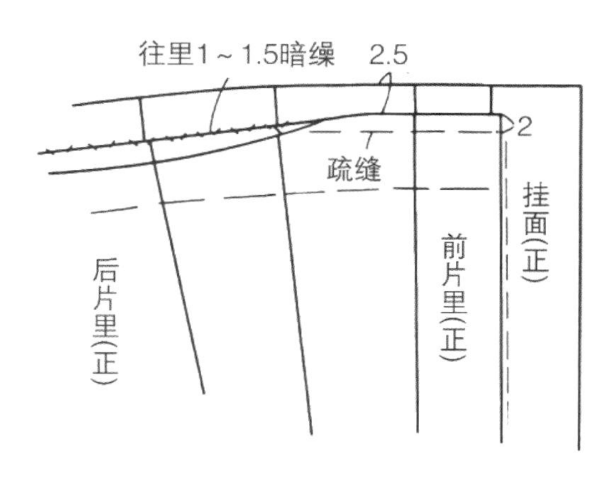

11-2 将挂面里侧裁边和衣片里子下摆用三角针固定在面子下摆折边上。

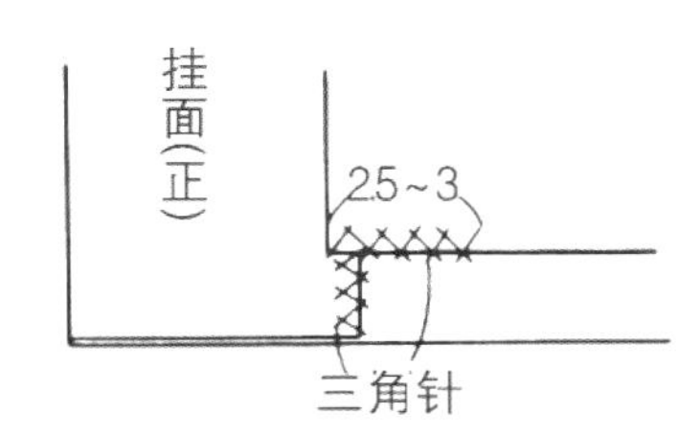

12 缝合面子肩线

12-1 前后衣片面正面相对叠合，缝合肩线，并劈开缝头。

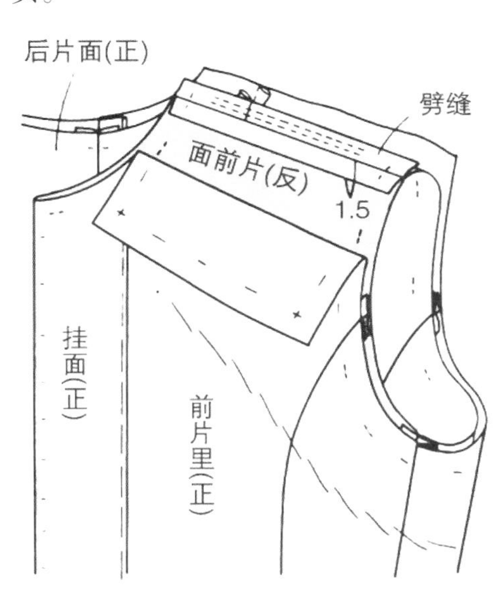

12-2 注意面、里平衡，将衣片里子肩线缝头折向后片，疏缝固定。领圈线净印外侧亦疏缝固定。

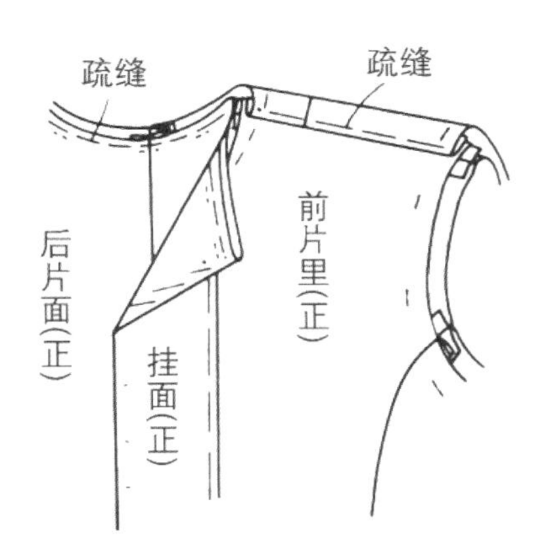

13 做领子

13-1 领面和领里正面相对叠合，对齐对位记号和裁边，沿领面净印疏缝固定。

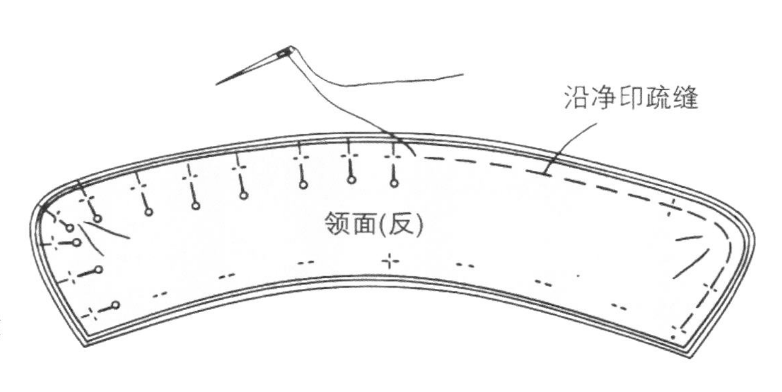

13-2 疏缝线外侧 0.1 cm 处缝合（离开量根据面料不同可以增减）。

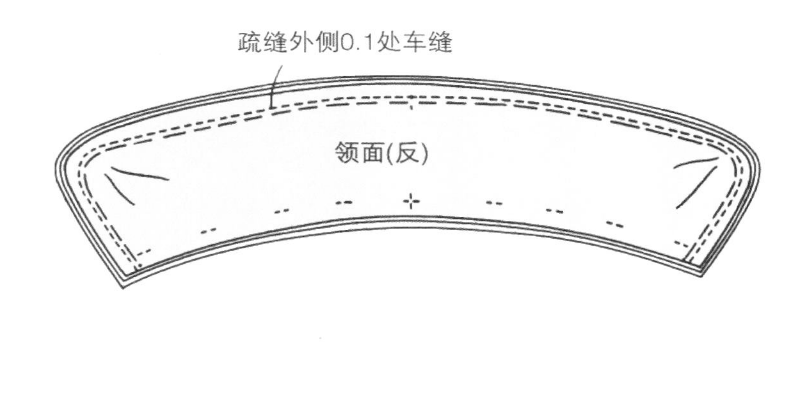

13-3 外围缝头修剪至 0.6 cm，用熨斗将其折烫至领里侧或劈缝。缝头可以修剪成阶梯状。

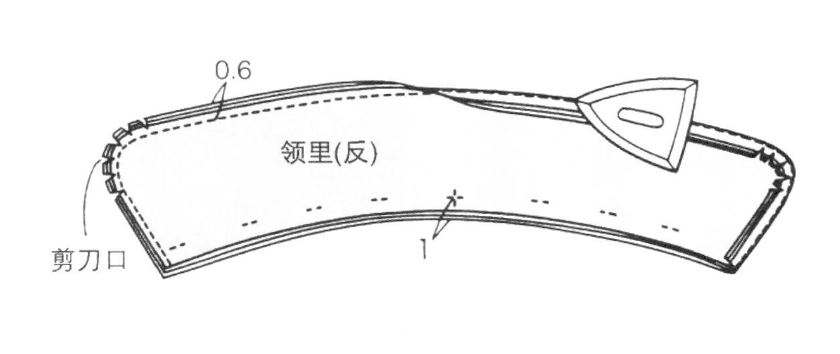

3-4　将领翻至正面，领里稍稍缩进一点从领里侧熨烫，在领面外围斜绗缝，观察领子翻折状态并将装领缝头疏缝固定。

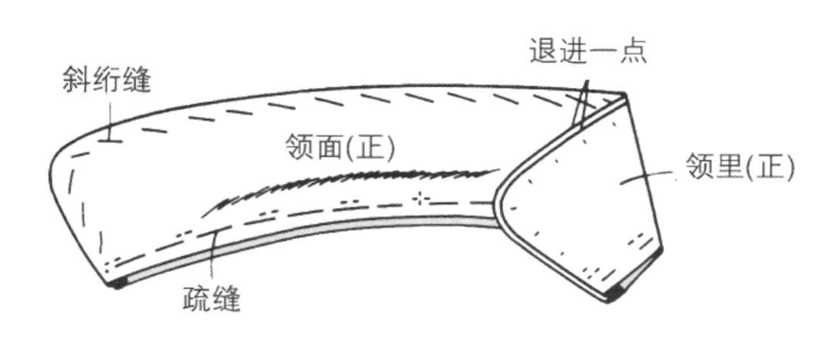

14 缝合领和领座

14-1　沿净印折烫领座里的装领线。

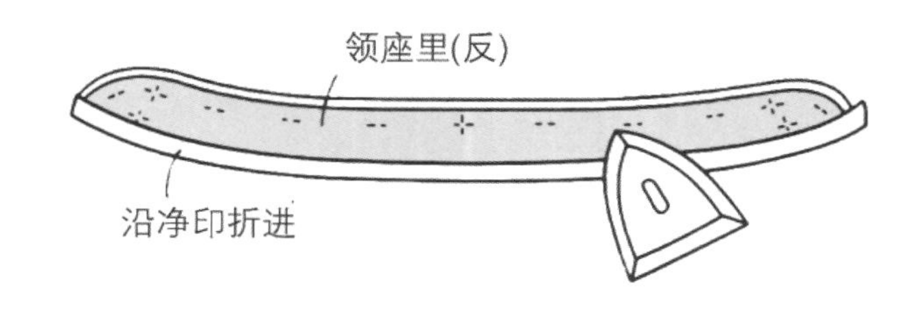

14-2　将领面重叠在领座面的正面，并疏缝固定。

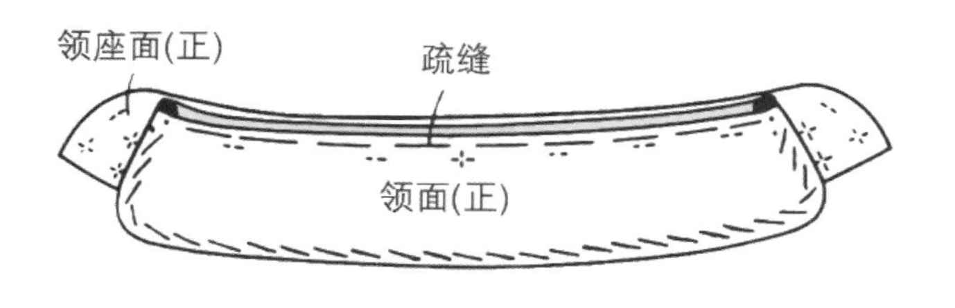

14-3　领面和领座里正面相对叠合，沿净印疏缝固定，并在外侧缝合。缝头修剪至 0.6 cm，在弧线部位剪刀口。上下缝头也可宽窄不一。

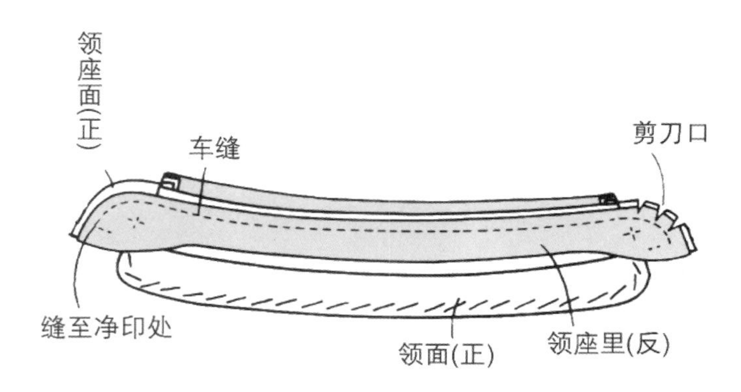

14-4　将领座翻至正面，为使领座处不形成座势，用熨斗烫平接缝线。

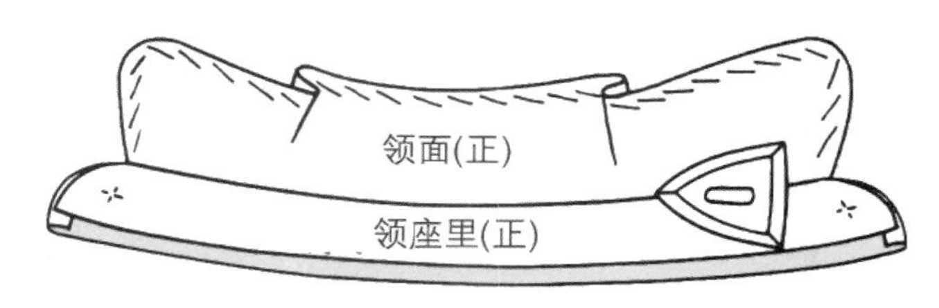

15 装领

15-1　衣片面和领座面正面相对叠合，疏缝固定，并缉合。缝头修剪至 0.6 cm，剪刀口。

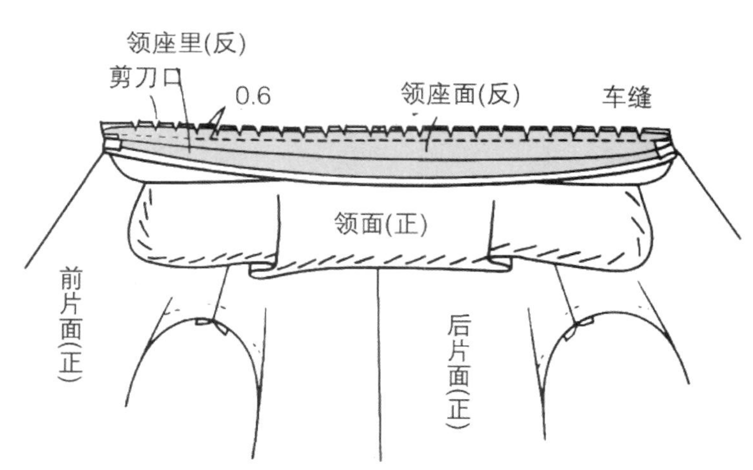

15-2 将领座里和装领线缝道对合，疏缝固定，然后纵缲缝。

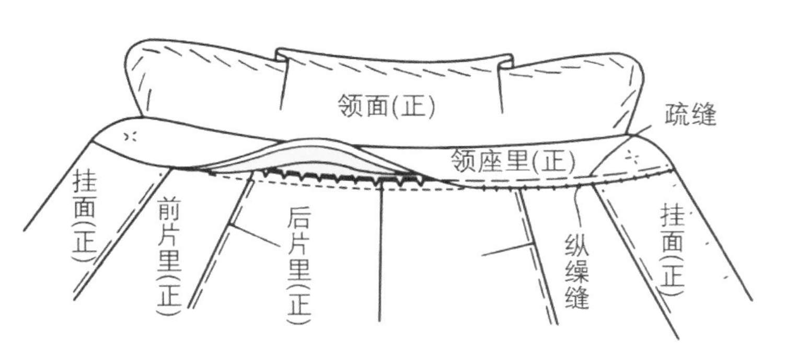

16 缝袖面省道、缝合袖底缝

16-1 将袖面正面朝里叠合，缝合省道。缝头倒向中心，缝头修剪至 1 cm 宽。用熨斗拔伸前袖底缝，使其与后袖底缝等长。

袖面(反)
0.5拔伸
劈缝
剪去
袖面(反)

16-2 袖面正面朝里叠合，缝合袖底缝。袖口缝头为了符合袖底线倾斜度而稍微缝得距离大一点。劈开缝头，为防止袖口折边缝头太厚，将缝头修剪成阶梯状。

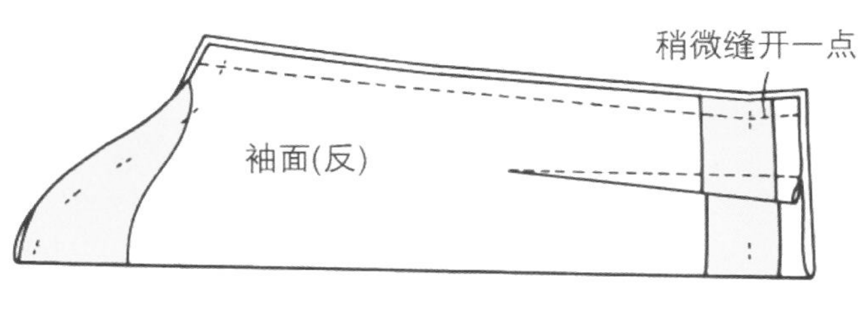

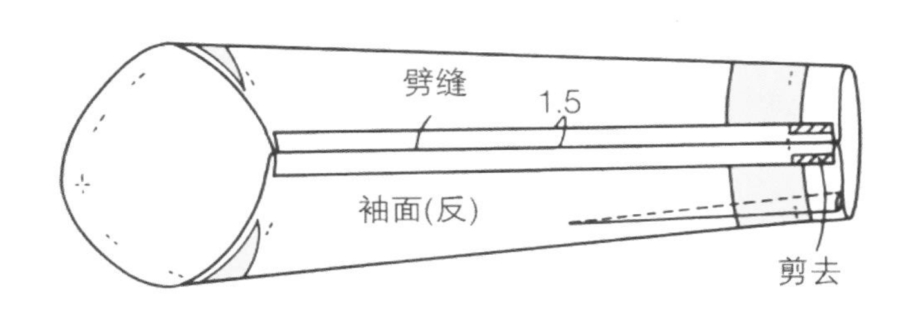

17 袖面口处理

袖面口从净印折进，暗缲缝固定。

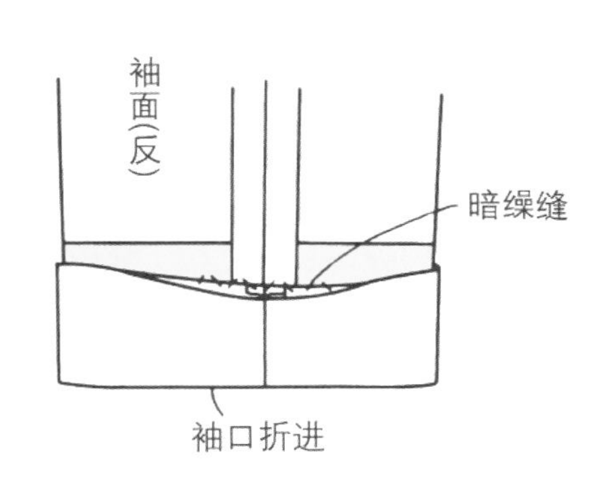

18 做袖里、固定袖里

18–1 将袖里正面朝里叠合，沿净印缝合省道。缝头烫倒至袖底缝。

18–2 袖里正面朝里叠合，沿袖底缝净印疏缝固定，留 0.5 cm 余折缝头后缝合。缝头从疏缝线位置倒向前袖。

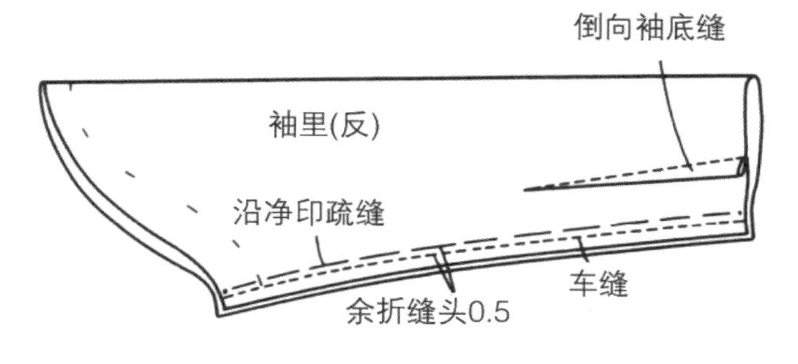

18–3 对合袖面、袖里前袖侧缝头，在缝道外侧固定。上下各留 7 ~ 8 cm，取双股线松松固定。

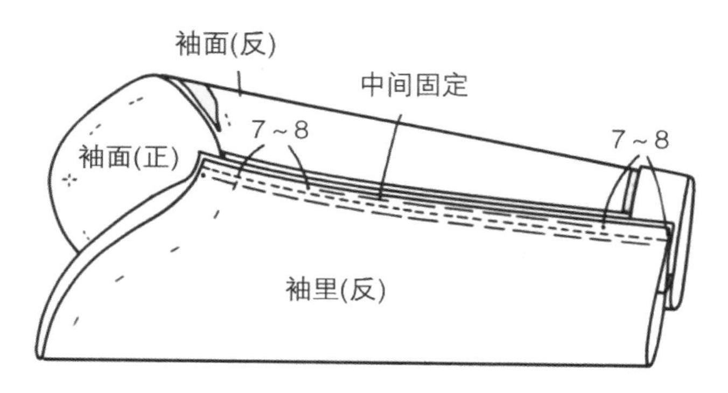

19 袖里口处理

注意里外平衡，在袖山净印下 7 ~ 8 cm 里侧斜向疏缝固定。将袖里翻至正面，袖里口离开袖面口 2.5 cm 折进，袖口缝头纵向疏缝固定。

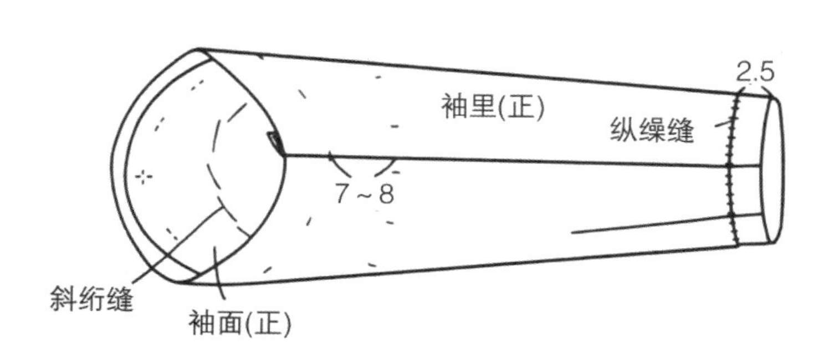

20 装袖

20–1 袖山面净印外 0.2 cm 处和再往外 0.3 cm 处，取双股线疏缝。

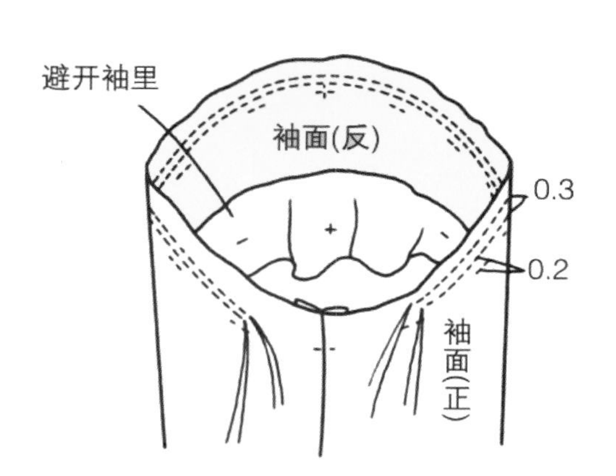

20–2 抽拉疏缝线，用斗整理归缩。

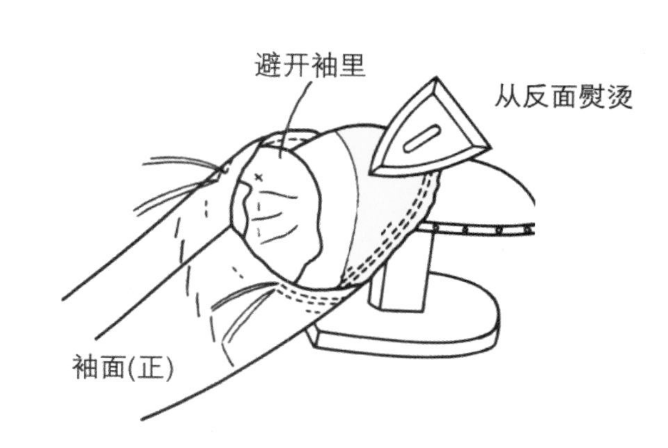

20-3 衣片和袖正面相对叠合，对准对位记号，从袖片侧插大头针。用单股本色线疏缝固定。（因为在袖山部分，袖片是覆盖在衣片上的，所以在插大头针时必须注意这个上绕的量。）

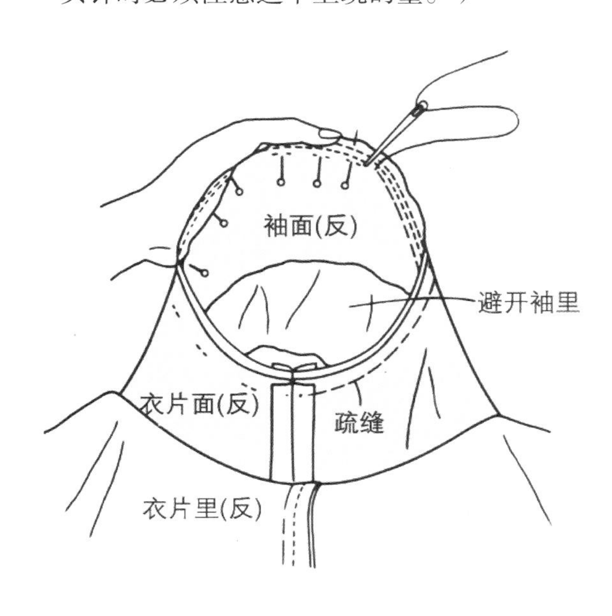

20-4 沿疏缝线缉合，并用熨斗烫实缝道，注意烫时不要破坏袖山胖势，缝头在袖山处留 1.5 cm、袖底处留 0.8 ~ 1 cm 圆顺地修剪。

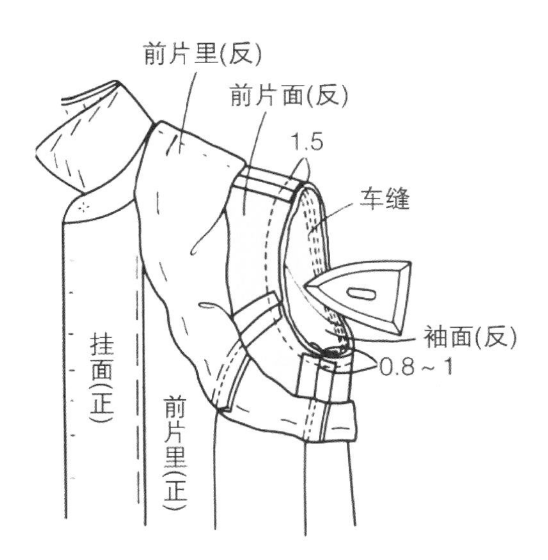

21 装垫肩

21-1 为支撑袖山胖势，将垫肩从肩端点往外探出 1 ~ 1.5 cm。然后沿肩线用大头针固定。

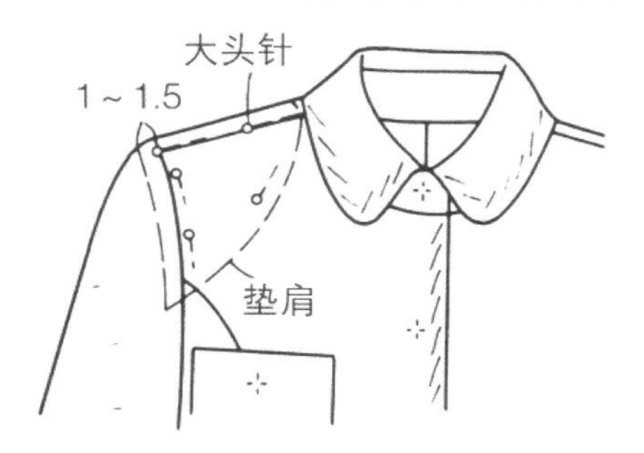

21-2 将垫肩固定在肩线缝头上。

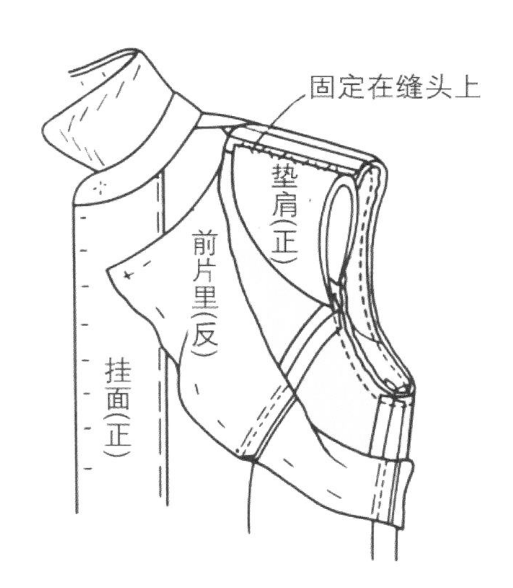

21-3 注意垫肩两边平衡，并将其松松固定在袖窿缝头上，缝针穿透垫肩。

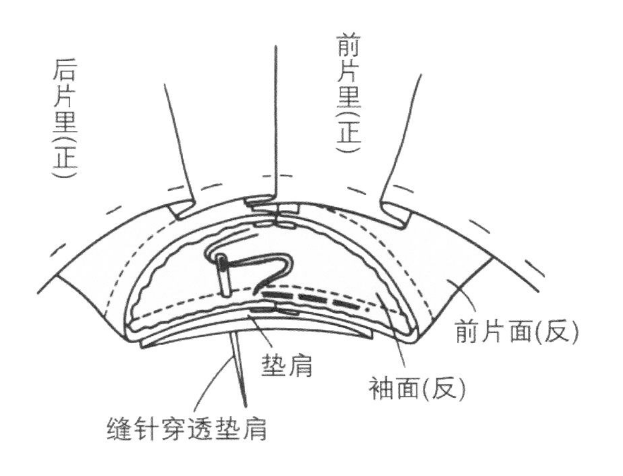

21-4 将垫肩用三角针固定在肩线缝头上。

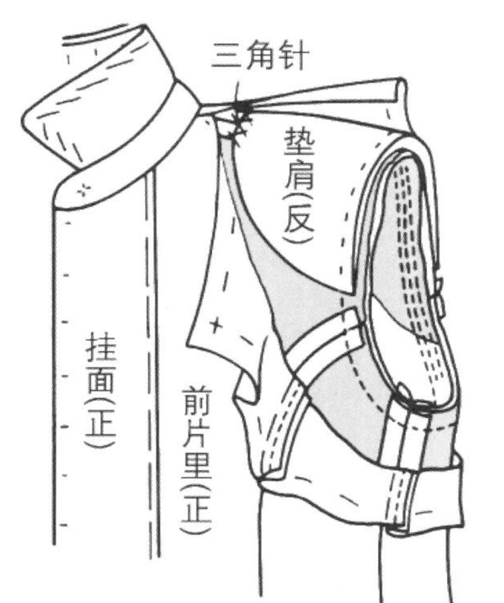

22 用纵向缲缝固定衣片里子肩线

注意衣片里子肩线平衡，纵向缲缝固定。

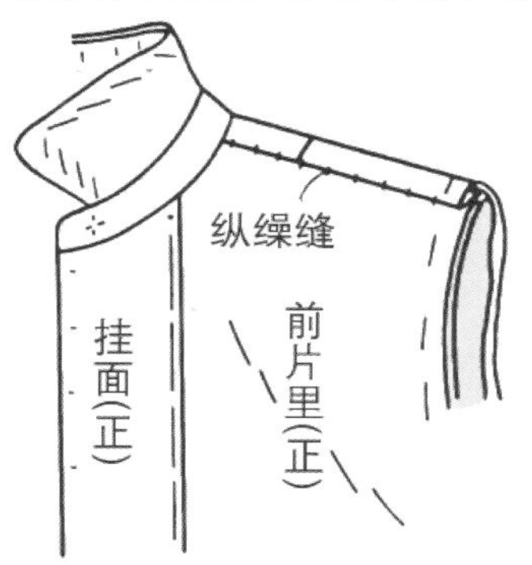

23 固定衣片面、袖窿里

将衣片袖窿里缝头固定在衣片袖窿面缝头装袖缝道外 0.3 cm 处。

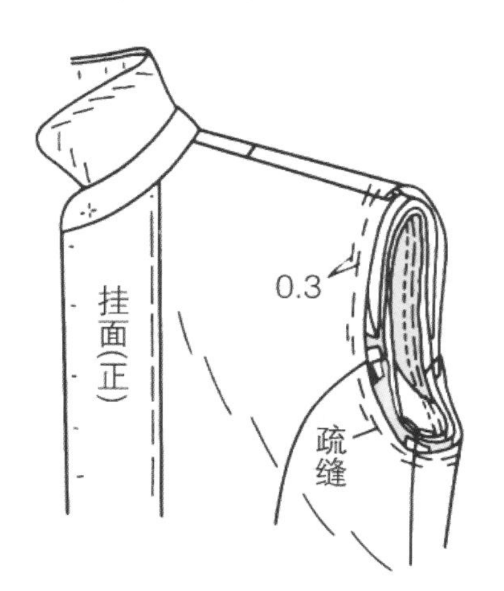

24 将袖里缲缝于衣片上

注意袖里袖底处平衡，折进袖山缝头，将袖山缩缝量打成小细裥，然后用大头针固定在装袖线上，纵向缲缝固定。

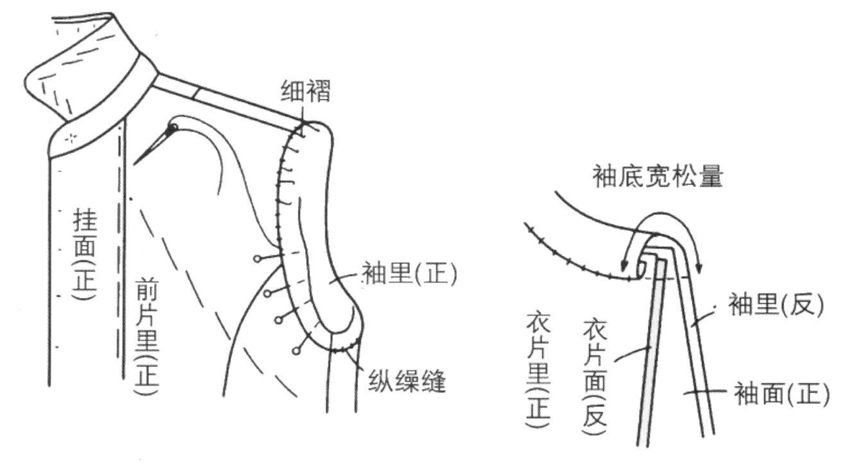

25 整烫

25-1 除钮眼、钮扣位置外，将所有线钉线、疏缝线拆除，用熨斗整烫。

25-2 在门襟上锁平圆头钮眼，里襟、口袋及袖口处钉扣（参照第 249~252 页）。

裙子缝制方法

1　缝裙片面子省道

1–1　前后裙片面侧缝缝头从正面锁边（也可以不锁边）。

1–2　缝合省道，缝头倒向中心。

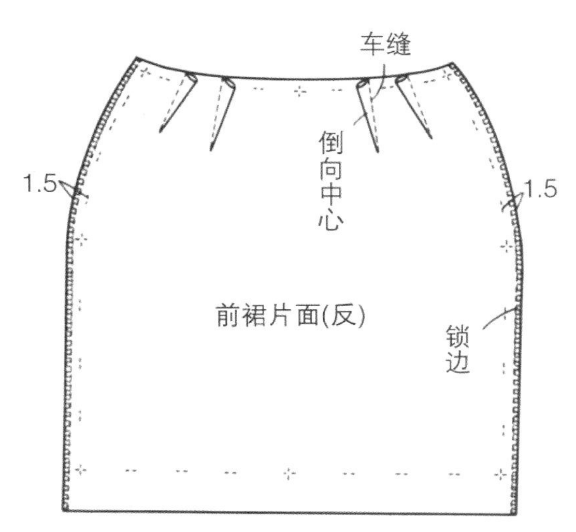

2　缝合裙片面子侧缝

2–1　前、后裙片面子正面相对叠合，除左侧开口部分外，缝合侧缝，并劈缝。为防止拉伸，也可以根据面料在缝头上贴黏合带。

2–2　下摆线从正面锁边。为防止下摆折边处侧缝头太厚，可将缝头修剪成阶梯状。

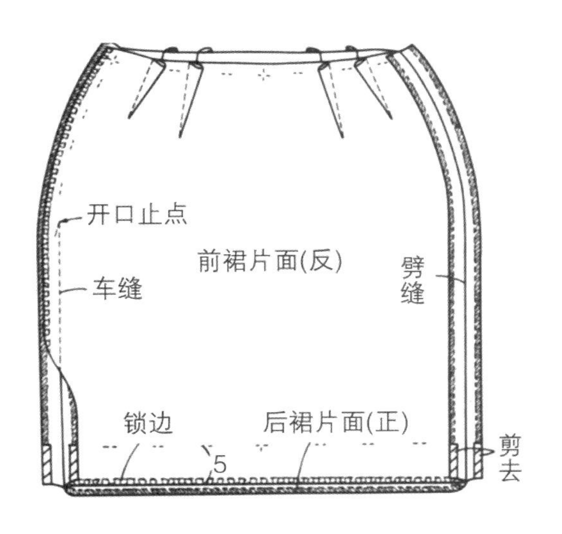

3　装拉链

3–1　开口部分缝头沿净印折进，对接。

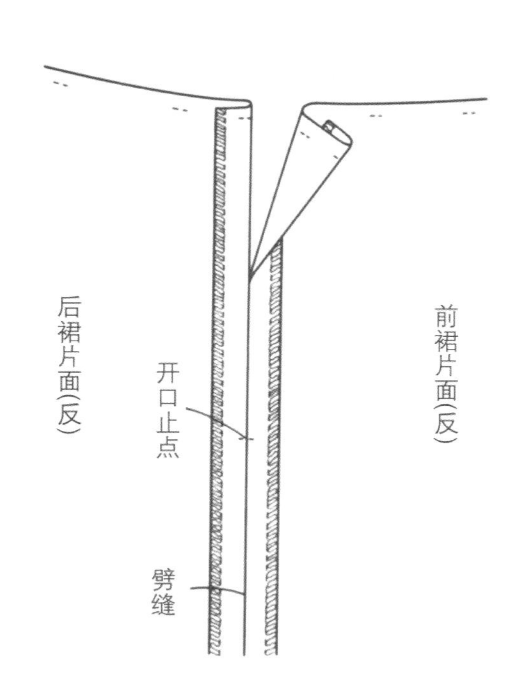

3–2　闭合拉链，拉链头顶点与腰口线下钩袢位置以下的地方对合，拉链牙的中央和侧缝线对齐。注意平衡，将缝头和拉链用大头针固定，并在拉链牙边上疏缝固定。

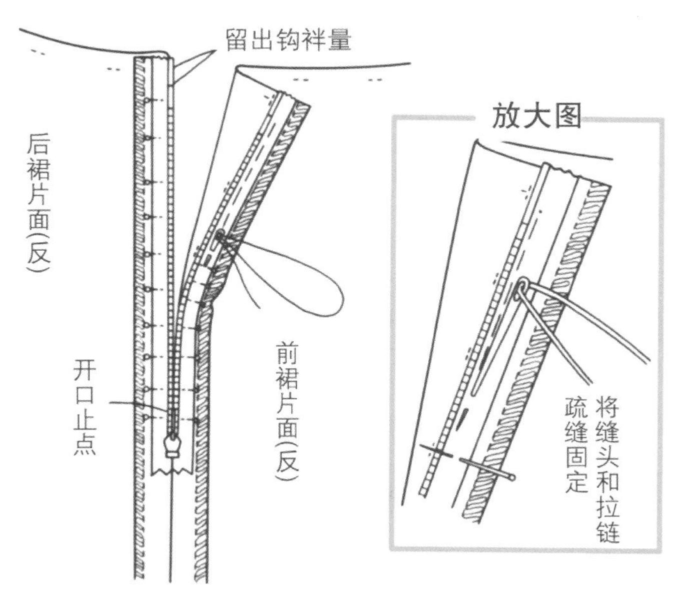

3-3　使用专门的隐形拉链压脚，将拉头拉到最低端，掀起拉链牙，缝至开口止点处。

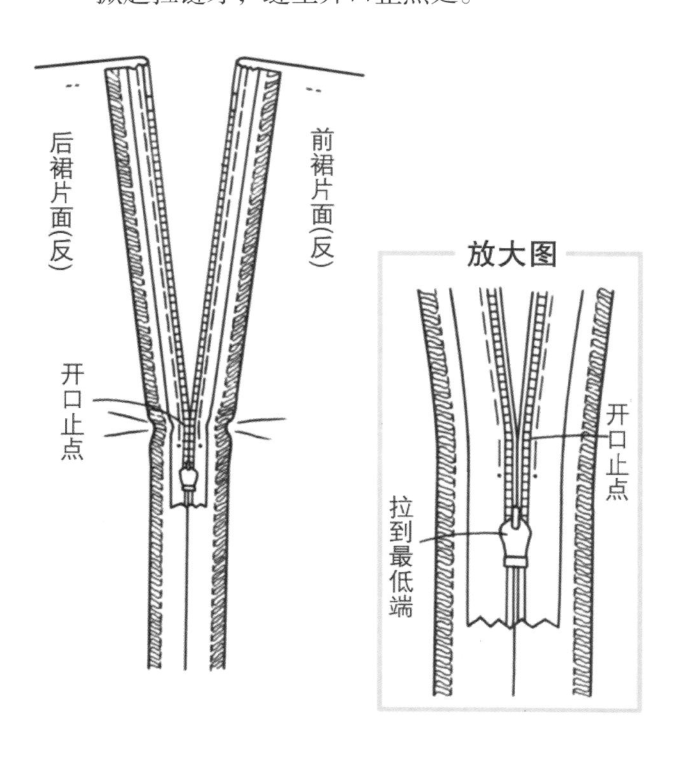

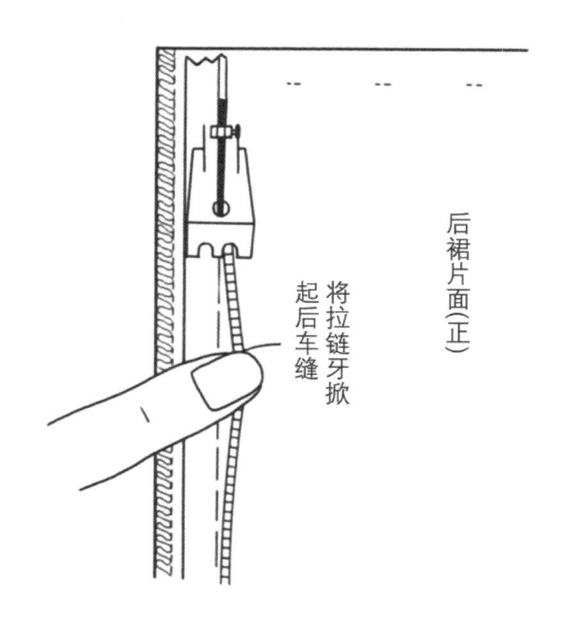

3-4　左右都缉合后，从里侧拉出拉头，闭合拉链，将拉链下止移至开口止点处固定。

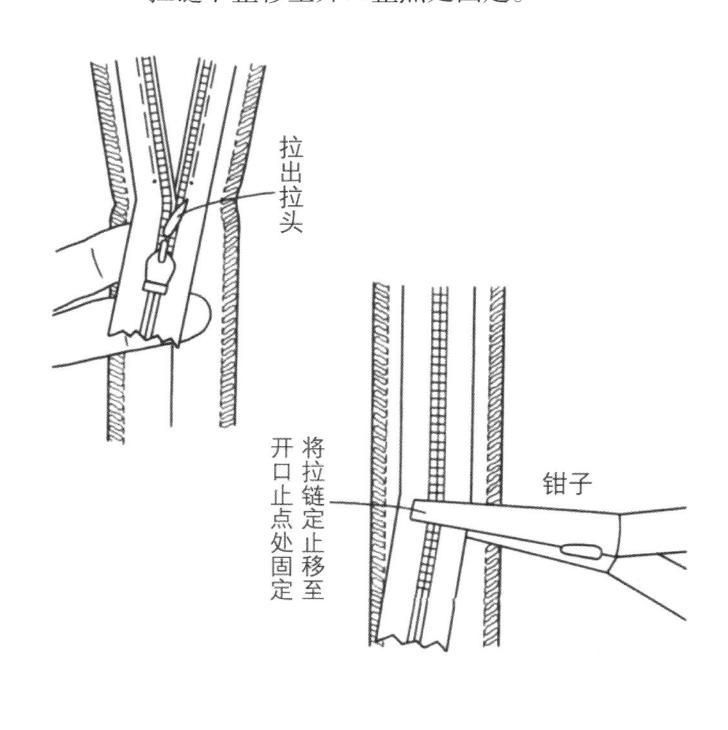

4　下摆面处理

从净印处将下摆往里折进，距离缝头 0.5 cm 内侧缲缝固定。

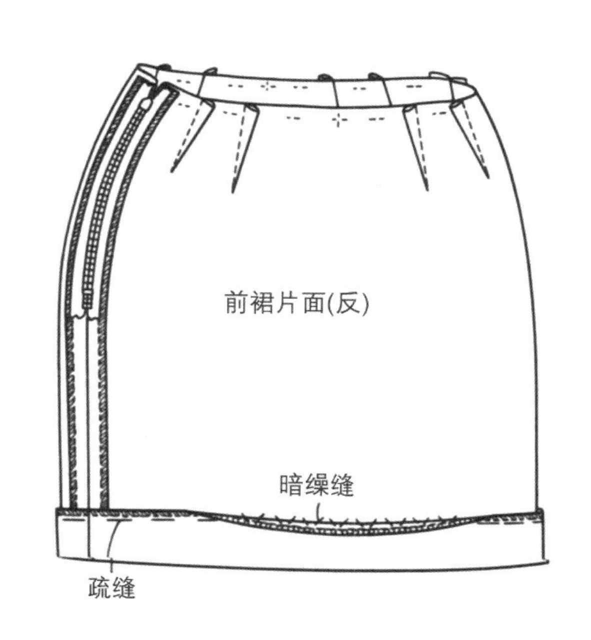

5　缝贴边侧缝

前后贴边正面相对叠合，在右侧缝线上缝合，缝头修剪至 0.5 cm，熨烫劈缝。

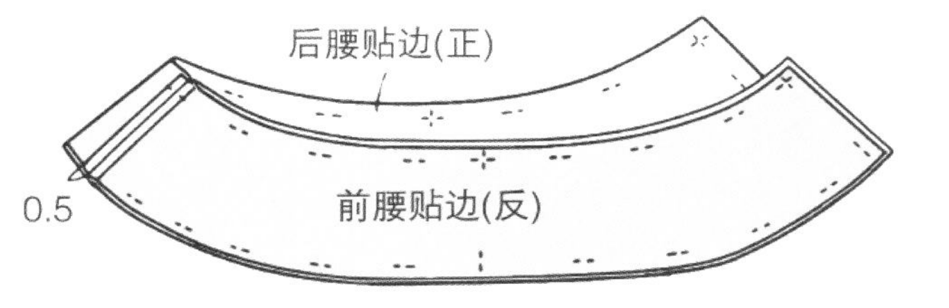

6　缝裙片里子省道

缝合里子前后省道，缝头倒向侧缝。

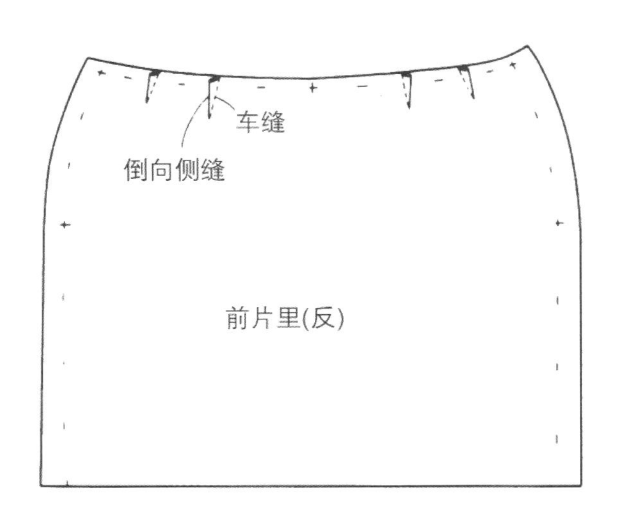

7　缝里子裙片侧缝线

前后片里子正面相对叠合，沿侧缝疏缝，留 0.5 cm 余折缝头后缝合。左侧从开口止点下 1.5 cm 处缝至下摆。缝头从疏缝位置倒向前片。

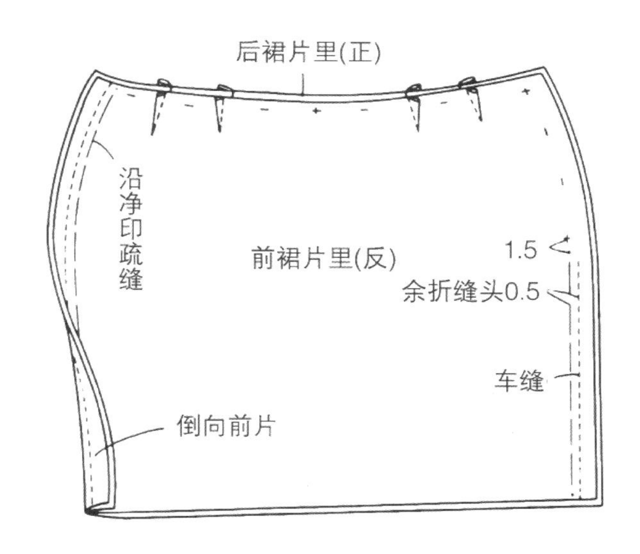

8　缝贴边和里子

贴边和里子正面相对叠合并缉合，缝头倒向里子。缝头起皱的地方可在里子缝头上剪刀口。

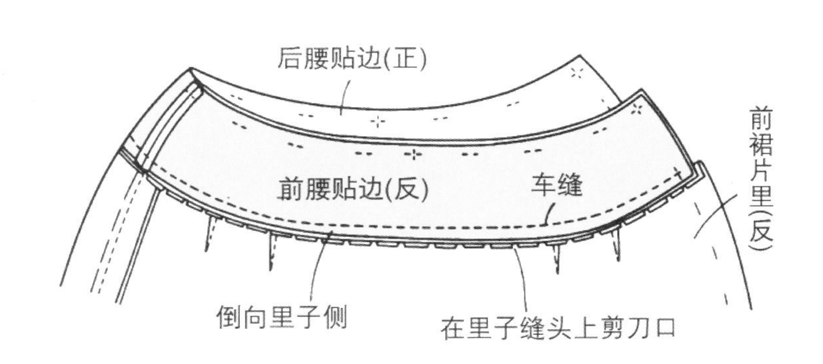

9 装里子

9-1 裙片面子和贴边正面相对，对齐裁边和对位记号，沿裙片面子净印疏缝后，在 0.1 cm 外侧车缝。

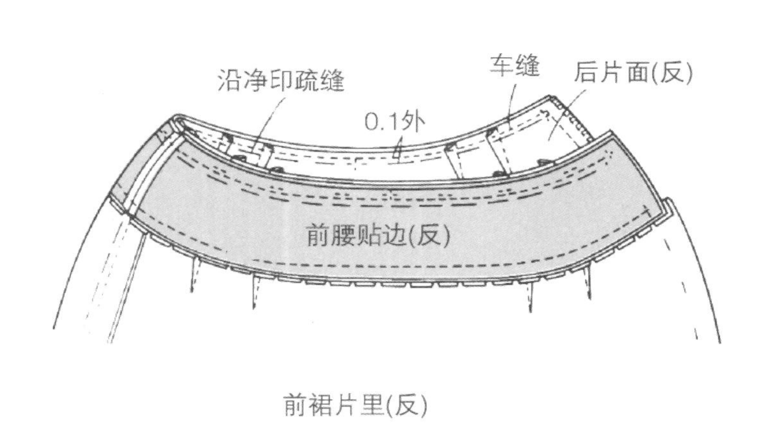

9-2 将腰口缝头修剪至 0.6 cm，弧度较大的地方剪刀口。也可以根据面料不同将缝头修剪成阶梯状。

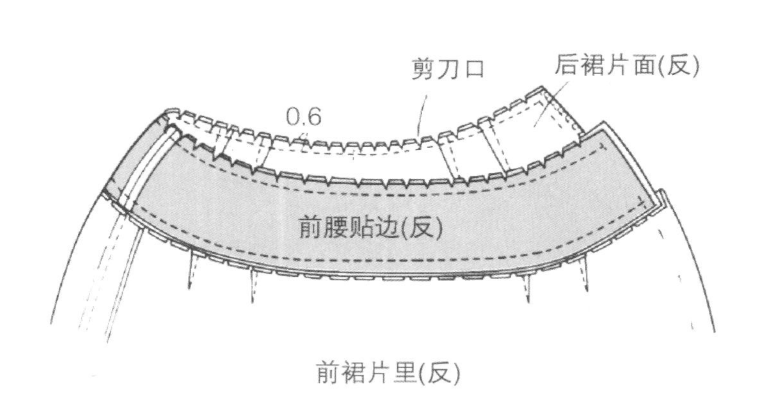

9-3 将贴边翻至正面，贴边退进 0.1 cm 用熨斗整烫腰口线。

9-4 图将贴边掀起，腰口缝头倒向贴边侧，将贴边和腰口缝头压缉缝。

前裙片里(正)

前腰贴边(正)

压缉缝

前裙片里(正)

9-5 为防止贴边、裙片里子的侧缝缝头挂住拉链，可将其稍稍离开一点折进，用缲缝固定在拉链基布上。离开折山 0.5 cm 内侧星针固定。

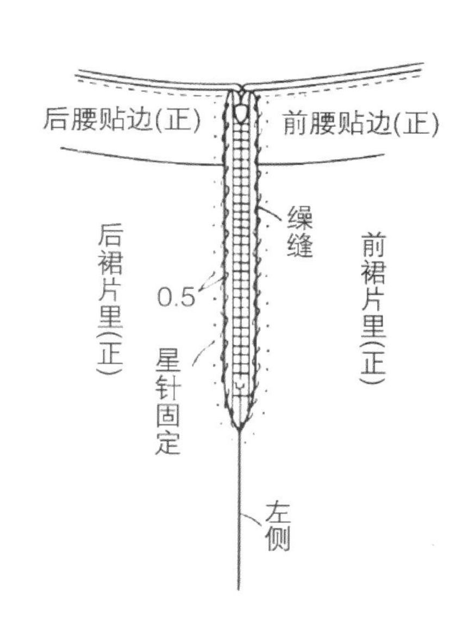

10 处理裙片里下摆

10–1 下摆里子退进面底摆 2.5 ~ 3 cm，以 1.5 cm 宽折三折后缉合。

10–2 两侧面、里下摆用线袢固定（参照第 238 页）。

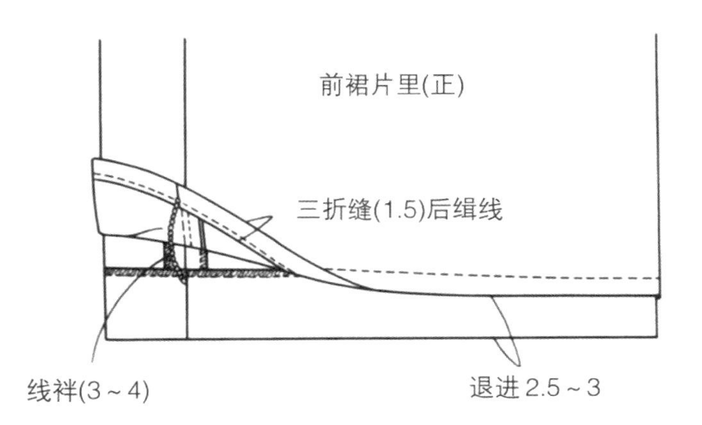

11 钉钩袢

在上片钉钩，下片钉袢。

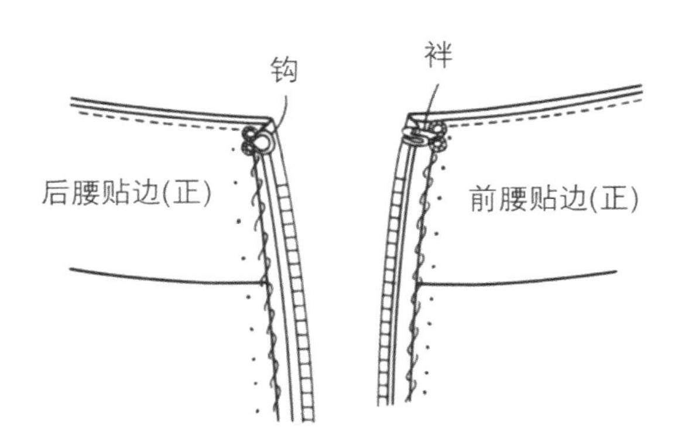

西服套装

一种具有公主线的西服套装。在此介绍手工装衬的方法和使用黏合衬的方法。使用黏合衬的袖子是做成无开口形式的。

用料

面料　门幅 150 cm，2 m

里料　门幅 90 cm，2.6 m

毛衬　门幅 90 cm，0.8 m

胖哔叽　门幅 90 cm，0.4 m

薄型胖哔叽　门幅 90 cm，0.4 m

黏合衬　门幅 90 cm，0.8 m

附件

钮扣（直径 2.2 cm）　3 粒

垫肩（厚度 1 cm）　1 副

黏合带（半斜条衬）　1.2 cm 宽，0.5 m

拉链（比开口短 1.5 cm）　1 根

裤钩袢　1 副

腰头衬　3 cm 宽，0.7 m

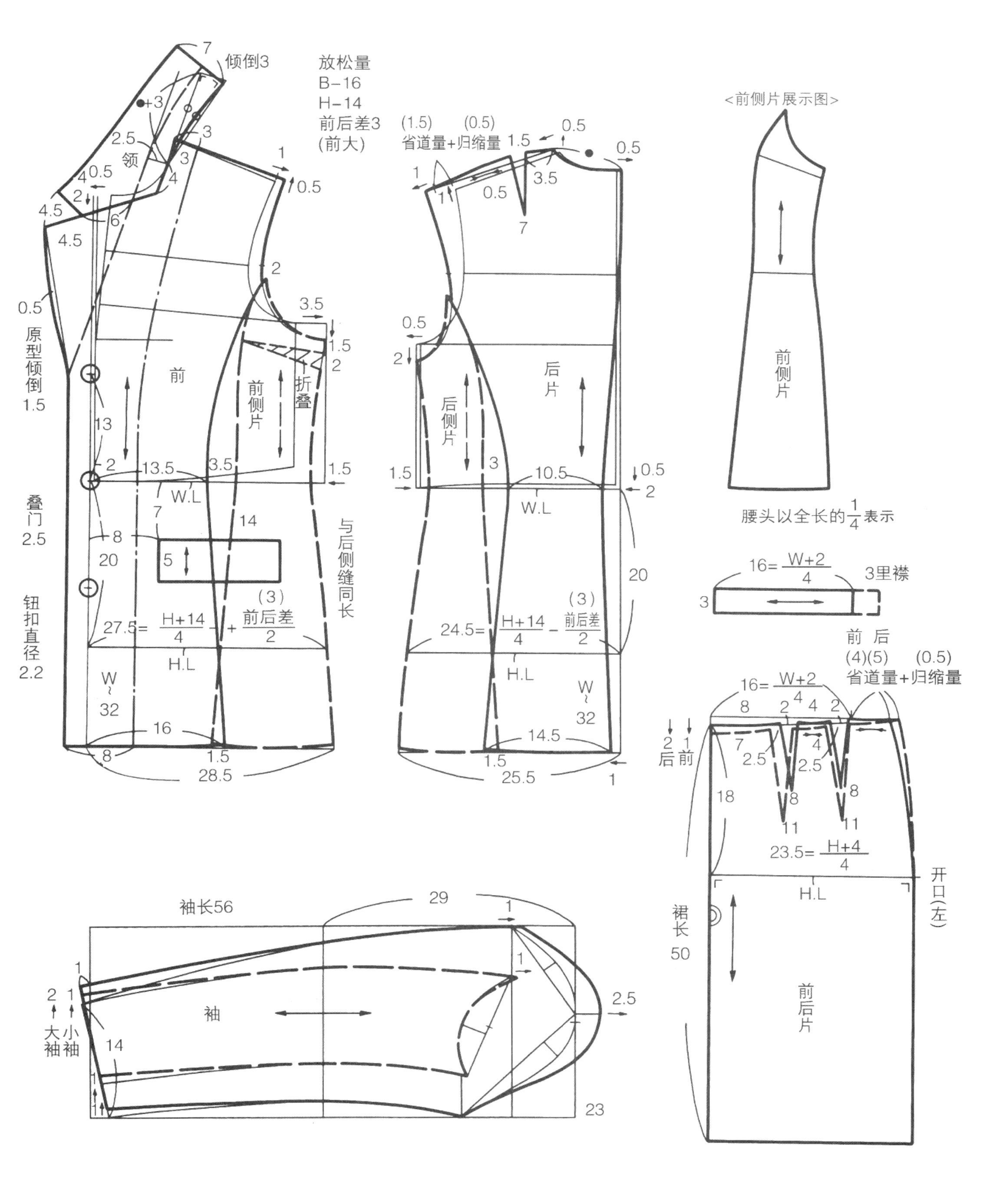

倾倒3
放松量
B-16
H-14
前后差3
(前大)
领
原型倾倒1.5
叠门2.5
钮扣直径2.2
前
前侧片
折叠
与后侧缝同长
W.L
H.L
27.5= H+14/4 + 前后差/2
(1.5) (0.5)
省道量+归缩量
后片
后侧片
24.5= H+14/4 − 前后差/2
<前侧片展示图>
前侧片
腰头以全长的1/4表示
16= W+2/4
3里襟
前 后
(4)(5) (0.5)
省道量+归缩量
后 前
23.5= H+4/4
开口(左)
裙长50
前后片
袖长56
袖
大袖 小袖

有衬的情况

黏合衬的位置及其纸样

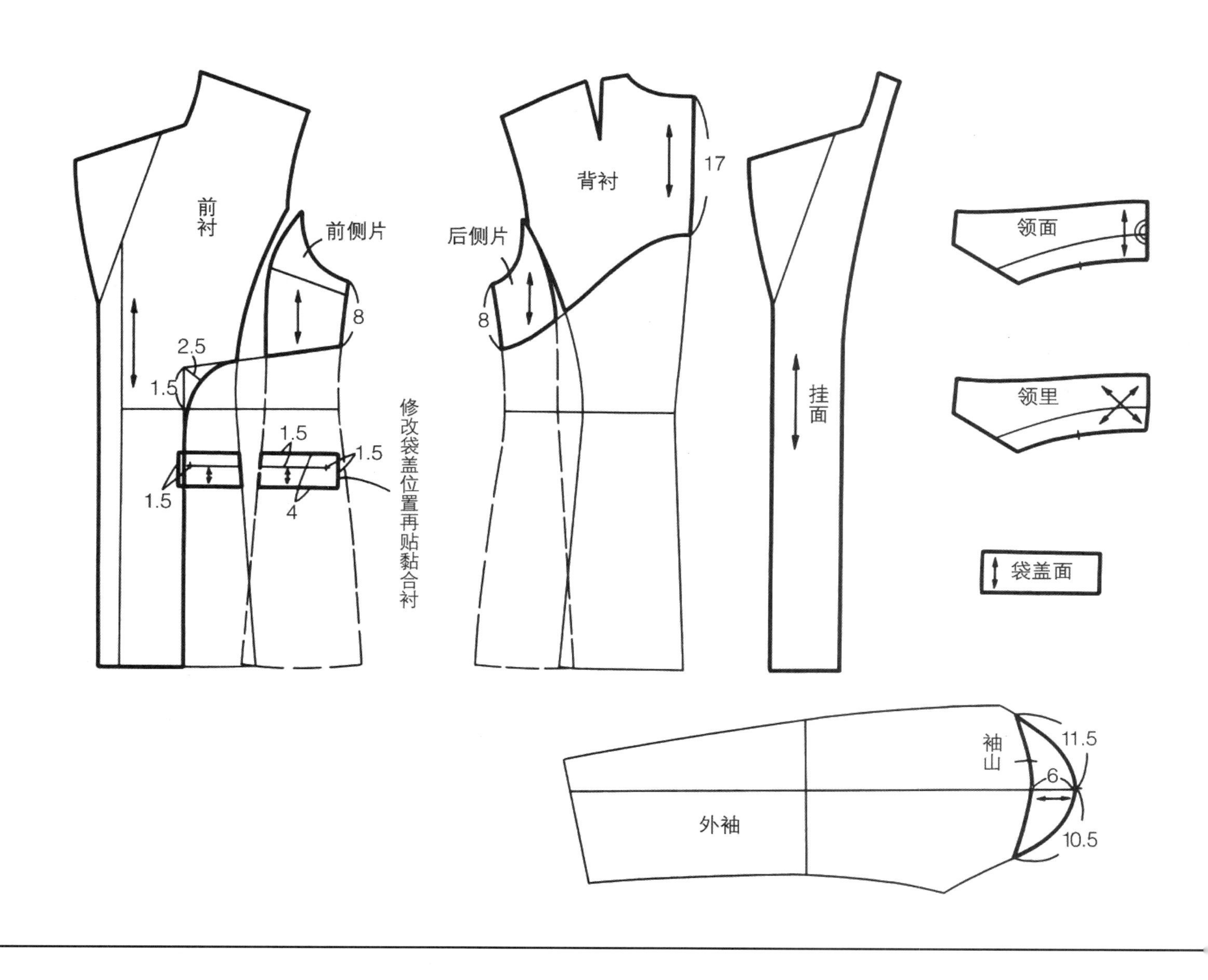

袋口布、袋垫布、袋布的纸样

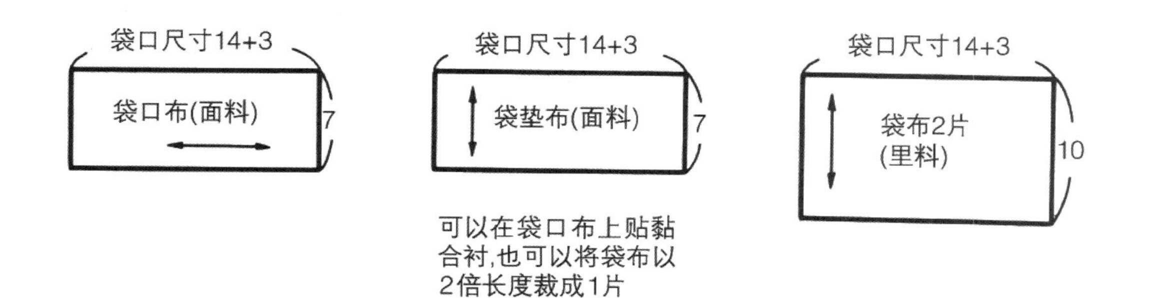

裁剪

先整理布料（参照第 242 页），然后参照裁剪图进行面料裁剪。由于体型因素需要补正的地方或对于易散边的面料，缝头要放多一些。如果是有花纹的面料，裁剪时还要考虑对花。没有方向性的面料，纸样可以套排裁剪；有方向性的面料（倒顺毛或单向花纹等情况）在排料时纸样要按同一方向配置。

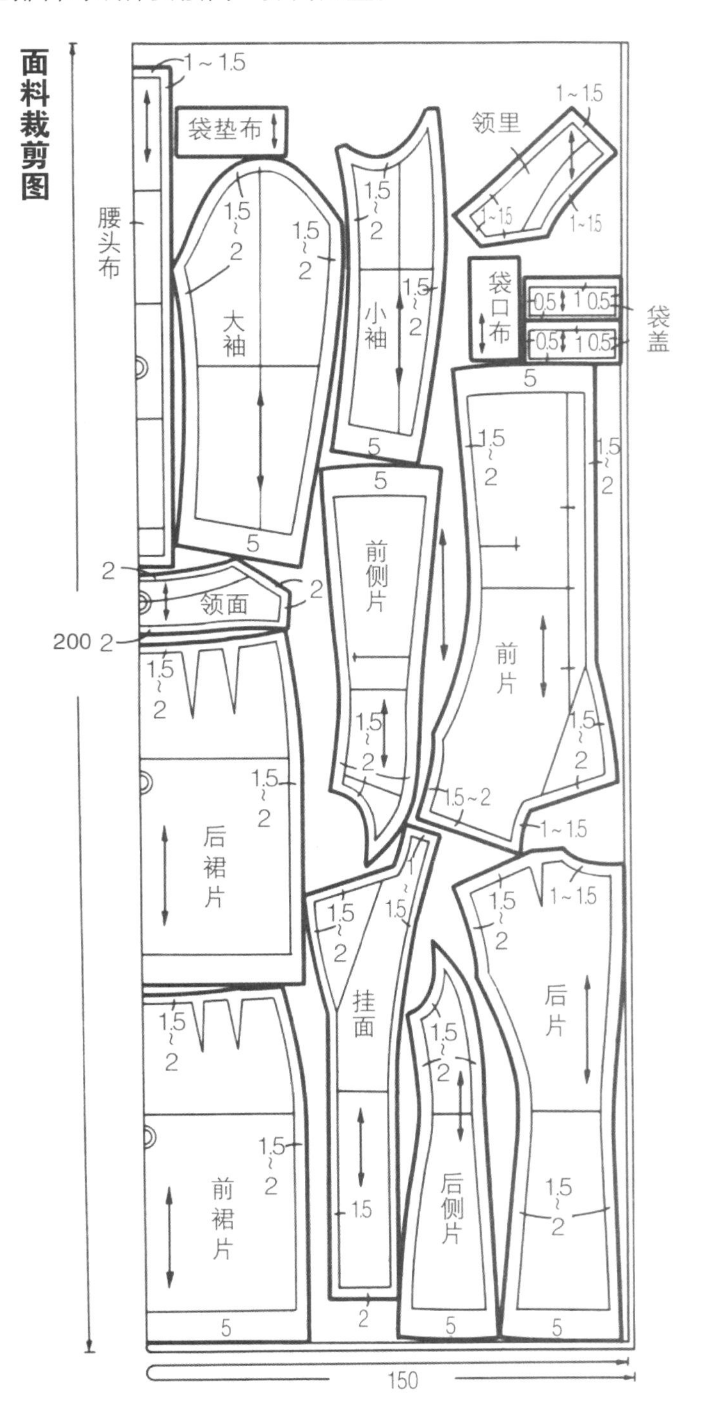

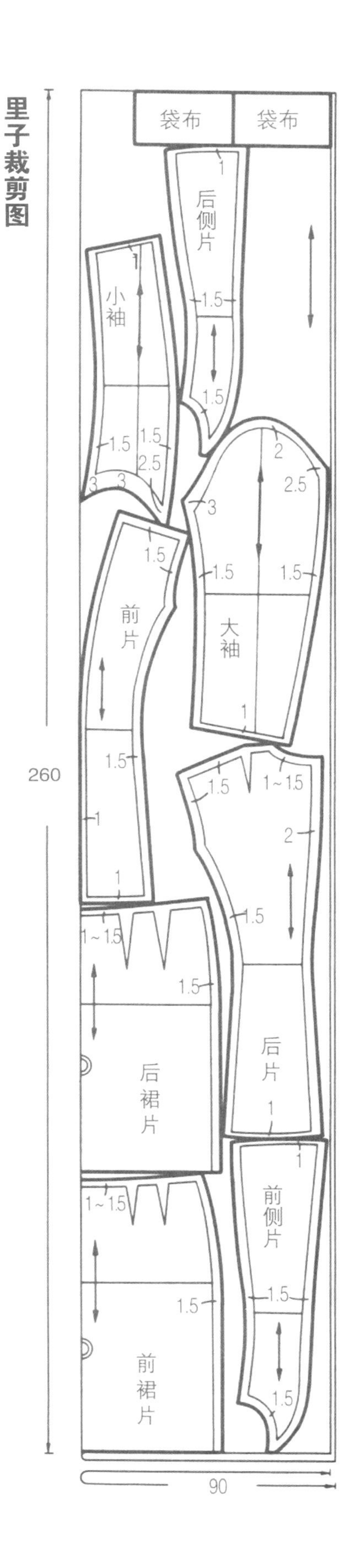

毛衬（前衬、领里衬）裁剪图

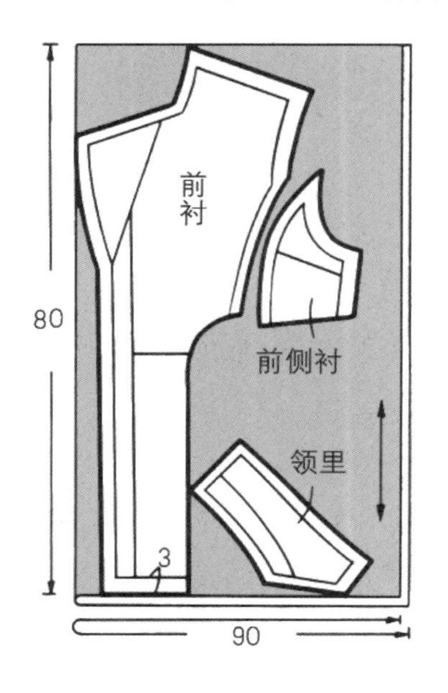

胖哔叽（背衬）裁剪图

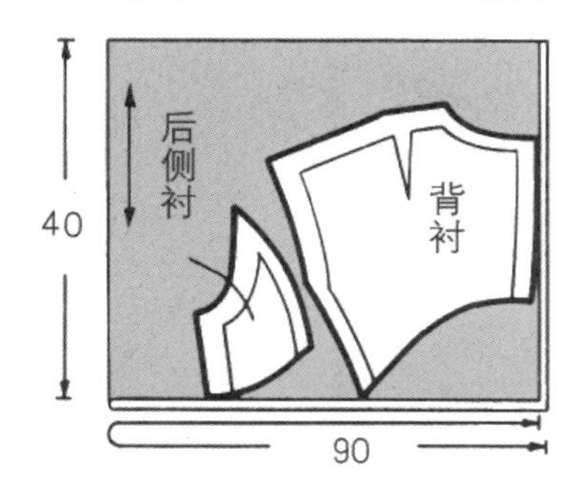

黏合衬裁剪图

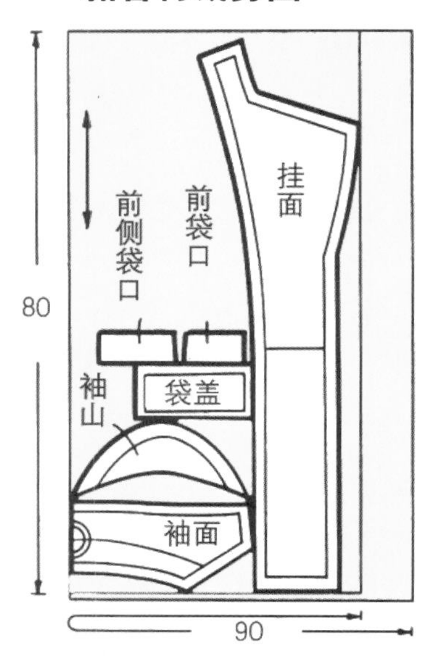

★毛衬、胖哔叽、黏合衬基布的丝缕、缝头和面布相同。在前衬、背衬上做前后中心线、腰口线、剪接线、袖山线、肩省的标记。

薄型胖哔叽（下摆衬、袖口衬）裁剪图

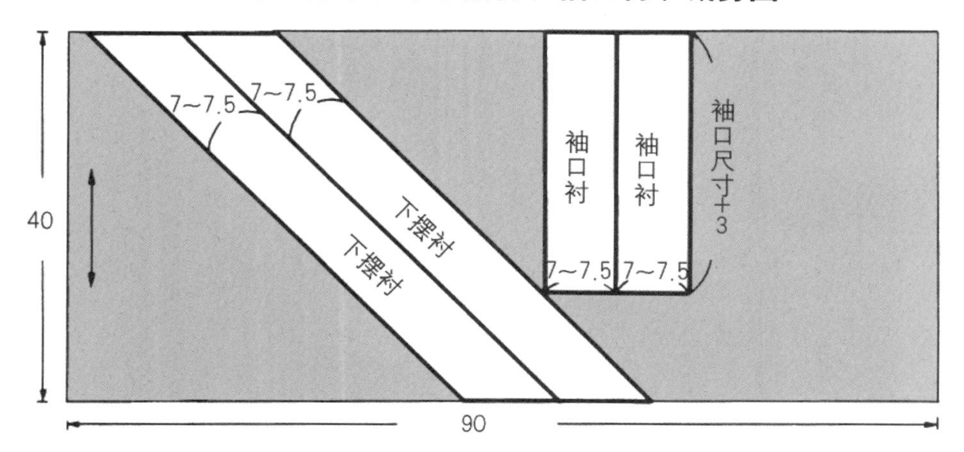

★下摆衬斜料直线裁剪，长度为下摆总长，重合对接。

正式缝制

上衣缝制方法

1 贴黏合衬、做标记

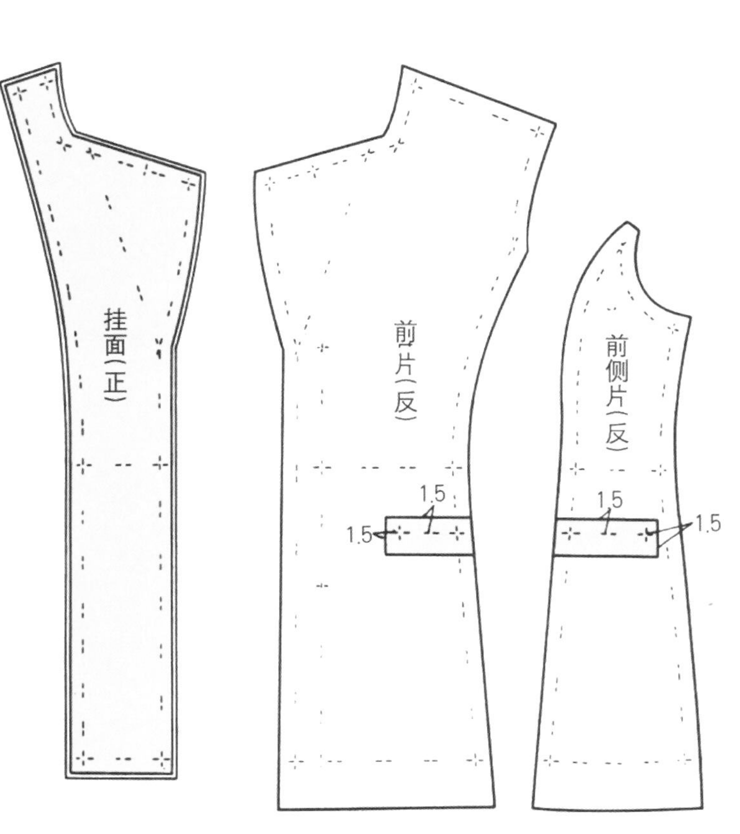

★剪开后再做领面净印标记

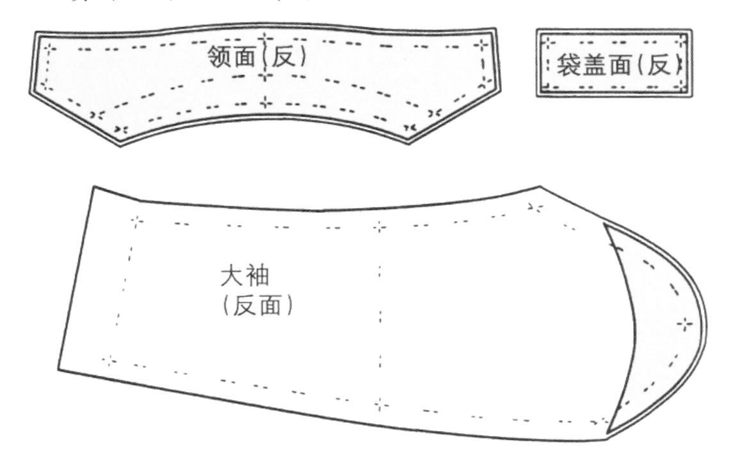

2 做前片衬、背衬

2-1 前片衬和前侧衬拼接线沿净印重叠，疏缝固定，并缉合。

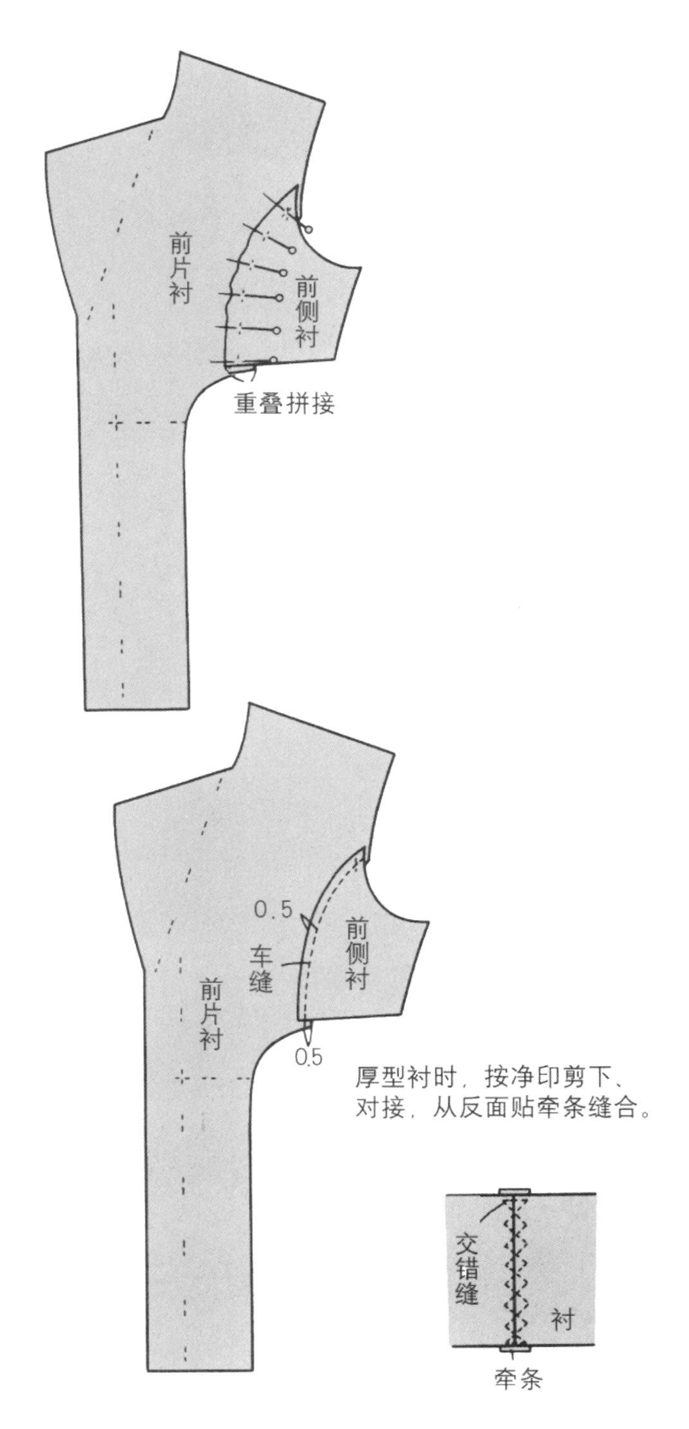

2-2　将背衬肩省中心剪开，沿净印重叠后缉合。因省尖易散纱，可以在此处贴黏合衬。疏缝抽缩肩线并熨烫定型。

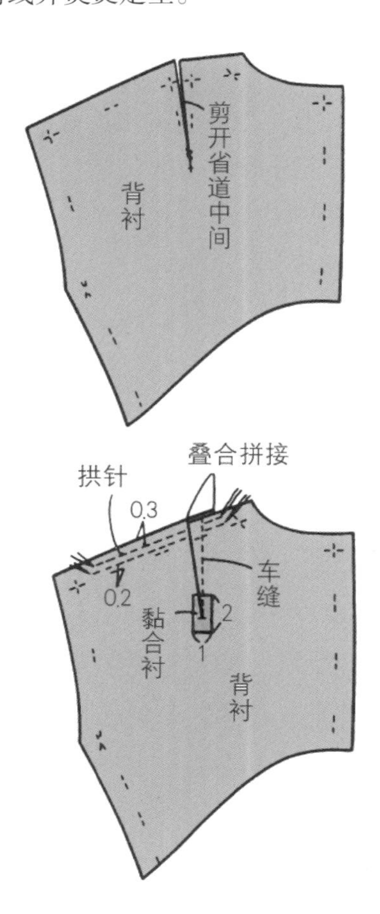

2-3　将后中心线、拼接线按净印重叠，缉线。拼接线处缝头修剪至 0.5 cm。

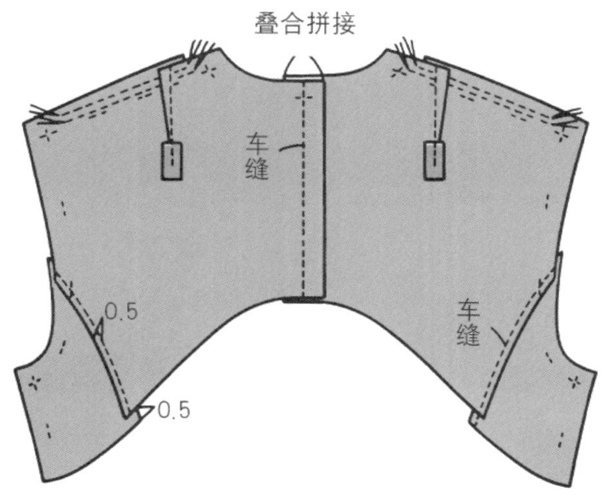

3　归拔前后衣片面子

拔伸前后衣片面弧度大的地方。左右衣片正面相对叠合，先从一面用熨斗拔伸，再从另一面同样拔伸反复操作。

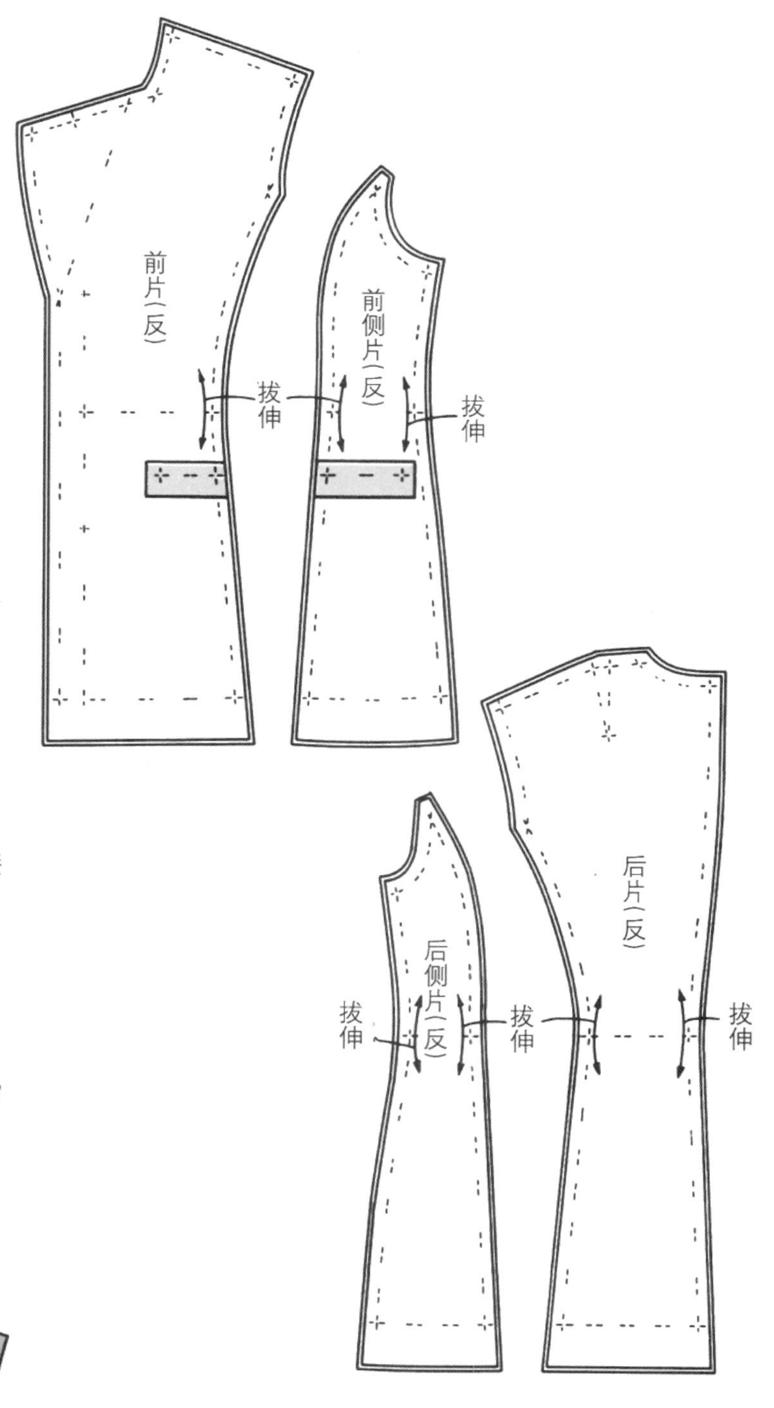

4 缝后片面子

4-1 缝肩省，缝头中间剪开并劈缝。拱针肩线缝头并缩缝（参照夏乃尔套装第 7 页 2-4、2-5）。

4-2 左右前后片正面相对叠合，缝合中心线。缝头修剪至 1.5 cm，劈缝。

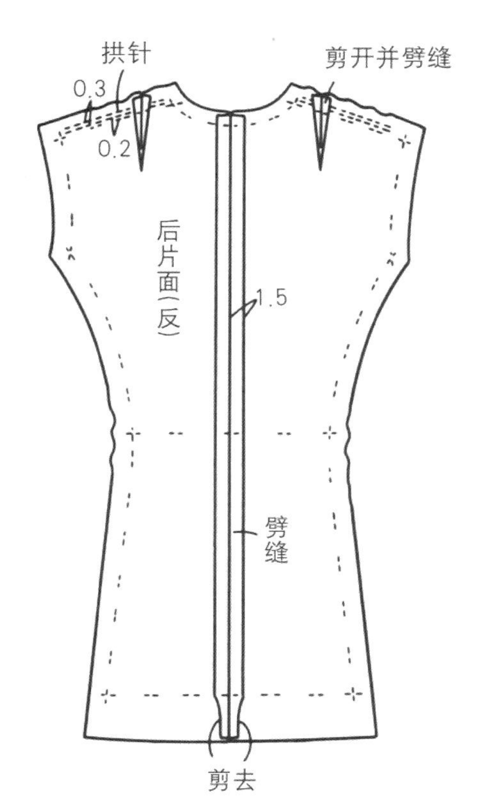

5 缝合前后衣片面子的拼接线

5-1 后衣片面和后侧片面正面相对叠合，缝合拼接线，缝头修剪至 1.2 ~ 1.5 cm，劈缝。

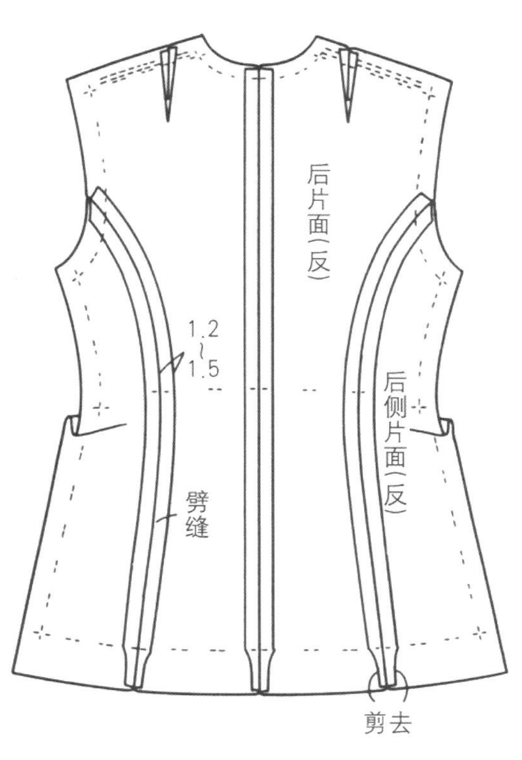

5-2 前衣片面子和前侧片面子正面相对叠合，缝合拼接线，修剪缝头至 1.2 ~ 1.5 cm，并劈缝。

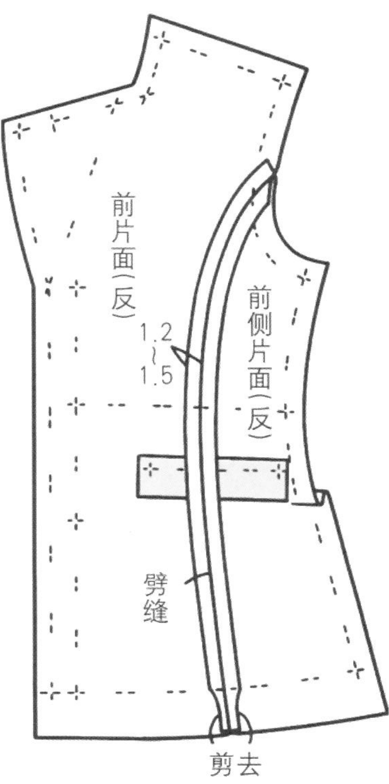

6 在前后衣片面子上装衬

6–1 将前片面子的正面叠放在前衬上，对正腰围线、中心线的丝缕。将衬布胸高点部位放在烫馒头上，不要起皱，注意平衡，别上大头针。按 A、B、C、D 的顺序从肩部到下摆进行放置式疏缝（单线疏缝）。

★ 在平台上放置，用大头针固定住衬布的衣片，用一只手指压住衣片，另一手拿针，一针一针的挑起缝制。

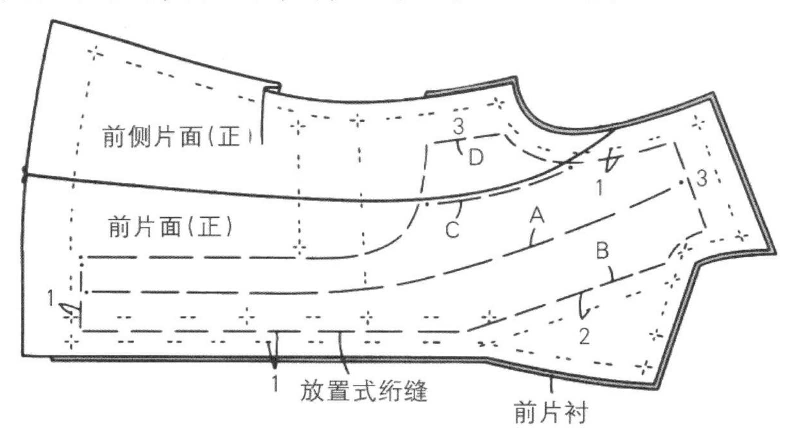

6–2 将后片面正面叠放在背衬上，中心对正，别上大头针，与前片一样按 A、B、C 的顺序进行放置式绗缝。

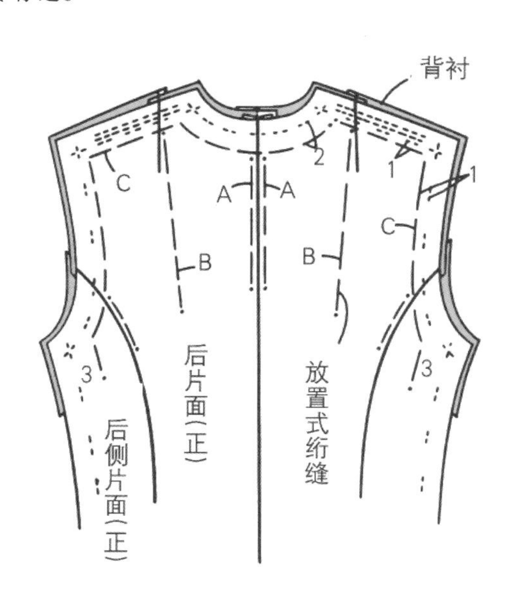

7 驳领纳八字针

7–1 用与面料同色的丝机缝线、涤纶线或者丝手缝线纳八字针。在衣片侧从翻折线往里 2 cm 处至翻折线处平平地纳八字针。

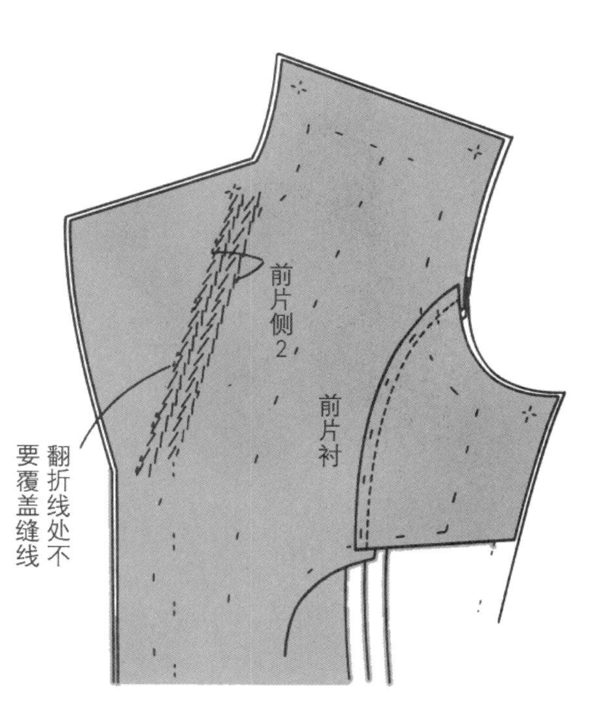

八字针法

如果用细密针脚缝制，衣面就比较紧密结实，如果间隙稍大一些衣面就比较柔软。

在净印线上垂直进针，挑起一根布丝出针。

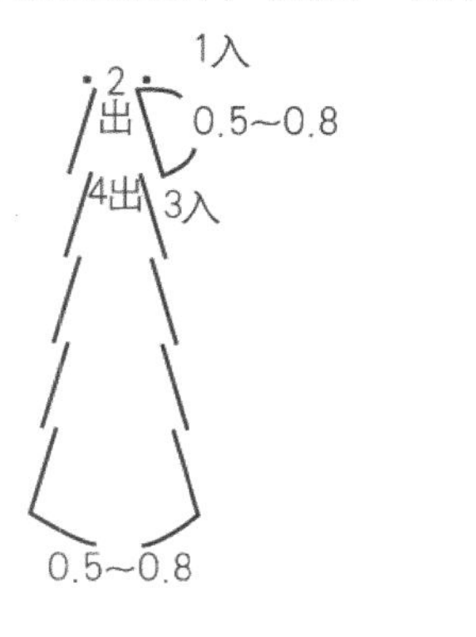

7-2 从翻折线处将驳领轻轻翻折，左手图拿驳领，一面看驳领翻折状况，一面轻轻地纳驳头。从装领止点处开始，在衣片面到驳头净印内侧 0.5 cm 处为止纳八字针。然后将纳好的驳领放在烫馒头上，从衬布侧用熨斗熨烫定型注意不要破坏领子的造型。

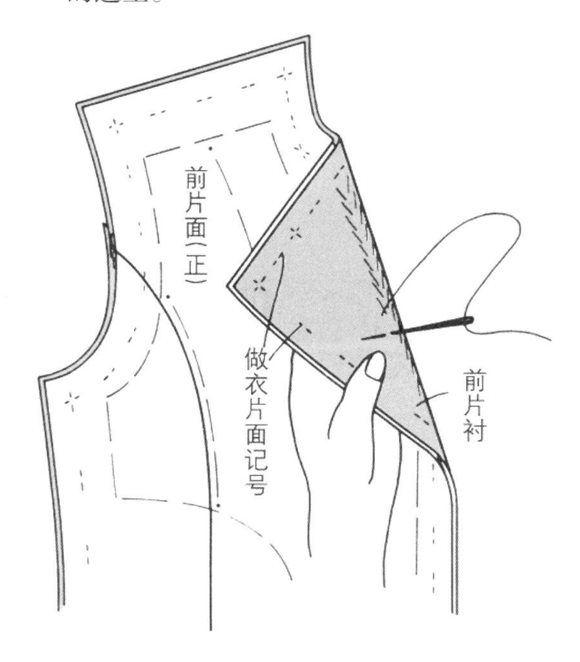

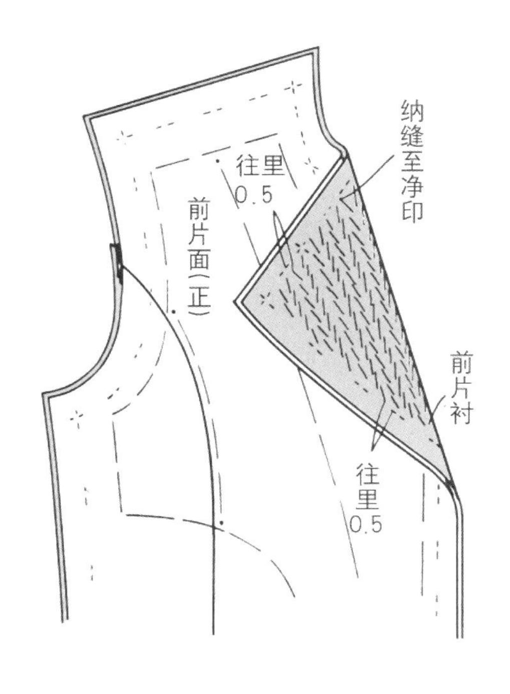

8 制作有袋盖口袋

8-1 袋盖面、里正面相对，直角处按净印对合，将袋盖面在净印外侧 0.15 cm 处和袋盖里在净印内侧 0.15 cm 处叠合，车缝。翻至正面，袋盖里稍稍退进一点熨烫定型。

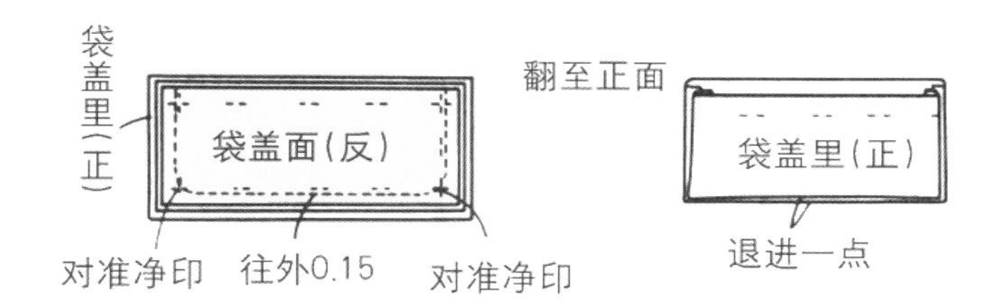

8-2 袋口布和袋布、袋垫布和袋布正面相对叠合，裁边处以 0.5 cm 缝头缝合，缝头倒向袋布。

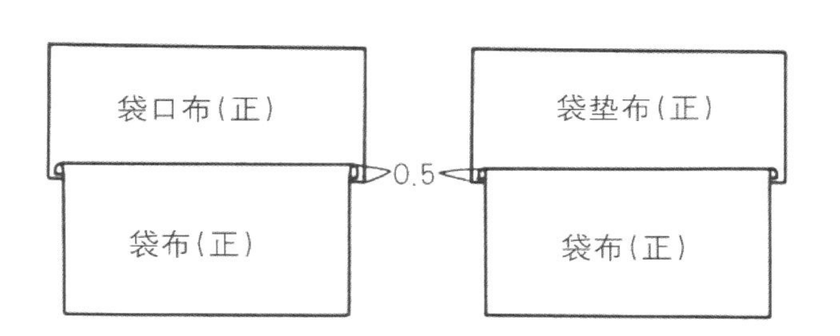

8-3 将袋盖面和衣片装袋盖位置正面相对缝合（a）， 袋口布离开装袋盖位置 1 cm，以 0.5 cm 缝头两端留 0.4 ~ 0.5 cm 缝纫（b）。

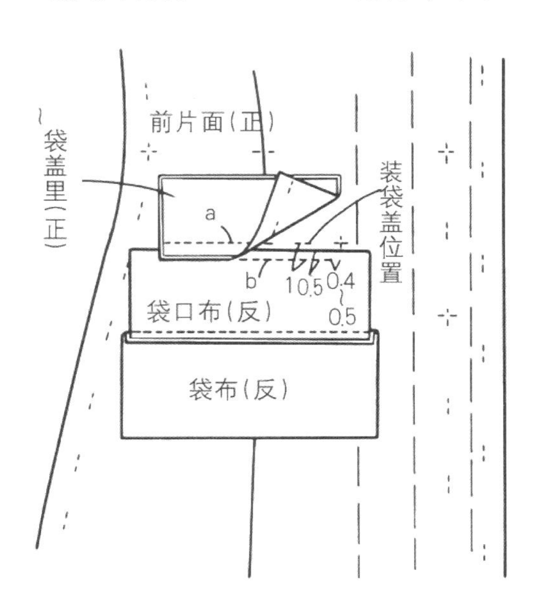

8-4　a、b 两条缝道中间剪切，并在装袋盖位置两端留出 0.5 ~ 0.6 cm，在衣片上剪切口，剪至缝纫止点。注意不要剪到袋盖缝头。

8-5　将两端的三角折向衣片里侧，熨烫。

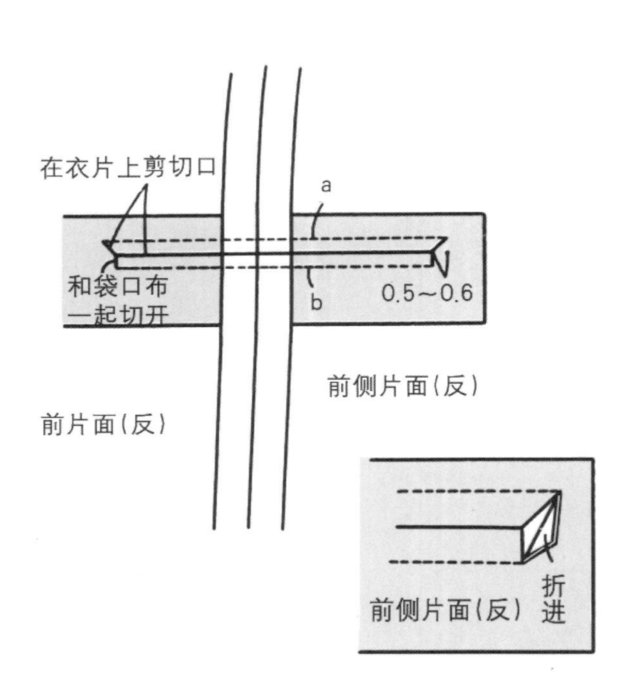

8-6　从切口处将袋口布拉至反面，劈缝袋口布和衣片缝头。

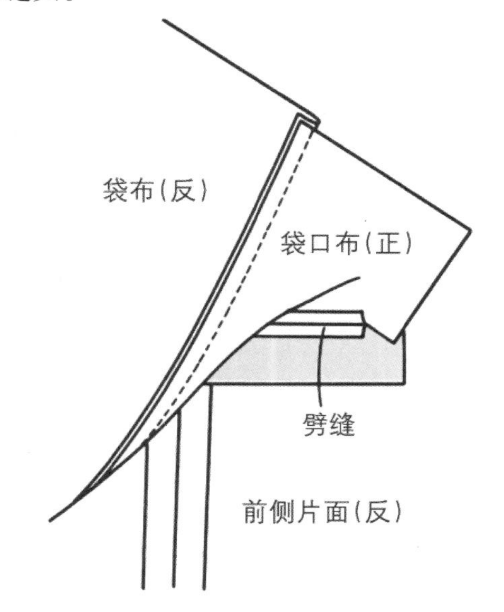

8-7　将袋口布以 0.8 cm 宽度折叠，疏缝固定。掀起衣片，在袋口布缝头（b）外侧车缝。或者在正面缉漏落缝。

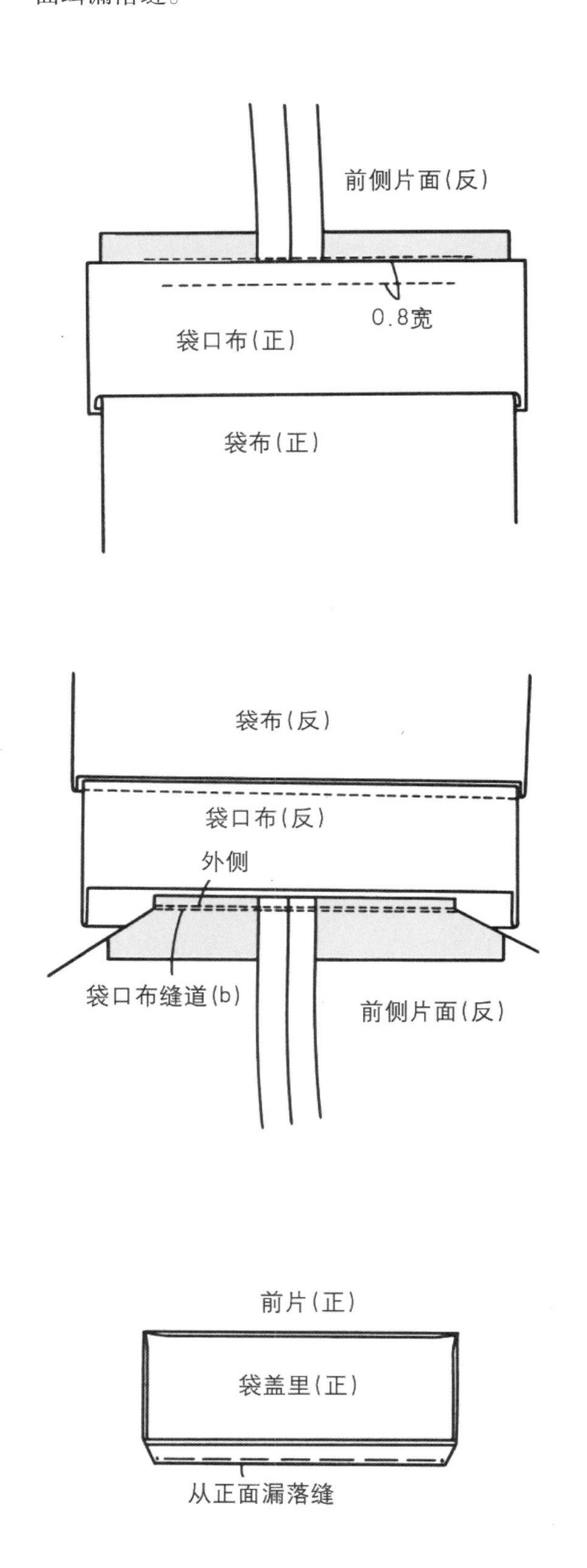

8-8　将袋盖翻下，注意不要在衣片产生座势，袋盖缝头倒向上方。袋垫布和袋口布正面相对叠合，在装袋盖位置疏缝固定。

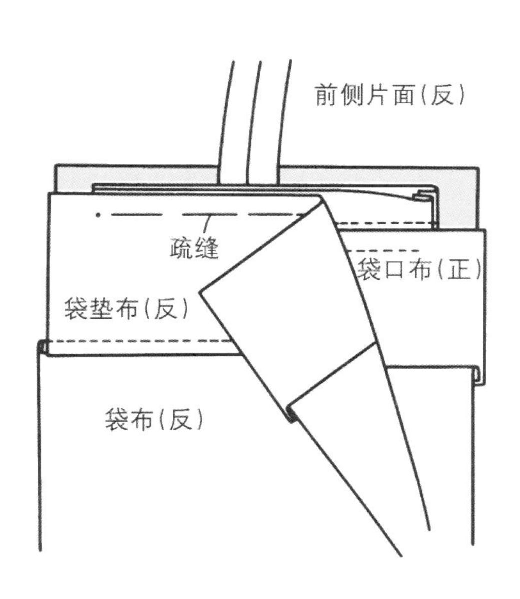

8-9　翻开衣片，在装袋盖缝道（a）外侧车缝（c）。

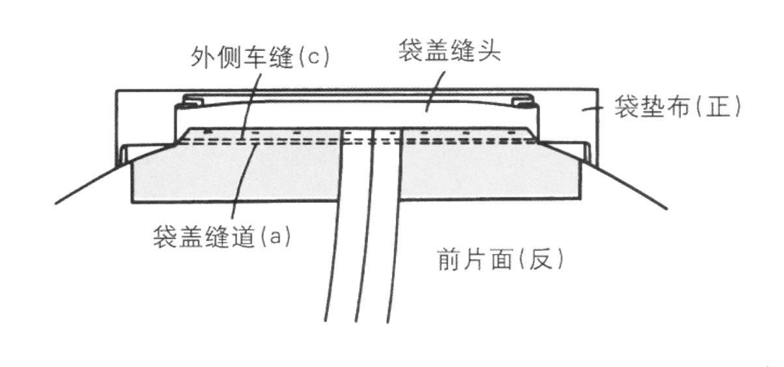

8-10　翻起衣片，袋盖两端三角形缝头与袋垫布缉合或缝倒回针。

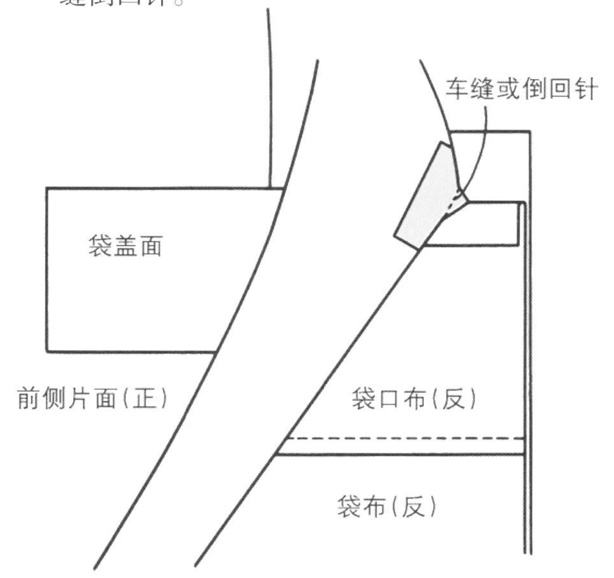

8-11　两片重叠的袋布按短的那片剪齐，在袋布外围缉缝两道。前衬和拼接线缝头重合部分用疏缝线以三角针固定。

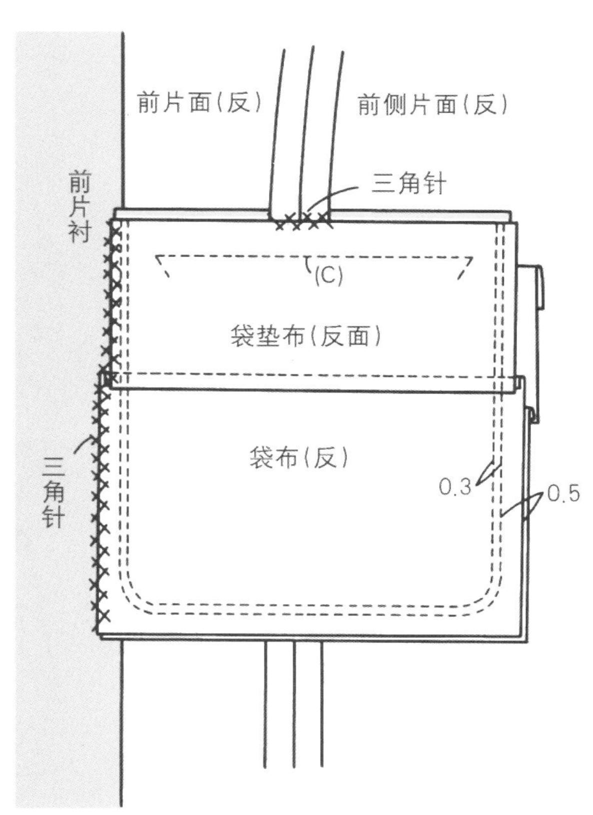

8-12 袋盖两端从正面与袋垫布用套结固定。

袋盖(正)

打套结至袋垫布为止

前片面(正)

放大图

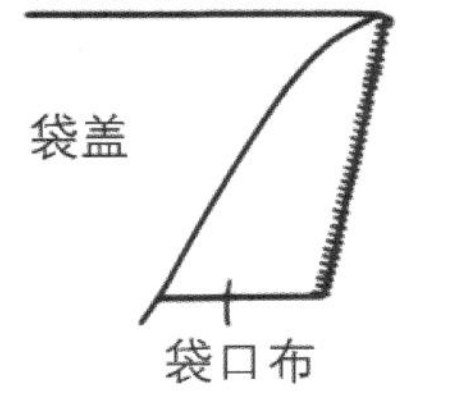

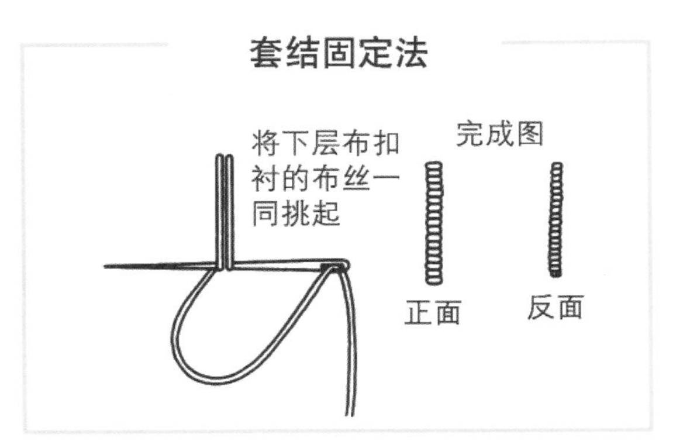

10 缝合挂面和前片里

挂面和前片里正面相对叠合，沿净印车缝至离下摆净印 2.5 cm 处。缝头倒向侧缝。

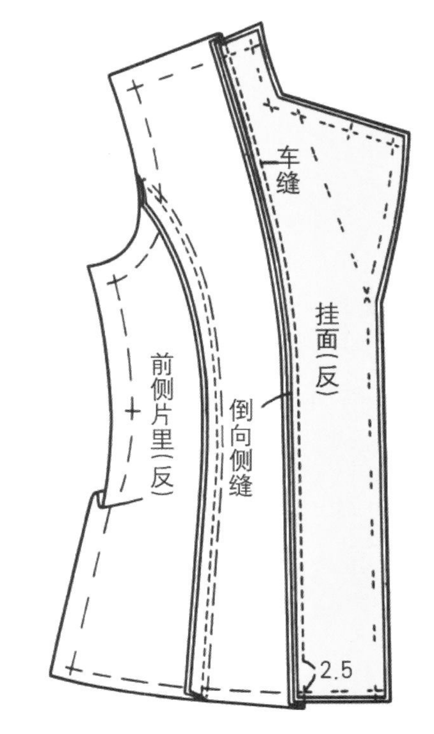

9 衣片里子缝制

9-1 缝合后片里子肩省，缝头倒向侧缝。

9-2 后片里子和侧片里子正面相对叠合，沿拼接线净印疏缝，留 0.3 ~ 0.5 cm 余折缝头后车缝，缝头从疏缝位置倒向侧缝。

9-3 左右后片里正面相对叠合，沿中心线净印疏缝，留 1 cm 余折缝头后车缝，缝头从疏缝位置倒向右后片。

9-4 前片里和侧片里正面相对叠合，与后片一样将拼接线缝合。

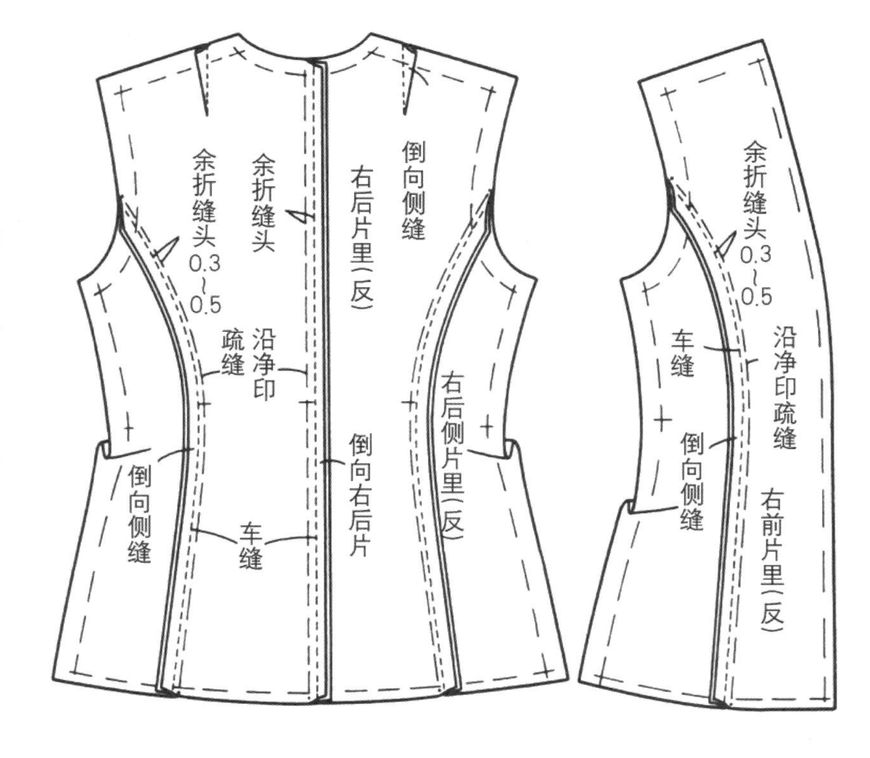

11 缝合前片面和挂面

11-1 前片面和挂面正面相对叠合，从挂面里侧裁边处开始，经叠门止口，一直缝至装领止点。翻折点处前片面和挂面按净印对合。翻折点以下将衣片面净印外侧 0.15 cm 处和挂面净印内侧 0.15 cm 处对合，翻折点以上衣片面在净印内侧 0.15 cm 和挂面净印外侧 0.15 cm 处对合。

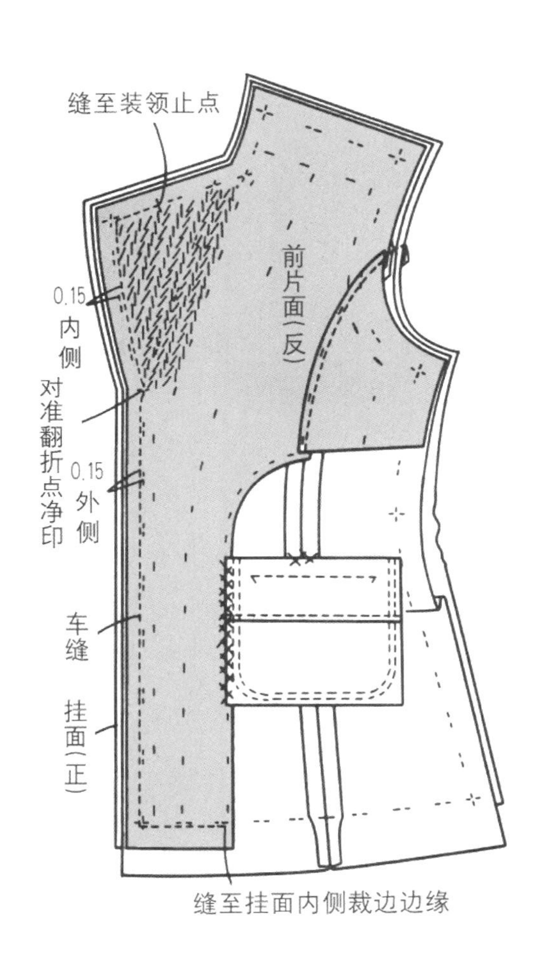

11-2 在装领止点处的前片面和衬布的缝头上剪刀口，剪去缝头上的衬布。

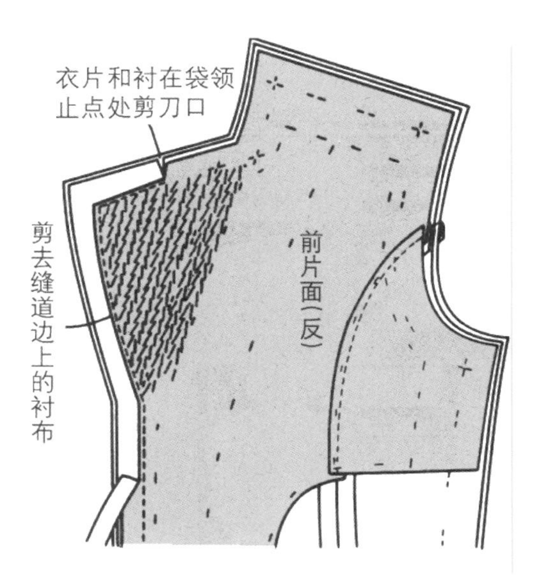

11-3 挂面缝头修剪至 0.4 cm，衣片面缝头修剪至 0.6 cm，并将缝头倒向衣片。先翻至正面，注意挂面平衡熨烫定型。再翻至反面，将衣片缝头锁缝到衬布上。

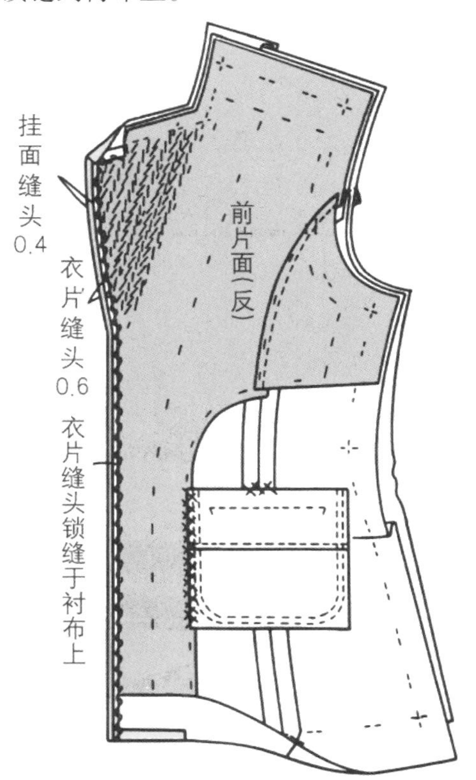

11-4 将挂面翻至正面，翻折点以下挂面退进一点，折点以上衣片退进一点熨烫定型。按①外围线、②翻折线的顺序用单股本色线斜绗缝固定（参照第16页）。

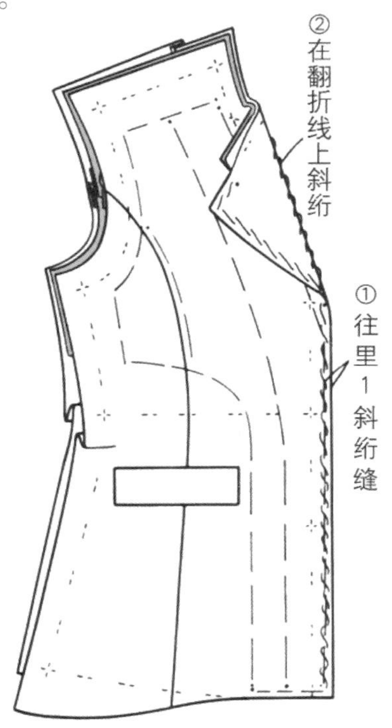

11-6 图翻过衣片里，将挂面里侧缝头固定在衬布上。

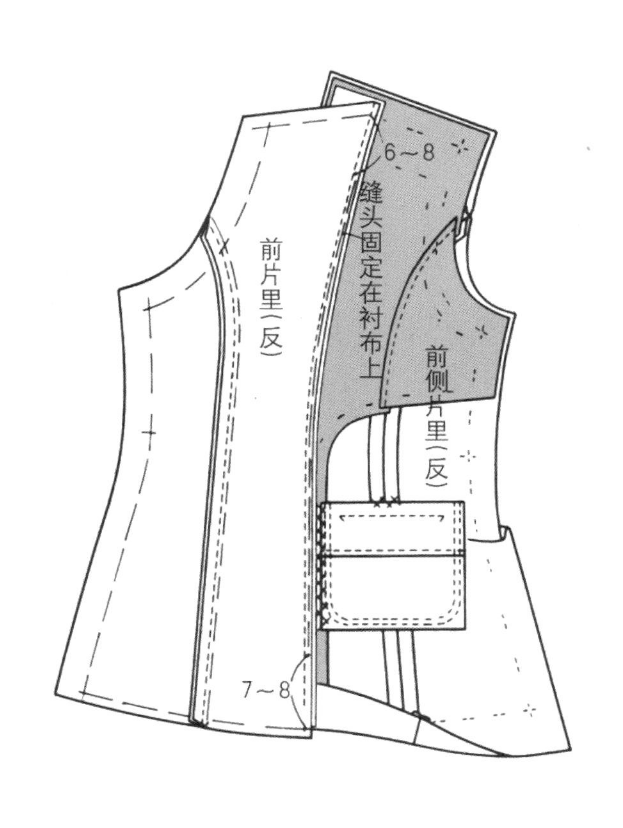

11-5 将驳领翻转，在挂面里侧缝道做放置式绗缝，与衣片固定。检查衣片里的肩线、侧缝、袖窿线、挂面装领线是否与衣片面净印吻合，如有出入，根据衣片面净印做订正（使用画粉、竹刀、点线器等）。

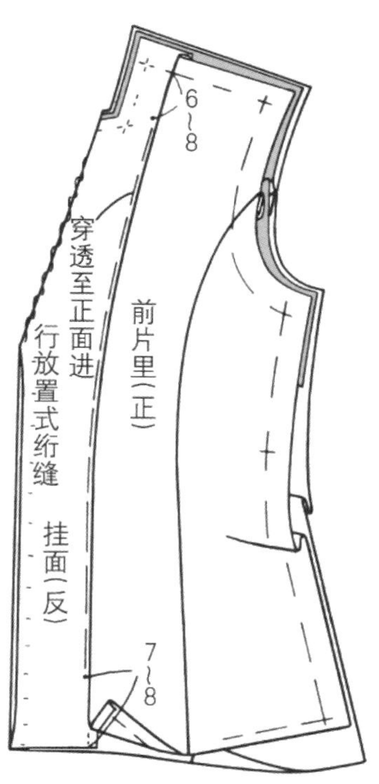

11-7 挂面装领线上的缝头在转角处剪刀口，然后按净印折进至装领止点，疏缝定位并暗缲缝。

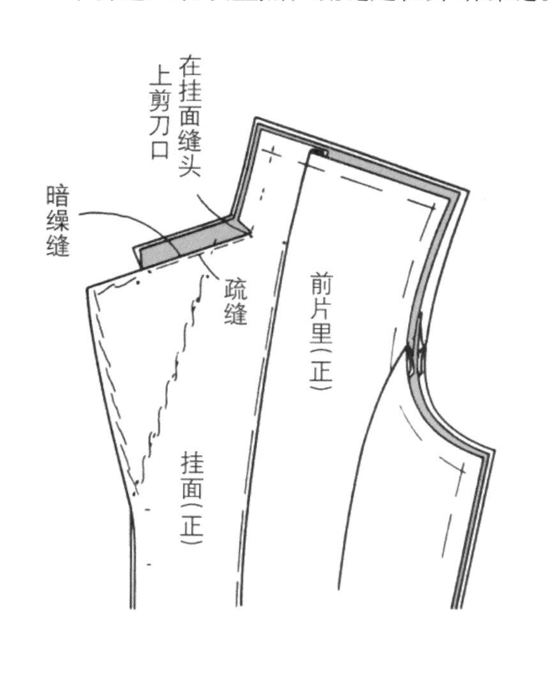

12 缝衣片面子侧缝线

12-1 前、后侧片面正面相对叠合，避开前衬、背衬缝合侧缝。缝头修剪至 1.5 cm 并劈缝。也可以和背衬一起缝合（参照第 111 页 18）。

12-2 将前侧衬布固定在后片缝头上，后侧衬布叠在前侧衬布上固定。

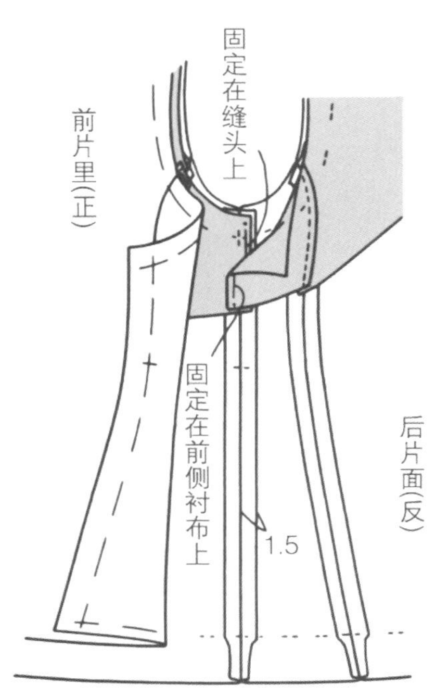

13 装下摆衬

13-1 下摆衬重叠拼接。

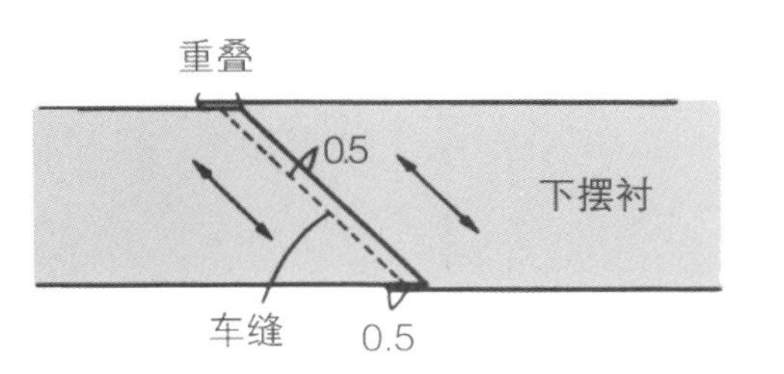

13-2 按照下摆曲线将下摆衬定型，并将其平整地叠放在离开衣片面子下摆净印 1 ～ 1.5 cm 的缝头一侧，净印外斜向疏缝固定（机缝线）。衬布上端疏缝后暗缲缝固定。

14 缝衣片里子侧缝并固定

14-1 与前片里子同样，将后片里子和后片面子在肩线、侧缝、袖窿线、装领线处有出入的地方加以订正（参照第 108 页 11-5）。沿侧缝净印疏缝，留 0.3 ～ 0.5 cm 余折缝头后缝合，缝头倒向后片。

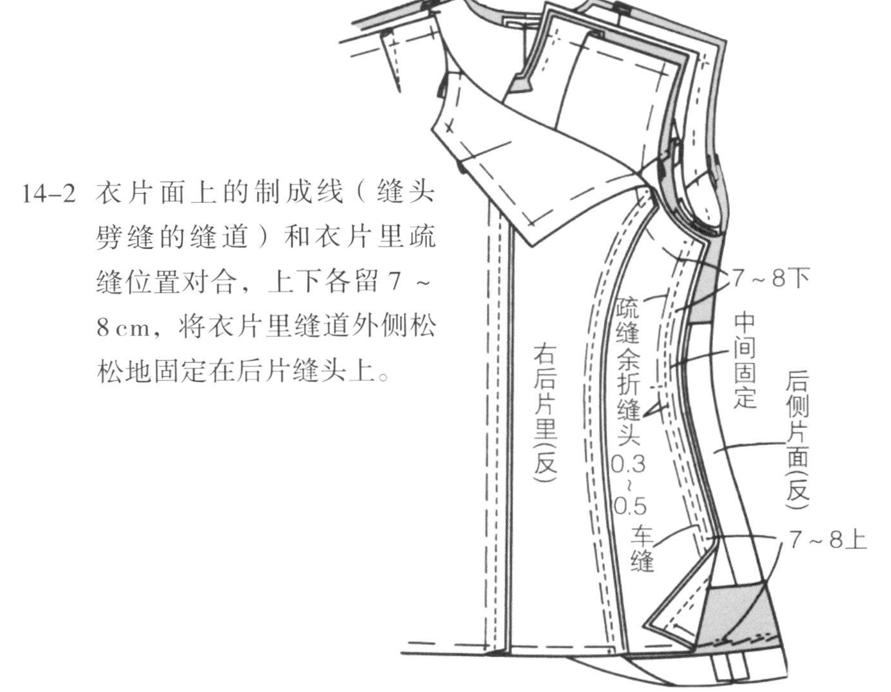

14-2 衣片面上的制成线（缝头劈缝的缝道）和衣片里疏缝位置对合，上下各留 7 ～ 8 cm，将衣片里缝道外侧松松地固定在后片缝头上。

15 下摆面子的处理

衣片面子下摆沿净印折进，裁边处进行直线缝，并暗缲缝。下摆折边有松弛时可将其缩缝（参照夏乃尔套装第 17 页 10–1、10–2）。

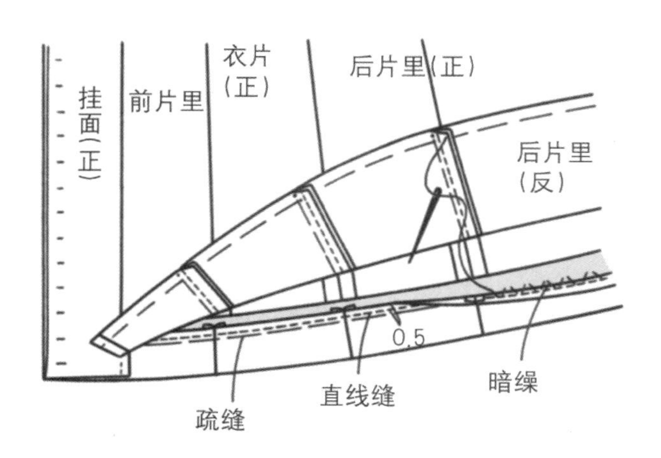

16 在衣片上斜向疏缝

注意衣片面、里平衡，取单股本色线在正面斜绗缝固定，肩部避开装垫肩位置，袖窿处往里 6 ～ 7 cm 固定，下摆处往上 10 cm 疏缝。

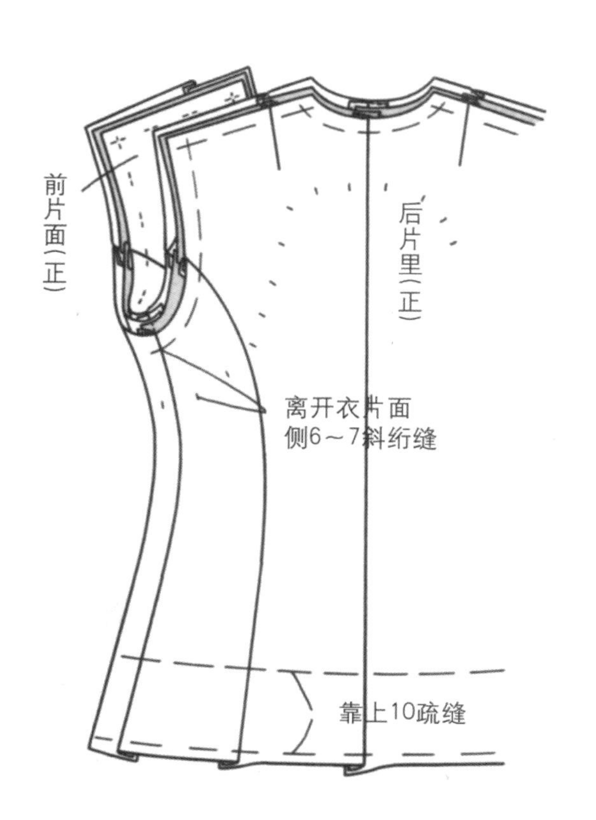

17 下摆里子的处理

17–1 下摆里子离开面下摆 2.5 cm 折进，离开折边 2.5 cm 内侧疏缝固定。

17–2 翻起衣片里子下摆，1 ～ 1.5 cm 内侧缲缝固定。

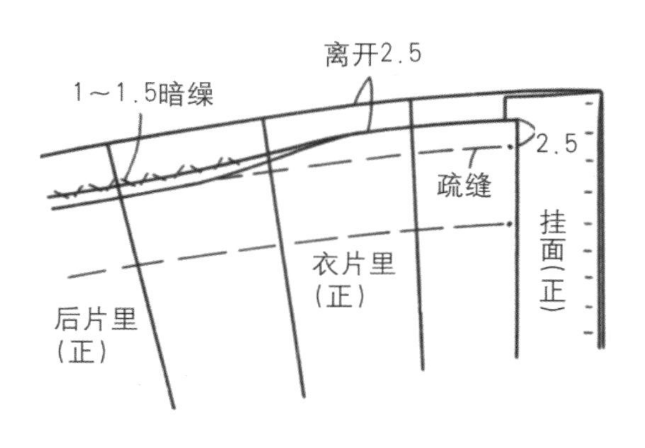

17–3 下摆缝头和与之重叠的挂面内侧裁边用三角针固定，下摆里子从挂面开始与下摆面子用三角针固定 3 cm。

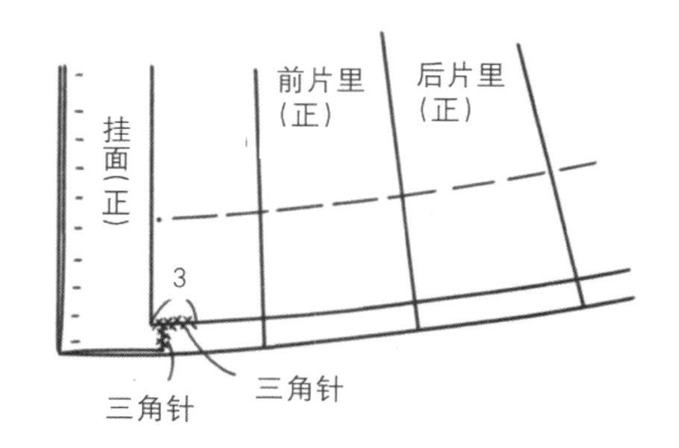

18 缝合衣片面子肩线

前后衣片面子正面相对叠合，避开前衬，和背衬一起在肩线处缝合。剪去背衬缝头，衣片面缝头修剪至 1.5 cm，劈缝。将前衬缝头叠放在肩线劈缝的缝头上固定。也可以与前衬一样，将背衬避开缝纫（参照第 109 页 12）。

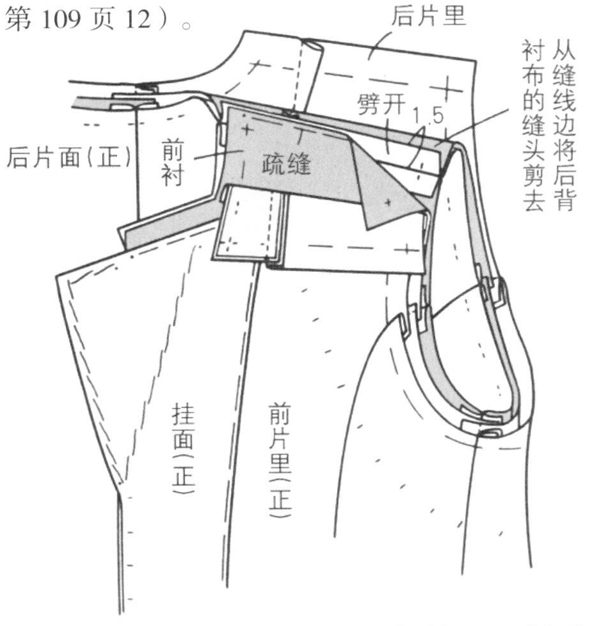

19 固定前片里子肩线、装领线

将衣片里子肩线疏缝固定。为防止衣片面、里错开，将装领线净印外 0.2 cm 处缝头用倒回针固定，修剪缝头至 1 cm。

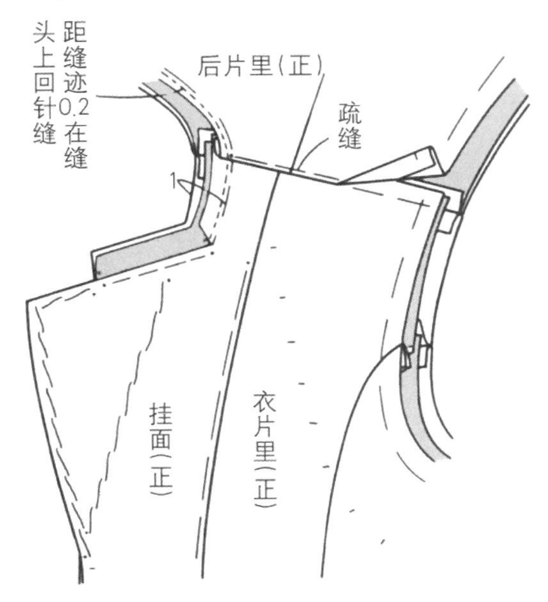

20 将衣片面子和衬布在装袖处固定

避开衣片里子，将衣片面子和衬布在装袖线净印外 0.2 cm 处的缝头上用回针缝固定。

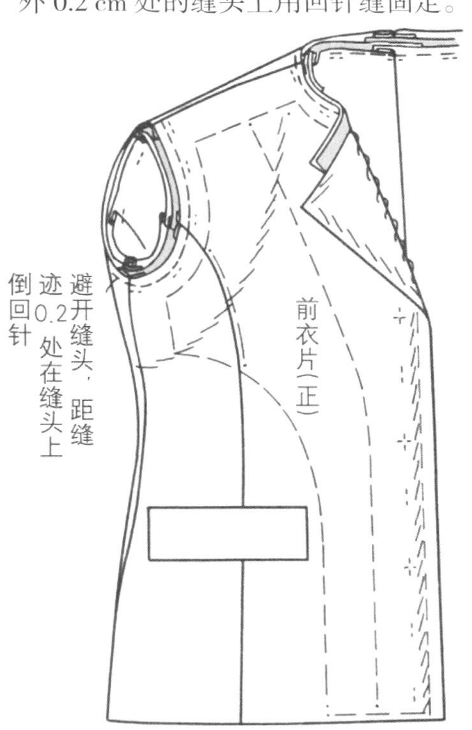

21 做领里

21-1 左右领里正面相对叠合，缝后中心线，缝头修剪至 0.5 cm，劈缝。将领衬重叠拼接，修剪缝头至 0.5 cm（如果衬布较厚可参照第 99 页）。

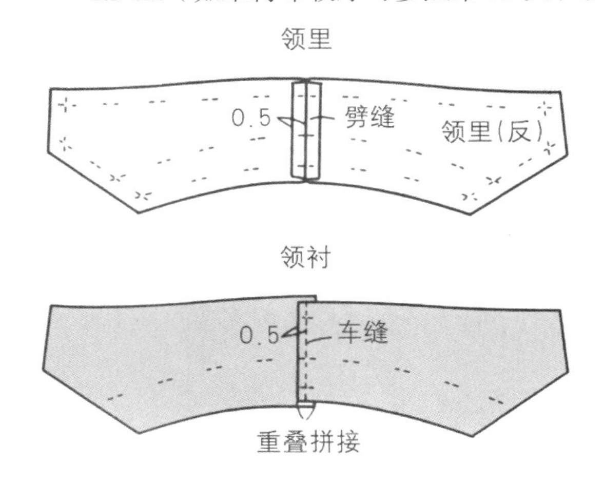

21-2 将领衬叠放在领里反面，在翻折线上从领里正面车缝将领里和领衬重叠着，从领里侧和领衬侧拔伸领子外围线。用熨斗折烫翻折线，使其稍稍归缩。

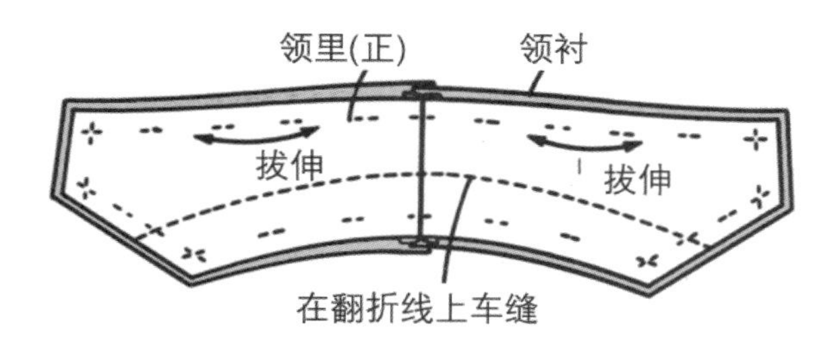

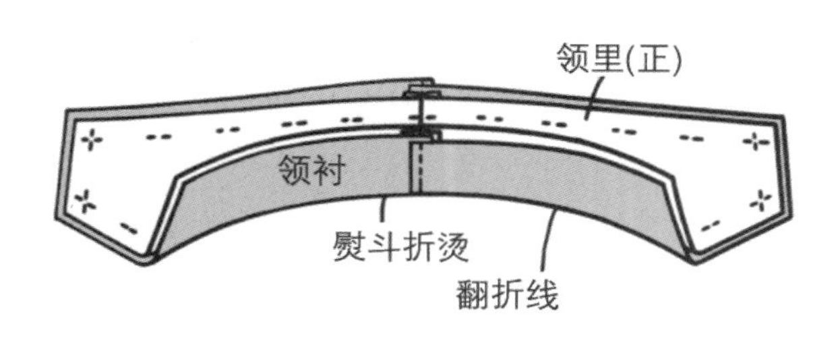

21-3 将做过归拔整理的领纳八字针。左手握住领腰部位，从翻折线至装领线间平行地纳缝。针脚比驳领处稍稍密一些，缝至领里装领线靠里 0.3 cm 处。

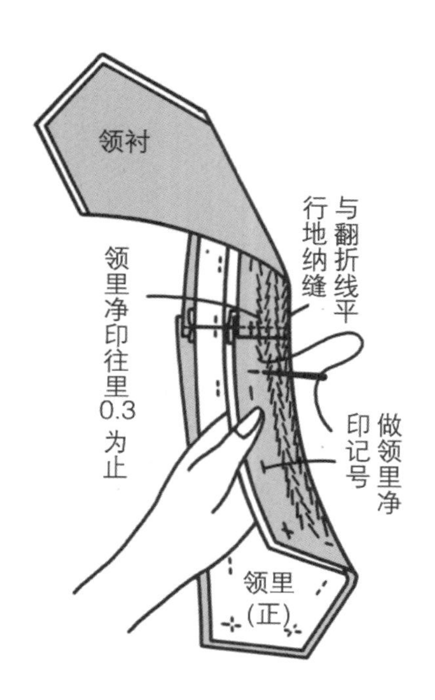

21-4 握住领面，从翻折线至领子外围线之间平行地纳缝。针脚与驳领处同宽，缝至领净印往里 0.3 cm 处。也有在领腰部位纵向纳八字针的情况，领宽较大或翻折较柔和等的情况，也可以从翻折线往外呈放射纳缝。

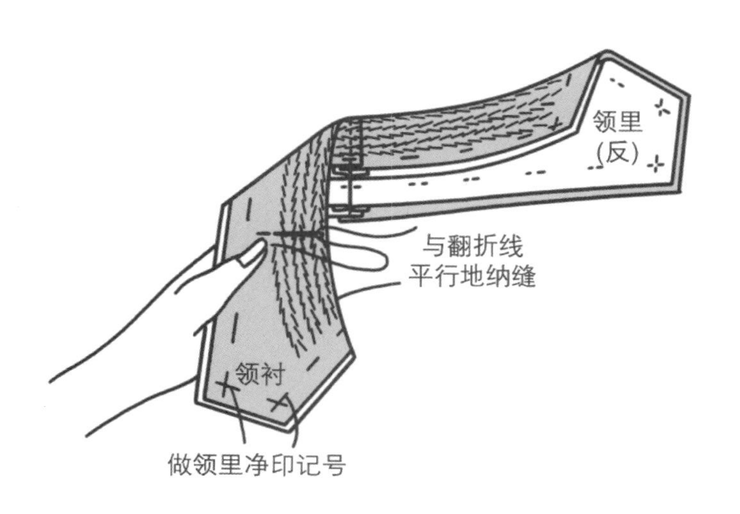

21-5 将纳缝过的领里熨烫定型，把外围缝头沿净印折进、疏缝，并疏缝固定在衣片装领线上。将领穿在人台上，确保领子伏贴，并侧量外围尺寸。

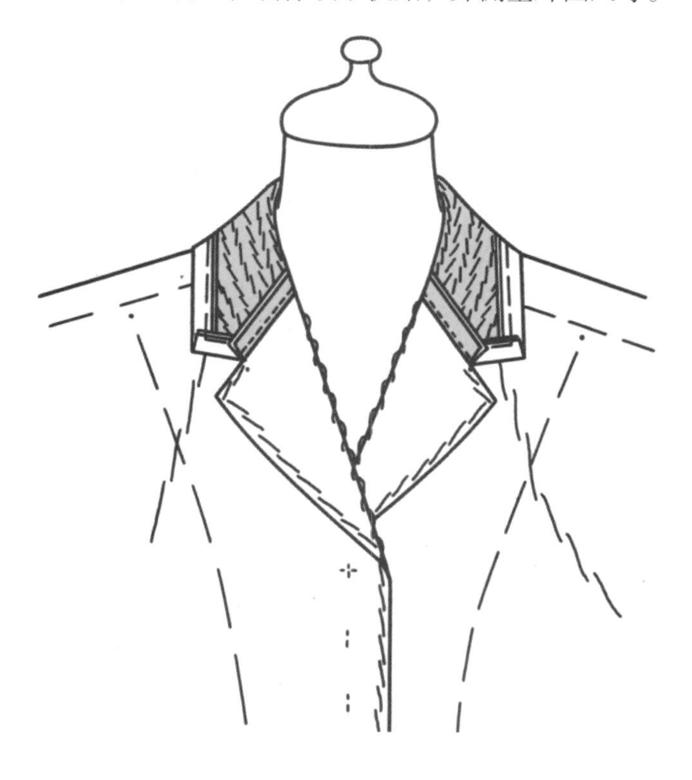

22 做领子

22-1 为了使领面和领里的外围尺寸相同，剪开纸样不足的量。复制领里，在侧颈点左右各 2 ～ 3 cm，画两条垂直于翻折线的剪开线。

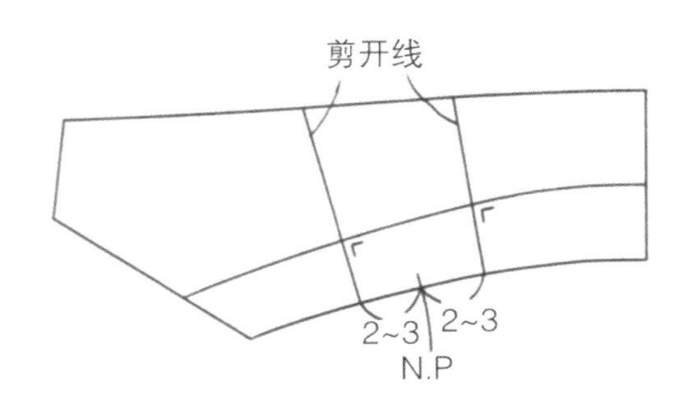

22-2 以翻折线为基点，打开外围不足的尺寸（装领线侧折叠）。修正外围线和装领线。

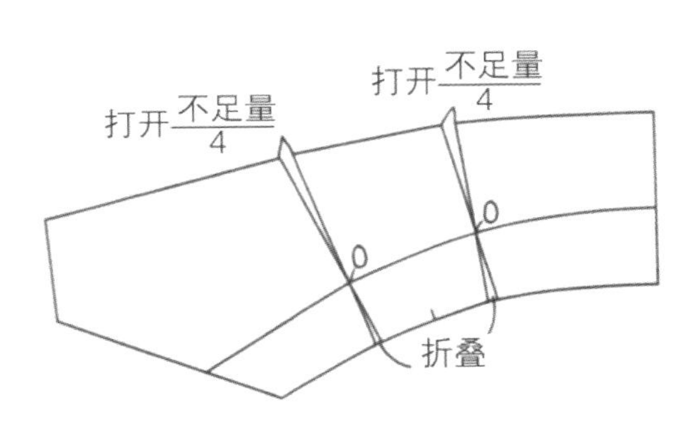

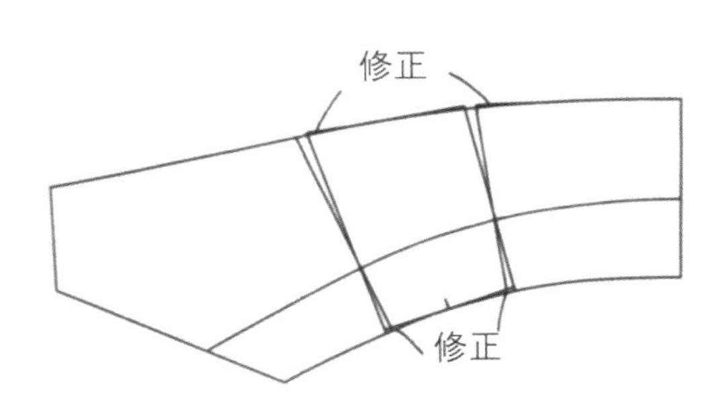

22-3 做领面的记印

22-4 将领面重叠在领里衬上，注意领面、领里的平衡。①在翻折线上从后中心向装领侧插大头针。②在外围线上从后中心往左右插大头针。③在领腰部位同样在外围插大头针。

22-5 将领面和领里重叠，在领面上重新做领里净印、对位记号。

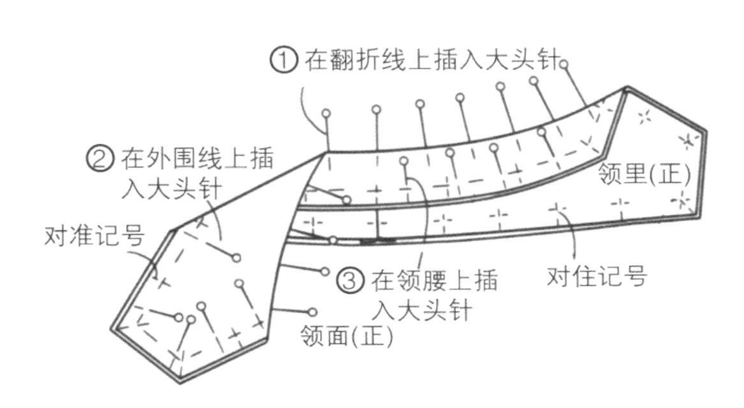

22-6 领面和领里正面相对叠合，对合对位记号，和驳领一样领面在净印外侧 0.15 cm 处、领里在净印内侧 0.15 cm 处对合，缉合外围线。

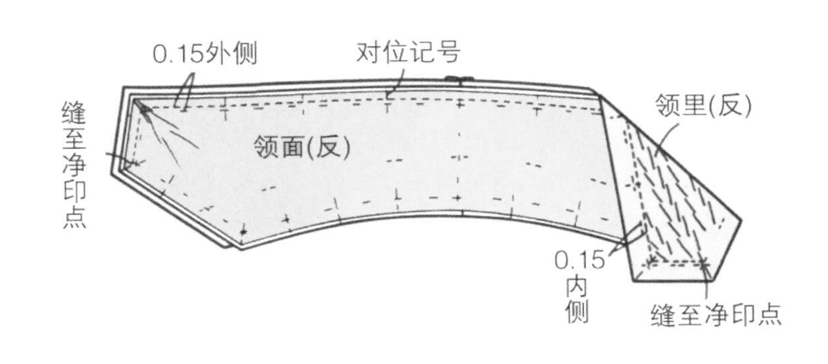

22-7 剪去缝道外的衬布缝头。将装领线处衬布从领里净印内 0.1 cm（衬布厚度）剪去。修剪领面外围线缝头分别至 0.4 cm 和 0.6 cm。

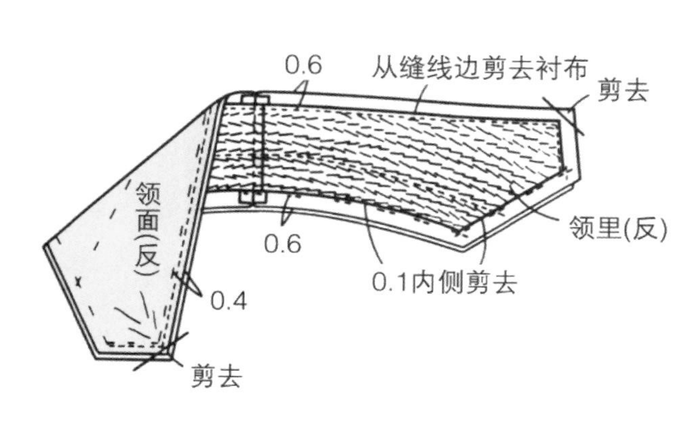

22-8 将缝头倒向领里注意不要产生座势。同挂面一样先将领翻至正面，注意领面平衡，熨烫定型。再翻至反面，将领里缝头锁缝在衬布上。装领线侧缝头沿净印折进，锁缝在衬布上。

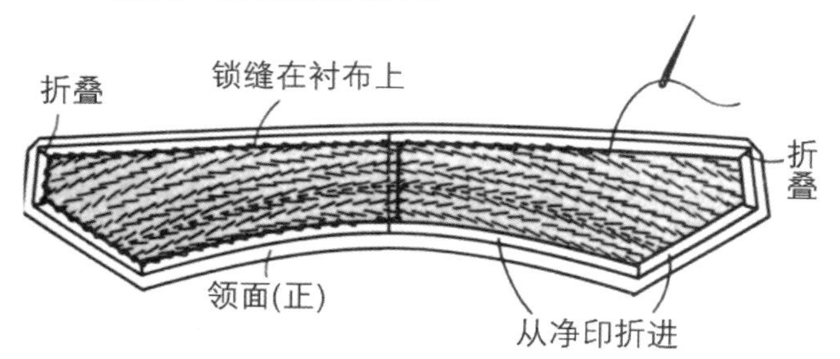

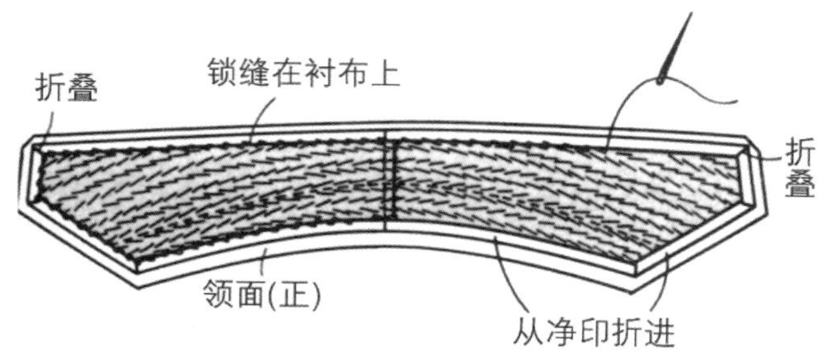

22-9 将领面翻至正面，领里离开一点熨烫定型。同驳领一样从正面在领子外围线和翻折线上斜绗缝。领面装领缝头按领里折进，修剪至 0.6 cm。

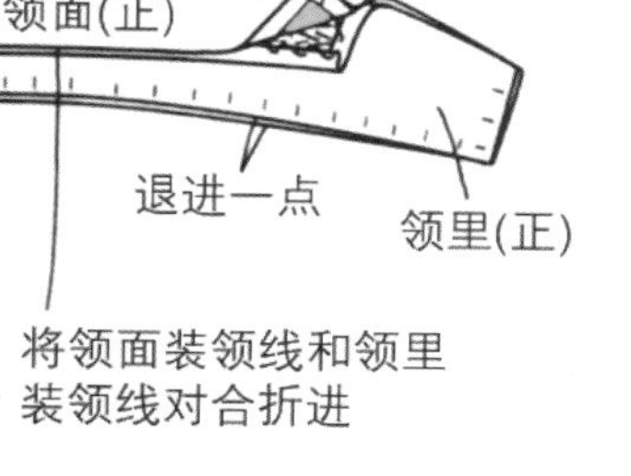

23 装领

23-1 将领里叠在衣片面子装领线上，对合后衣片中心和领里中心对位记号，到装领止点为止插入大头针。左侧从中心到装领止点，右侧从装领止点到中心进行疏缝。

23-2 与疏缝同样方法，将领里纵缲缝固定。

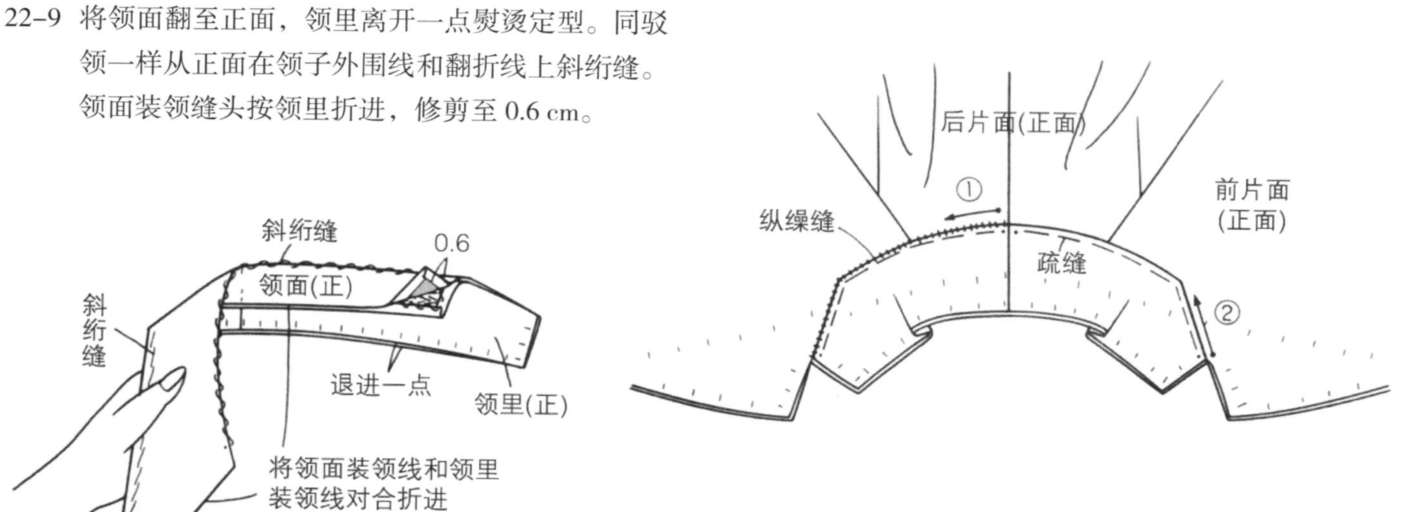

23-3 衣片缝头弧度大的地方剪刀口，用三角形针固定在领里衬上。

23-4 将领面疏缝固定在装领线上，纵缲缝。与挂面对接的部分（挂面暗缲缝的部分）用梯式缲缝固定。

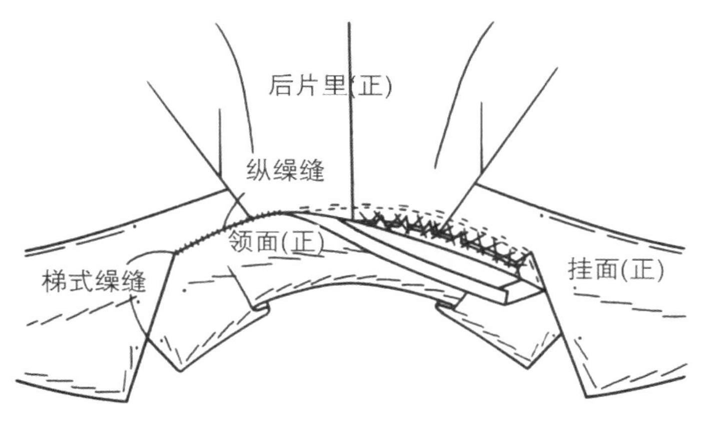

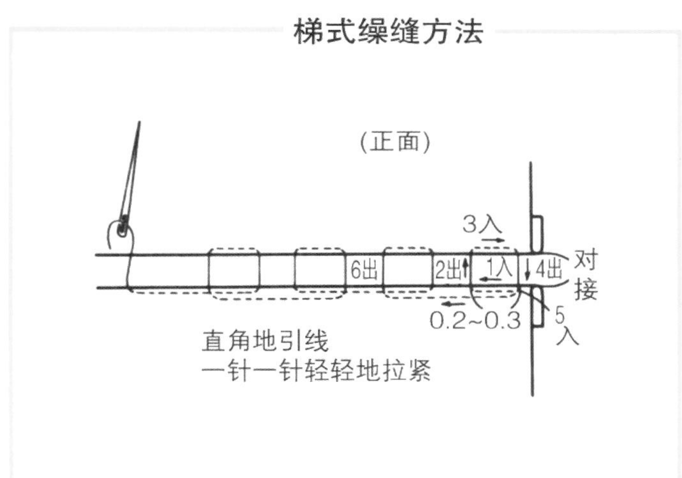

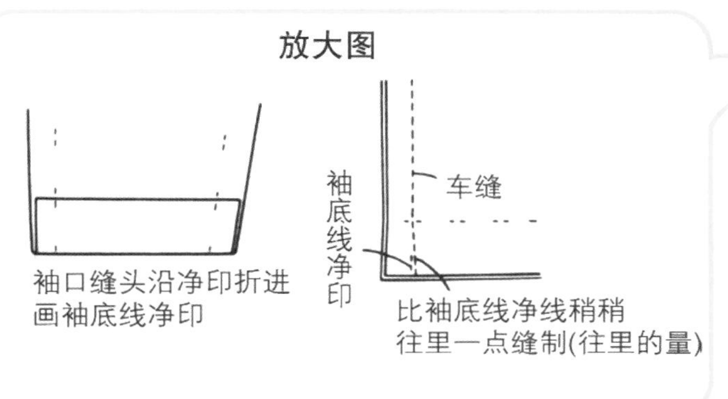

24 袖面缝制

24-1 对大袖面进行归拔。大袖和小袖叠合，肘部长出来的量在肘部附近疏缝并抽缩，袖底侧短的部分用熨斗拔伸。拔伸时左右片正面相对重叠，单片拔伸，再同样方法拔伸另一片。轻轻翻折，衬肘侧会鼓起，袖底侧会有弯曲弧度。

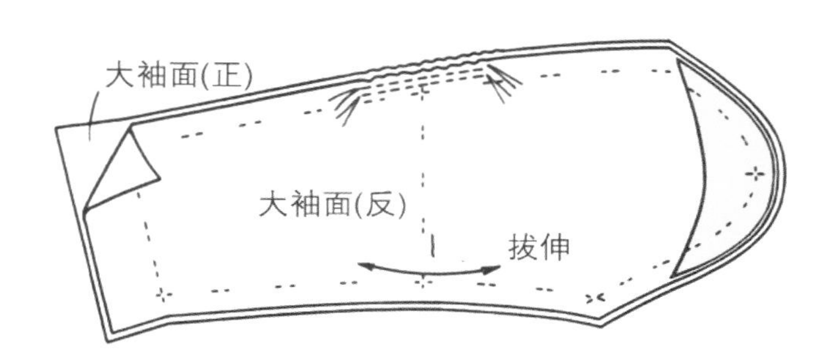

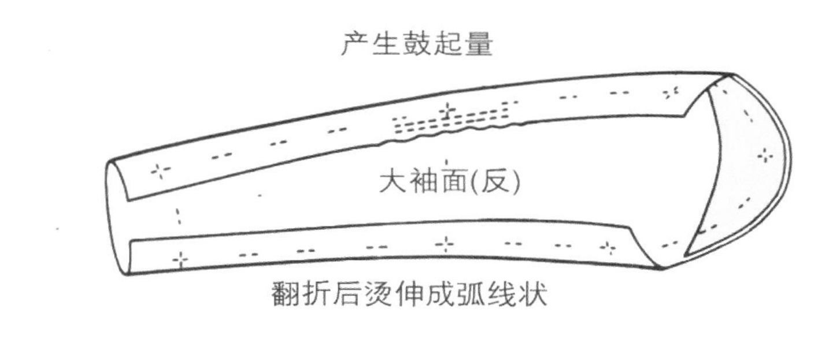

24-2 大袖和小袖正面相对叠合，缝合肘侧线，劈开缝头。

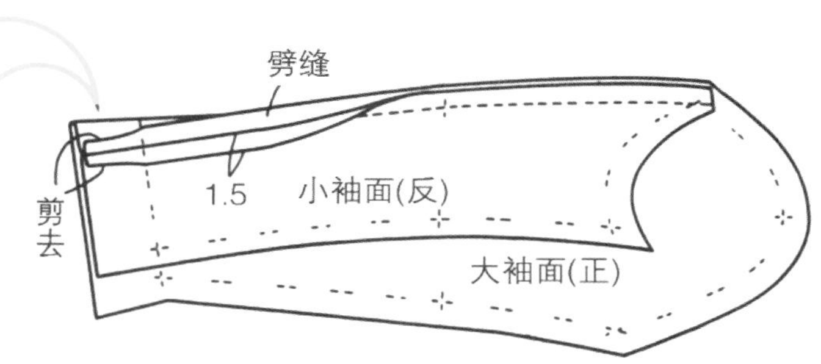

24-4 将袖口衬布的裁边按袖口净印叠放，疏缝固定。在缝道位置将衬布剪刀口，放伏贴后暗缲缝并用三角针固定。

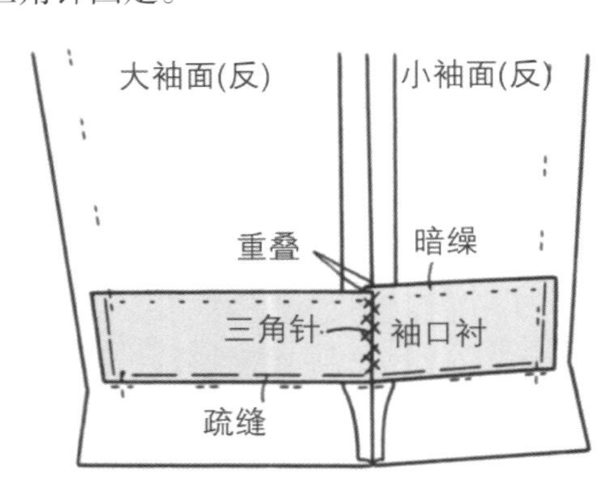

24-5 缝合袖底缝，从缝道边上修剪袖口衬缝头，并劈缝。

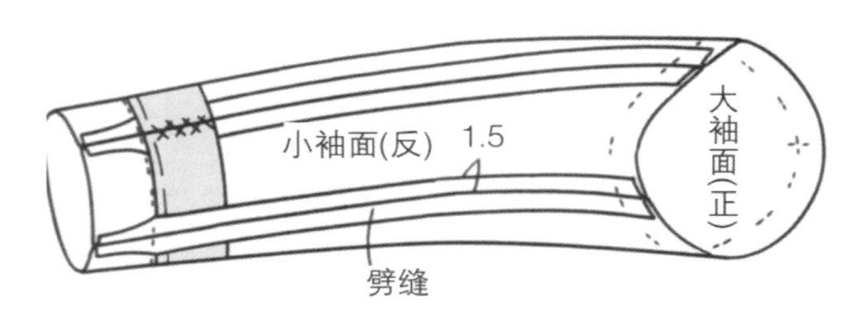

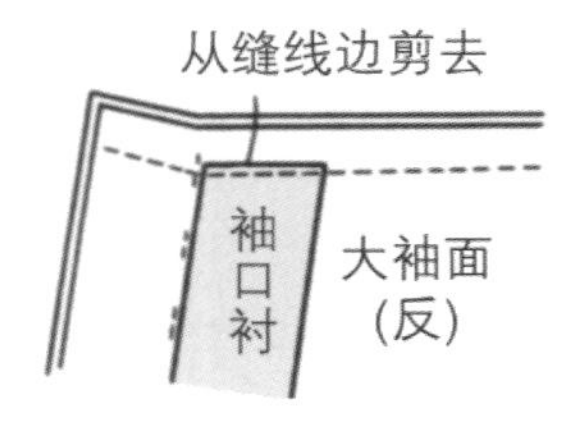

24-6 将袖口缝头暂缝固定，沿净印折进，暗缲缝于衬布上。

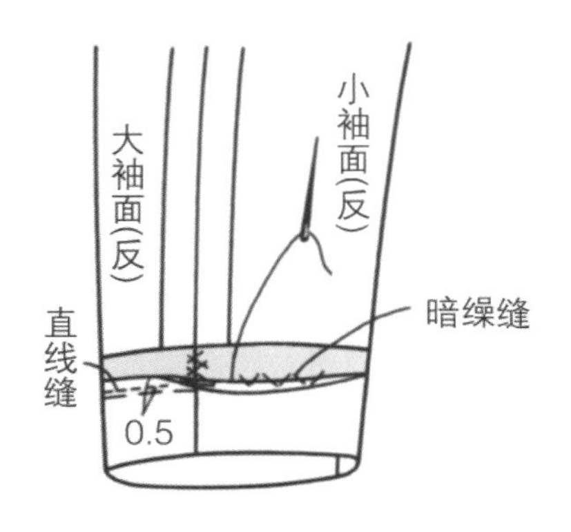

25 缝制袖里并和袖面一起固定

25-1 将大袖里和大袖面同样进行归拔，并和小袖里正面相对叠合，沿净印疏缝。留 0.5 cm 余折缝头缝合，缝头从疏缝位置倒向外袖。

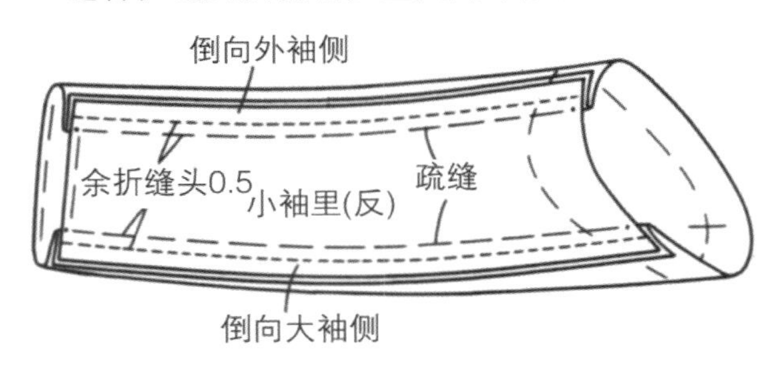

25-2 大袖面和小袖里正面相对叠合，袖口处留 7 ~ 8 cm，袖山处留 7 ~ 8 cm，中间将袖里在缝道边松松地疏缝固定。

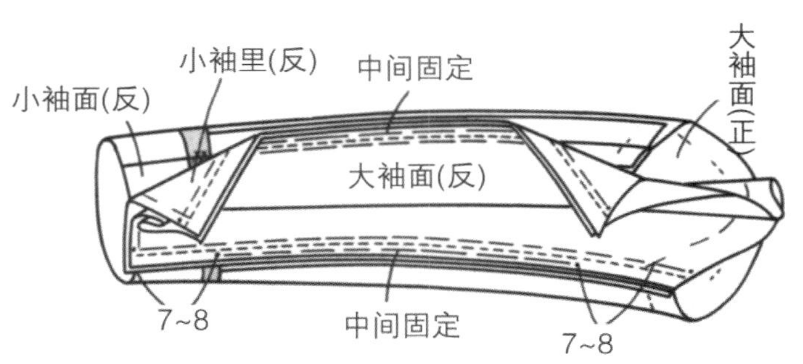

25-3 袖里翻至正面，袖口离开袖面 2.5 cm 纵缲缝。

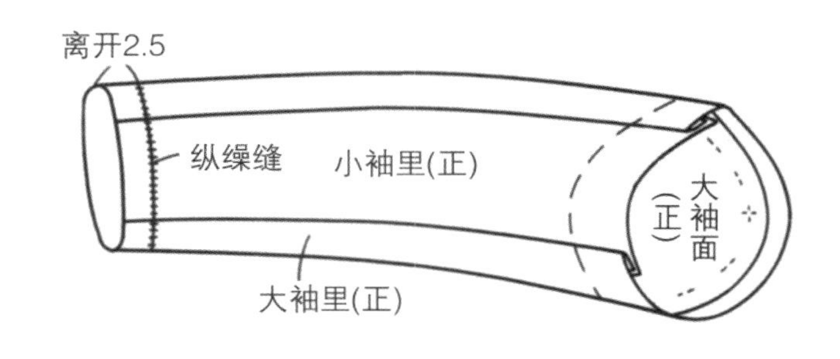

25-4 将袖面翻至正面，注意袖面和袖里平衡，在袖山净印往里 7 ~ 8 cm 处斜向疏缝。袖面袖山净印往外 0.2 cm 和再往外 0.3 cm 侧用双股线细密疏缝固定。

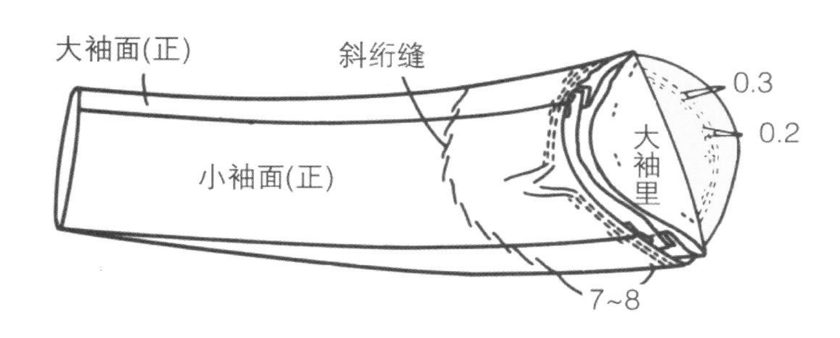

26 装袖面

26-1 抽拉袖山处疏缝线，并和熨斗整烫缩缝（参照夏乃尔套装第 22 页 18-2）。

26-2 衣片和袖面正面相对叠合，缝合。袖山缝头修剪至 1.5 修剪至 1 cm（参照夏乃尔套装第 22 页 19-1 ~ 9-3）。

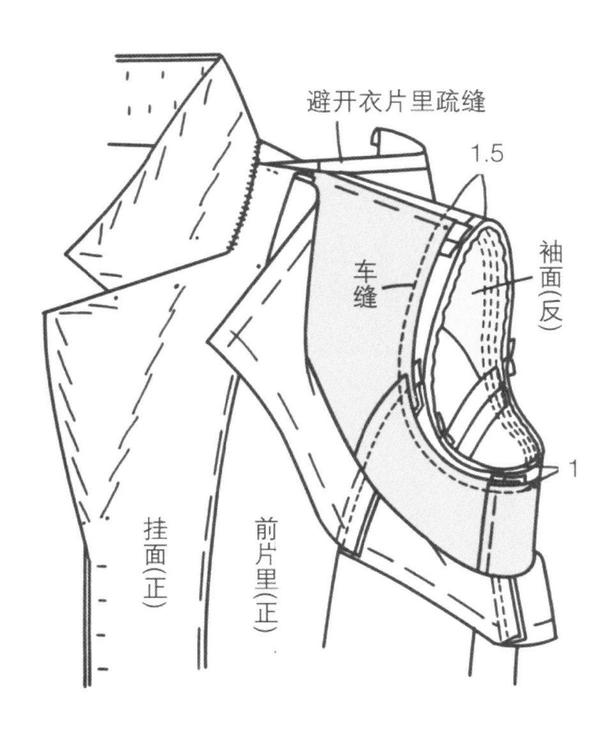

27 装垫肩

27-1 垫肩探出肩端点 1.5 cm 安装，用大头针固定（参照夏乃尔套装第 23 页 21-1）。

27-2 将垫肩固定在衬布上。

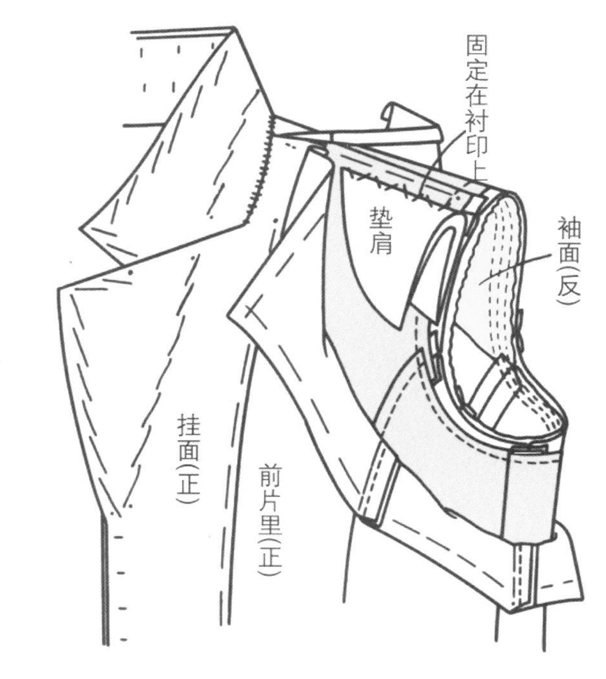

27-3 将垫肩用双股线松松固定在袖窿缝头上，领圈侧用三角针固定在衬布上。

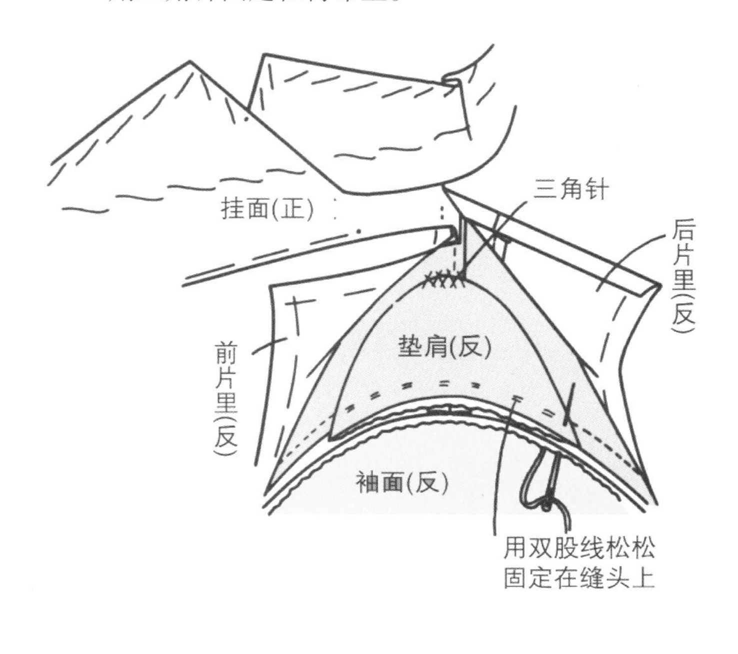

28 将衣片里子肩线纵缲缝固定

28-1 将前片里子肩线缝头固定在垫肩、前衬上。

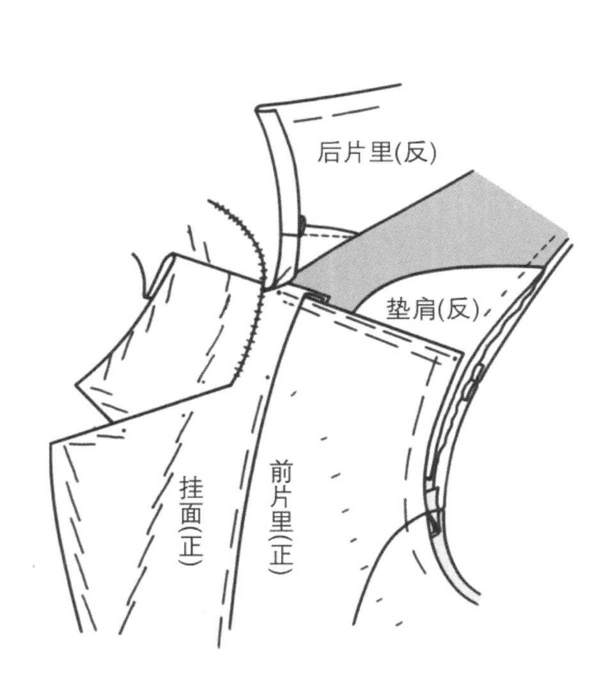

28-2 后片里子肩线缝头折进，并进行纵缲缝。

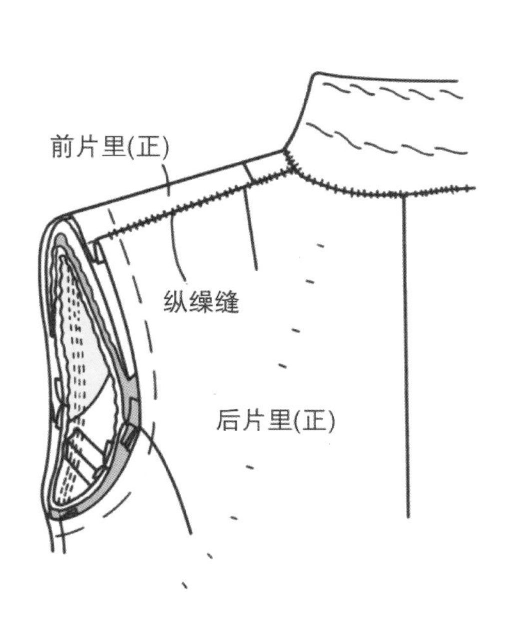

29 固定衣片里子袖窿

衣片面的装袖缝道外 0.3 cm 处将里子缝头固定。

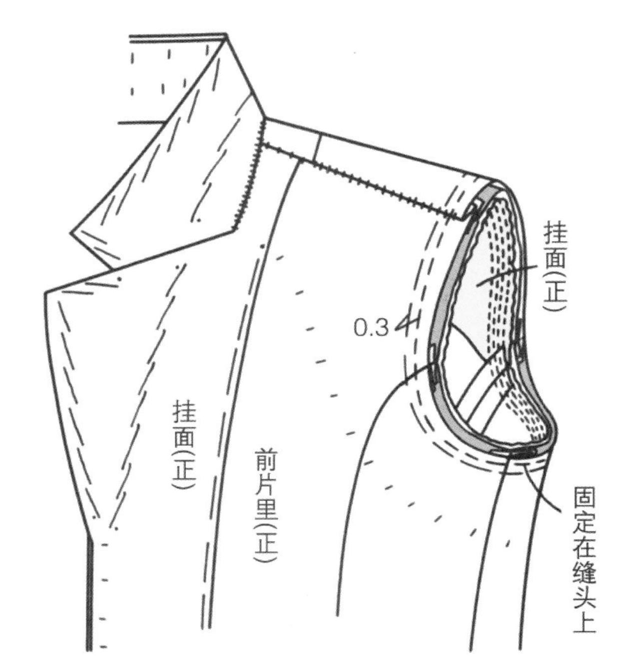

30 将袖里缲缝于衣片上

注意袖里袖底平衡，将袖子缩缝量打成细裥，并用大头针固定在装袖位置，进行缲缝。

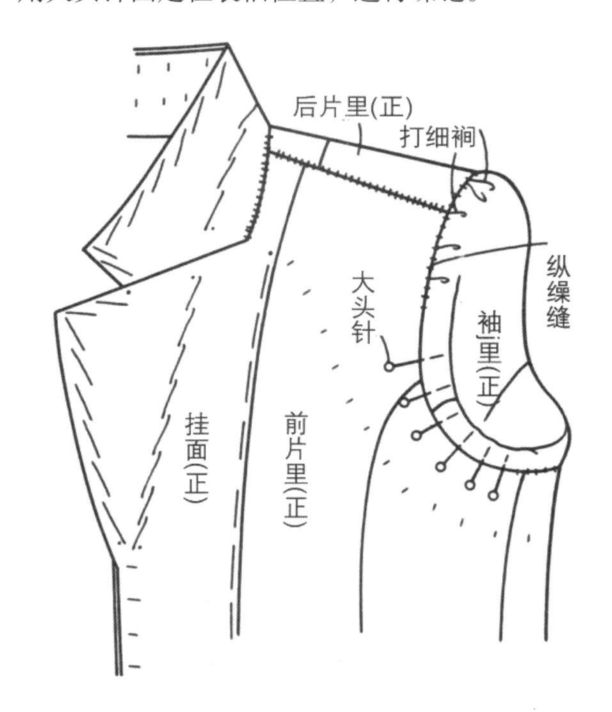

31 装挂衣袢

31–1 将里料按长 6 ~ 7 cm，宽 3 cm 裁剪，在宽度方向折四折后压缉缝。

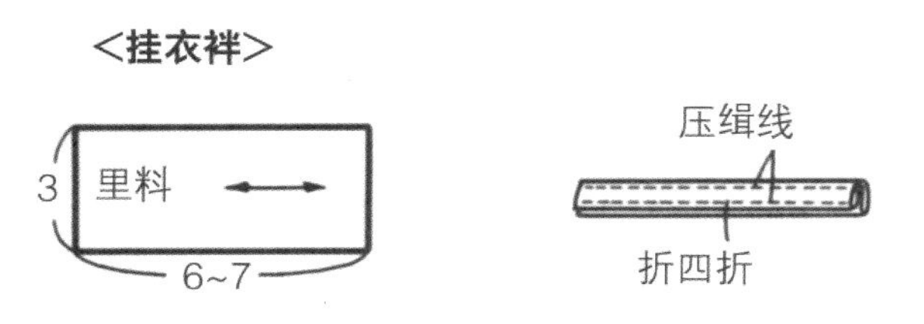

31–2 左右两端折进 0.5 cm，在装领线边山用倒回针固定在领里上，然后车缝。

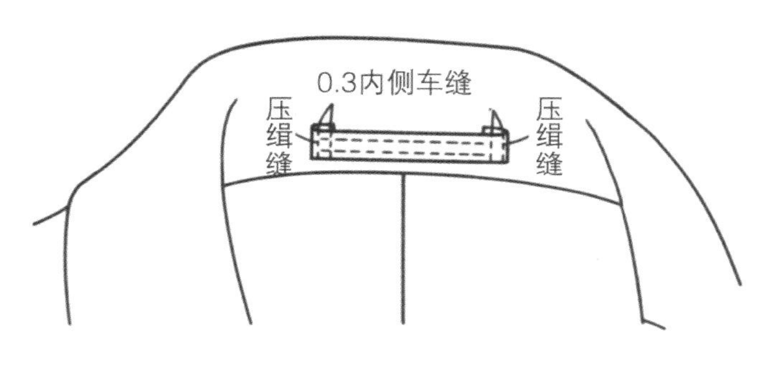

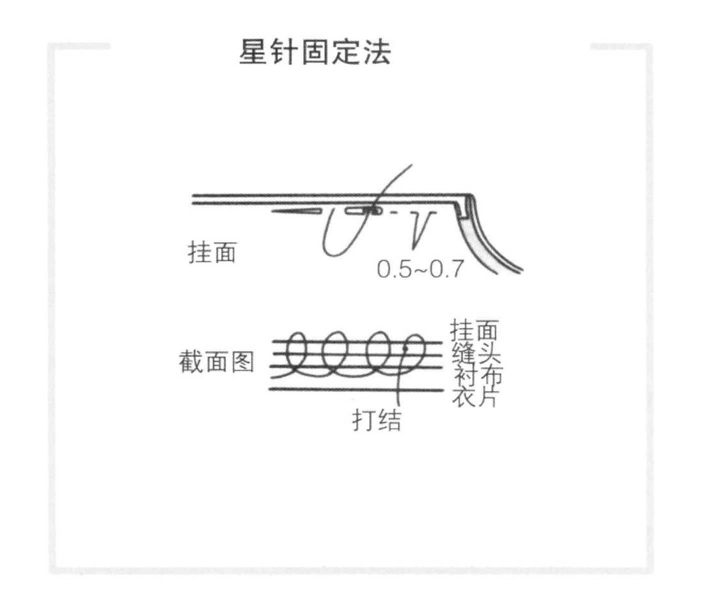

32 整烫

32–1 留出扣眼、钉扣位置，拆除所有的线钉线和疏缝线，用熨斗整烫。

32–2 从翻折点到挂面下端最里侧用星针固定。叠门止口往里 0.5 cm，以 0.5 cm 的间距，在挂面以上细密针脚缝制，为了在衣片正面不露针脚，挑起缝头和衬布布丝，一针一针倒回针固定。

32–3 在右衣片上锁圆头钮眼，左衣片上钉扣（参照第 249 ~ 252 页）。

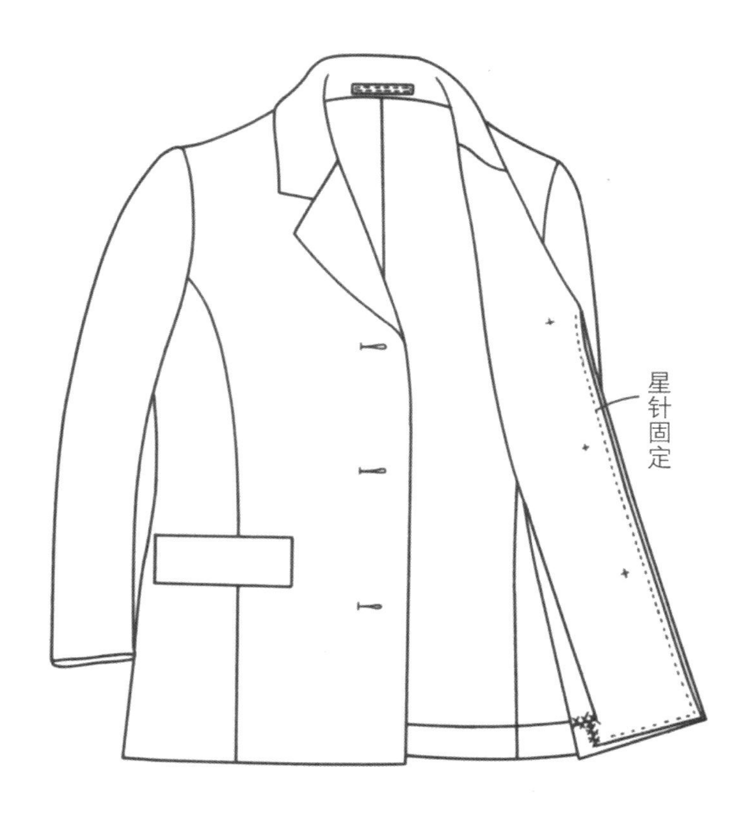

裙子缝制方法

1　裙片面子做省

1-1　在左侧拉链开口缝头侧贴斜条衬。缝合省道，缝头倒向中心。

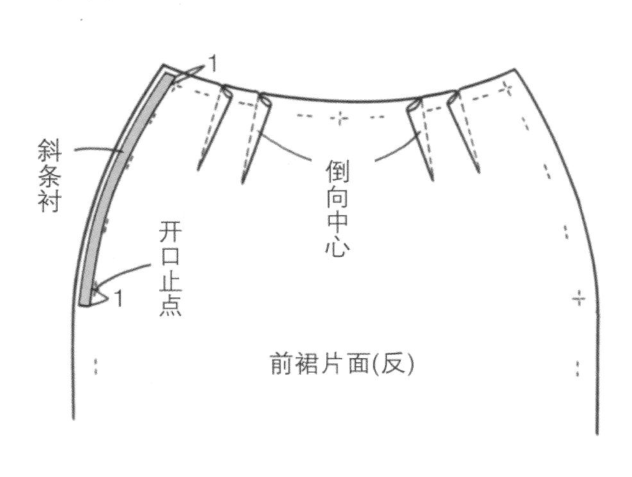

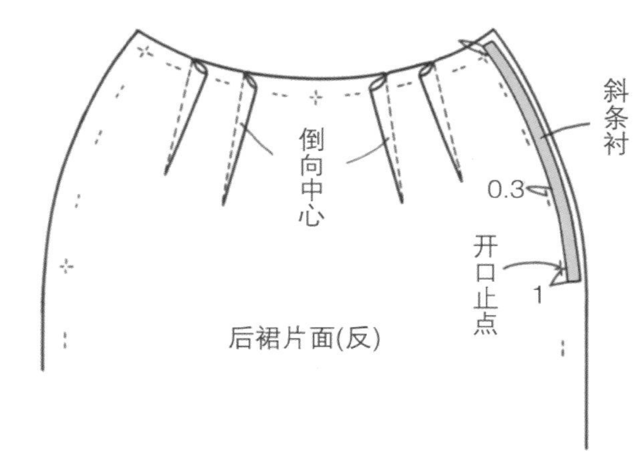

1-2　在腰口缝头上进行拱针，并整烫归缩（参照夏乃尔套装第 26 页 1-4）。

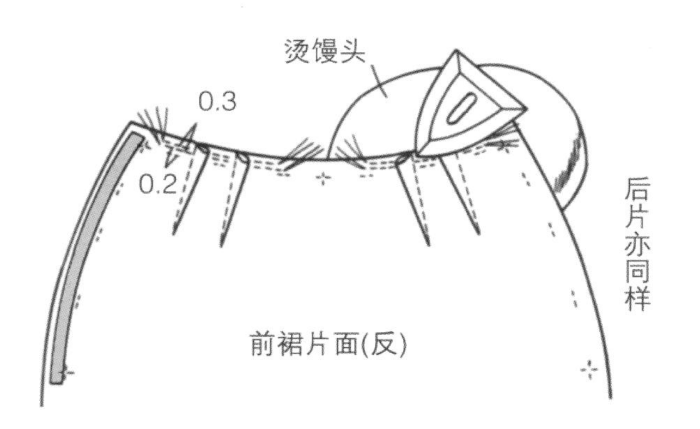

2　缝合裙片面子侧缝

2-1　裙片面子侧缝缝头从正面锁边。

2-2　面子前后裙片正面相对叠合，缝合侧缝。左侧留出拉链开口位置缝合，劈开缝头。

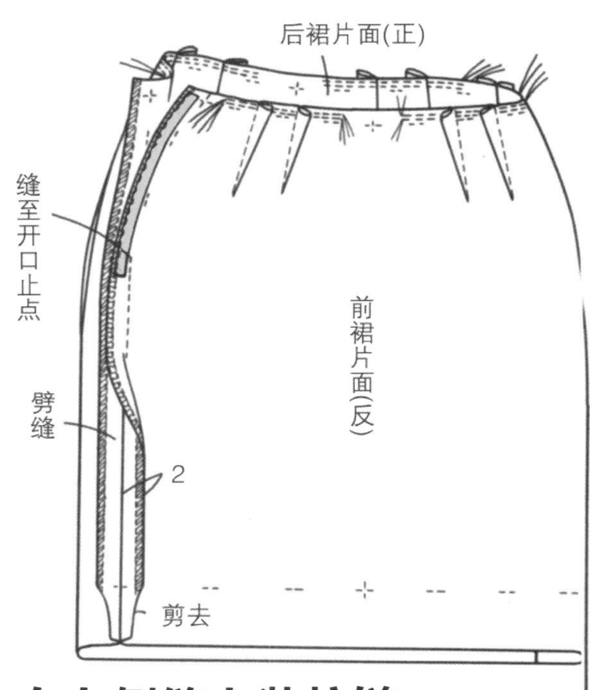

3　在左侧缝上装拉链

3-1　前裙片面子拉链开口处缝头沿净印折向里侧，后裙片面子拉链开口处缝头从净印外 0.3 cm 侧往里折进，到开口止点下 1 cm 为止，熨烫定型。

3-2　将拉链牙与面子后片折线对合，到开口止点下 1 cm 处为止缉明线。

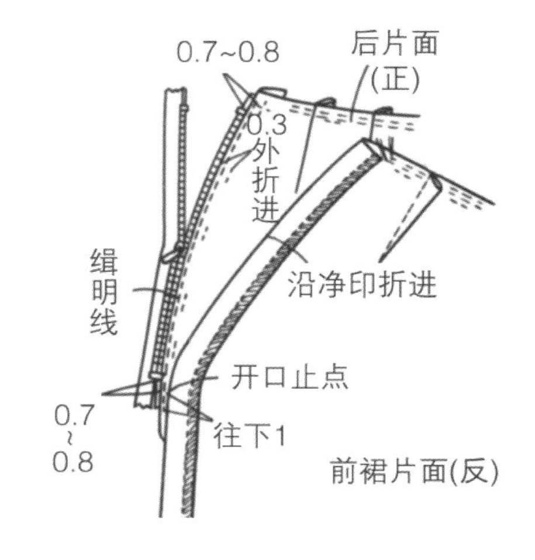

3-3　闭合拉链，将前裙片折线和后片净印对合，疏缝固定。离开折山 1 cm 宽处车缝。距离开口止点 0.5 ~ 0.8 cm 处，向着开口止点斜向缝合，并倒回针。

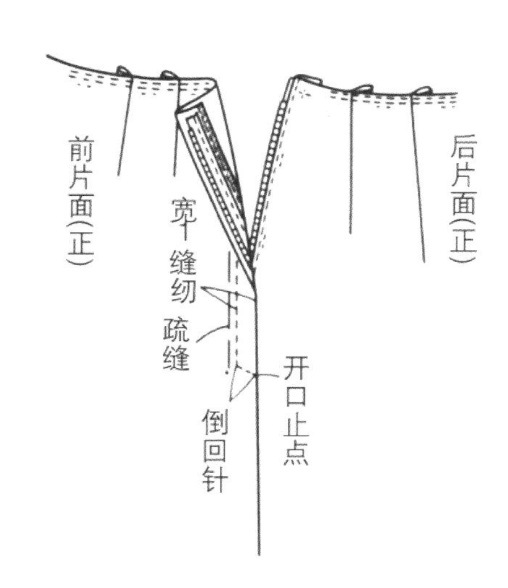

4　做、装里子

4-1　省道里子和裙片面子同样缝合，缝头倒向侧缝

4-2　前后片里子正面相对叠合，沿侧缝净印疏缝，留 0.5 cm 余折缝头车缝。左侧缝是从拉链开口止点下 1 ~ 1.5 cm 处开始缝制。缝头从疏缝位置倒向前片。

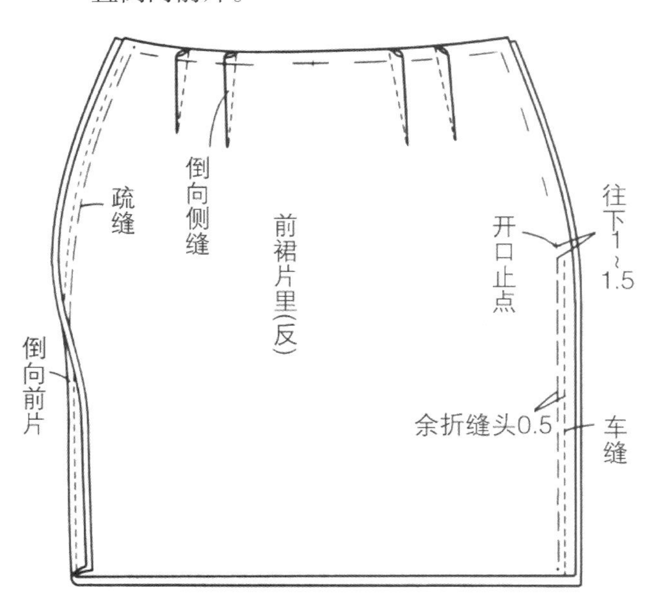

4-3　裙片面、里正面相对叠合，腰口缝头疏缝固定。开口处缝头为防止挂住拉链牙，稍稍退进一点折进，缲缝于拉链基布上。0.5 cm 内侧星针固定（参照第 29 页）。

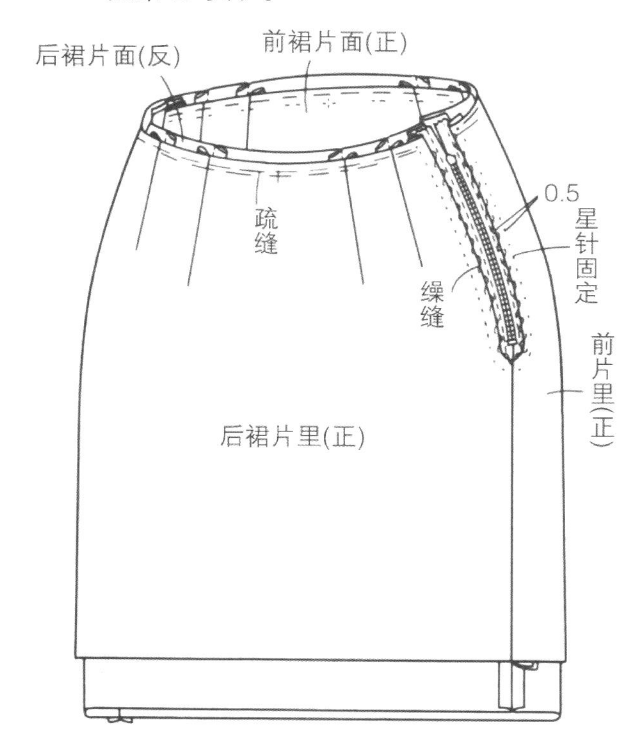

5　做、装腰头

5-1　将腰头衬缉缝固定在腰头布上，重新在腰头正面做标记（参照第 54 页 V 型开襟套装 6-2）。

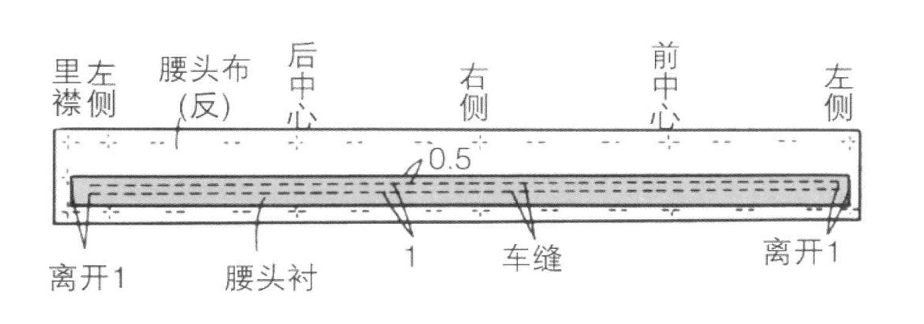

5-2　裙片面子和腰头布正面相对，对合吻合点，并缝合。

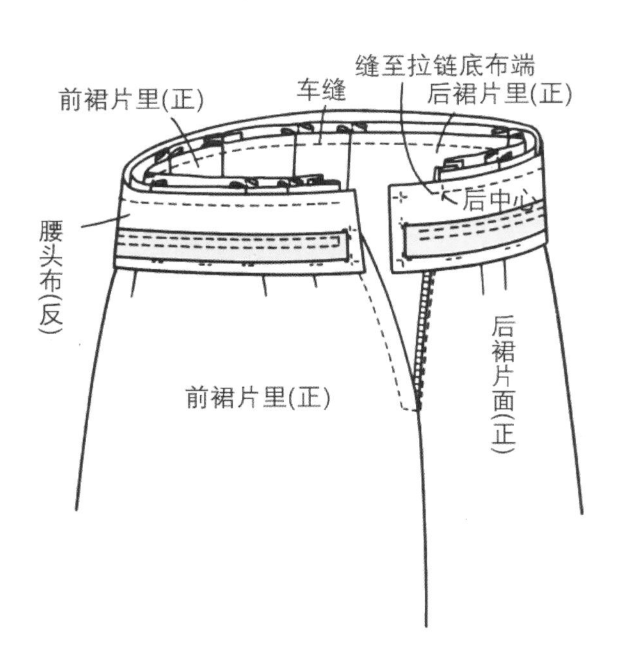

5-3　裙片腰口缝头修剪至 0.7 cm，腰头布缝头修剪至 1 cm。将腰头布正面相对对折，两端在腰头衬厚份外缝合。

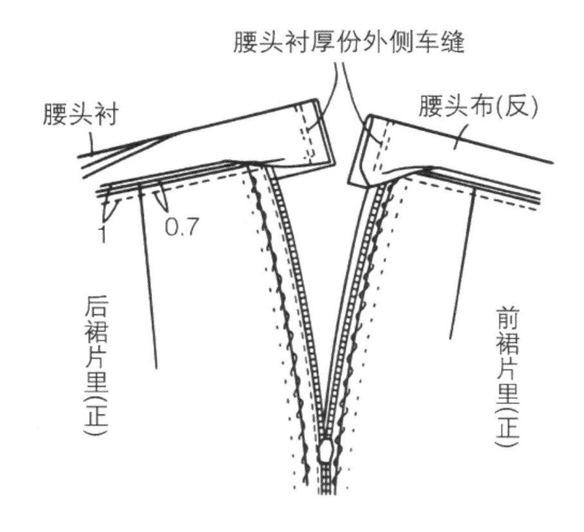

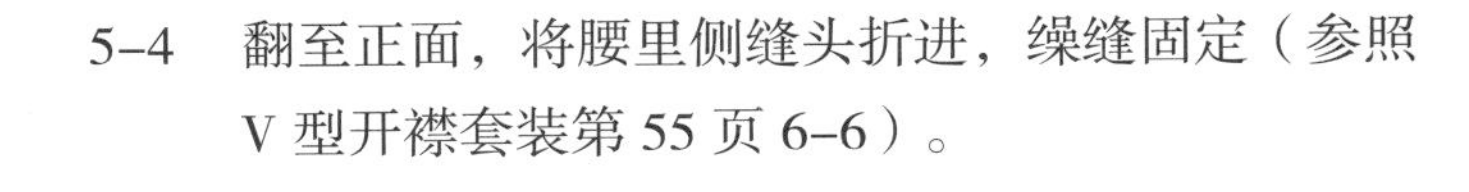

5-4　翻至正面，将腰里侧缝头折进，缲缝固定（参照 V 型开襟套装第 55 页 6-6）。

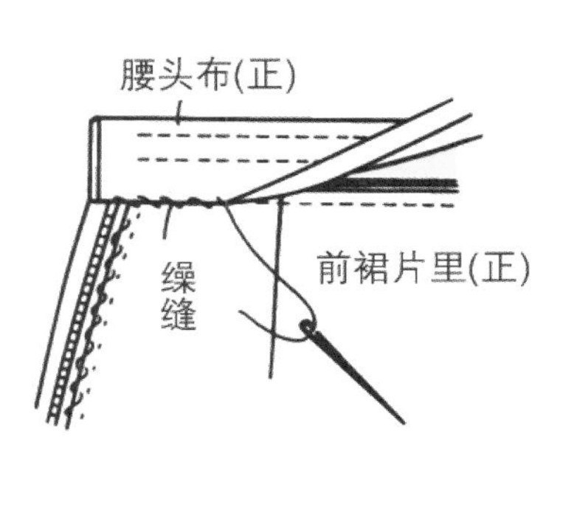

6　面下摆处理

下摆缝头从正面锁边。沿净印折进，疏缝后暗缲缝固定。

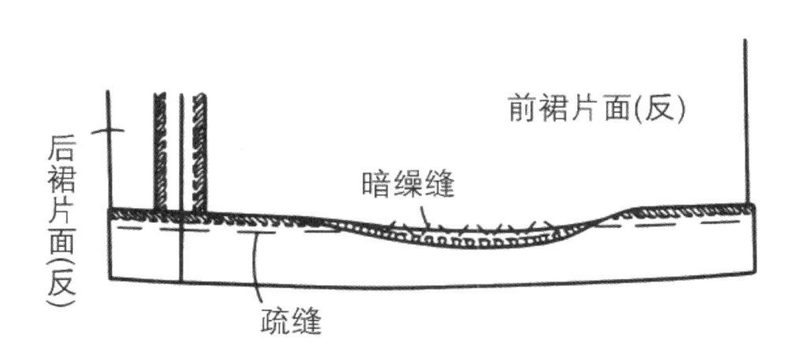

7 下摆里子处理

7–1 下摆里子离开面底摆 2.5 ~ 3 cm 折三折，压缉缝。

7–2 面、里下摆在侧缝位置用线袢固定（参照第 253 页）。

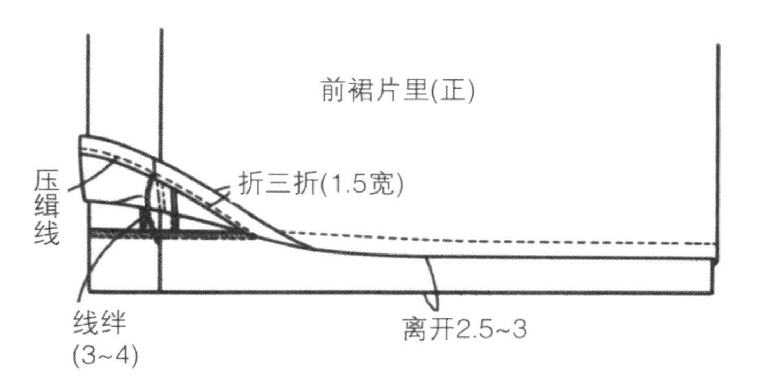

8 钉钩袢

8–1 在上片腰头里侧钉钩。正面不露针脚，因此缝针只刺到衬布为止。

8–2 闭合拉链，注意和钩的平衡，在里襟上钉袢，缝针穿透腰头。

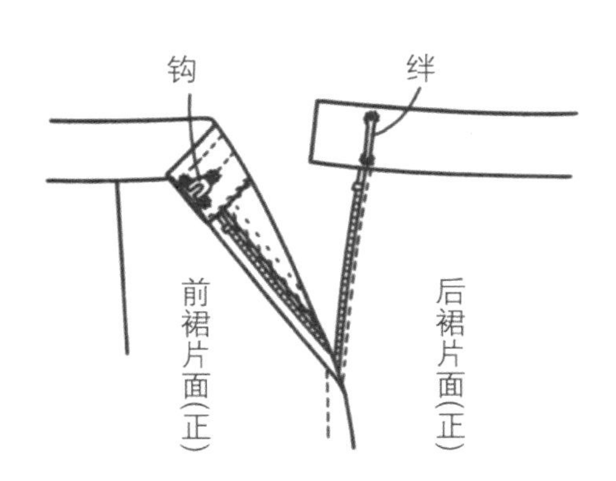

贴黏合衬的情况

袖子因为要做袖开衩，图示方法裁剪。

用料

面料・里料参照第 94 页。

黏合衬　门幅 90 cm，1.6 m

附件

（钮扣、垫肩、拉链、钩扣、腰头衬参照 94 页）

袖开衩钮扣（直径 1.5）　4 粒

黏合带（斜条）　1.2 cm 宽，2 m

（直牵条）　1 cm 宽，0.8 m

运用做衬情况的袖子纸样（参照第 95 页），说明袖口开衩的制作方法。

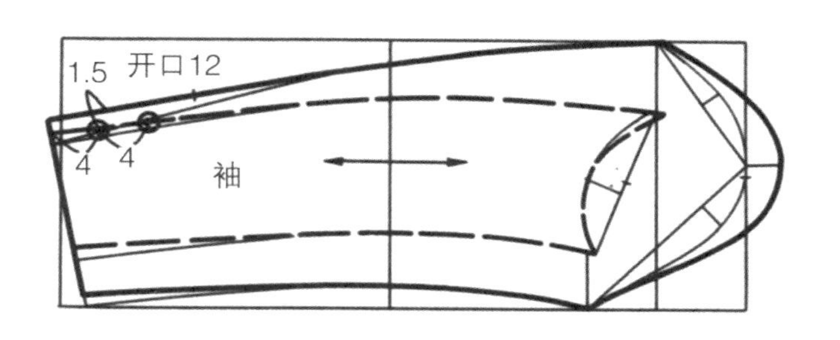

反面完成图

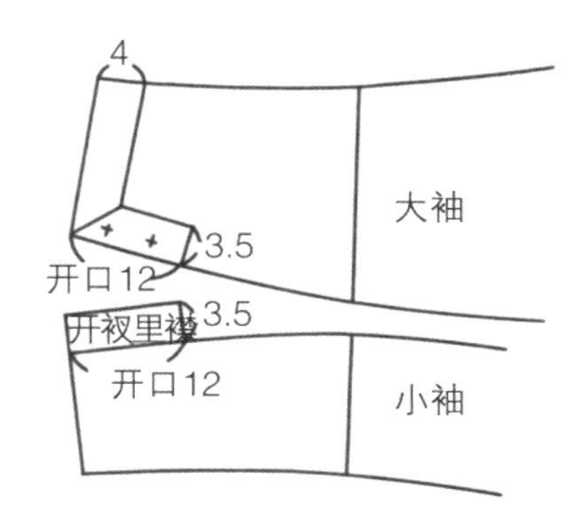

大袖口开衩缝头做成框形，钉上钮扣。小袖装里襟。

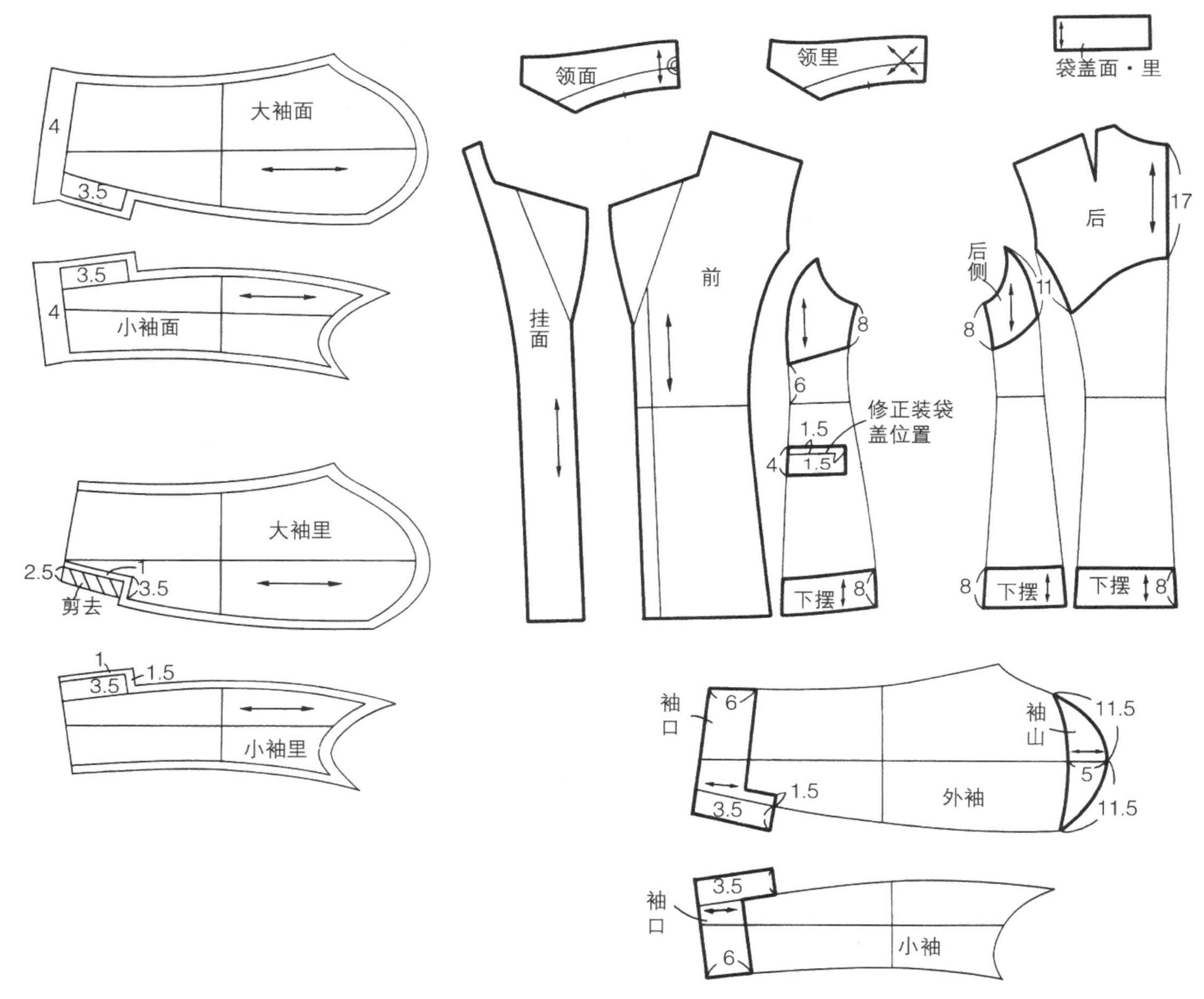

黏合衬裁剪图

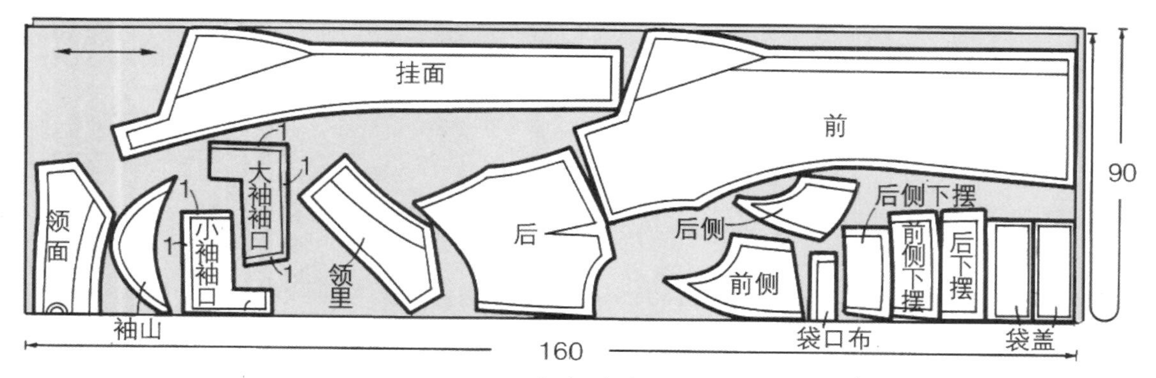

★黏合衬的丝缕、缝头和面料相同。

上衣缝制方法

正式缝制

1　贴黏合衬和贴合带

贴黏合衬，做标记。为防止伸长，在缝头净印外0.2 cm处贴贴合带，离开翻折线1 cm处衣片上也贴黏合带。

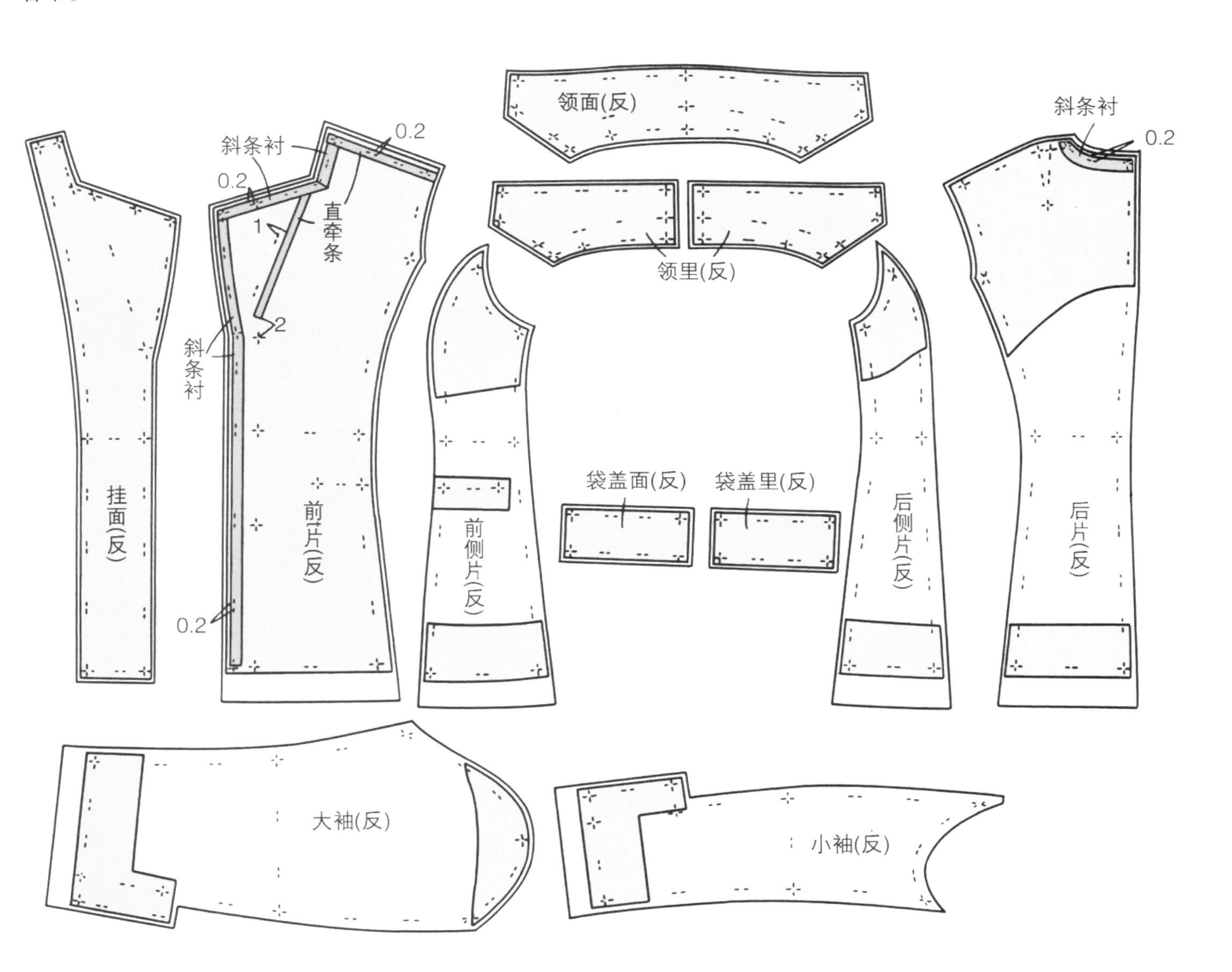

2　面子前后衣片缝制

参照第101页4～5。

3　做有袋盖口袋

参照第 103 ~ 106 页 8。

4　缝制后衣片里子

参照第 106 页 9。

5　缝制前衣片里子、装挂面

参照第 106 页 10。

6　固定衣片里子肩线

6–1　检查里子肩线、装袖线、侧缝线和衣片面净印标记是否相符，如有出入，按衣片面子作修正（使用竹刀、复写纸、点线器等做标记）。

6–2　将前片里子肩线放在烫馒头上，注意后片肩线平衡，折进缝头，然后疏缝固定在前片肩缝上。

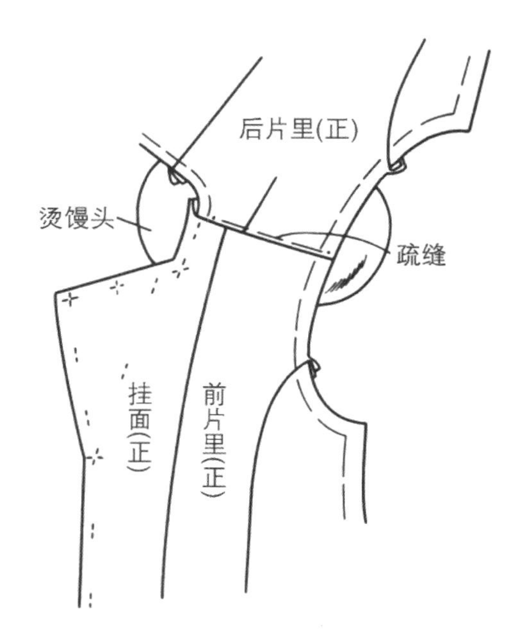

7　缝合衣片面子肩线

前、后衣片面正面相对叠合，缝合肩线，劈开缝头。

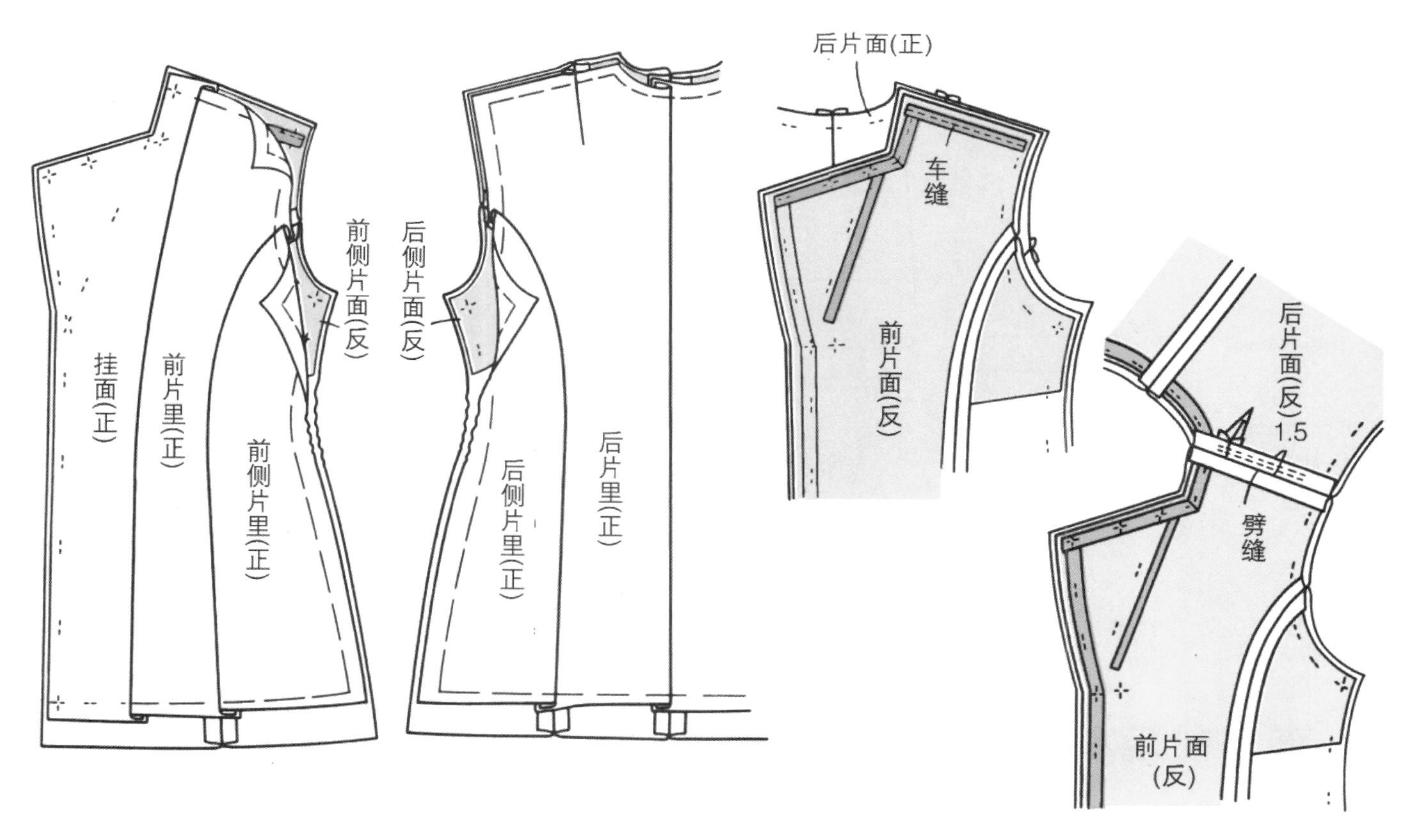

8 做领里

8-1 左右领里正面相对叠合，缝合后中心线，修剪缝头至 0.5 cm，劈缝。在翻折线上缉线。

8-2 检查领里外围线（参照第 112 页 21-5）。

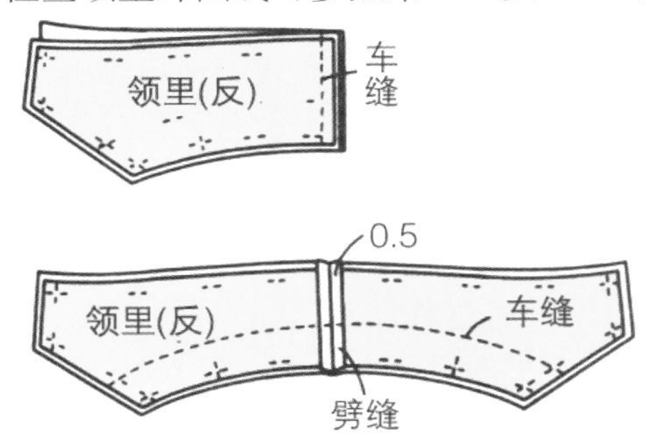

9 检查领面、领里平衡

参照西服套装第 113 页 22-1 ~ 22-5。

10 合衣片面子和领里

10-1 衣片面子和领里正面相对叠合，从装领止点缝至装领转角处。

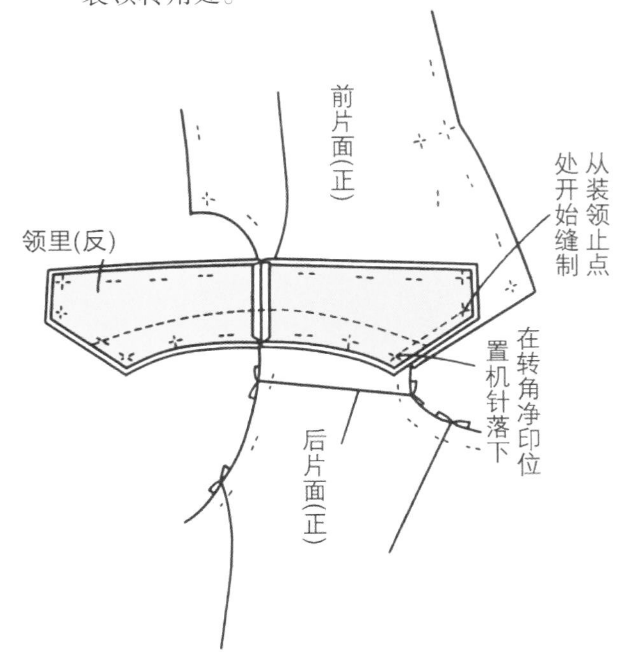

10-2 机针落下，压脚抬起，在衣片缝头剪刀口。

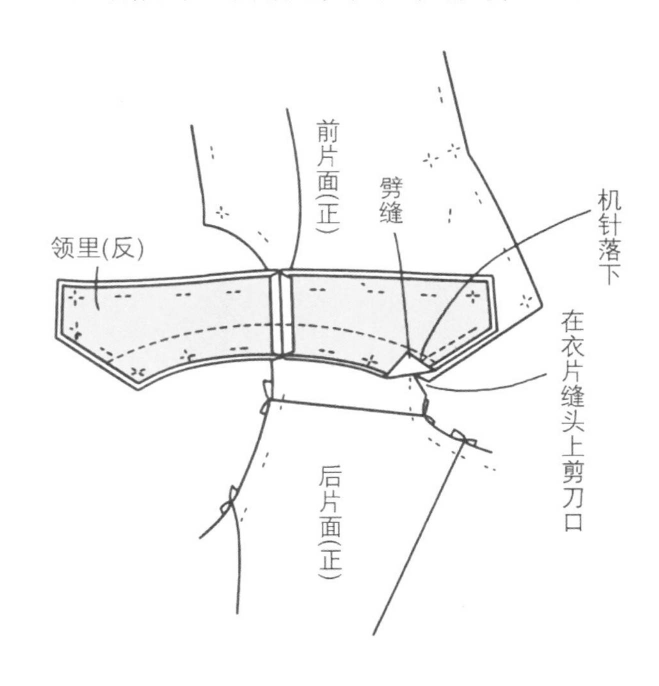

10-3 继 10-2，将前、后衣片面子装领线缝合，并缝至领里另一侧装领线转角处，机针落下，压脚抬起，在衣片缝头上剪刀口。

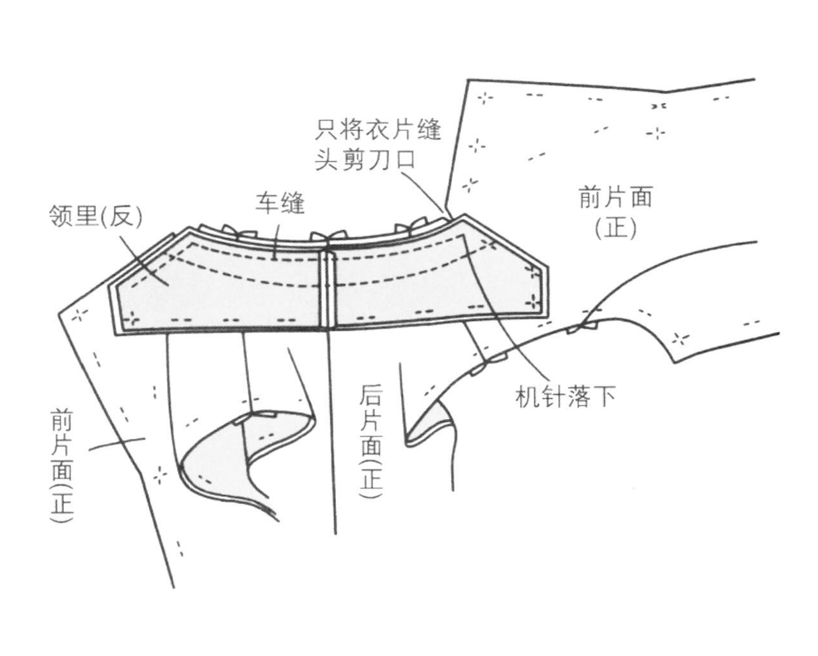

10–4 继 10–3 缝至装领止点

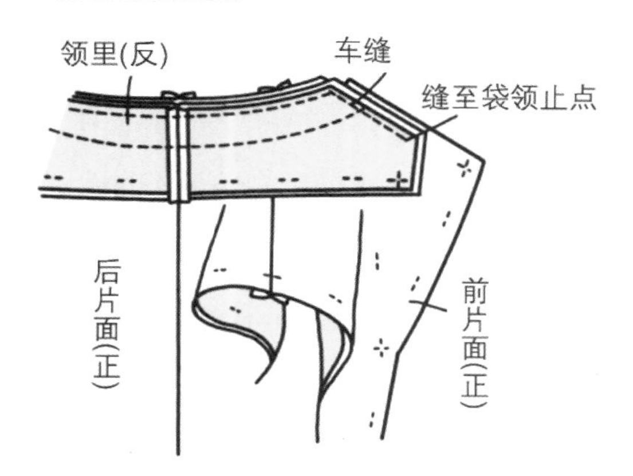

10–5 修剪装领缝头至 1 cm 宽，在后片面装领线缝头上剪刀口，劈开缝头。

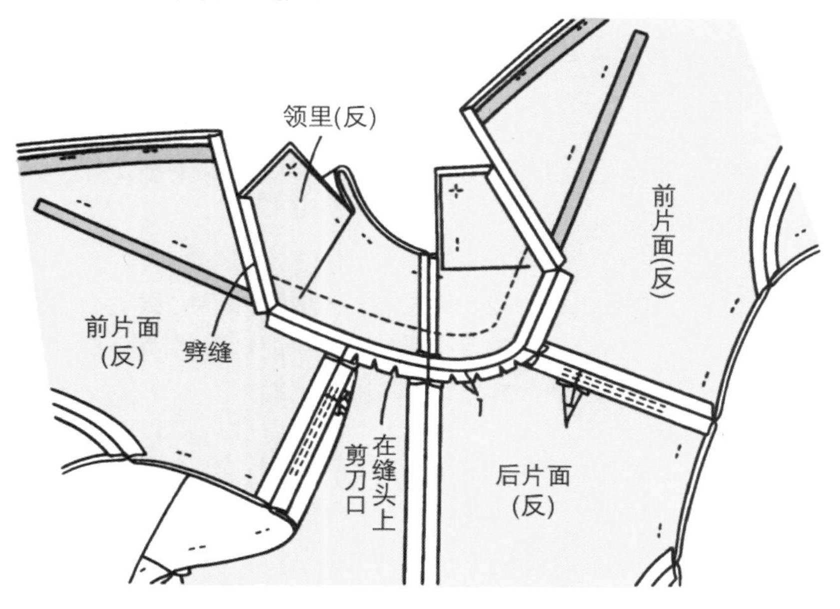

11 缝合挂面和领面

同 10 一样缝合挂面和领面。

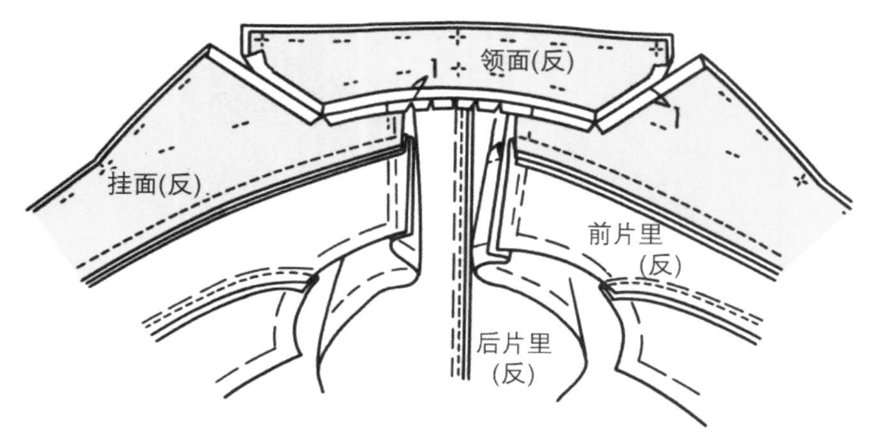

12 缝合衣片面子和挂面、领面和领里

12–1 前衣片面子和挂面正面相对叠合，以①～⑥的顺序将四片一起固定。

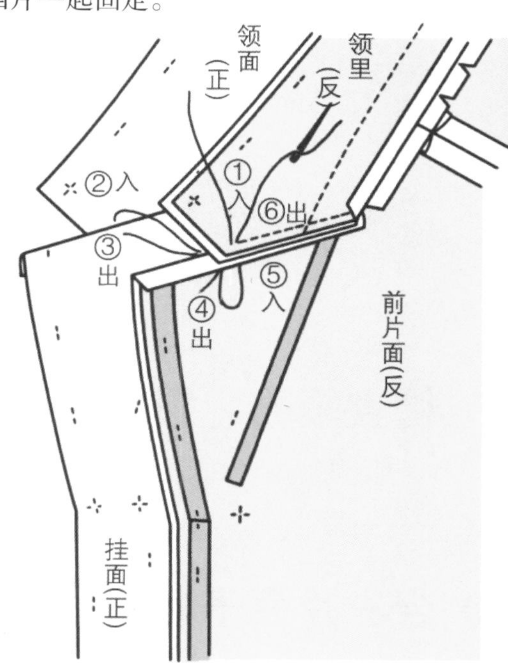

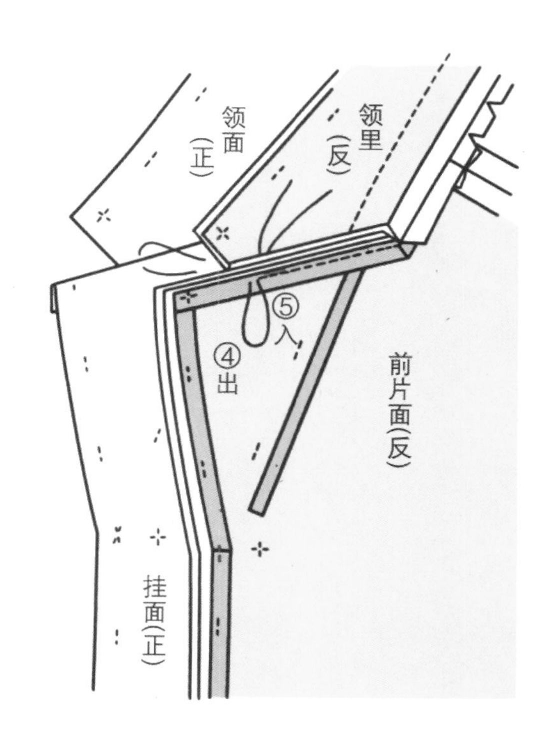

12-2 将翻折点以上的衣片、领里在净印内 0.1 cm 处，挂面、领面在净印外 0.1 cm 处叠合，翻折线以下衣片在净印外 0.1 cm 处，挂面在净印内 0.1 cm 处叠合疏缝固定。

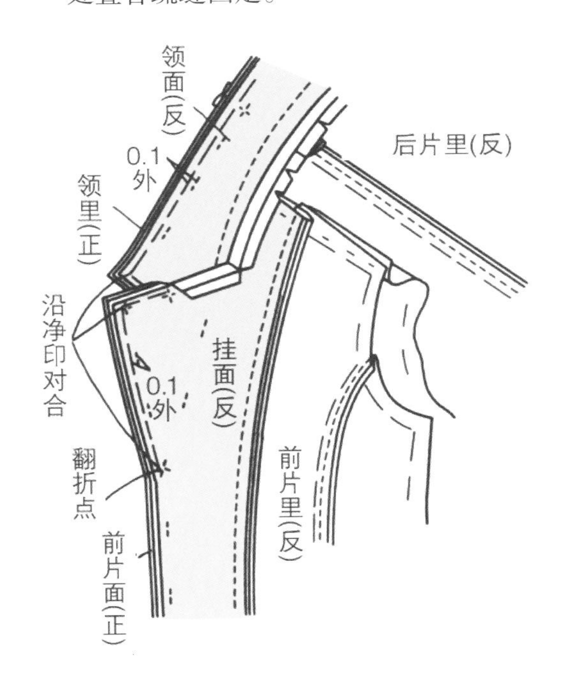

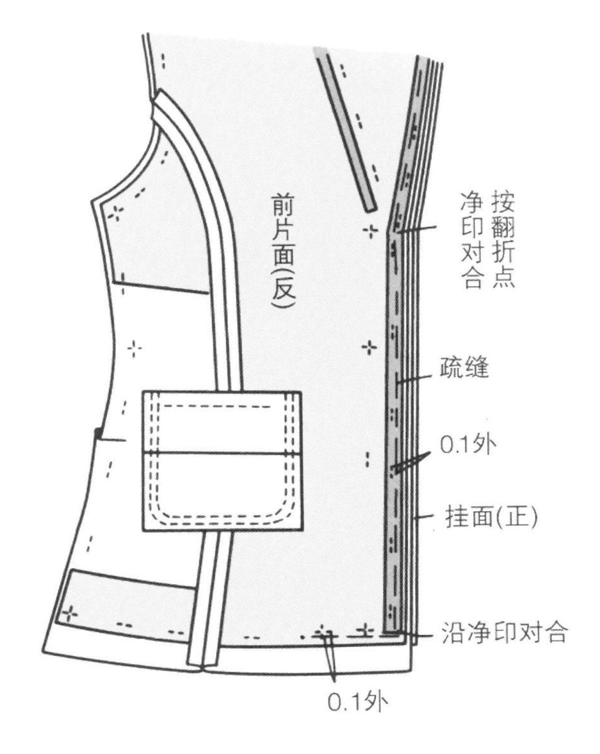

12-3 衣片从挂面下摆裁边端开始，经叠门、驳领，一直缝至装领止点。掀起衣片和领子缝头，在领子外围线上，从一侧装领止点（四片一起固定的位置）缝至另一侧装领止点。修剪缝头，衣片、挂面缝头各修剪至 0.6 cm、0.4 cm，领面、领里缝头各修剪至 0.4 cm、0.6 cm，并将缝头在缝道边烫折。

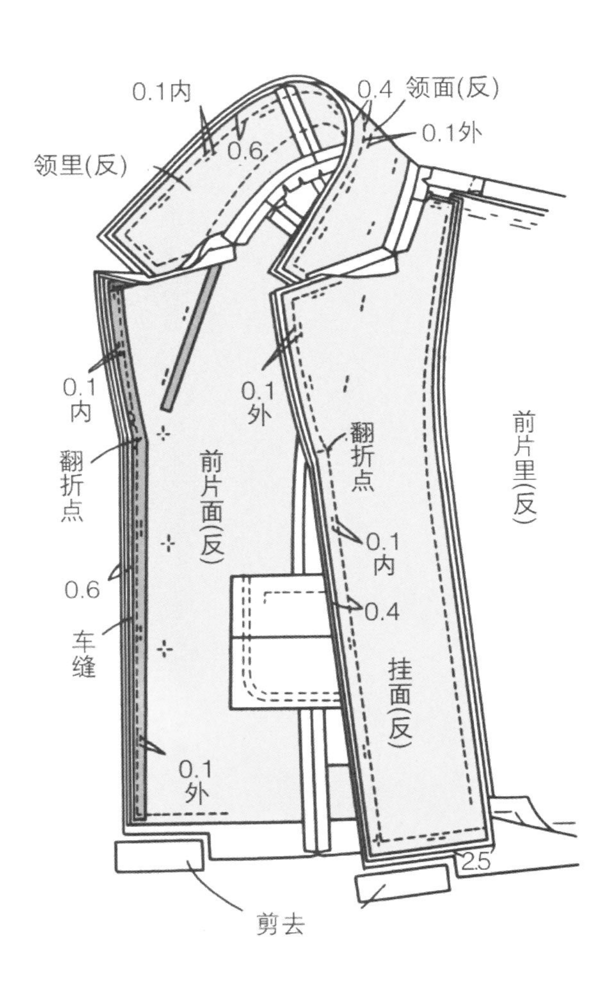

12-4 领面、挂面翻至正面，翻折点以上衣片和领里退进一点熨烫、翻折点以下挂面退进一点熨烫，在装领线缝道附近疏缝固定。

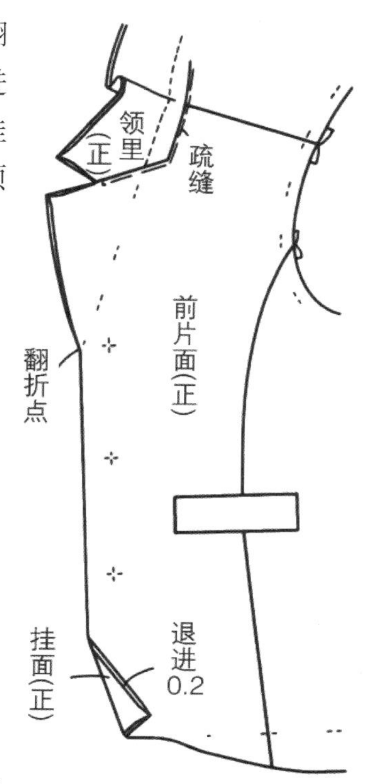
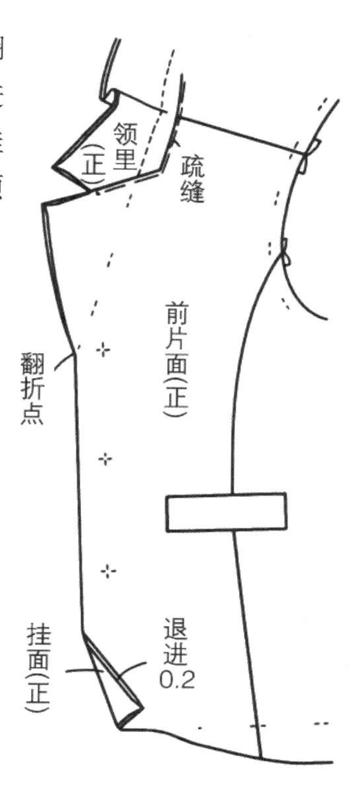

12-5 翻起挂面、后衣片里子，将装领线缝头在两侧装领止点间固定。

后片面

后片里(反)

中间固定

前片面(反)

挂面(反)

前侧片里(反)

12-6 翻至正面，为使领外围不产生座势，在外围线内侧 1 cm 处斜绗缝（参照第 16 页）固定。驳领在挂面侧，叠门在衣片侧疏缝。领子在正面疏缝，翻折线从驳领一直疏缝到翻领。

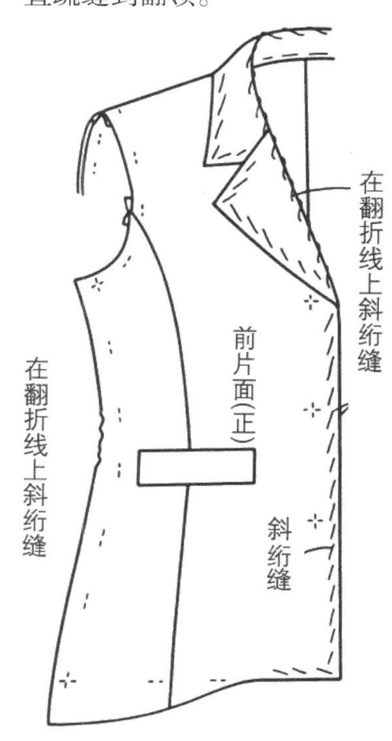

12-7 驳领翻折着，并将其正面朝下放置，在挂面里侧缝道边上进行放置式绗缝，缝针穿透正面。

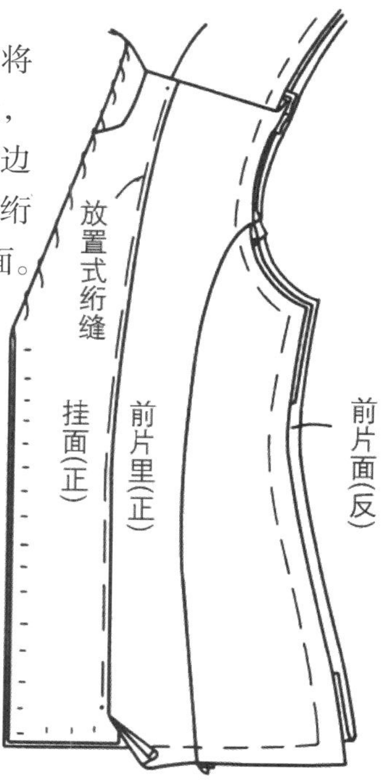

★放置式绗缝将布放在平台上，一手压着面料，另一手握针，一针一针挑起缝制。

13 缝合衣片面子侧缝

参照第 109 页 12。

14 缝合衣片里子侧缝并固定

参照第 109 页 14。

15 衣片面下摆处理

参照夏乃尔套装第 17 页 10-1 ～ 10-3。

16 衣片里子疏缝固定

前后衣片从装领线侧向着装袖线下，在正面斜绗缝固定，缝针穿透反面。

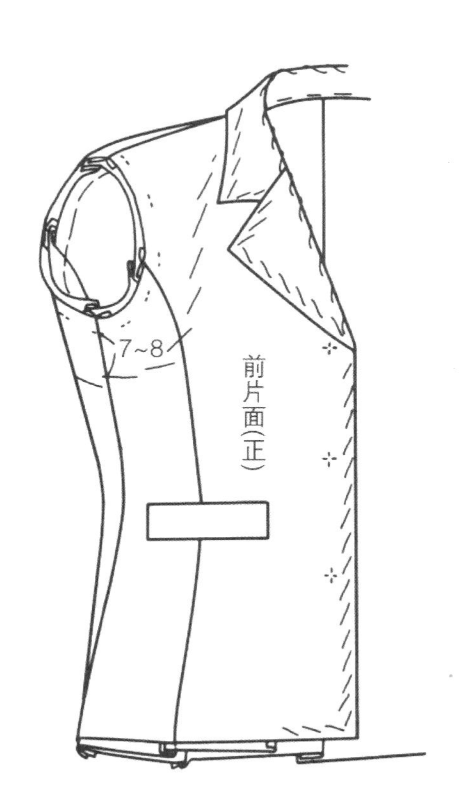

17 做袖面

17-1 大袖面归拔处理。袖肘处做出缩缝，袖底线两片一起拔伸，图折转，观察其外形。

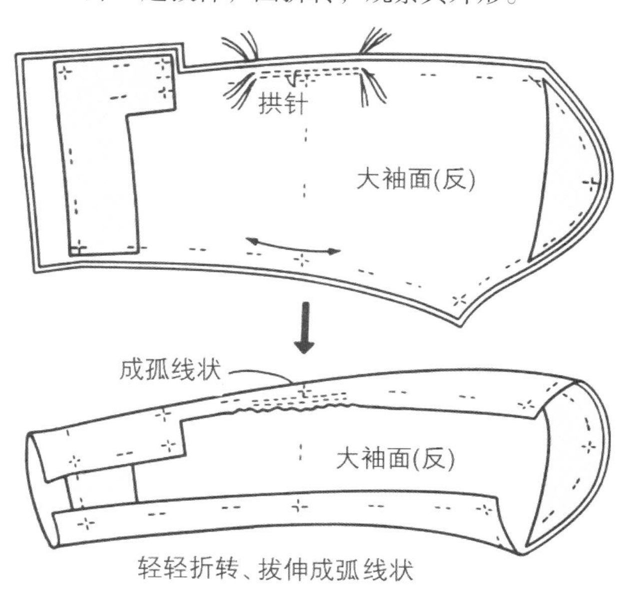

17-2 大袖面和小袖面正面相对叠合，缝合袖底线，劈开缝头。

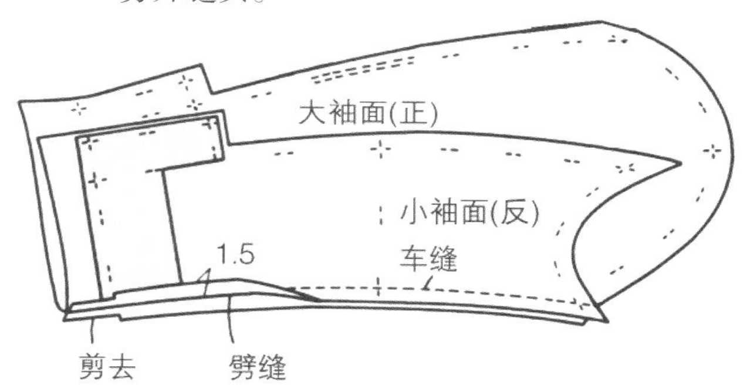

17-3 折进袖口折边，做大袖面净印标记。

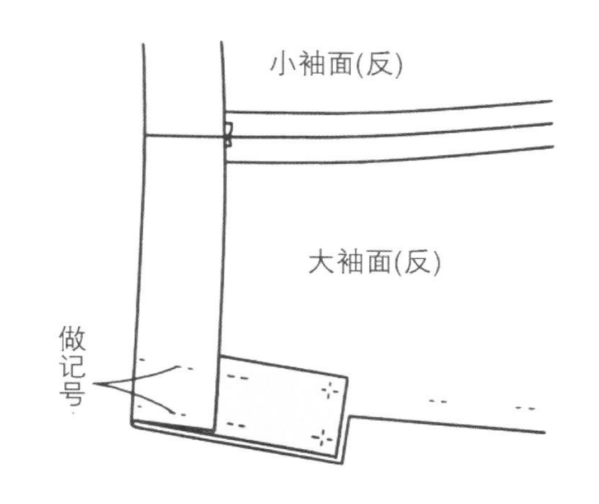

17-4 为了将大袖口转角缝头做成框形，图做标记。

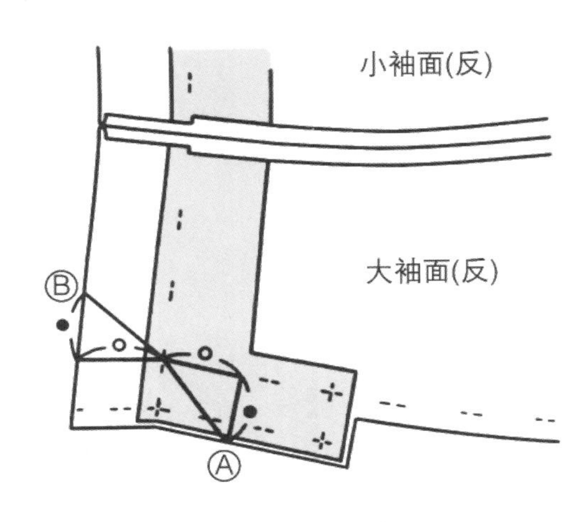

17-5 在转角处将大袖面正面相对折叠，对准 A 和 B 缝合，修剪缝头，并劈缝。小袖面里襟端也正面相对缝合，翻至正面。

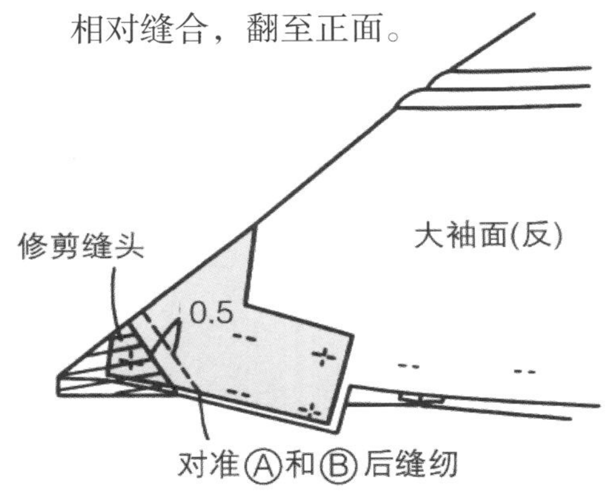

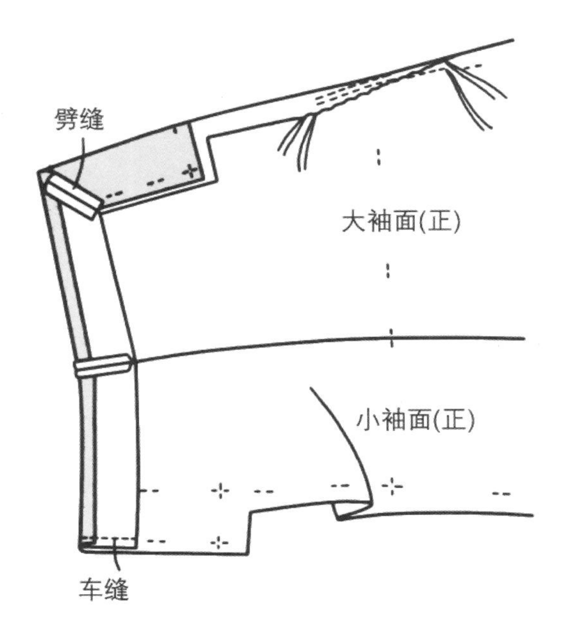

17-6 大袖面和袖里正面相对叠合，缝合袖肘侧缝线到开衩止点，再一直缝至里襟净印为止。

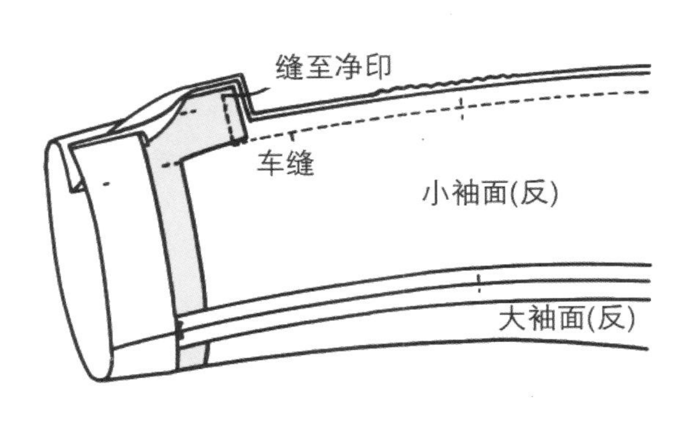

17-7 开衩止点处小袖一侧缝头剪刀口，袖肘侧缝头劈缝。袖口折边暗缲缝。

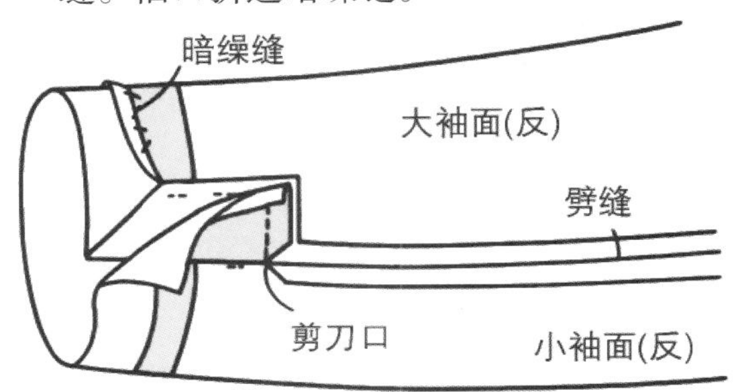

18 做袖里

对袖里的肘侧进行归缩，除袖口开衩部分外沿净印疏缝，留 0.3 cm 余折缝头后缝合肘侧缝线。缝头从疏缝位置倒向大袖。

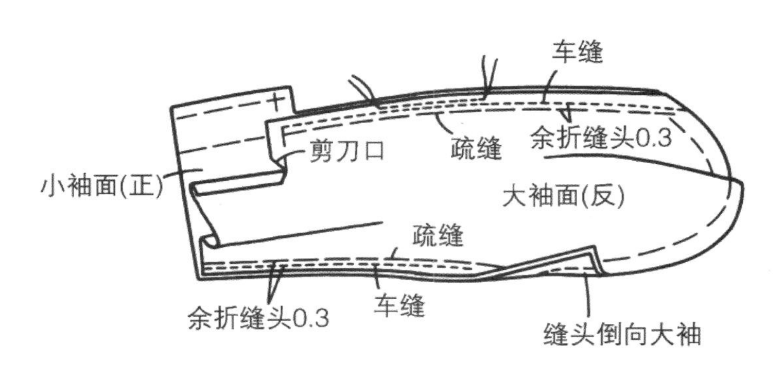

19 缝合袖面和袖里

19-1 袖面和袖里的小袖正面对合，图将它们松松固定。

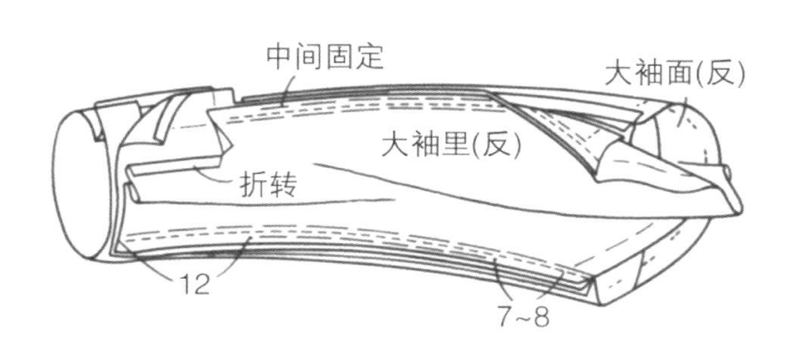

19-2 注意袖面、里平衡，沿着袖山弧线，从净印往里 7 ～ 8 cm 处斜绗缝固定。

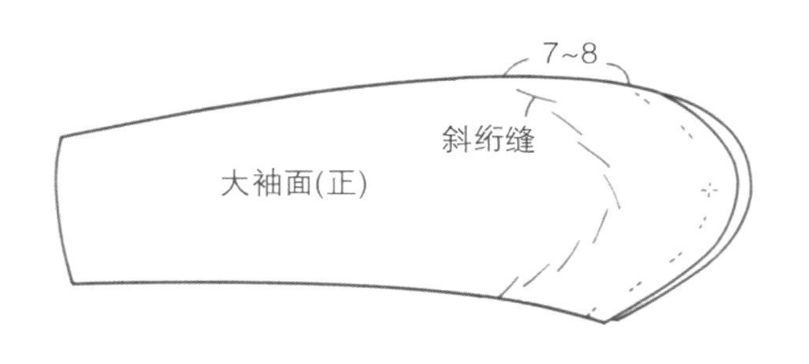

19-3 袖里袖口离开袖面袖口 2.5 cm 折进，开衩部分也图折叠并用纵缲缝固定。

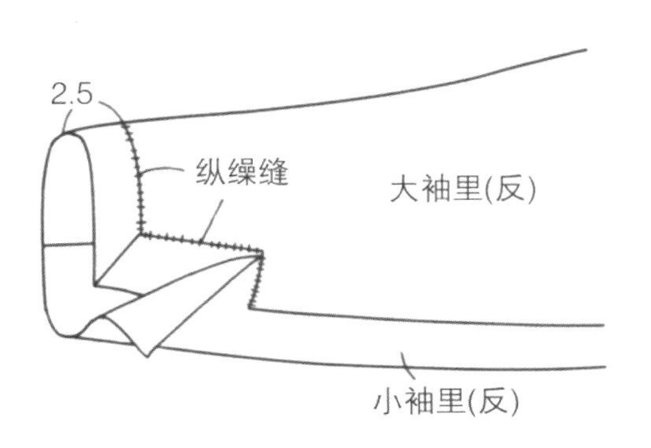

19-4 在大袖侧开衩处锁平圆头钮眼（参照第 234 页），在下侧里襟上钉钮扣（参照第 251 页）。

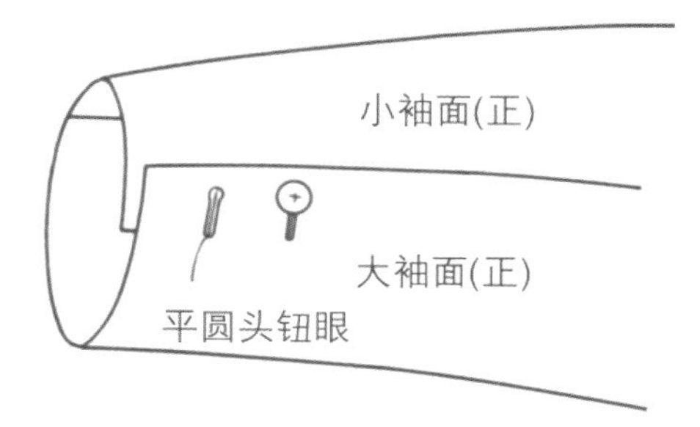

20 抽袖山

参照夏乃尔套装第 22 页 18。

21 装袖面

参照夏乃尔套装第 22 页 19。

22 装垫肩

参照夏乃尔套装第 23、24 页 21。

23 缲缝衣片里子肩线

参照第 118 页 29。

24 固定衣片里子袖窿

参照第 118 页 29。

25 缲缝袖里于衣片上

参照第 118 页 30。

26 整烫

参照第 119 页 32。

三开身西服套装

由男装化西服外套和紧身裙组合而成。在此说明成衣制作方法。

用料

面料　门幅 150 cm，2.1 m

里料　门幅 90 cm，3 m

黏合衬　门幅 90 cm，1.4 m

附件

钮扣（直径 2 cm）　3 粒

（直径 1.5 cm）　4 粒

垫肩（厚度 1 cm）　1 副

袖山衬条　1 副

黏合带（直牵条）　1 cm 宽，1.4 m

（斜条衬）　1.2 cm 宽，2 m

袖窿黏合带　1.5 cm 宽 0.6 m

拉链（比开口尺寸短 1.5 cm）　1 根

裤钩袢　1 副

腰头黏合衬　3 cm 宽，0.7 m

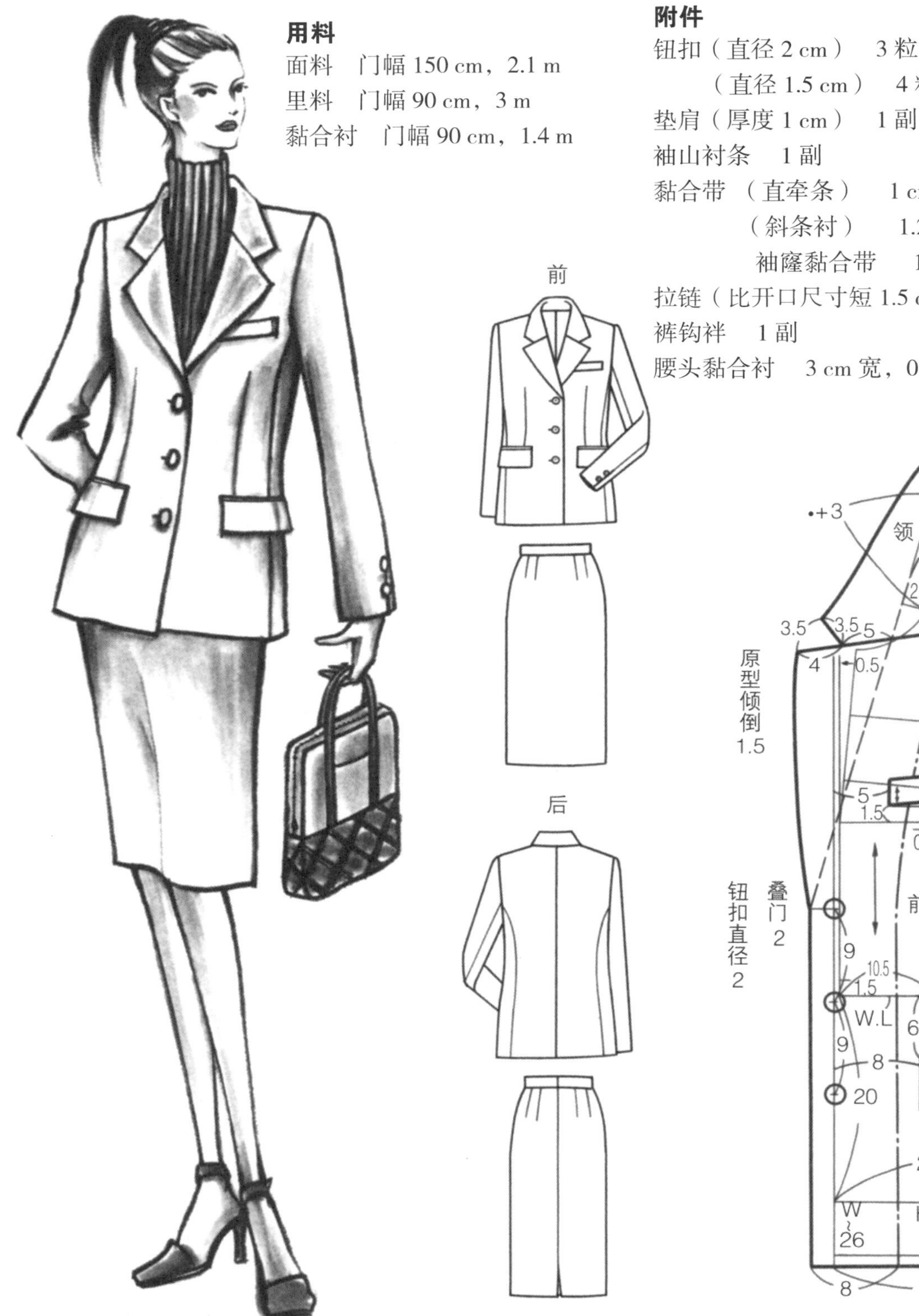

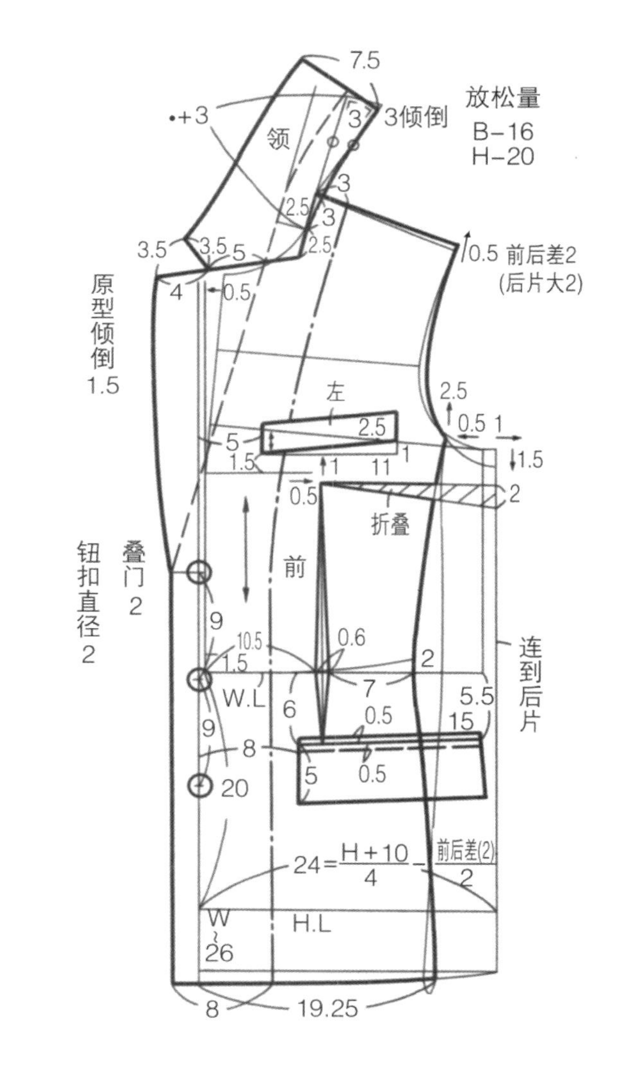

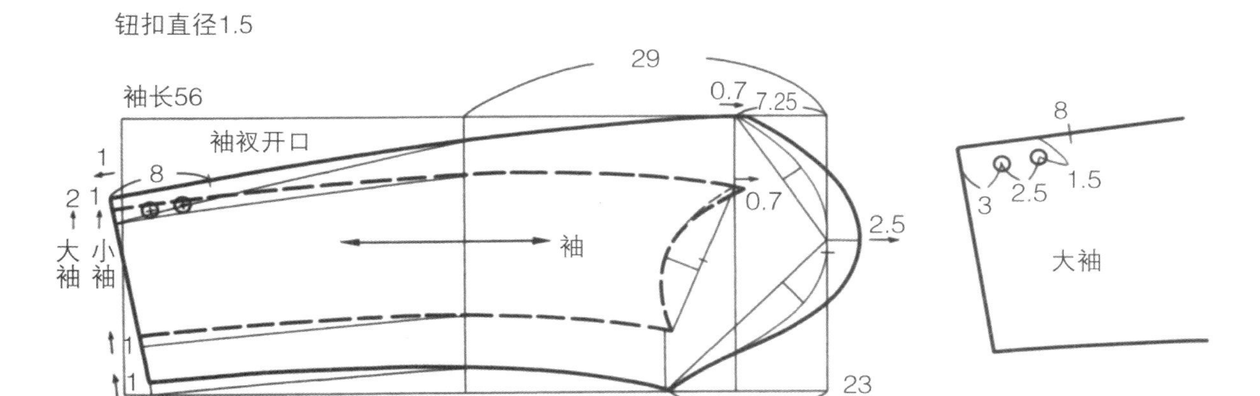

钮扣直径1.5
袖长56
袖衩开口
29
0.7
7.25
8
1
2
1
大袖
小袖
0.7
袖
2.5
1
1
2
13
23
8
3
2.5
1.5
大袖

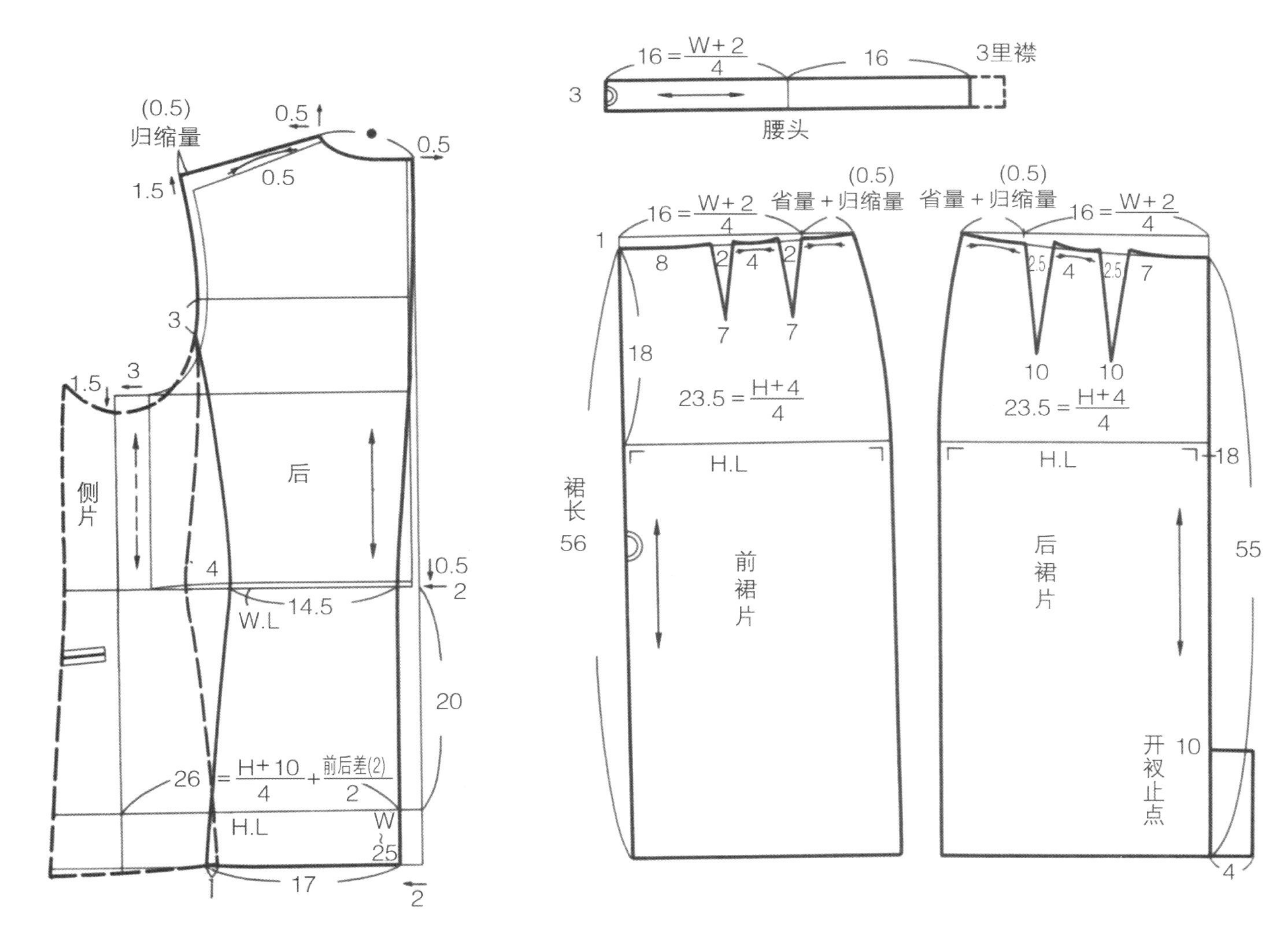

16 = W+2/4
16
3里襟
3
腰头
(0.5)
归缩量
0.5
0.5
0.5
1.5
3
1.5
3
侧片
后
4
0.5
2
14.5
W.L
20
26 = H+10/4 + 前后差(2)/2
H.L
W~25
1
17
2
(0.5)
省量 + 归缩量
(0.5)
省量 + 归缩量
16 = W+2/4
16 = W+2/4
1
8
2
4
2
7
7
18
23.5 = H+4/4
H.L
裙长56
前裙片
2.5
4
2.5
7
10
10
23.5 = H+4/4
H.L
18
后裙片
55
开衩止点
10
4

〈前片展开图〉

袋布、袋垫布、嵌线布的纸样

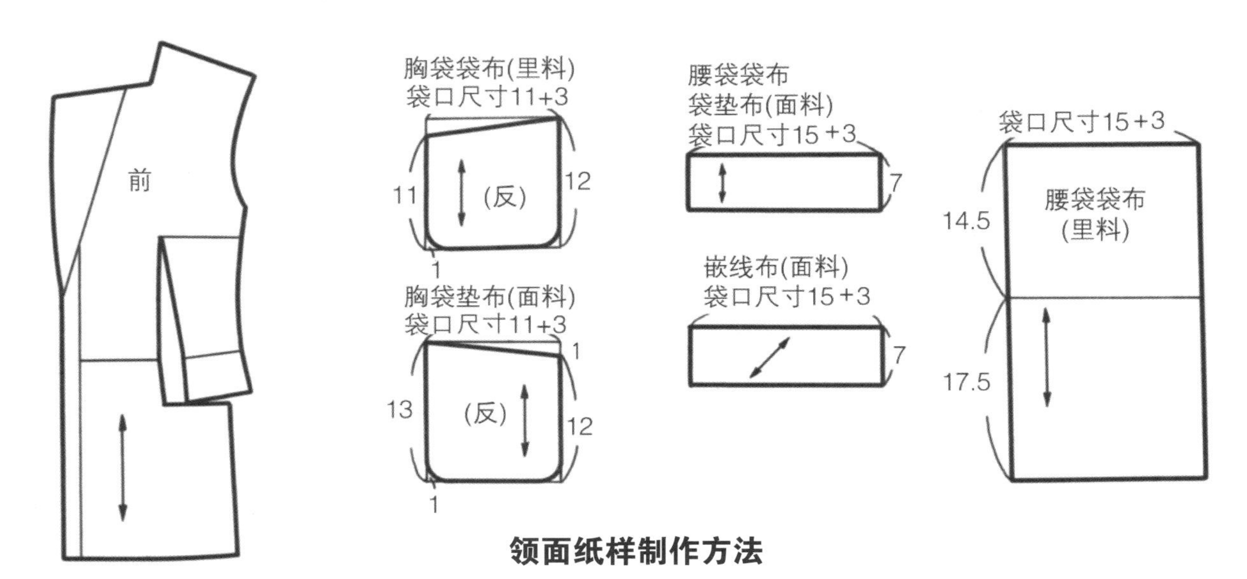

领面纸样制作方法

1　复制领里，画展开线。颈侧点 (N.P) 左右各 3 ~ 3.5 cm 处做标记，通过该点作垂直于翻折线的展开线。

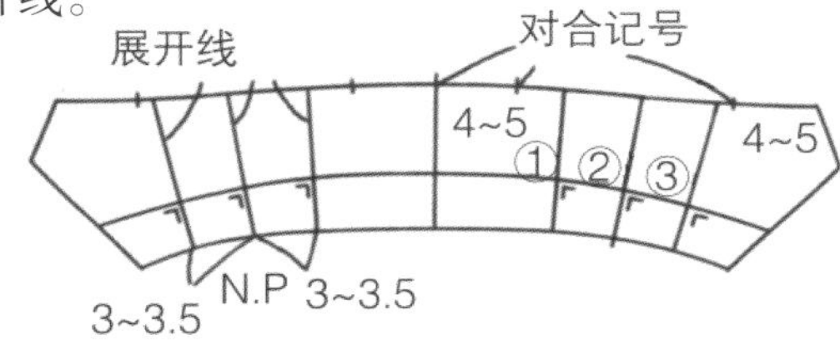

2　先复制领里后中心至展开线①之间的部分。将领里叠放在画好的展开线①，以翻折线为基点在领子外围线上展开 0.15 cm，画展开线② (装领线侧折叠)。

同样展开线②、③之间的部分展开、画好。

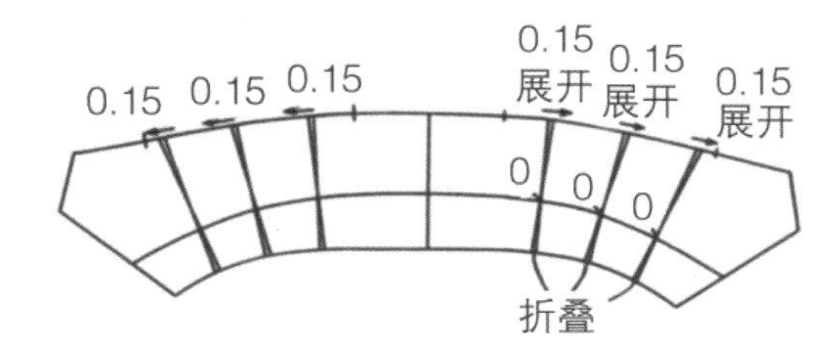

3　修正领子外围线和装领线，外围线在领尖处延长 0.15 cm 领里退进量 (根据面料厚薄变化)。到装领止点为止平行宽出 0.15 cm，并延长 0.15 cm。

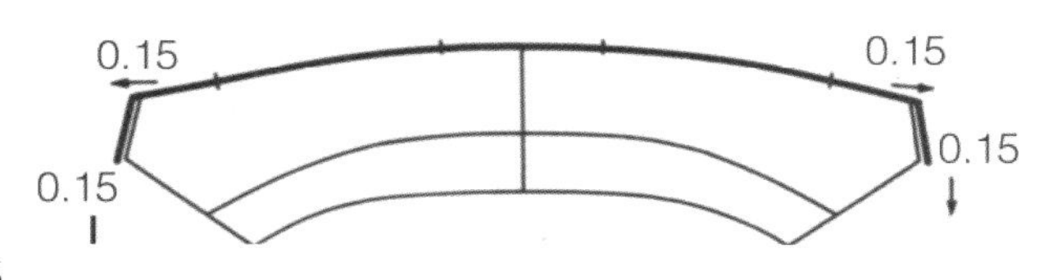

4　过装领线转角点作翻折线的垂直线，在这条线上量取 0.3 cm 翻折量 (根据面料厚薄变化)，与装领止点连接。对合领里转角，复制装领线至展开线③。

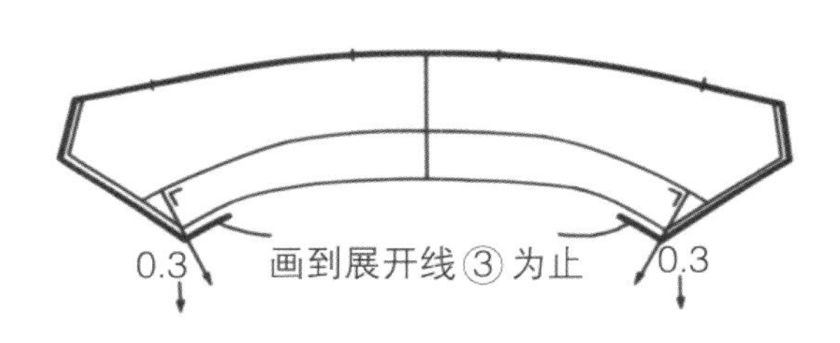

5　后中心下降 0.45 cm (翻折量 0.3 cm、领里退进量 0.15 cm)，按领里画装领线至展开线①。按住①的装领点，为使领外围线和领里平行，平移领里，复制装领线至 N.P，做 N.P 标记 (A)。同样按住 N.P 移动领里，复制到展开线③为止。从新画的装领转角开始与领里的装领线对合，画 N.P 标记 (B)。

A 和 B 的中点做新的 N.P 标记。

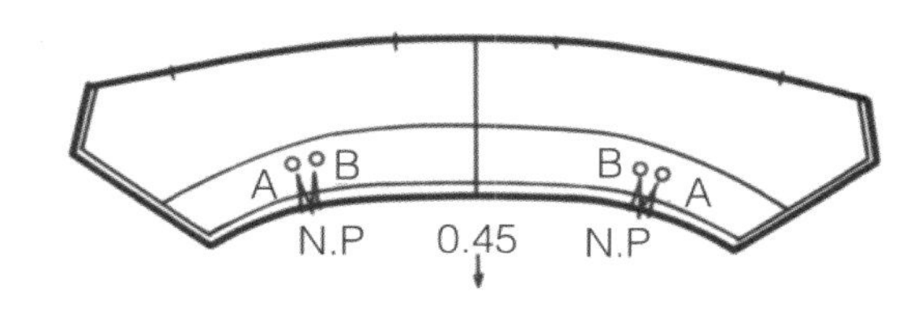

挂面纸样制作方法

1 以串口线（装领线）和翻折线的交点为基点，在翻折线垂直线上取 0.3 cm 翻折量（宽松量），平行切展开。

2 展开后将串口线延长至装领线（因为展开后在串口线上有了一段空段）。肩线处平行放出 A 的量。

3 在驳领止口上，从装领止点和翻折点往外放出前衣片退进量 0.15 cm。

4 长度方向在下摆处放出 0.15 cm 宽松量。

里子纸样制作方法

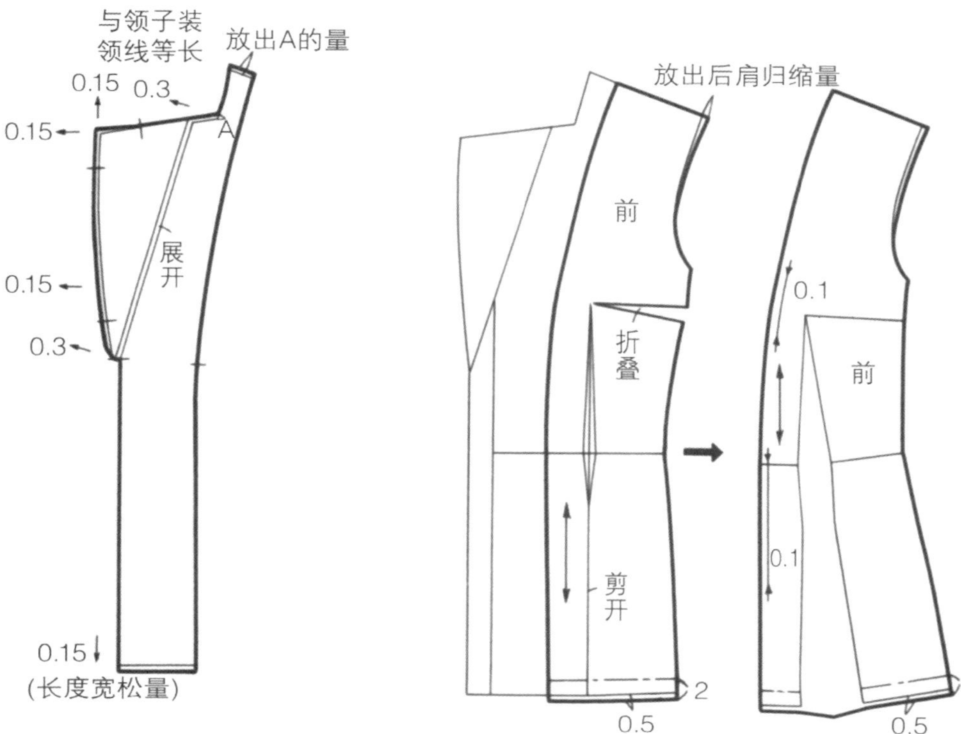

袖里纸样制作方法

复制大袖、小袖，离开袖底线 2.5 cm，离开肘侧线 1.5 cm 画两条横线。

大袖 如右图在袖山上做基点。

- 袖山抬高 0.3 cm，然后复制 ① 到⑤之间的部分。
- 以①为基点，离开袖底线 2.5 cm 点和①的 1/3 处将大袖抬高画到②，同样方法展开③④以按袖底线往上 2.5 cm 所画的横线为准画前袖山线。
- 袖山和前袖山同样操作，从⑤开始展开⑥⑦，以肘侧线往上 1.5 cm 的横线为准画袖山线。

小袖 袖底抬高 2.5 cm，在后侧做 2 ~ 3 个基点。小袖上抬，与肘侧线抬高 1.5 cm 的横线相比齐。画袖底线延长线，量取 2.5 cm 画点，画装袖线。

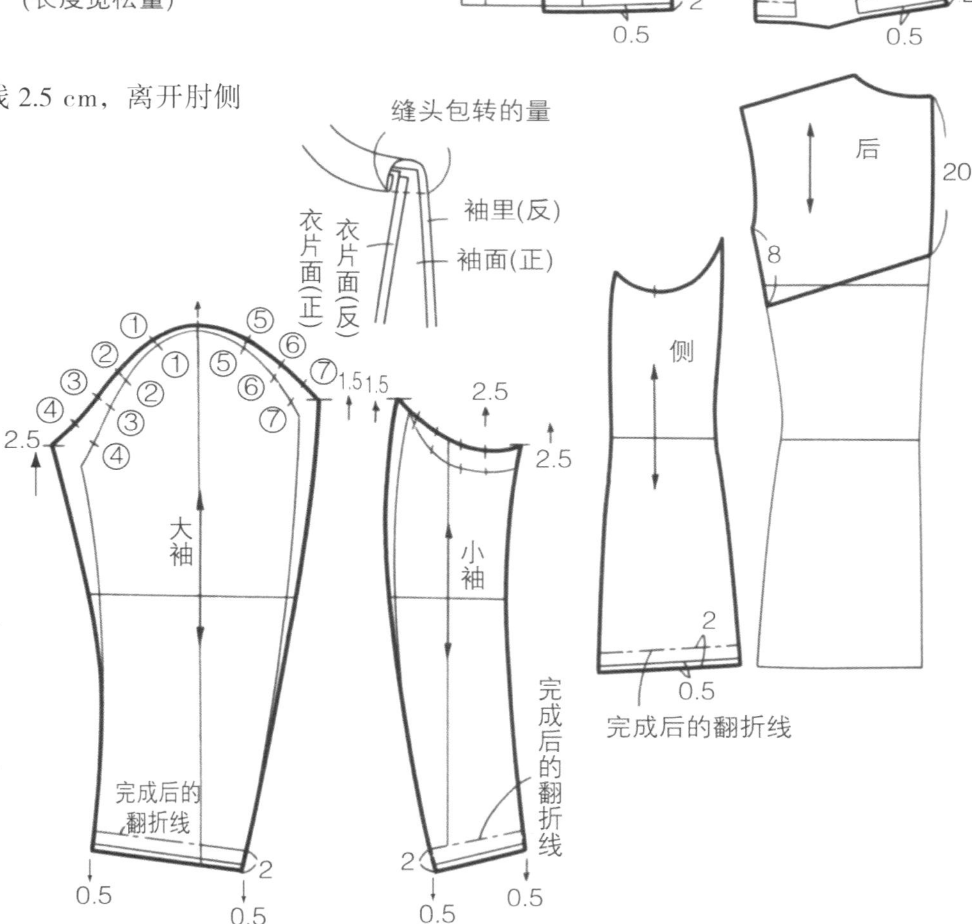

裙里子纸样制作方法

衬的位置及其纸样

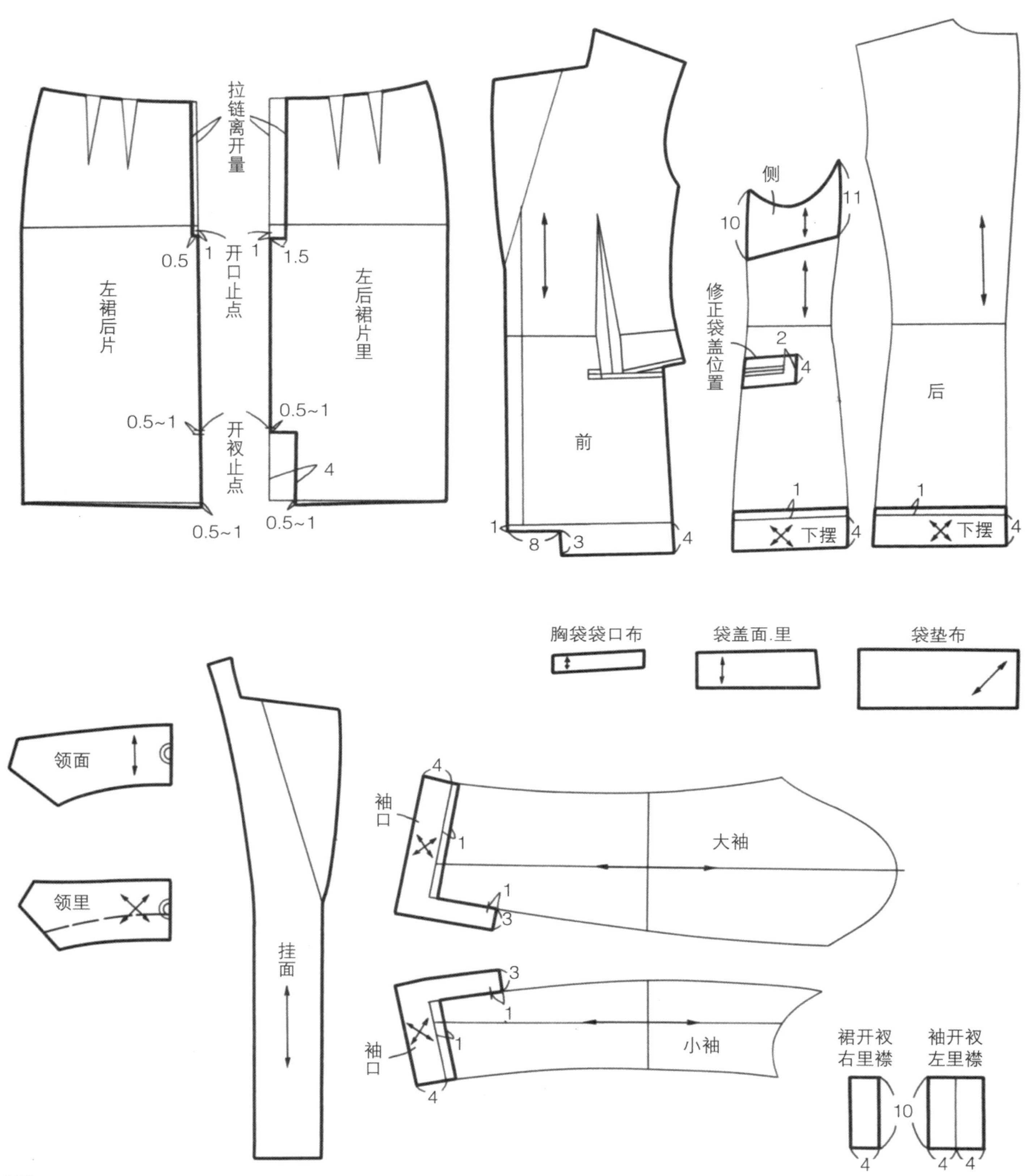

裁剪

先进行布料整理（参照第 242 页），然后参照裁剪图进行面料裁剪。由于体型因素需要补正的地方或对于易散边的面料，缝头要多放一些。如果面料无方向性，可将纸样套排裁剪；如果面料有方向性（如到、顺毛或单向花纹的情况），裁剪时纸样要按同一方向配置。

面料裁剪图

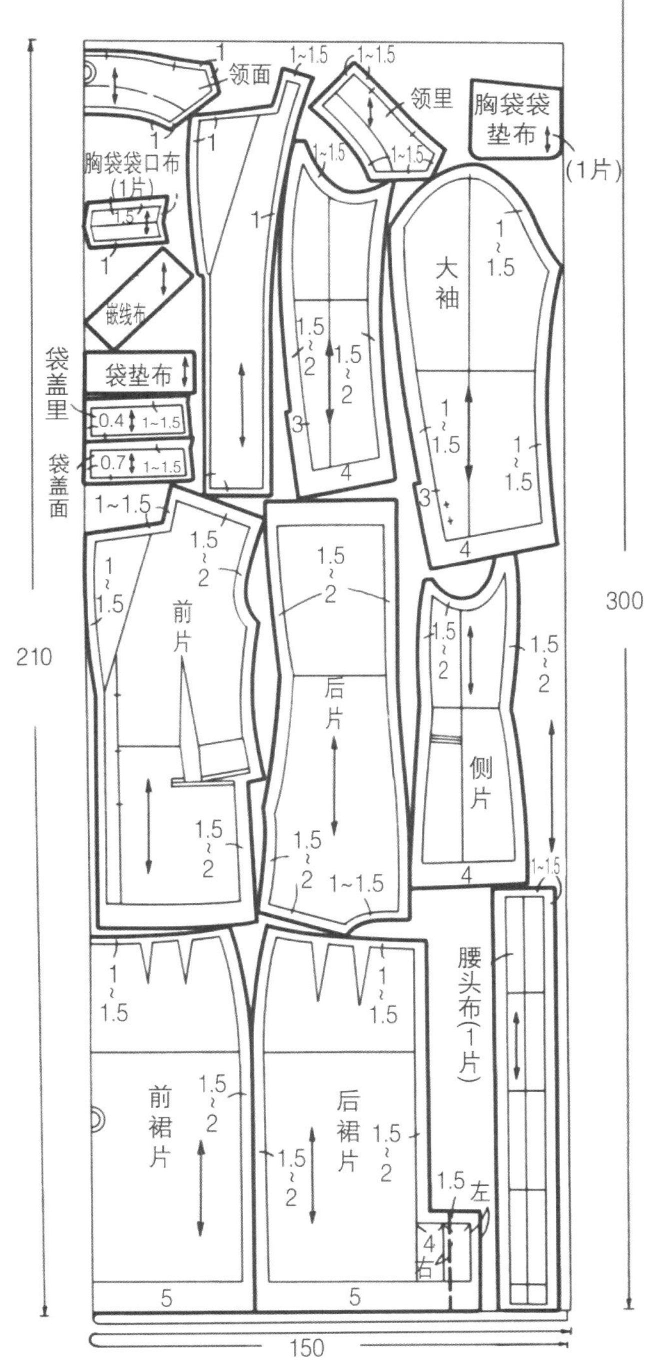

里料裁剪图

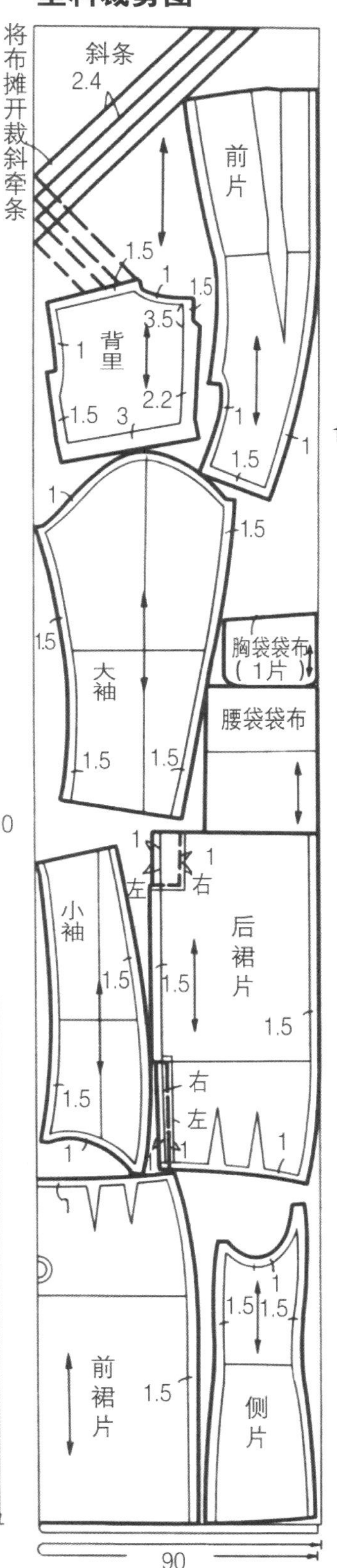

黏合衬裁剪图

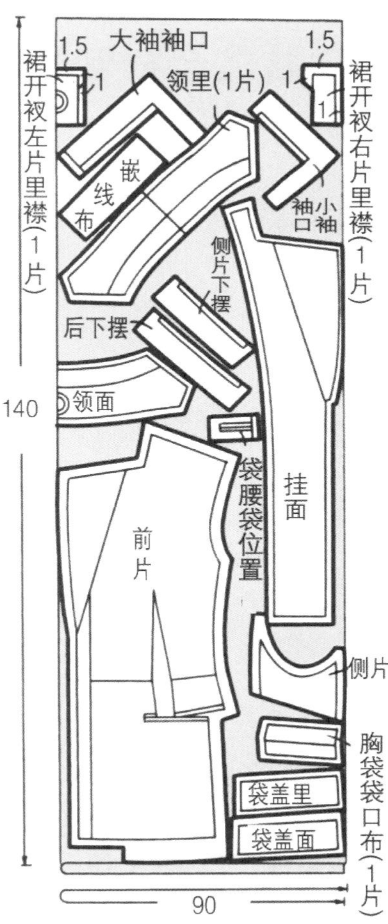

★ 黏合衬的布纹、缝头与面料相同。

正式缝制

上衣缝制方法

1　贴黏合衬和黏合带

贴黏合衬，做标记，并图尺寸修剪缝头。标记用画粉画。为防止伸长，在净印线内 0.2 cm 处和离开翻折线 1 cm 处贴黏合带。

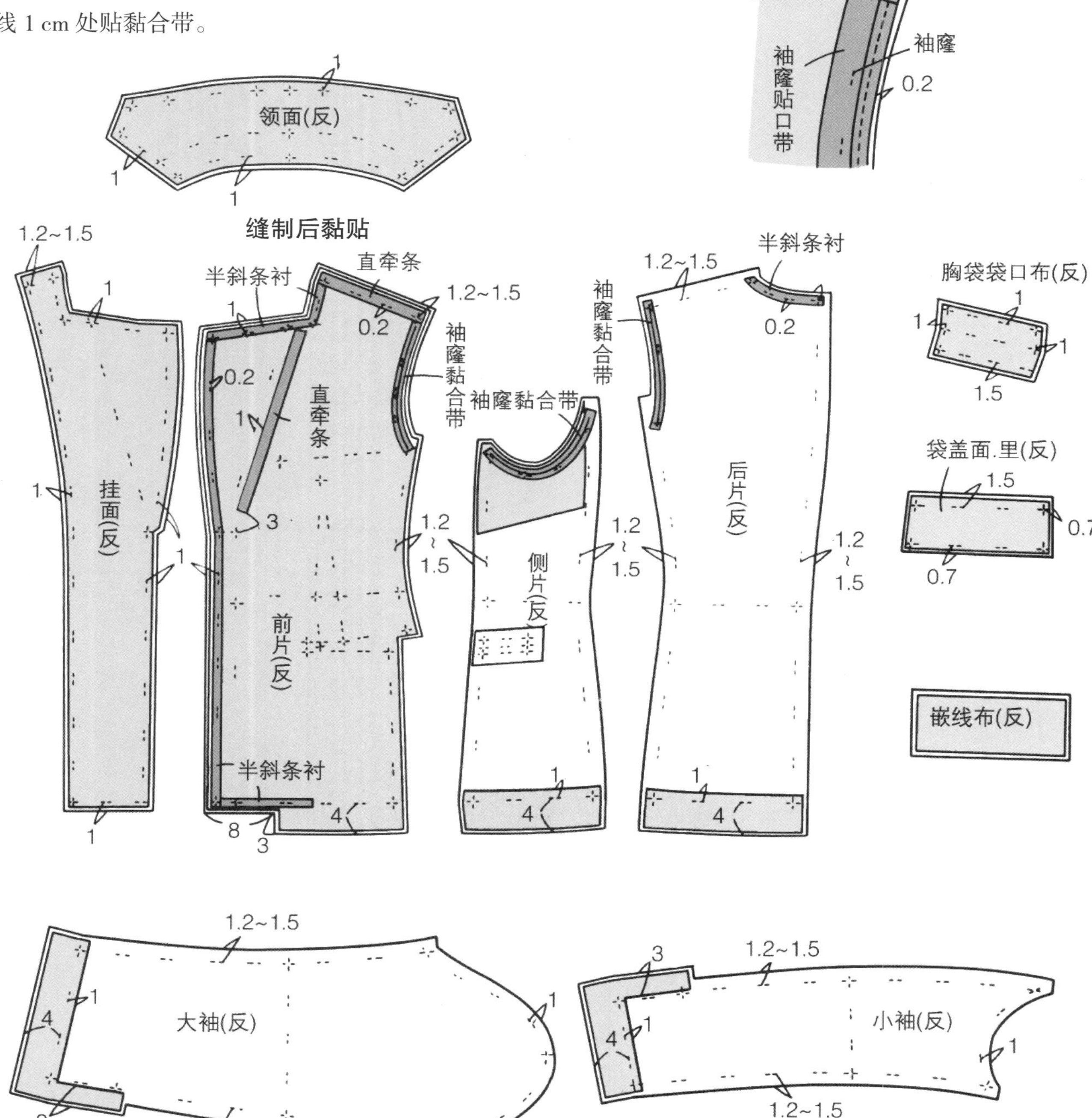

2　缝衣片省道

2-1　到腰袋袋口前侧省尖为止剪切口，从袋口开始缝合省道。

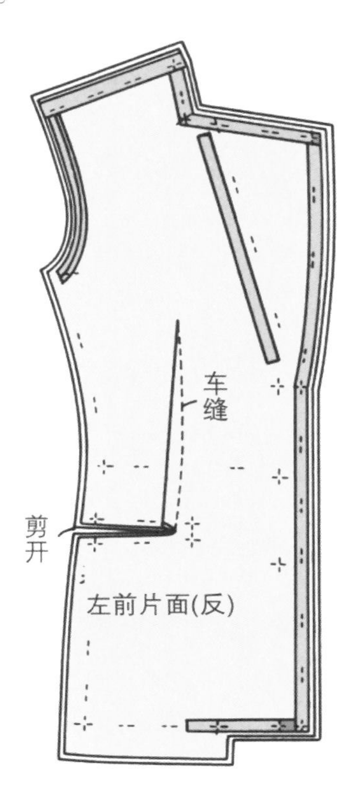

2-2　省道之间剪开，劈开缝头。

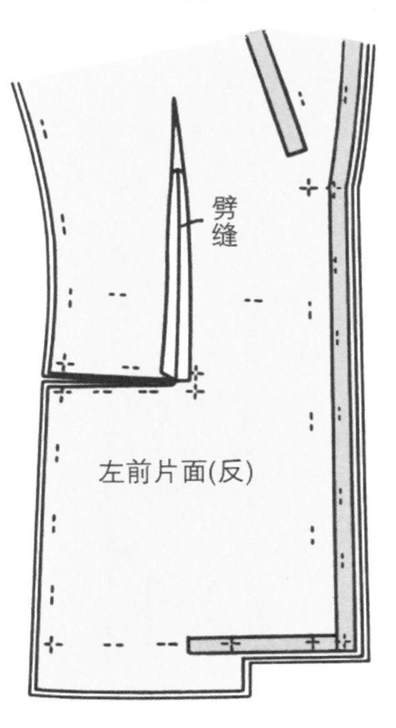

3　腰袋袋口处切口处理

腰袋袋口上下对接，用疏缝线粗粗地以三角针固定。

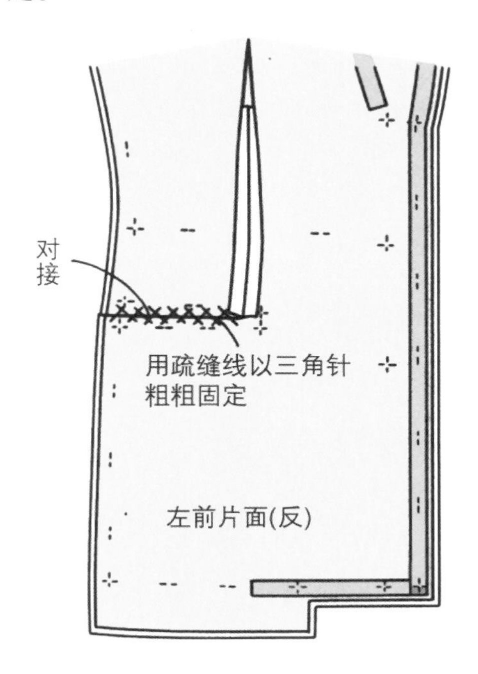

4　缝合前片和侧片

前片和侧片正面相对叠合，缝合拼接线，劈开缝头。

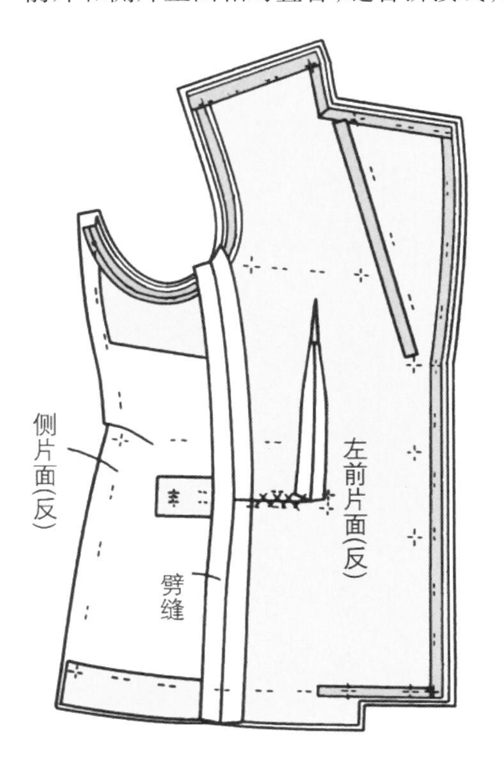

5　做胸袋

5-1　袋口布里和袋布正面相对叠合，离开裁边 1 cm 处缝合。

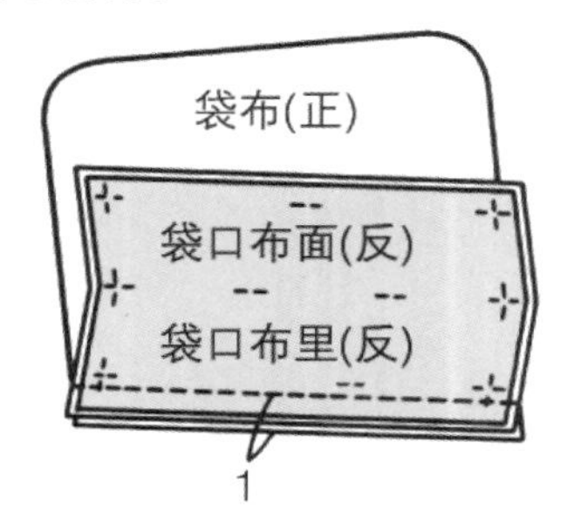

5-2 将袋布从缝道处翻折，压缉缝。

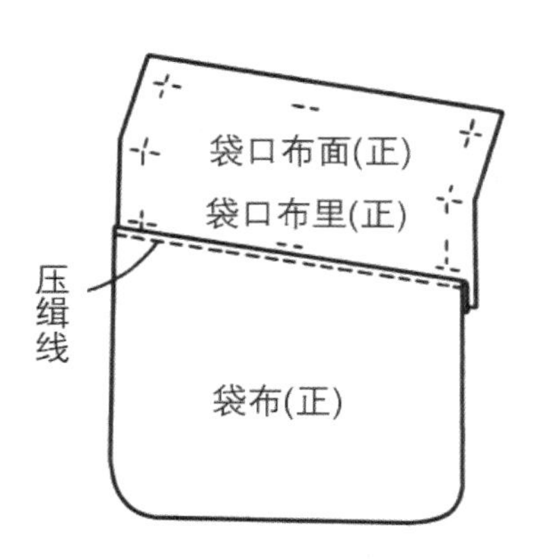

5-3　袋口布正面朝里叠合，两端缝至净印。

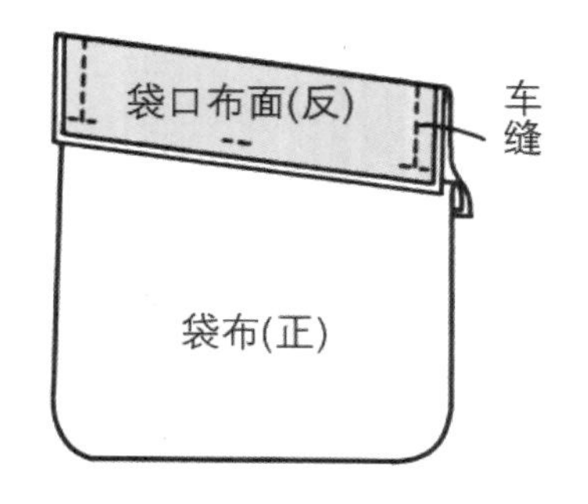

5-4　袋口布里缝头剪刀口，两端缝头修剪至 0.5 cm。

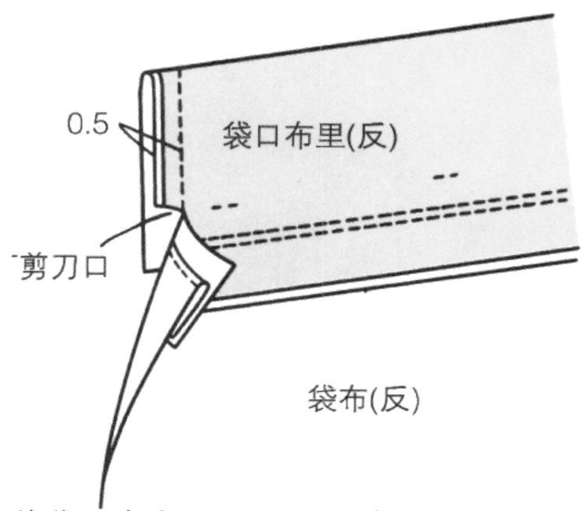

5-5　将袋口布翻至正面，用熨斗整型。

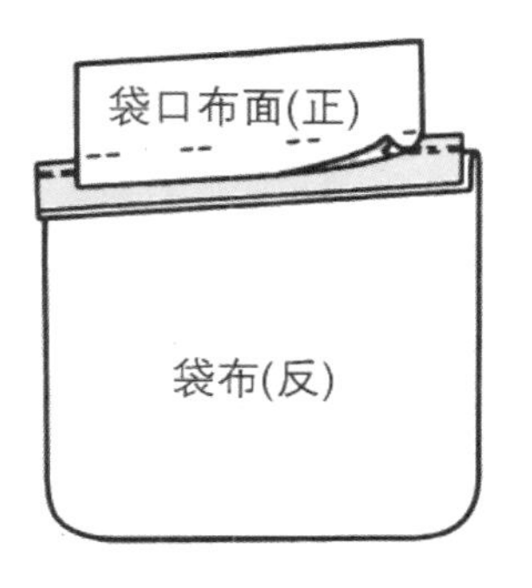

5-6　将袋口布面正面对准衣片装袋位置叠合，翻下袋口布里，缝合。

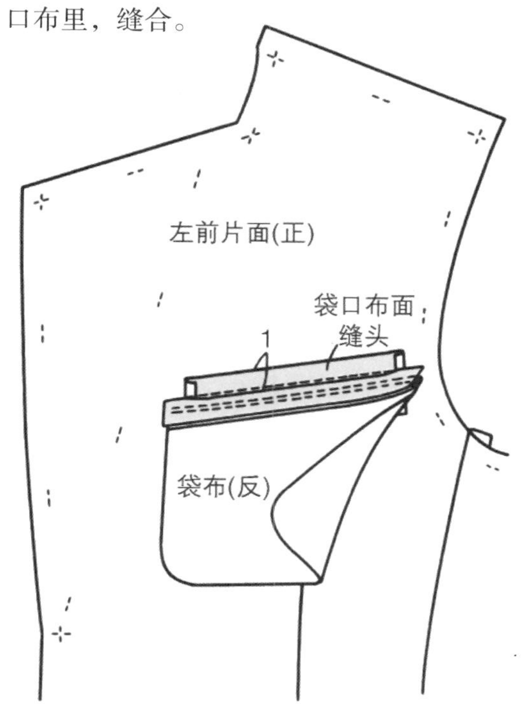

5-7　将袋垫布和衣片正面相对，翻起袋口布面的缝头，袋垫布的裁边和缝道对合，以 1 cm 缝头车缝。袋口布面两端缝头剪刀口，剪至缝道边上。

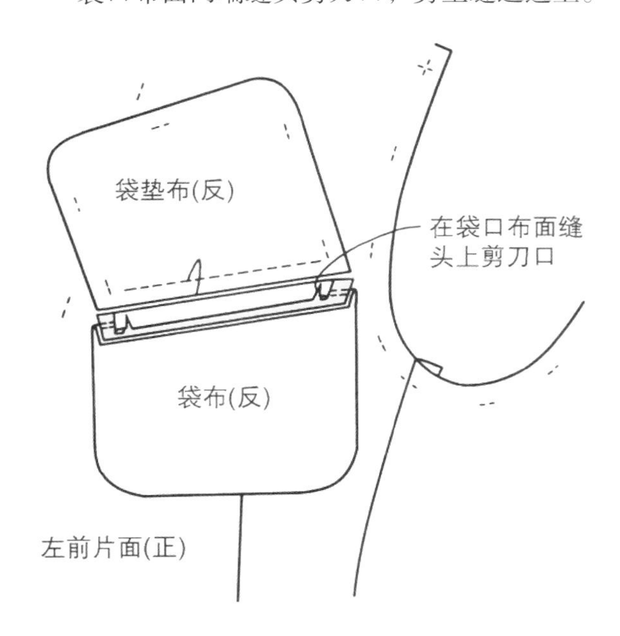

5-8　袋口布面两端缝头原样不动，将袋口布缝头夹在袋口布面、里之间，衣片在装袋位置对折，在正面缝漏落缝。

5-9　从衣片反面在缝道中间剪切口，两端剪到头但注意不要剪断缝道线。

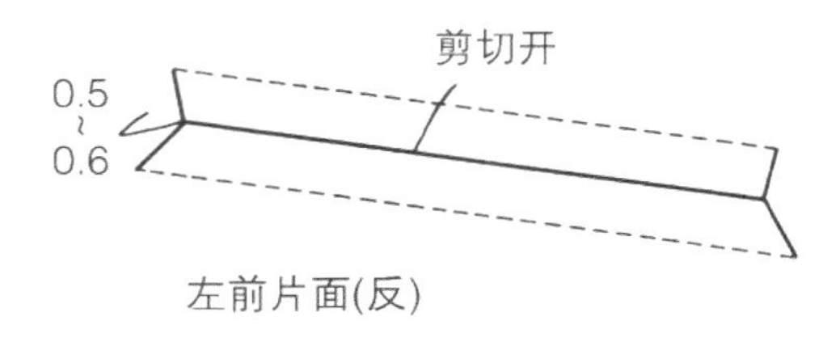

5-10 从切口处将袋布拉向里侧，劈缝袋垫布缝头，并在缝头上压缉缝。

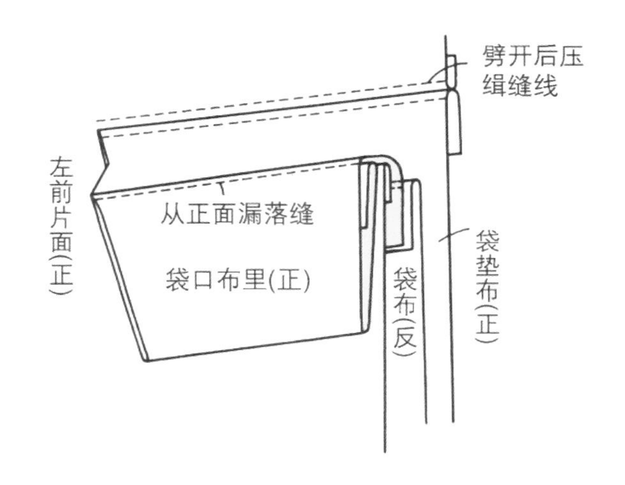

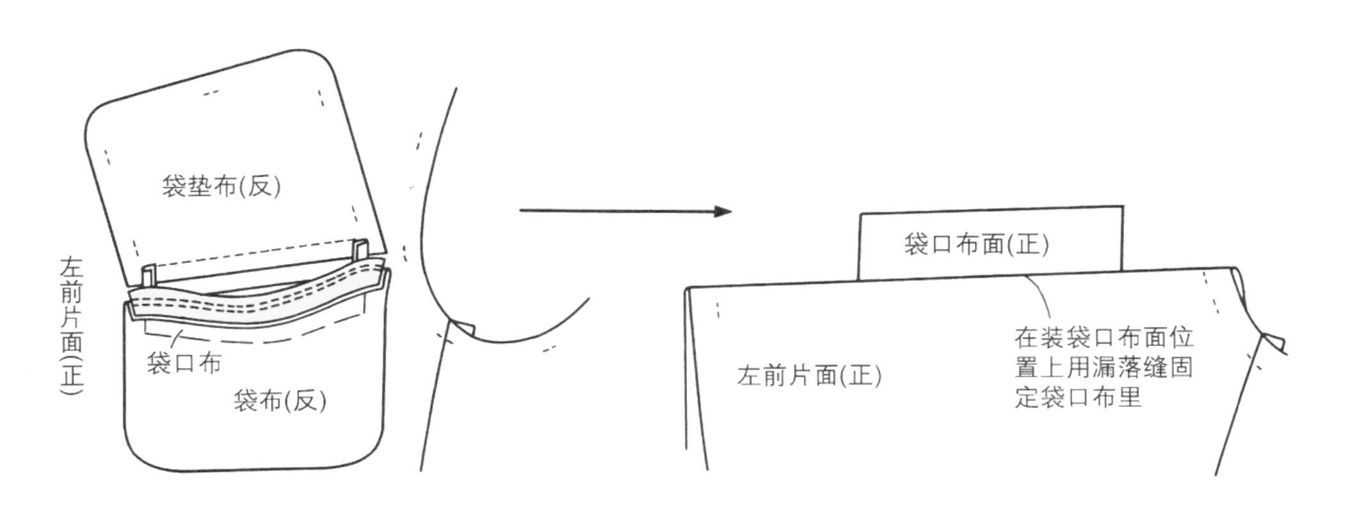

5-11 袋口布两端压缉缝，距离 0.6 cm 再缉明线。

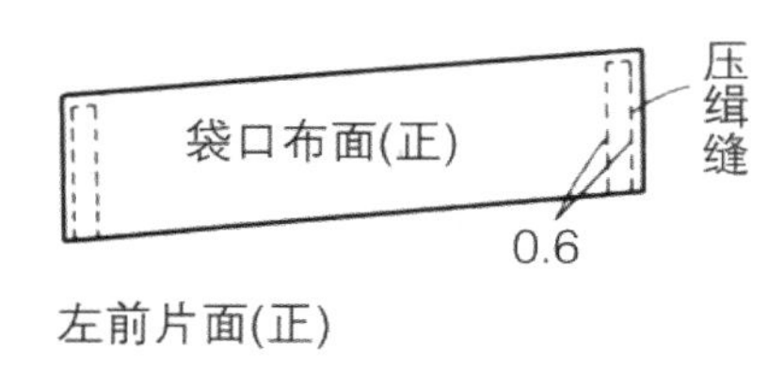

5-12 翻起衣片，袋布和袋垫布正面相对叠合，从装袋口布位置开始在袋布周围缉缝两道。

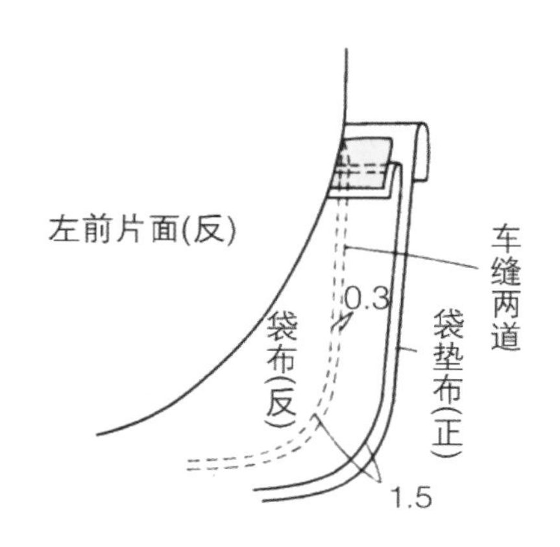

〈**反面**〉

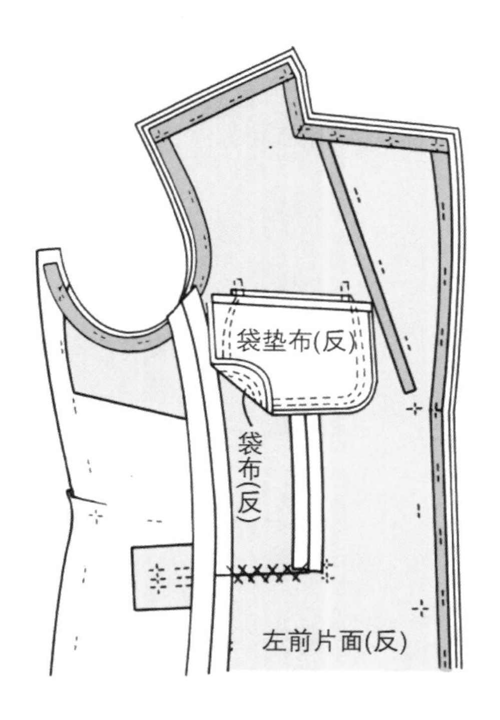

6 做腰袋

6-1 在嵌线布二等分位置做标记，衣片和袋垫布正面相对，将标记线对准衣片袋口中间，疏缝固定。

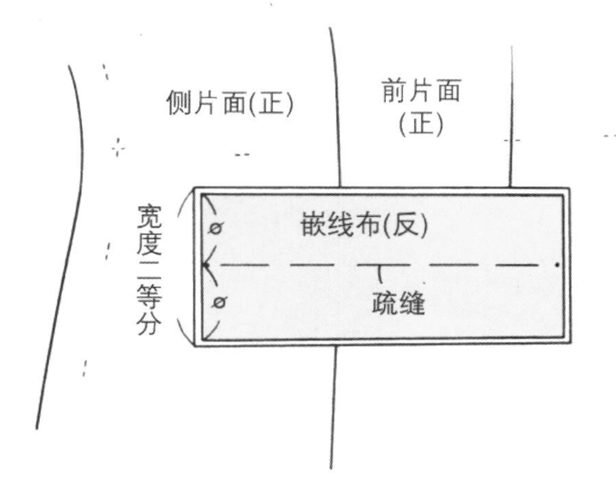

6-2 调细针距，在嵌线宽周围车缝。从中间开始，沿箭头方向缝制，转角处缝针正好落下，倒回。缝纫结束处和开始处重缝 3 ～ 4 针固定。拆除衣片上的三角针缝线。

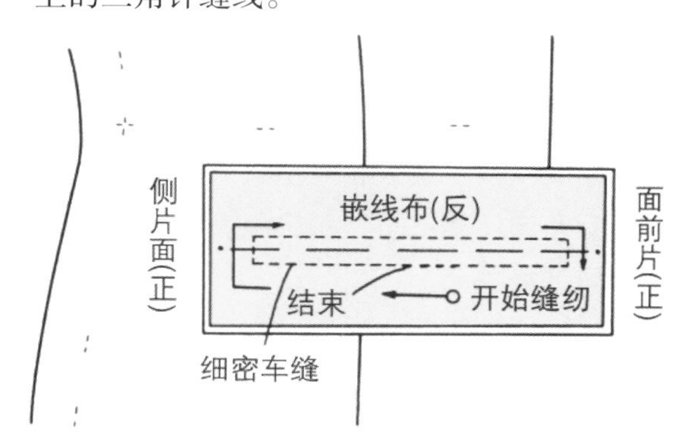

〈**反面**〉

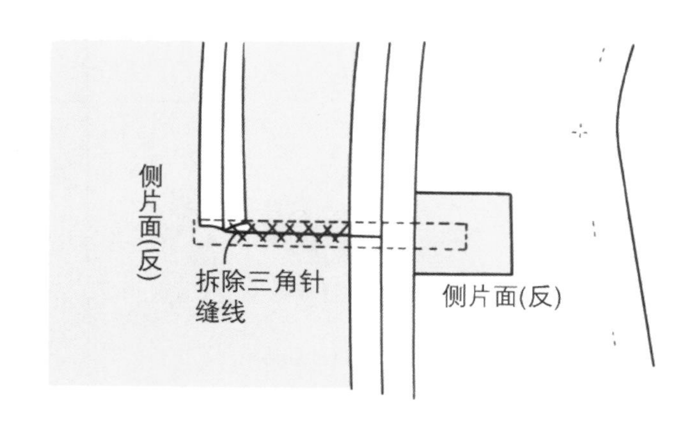

6-3　在嵌线宽中间剪切口。转角处剪到头但不能剪断缝线。

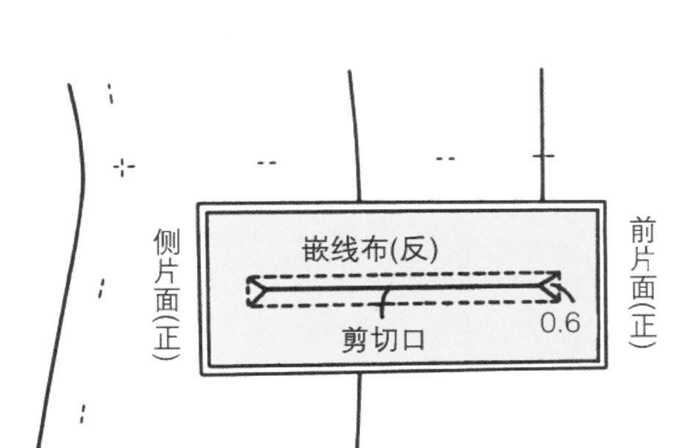

6-4　将嵌线布从切口处拉至里侧、熨烫，整理袋口。

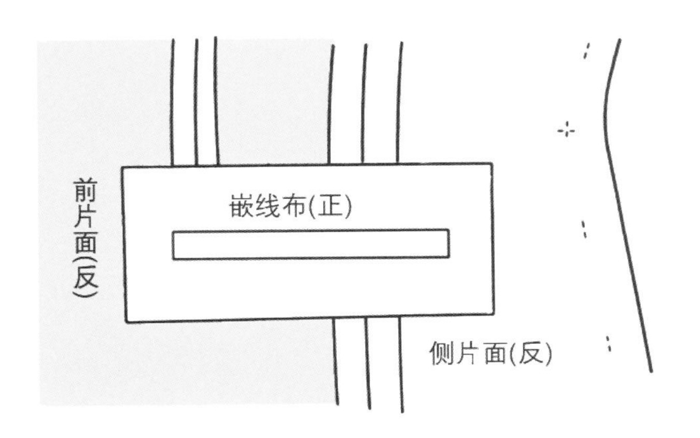

6-5　劈开上下缝头。

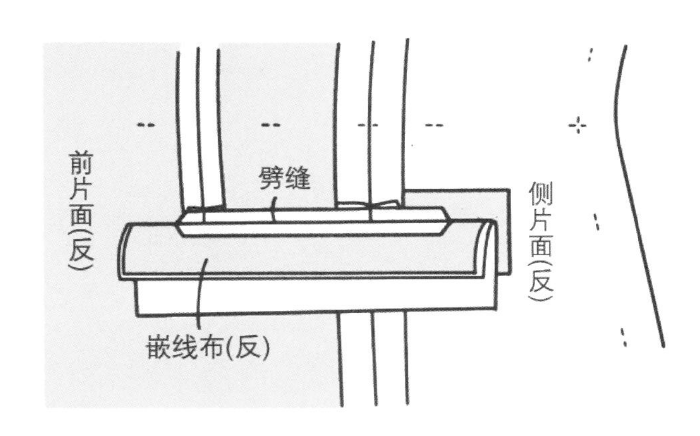

6-6　以 6-5 中劈缝的缝头做芯，将嵌线布上下折叠成 0.5 cm 宽。

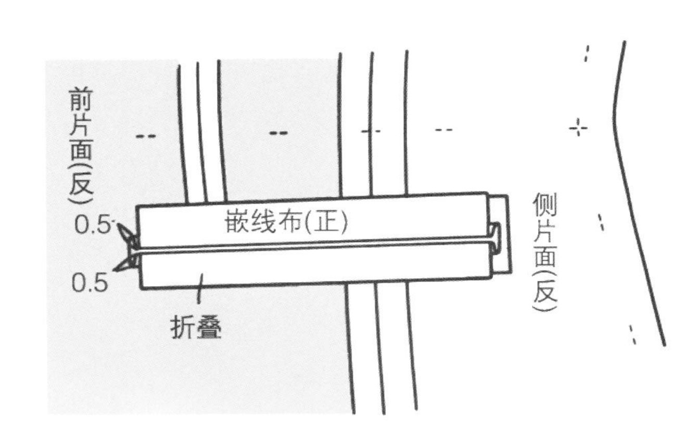

6-7　翻至正面熨烫定型，在缝道边疏缝固定，缝针穿透里侧。

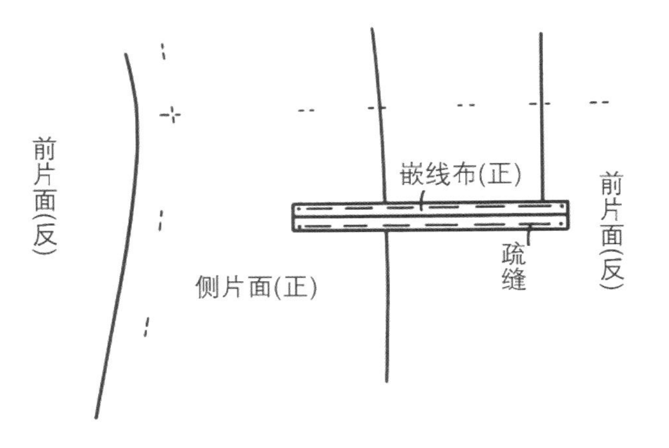

6–8　翻起袋口下侧的衣片，将劈缝的缝头和嵌线布在缝道边缝合固定（A）。

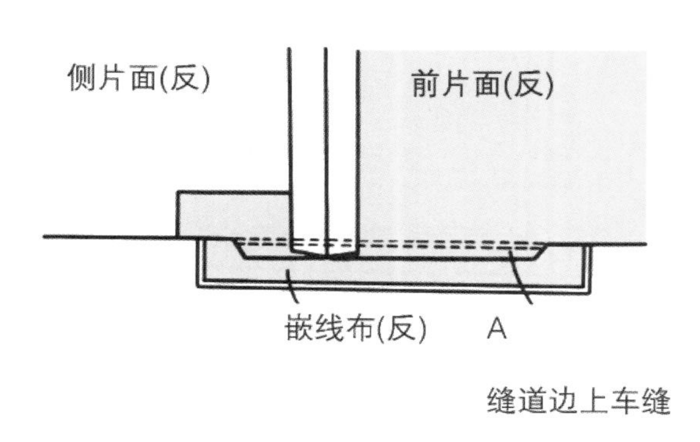

6–9　将袋布的一边和下侧嵌线布正面相对，以 0.5 cm 缝头缝合，缝头倒向袋布侧。

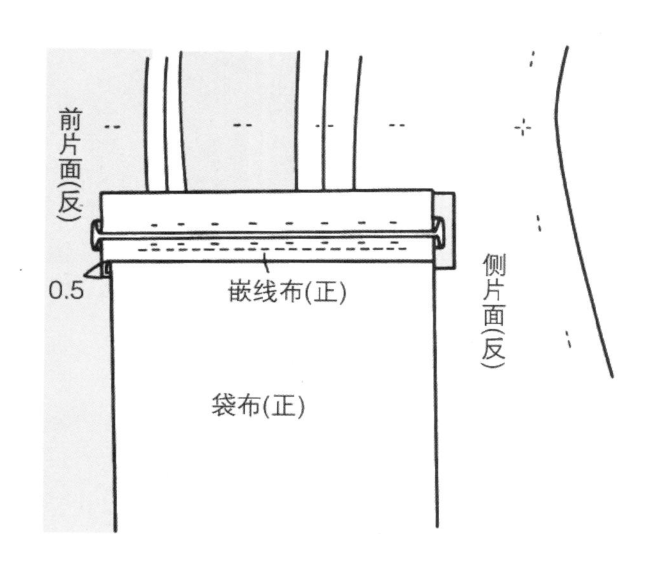

6–10　袋垫布一边从正面锁边，袋布另一边和袋垫布重叠，以 0.2 cm 宽度缝合。

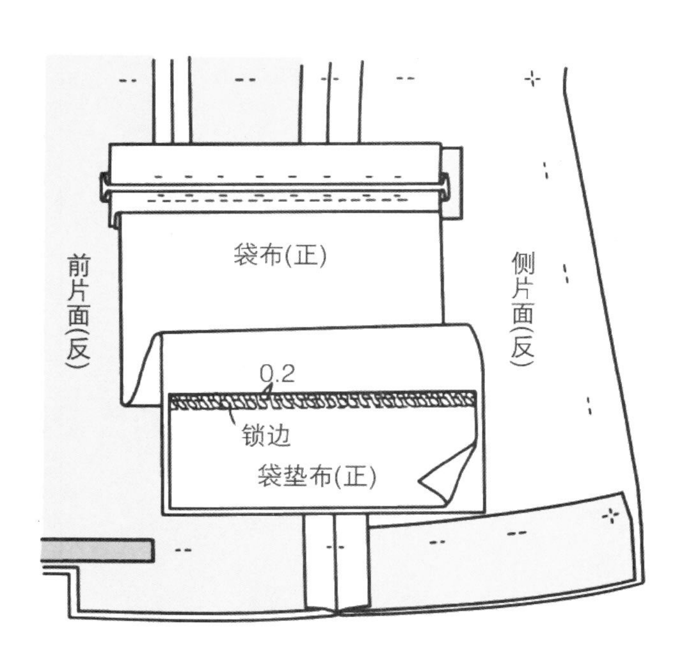

6–11　袋盖布面、里正面相对叠合，对齐裁边，以 0.5 cm 缝头缝合。

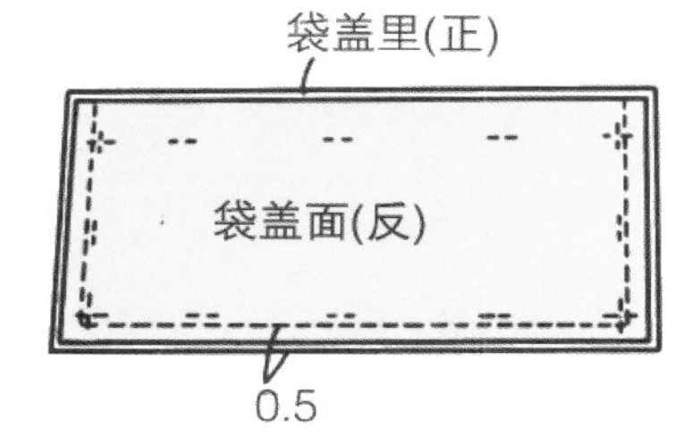

6–12　翻至正面，袋盖布里退进一点熨烫定型。

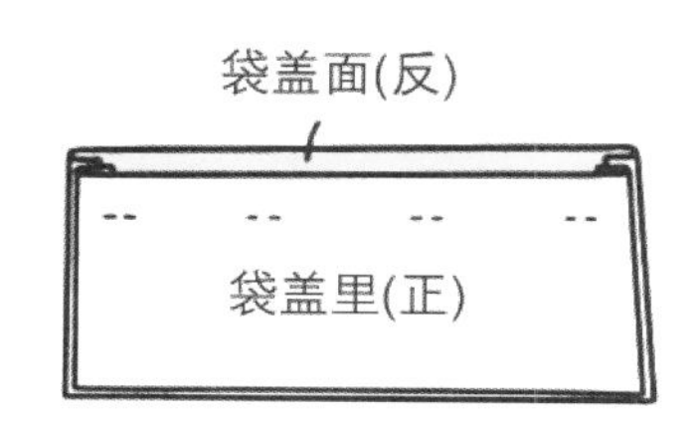

6-13 将袋盖夹在前衣片嵌线中间，并将其疏缝固定在上侧嵌线上。

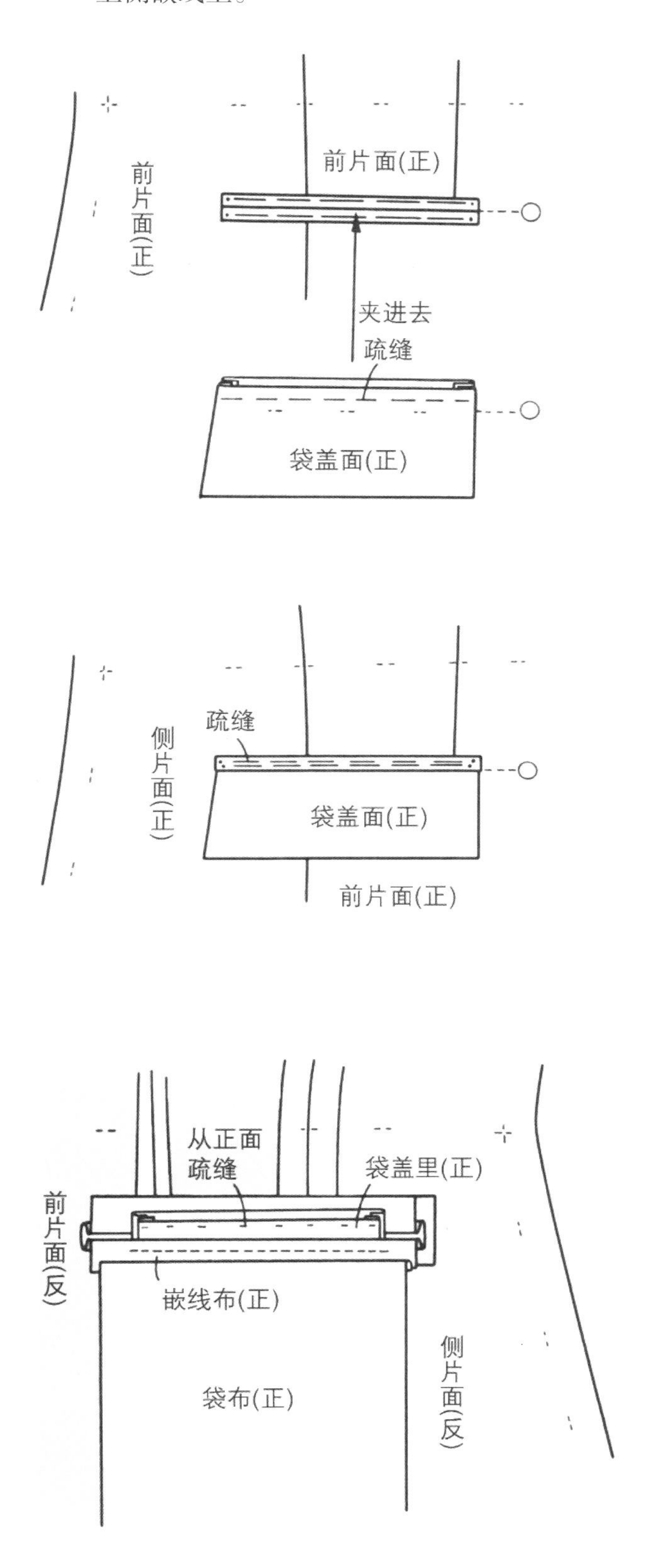

6-14 将袋布对折，袋垫布上端和嵌线布上端对齐，疏缝固定。

6-15 从正面翻起衣片，将嵌线布劈缝的缝头缉线固定在袋布上（B），并将两侧三角形缝头也缉线固定（C）。

6-16 袋布周围车缝 2 道。

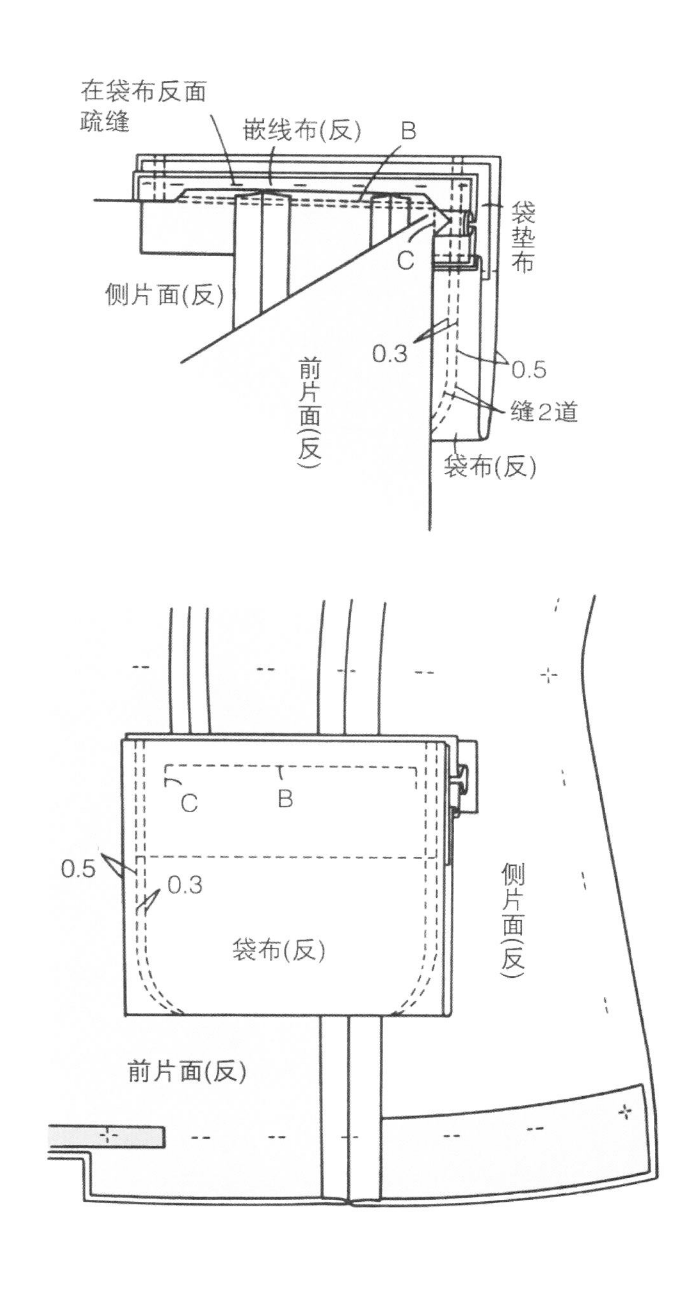

7　缝合后衣片中心线

左右后片正面相对叠合，缝合中心线，劈开缝头。将缝头以 0.6 cm 宽滚边处理。

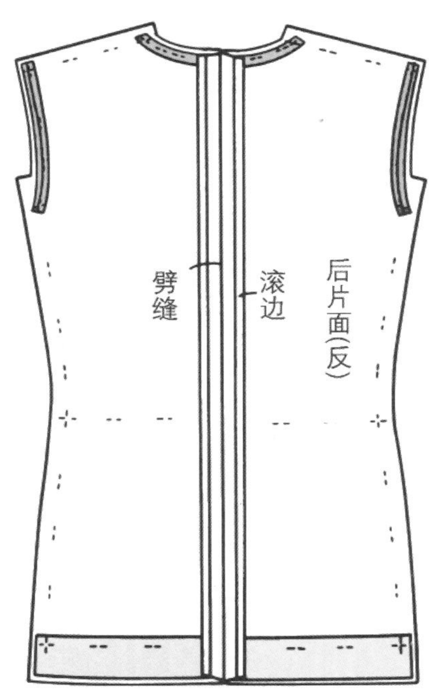

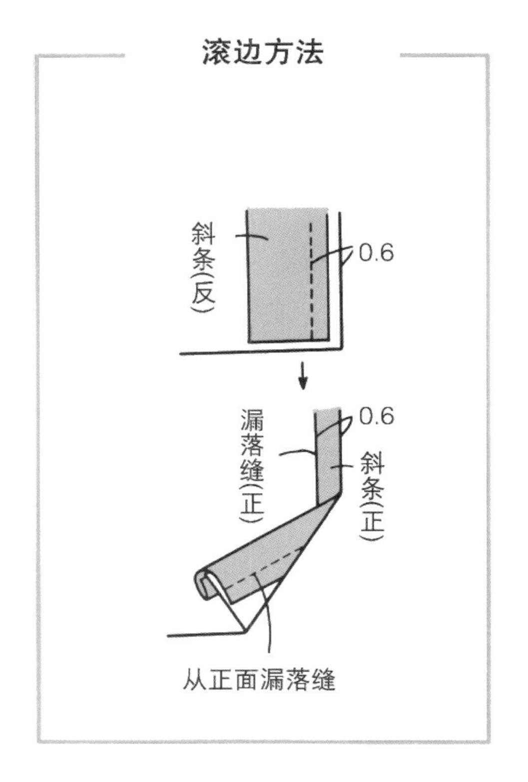

8　缝合衣片侧缝

将后衣片和侧片正面相对叠合，缝合侧缝，缝头劈缝。后片缝头 0.6 cm 宽滚边处理。

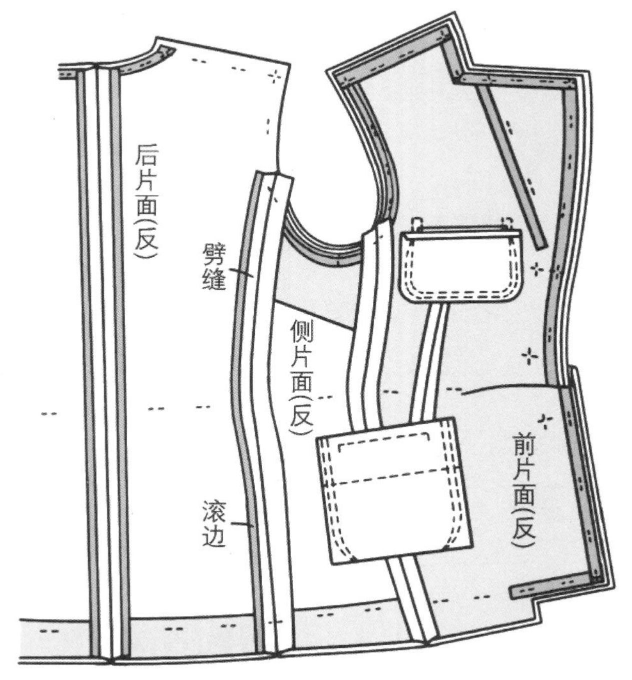

9　缝肩线

在后肩线上进行归缩（参照夏乃尔套装第 7 页 2-4、2-5）。前后片正面相对叠合，缝合肩线，劈开缝头。

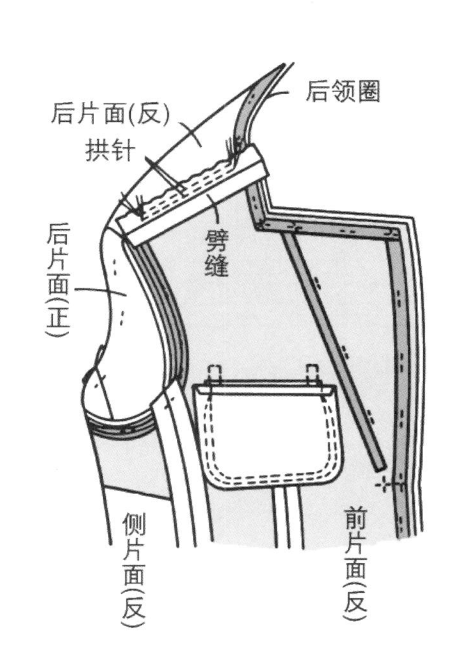

10 缝前片里子省道

沿净印将省道疏缝固定，留 0.2 cm 余折缝头后缝合，缝头从疏缝位置倒向侧缝。

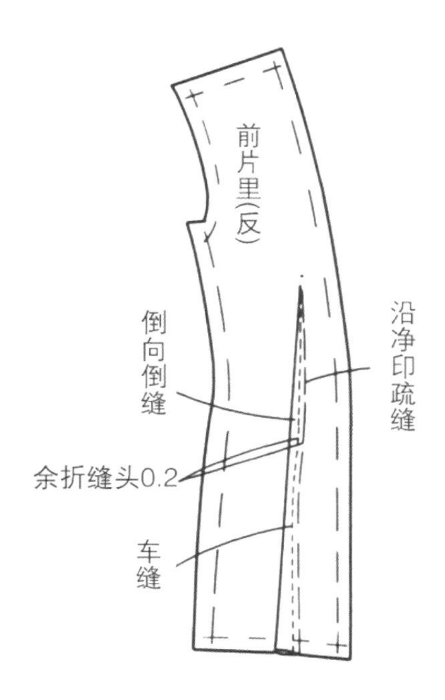

11 缝合挂面和衣片里子

挂面和前片里子正面相对叠合，缝至离挂面下摆 4 cm 处。缝头倒向前片里。

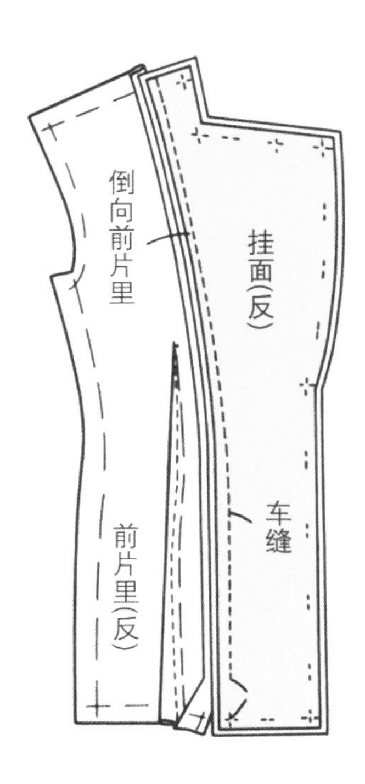

12 缝合前片里子和侧片里子

前片里子和侧片里子正面相对叠合，沿净印疏缝，留 0.3 ~ 0.5 cm 余折缝头缝合。缝头从疏缝位置倒向侧缝。

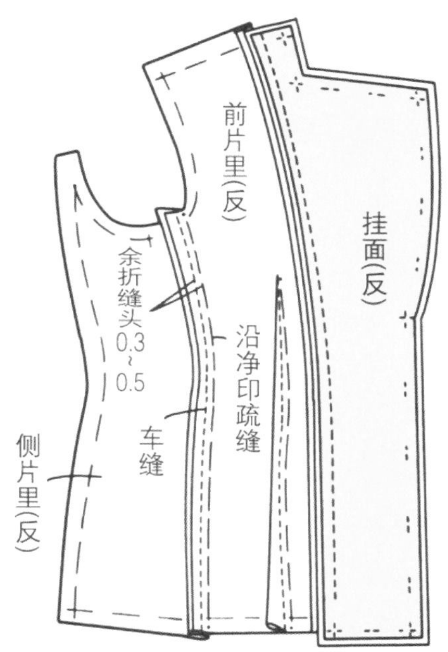

13 缝合背里

13-1 左右背里底边折三折后压缉缝。

放大图

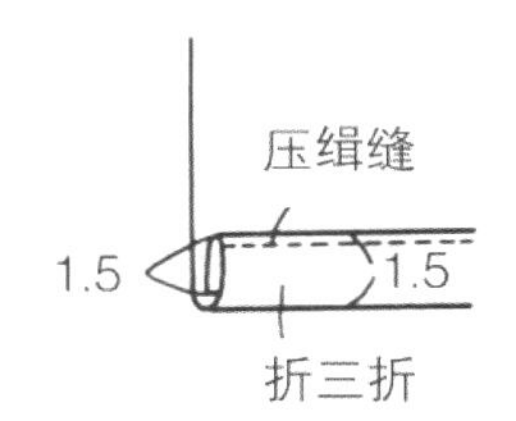

13-2 左右背里正面相对叠合，沿中心线疏缝，在领圈侧留 0.3 cm 余折缝头，其他地方留 1 cm 余折缝头后车缝。缝头从疏缝位置倒向右片。

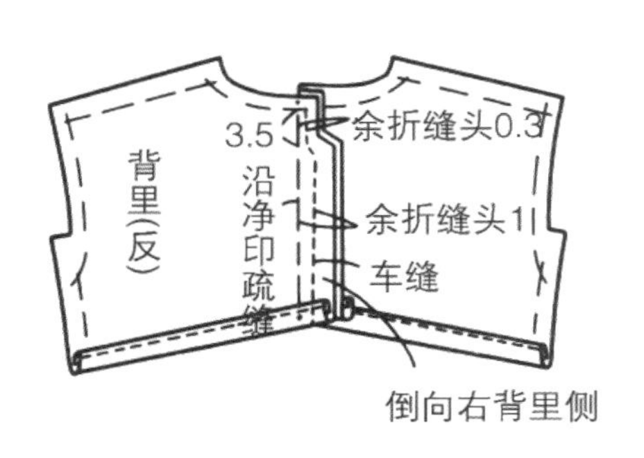

14 缝合背里和侧片里子

背里和侧片里子正面相对叠合，沿侧缝净印疏缝，留 0.2 ~ 0.3 cm 余折缝头后车缝。缝头从疏缝位置倒向侧片里子。

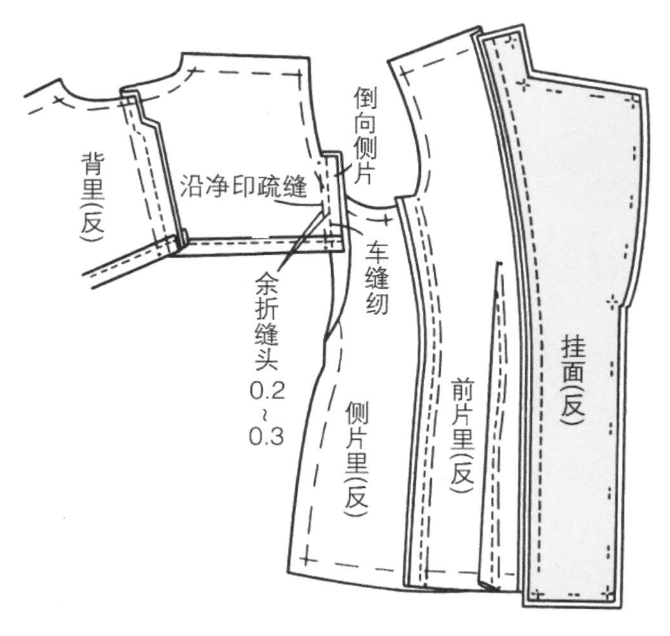

15 衣片里肩线缝制

前片里和背里正面相对叠合，沿肩线净印缝合，缝头倒向背里侧。

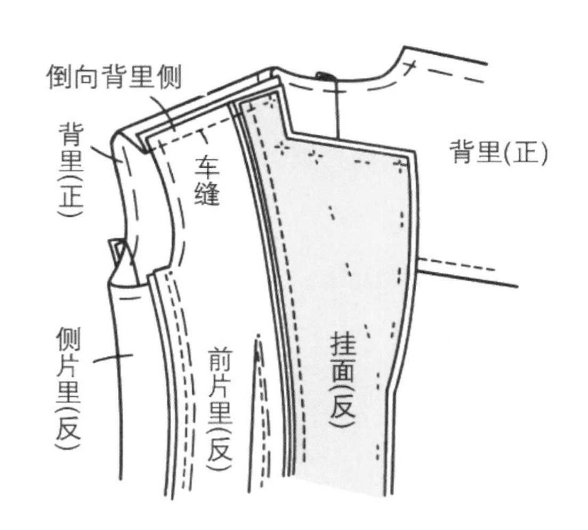

16 在挂面上装领面

领面和挂面正面相对叠合，左右装领止点间缝合，在领圈缝头上剪刀口，并图修剪缝头，后领装领线处缝头倒向背里侧（参照西服套装第 128 页 11）。

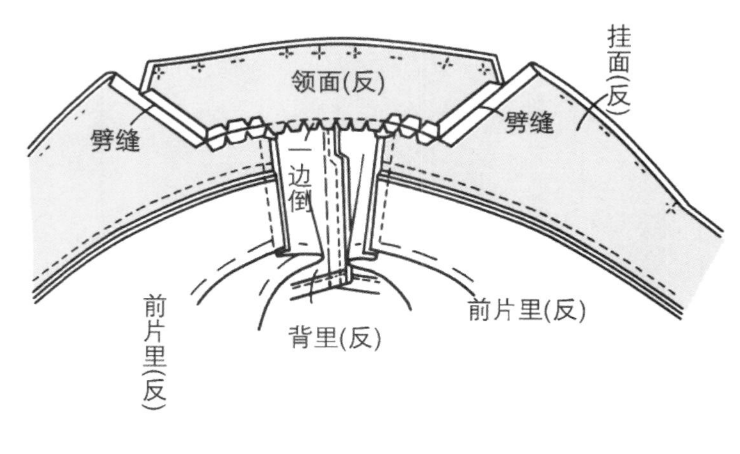

17 在衣片面子上装领里

17–1 缝合领里后中心线，劈开缝头。

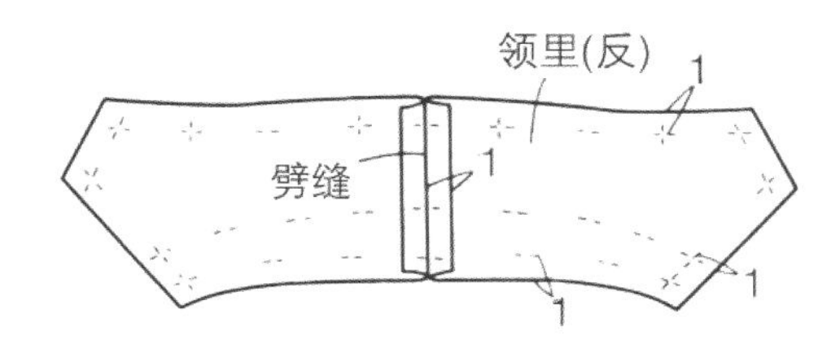

17–2 在领里上贴黏合衬，从正面在翻折线上缉线。

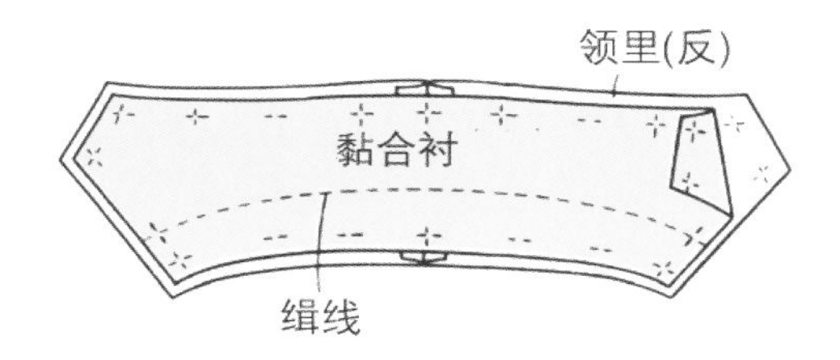

17–3 领里和衣片正面相对叠合，左右装领止点间缝合，在领圈缝头上剪刀口，劈开缝头（参照西服套装第 127、128 页 10–1 ~ 10–5）。

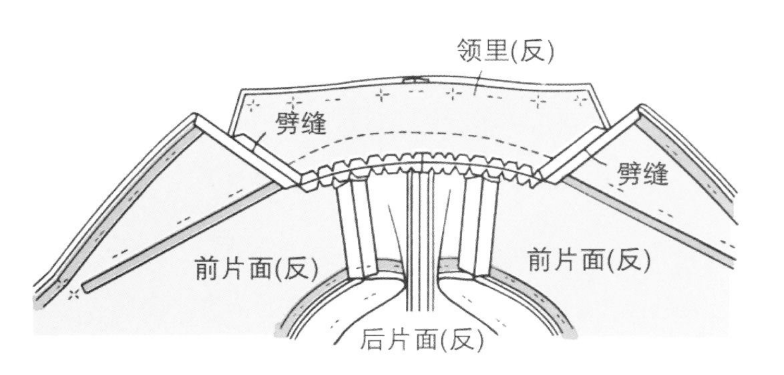

18 缝合衣片面子和挂面、领面和领里

18–1 衣片和挂面、领面和领里正面相对叠合，在装领止点的缝道上穿一根线，打结固定（四片固定）。

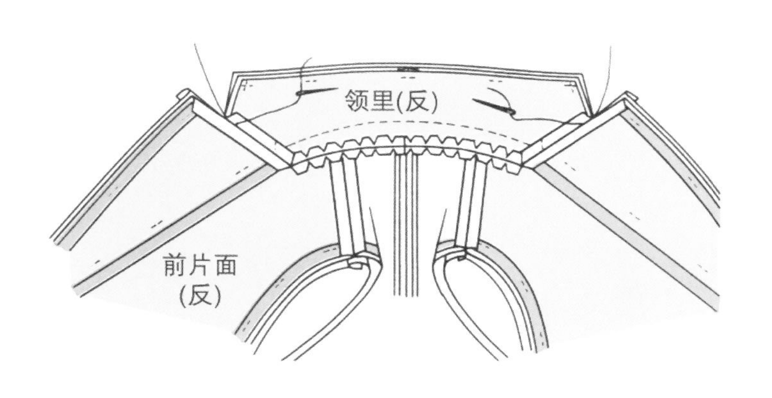

四片一起固定放大图

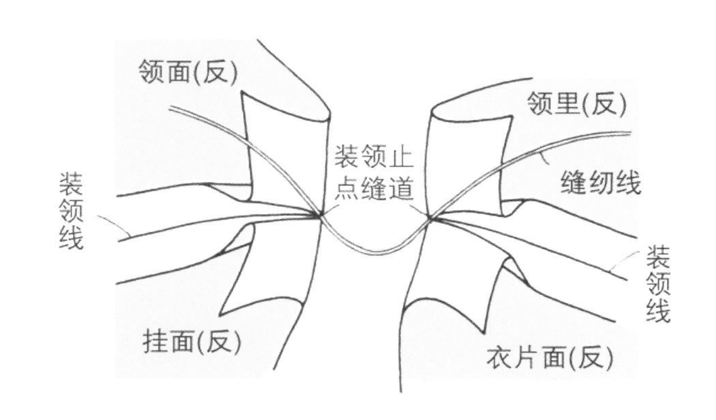

18–2 将衣片放在上面，从右片挂面里侧开始，经叠门、驳领、领子外围线缝一圈，衣片从挂面里侧缝至装领止点。在装领止点处，要注意不要将装领缝头缝进去。领子侧是在两装领止点间缝制，也要注意不要将装领缝头缝进去。

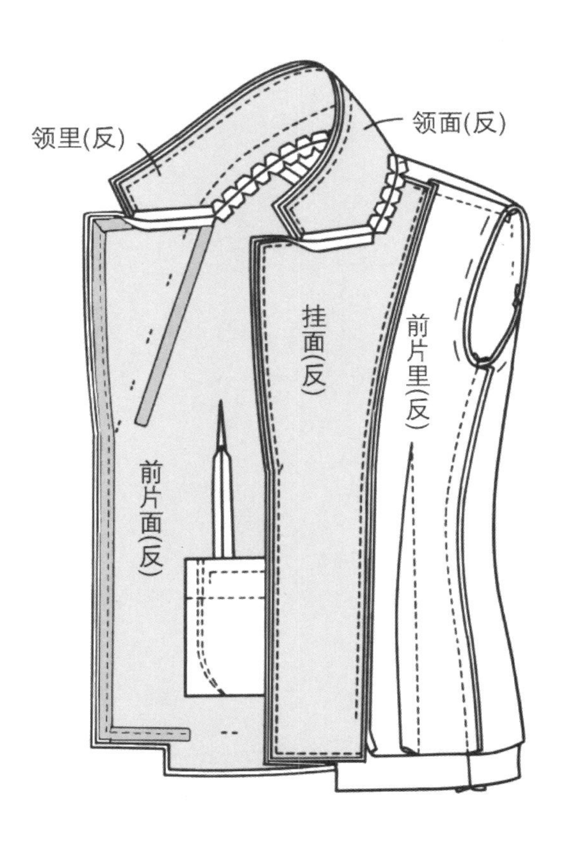

< 放大图 >

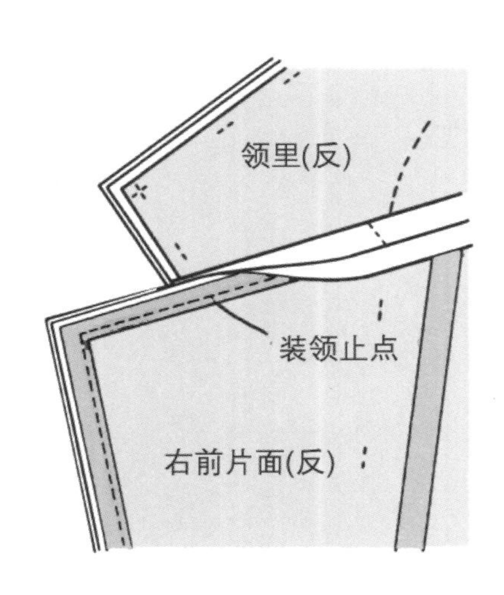

18–3 从下摆倒驳领翻折位置的挂面缝头修剪至 0.5 cm。下摆底角缝头离开缝道 0.2 ~ 0.3 cm 处斜向修剪。

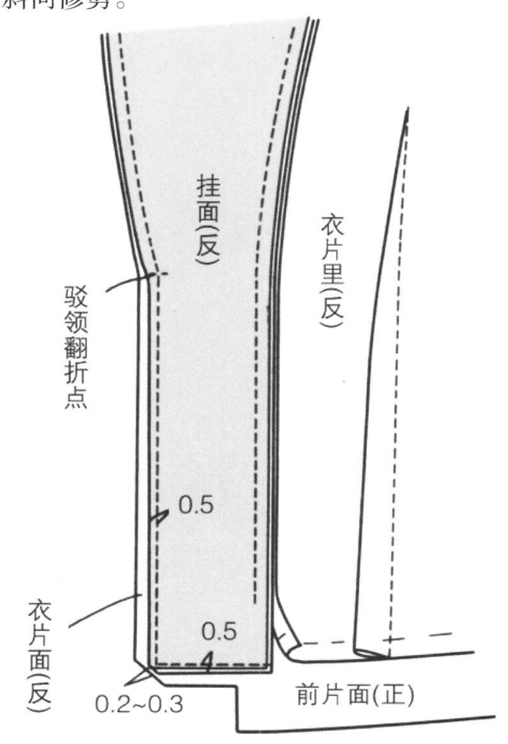

18-4 从翻折点到装领止点的驳领翻折位置处缝头修剪至 0.5 cm，领里缝头同样修剪。领尖缝头从缝道外 0.2 ～ 0.3 cm 处斜向修剪。

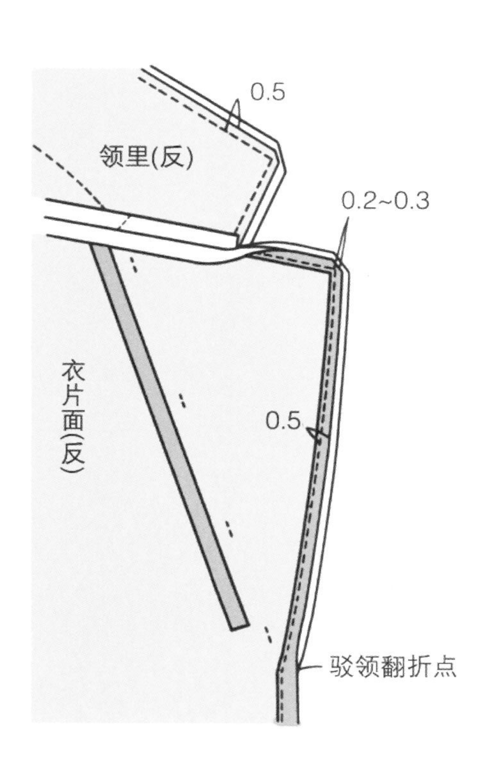

18-5 劈开挂面下摆和叠门止口、驳领和翻领处缝头。

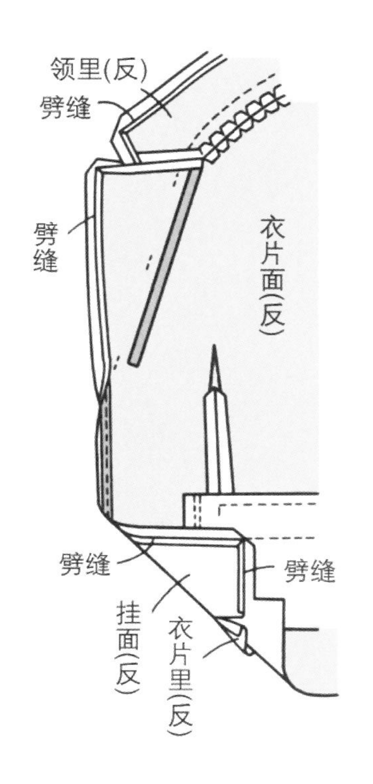

18-6 将挂面和领面翻至正面，叠门止口处挂面退进一点、驳领处衣片退进一点、翻领处领里退进一点熨烫。

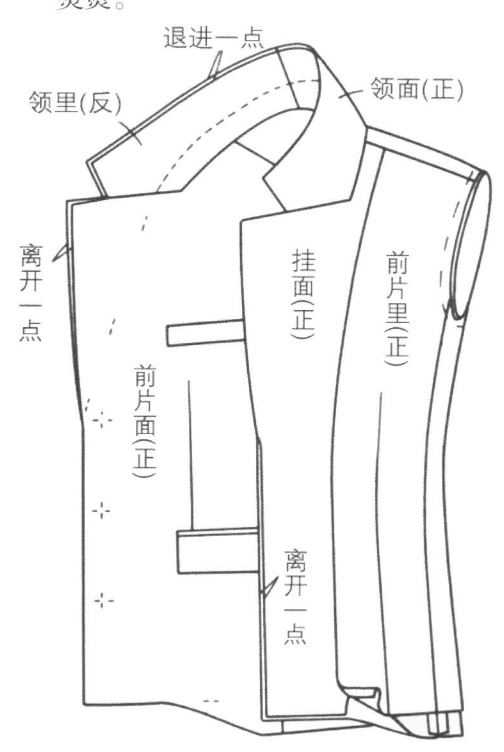

19 下摆处理

19-1 侧片里后侧缝头沿净印折向反面。前片面、里及侧片面、里的下摆正面相对叠合，对齐裁边，以 1 cm 缝头缝合。

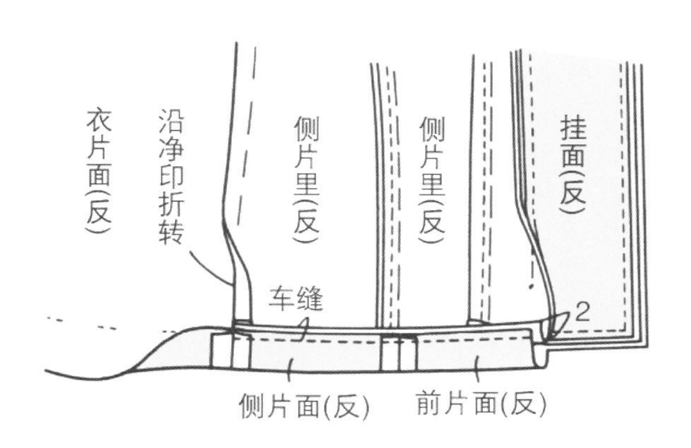

19-2 将里子翻至正面。下摆面子沿净印折进，里子下摆离开下摆面子 2 cm 折进。

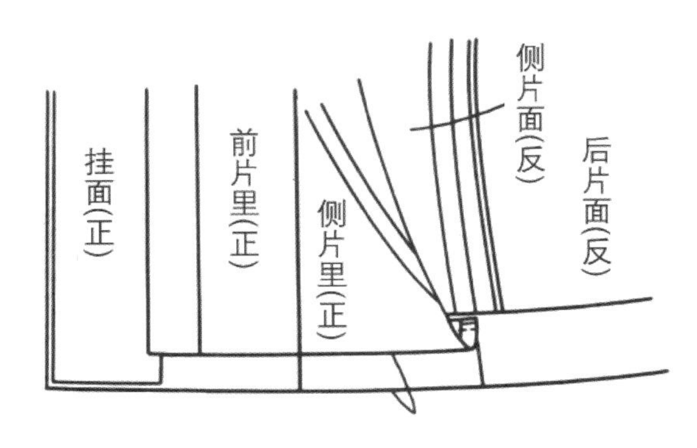

19-3 后片面子下摆折边从侧缝往里 3 cm 处开始滚边处理。

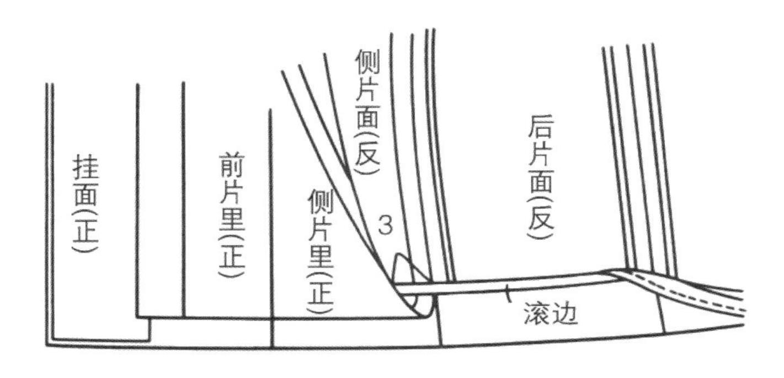

19-4 衣片面子下摆暗缲缝。

19-5 按 149 页 11 将留有缝头的里子纵向缲缝在挂面上。将挂面里侧以卷缝固定在下摆折边上，衣片里下摆用三角针固定 3 ～ 4 cm。

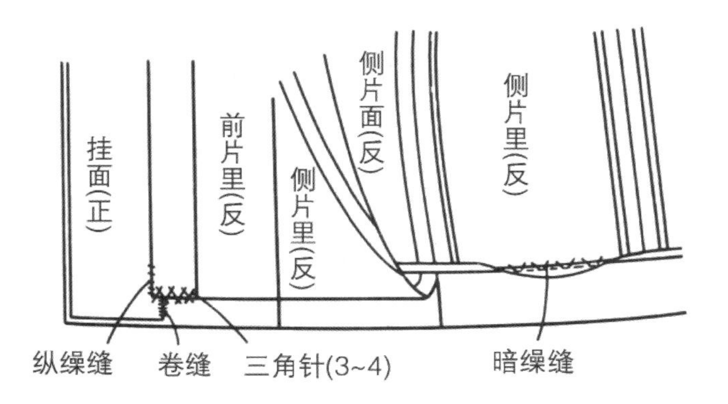

20 做袖面

20-1 大袖面和小袖正面相对叠合，缝合袖底线，劈开缝头。

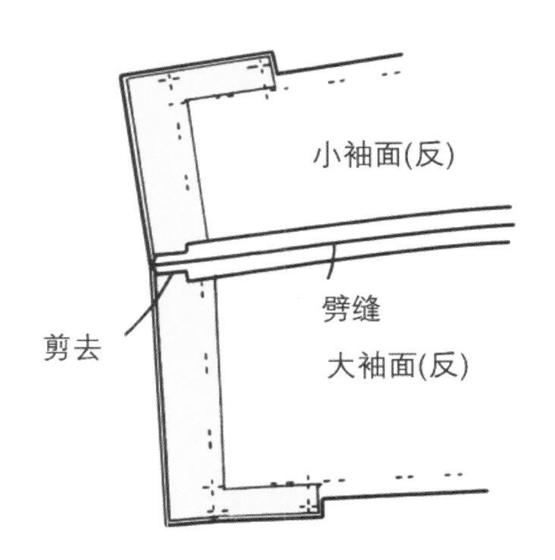

20-2 袖口折边按净印折进，大、小袖面正面相对叠合，缝合肘侧线。开衩部分离开净印 2 cm 在缝头侧缝制，在小袖缝头上剪刀口。

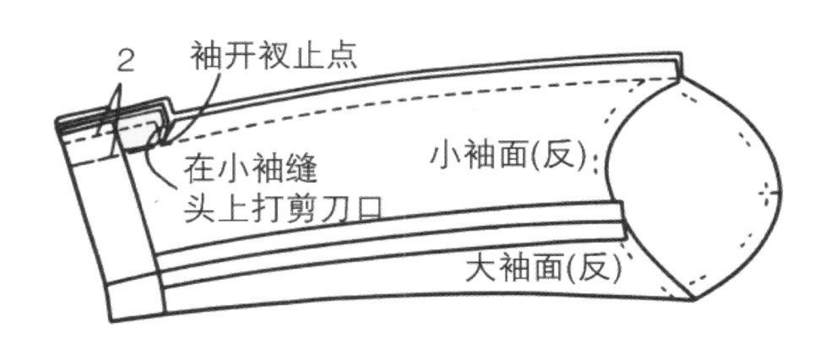

20-3 开衩缝头倒向大袖侧，其他缝头劈缝。

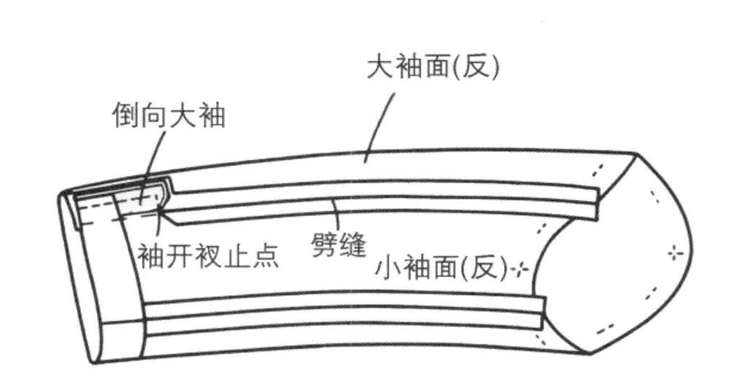

21 做袖里

大、小袖里正面相对叠合，分别沿袖底线和肘侧线净印疏缝，留 0.2 ~ 0.3 cm 余折缝头后缝合。缝头从疏缝位置倒向大袖。

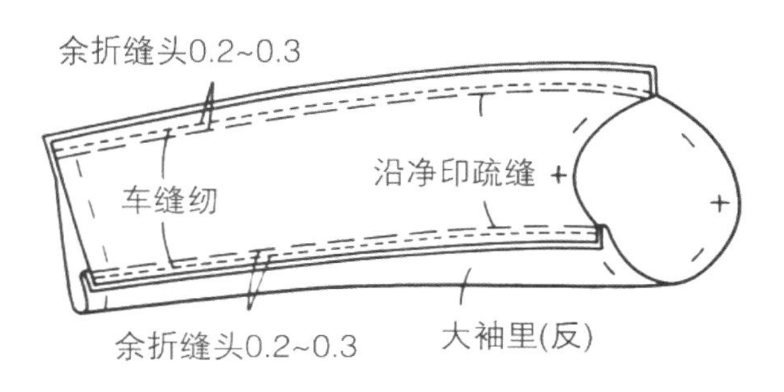

22 装袖里

22–1 袖面和袖里正面相对叠合，对齐裁边，裁边往里 1.5 cm 处缝合。袖面口折边按净印折进，缲缝固定。

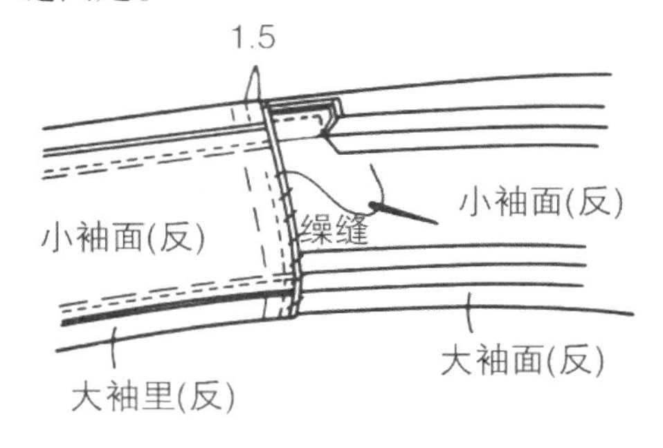

22–2 袖里离开袖面 2 cm 折进，在开衩部分残留缝头处缲缝。开衩处裁边用卷缝固定在袖口折边上。

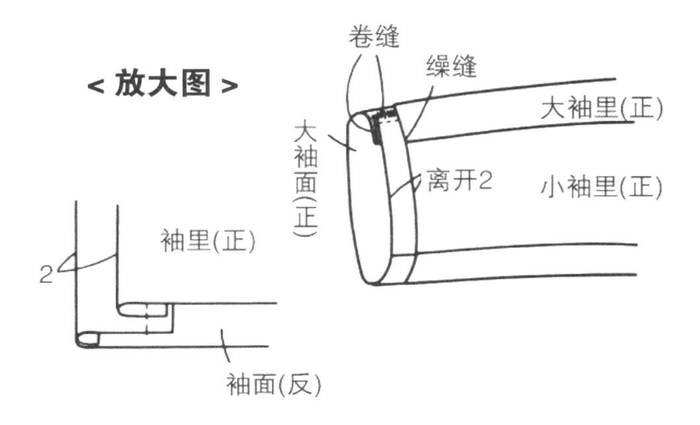

23 固定袖面和袖里

23–1 袖面和袖里正面相对叠合，离开袖山、袖口 8 ~ 10 cm，将大袖缝头中间固定。

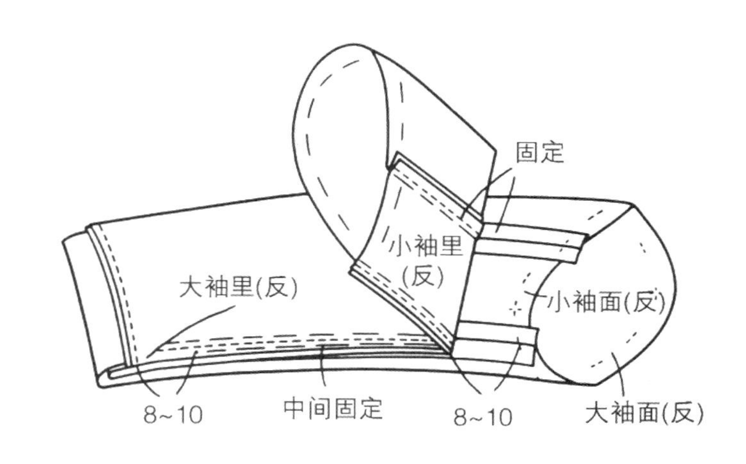

23–2 将袖子翻至正面，在袖开衩处钉钮扣（挑起下片布丝，但不要穿透到布里）。

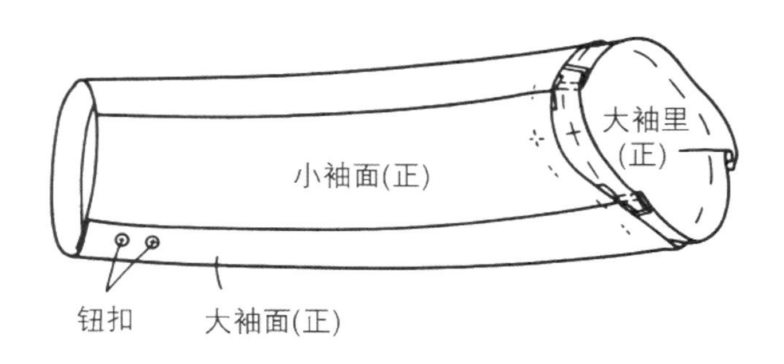

24 装袖面

参照夏乃尔套装第 22 页 18–1 ~ 18–3。

25 装袖山衬条

为了使袖山胖势更圆顺，将袖山衬条顺应袖窿形状用大头针固定，然后在装袖缝道边上缝合。

袖山衬条可以用斜料的面料、毛衬、胖哔叽或毛黏衬等作为袖山布，也可以在市面上买，可选用一些厚度和弹性适度的材料来做。

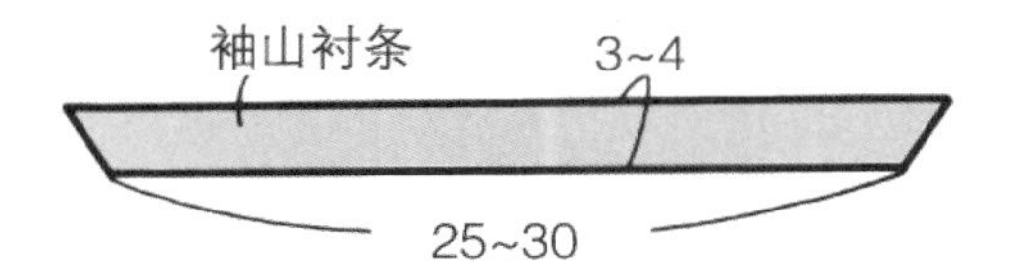

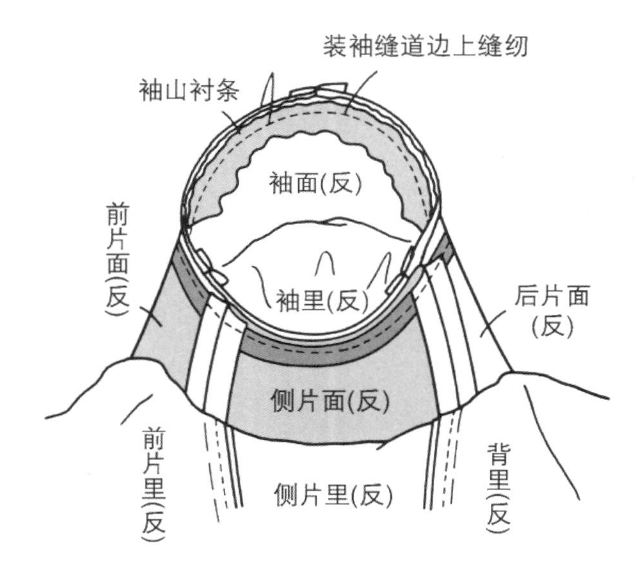

26 装袖里

在袖里袖山缝头上疏缝，和衣片里正面相对叠合，沿袖窿净印缝制。难缝的情况下可分成 2 次缝制。

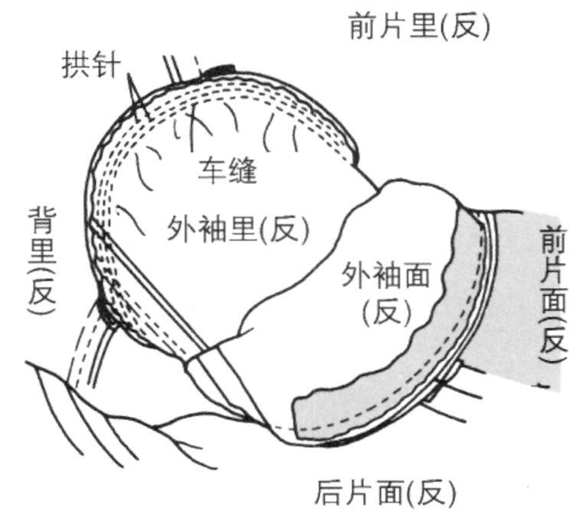

27 装垫肩

参照夏乃尔套装第 23、24 页 21–1 ~ 21–4。

28 固定衣片面、里袖窿

翻起背里，叠合面、袖里窿缝头，在袖山侧固定 5 cm，袖底侧固定 3 cm。

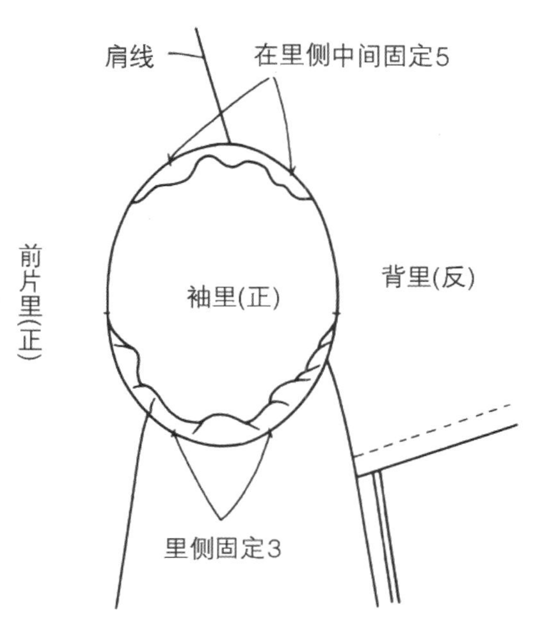

29 缲缝里子侧缝

里子侧片侧缝沿净印折向反面，纵缲缝固定在侧片面子缝头上。

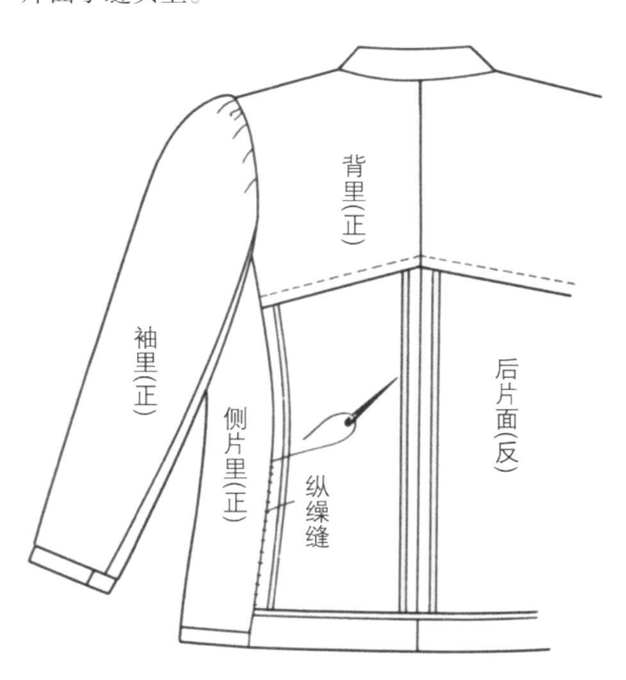

30 用线袢固定背里

背里和面子后片中心线用 1 cm 长的线袢固定（参照第 253 页）。

31 整烫

31–1 拆除残留疏缝线，用熨斗整烫。

31–2 锁圆头钮眼，钉扣（参照第 249、251 页）。

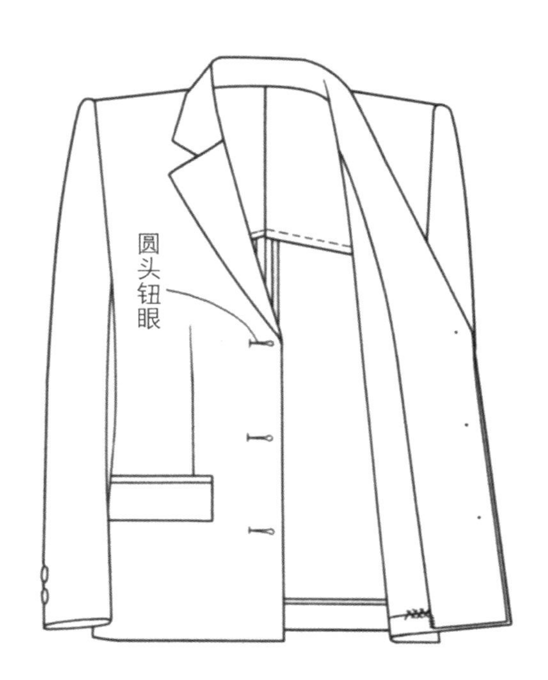

裙子缝制方法

1　裙片面子缝省道

1-1　在后片装拉链缝头上贴直牵条衬，在开衩里襟上贴黏衬。后中心线、侧缝、底摆从正面锁边。

1-2　缝合前、后片省道，缝头倒向中心，在腰口缝头上剪刀口。

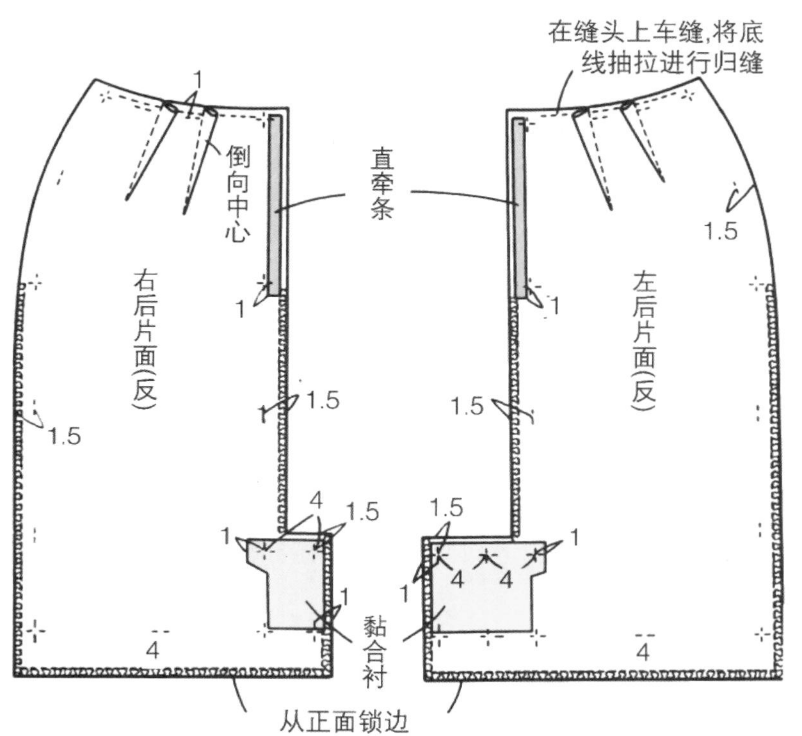

2　缝合后片中心线

2-1　左右后片正面相对叠合，在中心线上从拉链开口止点到开衩止点处缝合，并继续至里襟处。

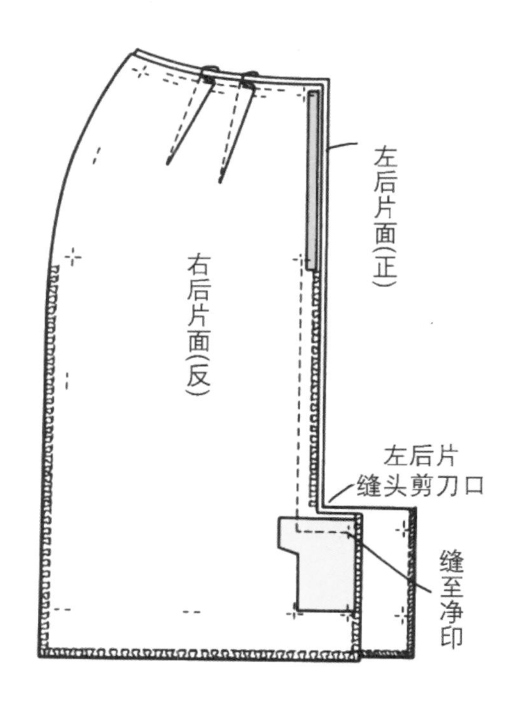

2-2　在左片开衩止点处的缝头上剪刀口，劈开缝头，底摆折边和里襟按净印折转。

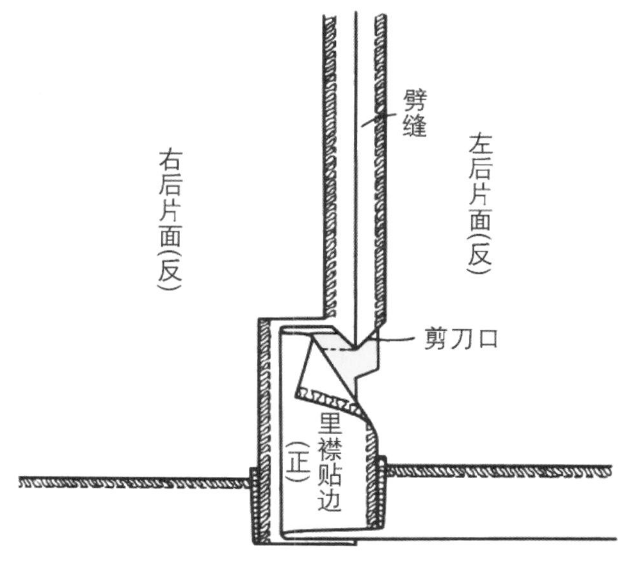

2-3　将右片拉链开口缝头按净印折进。左片拉链开口缝头从净印外 0.2 ~ 0.3 cm 处折进。

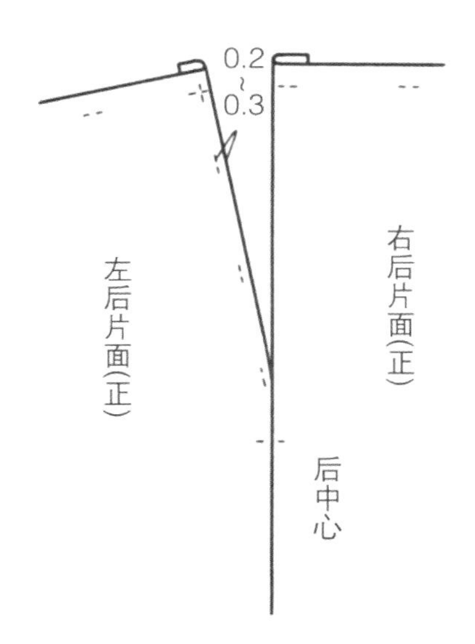

3　缝侧缝

参照夏乃尔套装第 28 页。

4　做里子

4-1　将前后片里子省道折叠成褶裥状，在腰口缝头处缝合固定。

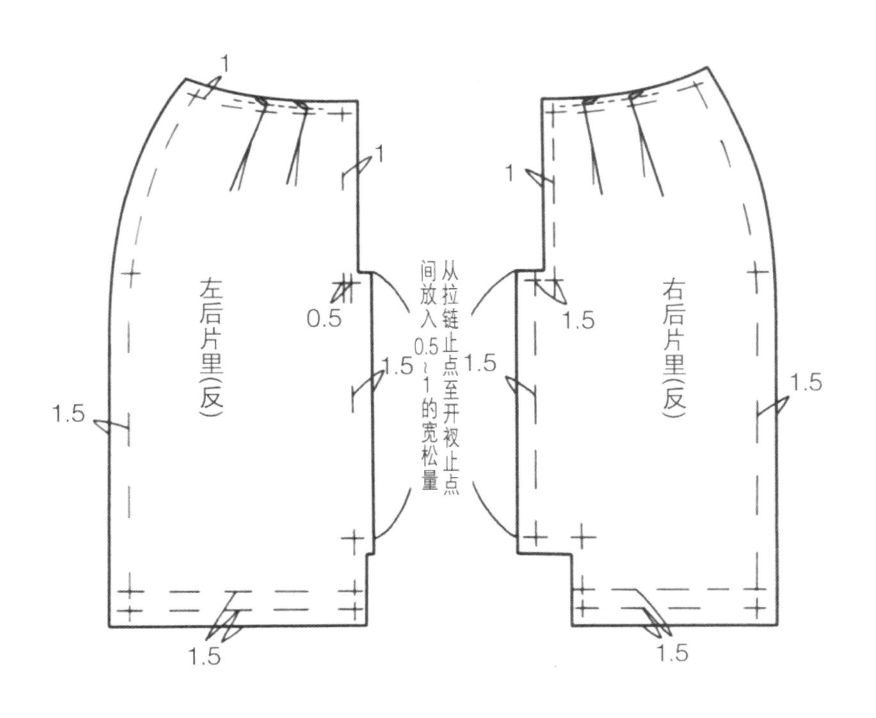

4-2　左右后片里子正面相对叠合，在中心线上从拉链止口缝至开衩止点处，两片一起锁边。

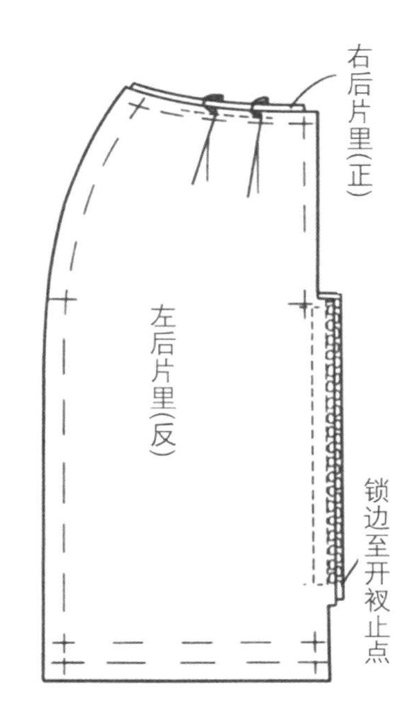

4-3　后中心线缝头倒向左片。

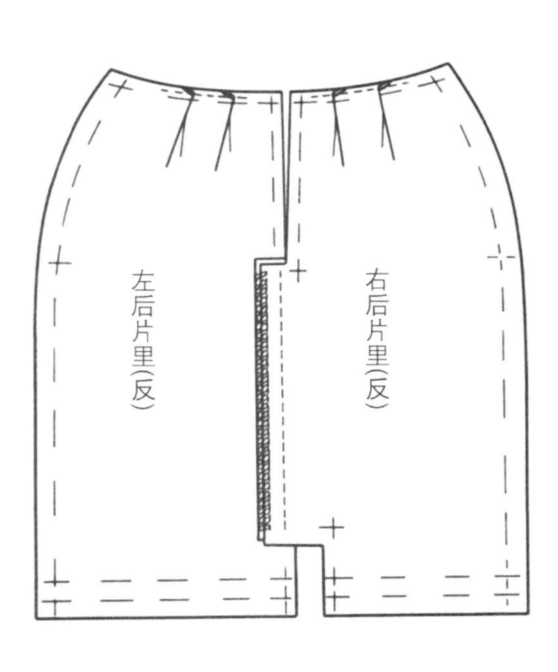

5　里子装拉链

5-1　将右后片里子正面和拉链反面叠合，拉链上止和腰口裁边以下 1.5 cm 处对合。拉链布和后中心裁边 0.75cm 内侧对齐，在离开右后片裁边 1 cm 宽处缝合拉链至装拉链止点。在拉链止点位置，将机针落下，然后向着机针在右后片里缝头上剪刀口。

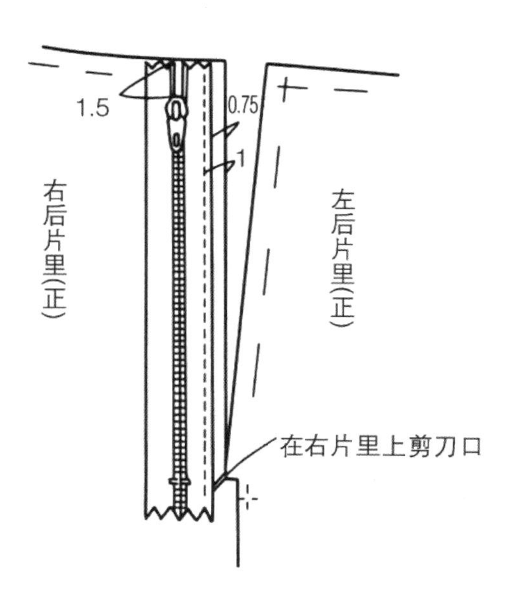

5-2　机针落下，将右后片里和拉链一起翻转，在拉链止点处横向缝合，缉缝固定至拉链布端内侧 0.25 cm 处。机针落下，掀起拉链，在左片里子缝头上向着机针剪刀口。

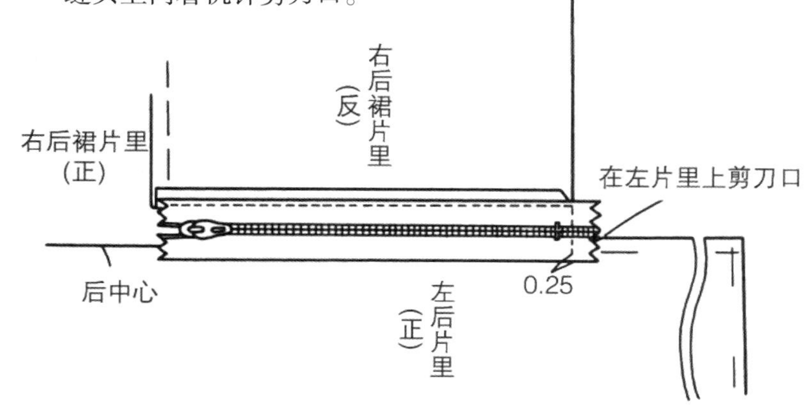

5-3　机针落下，将左片里子和拉链一起翻转，将左片缝头裁边往里 0.75 cm 处和拉链布端对合，离开左片裁边 1 cm 宽处缝合。

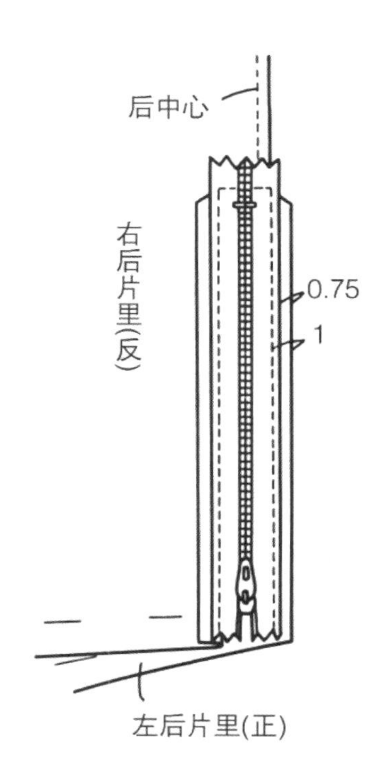

5-4　正面里子在装拉链位置周围压缉缝。

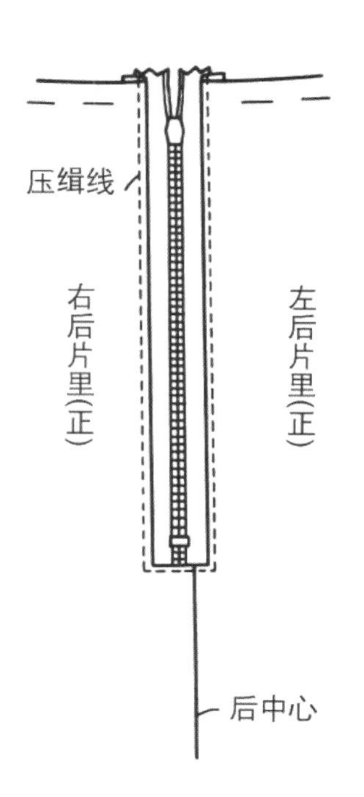

6 缝里子侧缝

6-1 将前、后片里子正面相对叠合，缝合侧缝，缝头1 cm。两片缝头一起锁边，然后从净印线倒向后片。

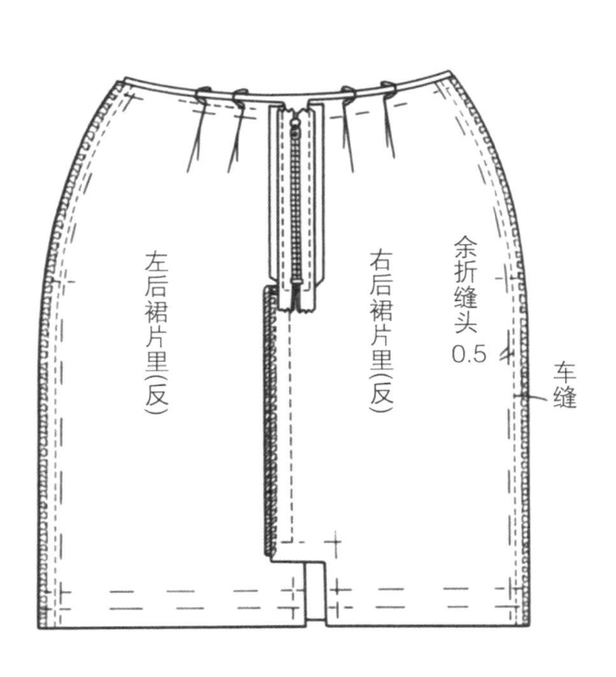

6-2 里子底摆以 1.5 cm 宽度折三折压缉缝。

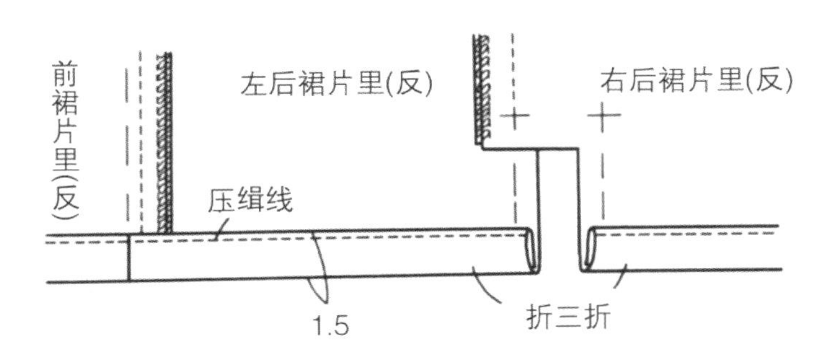

7 裙片面子装拉链

7-1 将拉链垫在左片面装拉链位置（拉链牙从腰口裁边以下 1.5 cm 处开始），并缉明线，到开口止点下 1.5 cm 处为止。

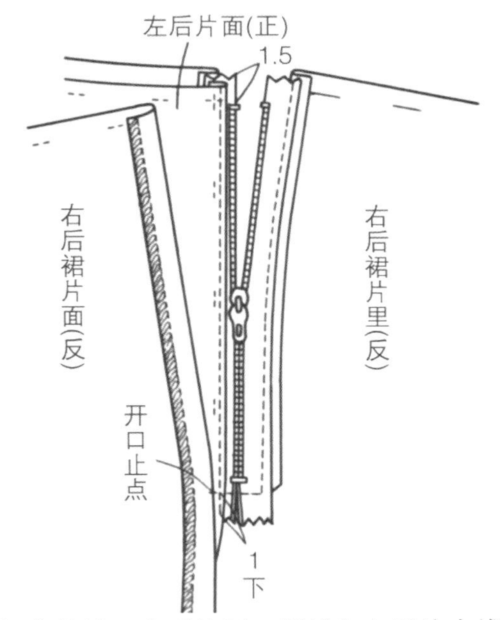

7-2 闭合拉链，右后片开口折线和左后片中线叠合，从拉链止口处开始车缝。装拉链宽度为 0.8 ~ 1 cm。裙片面、里腰口净印对合，在缝头上车缝固定。

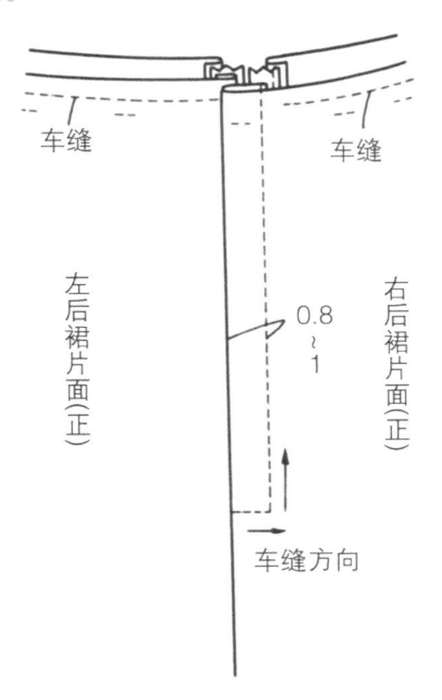

8 做后开衩

8-1 右后片面、里正面相对，里子底摆离开面子底摆 3 cm 对合，裁边往里 1 cm 处缝合至开衩转角处。机针落下，在里子缝头上对着机针剪刀口。

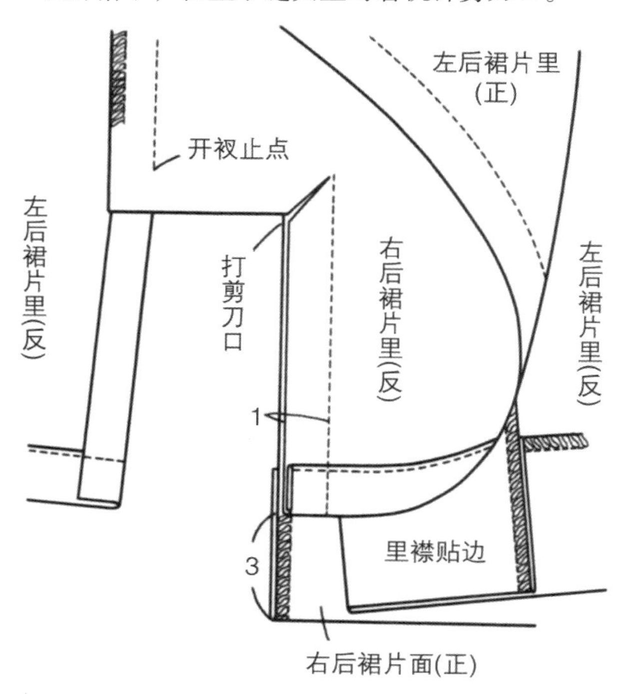

8-2 机针落在那里，翻转裙片，叠合开衩缝头，缝合左右裙片面子开衩里襟和里子，至开衩止点处。

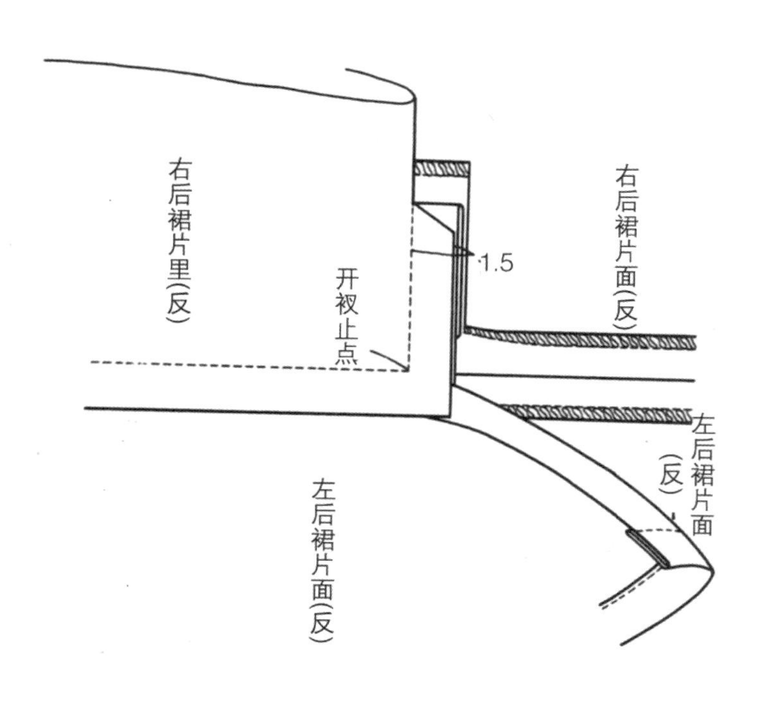

8-3 左后片里子和左后片面子开衩端正面相对叠合，从开衩止点处缝至底摆。

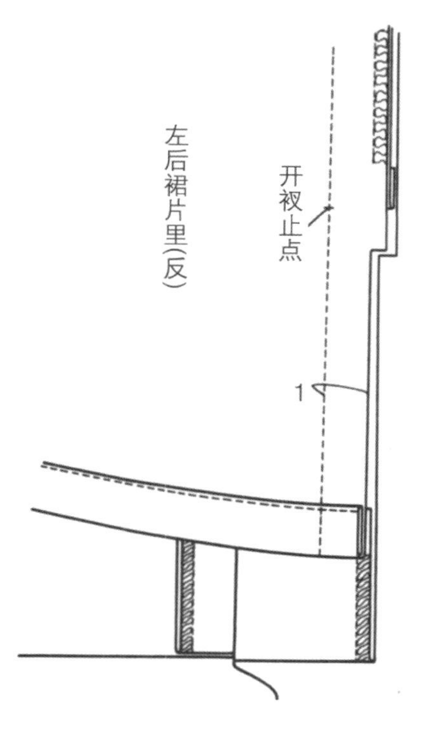

8-4 暗缲裙片面子底摆折边，熨烫裙里，用三角针固定开衩端，底摆也同样固定 3 ～ 4 cm。

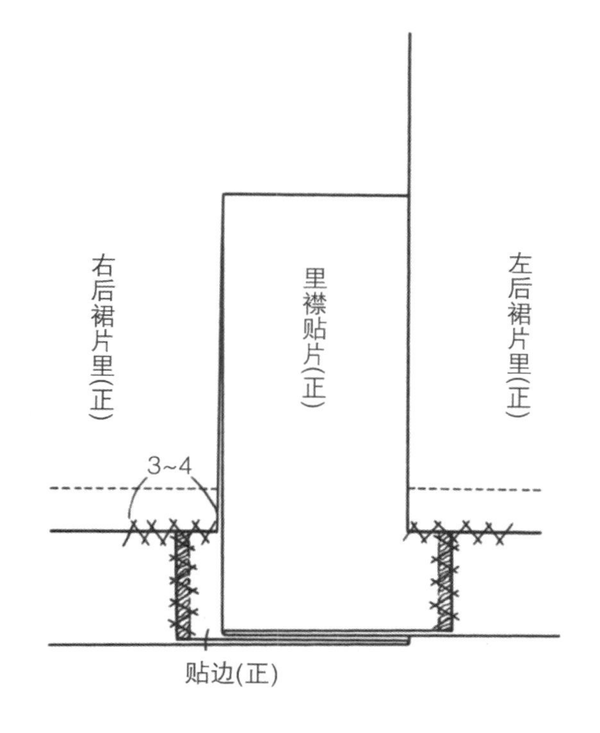

9 装裙腰

9-1 在腰头布反面贴黏合衬，腰头里布从正面锁边。

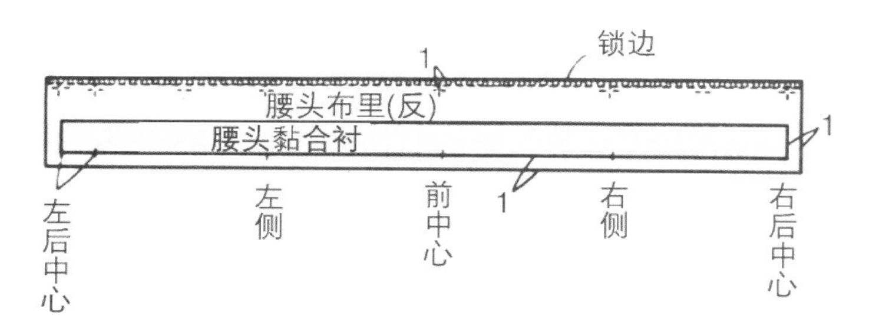

9-2 裙片面子和腰头布面正面相对，对准吻合点，以 1 cm 缝头缝制。因为左片装拉链处在后中心处要探出，所以缝合时要对合后中心净印和腰头吻合点。

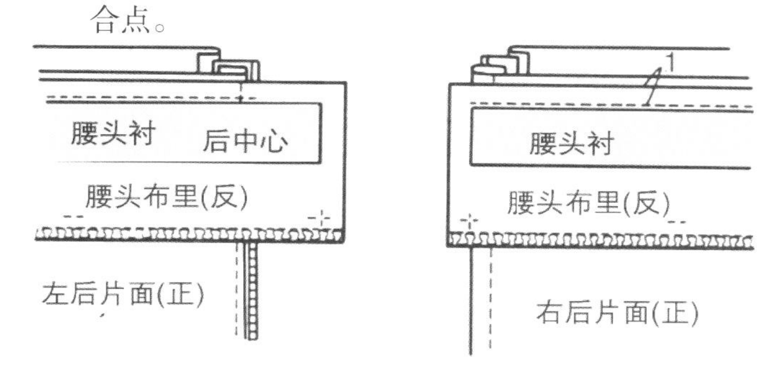

9-3 腰头布正面相对对折，两端在腰头衬厚份外缝合。

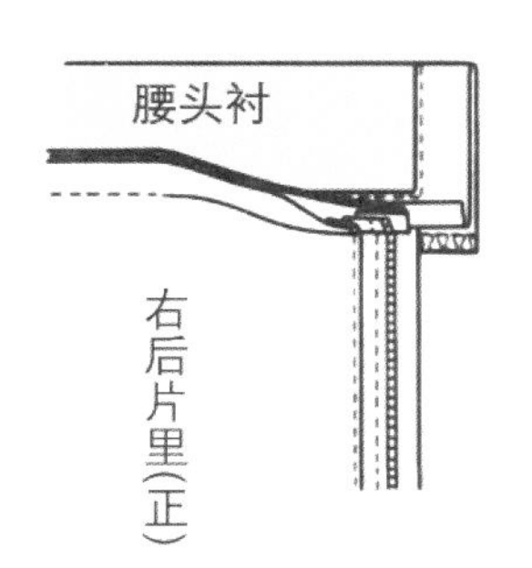

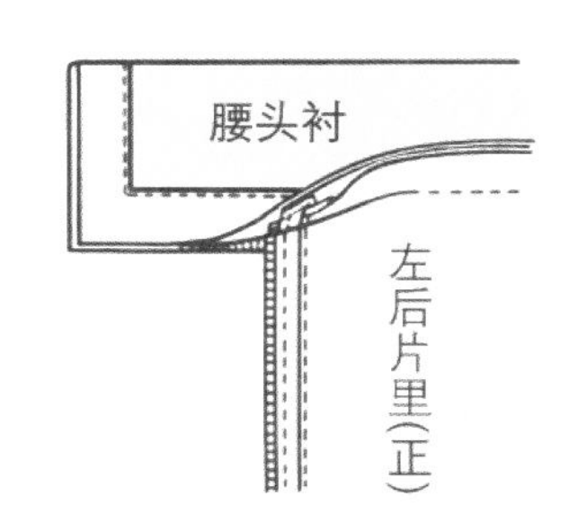

9-4 将腰头翻至正面，将腰口缝头掖在腰头布中间，在装腰线上从正面缝漏落缝，固定腰头里子布。

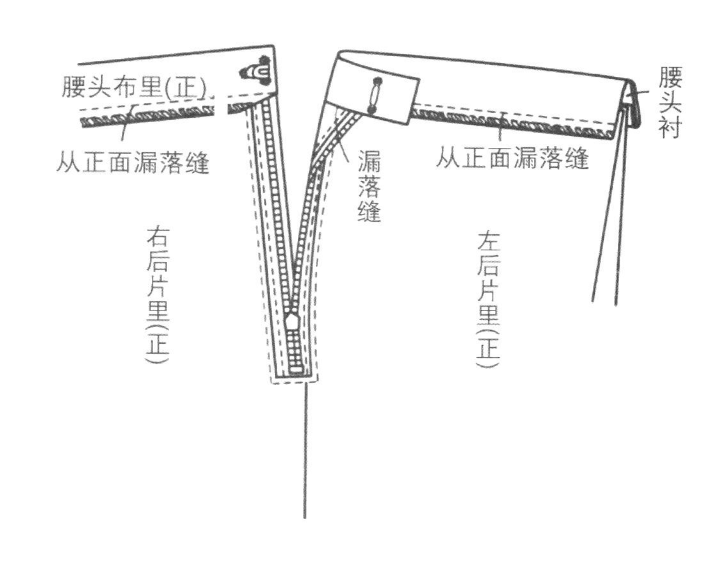

10 钉钩袢

10-1 在上片腰头内侧钉钩。在正面不露针脚，因此缝针只挑到衬布为止。

10-2 闭合拉链，注意钩、袢平衡，在里襟上钉袢，缝针穿透腰里（参照夏乃尔套装第 31 页 8-1、8-2）。

戗驳领套装 A

这是一种具有干净利落感觉的男性化裤套装。

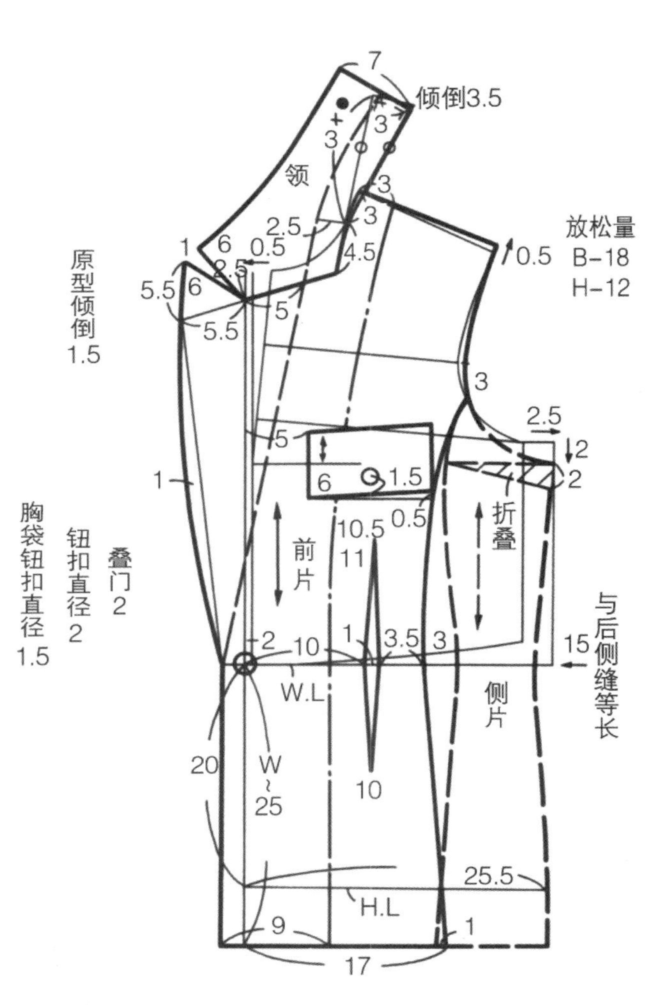

用料

面料　门幅 150 cm，2.5 m

里料　门幅 90 cm，1.8 m

黏合衬　门幅 90 cm，1.5 m

附件

钮扣（直径 2 cm）　1 粒

　　（直径 1.5 cm）　2 粒

垫肩（厚度 1 cm）　1 副

袖山衬条　1 副

牵条衬（直牵条）　1.5 cm 宽，1.3 m

　　　（斜条衬）　1 cm 宽，0.4 m

拉链（比开口尺寸短 1.5 cm）　1 根

裤钩袢　1 副

腰头衬　3 cm 宽，0.7 m

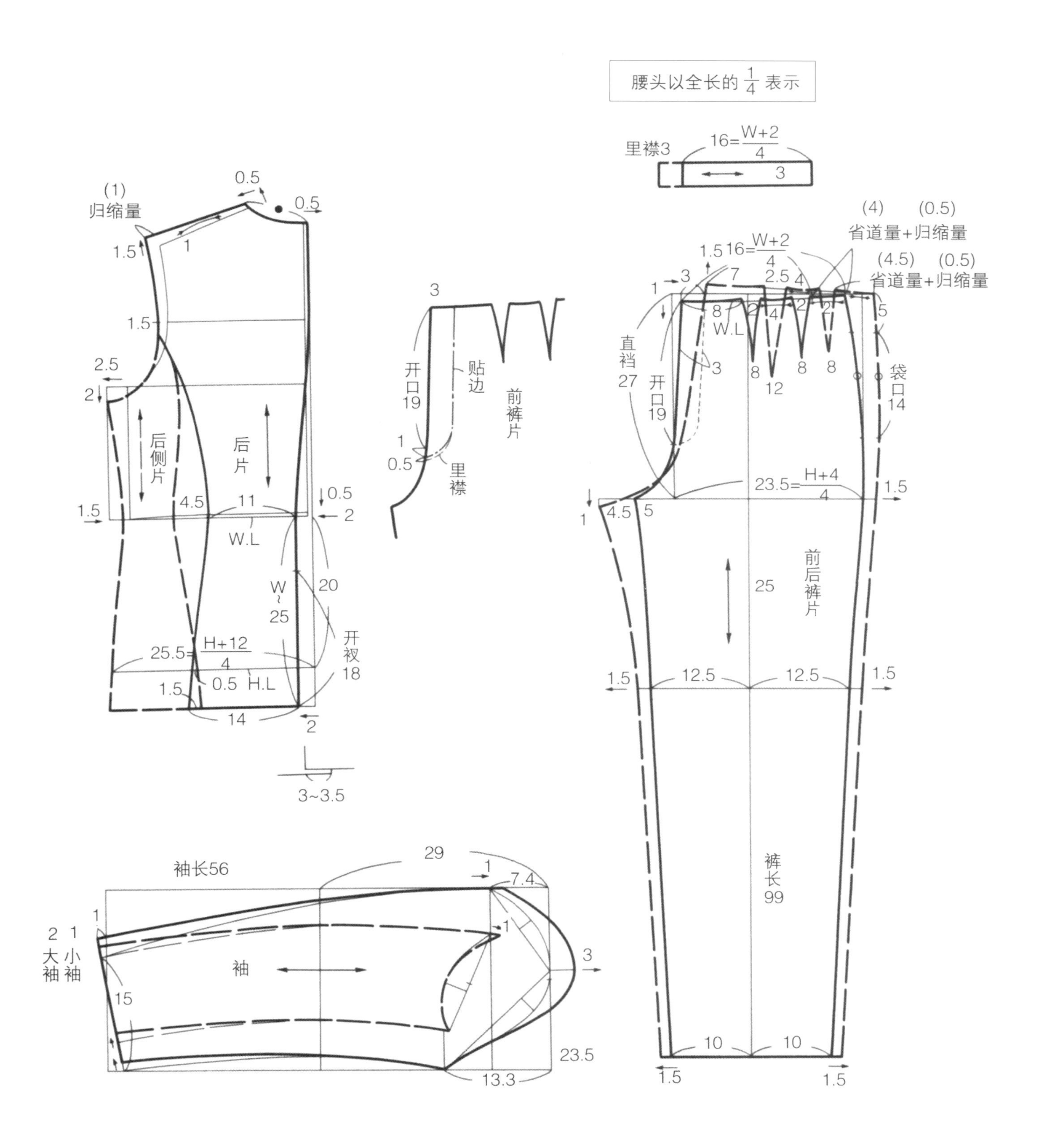
腰头以全长的 1/4 表示
里襟3
16=(W+2)/4
3
(1)
归缩量
0.5
0.5
1.5
1
1.5
2.5
2
后侧片
后片
1.5
4.5
11
0.5
2
W.L
W~25
20
开衩
18
25.5=(H+12)/4
1.5
0.5
H.L
14
2
3~3.5
3
开口
19
贴边
前裤片
1
0.5
里襟
(4) (0.5)
省道量+归缩量
(4.5) (0.5)
省道量+归缩量
1.5
16=(W+2)/4
3
7
2.5
4
1
8
W.L
2
4
2
2
5
直裆
27
开口
19
3
8
12
8
8
袋口
14
23.5=(H+4)/4
1.5
1
4.5
5
前后裤片
25
1.5
12.5
12.5
1.5
裤长
99
10
10
1.5
1.5
袖长56
29
1
7.4
1
2 1
大袖 小袖
1
袖
3
15
23.5
13.3

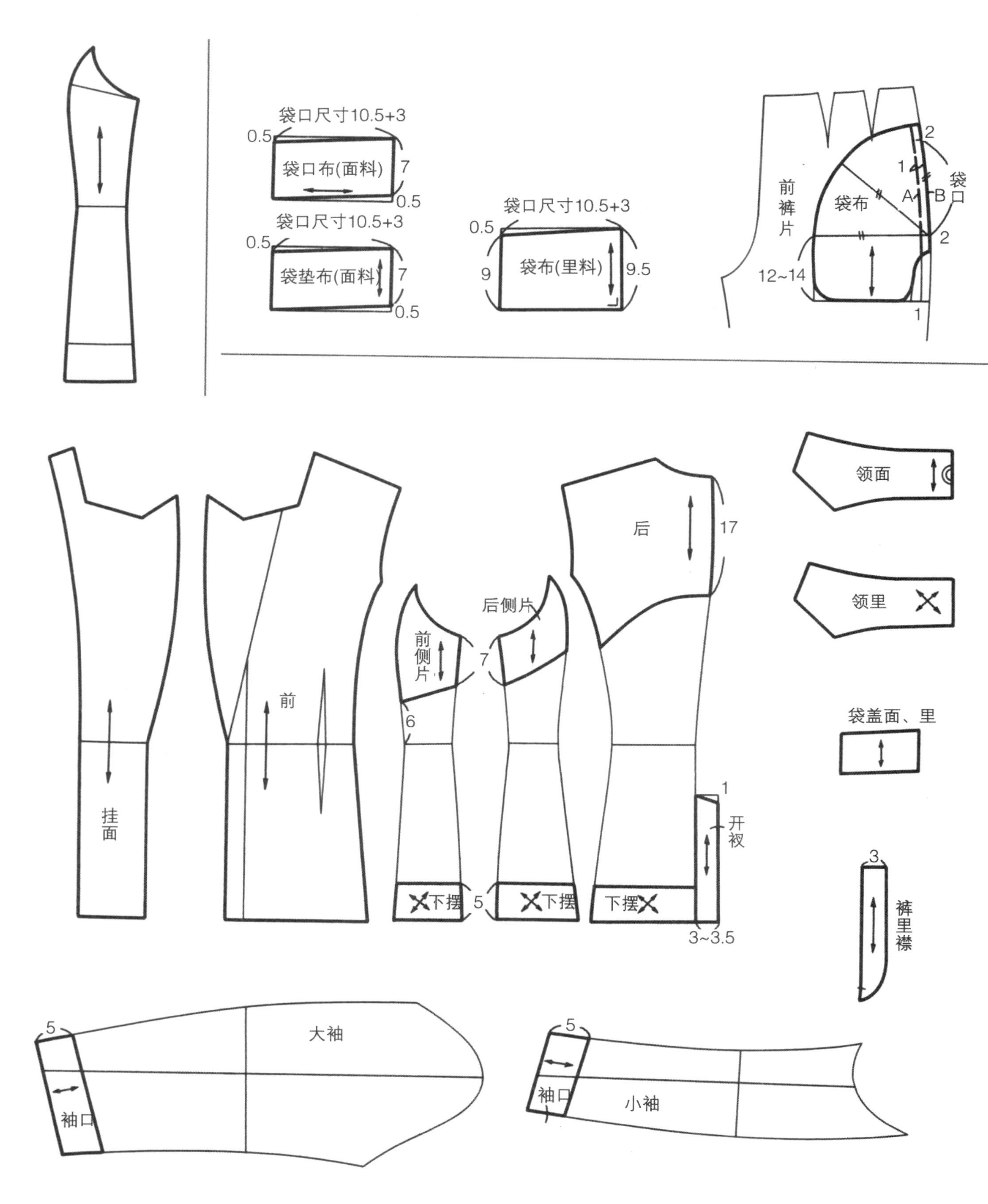

袋口尺寸10.5+3
0.5
袋口布(面料)
7
0.5
袋口尺寸10.5+3
0.5
袋垫布(面料)
7
0.5
袋口尺寸10.5+3
0.5
9
袋布(里料)
9.5
2
1
袋口
A
B
前裤片
袋布
2
12~14
1
领面
领里
后
17
后侧片
前侧片
7
6
前
挂面
1
开衩
下摆
5
下摆
下摆
3~3.5
袋盖面、里
3
裤里襟
5
大袖
袖口
5
袖口
小袖

格子的种类

上下左右对称的格子

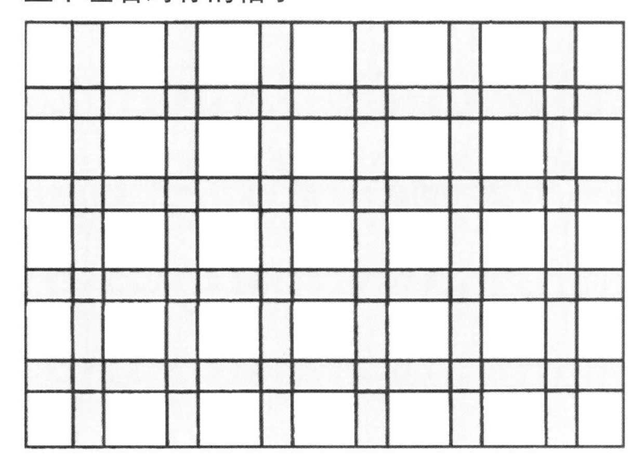

无上下、左右方向性的面料可套排裁剪。
中心定得不一样，效果也不一样。

鸳鸯格

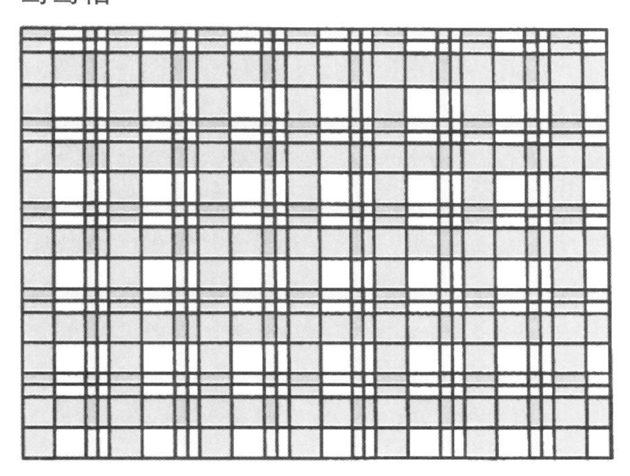

因为有上下、左右的方向性，所以裁剪时按同一方向裁剪。

对格

纵向格子

- ★ 因为前后中心都是较引人注意的地方，所以要先对格，然后将侧片、大袖、小袖进行对格。
- ★ 在侧片拼接线位置注意不要使纵向格子重叠。
- ★ 挂面通常是将驳领边缘与纵向格子对合。口袋靠前中心侧对格。
- ★ 裤子为了与上衣相连接，对合中心线格子。

横向格子

- ★ 衣片下摆线、腰围线、臀围线等处对格。
- ★ 袖子与前衣片装袖线格子对合，小袖与大袖在袖底线处格子不要错开。
- ★ 裤子与衣片下摆对格。

领面

- ★ 领面和后衣片在后中心纵向格子对合，领子外围线格子在穿着时要与后衣片横向格子对合。

中心定位方法

A 前后衣片中心线与格子中心对合

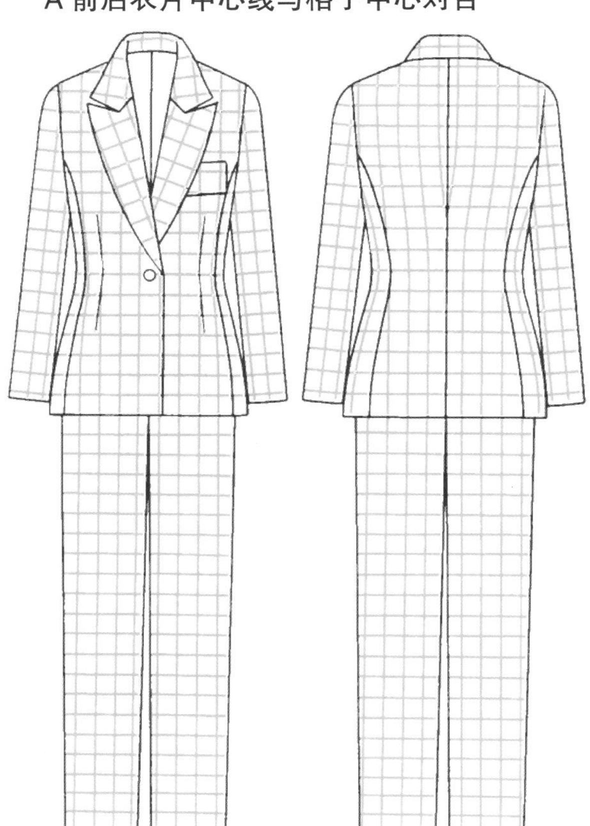

B 前后衣片中心线与格子纵线对合

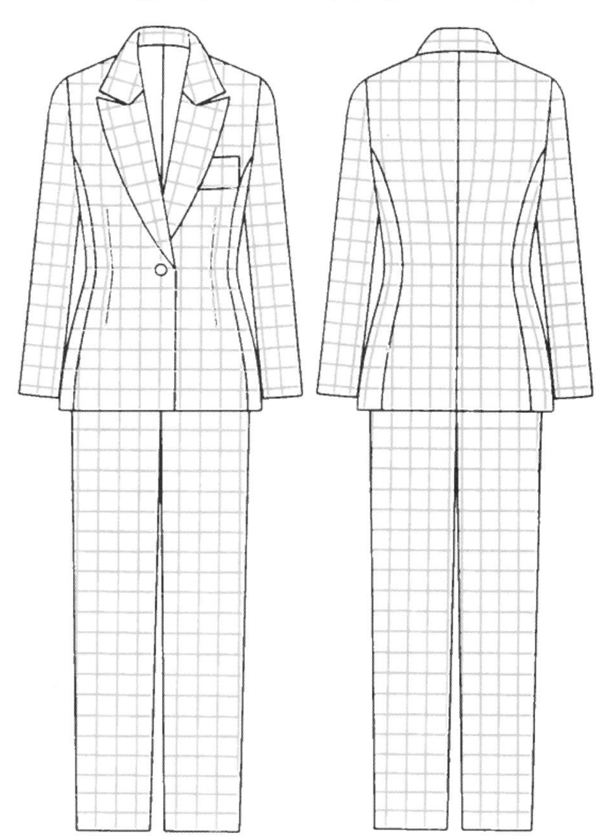

纸样放置方法（A 情况）

衣片

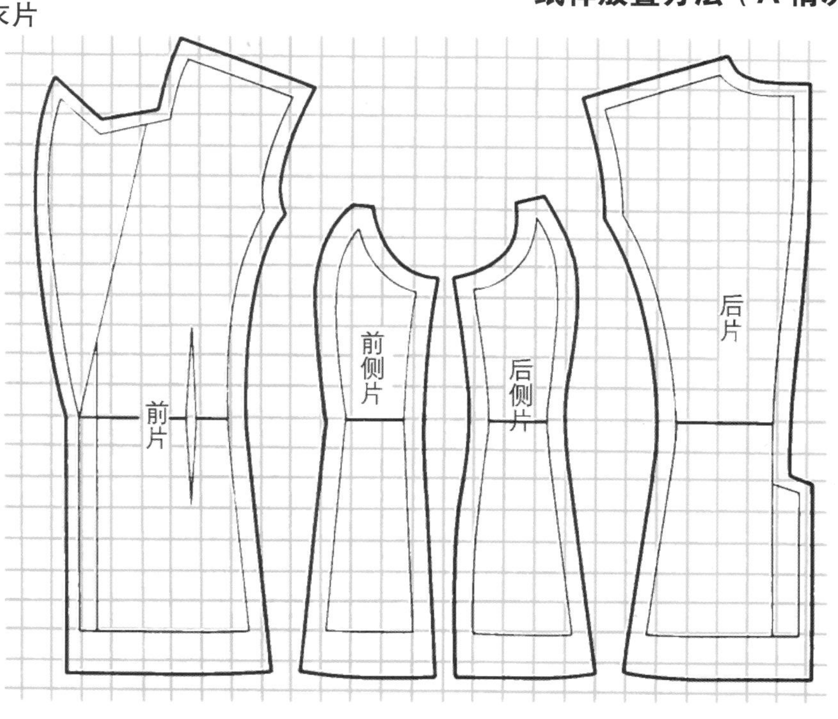

袖

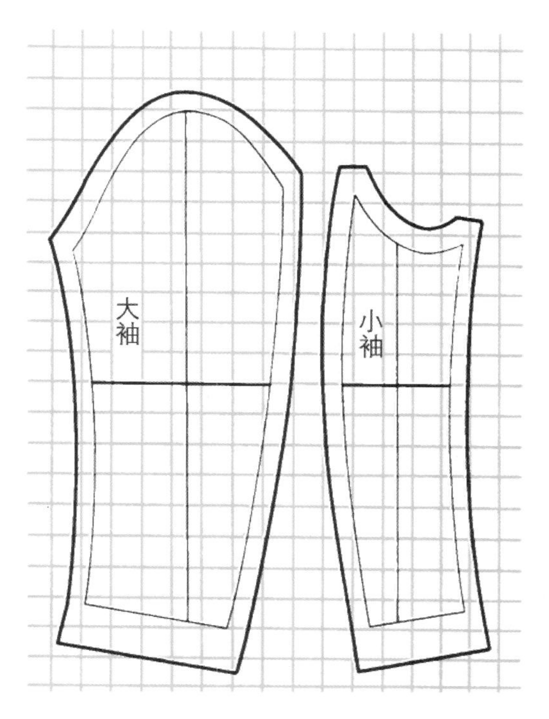

裤子

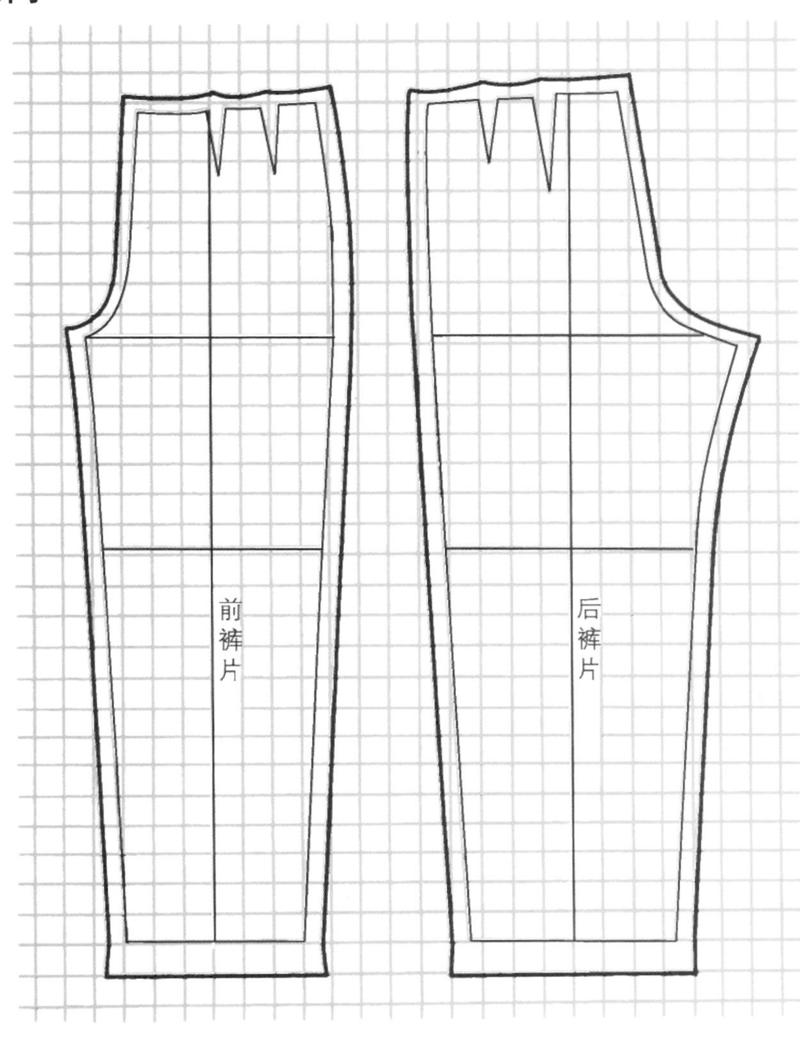

后衣片和翻领的对格方法

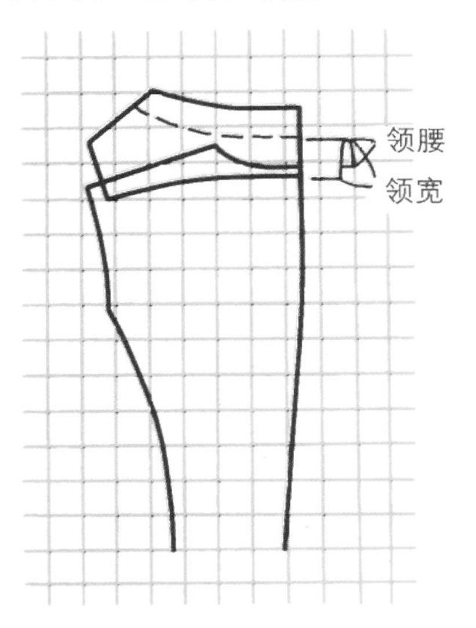

驳领对格方法

与衣片同布纹的驳领和翻领的对格（A 中的驳领）

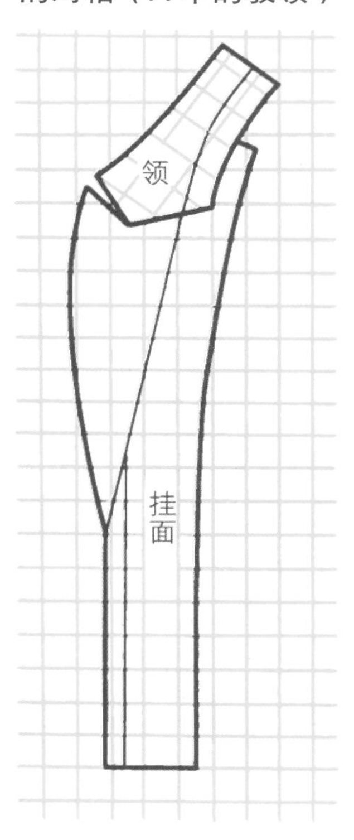

驳领前端和格子纵向对合的方法

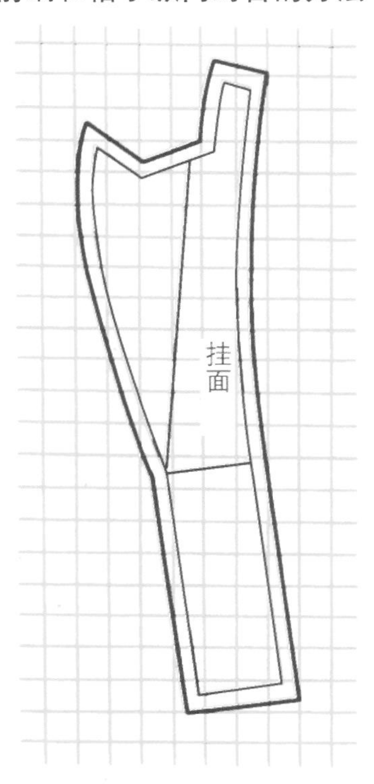

裁剪

先进行布料整理（参照第 242 页），然后参照裁剪图进行面料裁剪。由于体型因素需要补正的地方或对于易散边的面料，缝头要多放一些。如果是有花纹的面料，裁剪时还要考虑对花。这张裁剪图是按同一方向排列纸样的，如果面料许可，也可以将纸样插入进行套裁。

面料裁剪图

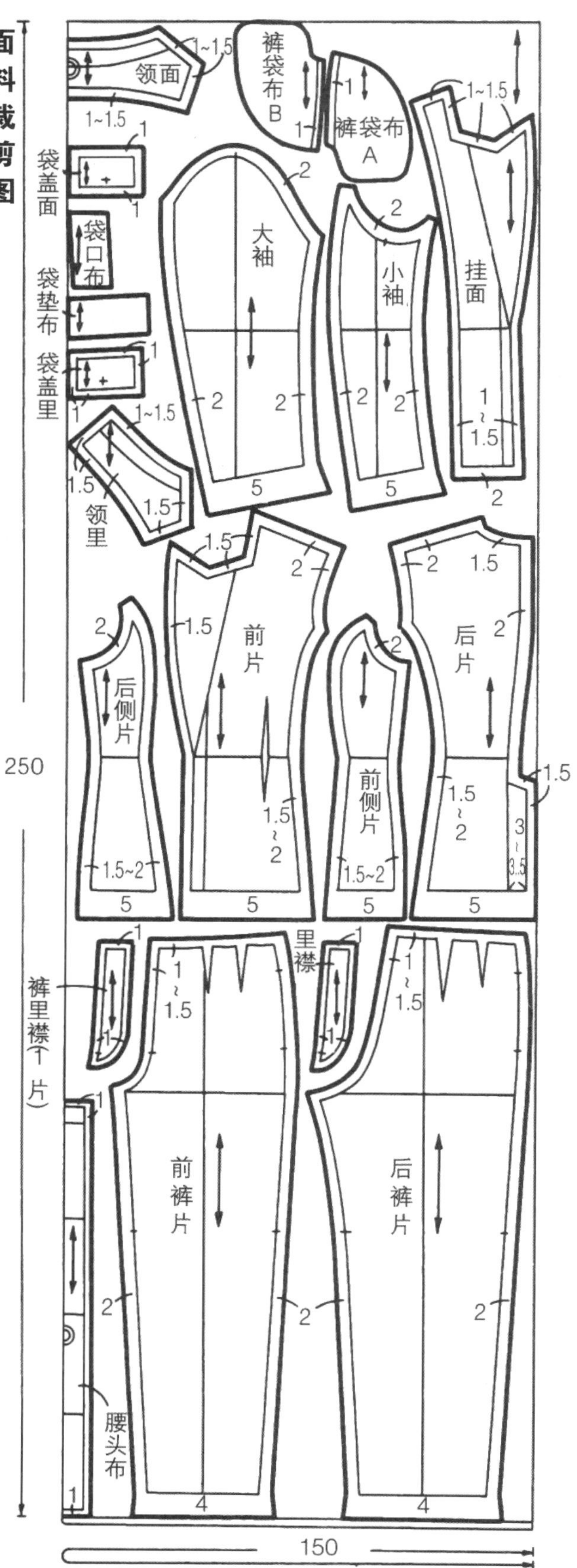

里料裁剪图

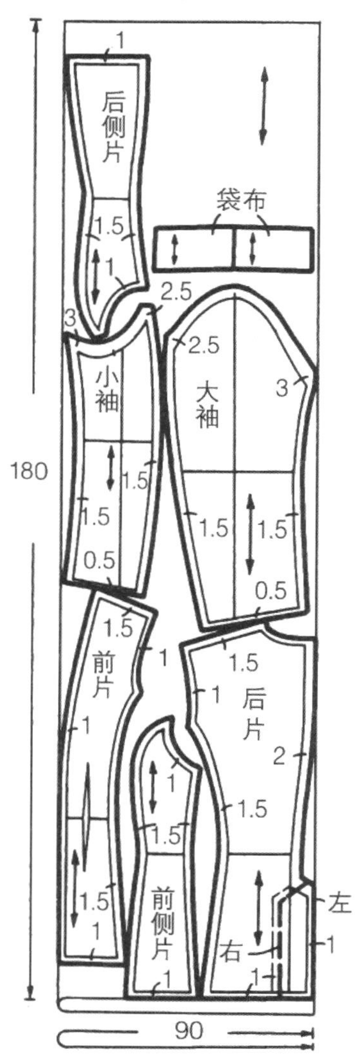

黏合衬裁剪图

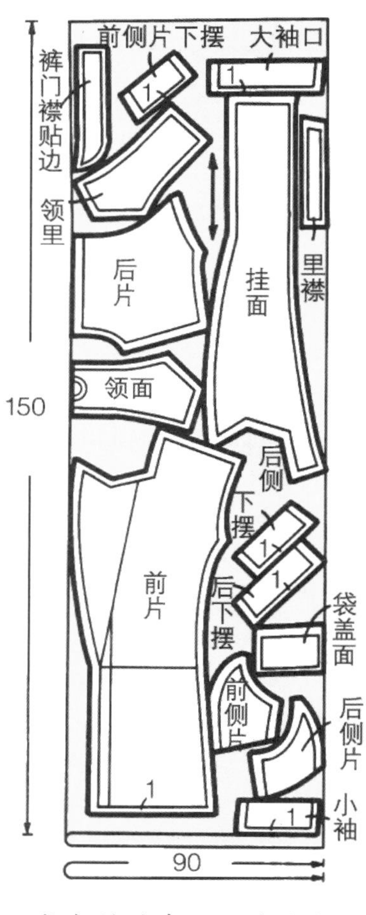

★ 黏合衬的布纹、缝头和面料相同。根据面料，可以在下摆、后片、领面、挂面处采用柔软的衬布。

正式缝制

上衣缝制方法

1　贴黏合衬和黏合带

贴黏合衬、做标记。防止拉伸，黏合带离开净印 0.5 cm 往缝头处黏贴、离开翻折线 1 cm 往衣片上黏贴。

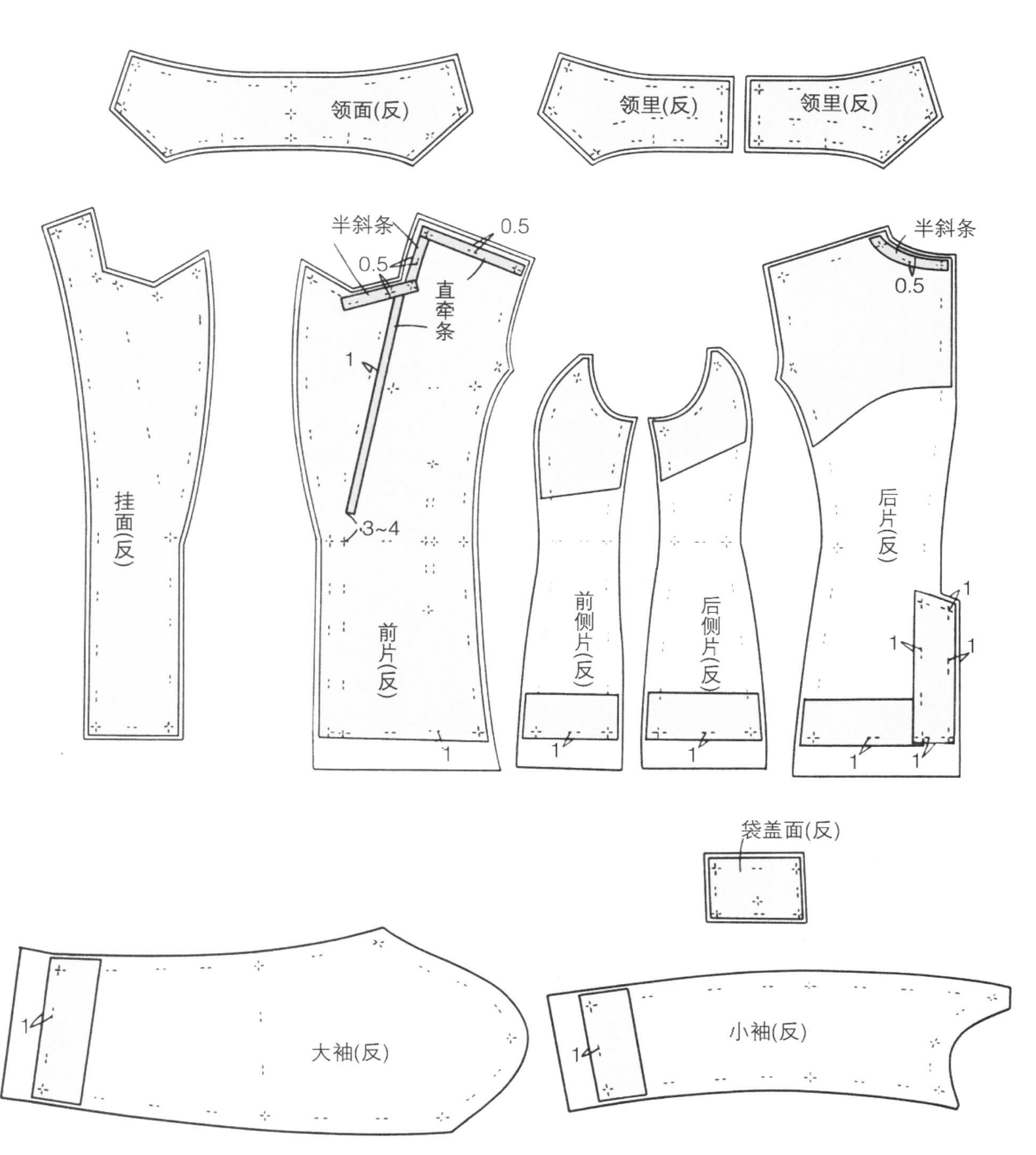

2 缝合前片省道和拼接线

2-1 缝合前片腰省，省缝倒向中心（参照夏乃尔套装第 6 页 2）。

2-2 将前片和侧片正面相对叠合，缝合拼接线，劈开缝头。

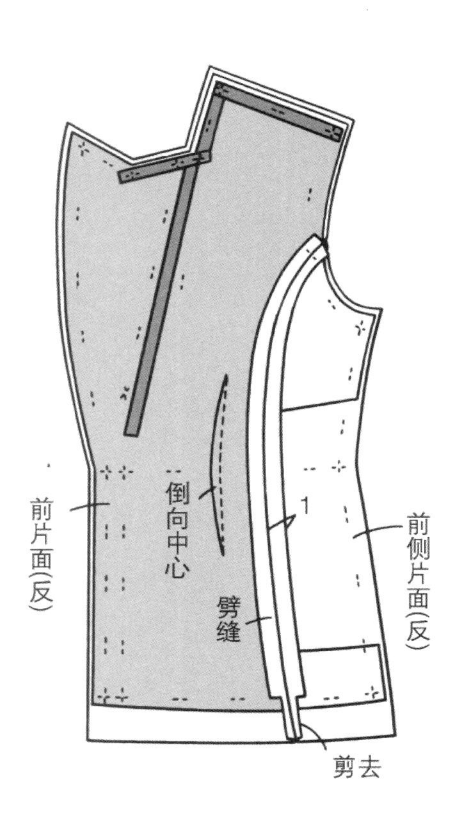

3 缝后衣片

3-1 左右后衣片正面相对叠合，缝合中心线至开衩止点，继续斜向缝至开衩里襟。

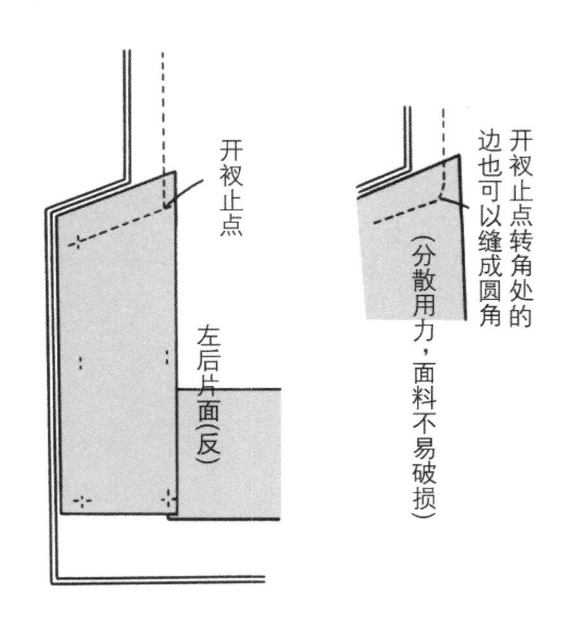

3-2 在左后片中心线缝头上剪刀口至离开衩止点 0.3 cm 处，用熨斗分缝。图将里襟缝头沿净印折转。

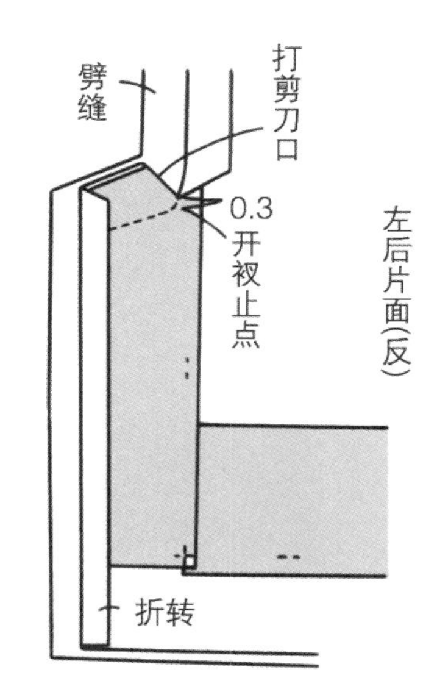

3-3　将后片和后侧片正面相对叠合，缝合拼接线，劈开缝头。在肩线净印外 0.2 cm 外侧和 0.3 cm 外侧进行疏缝，整理归缩 (参照夏乃尔套装第 7 页 2-4、2-5)。

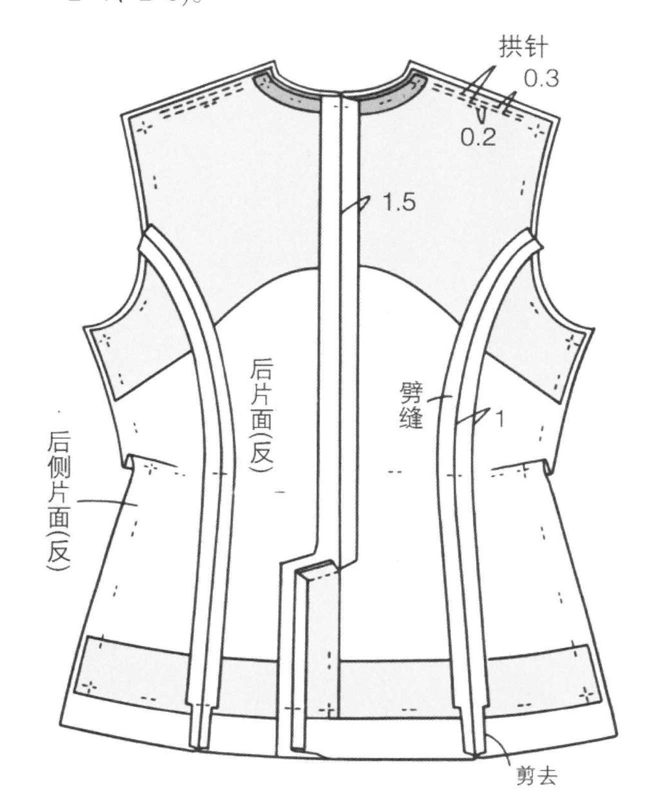

4　做胸袋

4-1　做袋盖（参照西服套装第 103 页 8-1）。

4-2　在袋盖上锁向下的平圆头钮眼 (参照第 249 页)。

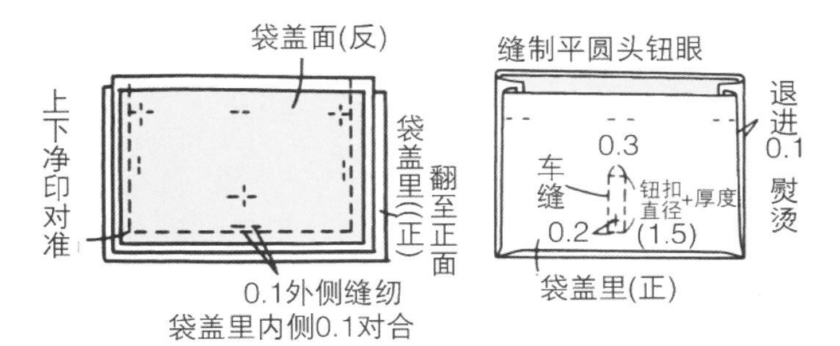

4-3　胸袋可参照西服套装中腰袋制作方法来做（参照第 103 ～ 106 页 8-2 ～ 8-12）。

4-4　在前片上挑起袋口布钉扣。

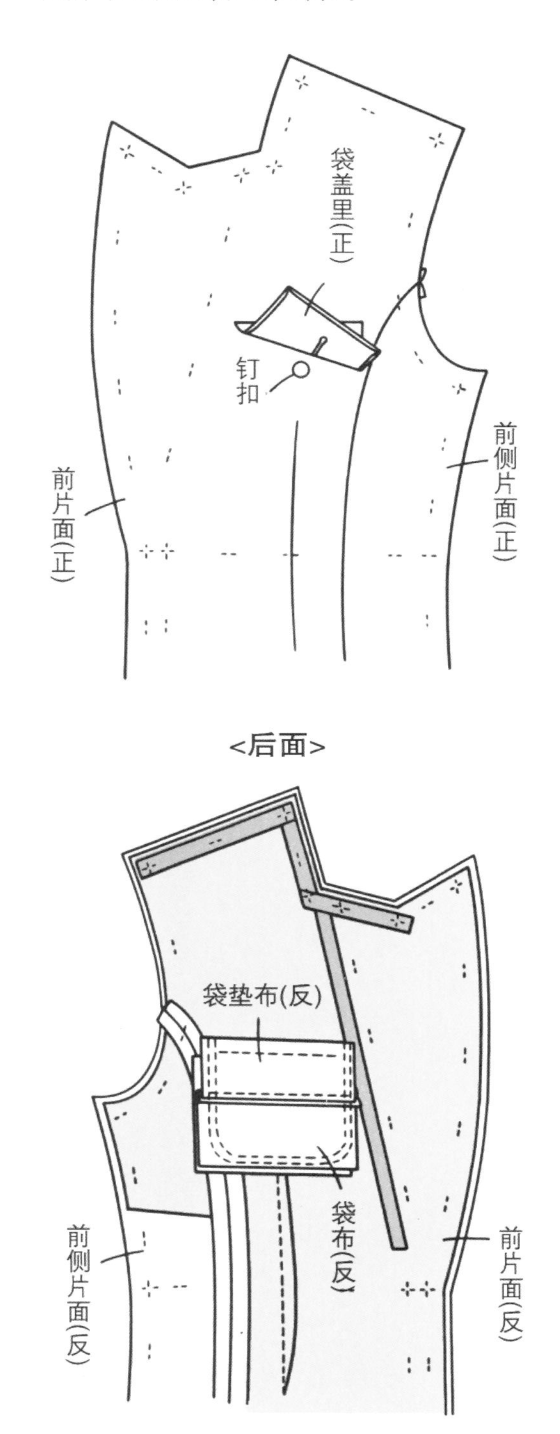

5 前片里子缝制

5-1 缝合前片里子腰省，前片里子和侧片正面相对叠合，按净印线疏缝剪接线，留 0.3 ~ 0.5 cm 余折缝头后缝合。缝头从疏缝位置倒向侧片。

5-2 挂面和前片里子正面相对叠合，沿净印缝至下摆线往上 2.5 cm 处，缝头倒向侧缝。

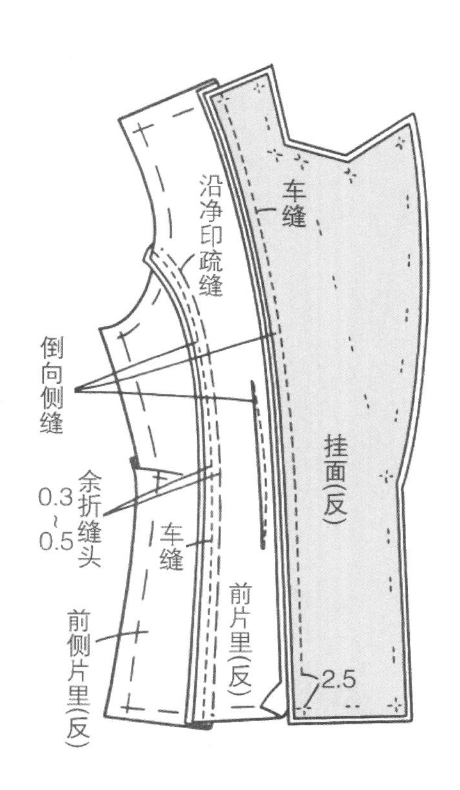

6 后片里子缝制

6-1 左右后片正面相对叠合，沿净印疏缝中心线至开衩止点，留 1 cm余折缝头后缝合。在后片贴黏合衬。

6-2 缝头从疏缝位置倒向右片。

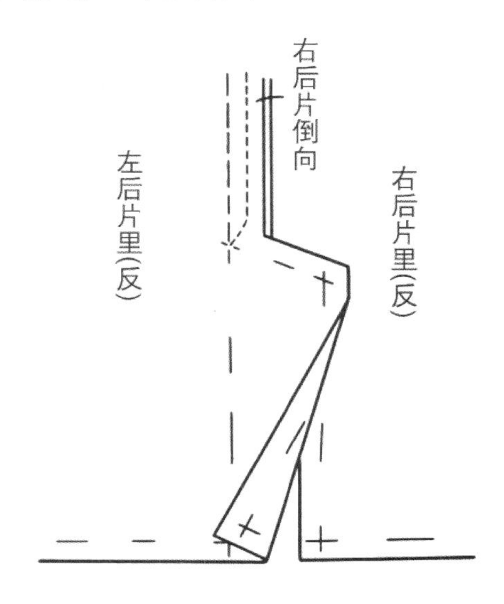

6-3 后片和后侧片正面相对叠合，沿净印疏缝，留 0.3 ~ 0.5 cm 余折缝头后缝合。缝头从疏缝位置倒向侧缝。

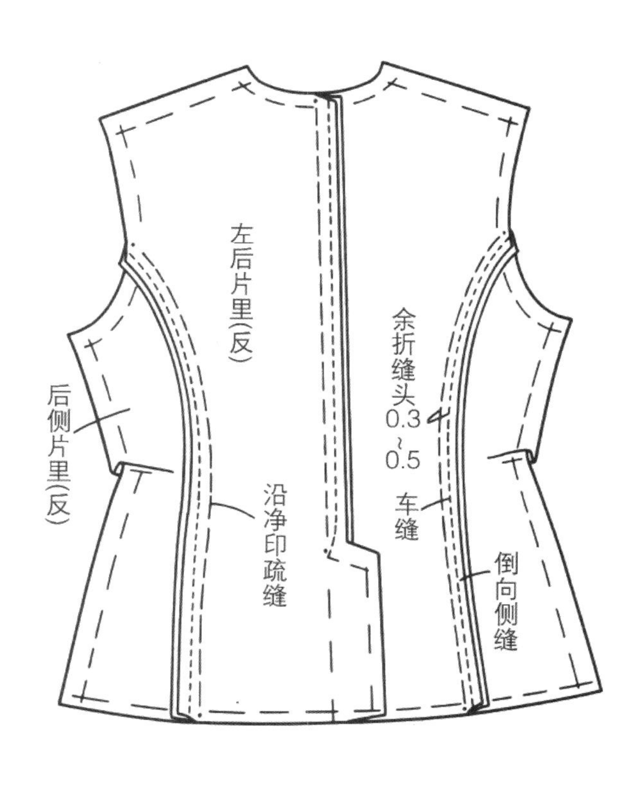

7 缝合衣片面子侧缝

前、后侧片正面相对叠合，缝合侧缝，劈开缝头。

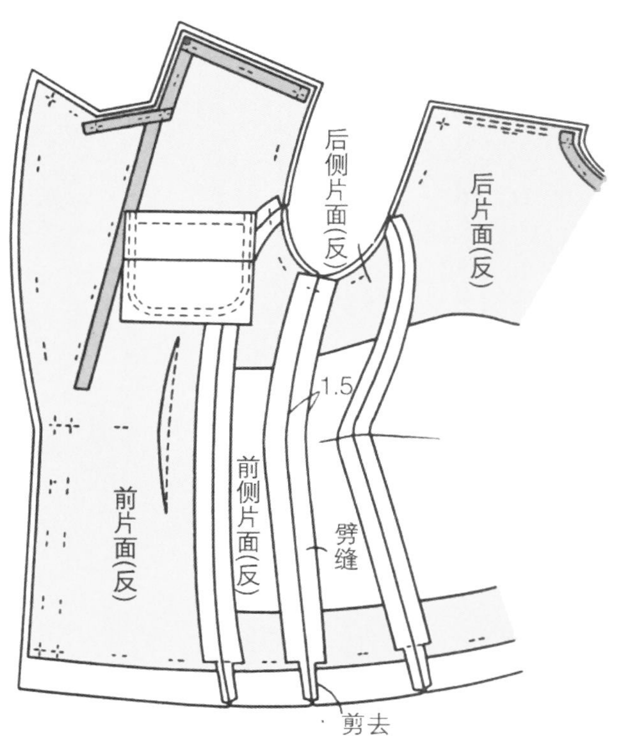

8 缝合衣片里子侧缝

8-1 注意里子侧片和衣片面子的平衡，在有出入的地方按衣片面子做出修正（参照第 108 页 11-5。用刮刀、画粉、点线器做标记）。

8-2 前、后侧片里子正面相对叠合，沿净印疏缝，留 0.3 ～ 0.5 cm 余折缝头缝合，缝头倒向后侧片。

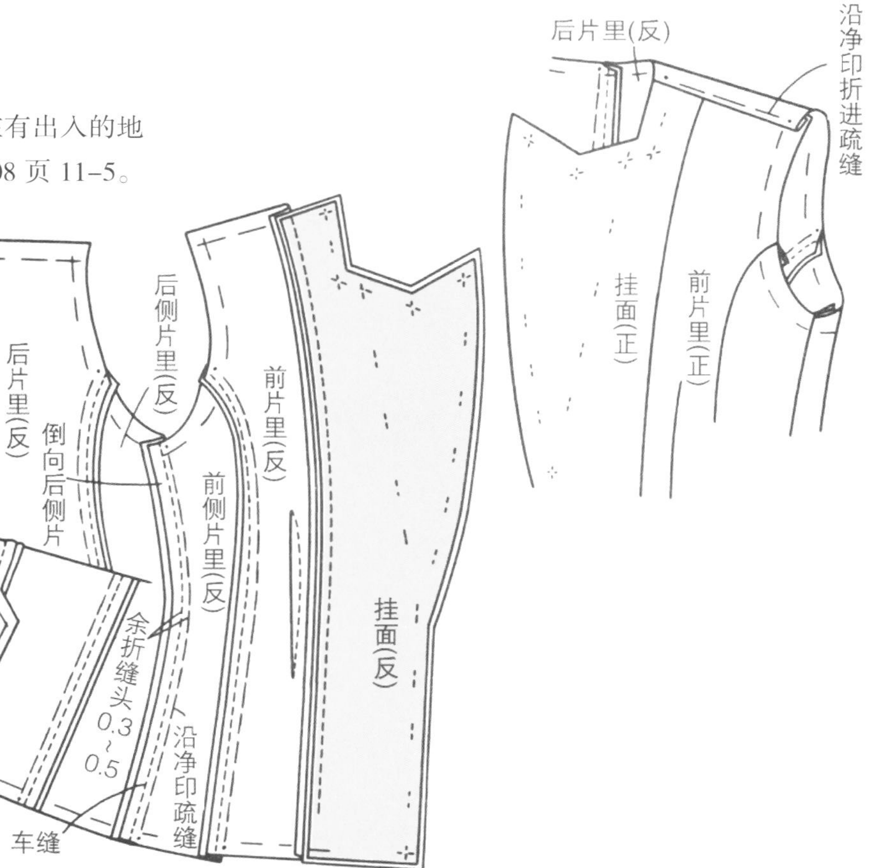

9 缝肩线

将前、后衣片面子正面相对叠合，缝合肩线，劈开缝头。

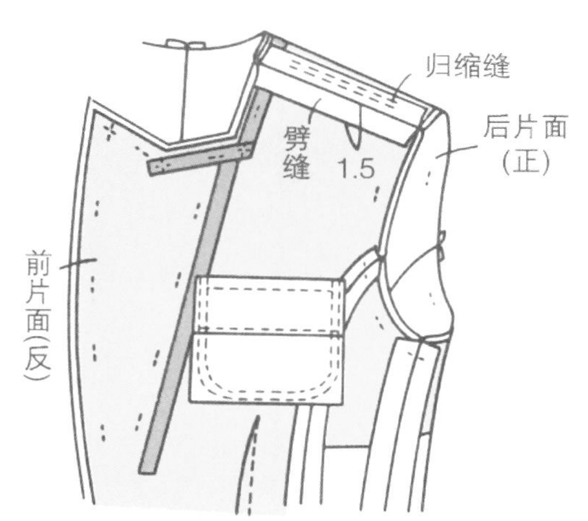

10 里子肩线疏缝固定

后片里子肩线沿净印折进，重叠在前片上疏缝固定。

11 缝领里

11–1 左右领里正面相对叠合，缝合中心线，缝头修剪至 0.5 cm，劈缝。

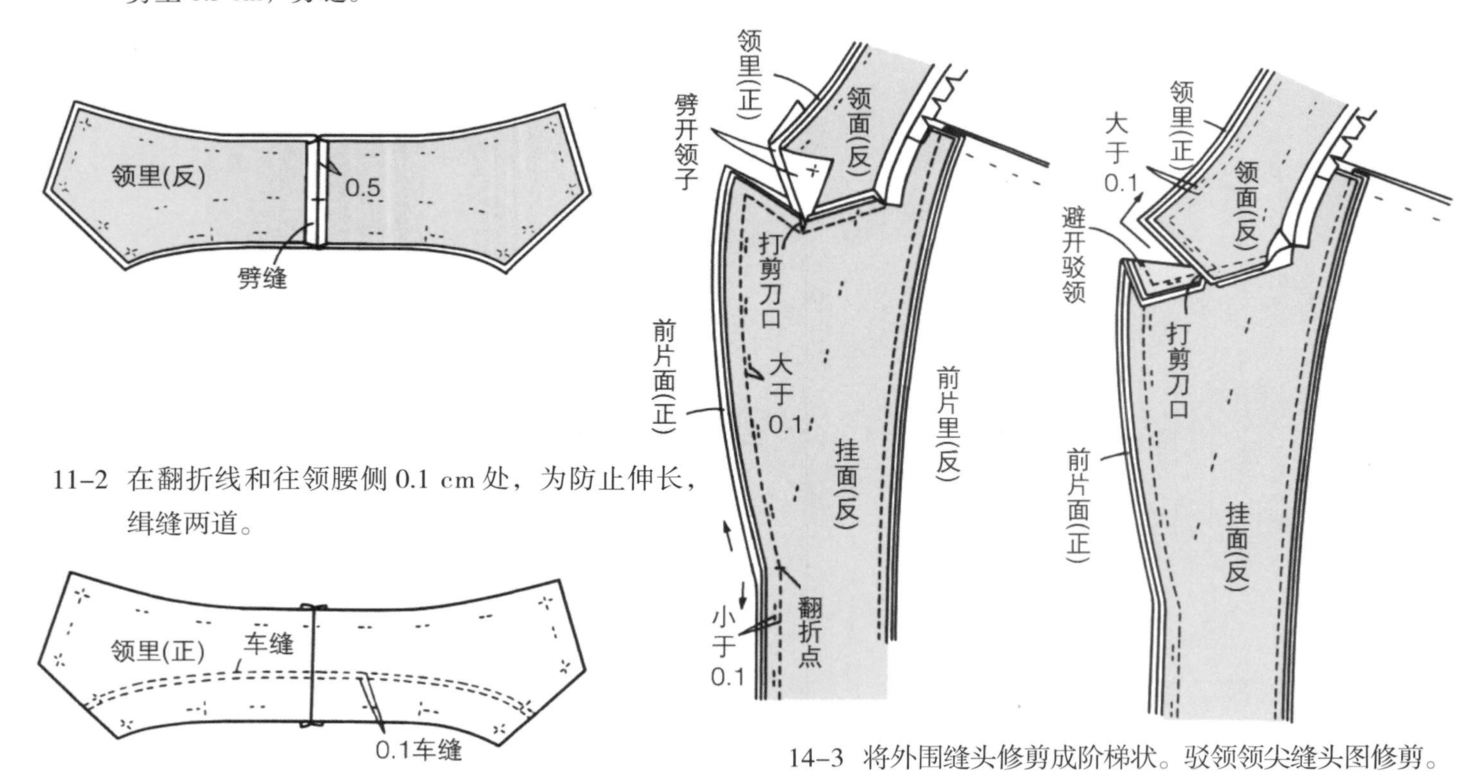

11–2 在翻折线和往领腰侧 0.1 cm 处，为防止伸长，缉缝两道。

12 装领里

参照西服套装第 127、128 页 10–1 ～ 10–5。

13 装领面

参照西服套装第 128 页 10。

14 缝合衣片和挂面、领里和领面

14–1 在装领止点处四片一起固定（参照柔软套装第 128 页 12–1）。

14–2 衣片和挂面、领里和领面正面相对叠合，车缝。（参照西服套装第 129 页 12–2）

14–3 将外围缝头修剪成阶梯状。驳领领尖缝头图修剪。用熨斗将缝头从缝道边折烫至衣片侧和领里侧，然后翻至正面（参照西服套装第 129 页 12–3）。

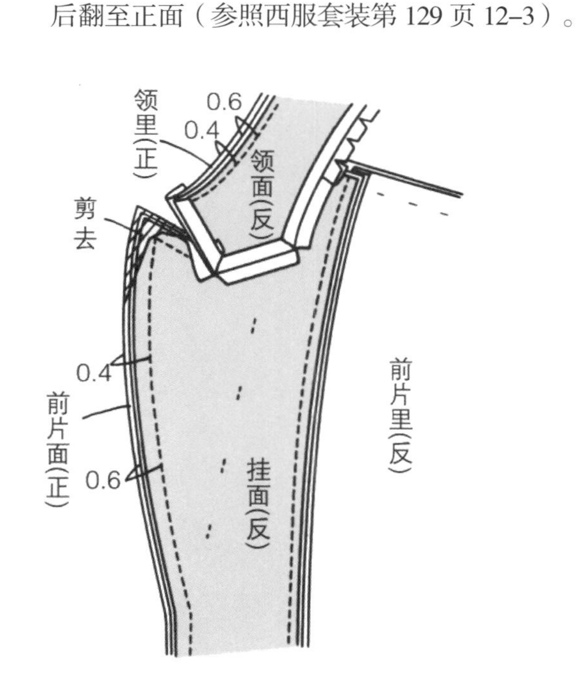

14-4 在领圈缝道边进行疏缝（参照西服套装第 130 页 12-4）

14-5 翻起挂面、里衣片，固定缝头。在叠门止口、驳领和翻领的外围线、翻折线上进行斜绗缝（参照西服套装第 130 页 12-5 ~ 12-7）。

15 缝合衣片面子侧缝

参照西服套装第 109 页 12-1。

16 缝合衣片里子侧缝

参照西服套装第 109 页 14-1。

17 侧缝固定

17-1 衣片面、里侧缝对合，固定(参照西服套装第 109 页 14-2）。

17-2 注意衣片面、里平衡，从正面进行斜绗缝（参照西服套装第 131 页 16）。

18 下摆处理

18-1 衣片下摆面子沿净印折进，在裁边处进行直线缝，然后暗缲缝。右后片开衩处下摆进行纵缲缝，挂面处用三角针固定。

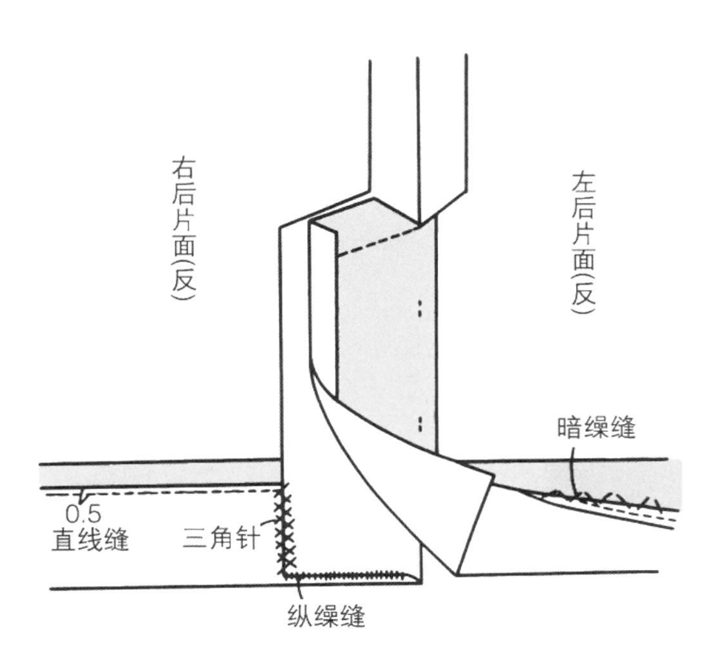

18-2 对合衣片面、里开衩止点位置，离开里襟宽处将里子退进一点，沿缝道缝纫，或者倒回针固定。为不影响正面效果，在里子上纵缲缝。下摆里子离开下摆面 2.5 cm 折进，缲缝固定在衣片面下摆近边上。

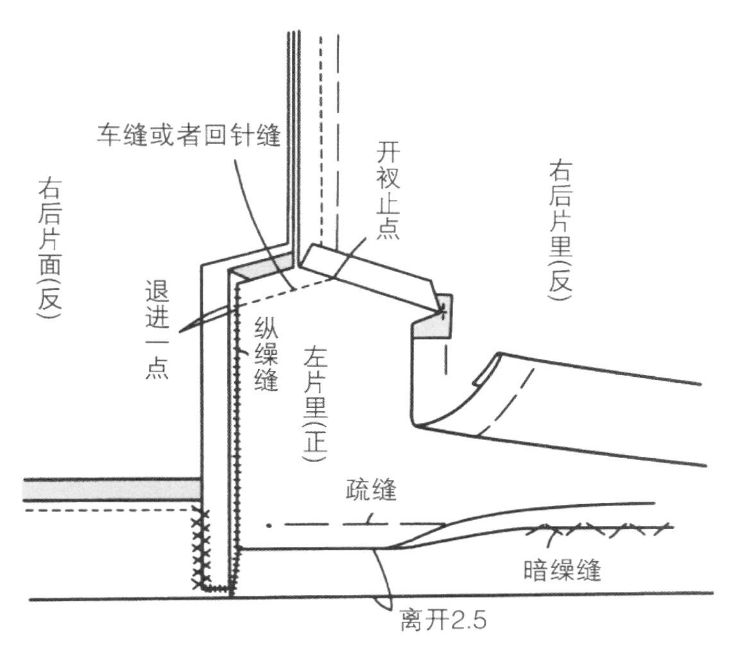

18-3 右片里子开衩缝头沿净印折进，图纵缲缝于衣片面上。下摆里子缝头用三角针固定在衣片面子下摆折边上。

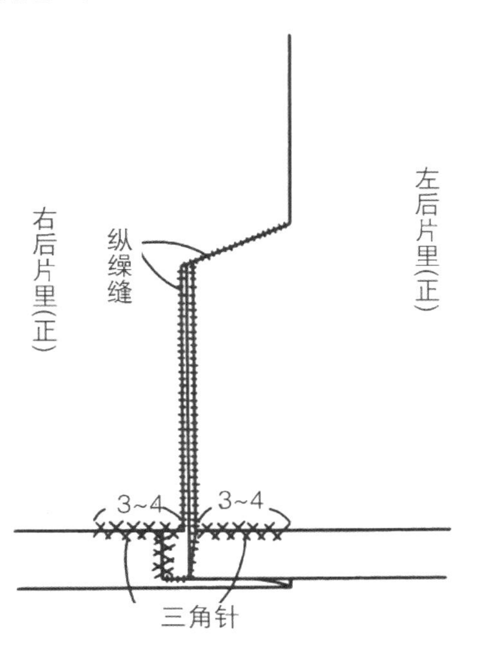

19 做袖子

19–1 将大袖面做归拔处理（参照西服套装第 115 页 24–1），并和小袖正面相对叠合，缝合袖底线和肘侧线，劈开缝头。

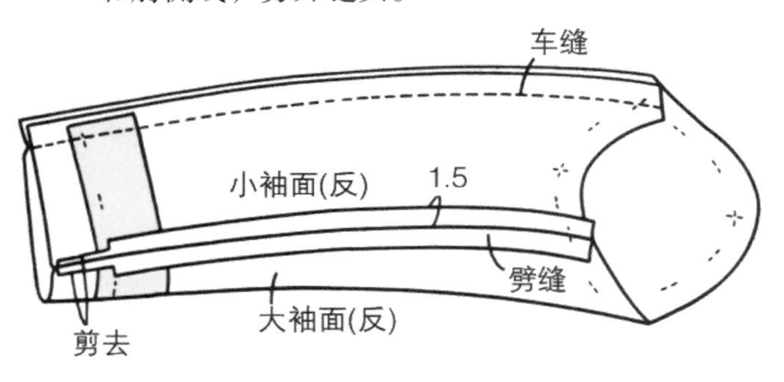

19–2 袖口面按净印折进，在裁边处进行直线缝并暗缲缝固定。

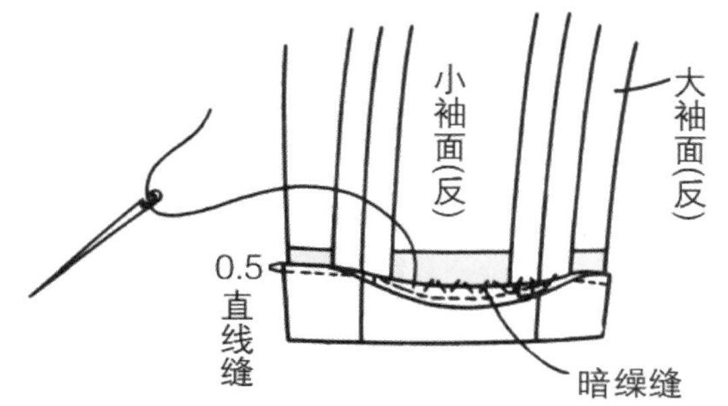

19–3 抽袖山（参照西服套装第 117 页 25–4）。

19–4 大、小袖里正面相对叠合，沿净印疏缝，留 0.2 ~ 0.3 cm 余折缝头缝合。缝头从疏缝位置倒向大袖。

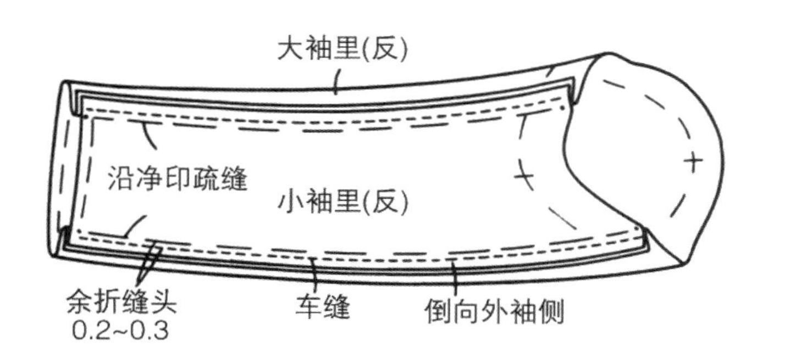

19–5 小袖面、里正面相对叠合，离开袖山净印 7 ~ 8 cm、袖口 7 ~ 8 cm，将袖里松松固定。

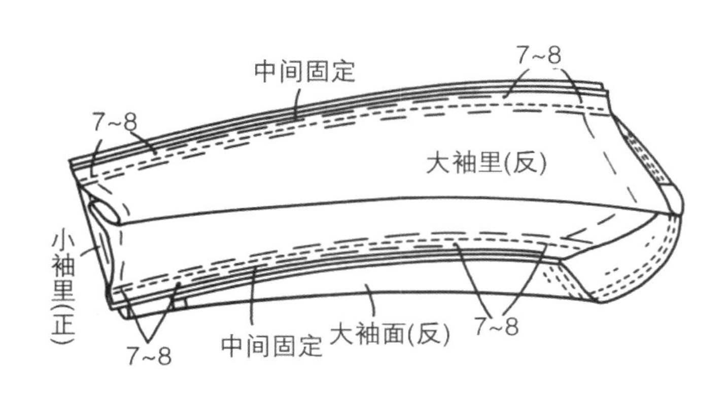

19–6 将袖里翻至正面，袖口里离开袖口面 2.5 cm，纵缲缝固定。

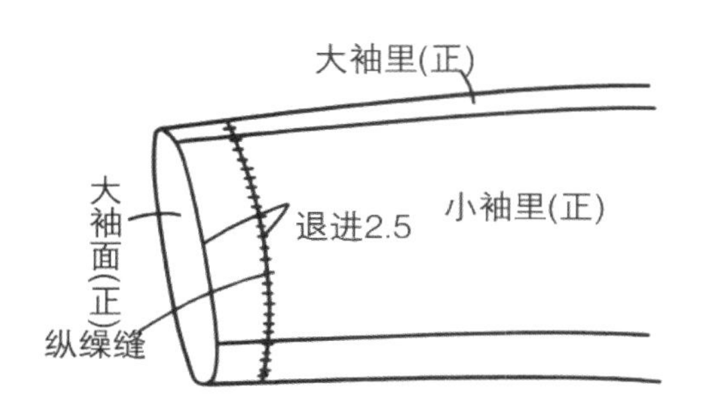

19–7 注意袖面、里平衡，离开袖窿 7 ~ 8 cm 斜绗缝固定。

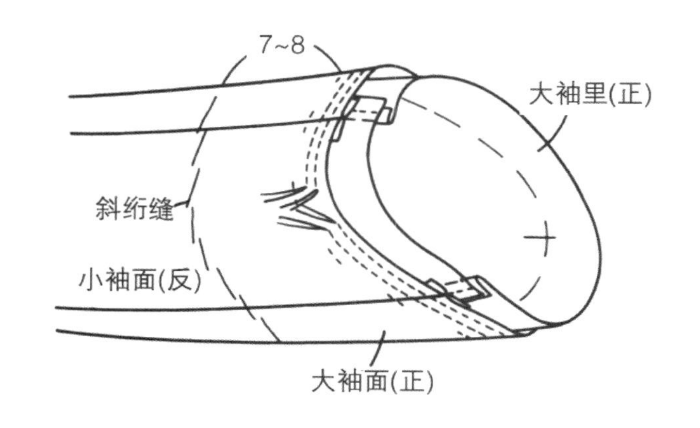

20 装袖面

参照夏乃尔套装第 22 页 19–1 ～ 19–3。

21 装袖山衬条

参照夏乃尔套装第 23 页 20–1、20–2。

22 装垫肩

参照夏乃尔套装第 23 页 21–1 ～ 21–3、24 页 21–4。

23 衣片里子肩线处理

参照西服套装第 118 页 28–1、28–2。

24 固定衣片面、里袖窿

参照西服套装第 118 页 29。

25 缲缝袖里

参照西服套装第 118 页 30。

26 整烫

26–1 除钮眼、钉扣位置外，拆除所有的线钉线、疏缝线，并用熨斗整烫。

26–2 在门襟上锁圆头钮眼，里襟上钉扣（参照第 249、251 页）。

裤子缝制方法

1 贴黏合衬和黏合带

为防止前裤片在前开口和袋口处伸长，上下各长出 1 cm 在缝头上帖直牵条衬。在拉链贴边上贴黏合衬。

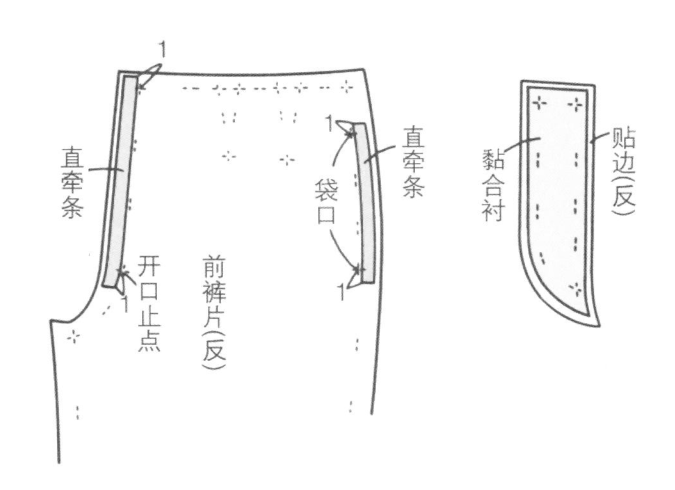

2 后裤片归拔处理

左右后裤片正面相对叠合，或上或下在有弧线的部位用熨斗拔伸。

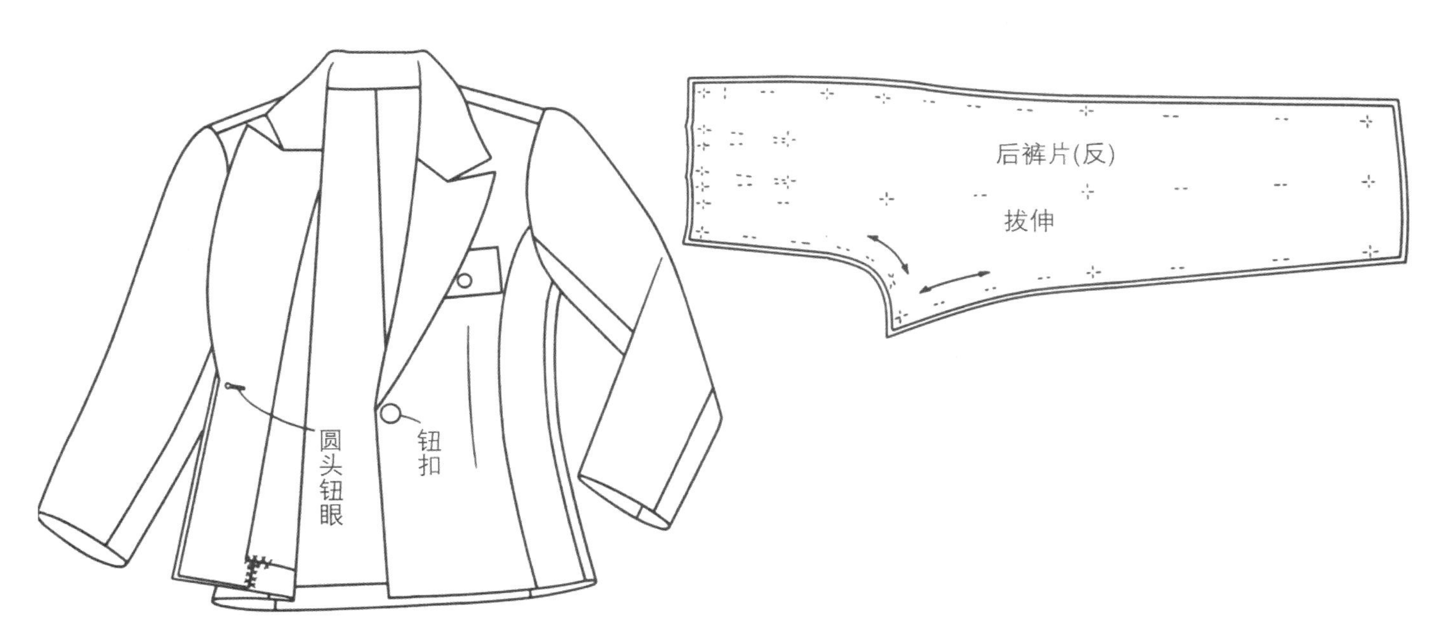

3　缝头处理

侧缝线、上裆线、下裆线、贴边处缝头从正面进行锁边，袋布 B 的袋口处缝头从反面锁边。

4　缝省

4–1　缝合前后片省道，省缝倒向中心。

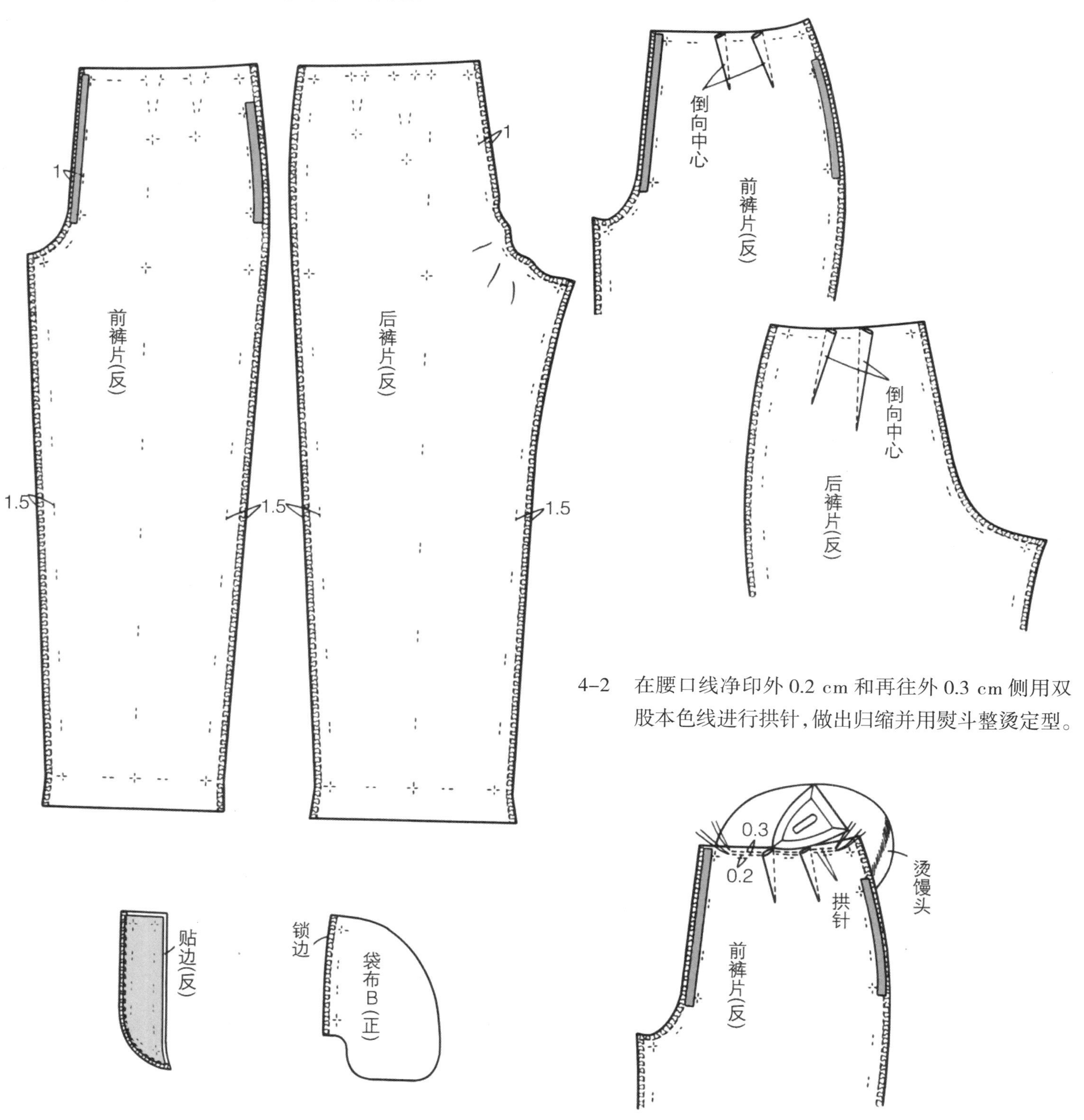

4–2　在腰口线净印外 0.2 cm 和再往外 0.3 cm 侧用双股本色线进行拱针，做出归缩并用熨斗整烫定型。

5 缝侧缝、做口袋

5-1 将前裤片和袋布 A 正面相对，对齐侧缝和袋布 A 的缝头边，在侧缝净印外 1 cm 处车缝（上下布端各留 1 cm 多）。

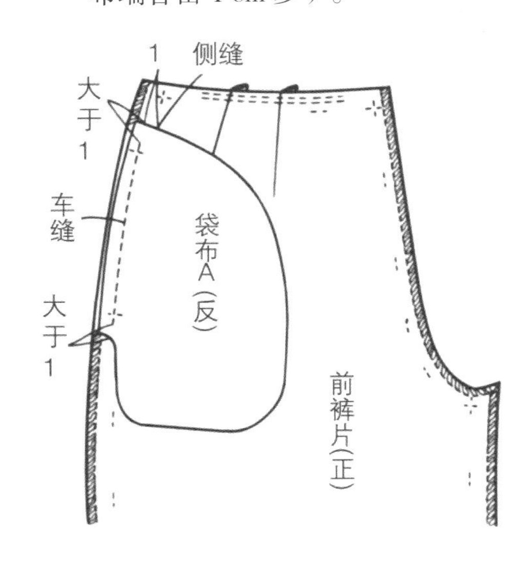

5-2 后裤片侧缝和袋布 B 正面相对对合净印，在净印外 0.2 cm 缝制（上下布端各留 1 cm 多）。

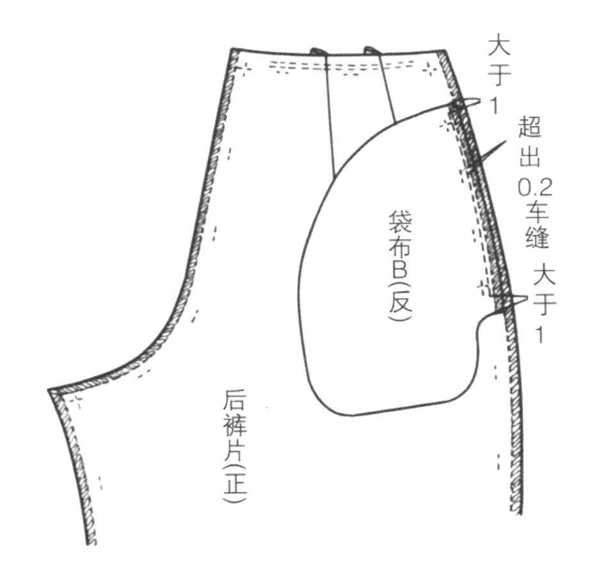

5-3 避开袋布，前后裤片正面相对叠合，缝合侧缝（留出袋口位置），缝头劈开。

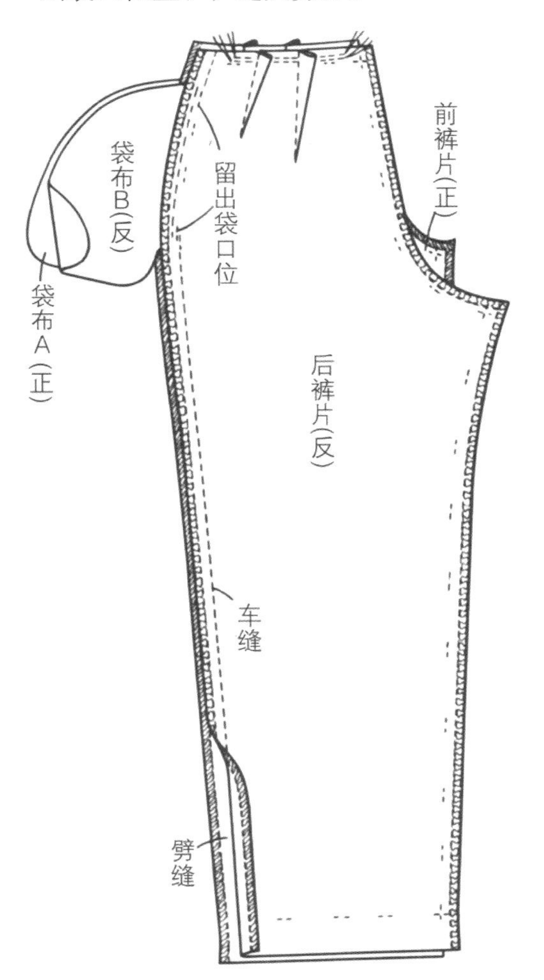

5-4 袋布 B 倒向前裤片，与袋布 A 重叠，避开侧缝缝头，在袋布外围缉缝两道。并将袋布外围锁边，在上下开口止点处缉线（袋布和前侧缝头一起固定）。

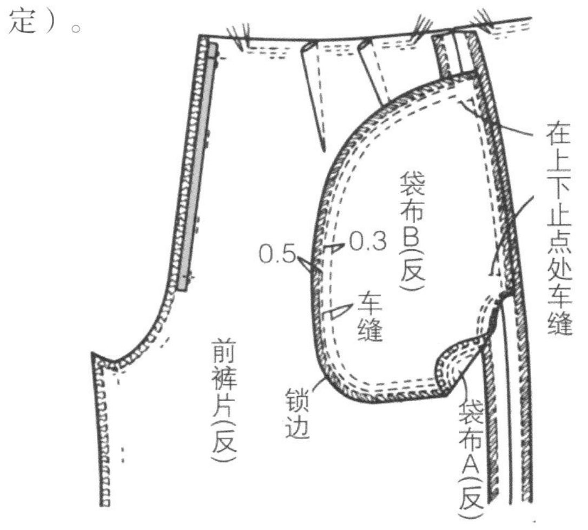

6　缝下裆线

前、后裤片正面相对叠合，缝合下裆线，劈开缝头。

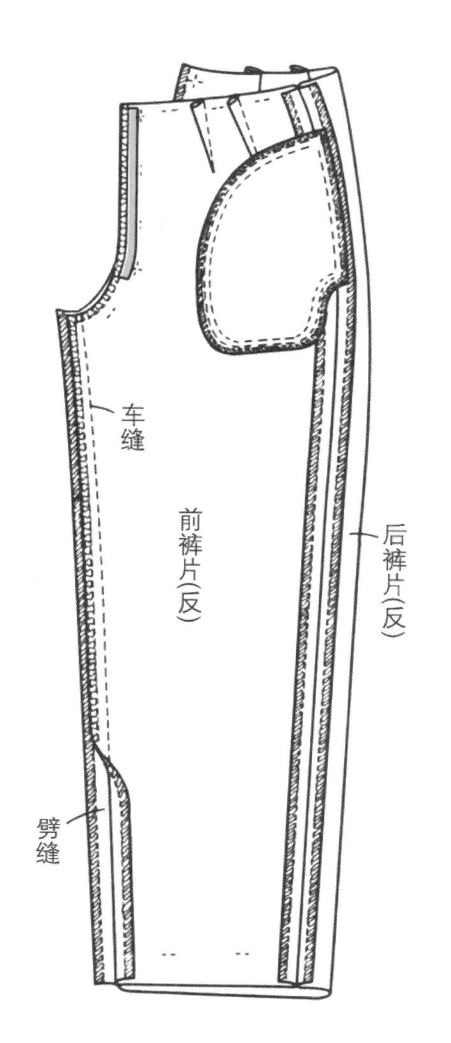

7　缝上裆线

左右裤片正面相对叠合，缝前后上裆线至开口止点，缉缝两道。缝头在上裆线中间劈开，缝下侧自然消失。

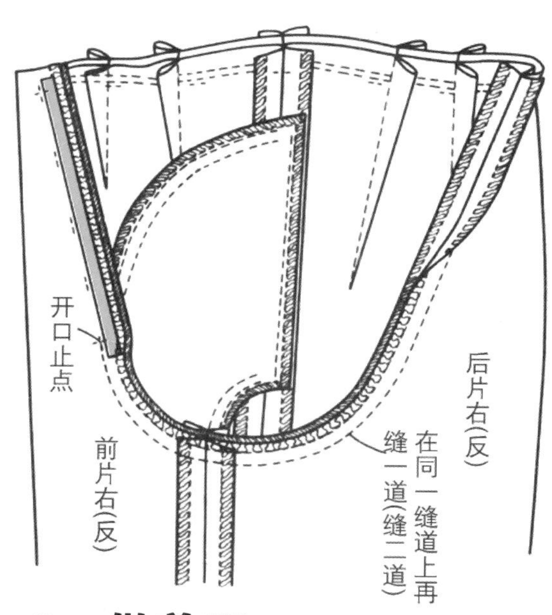

8　做前开口

8-1　里襟正面相对叠合，缝合外围线。

8-2　将里襟翻至正面，退进 0.1 cm 止口熨烫，装拉链侧缝头两片一起锁边。

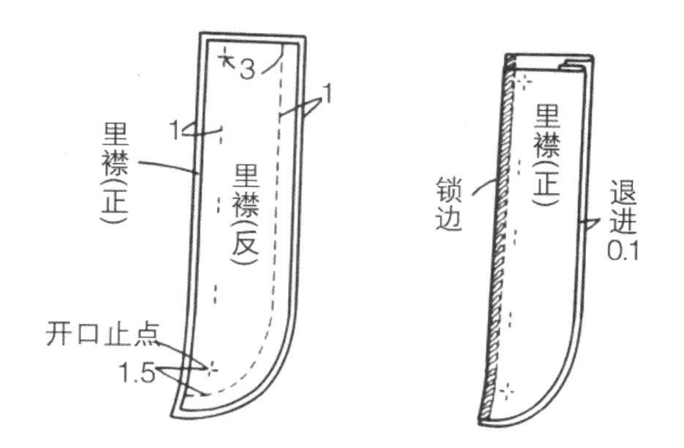

8-3　将门襟贴边和右前片正面相对叠合，净印外0.1 cm处缝至开口止点。为使贴边下端自然消失，将缝头修剪至0.5 cm。

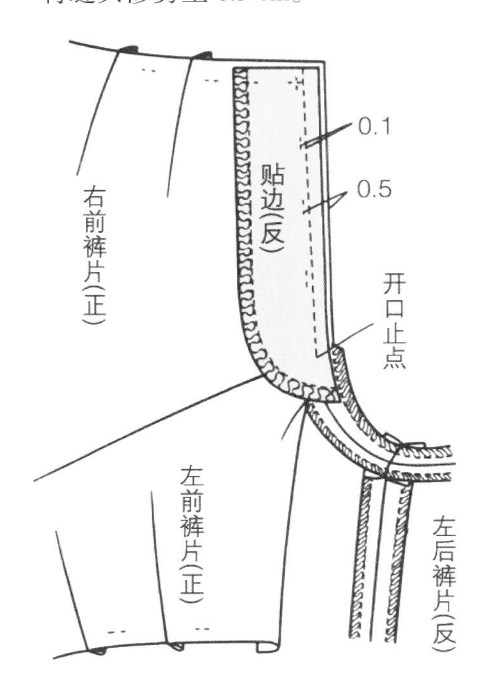

8-4　将贴边翻至正面，退进0.1 cm熨烫定型。

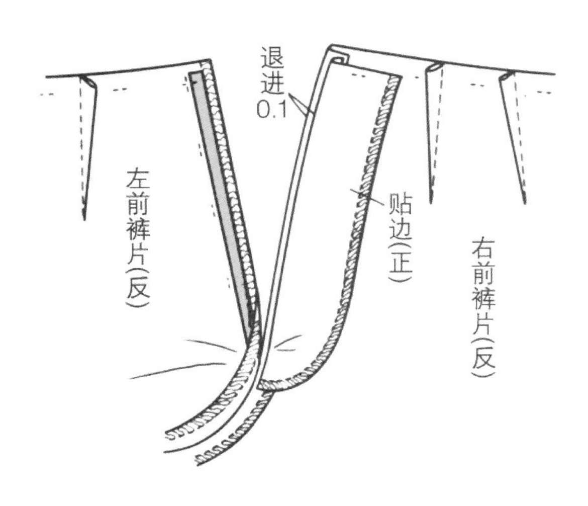

8-5　左前裤片的中心线缝头从净印外0.5 cm处折进至开口止点下1 cm处。

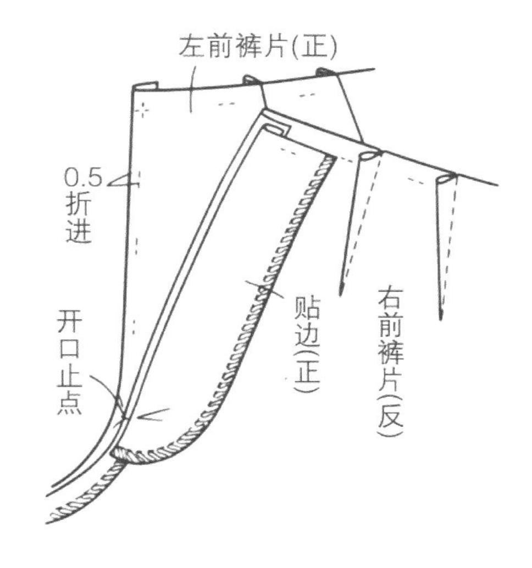

8-6　将左前裤片折线叠放在拉链牙边上，并将里襟放在下面，压缉缝至开口止点下1 cm处。

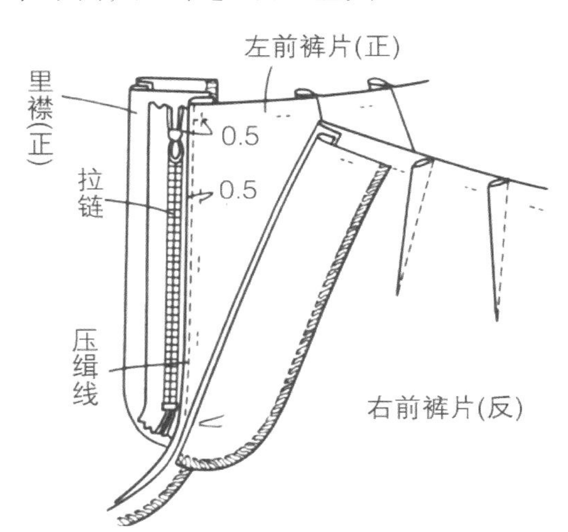

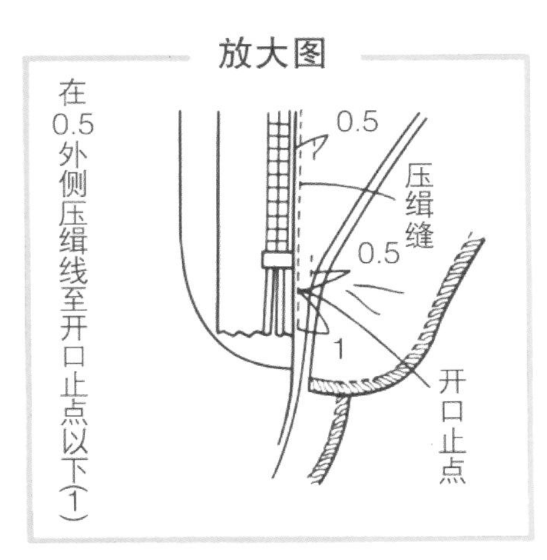

8-7　闭合拉链，将其重叠在左前片制成线的净印上，并用大头针固定。

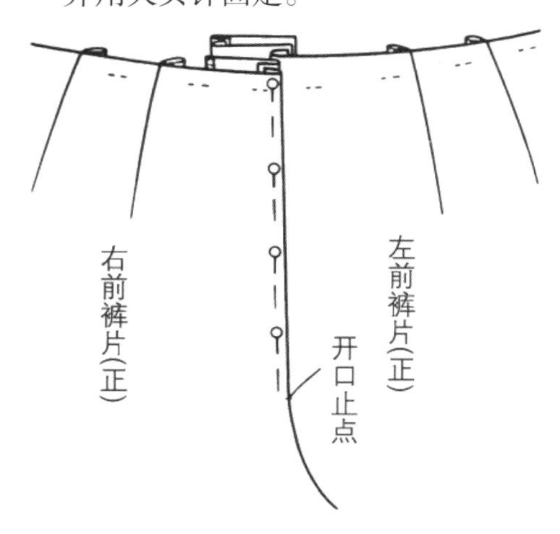

8-8　翻至反面，避开里襟，将拉链装于右前片贴边上。

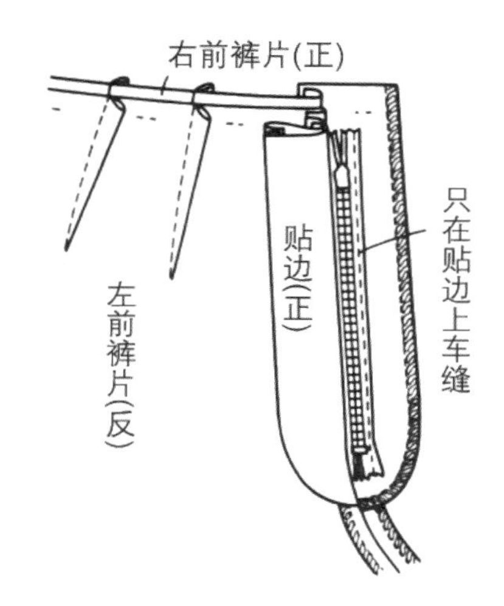

8-9　避开里襟，图在 3 cm 宽处缉明线，将贴边固定。

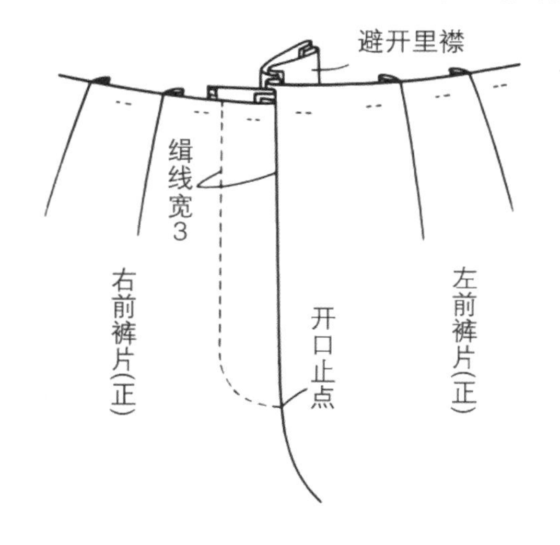

8-10　里襟回到原位，从右前片打套结（参照第 106 页），将其与里襟一起固定。

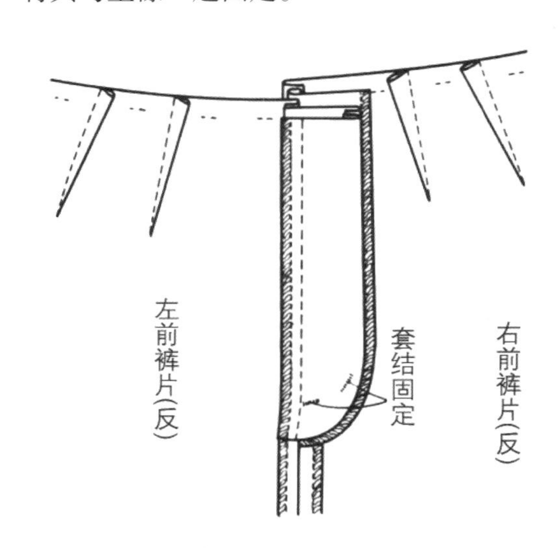

9　做、装裤腰

9-1　在腰头布上缝衬布。

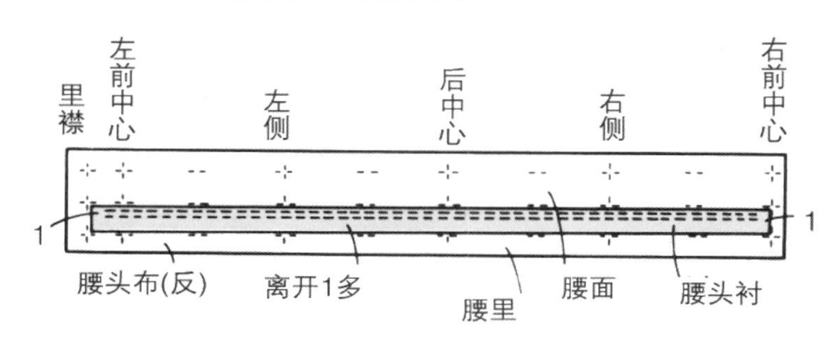

9-2　裤片和腰头布正面相对叠合，在腰口线上疏缝固定，然后缝合。

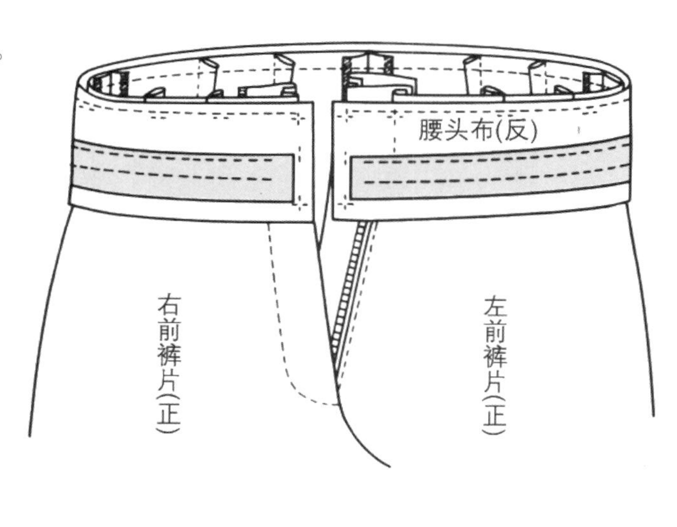

9-3　腰头布正面相对对折，两端在腰头衬厚份外缝合。

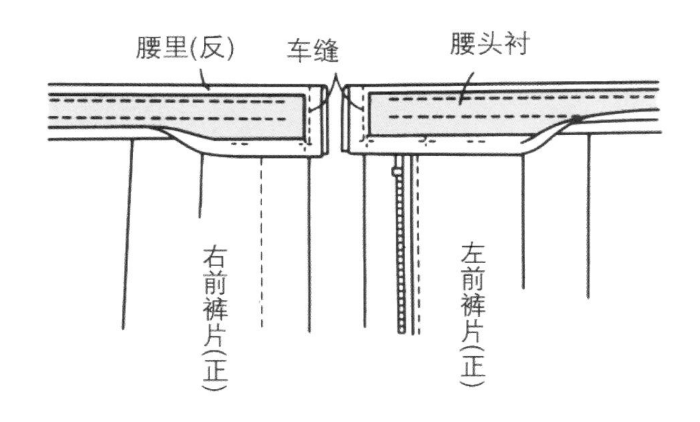

9-4　将腰头布翻至正面，装腰缝头叠放在腰头衬上。

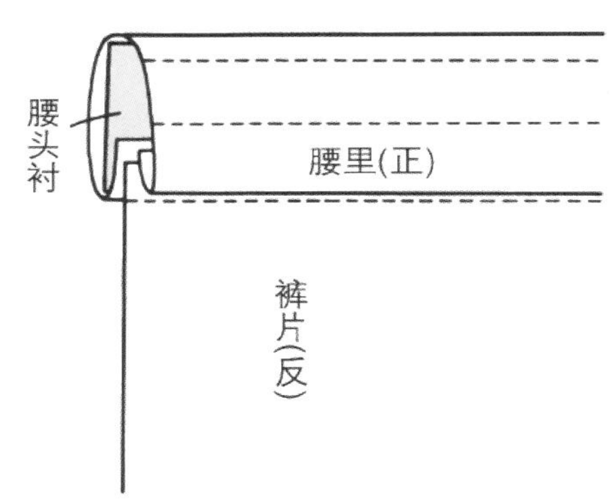

9-5　缲缝腰头布里。

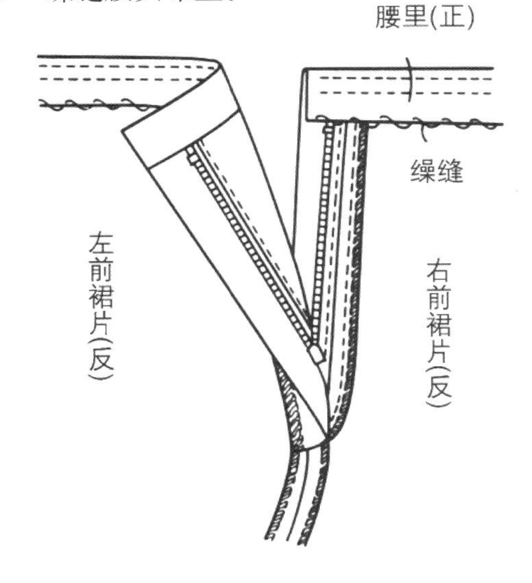

10 处理裤脚贴边

裤脚贴边从正面进行锁边，沿净印折进，暗缲缝。

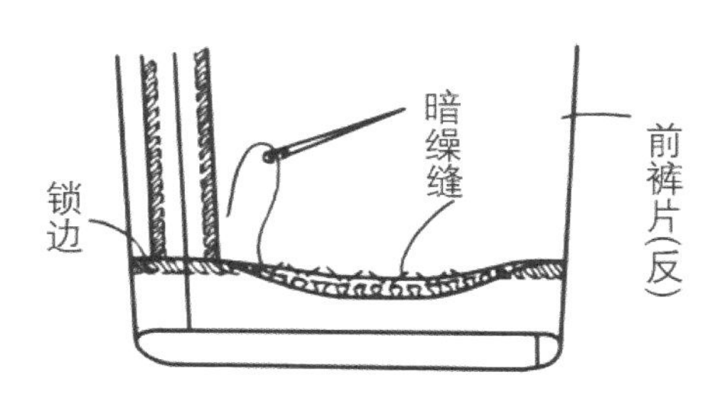

11 整烫

11-1　在上片腰头侧钉裤钩。为在正面不露针脚，缝针刺到衬布为止。

11-2　闭合拉链，注意和裤钩的平衡，在腰头里襟上钉袢，缝针穿透腰头布里。

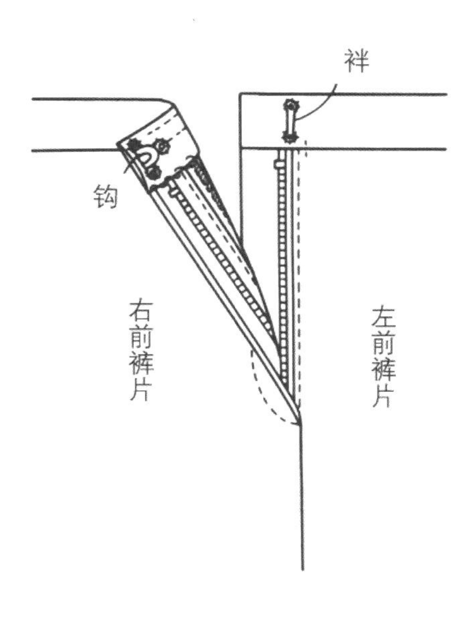

戗驳领套装 B

由双排扣男性化外套和左前片开衩的裙子组合而定。在此说明成衣制作方法。

用料

面料　门幅 150 cm，2.4 m

里料　门幅 90 cm，2.6 m

黏合衬（厚型）　门幅 90 cm，0.8 m

附件

钮扣（直径 2 cm）　2 粒

里钮扣（直径 1.8 cm)　1 粒

衬扣　1 粒

垫肩（厚度 1 cm）　1 副

袖山衬条 1 副

黏合带 （直牵条）　1 cm，1.3 m

（半斜条衬）　1.2 cm，2 m

（袖窿贴合带）　1.5 cm ，0.6 m

拉链（比开口尺寸短 1.5 cm）　1 根

裤钩袢　1 副

腰头黏合衬　3 cm 宽，0.7 m

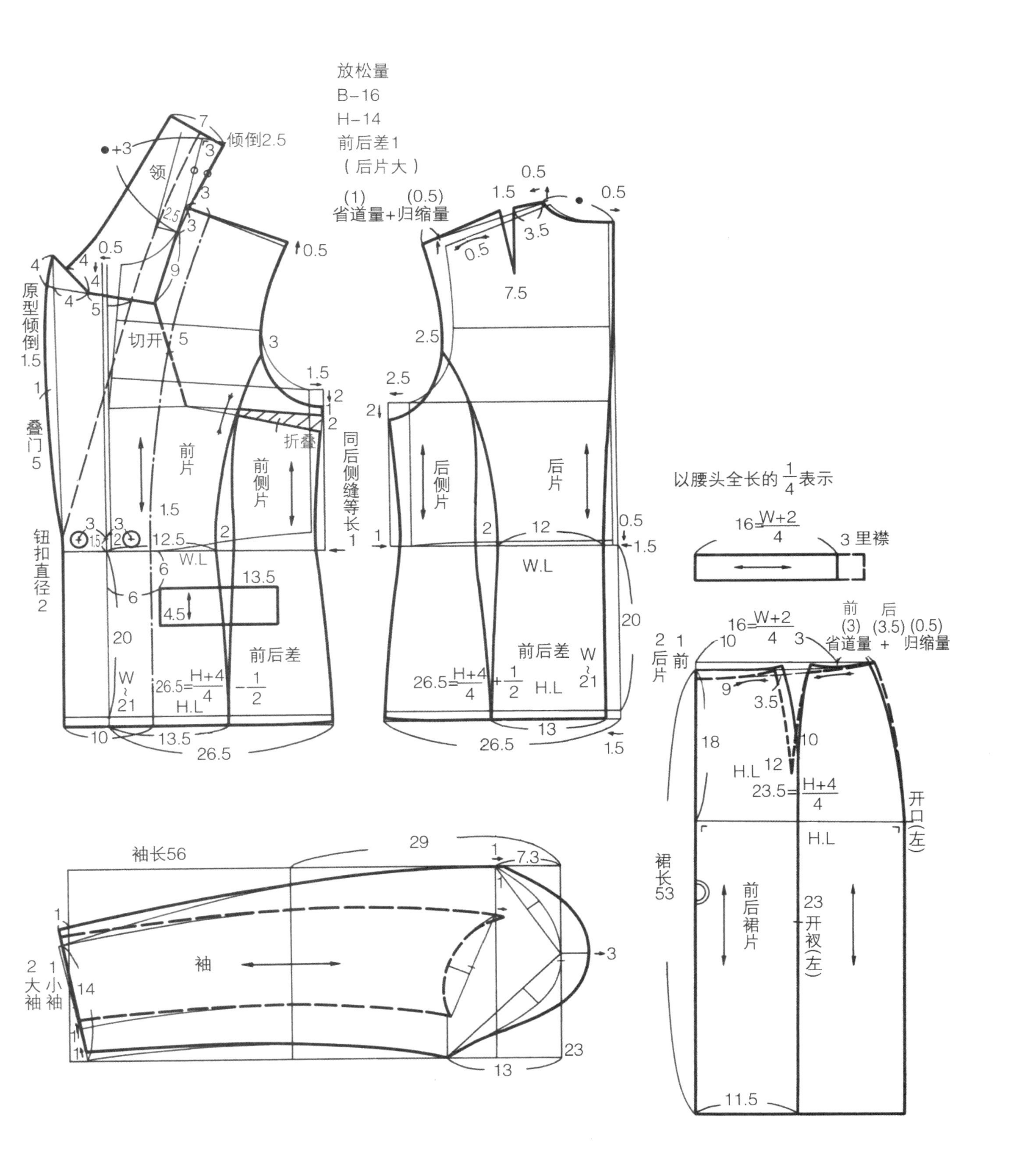

放松量
B-16
H-14
前后差1
（后片大）
(1) (0.5)
省道量+归缩量
倾倒2.5
领
切开
原型倾倒1.5
叠门5
前片
前侧片
折叠
同后侧缝等长
钮扣直径2
W.L
前后差
H.L
后侧片
后片
以腰头全长的$\frac{1}{4}$表示
16=$\frac{W+2}{4}$
3 里襟
前 后
(3) (3.5) (0.5)
省道量 + 归缩量
后片
前
开口(左)
裙长53
前后裙片
23 开衩(左)
袖长56
袖
大袖
小袖

〈前片、前侧片展开图〉

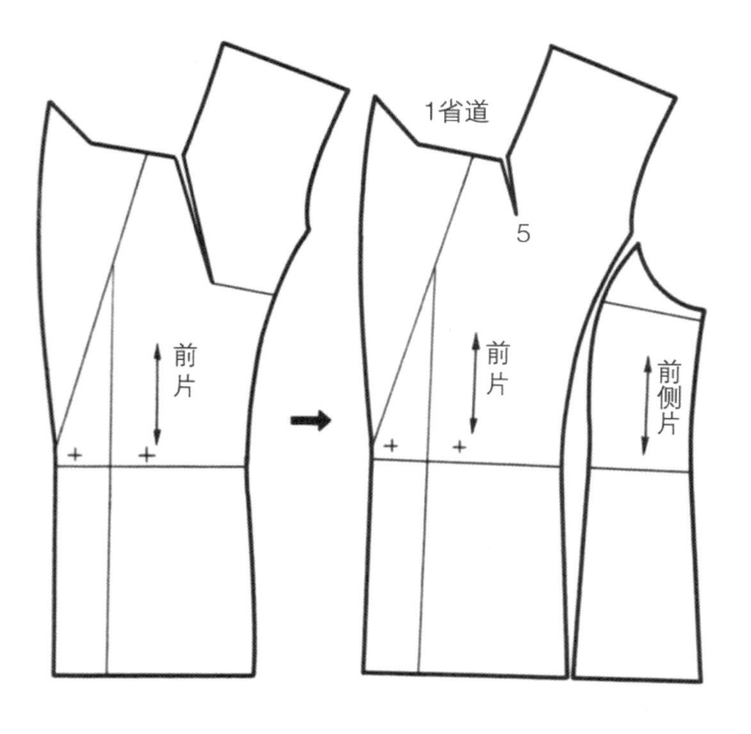

挂面纸样制作法

1　在翻折线上从串口线和翻折线的交点直角量取 0.3 cm，将翻折线平行切展开。

2　切开后，将驳领串口线延长至装领线（因为切开后串口线上会有一段空隙）。在肩部平行放出 A 的量。

3　在驳领领尖处，从装领止点和翻折止点各放出 0.2 cm 吐止口容量。

4　长度松量从下摆放出 0.2 cm。

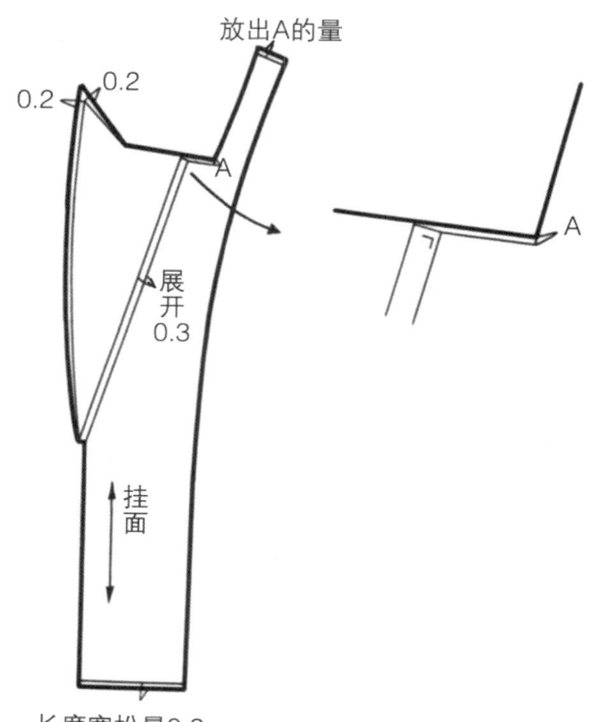

领面纸样制作方法

1　画领，并以 N.P（侧颈点）为中心，左右各取 3 ~ 3.5 cm 做记号，并画领腰线（翻折线）的垂直线作为展开线。

2　以领腰线为基点，将展开线在领子外围处展开 0.15 cm（装领线侧折叠）。

★ 展开量根据面料不同有所变化

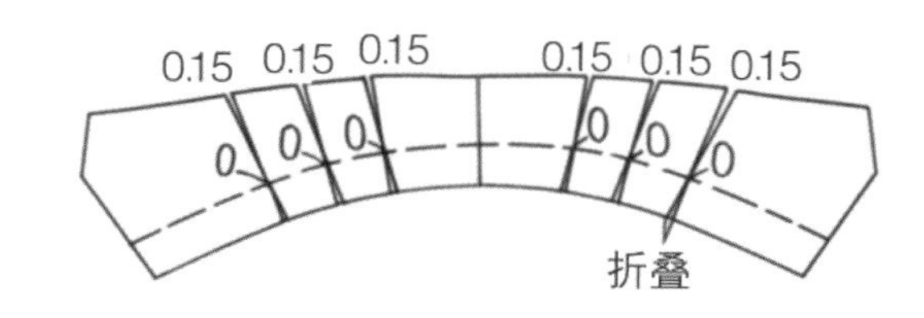

3 ①在领腰线处平行切展放出 0.3 cm 翻折量(宽松量)。

②在领子外围线处平行放出 0.2 cm 吐止口容量。

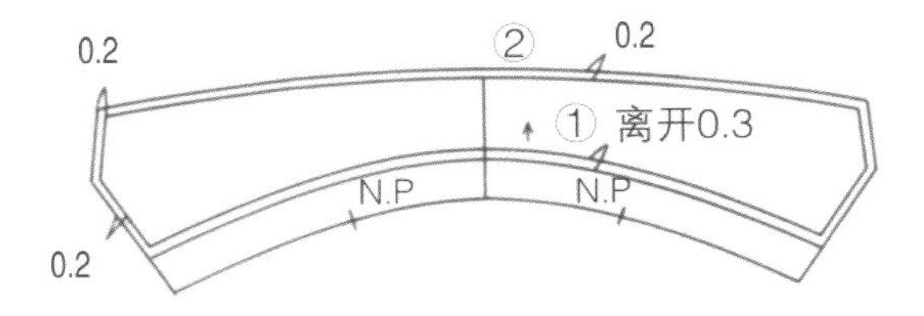

* N.P 的确定方法

从领子后中心开始取后衣片装领尺寸并做记号(A)。

从领角开始取前衣片装领尺寸并做记号（B）。

A 和 B 的中点作为 N.P。

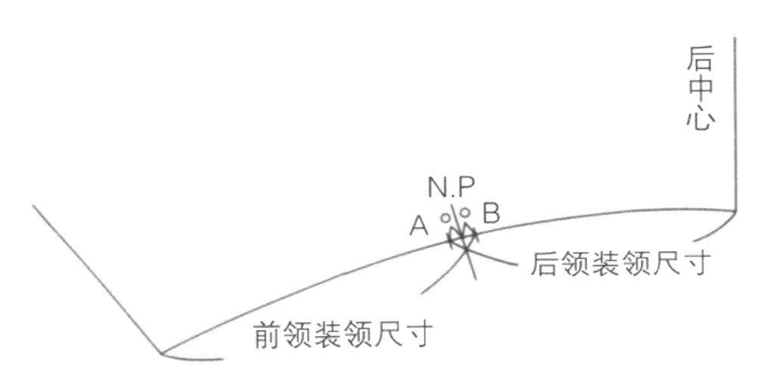

4 画丝缕线。

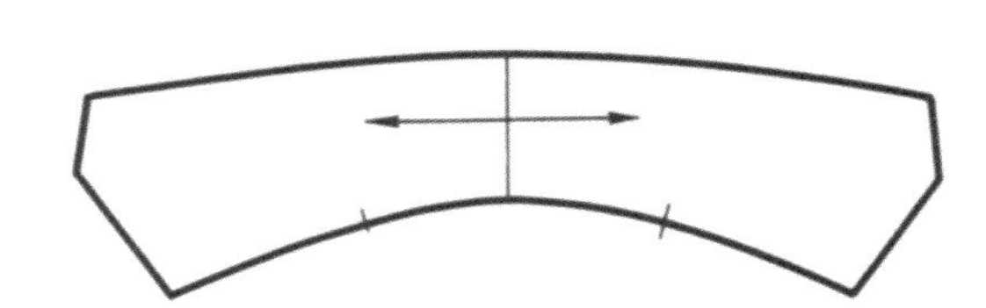

★ 因为是使用细条面料，领子外围 线上条纹线 布纹要和后中心成直角

口袋纸样

里子纸样制作方法

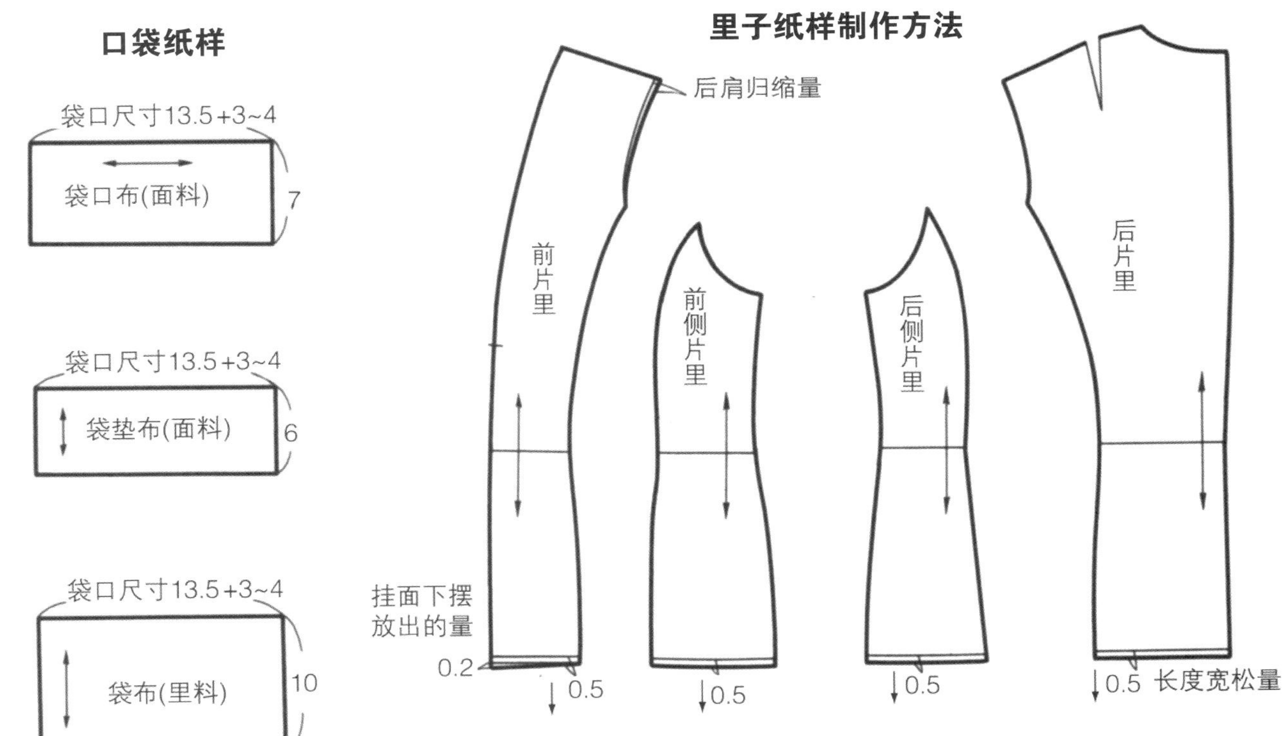

袖里纸样制作方法

（参照第 137 页三开身西服套装）在袖山和袖底（袖窿底部）各放出 0.3 cm 和 2.5 cm 作为缝头包转的量。用圆顺的线条画出从袖山到袖底的弧线。

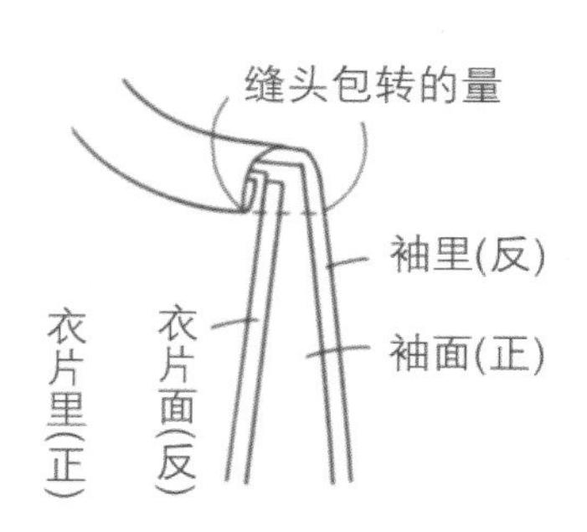

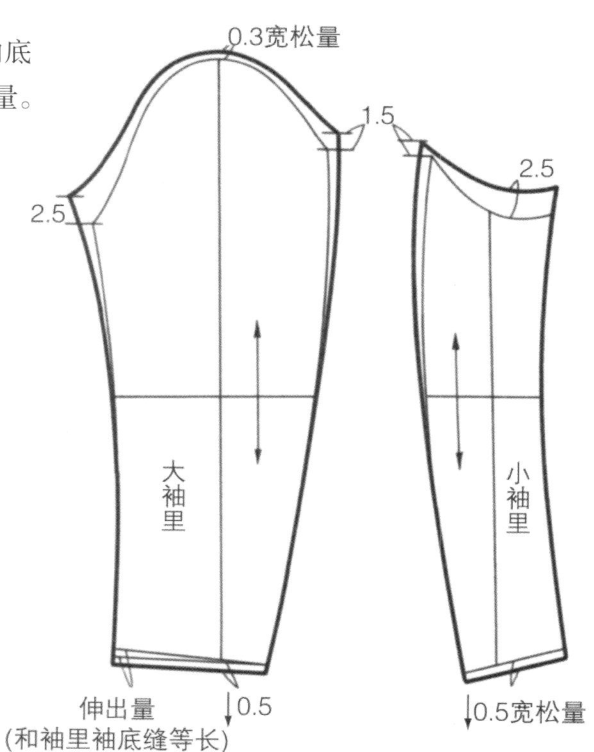

裙片里子纸样制作方法

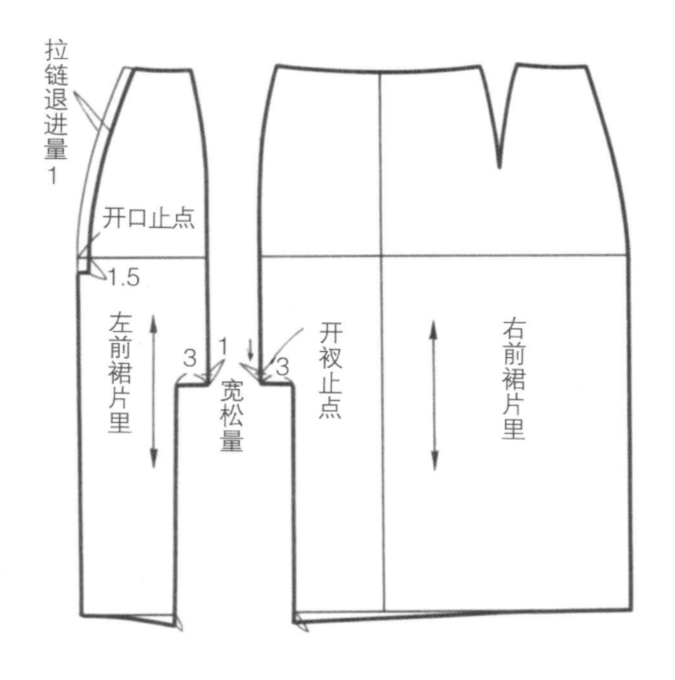

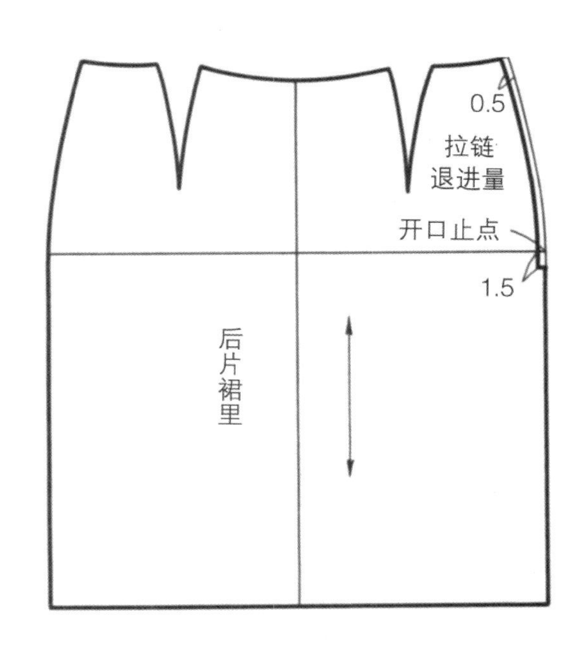

衬的位置及其纸样

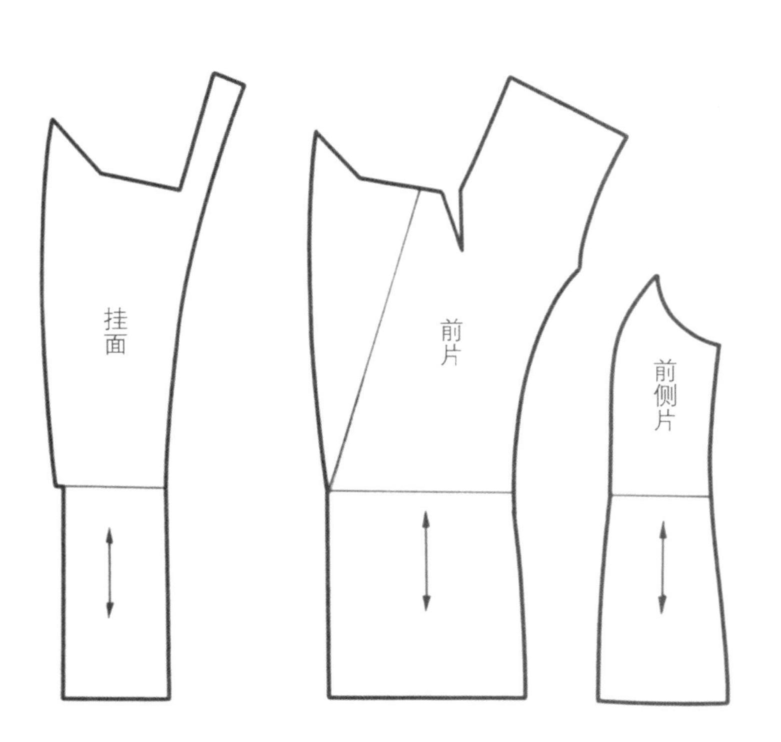

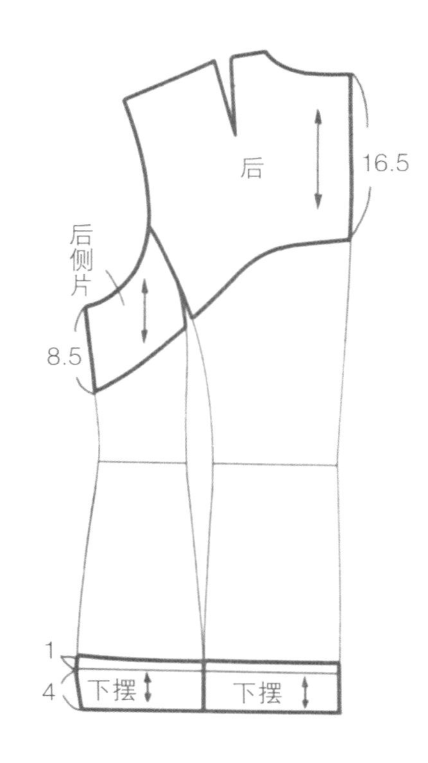

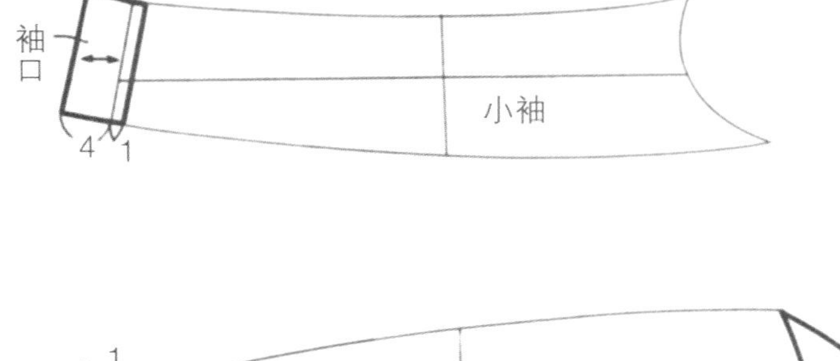

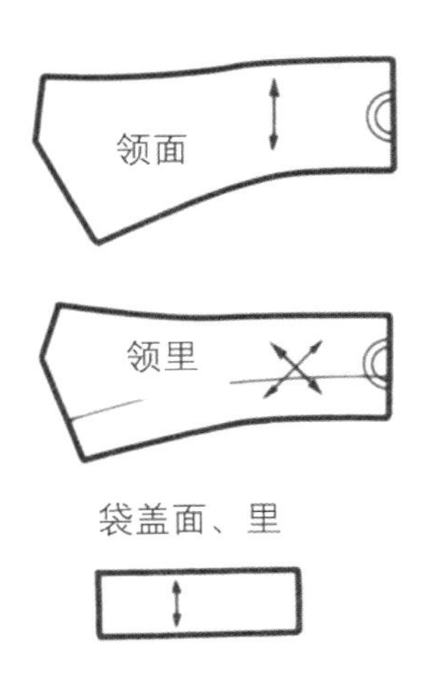

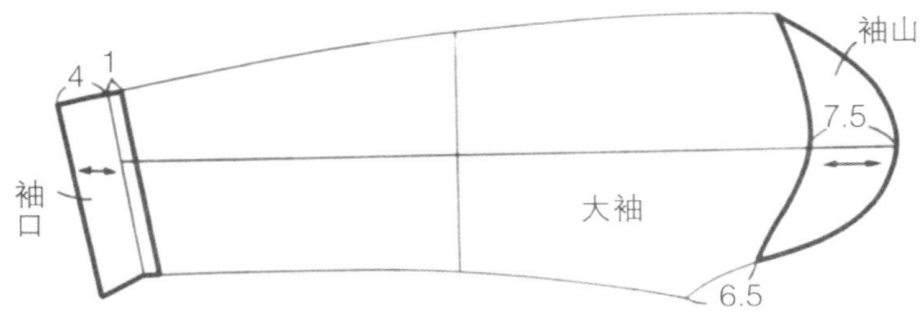

裁剪

先进行面料整理（参照第 242 页），然后参照裁剪图进行面料裁剪。由于体型因素需要补正的地方或对于易散边的面料，缝头要多放一些。如果是有花纹的面料，裁剪时还要考虑对花。这张裁剪图是按同一方向排列纸样的，如果面料许可，也可以将纸样插入进行套裁。

面料裁剪图

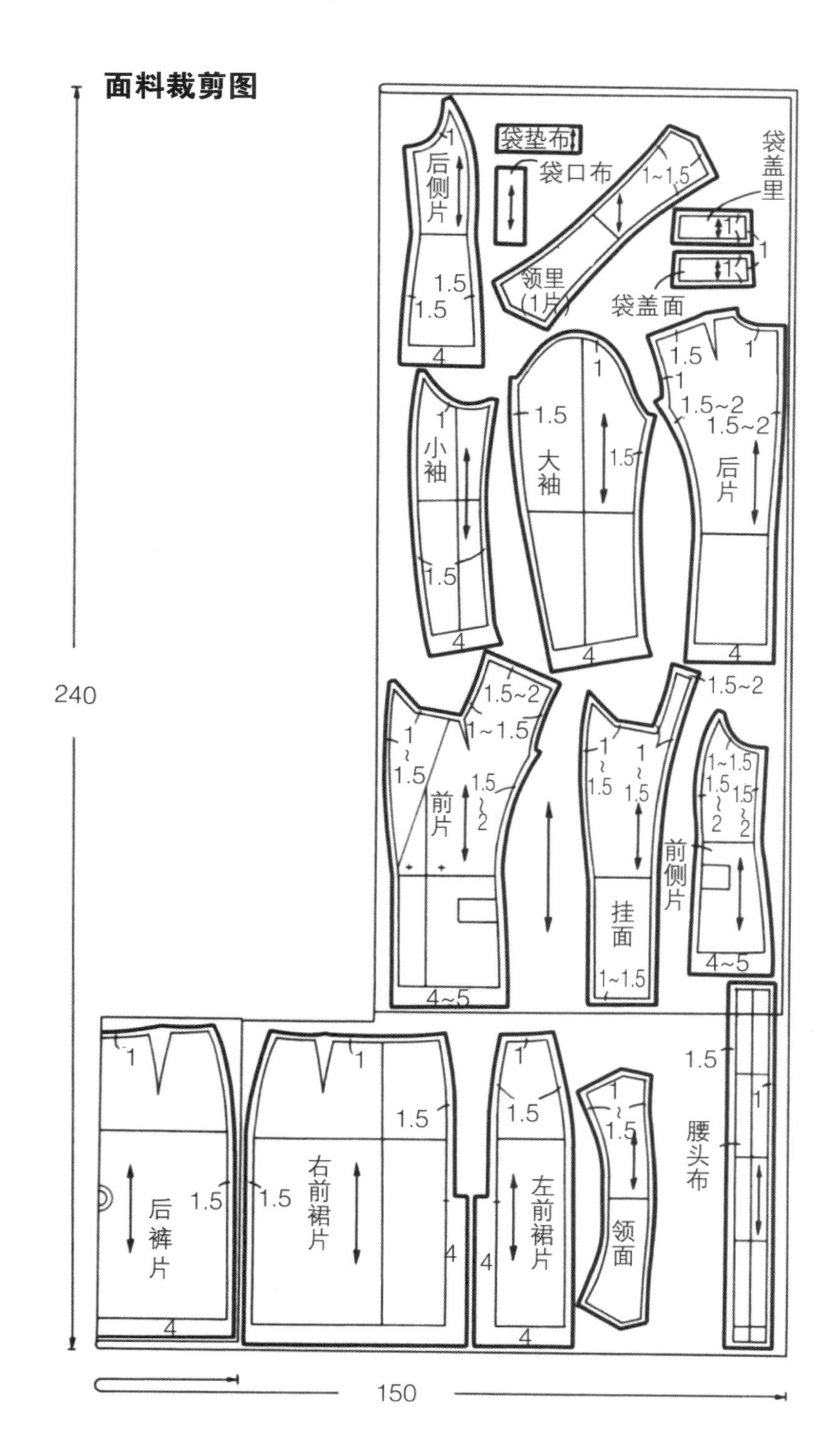

里料裁剪图

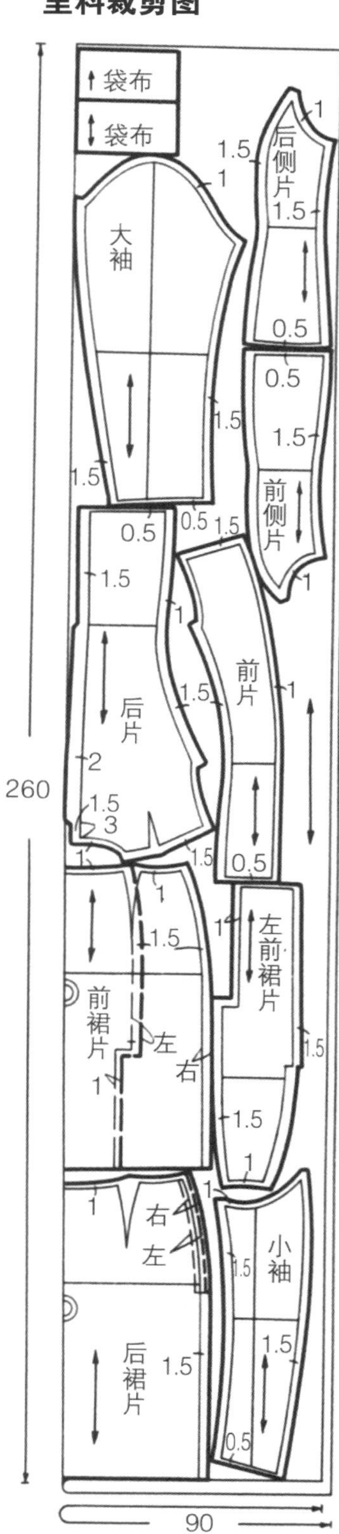

细条纹对条方法

黏合衬（薄型）裁剪图

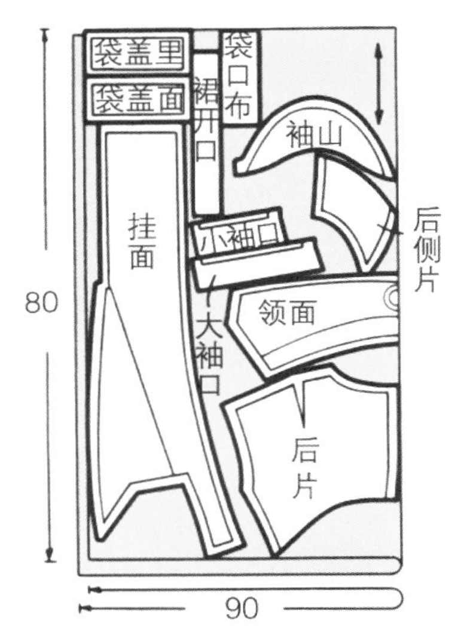

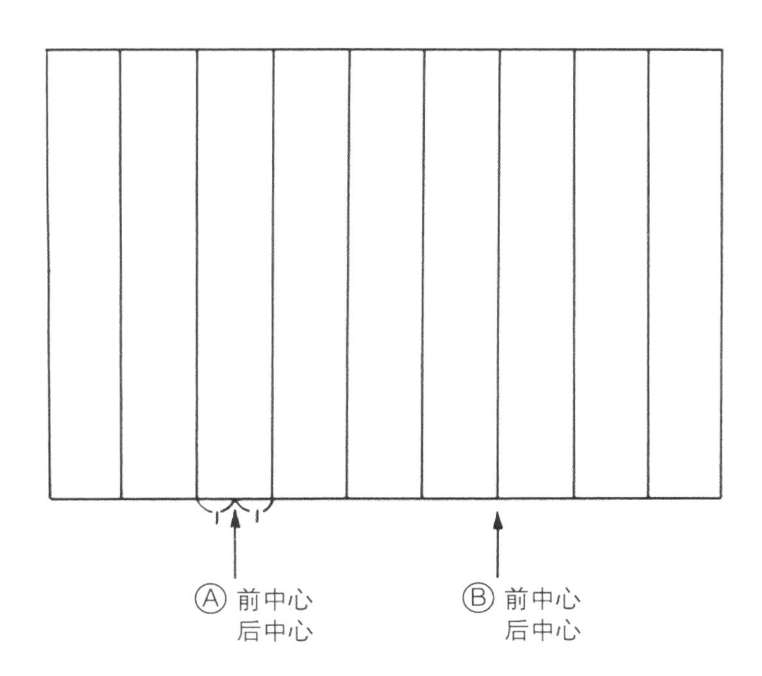

黏合衬（厚型）裁剪图

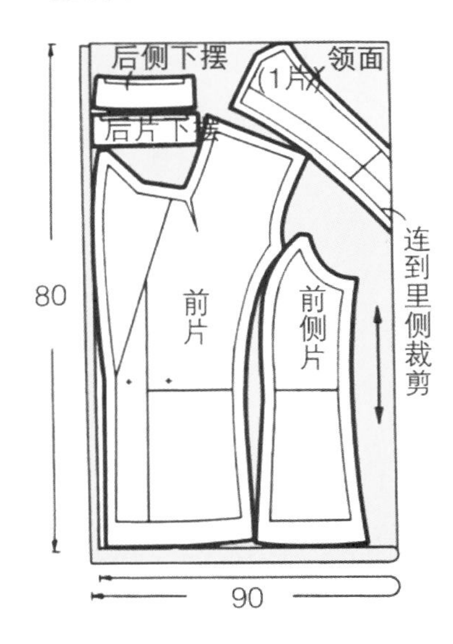

有Ⓐ和Ⓑ两种方法，任何一种都是可以的。

Ⓐ 将前后衣片、袖、前后裙子中心线和条纹二等分处对合。

Ⓑ和 Ⓐ一样，将纸样的前中心、后中心和条纹线对合。

★ 不管哪种方法，前衣片装袋位置和袋盖面的条纹都要对合。

★ 黏合衬的布纹、缝头和面料相同。全部贴黏合衬的情况，可以先粗裁。

★ 领面衬的布纹和领面相同，也可以裁断。

正式缝制

上衣缝制方法

1　贴黏合衬和黏合带

全部都贴衬的情况可先进行粗裁，然后贴衬，并做标记。因为是成衣制作，因此图修剪缝头。从缝头内侧 0.1 ~ 0.2 cm 处往外贴防止拉伸的黏合带，在离开领子翻折线 1 cm 的衣片处、领里领腰线开始往领腰侧同样贴黏合带。

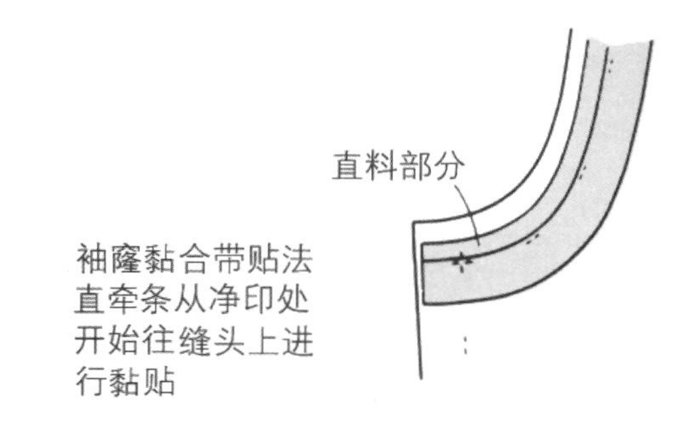

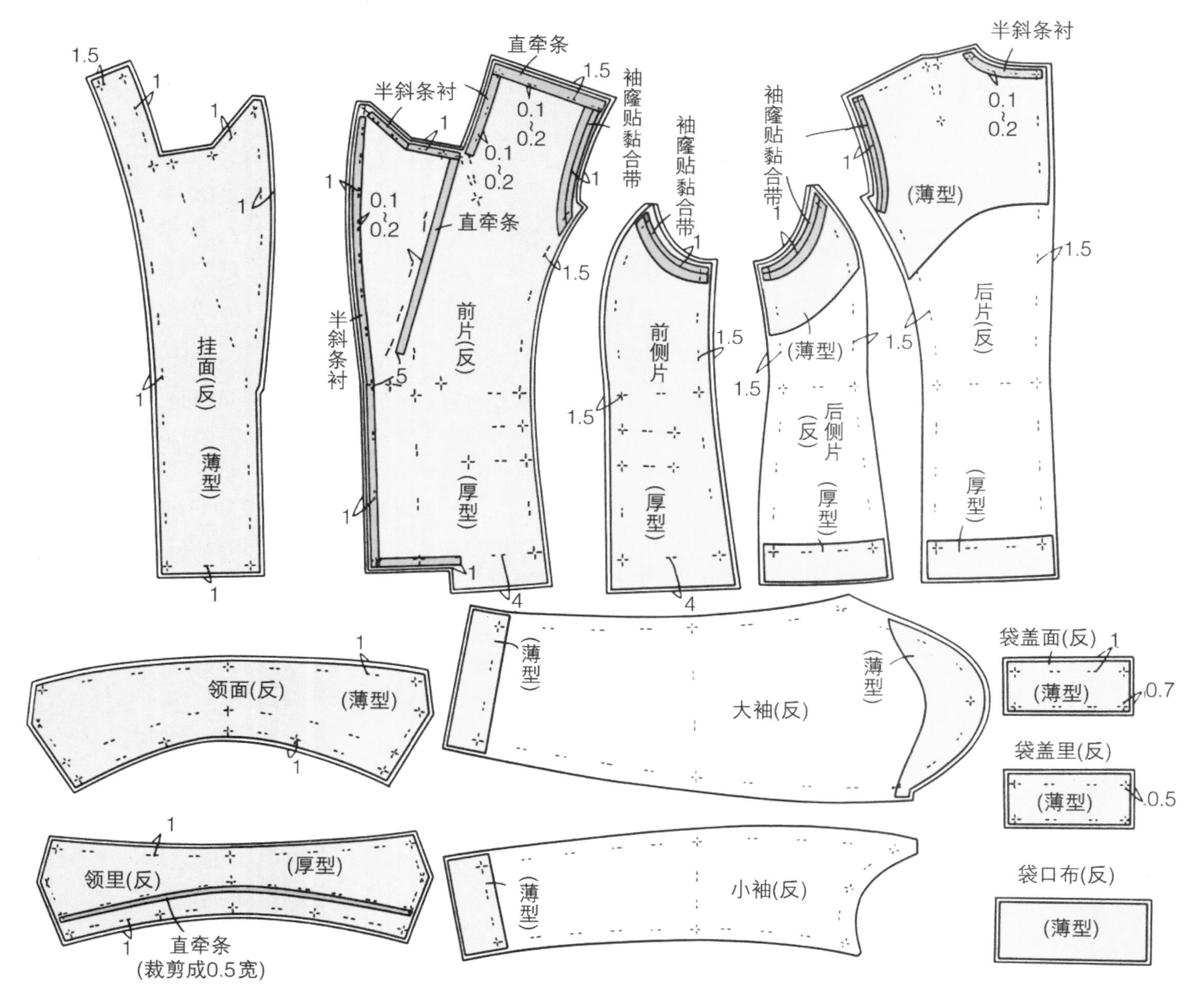

2 前衣片缝省

缝合衣片领圈省，省缝倒向中心侧（参照夏乃尔套装第 6 页 2）。

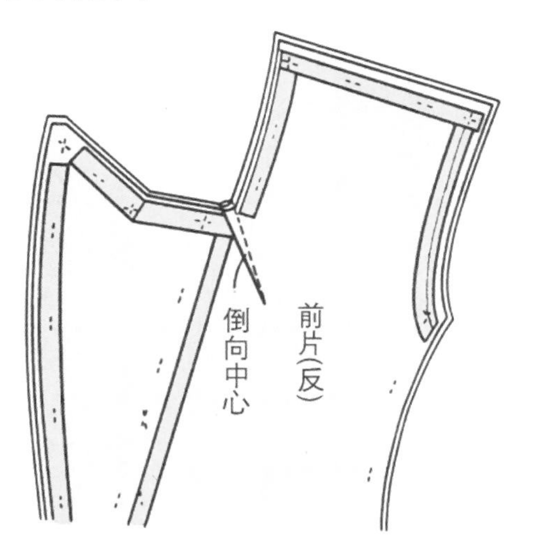

3 缝合前衣片拼接线

前衣片和前侧片正面相对叠合，缝合拼接线，并劈开缝头。

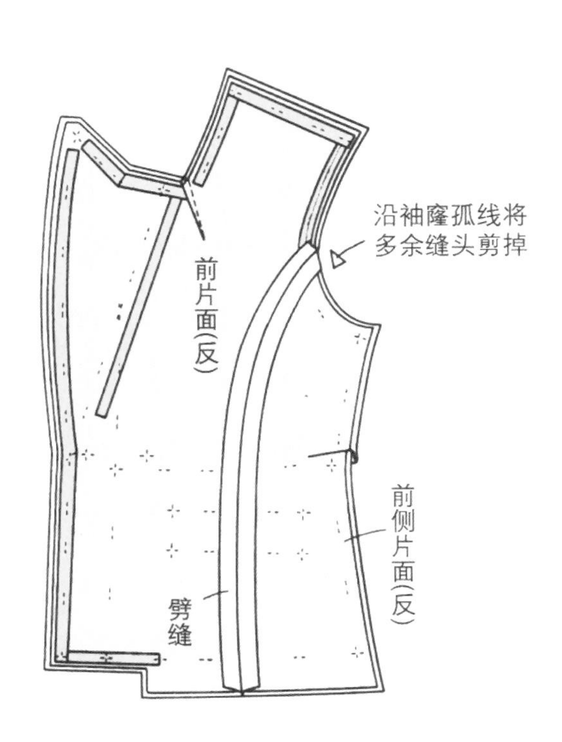

4 有袋盖口袋的制作

4-1　面里袋盖正面对合，离开裁边 0.6 cm 缝合。

4-2　将袋盖翻至正面，袋盖里退进一点用熨斗整型。

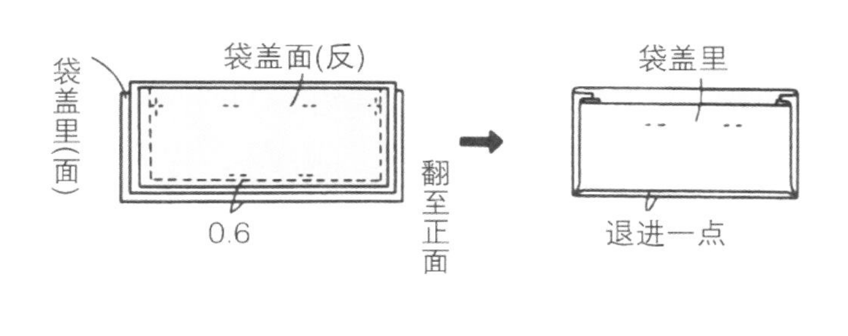

4-3　袋口布和袋布、袋垫布和袋布分别正面相对，以 0.5 cm 的缝头缝合。缝头倒向袋布（参照西服套装第 103 页 8-2）。

4-4　将袋盖面和衣片在装袋位置正面相对叠合缝制（a）。袋口布在装袋盖位置平行往下 1 cm 处以 0.5 cm 缝头缝制。两端各缝至装袋线往里 0.4 ~ 0.5 cm 处（b）。

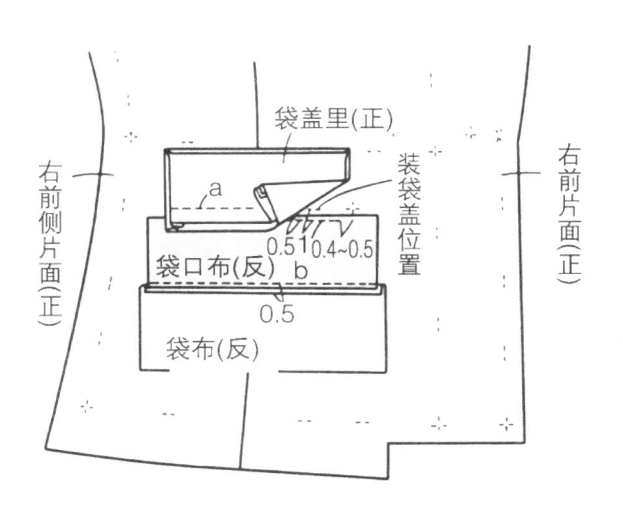

4-5　在 a、b 两条缝道中间半衣片剪切口。注意不要剪到袋盖缝头（参照西服套装第 104 页 8-4）。

4-6　两端的三角部分折向衣片反面，熨烫定型。

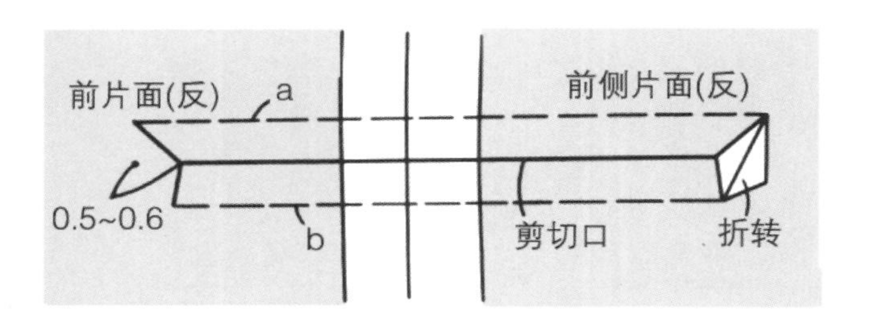

4-7　将袋口布从切口处拉向反面，劈开袋口布和衣片缝头（参照西服套装第 104 页 8-6）。

4-8　袋口布折成小于 0.8 cm 的宽度，疏缝固定，翻起衣片，在缝道 b 外侧缝制。

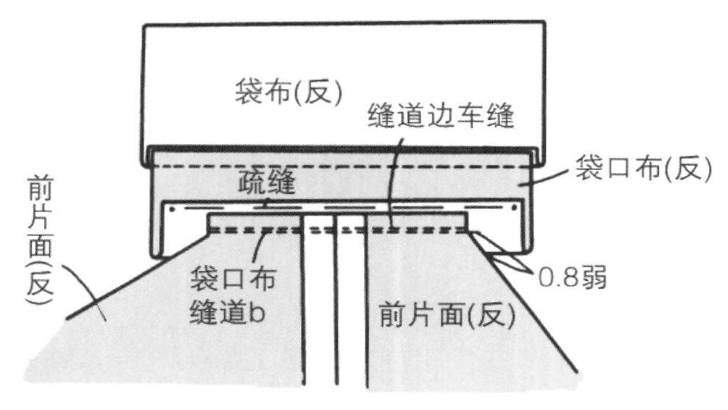

4-9　为了不在衣片上产生座势，将袋盖放下（缝头倒向上侧）。袋垫布和袋布图重叠，在装袋盖位置旁疏缝固定。

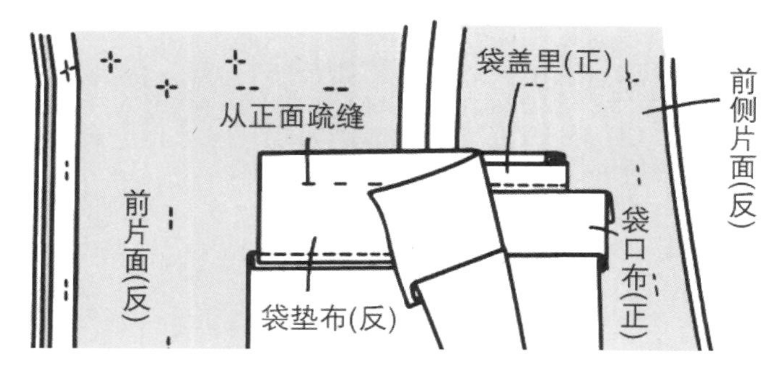

4-10　翻起衣片，在装袋盖缝道 a 外侧车缝。

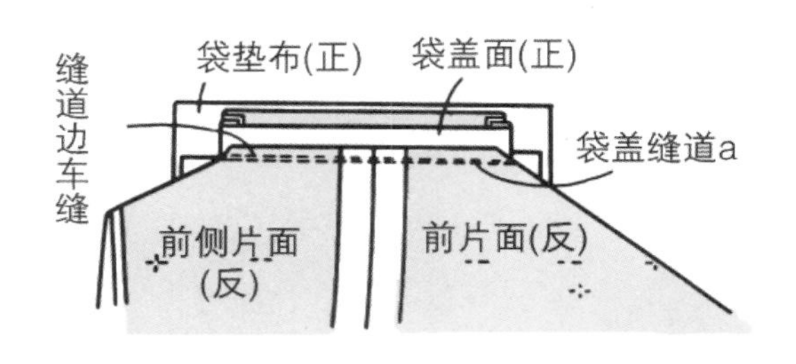

4-11　从衣片正面翻起袋盖两端的衣片，在 4-6 中折进的三角的折印上车缝或回针缝与袋垫布一起固定。

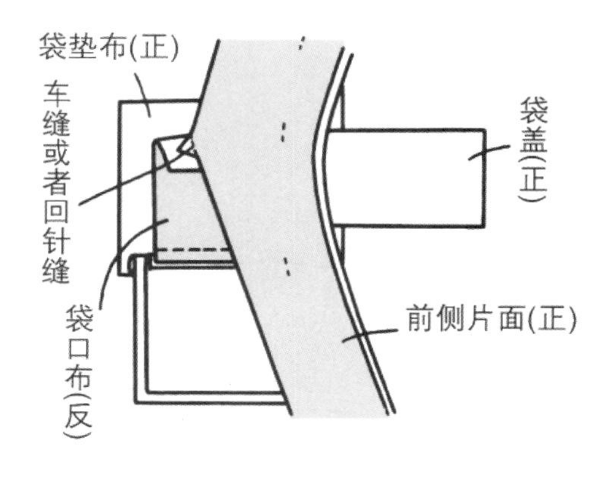

4-12　袋布周围绢缝两道。

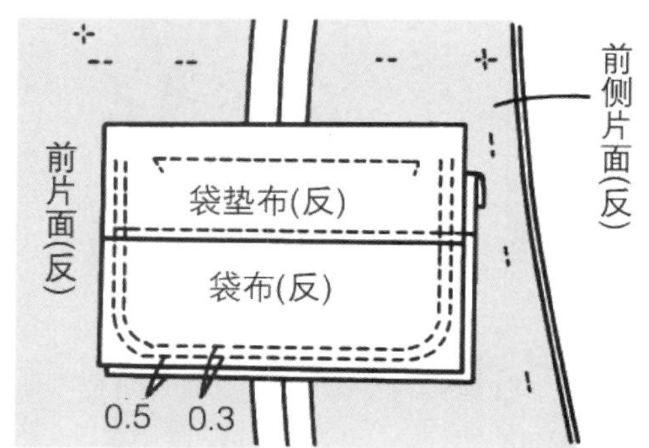

4-13 将袋口布两端从正面用套结与里侧固定（参照第106页）。

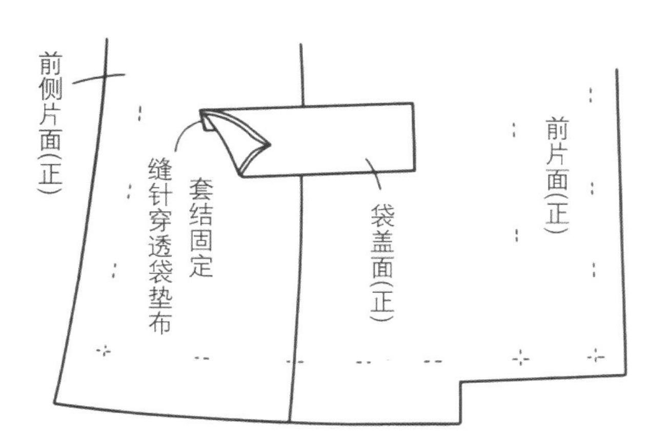

5 后衣片缝省

缝合后衣片肩省，缝头倒向中心侧。

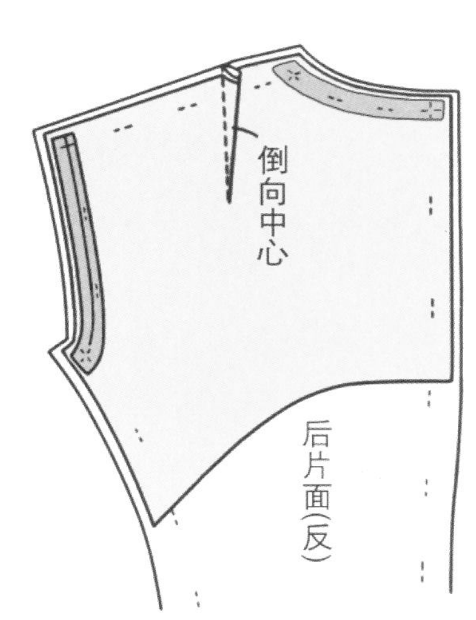

6 缝合后衣片中心线和拼接线

6-1 左右后衣片正面相对叠合，缝合中心线，劈开缝头。

6-2 后衣片和后侧正面相对叠合，缝合拼接线，劈开缝头。

7 缝合衣片侧缝、肩线

7-1 前、后侧片正面相对叠合，缝合侧缝线，缝头劈缝。

7-2 对肩线缝头进行归缩（参照夏乃尔套装第7页2-4、2-5）。

7-3 前、后衣片正面相对叠合，缝合肩线，劈开缝头。

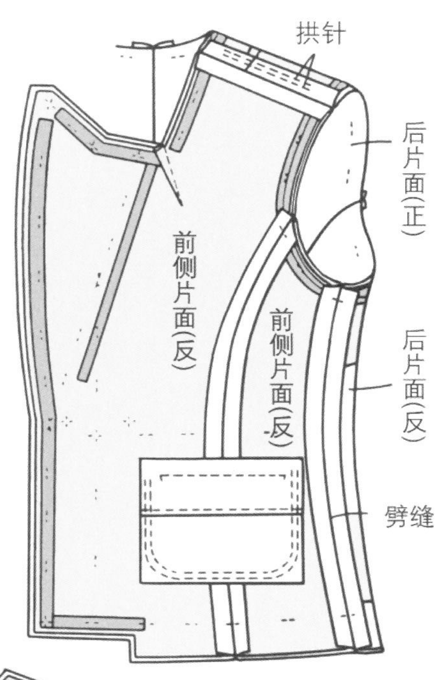

8 装领里

参照西服套装第127、128页10。

9 缝合里子拼接线

前片里子和前侧片正面相对叠合，从缝头边往里1.2 cm处缝合，取0.3 cm余折缝头，将缝头倒向侧片。

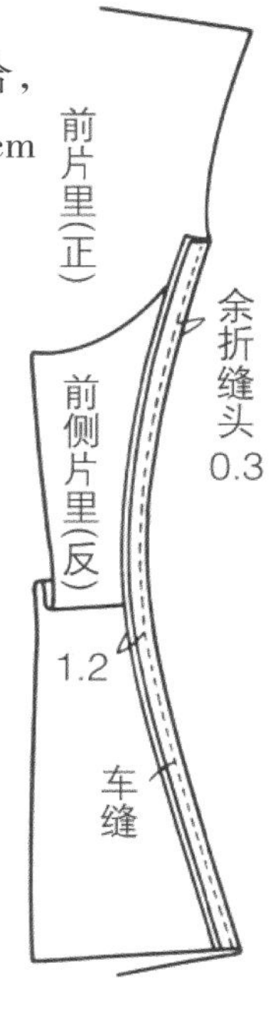

10 缝合挂面和里子

挂面和里子正面相对叠合，缝至离下摆2 cm处，缝头倒向侧缝。

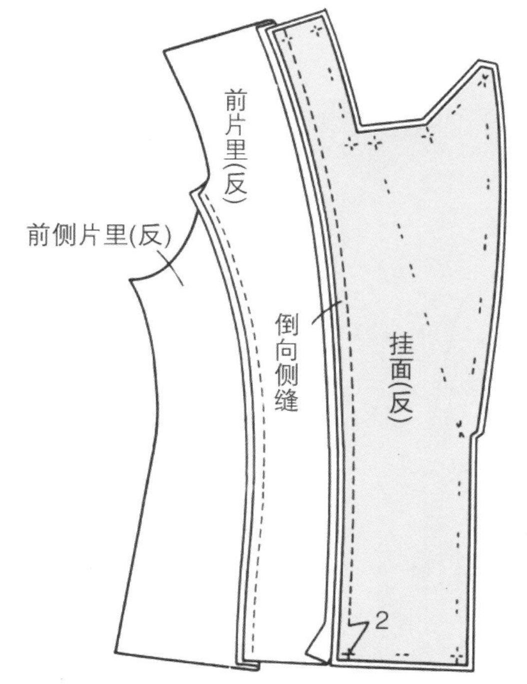

11 缝后片里子省道和中心线

11-1 缝合后片里子肩省，缝头倒向中心。

11-2 左右后片里子正面相对叠合，图在缝头内侧缝合。

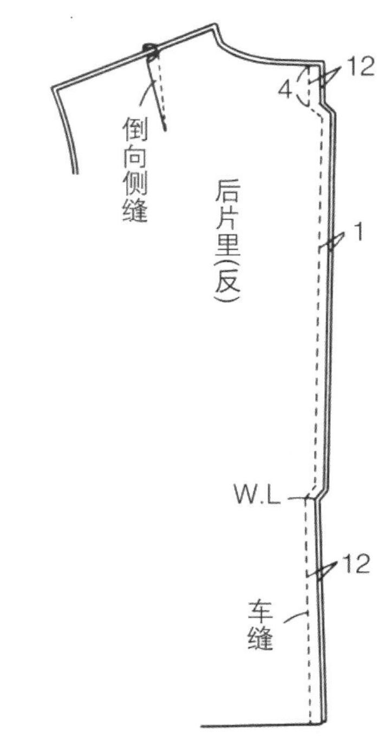

11-3图留出余折缝头后将缝头倒向后片。

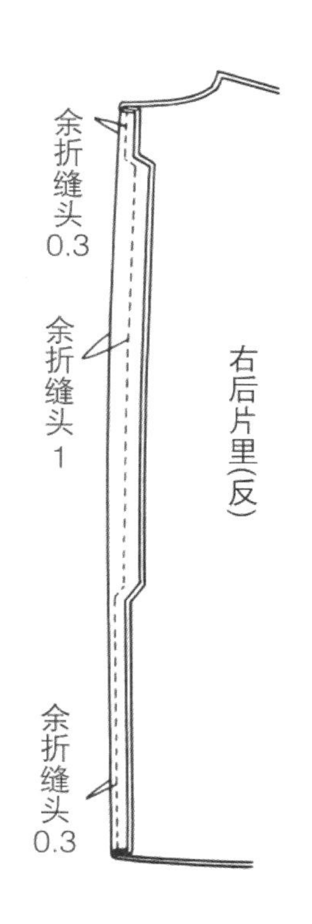

11-4 后片里子和后侧片正面相对叠合，以 1.2 cm 缝头缝合。取 0.3 cm 余折缝头后将缝头倒向侧缝。

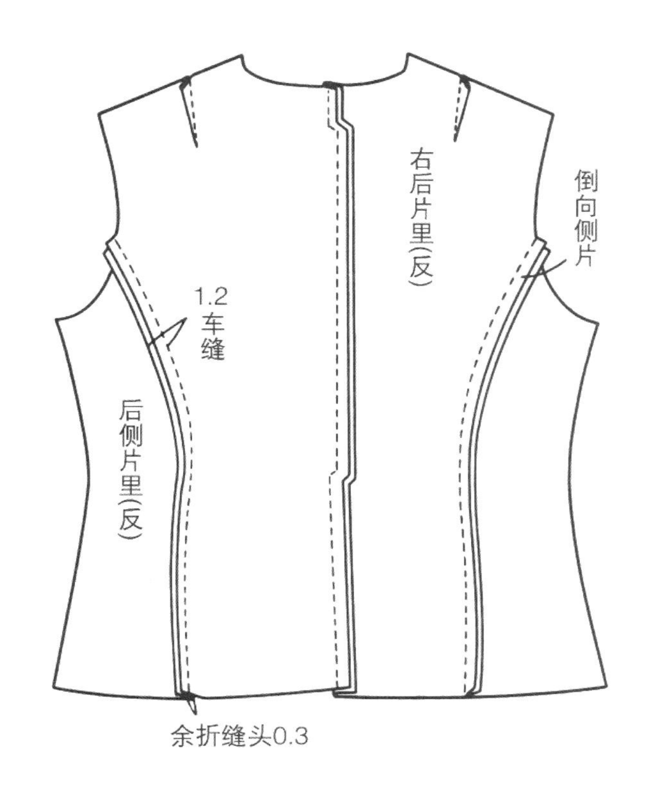

12 缝合里子侧缝、肩线

12-1 前、后侧片里子正面相对叠合，以 1.2 cm 缝头缝合。取 0.3 cm 余折缝头后将缝头倒向后片。

12-2 前、后片里子正面相对叠合，缝合肩线。缝头倒向后片。

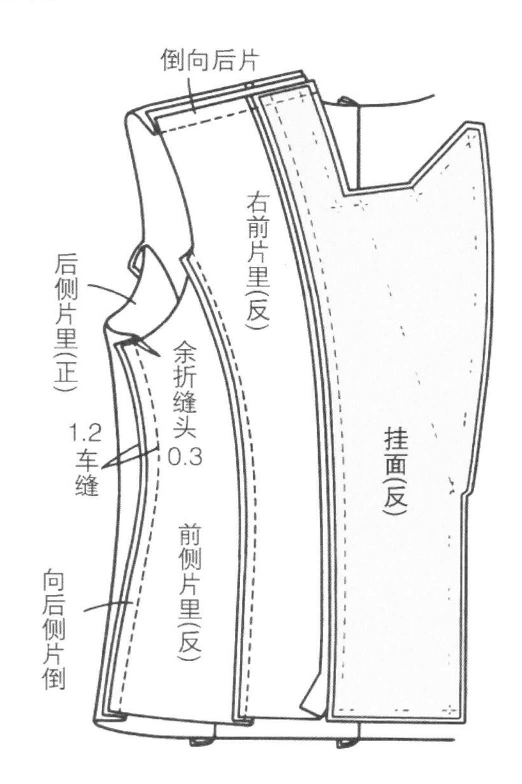

13 装领面

和领里一样将领面和挂面、后片里子缝合（参照西服套装第 128 页 11）。

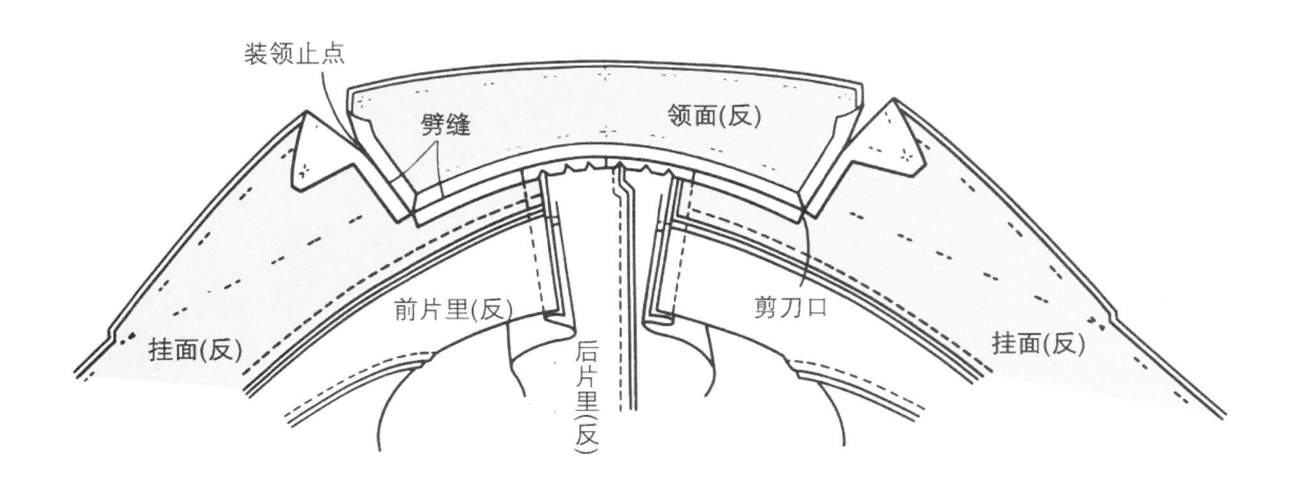

14 四片一起固定

参照西服套装第 128 页 12–1。

15 缝合衣片和挂面、领面和领里

15–1 衣片面和挂面、领面和领里正面相对叠合，沿净印以①翻折点到装领止点、②装领止点到领子外围线、③翻折点到下摆的顺序缝制。

15–2 将衣片、挂面缝头分别修剪至0.6 cm、0.4 cm领面、领里缝头分别修剪至0.4 cm、0.6 cm，用熨斗劈缝，翻至正面。

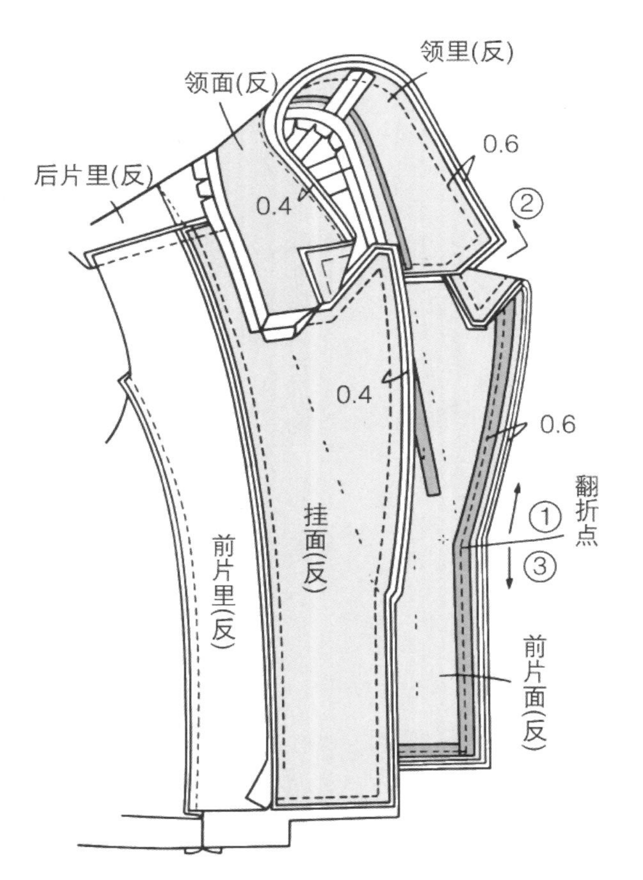

15–3 翻折点以上衣片和领里、翻折点以下挂面退进一点熨烫整型。

16 缝袖子

16–1 将大袖归拔处理后（参照西服套装第 115 页 24–1），和小袖正面相对叠合，缝合肘侧线和袖底线，劈开缝头。

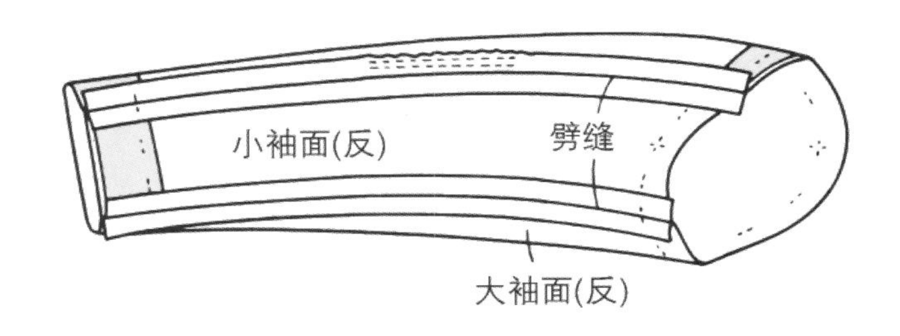

16–2 小袖里在肘侧做缩缝。将大袖里和小袖正面相对叠合，以 1.2 cm 缝头缝合。取 0.3 cm 余折缝头后将缝头倒向大袖。

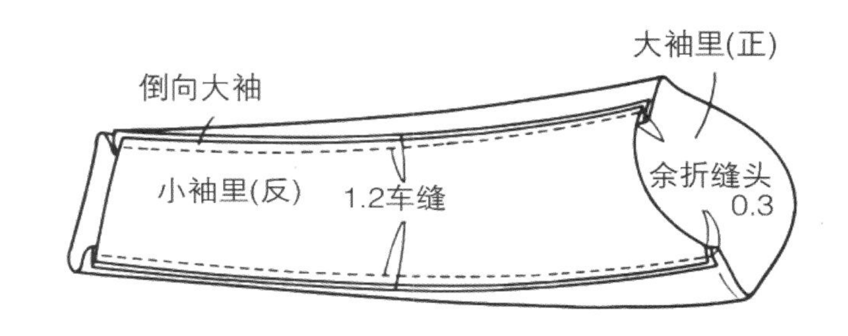

16–3 袖面和袖里正面相对叠合，对齐袖口裁边，以 0.5 cm 缝头缝合。

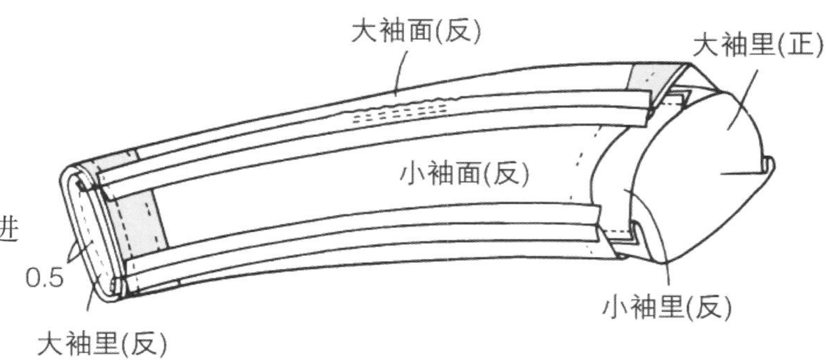

16-4 缝头倒向袖里。

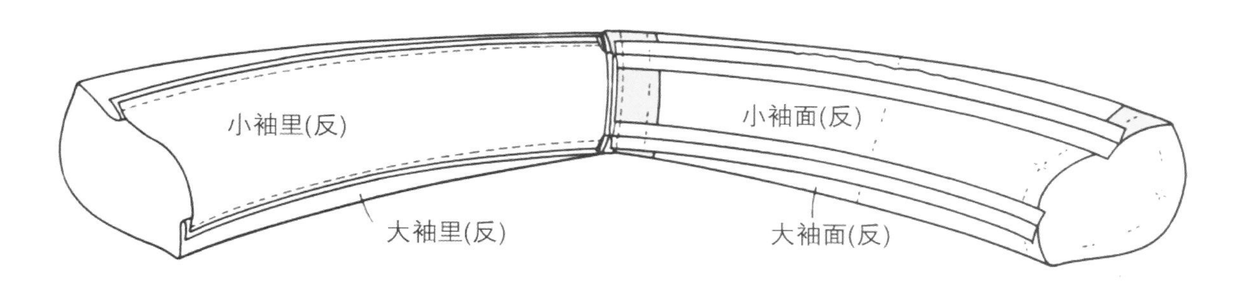

16-5 袖口面缝头沿净印折进，暗缲缝。

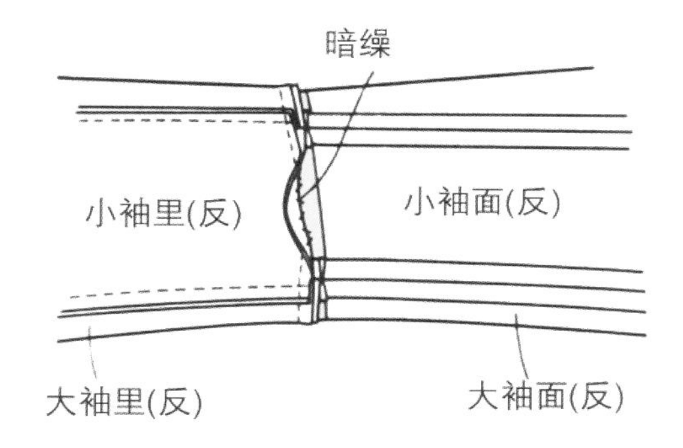

16-6 袖口里离开袖口面 2 cm 折进。

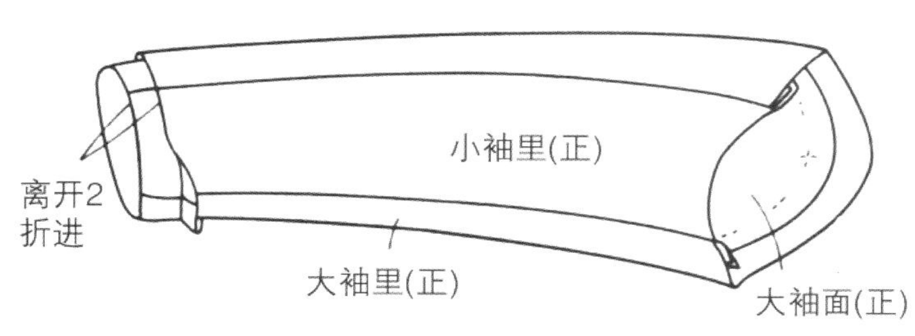

17 装袖

参照三开身西服套装第 156 页 26。

18 装袖山衬条

参照夏乃尔套装第 23 页 20-1、20-2。

19 装垫肩

参照夏乃尔套装第 23 页 21-1 ～ 2-3、第 24 页 21-4。

20 缝合面、衣片里下摆

20-1 衣片面、里下摆正面相对、对齐裁边，以 0.5 cm 缝头缝合。在后中心处留 15 cm 不缝。

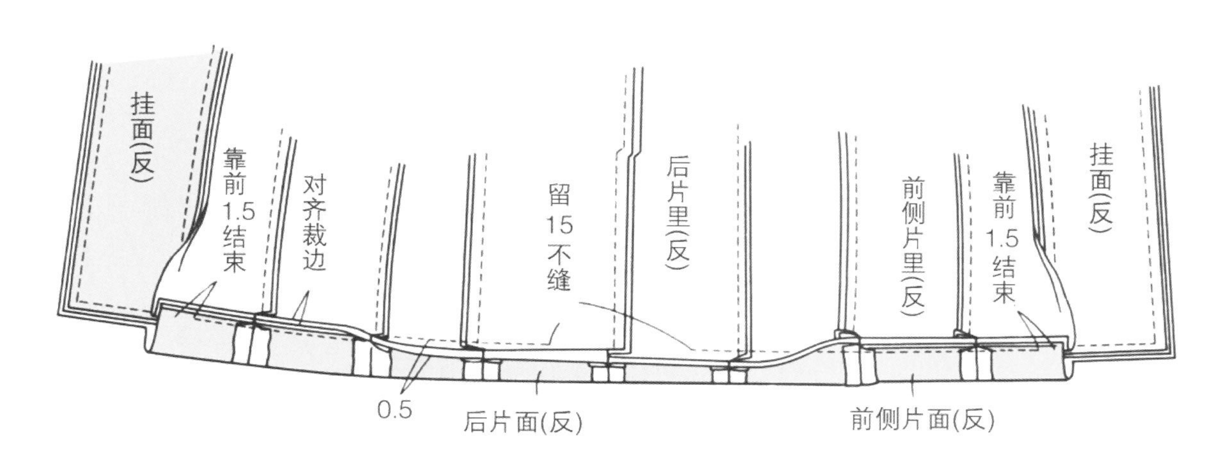

20-2 将 20-1 中缝合处的缝头缲缝固定于衣片面子下摆上（15 cm 不缝的地方不缲缝）。

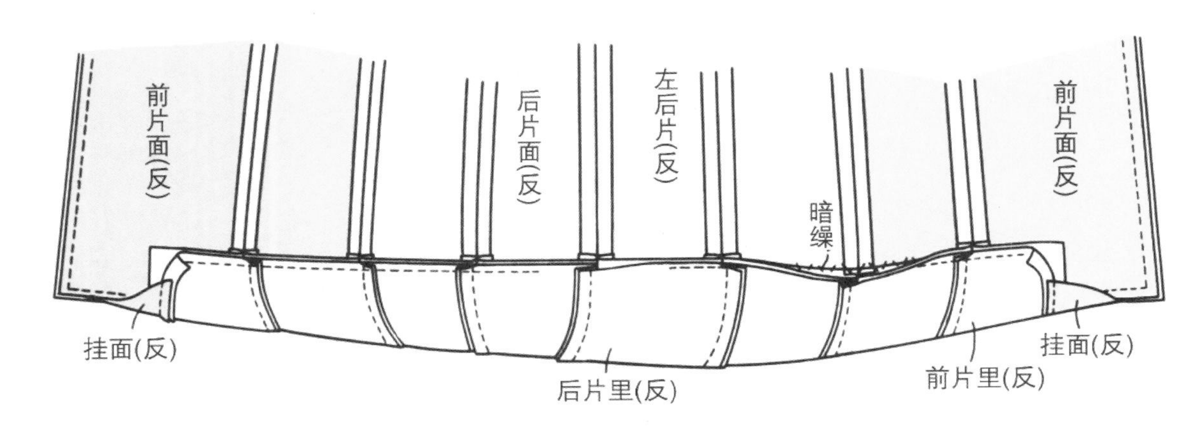

20-3 从 15 cm 不缝的地方将衣片翻至正面，熨烫整理下摆面子。下摆里子离开下摆面子 2 cm 折进。

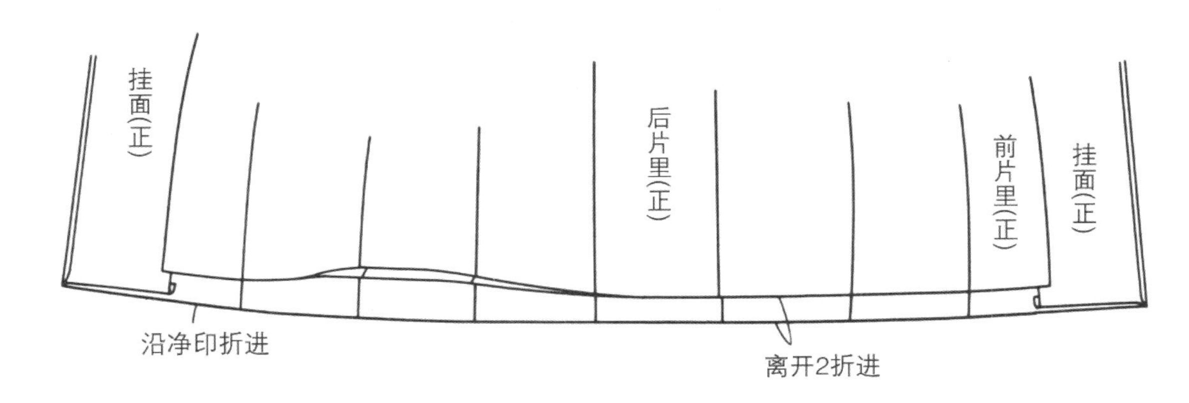

21 固定衣片面、里

再翻至反面，依①～⑥的顺序固定。

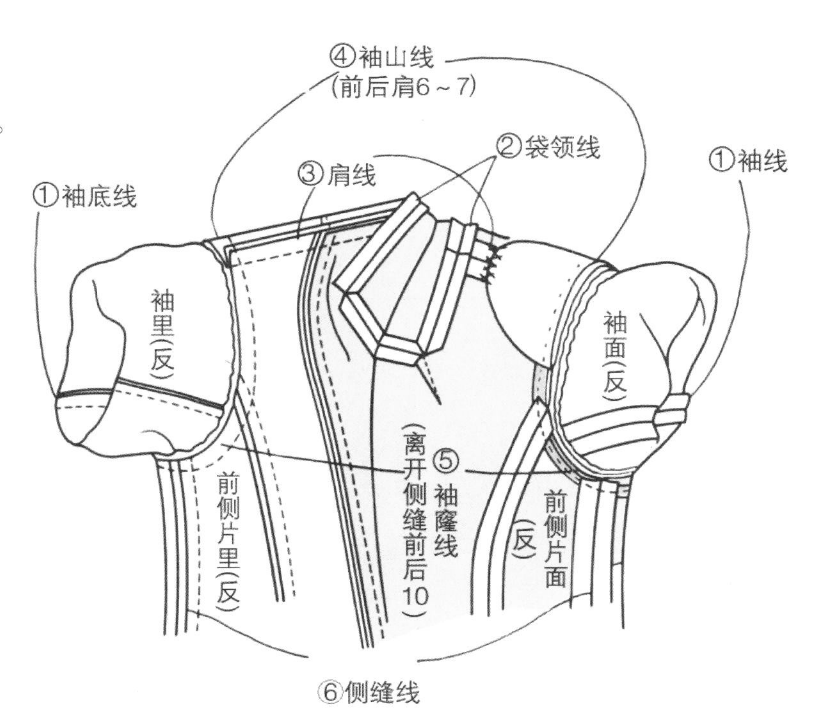

21-1 分别拉出袖面和袖里，对合袖底线，上下各从净印开始留出 7 ~ 8 cm，固定肘侧缝头。

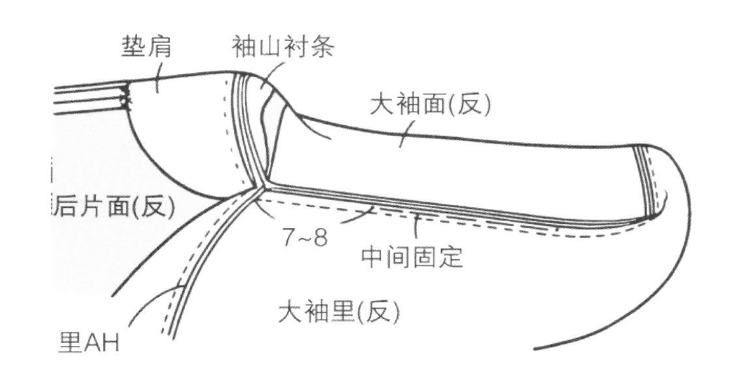

21-2 装领线（衣片面和挂面、后片里）处缝头对合固定。

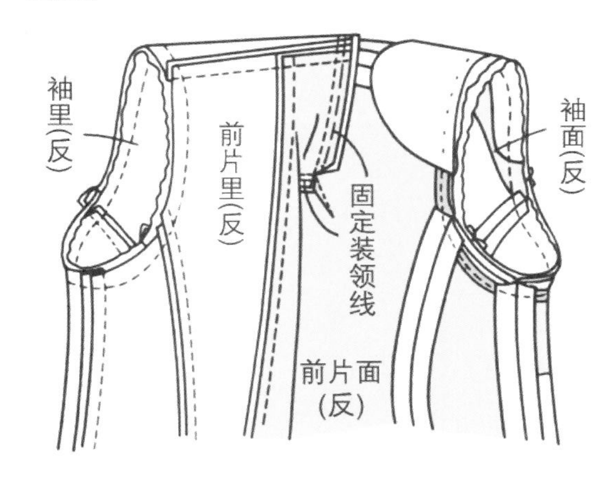

21-3 将衣片里肩线缝头固定在垫肩和衣片面肩线缝头上。

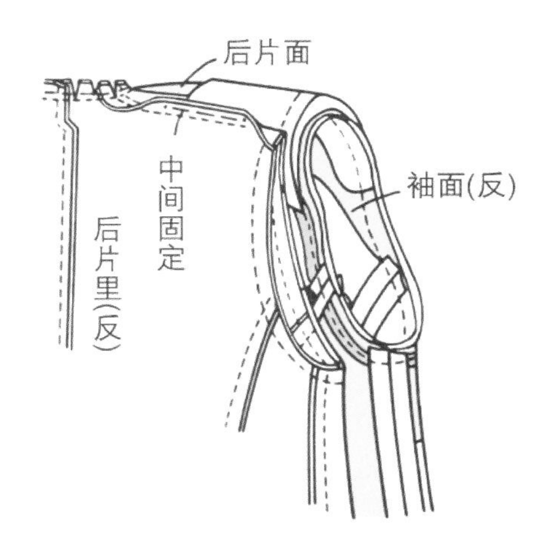

21-4 对合面、里肩线缝头，袖山缝头在肩头前后固定 6 ~ 7 cm。

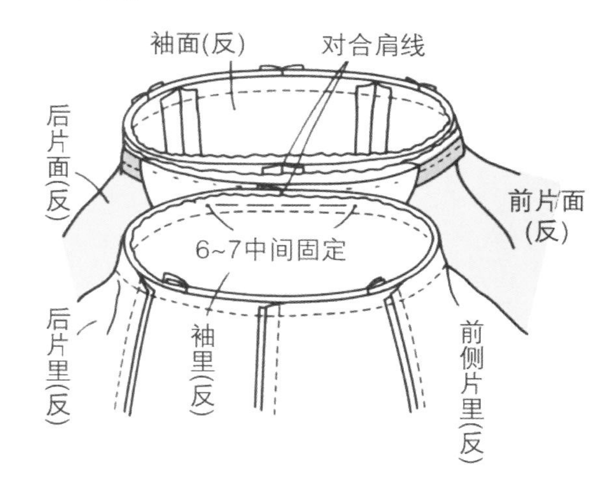

21-5 衣片里子侧缝缝头上下各留 7 ~ 8 cm，固定在衣片面子侧缝缝头上。

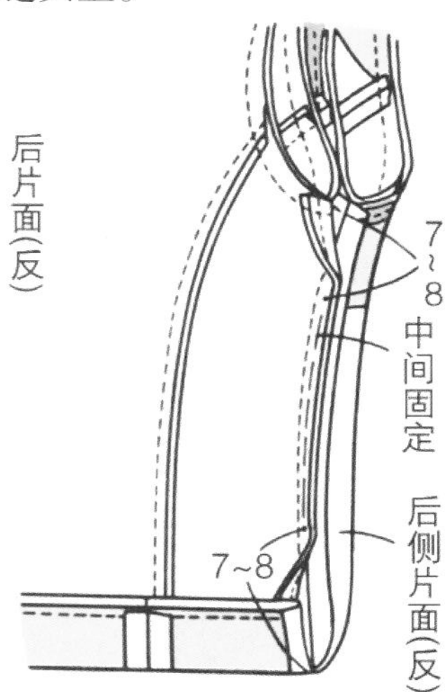

21-6 衣片面、里侧缝对合，袖窿缝头在侧缝前后固定 10 cm。

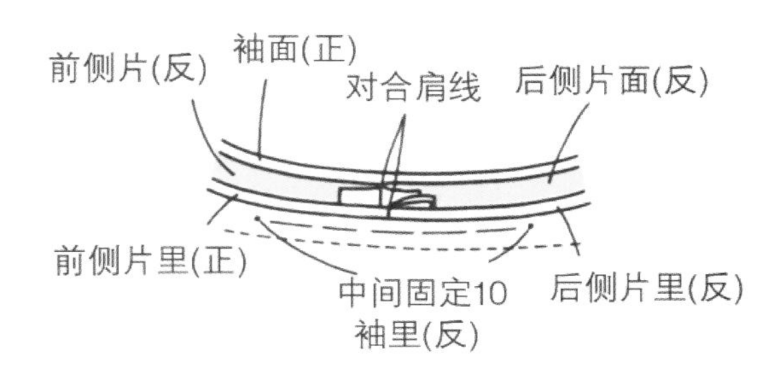

22 缲缝衣片里子下摆未缝部分

与第 202 页 20–3 同样从衣片里子下摆未缝处将衣服翻至正面。并将下摆里子未缝部分暗缲缝固定于下摆面子折边上。挂面内侧用卷缝或三角针固定，衣片里子转角处用三角针固定 2 ~ 3 cm。

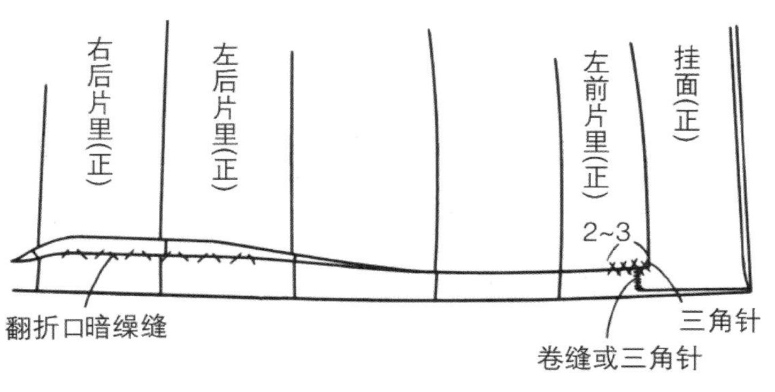

23 驳领翻折线内侧星针固定

离开驳领翻折线 1 cm 在衣片上从挂面侧用星针固定，注意翻折后不能影响正面状态（参照第 29 页）。

星针固定
1
翻折线
3.5
前片里(正)
挂面(正)

24 整烫

24–1 熨烫整型。

24–2 在前衣片上锁圆头钮眼，钉扣（参照第 249、251 页）。

24–3 上片正面钉装饰扣，下片挂面侧钉备用里扣（直径 1.8 cm）。

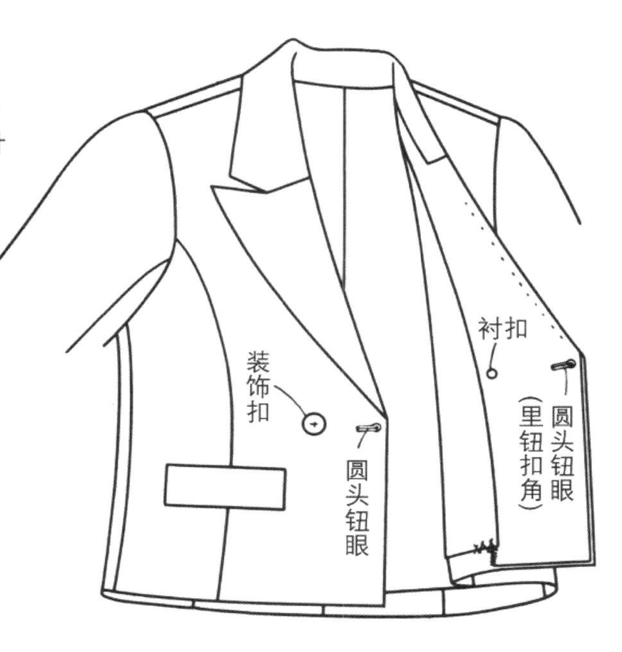

裙子缝制方法

1　裙片缝省

1-1　在拉链开口缝头上贴斜衬，前开衩缝头上贴黏合衬。

1-2　缝合前、后裙片省道，省缝倒向中心侧。

1-3　腰口缝头进行归缩处理（参照夏乃尔套装第26页1-4）。

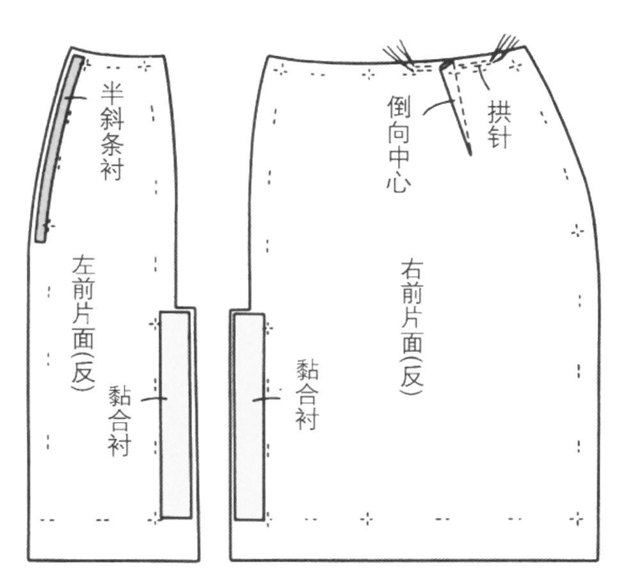

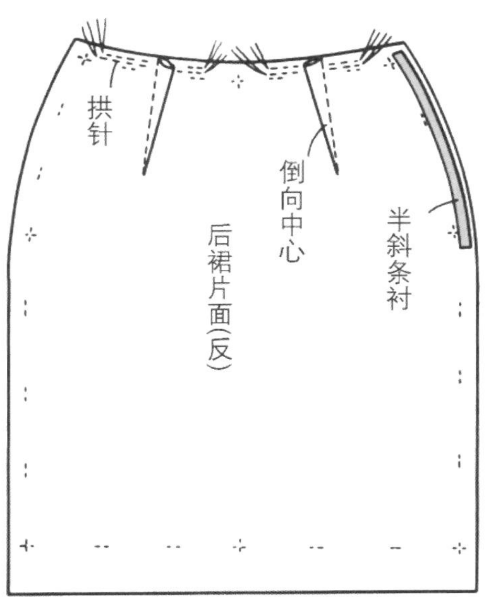

2　缝合前片拼接线

2-1　左右前片正面相对叠合，缝合拼接线至开衩止点。

2-2　劈开缝头，开衩按净印折进。

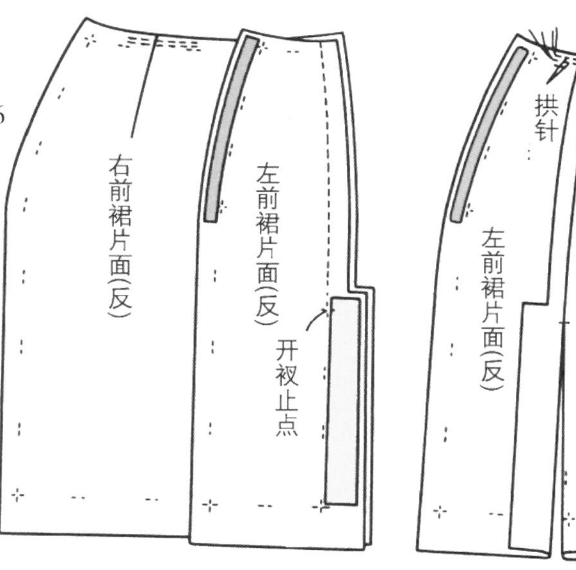

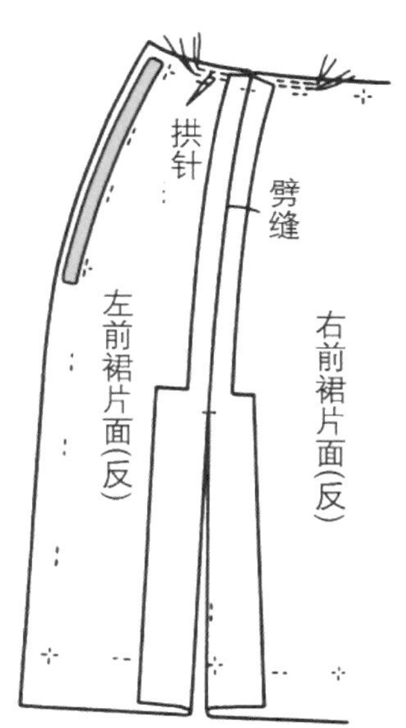

3　缝合侧缝线

前、后裙片正面相对叠合，缝合侧缝，劈开缝头。左侧缝至开口止点。

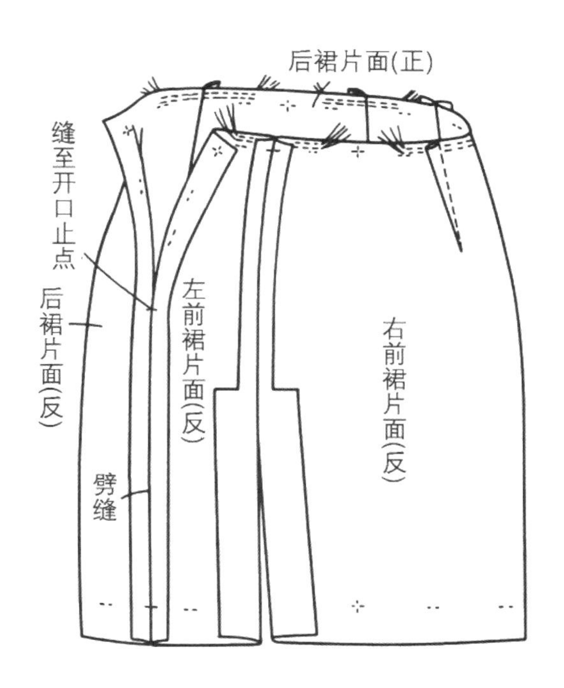

4 做里子

4-1 缝合里子省道，省缝倒向侧缝。

4-2 缝合前片里子拼接线，缝头倒向左片。前、后片里子正面相对叠合，离开缝头边 1 cm 缝合。留 1 cm 余折缝头后将缝头倒向后片。

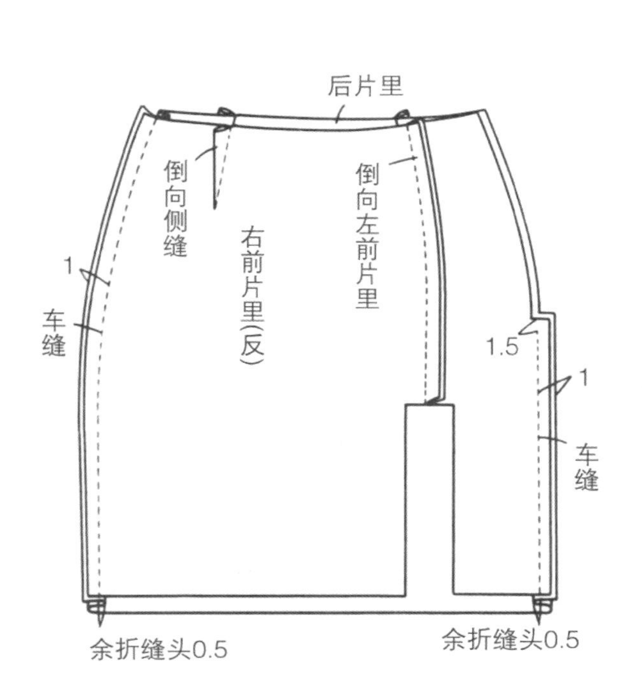

5 里子装拉链

5-1 将拉链叠放在后片里子左侧缝上，在拉链布带中心线上缝制（缝至拉链下止以下 0.7 ~ 0.8 cm）。

5-2 按 5-1 缝合后，在后片里子缝头上剪刀口。

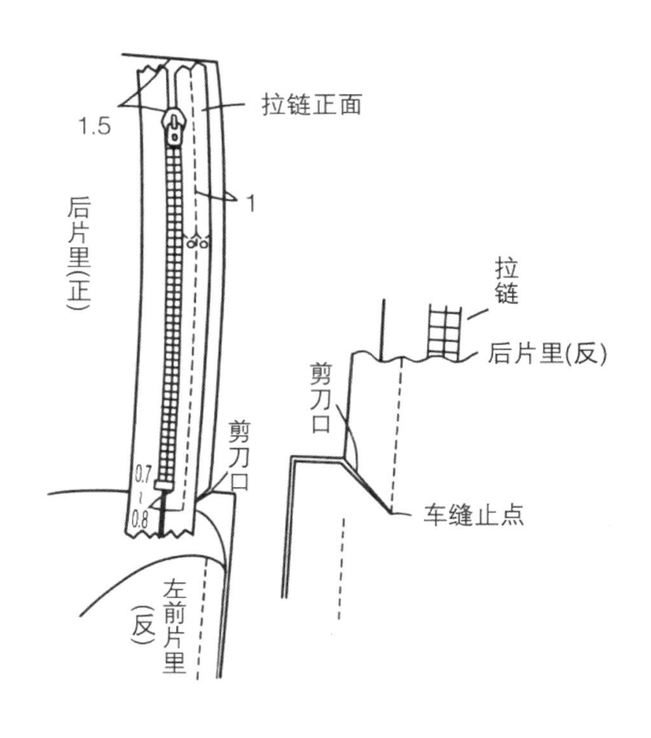

5-3 将拉链翻下，缝至 5-1 车缝止点另一侧布带的中心线上。

5-4 在左前片里子缝头上剪刀口至 5-3 的车缝止点。

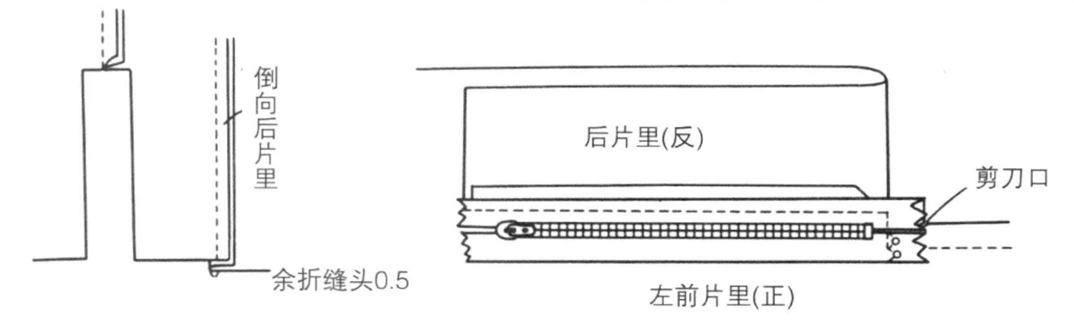

5-5　再将拉链翻向上侧，在左片里子上从 5-3 车缝止点开始在拉链基布中心线上缝制。

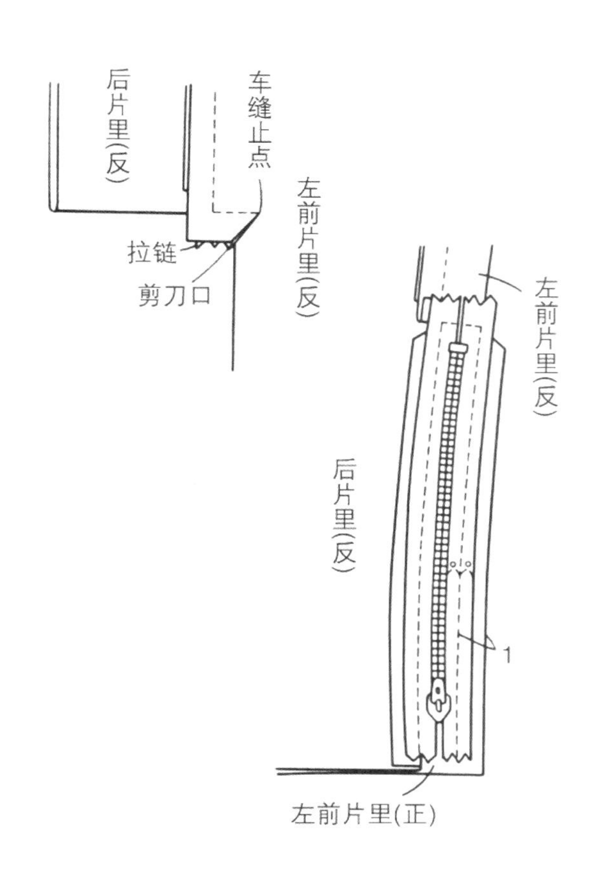

5-6　熨烫整型，在裙片里子侧压缉缝。

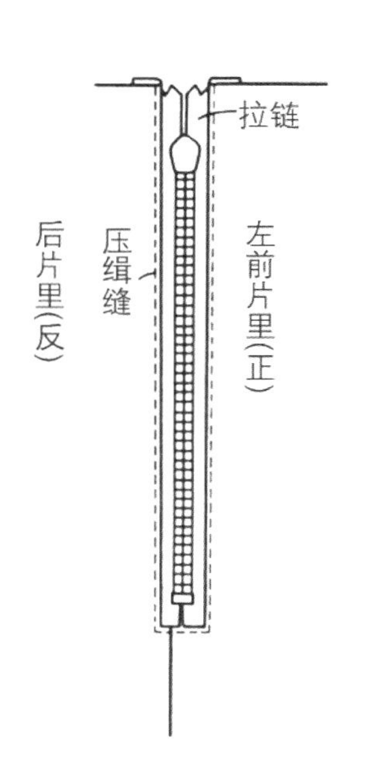

6　裙片面子装拉链

参照三开身西服套装第 161 页 7-1、7-2。

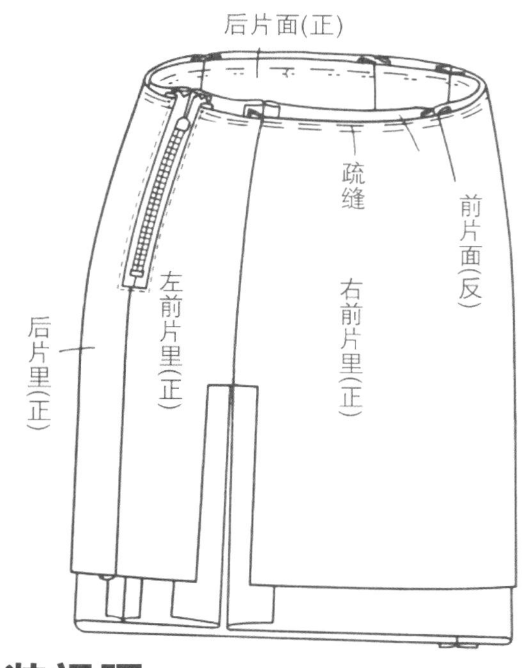

7　装裙腰

7-1　在腰头布反面贴腰头衬。

7-2　腰头布和裙子的缝合方法参照夏乃尔套装的第 30 页 6-2 ～ 6-4。

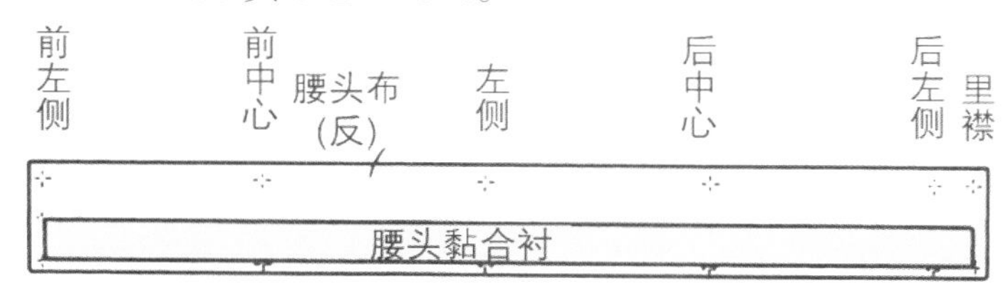

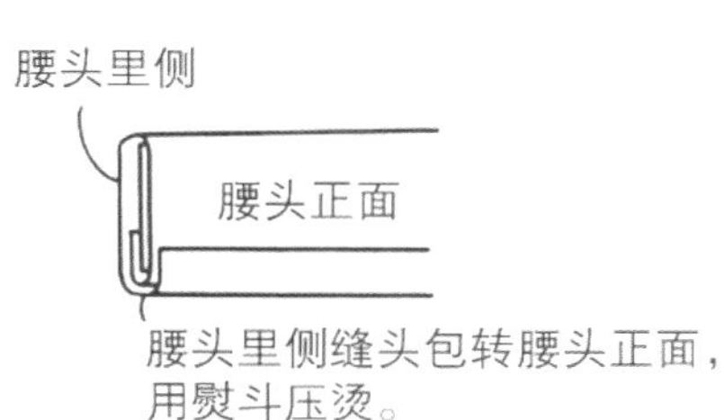

8　开衩、下摆处理

8-1　在裙片面子下摆折边上锁边，并沿净印折进，疏缝固定后暗缲缝。

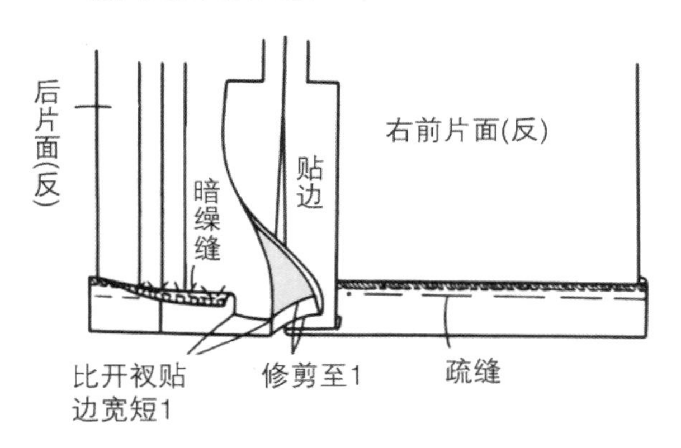

8-2　开衩开口缝头沿净印折进。

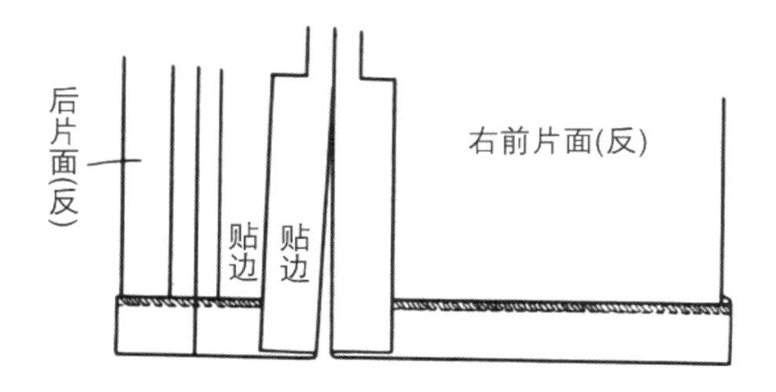

8-3　里子底摆离开面子底摆 3 cm 折三折后压缉缝。

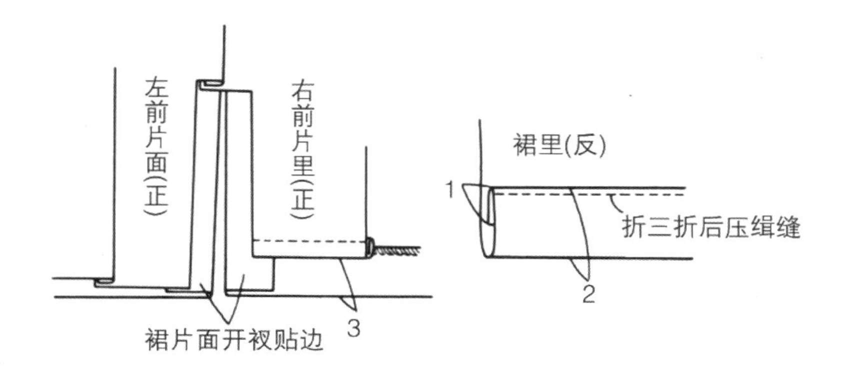

8-4　缝合开衩贴边和里子至车缝止点，在里子缝头上剪刀口。

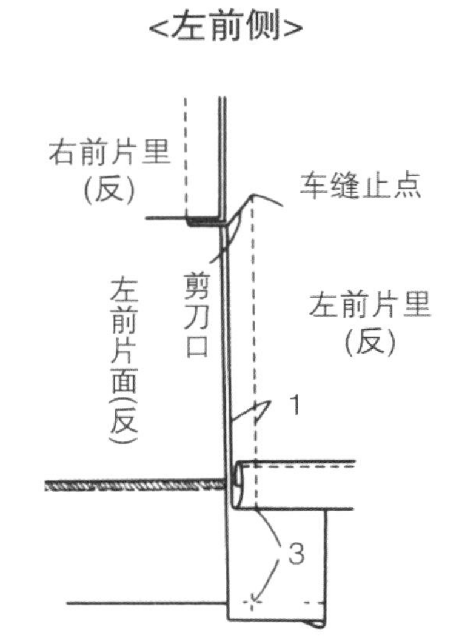

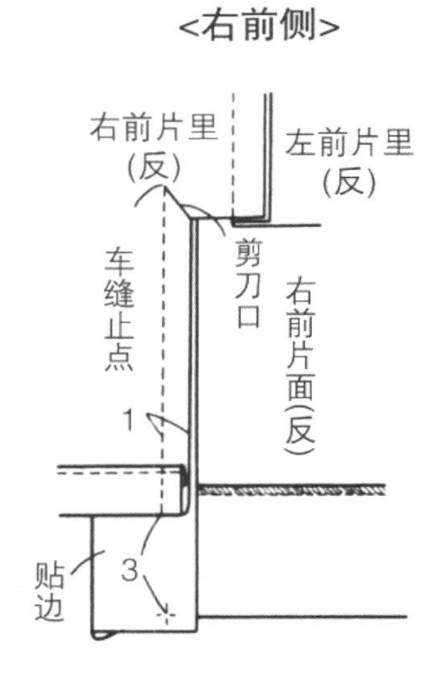

8-6　熨烫整理里子缝头，开衩上侧缝头折进里侧，纵缲缝固定。

8-7　在贴边下摆缝头进行纵缲缝，贴边用三角针固定在面子下摆折边上。离开转角 2 ~ 3 cm 将里子用三角针固定。

8-8　将裙片面、里下摆用 2 ~ 3 cm 长的线袢固定（参照第 253 页）。

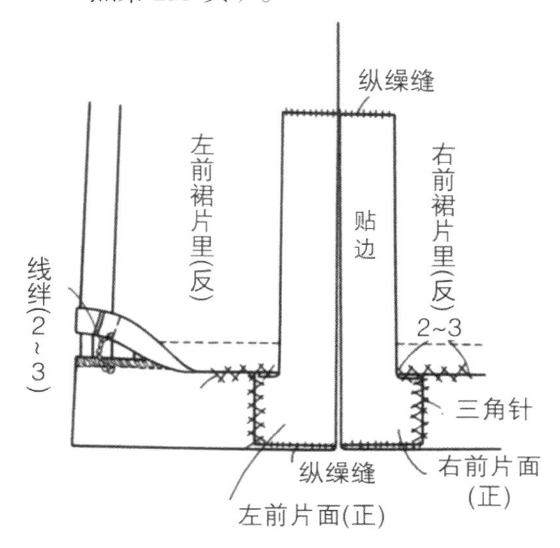

9　钉钩袢

9-1　在上片腰头里侧钉钩。缝针刺到衬布为止，注意不要在正面露针脚。

9-2　闭合拉链，注意和钩的平衡性，在下片腰头正面钉袢。缝针穿透里侧。

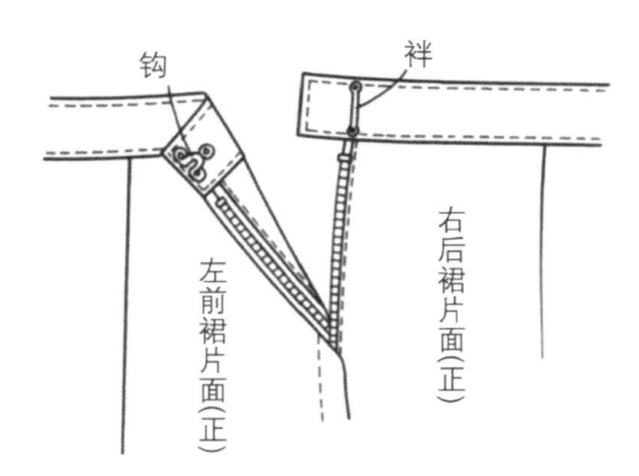

丝瓜领套装

由丝瓜领、前片下摆呈圆角的非常女性化的外套和紧身裙组合而定。

用料

面料　门幅 150 cm，2.2 m

里料　门幅 90 cm，2.9 m

黏合衬　门幅 90 cm，1.6 m

附件

钮扣（直径 3.2 cm）　1 粒

（直径 1.5 cm）　4 粒

垫肩（厚度 1 ~ 1.2 cm）　1 副

黏合带（直牵条）　1 cm 宽，1.3 m

（斜条衬）　1.2 cm 宽，2.5 m

隐形拉链（比开口尺寸长 3 cm）　1 根

钩袢　1 副

腰头衬　3 cm 宽，0.7 m

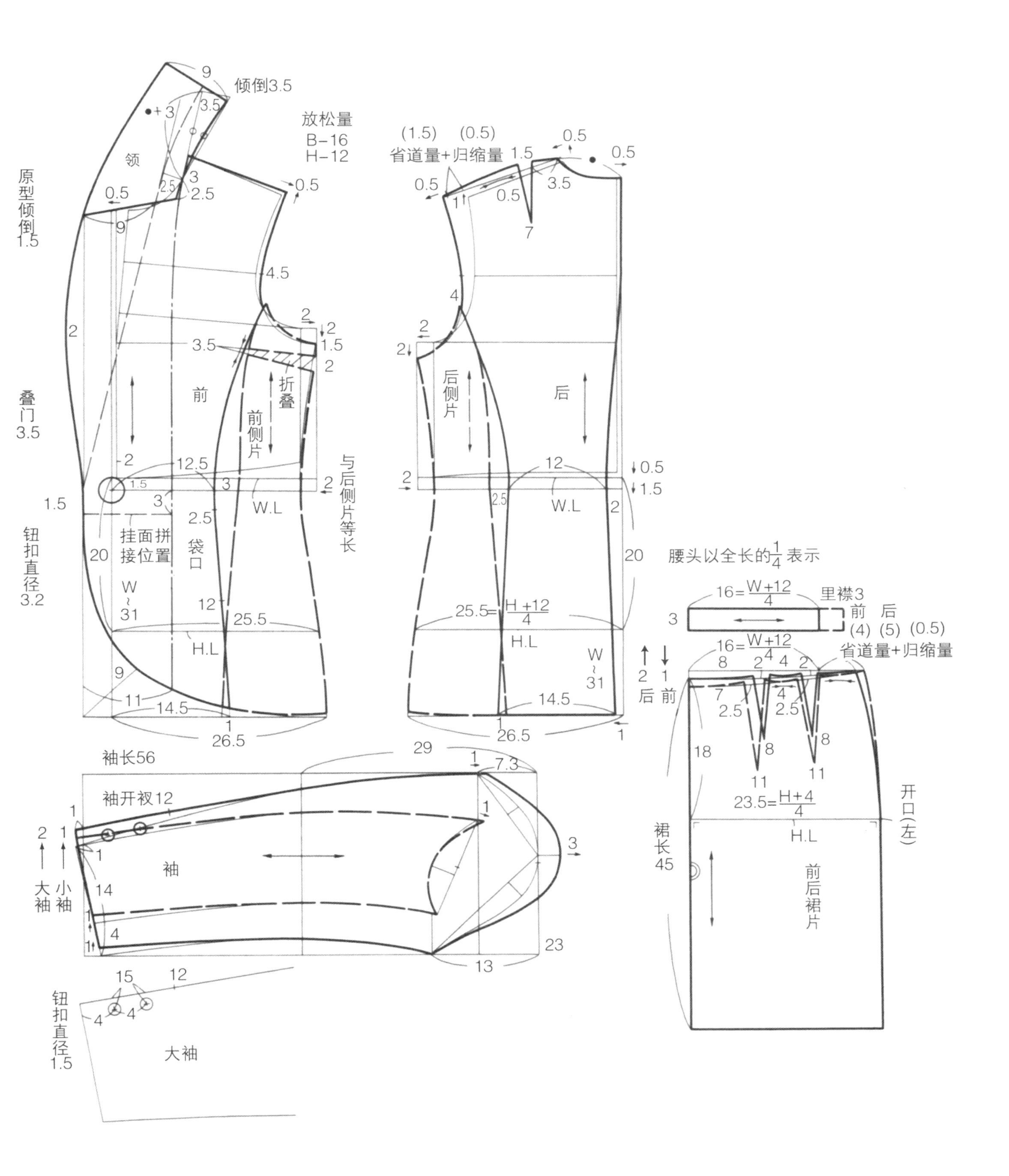

倾倒3.5
领
原型倾倒1.5
叠门3.5
钮扣直径3.2
挂面拼接位置
袋口
前
前侧片
折叠
与后侧片等长
W.L
H.L
放松量
B−16
H−12
省道量+归缩量
后侧片
后
腰头以全长的1/4表示
16=(W+12)/4
里襟3
前 后
省道量+归缩量
23.5=(H+4)/4
开口(左)
裙长45
前后裙片
25.5=(H+12)/4
袖长56
袖开衩12
袖
大袖
小袖
钮扣直径1.5
大袖

衬衫的位置及其纸样

★ 领面连裁，衬布对接

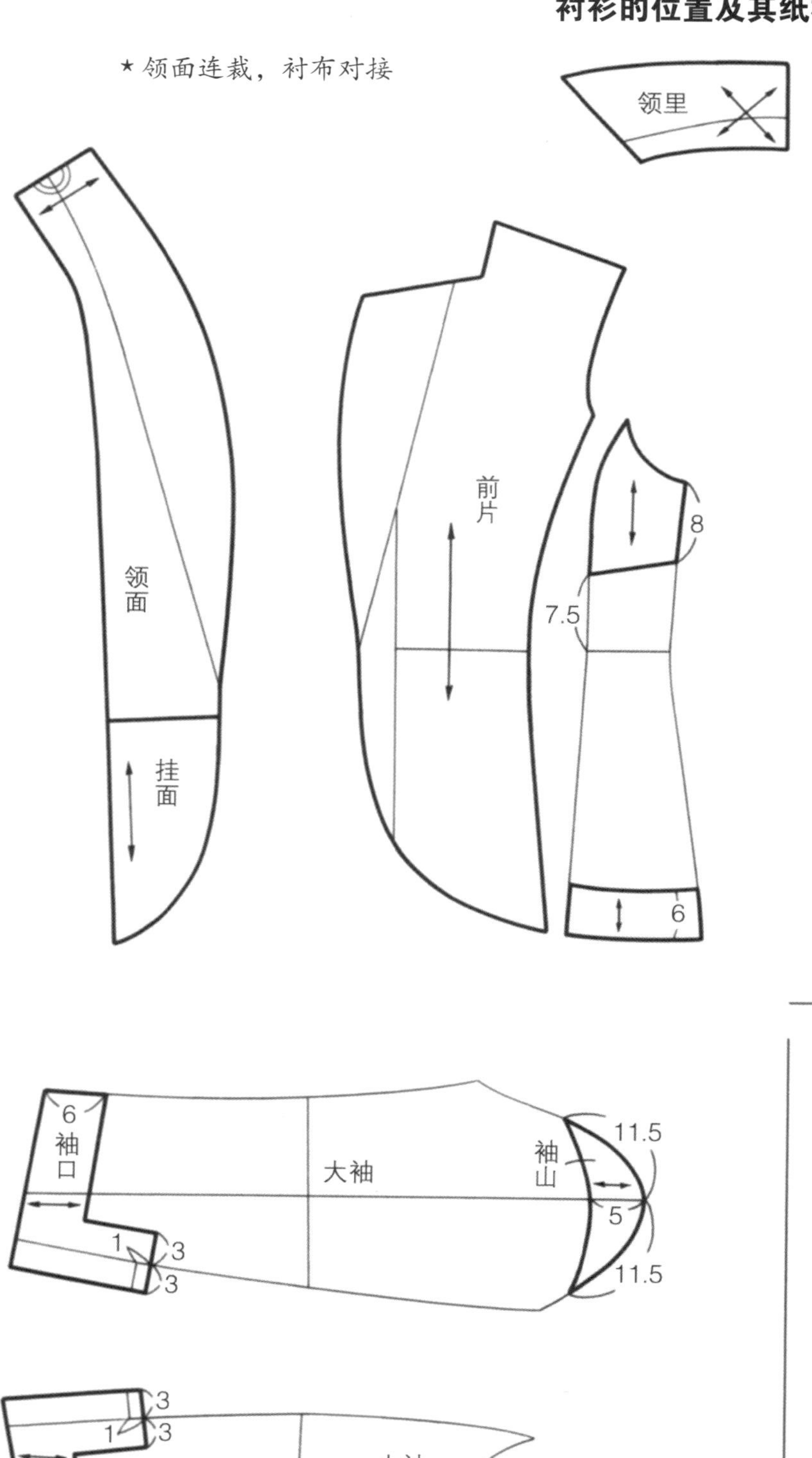

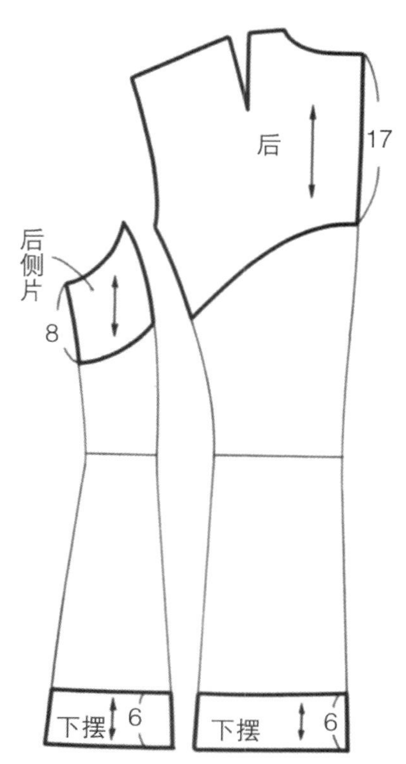

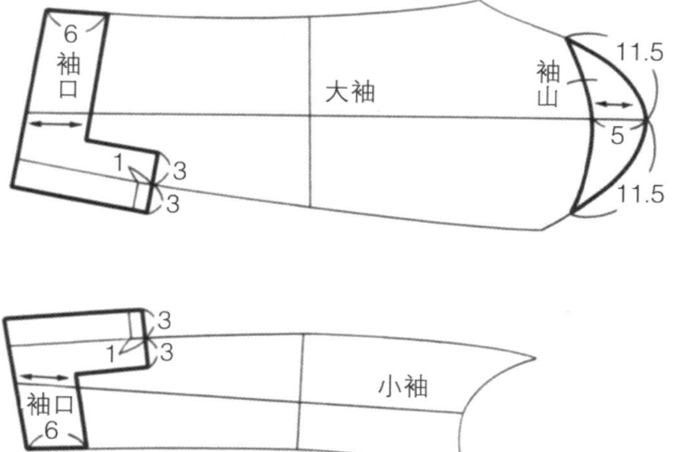

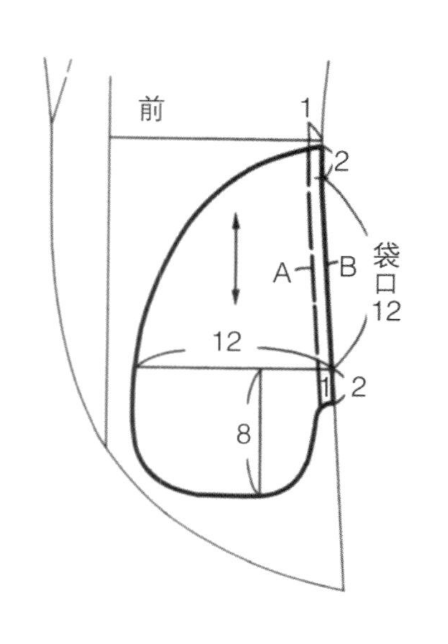

裁剪

先进行布料整理（参照第 242 页），然后参照裁剪图进行面料裁剪。由于体型因素需要补正的地方或对于易散边的面料，缝头要多放一些。如果是有花纹的面料，裁剪时不要考虑对花。这张裁剪图是按同一方向排列纸样的，如果面料许可，也可以将纸样插入进行套裁。

面料裁剪图

里料裁剪图

黏合衬裁剪图

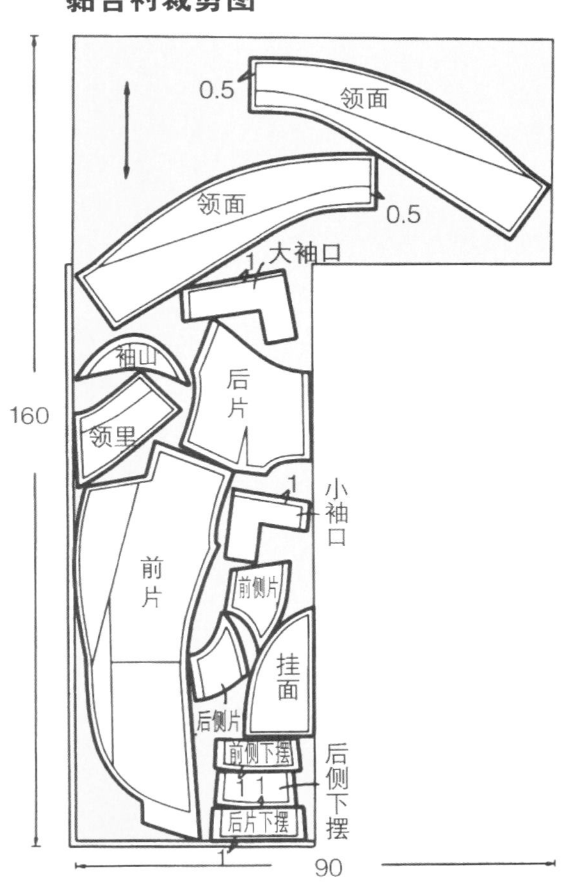

★ 黏合衬的布纹、缝头和面料一样。根据面料不同，也可以在领面、背衬处使用较柔软的衬布。

正式缝制

上衣缝制方法

1 贴黏合衬和黏合带

贴黏合衬、做标记。防止伸长的黏合带从离开净印 0.1 ～ 0.2 cm 处往缝头处黏贴。袋口处黏贴带比袋口上下各长 1 cm，在缝头上黏贴。

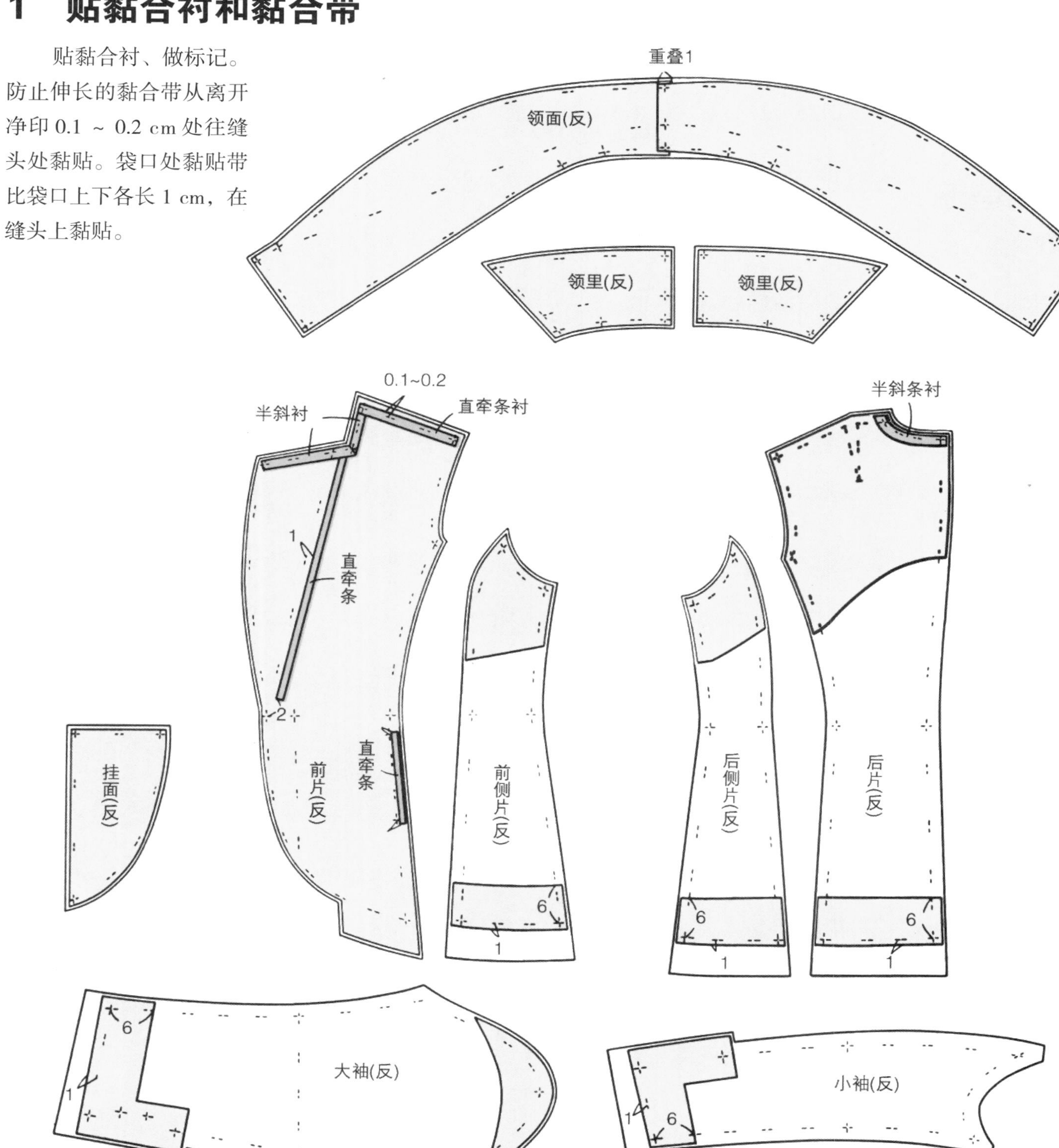

2 缝合衣片拼接线、接缝袋制作

2-1 将前衣片拼接线缩缝处理。侧胸省位置在中心 5 ~ 6 cm 左右在拼接线净印外 0.2 cm 和 0.3 cm 外侧取双股本色线疏缝，抽缩缝线，并用熨斗整型。

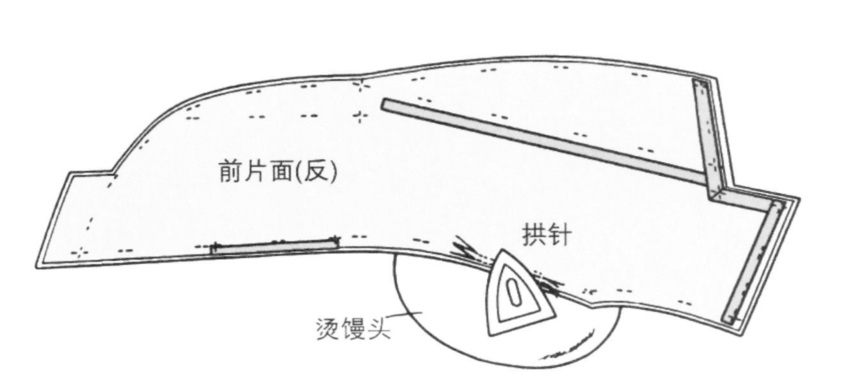

2-2 前片拼接线和袋布 A 正面相对叠合，在净印外侧 1 cm 处缝制（上下各留 1 cm 多不缝）。

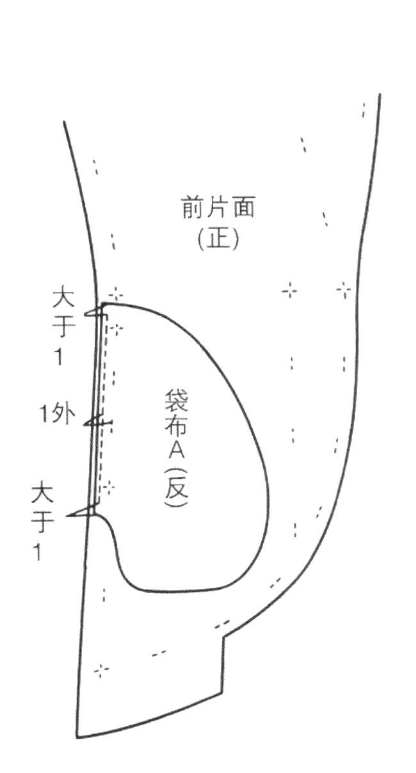

2-3 前侧片拼接线和袋布 B 正面相对叠合，在净印外侧 0.2 cm 处缝制（上下各留 1 cm 多不缝）。

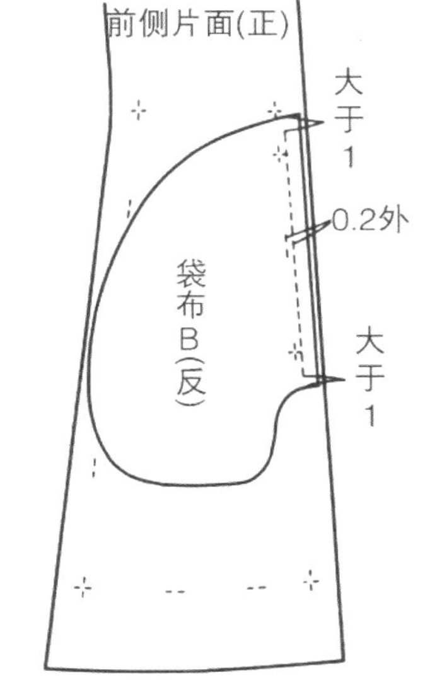

2-4 避开袋布，前片和侧片正面相对叠合，留出袋口位置，将拼接线缝合。

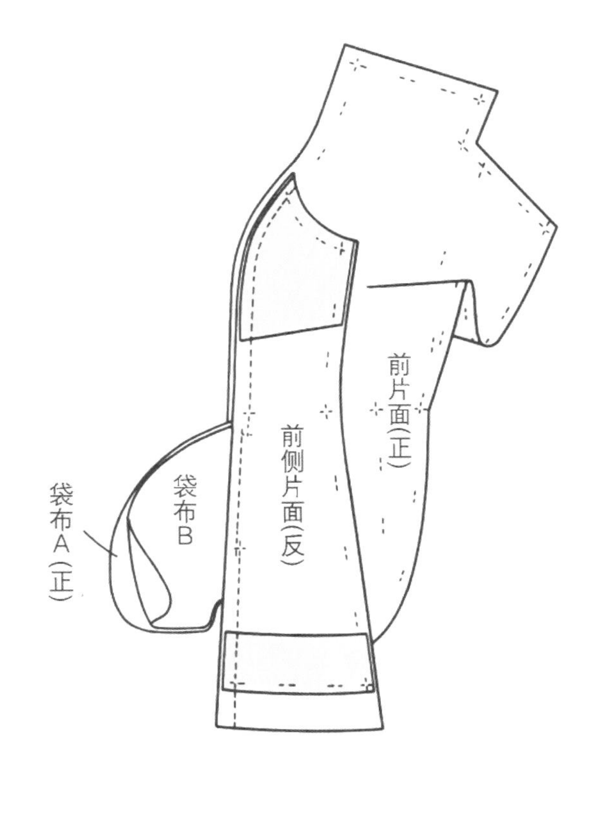

2-5　劈开拼接线缝头，将袋布 A 和 B 重叠，在袋布周围缉缝两道。（避开拼接线缝头）上下开口止点处缉缝固定（袋布和拼接线缝头固定）。

放大图

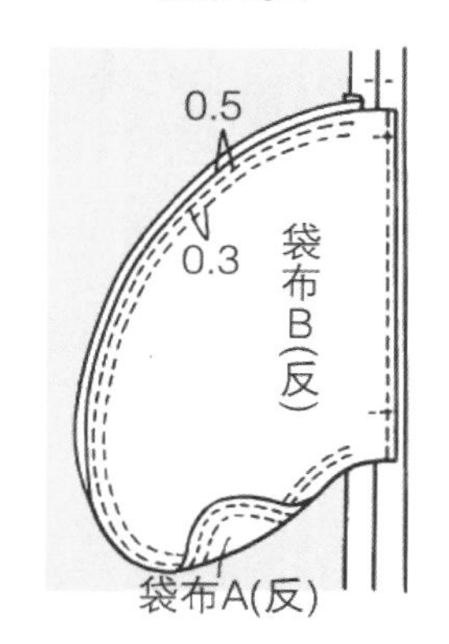

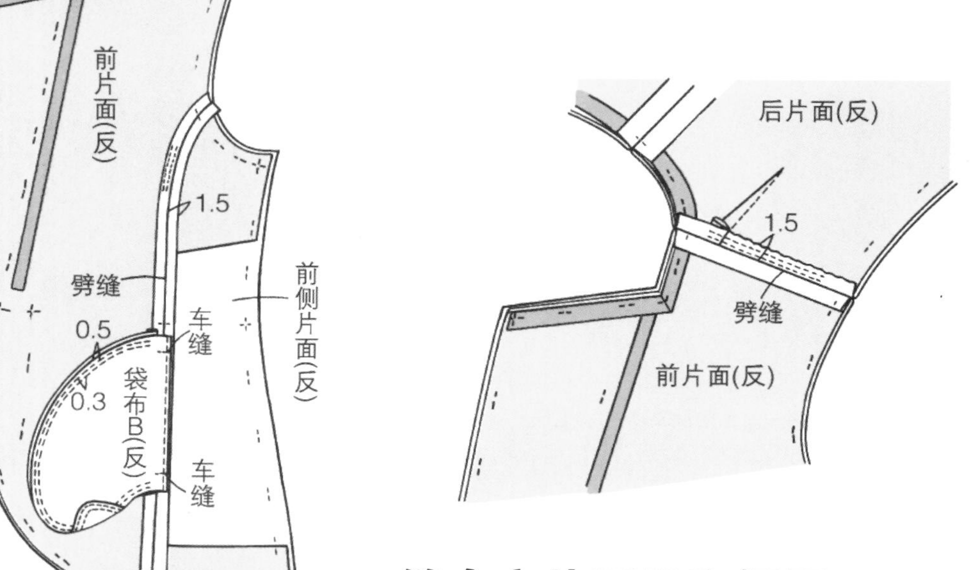

4　肩线缝制

将前、后片面子正面相对叠合，缝合肩线并劈缝。

3　缝后片

3-1　缝肩省（参照夏乃尔套装第 6 页 2-1、2-2）。

3-2　肩线缝头归缩处理(参照夏乃尔套装第 7 页 2-4、2-5)

3-3　左右后片正面相对叠合，缝合后中心线(参照夏乃尔套装第 8 页 3-1、3-2)。

3-4　后片和后侧片正面相对叠合，缝合拼接线并劈开缝头。下摆折边上折时，为防止太厚，将缝头修剪成阶梯状。

5　缝合衣片面子和领里

5-1　缝合领里后中心线，修剪缝头至 0.5 cm，并劈缝。为防止翻折线拉伸，在正面缉线。

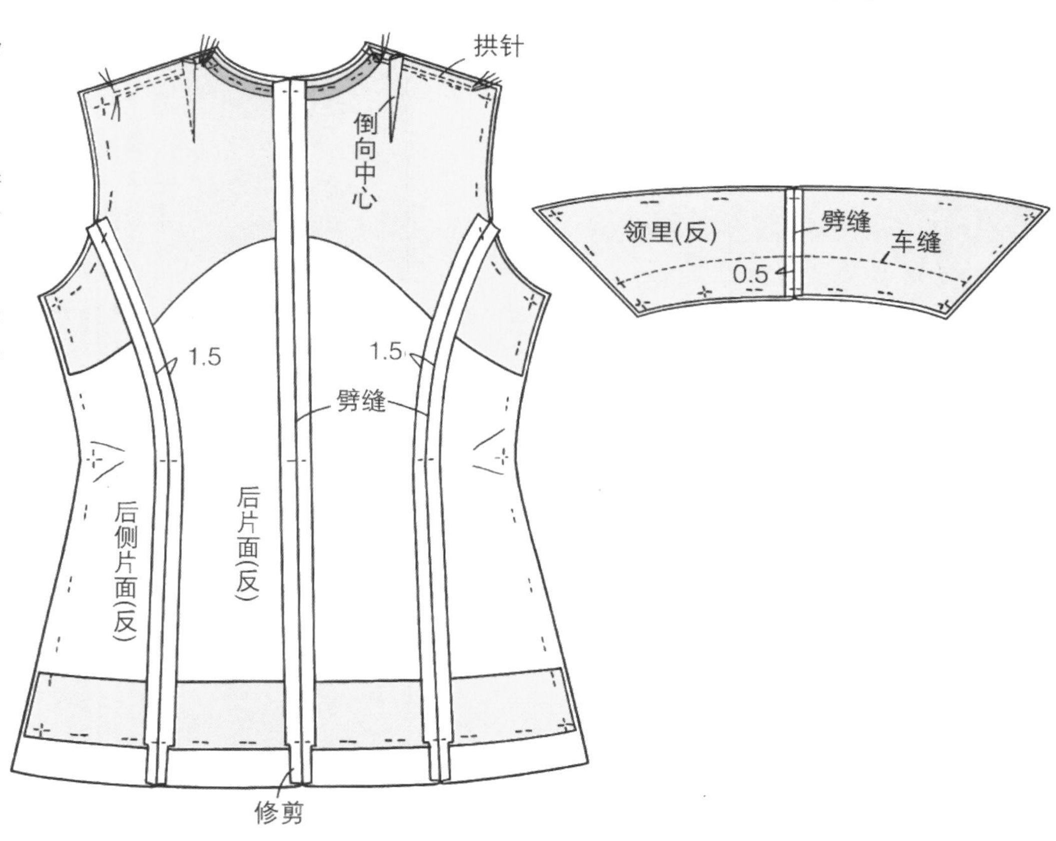

5-2　在衣片面子领圈角部缝头上剪刀口。

前片面(正)
剪刀口
前片面(正)
后片面(正)

5-3　将衣片面子和领里正面相对，缝合装领线。

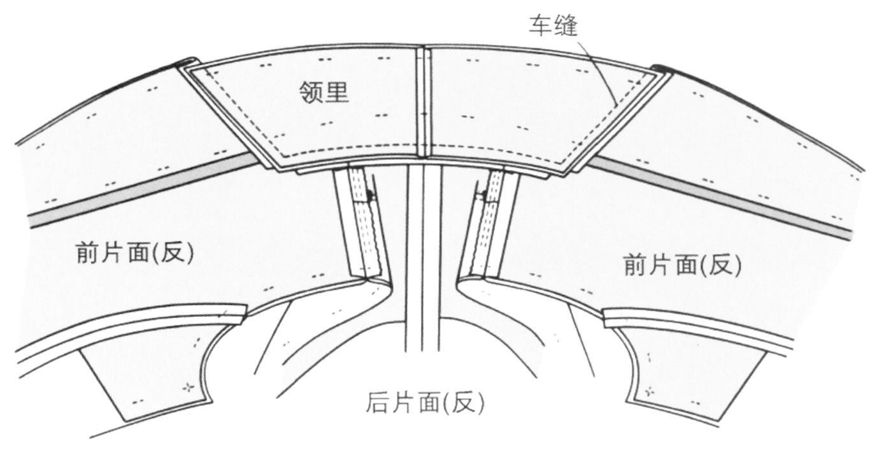

5-4　衣片面子和领里正面相对叠合，缝合装领线。将领圈缝头修剪至 0.7 cm，在衣片缝头上剪刀口并劈缝。叠门止口一直到领子外围线从净印外 0.1 ~ 0.2 cm 处开始贴斜条衬。

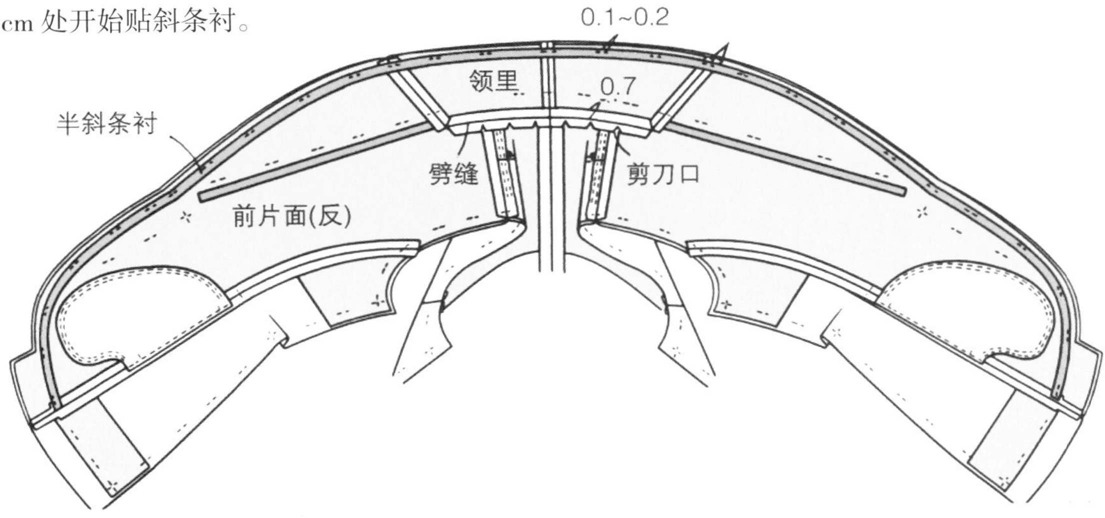

6　缝合领面和挂面拼接线

将领面和挂面正面相对叠合缝制，缝头修剪至 0.6 cm 并劈开。

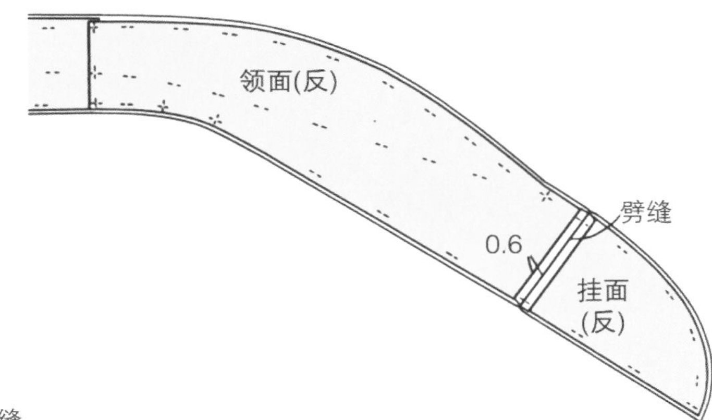

7　前片里子缝制

7-1　将前片里子和侧片正面相对叠合，沿净印疏缝，留 0.3 ～ 0.5 cm 余折缝头后缝合。缝头从疏缝位置倒向侧缝。

7-2　挂面和衣片里子正面相对叠合，从肩线净印处开始，缝至下摆净印往上 2.5 cm 处。缝头倒向侧缝。

9　缝合衣片和挂面

9-1　衣片和挂面正面相对，对合翻折点净印，翻折点以上领面在净印外 0.1 cm 侧、领里、衣片在净印外 0.1 cm 侧、挂面在净印内 0.1 cm 侧对合，缝至挂面内侧。

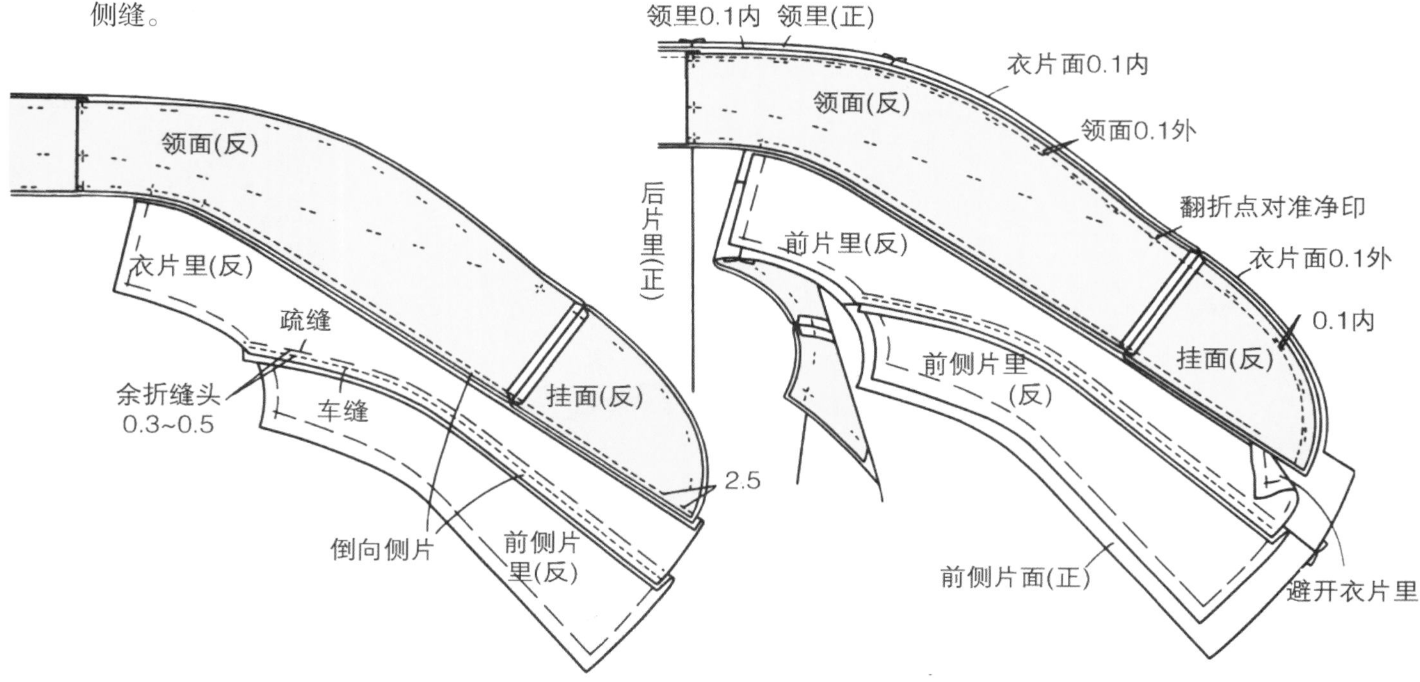

8　后片里子缝制

8-1　缝合后片里子肩省，省缝倒向侧缝。

8-2　左右后片里子正面相对叠合，沿净印疏缝中心线，留 1 cm 余折缝头后缝合。缝头倒向右后片里子。

8-3　后片里子和侧片正面相对叠合，沿净印疏缝拼接线，留 0.3 ～ 0.5 cm 余折缝头后缝合。缝头从疏缝位置倒向后侧片。

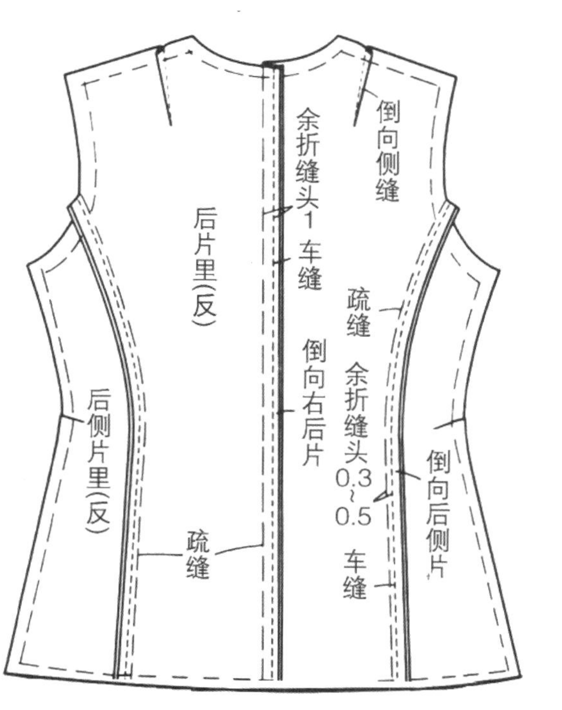

9-2　将领里、领面、挂面、衣片面缝头各修剪至0.8 cm、0.6 cm、0.6 cm、0.8 cm，在下摆圆角缝头上拱针缝后将其从缝道边倒向衣片侧并熨烫。

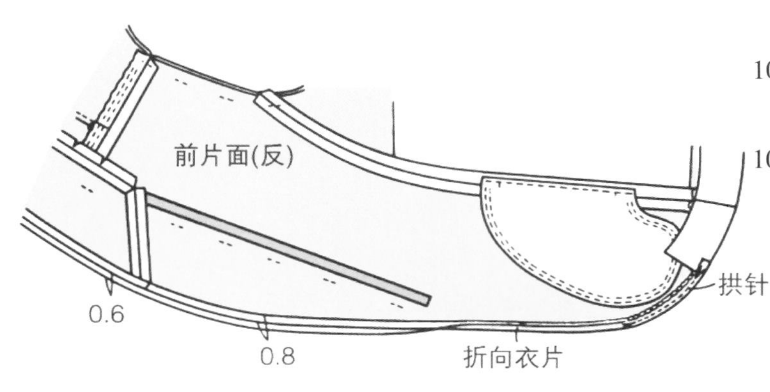

9-3　将挂面和领面翻至正面，翻折点以上领里和衣片、翻折点以下挂面退进0.1 cm熨烫整型。

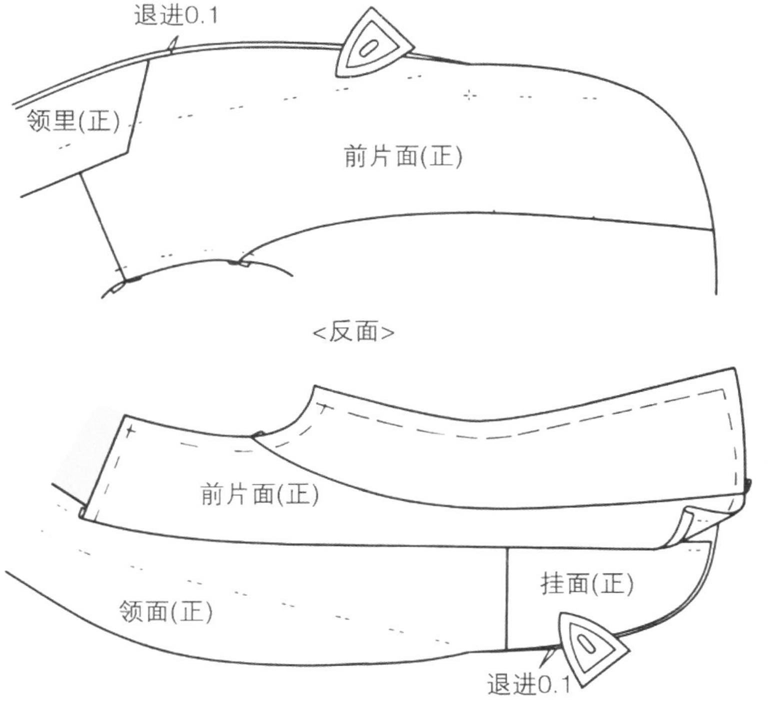

10　缝侧缝线

10-1　在衣片叠门止口和领子外围线、翻折线上用单股本色线斜绗缝固定，挂面里侧进行放置式绗缝。

10-2　注意和衣片面的平衡，检查衣片里肩线、侧缝净印。（参照第126页6）

10-3　将侧片前、后正面相对叠合，缝合侧缝并劈缝。

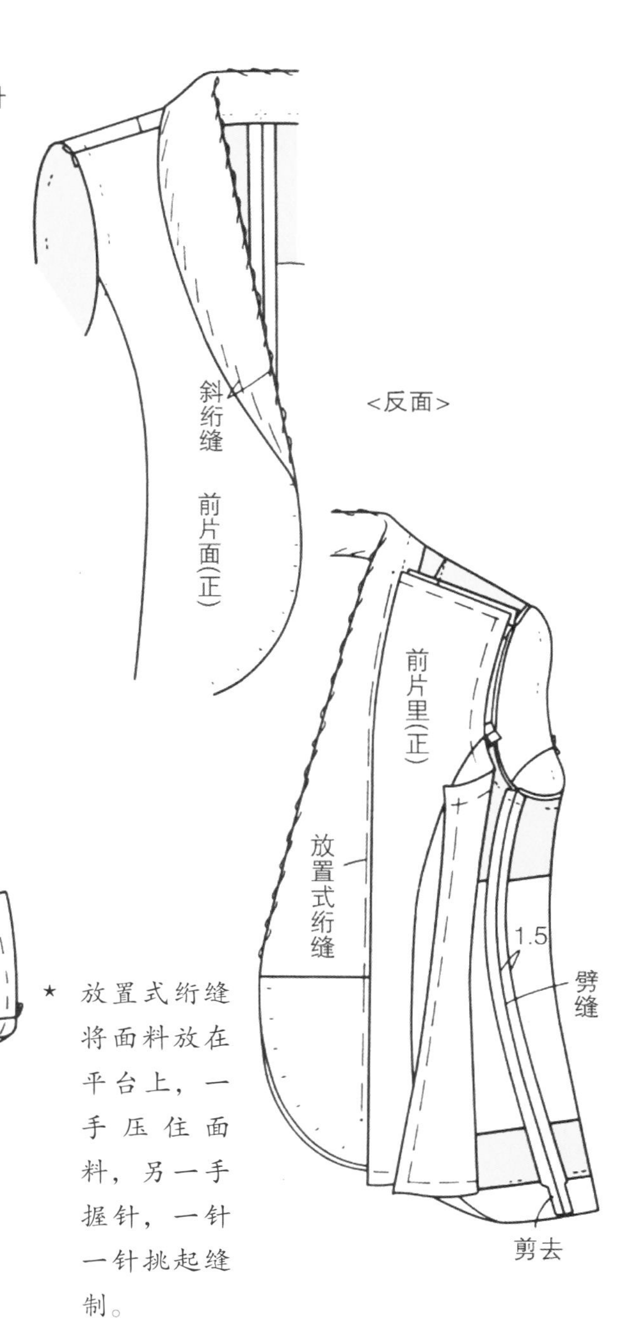

★　放置式绗缝将面料放在平台上，一手压住面料，另一手握针，一针一针挑起缝制。

11 缝合里子侧缝并中间固定

11-1 前、后侧片里子正面相对叠合，沿净印疏缝侧缝线，留 0.3 ~ 0.5 cm 余折缝头后缝合。缝头倒向后侧片。

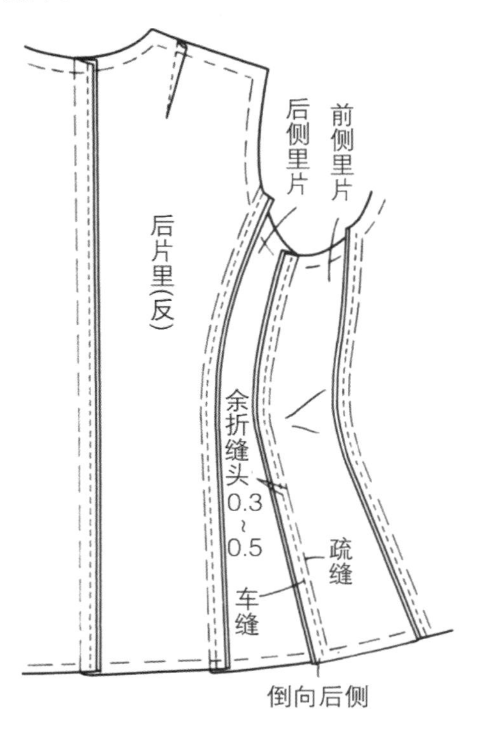

11-2 对合衣片面、里侧缝线并固定。袖窿侧留 7 ~ 8 cm，下摆侧留 10 ~ 12，用双股本色线在缝道边松松地中间固定。

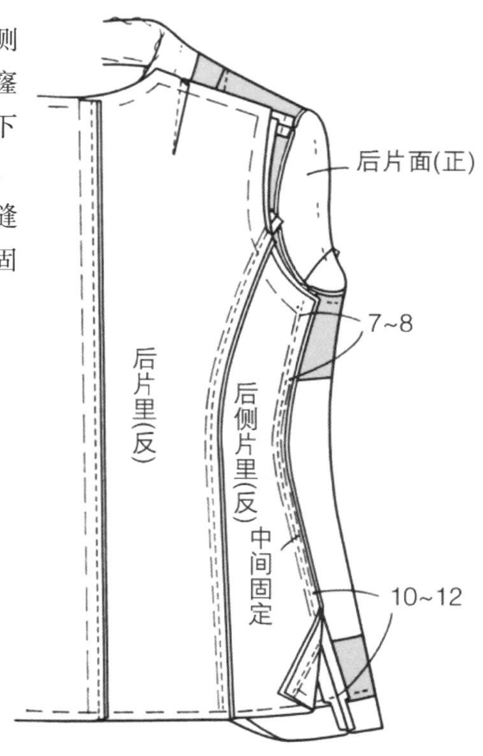

12 下摆处理

12-1 在下摆面子折边边缘往里 0.5 cm 处进行拱针。沿净印折进，抽拉缝线使松弛量归缩，熨烫定型，并暗缲固定。

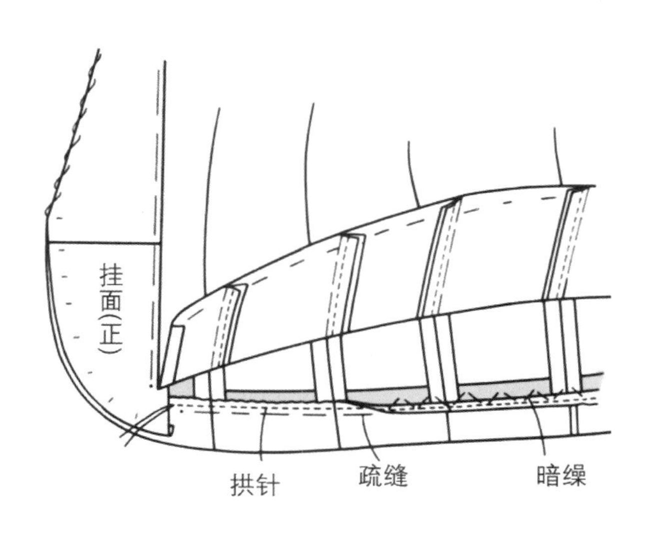

12-2 注意衣片面里平衡，并斜绗缝固定。离开下摆 8 ~ 10 cm 疏缝固定。

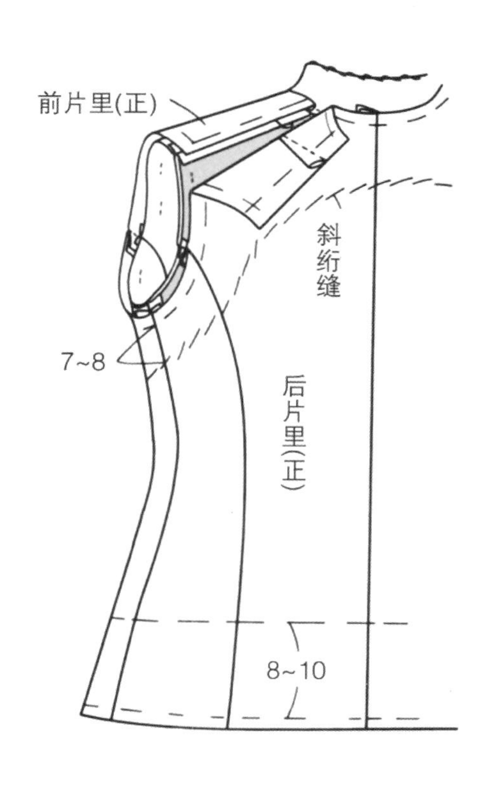

12-3 下摆里子离开衣片面子净印 2.5 cm 折进，折痕往上 2 cm 处疏缝固定、1 ~ 1.5 cm 处暗缲缝。

12-4 挂面内侧边缘和下摆里子离开角部 3 cm 用三角针固定。

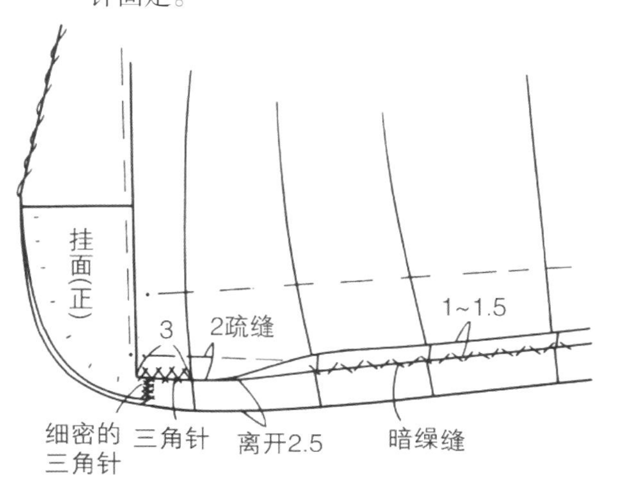

13 做袖子

13-1 两片大袖面正面相对叠合，做归拔处理。

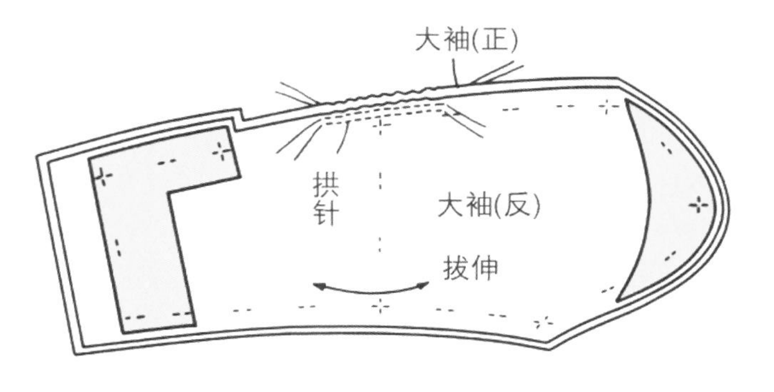

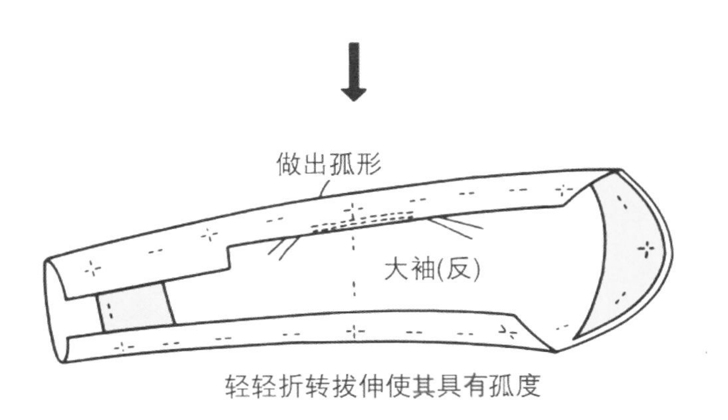

轻轻折转拔伸使其具有孤度

13-2 大、小袖面正面相对叠合，缝合袖底线并劈缝。肘侧线缝至开衩止点，开衩部分从净印外 2 cm 缝至袖口净印。

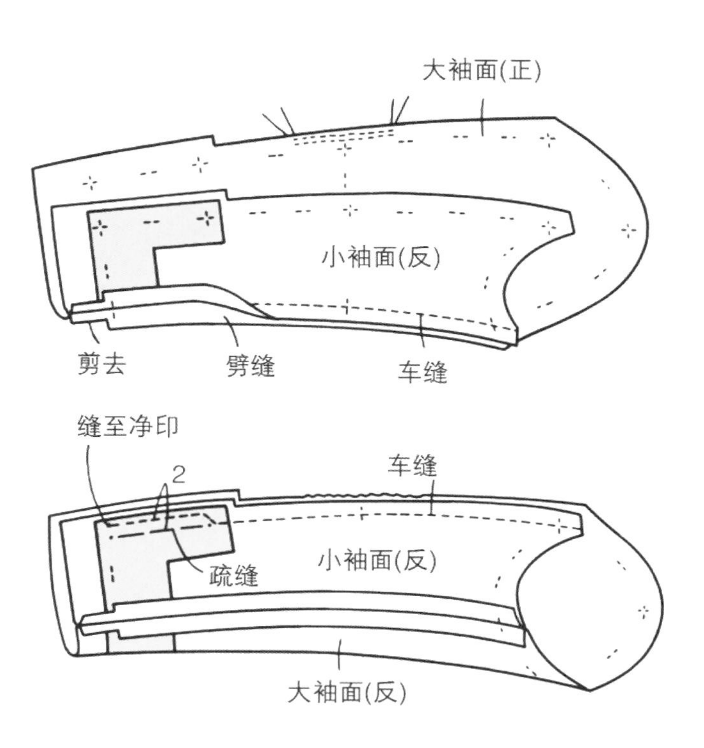

13-3 在小袖开衩止点缝头上剪刀口。袖口缝头沿净印折进，开衩缝头倒向大袖侧，并劈缝其缝头。袖口缝头暗缲缝。

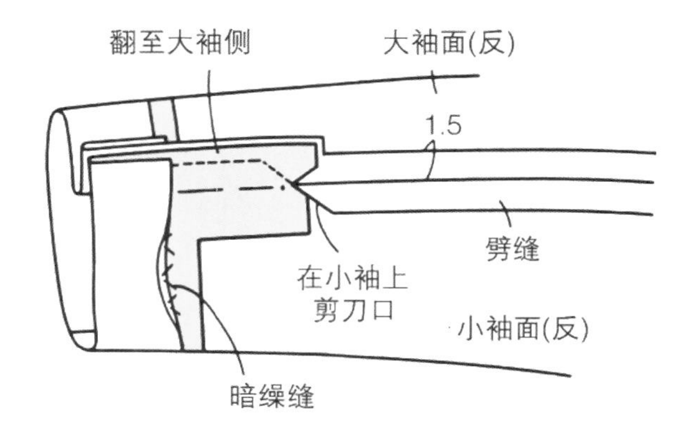

13-4 纵缲缝开衩处袖口，和袖口缝头重叠部分用三角针固定。

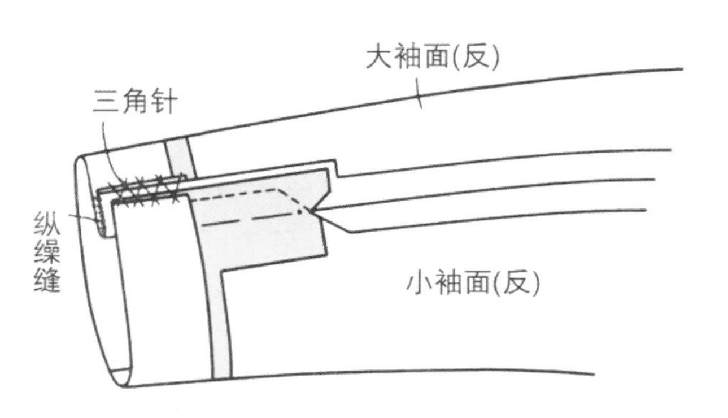

13-5 将袖子翻至正面，钉扣。

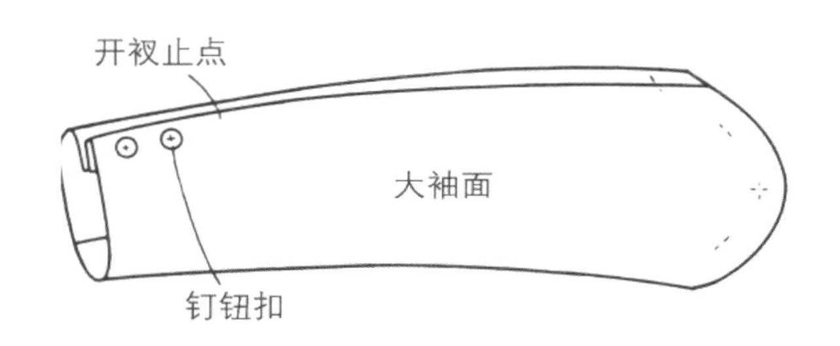

13-6 大、小袖里正面相对叠合，肘侧线和袖底线沿净印疏缝，留 0.3 ~ 0.5 cm 余折缝头后缝合，缝头从疏缝位置倒向大袖侧。

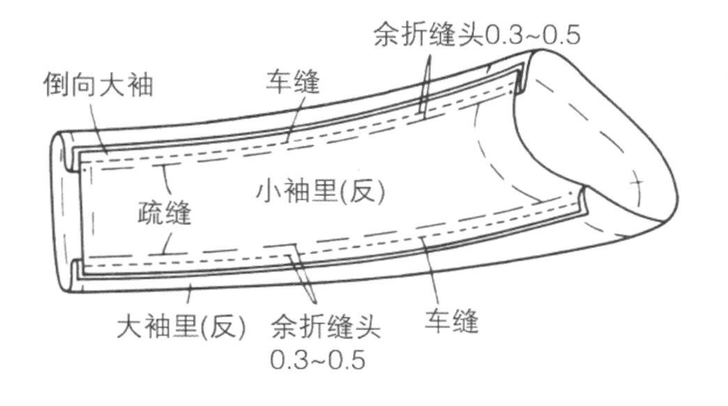

13-7 小袖面、里反面对合，袖口处留 12 cm、袖山处留 7 ~ 8 cm，用双股本色线松松地在缝道外侧中间固定。

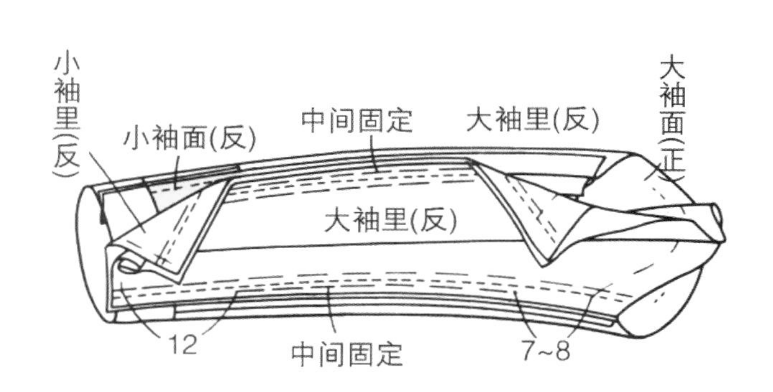

13-8 翻至正面，注意面、里平衡，离开袖山 7 ~ 8 cm 斜绗缝固定。

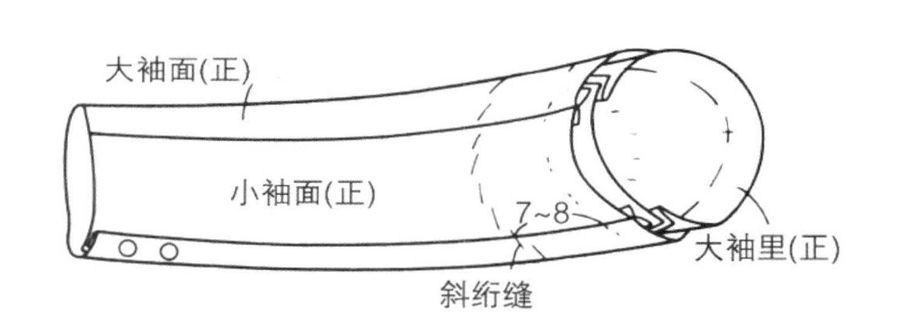

13-9 袖里袖口离开袖面 2.5 cm 折进，纵缲缝固定。

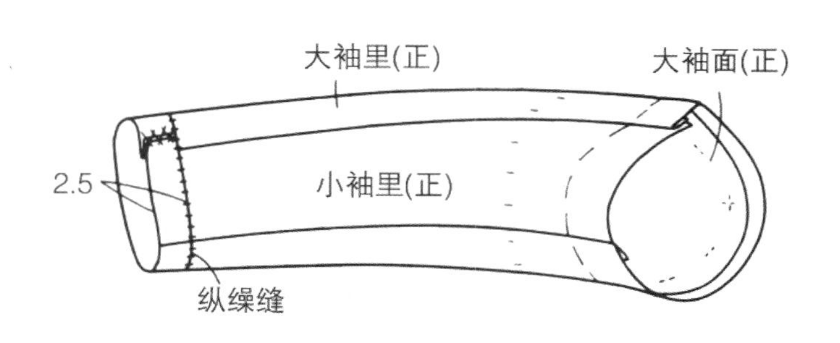

14 装袖

参照夏乃尔套装第 22 页 19。

15 装垫肩

参照夏乃尔套装第 23 页 21-1 ~ 21-3、第 24 页 21-4。

16 缲缝里子肩线和后领圈

16-1 将领面后领圈缝头固定在装领缝头上。

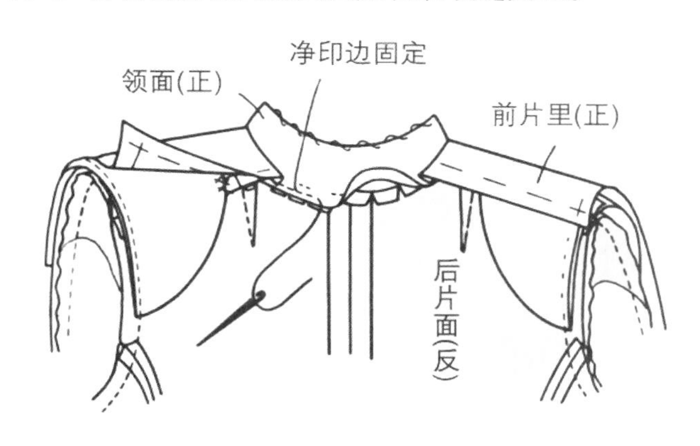

16-2 将里子肩线缝头固定在垫肩上（参照夏乃尔套第 24 页 22-1）。

16-3 在里子后领圈上剪刀口，折进肩线和后领圈缝头纵缲缝固定。

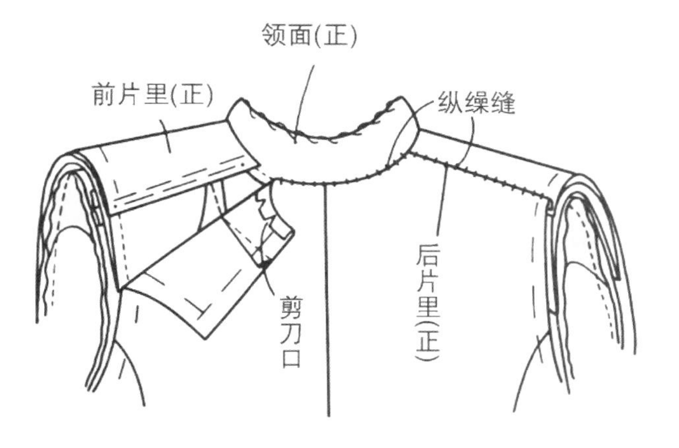

17 固定袖窿面、里

参照夏乃尔套装第 24 页 23。

18 将袖里缲缝于衣片上

参照夏乃尔套装第 24 页 24。

19 整烫

19-1 除钮眼、钉扣位置外，拆除所有的线钉线、疏缝线，并用熨斗整烫。

19-2 翻折点以下的叠门止口处，用星针固定至挂面最里侧（参照第 29 页）。

19-3 在右前片上锁平圆头钮眼，左前片上钉扣（参照第 249、251 页）。

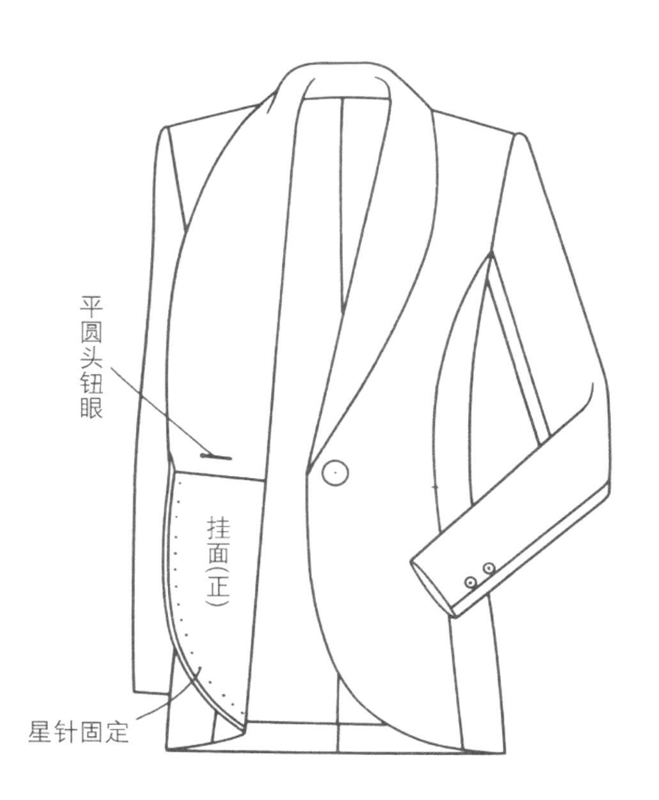

裙子缝制方法

1　裙片缝省

1-1　前后侧缝缝头从正面锁边。

1-2　缝合前后裙片腰省、缝头倒向中心侧（参照夏乃尔套装第 26 页 1-1 ～ 1-3）。

2　缝合侧缝线

2-1　留出左侧拉链开口部分，将前后面子裙片正面相对叠合，缝合侧缝并劈缝。根据面料不同，也有在拉链开口部分缝头上贴防止拉伸的黏合带的情况。

2-2　为防止下摆折边太厚，可将缝头修剪成阶梯状，将下摆线锁边。

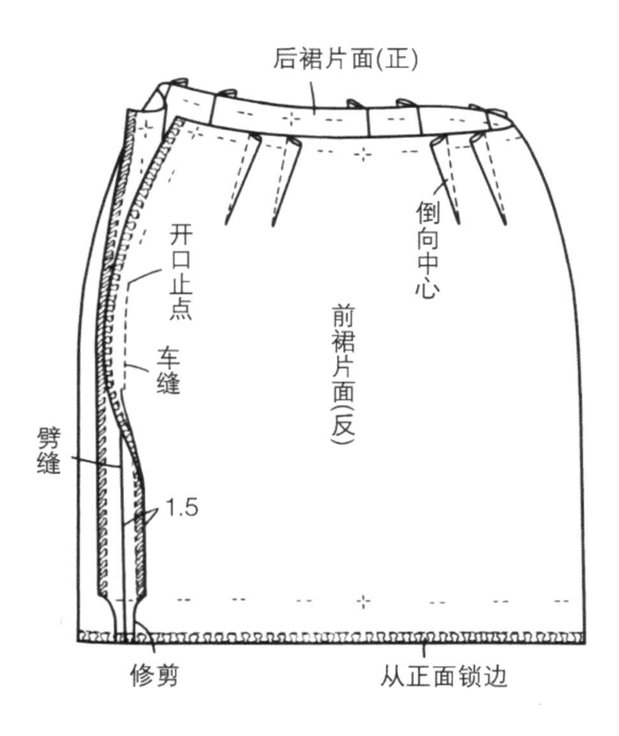

3　装拉链

参照有领座衬衫领套装第 89、90 页 3。

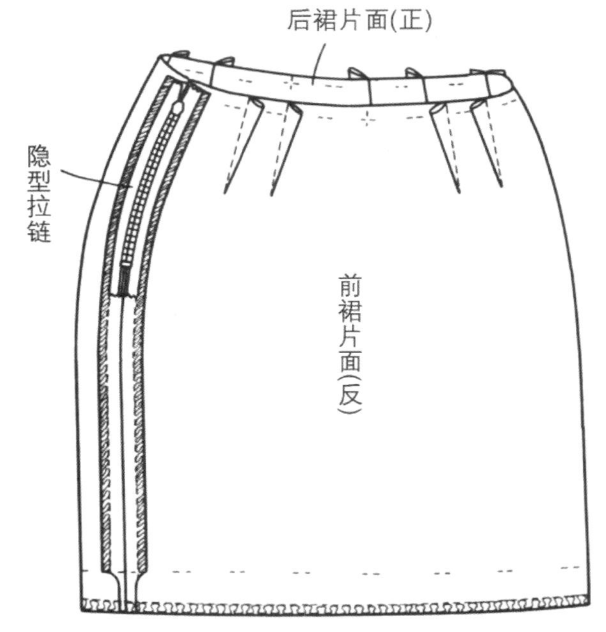

4　做、装里子

参照 V 型开襟套装第 53、54 页 5。

5　做、装裙腰

5-1　在腰头布反面缝衬布（参照 V 型开襟套装第 54 页 6-1、6-2）。

5-2　将腰头布和裙片面正面相对叠合，疏缝后车缝。

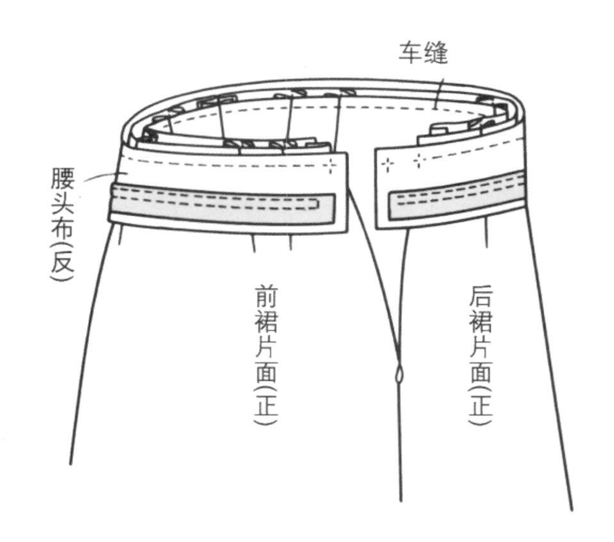

5-3 将腰头布正面朝里对折，在衬布厚份外从折线处缝至净印（参照 V 型开襟套装第 54、55 页 6-4、6-5）。

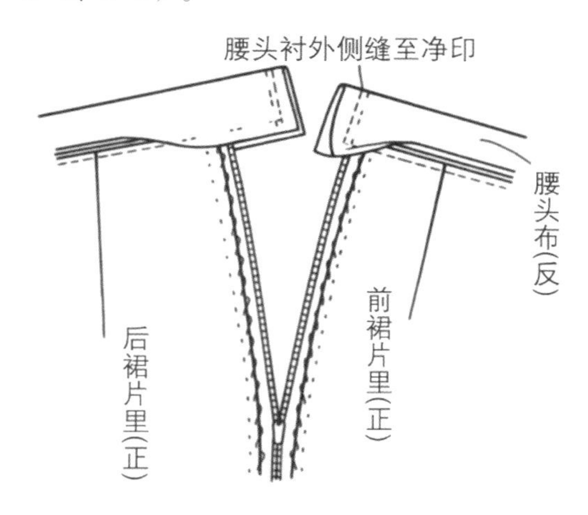

5-4 将腰头布翻至正面，将缝头与装腰缝道对合折进，缲缝缝固定（也可以在腰头周围压明线）。

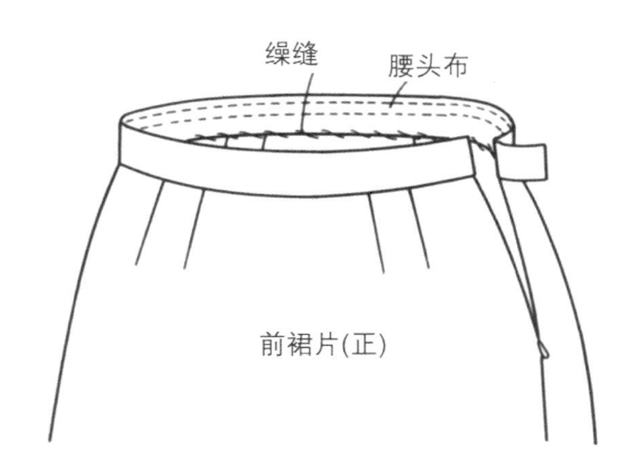

6 裙片面子下摆处理

参照 V 型开襟套装第 55 页 7-1。

7 裙片里子下摆处理

参照 V 型开襟套装第 55 页 7-2、7-3。

8 钉钩袢

在上片腰头上钉钩，为在正面不露针脚，缝针刺到腰头衬为止。闭合拉链，注意和钩的平衡，在下片腰头上钉袢。缝针穿透里侧牢牢钉住。

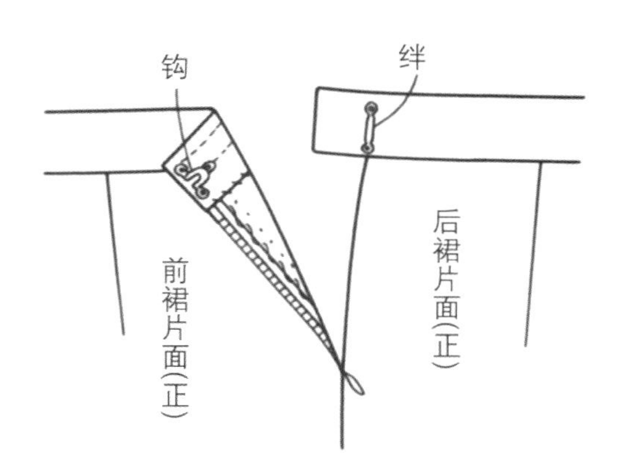

基础知识

量体方法

尺寸的测量方法

量体是原型制作的基础，必须正确测量。春夏秋冬都要求穿着内衣、保持非常自然的姿势进行测量。

准备工作，在胴体最细的部位，系上细带，作为腰围。

其次，在两手臂臂根，用 0.5 cm 宽的橡胶带不紧不松系上。以作为测量肩宽、胸宽、背宽等的依据，同时也清晰了全身的关系，便于尺寸的测量。

准备工作结束后，用皮尺按顺序测量尺寸，但被测的人站立必须保持非常自然姿势。测量的人一边测量，一边参考标准尺寸，这样，就是初学者，也不会有大的差错。特别是还不熟练、不了解技巧的时候，一边测量，一边一个一个地对照标准尺寸，这样比较好。

下面按照标准尺寸的顺序测量的方法进行说明。

1　颈围
测量颈根部的围长。后面要通过背骨最上面一点，前面要通过锁骨内侧。

2　肩宽
从颈根到臂根橡胶带为止，在肩部正上方稍偏后处进行测量。

3　背长
测量背中央从颈根到腰围线长度，但要包含肩甲骨高度的量。

4　背总长
测量背长时的皮尺在腰围线处按住、并延续到地面为止的长度。

5　背宽
通过肩甲骨上方两臂根橡胶带之间的长度。

6　胸宽
从颈根下量 6~7 cm 处两臂根之间距离。

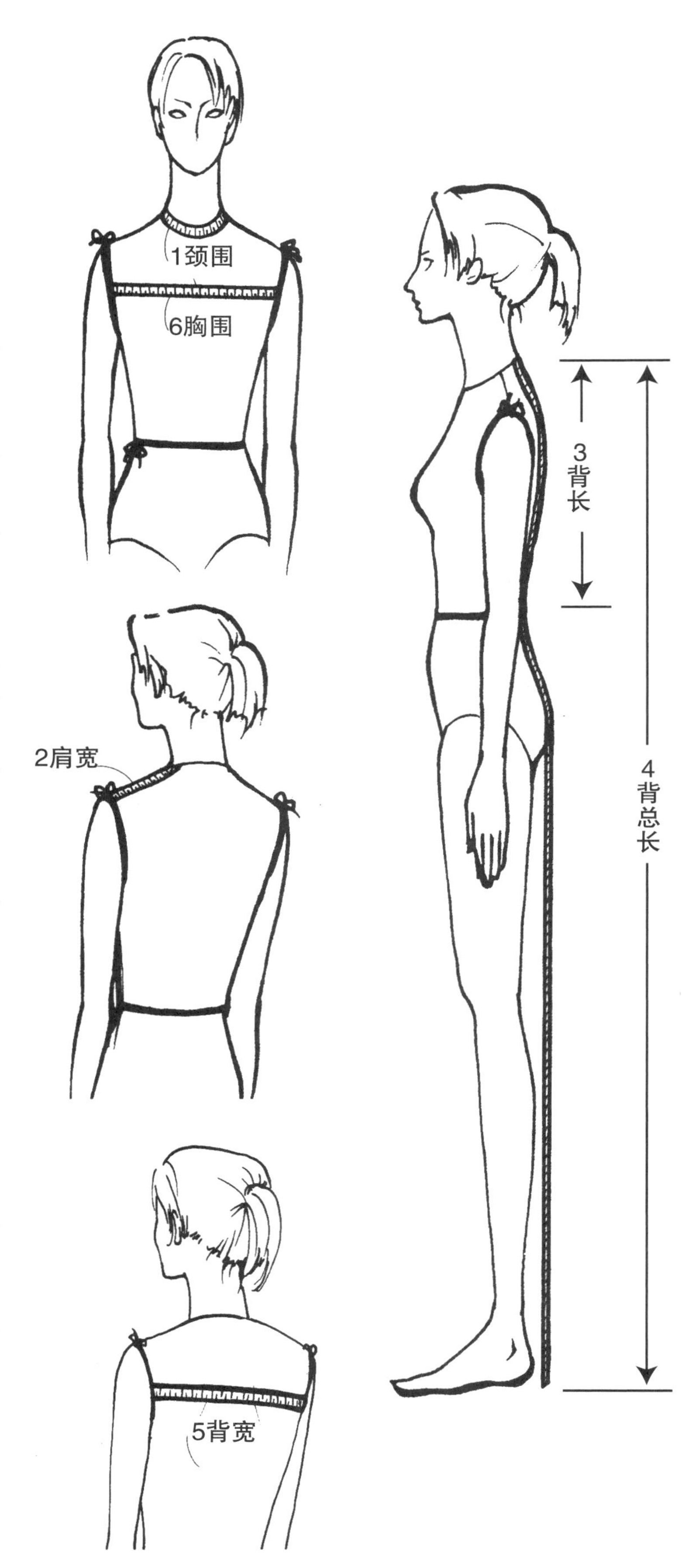

7　胸围
通过胸部最高点，即胸高点的水平一周长度。

8　胸高和乳间距
胸高是前中央颈根到乳头处的垂直距离。乳间距是左右两胸高点的距离。

9　腰围
腰部最细处（最初系带子的位置）不紧不松状态下的围长。

10 臀围
腰部最粗处的水平围度。

11 臀高
后中央稍偏腋下，从腰围线到臀围线之间距离。

12 袖长
手臂微曲，从肩端点（橡胶带处），通过手撑到手掌最细处的距离。

13 臂围
腋下夹住皮尺，手臂自然下垂臂根最粗处的水平宽松的围度。

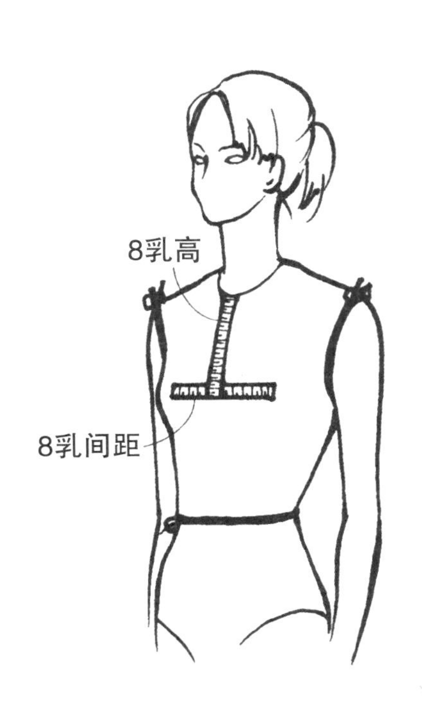

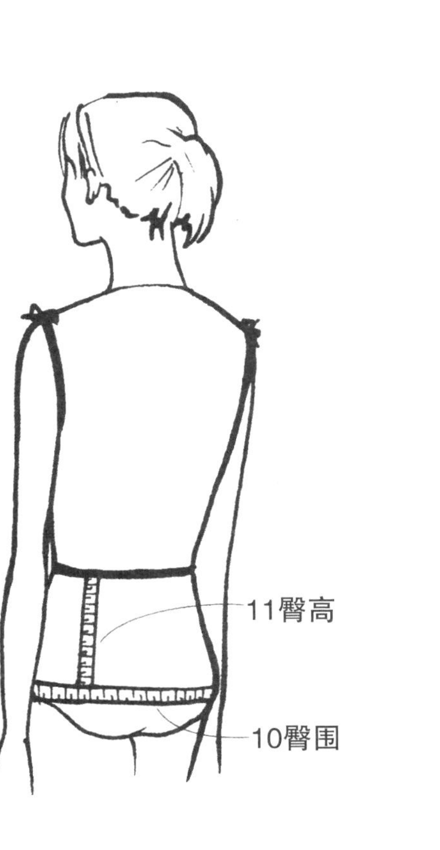

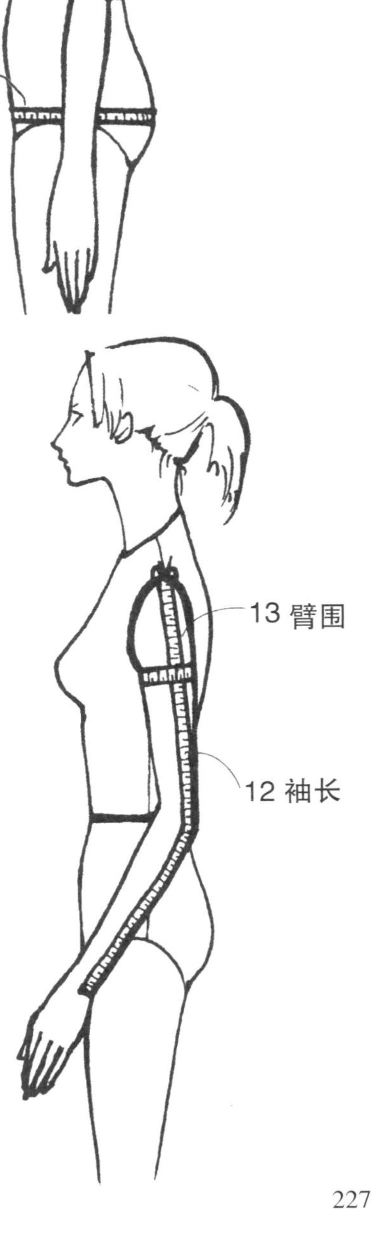

14 肘围

弯曲肘部，宽松地测量它的周围。

15 腕围

测量手腕围度

16 手掌围

大拇指稍弯向内侧，测量大拇指根部位置的周围。

17 直裆

坐在凳子上，从腰围到凳面的距离。

18 裙长和裤长

长度根据流行、爱好、体型等而异，由前中央偏腋下线位置，从腰围线开始量起。

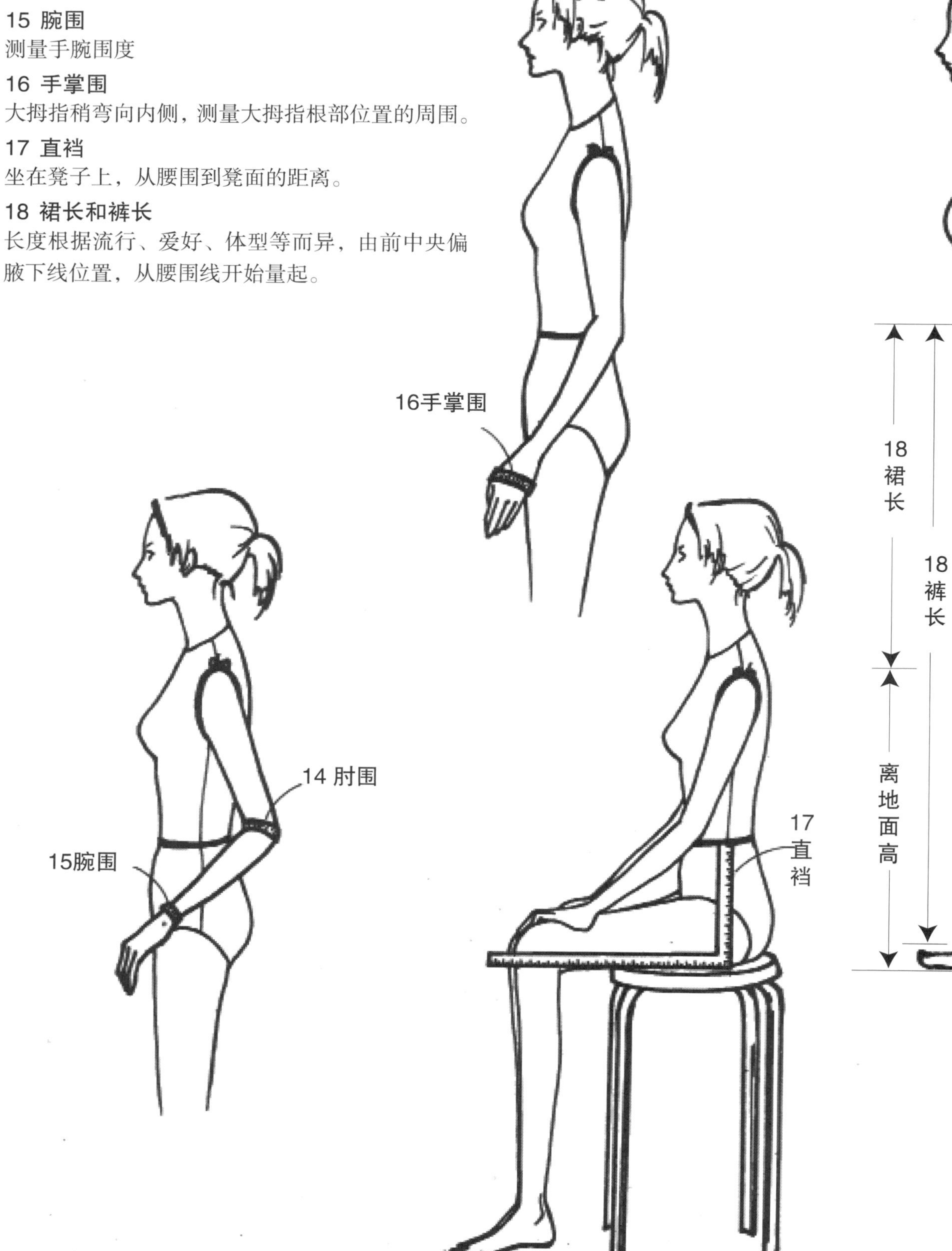

标准尺寸

这个标准尺寸是以年轻女子为对象的登丽美式尺寸。这个尺寸也随时代的变化而变化。

这个尺寸，对于初学者来说已足够，但也可能涉及到更细节的部分。

原型是从内衣到外套所有服装的基础，所以必须正确地做好。自己制作服装的时候，是用正确测量出的自己的尺寸来做的，但是先感觉一下根据标准尺寸做好的原型形状、了解一下各线条的计算方法、画线的顺序、规定尺寸等，这是非常重要的。

登丽美式女装标准尺寸表（单位 /cm）

	区分		
	小	中	大
领围	35	16.5	38
肩宽	12	12.5	13
背长	37	38	40
背宽	33	35	37
胸宽	32	33	34
胸围	80	82	86
胸高	16.5	17	18
乳间距		18	
腰围	60	62	66
臀围	88	90	94
臀高		20	
袖长	51	53	56
臂围	26	28	30
肘围		28	
腕围		16	
手掌围	19	20	21
直裆		28	

原型的画法

原型的部分名称

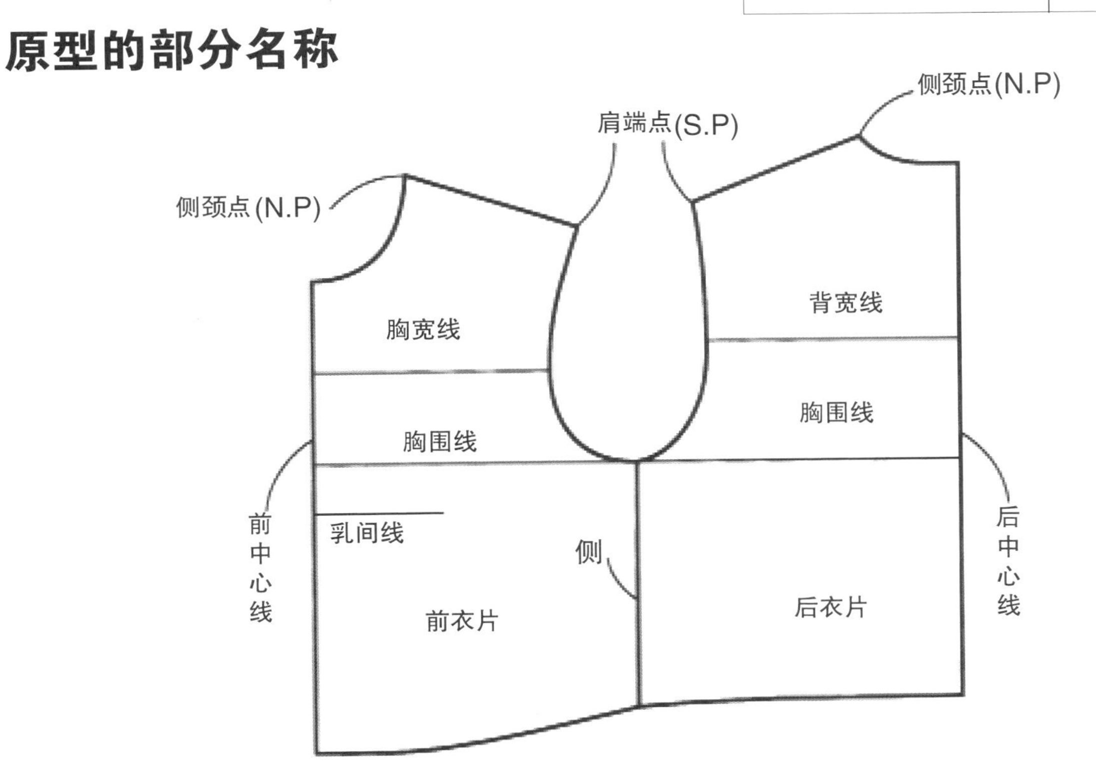

后衣片

① 右上角，画直角线，纵线为后中心线，横线为肩线的基本线。

② 从直角纵线上 2 cm 处、横线上 6.8 cm 处分别打上记号，如图画弧线，画出领围线。6.8 cm 是颈围尺寸的$\frac{1}{6}$ + 0.7 的尺寸。打上 × 记号的尺寸是登丽美式的规定尺寸，大多数人都能适用的尺寸。

③ 从侧颈点，横线上 12.5 cm 处打上记号，再直角下引 5 cm，将这点与侧颈点用直线连接，然后从侧颈点开始量取肩宽，并打上记号（为肩端点）

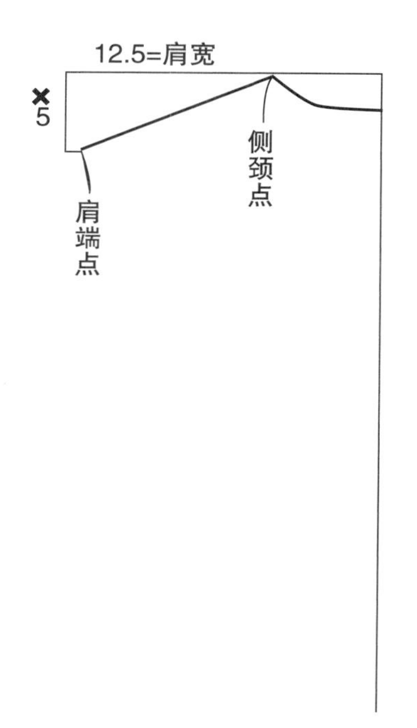

④ 在后中心线上，从领围线开始量取背长 38 cm。

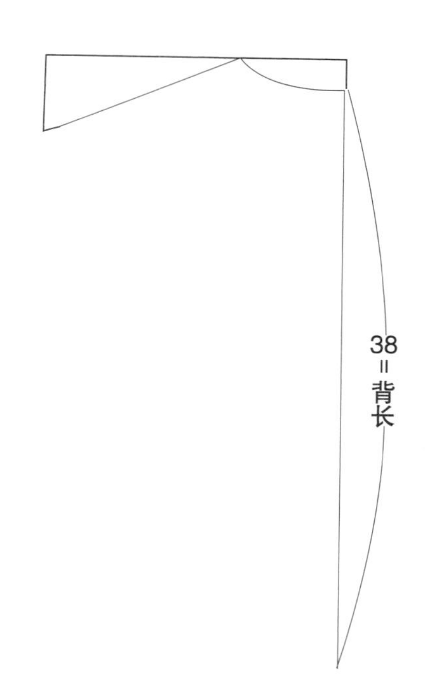

⑤ 同样，在后中心线上，从领围线开始量取与肩宽相同的 12.5 cm 处作为肩宽线位置，量取背长的 $\frac{1}{2}$ +2 cm 即 21 cm 处作为胸围线的位置。分别打上记号。

背宽线，由中心线直角地画直线并量取背宽的$\frac{1}{2}$，即 17.5 cm。胸围线，同样地与中心线直角地画线，并取后胸围线尺寸 22.5 cm，打上记号。22.5 cm 是胸围尺寸 + 基础宽松量 8 cm，再 4 等分的尺寸。胸围线并不是量取胸围尺寸的位置，而是决定袖窿位置的基准线。

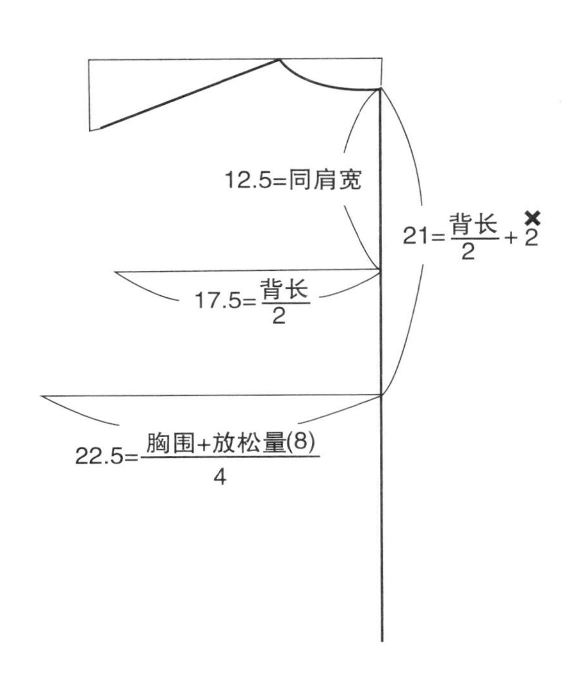

⑥ 后中心线上的背长的位置直角地画胸围线。侧缝线是由胸围线端点垂直向下画到腰围线，再从交差点延长 0.5 cm 而成。从腰围线的腋下端的$\frac{1}{3}$附近处和延长线 0.5 cm 处用弧线连接起来。

⑦ 袖窿线是从刚才画的肩端点画到背宽线，再从那里图那样稍为带有较深圆弧画到胸围线。后侧缝线长为胸围线到腰围线下 0.5 cm 处为止。

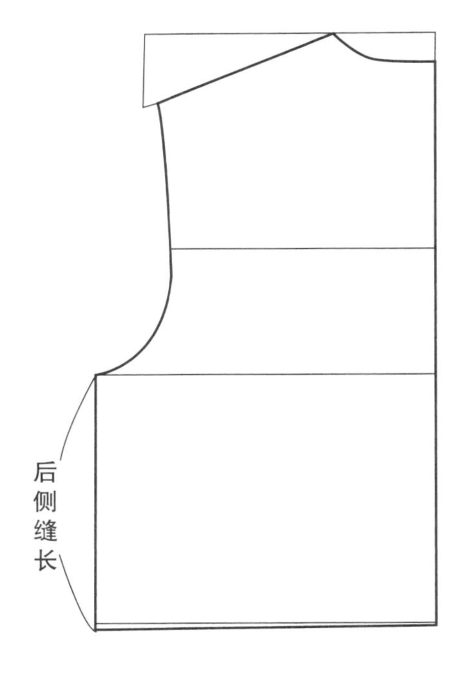

前衣片

① 后衣片相反，在左上角画直角，纵线为前中心线，横线为肩线的基本线。

② 从直角角尖起，在纵线上取 7.5 cm 并打上记号，在横线上取后领围线－0.2 cm，即 6.6 cm，并打上记号，图，画出圆顺并对前中心线成直角的圆弧线。

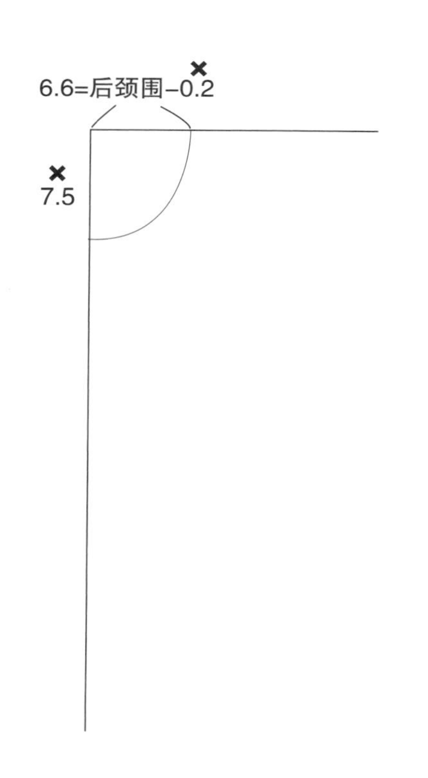

③ 与后衣片一样，从侧颈点横线上取肩宽 12.5 cm，打上记号，并垂直向下 4 cm 处与侧颈点相连接，并量取肩宽长，打上肩端点记号。

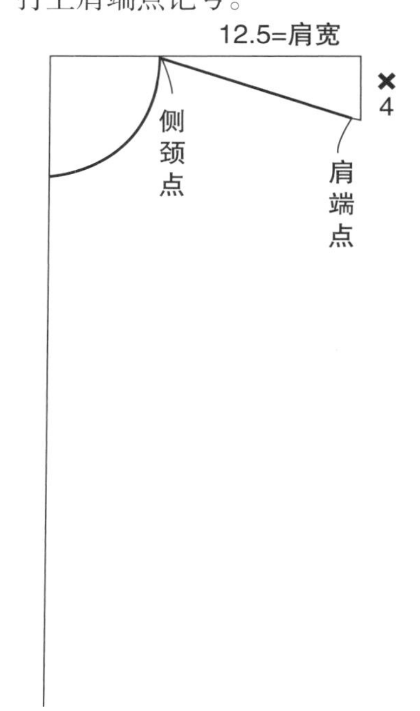

④ 在前中心线上，离直角的角 20.5 cm 处，打上胸围线位置的记号，从领围线到胸围线之间 2 等分，打上记号，作为胸宽线位置，并从那里引直角线，取胸宽的，即 16.5 cm，打上记号。从胸围线位置引中心线的垂直线，并量取前胸围尺寸 22.5 cm，作为胸围线。

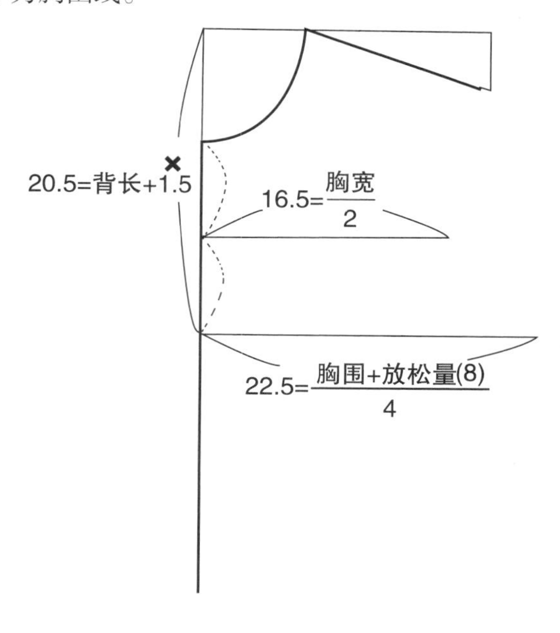

⑤ 侧缝线，是从胸围线一端垂直向下，并取后片侧缝线等长即是。

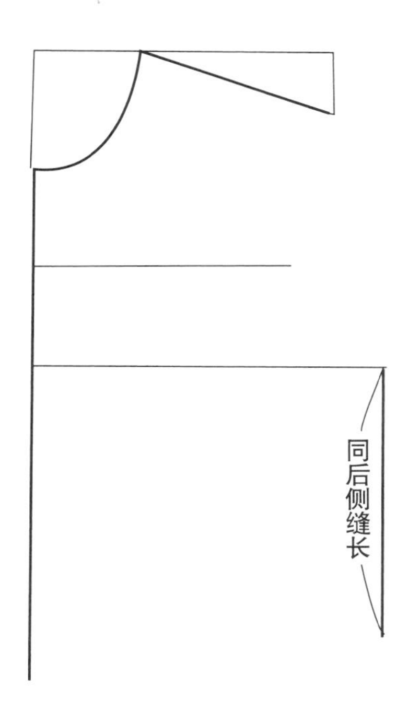

⑥ 从腋下线下端向前中心线引垂直线，并从交叉点下延 3 cm，打上记号，从中心线这点开始，直角地画出，接着与腋下线下端点用弧线连接，成为腰围线。

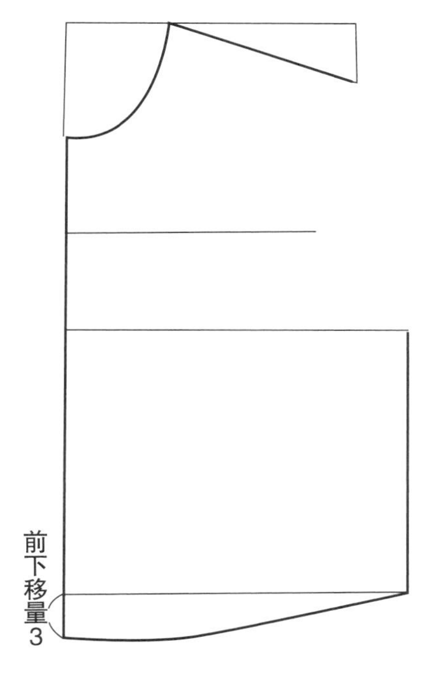

⑦ 袖窿线，从肩端点开始到胸宽线为止画弧线，要比后袖窿线更深一点，特别是从胸宽线到胸围线更要深一点。

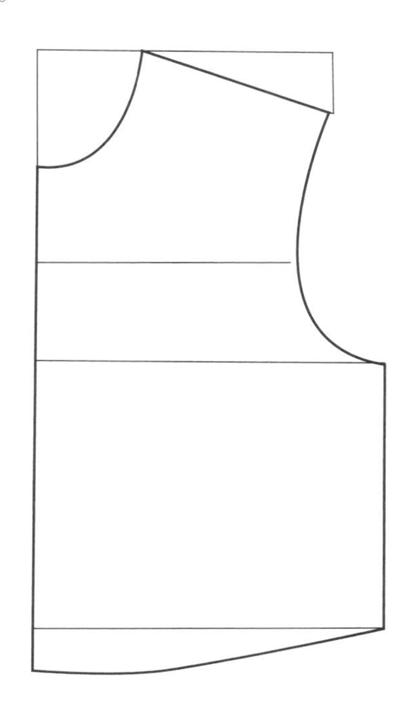

⑧ 在中心线上，从领围线向下量取胸高距离，从这点引垂直线并取乳间距的$\frac{1}{2}$，即 9 cm，作为胸高点，打上记号。原型的袖窿线前后加起来约 40 cm 左右。

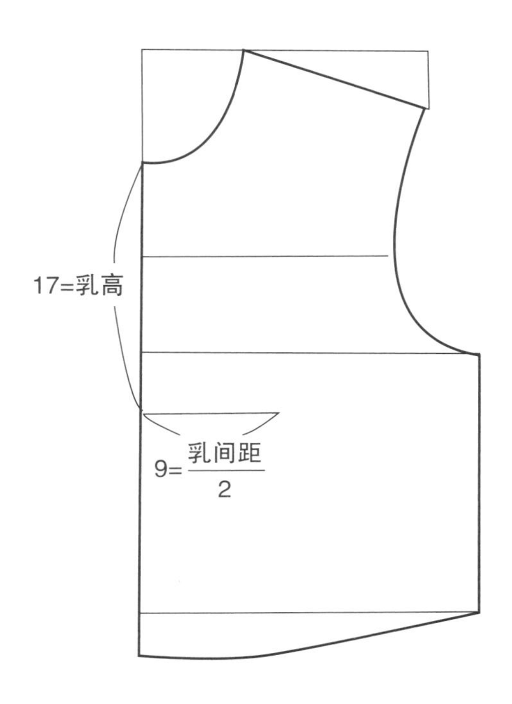

前后片原型线的调整方法

原型绘制完毕后，前后侧缝线合在一起，将袖窿线和腰围线图所示进行圆顺修正。

再将肩线对齐，看一下领围线和袖窿线的连接状况，作点修正。

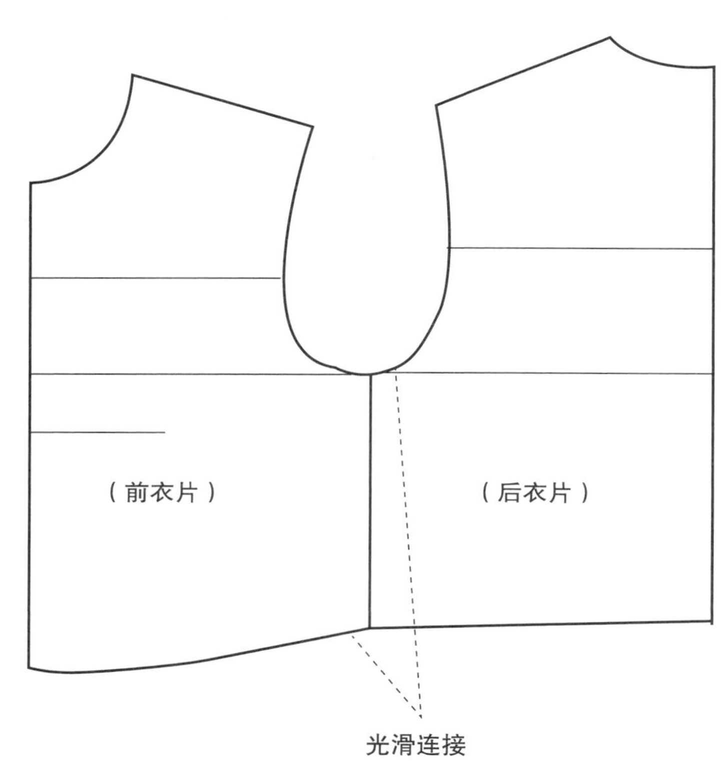

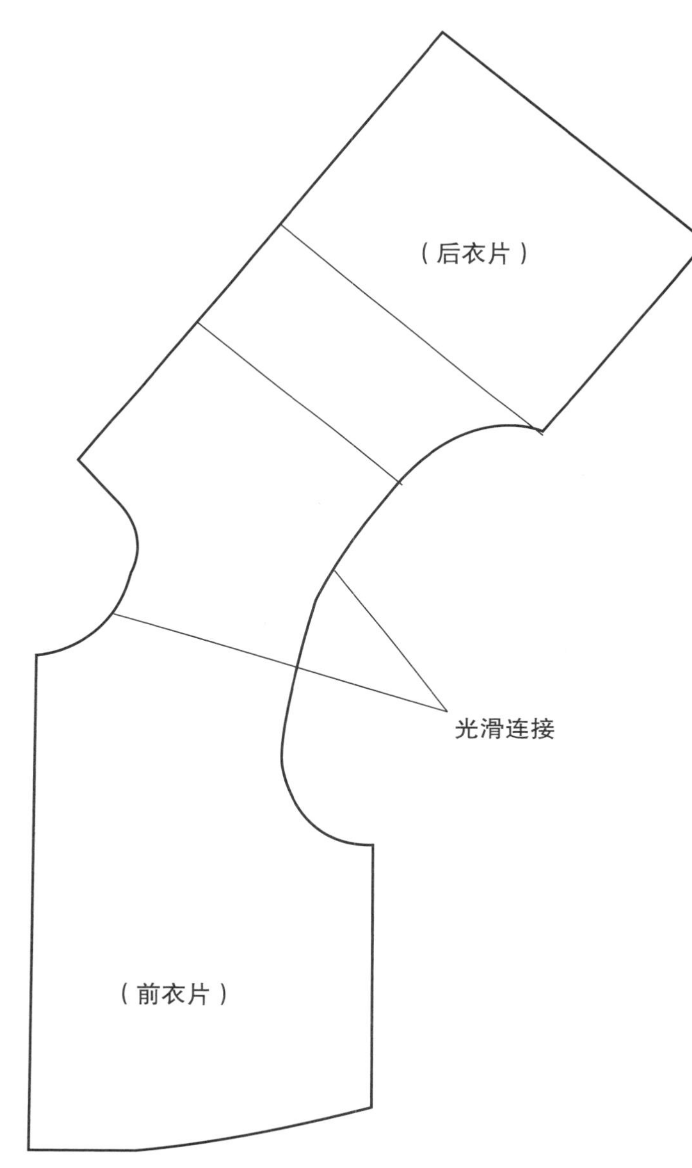

***注意**

用各自的尺寸绘制原型时，往往会肩宽、背宽、胸宽的线条不相配、袖窿线也不圆顺，此时可以如下作些调整。

相对于胸宽、背宽，肩宽非常窄的时候，为使与胸宽、背宽、胸围取得平衡，将肩宽加宽。相反，相对于肩宽，胸宽过窄的时候，为使与肩宽、胸围取得平衡，加宽胸围。各条线的连接修正后，把原型剪下来。以这个原型为基础可绘制女衬衣、连衣裙、上衣、大衣等。

袖子的原型

说一下袖子的基本的原型。
袖子形状不同，制图的顺序也不同。

一片袖

它是由一片布料裁成的袖子，广泛使用于女衬衣、连衣裙、大衣类等所有的服装。

这里，以胸围放松量为 16 cm 的女衬衣的袖子为基础。

① 划横线 53 cm 为袖长，左端为袖山，右端为袖口。

② 从左端取袖山高 13 cm，垂直画 17.5 cm 的袖宽线。
[17.5=(手臂围度 28 + 放松量 7) ÷ 2]

③ 连接袖山和袖宽线（a 线）

④ 把袖宽线 3 等分，朝袖山侧引垂直线。（b 线、c 线）

⑤ 从 b 线和 a 线交叉点延伸 2 cm 处打记号，在 c 线上从 a 线向内侧 2 cm 处打记号，a 线的中心处也打记号。

⑥ 从袖山线端点开始直角地画出，并通过这 3 点，图画到袖宽线一端，为前袖窿线。

⑦ 后袖窿线，在 b 线上从前袖笼线再伸出 0.5 cm 处打记号，c 线上与 a 线交叉点打记号。从袖山线的一端直角地画出，并通过这 2 点，从交叉点开始向 a 线内侧弯进 0.5 ~ 0.6 cm，图画到袖宽线下端。

⑧ 在袖山线的右端画 15 cm 的袖口线。
[15=(掌围长 20 + 放松量 10) ÷ 2]

⑨ 袖宽线和袖口线的下端用浅浅的弧线连接，为袖下线。

* 没有弧线尺时，把袖宽线和袖口线的下端用直线连接，并在肘线处凹进 0.7 ~ 0.8 cm 进行连接。

⑩ 从袖山开始量取肘长 29 cm，并引垂直线到袖下线。
[29=(袖长 53 ÷ 2) + 2.5]

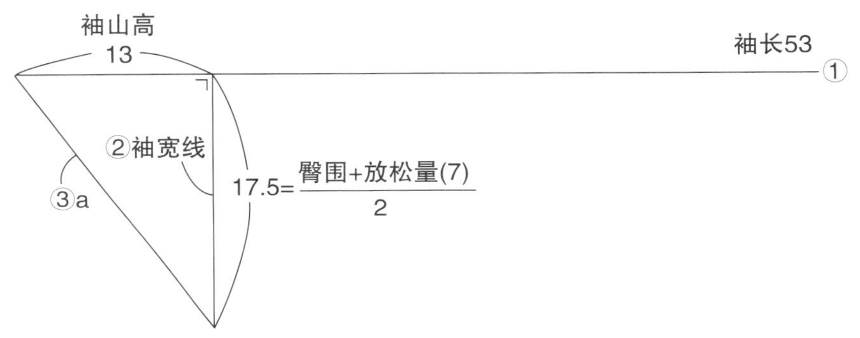

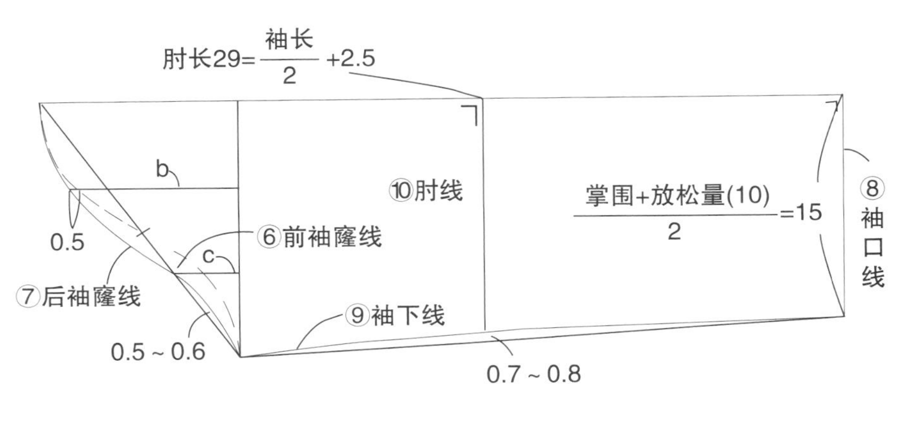

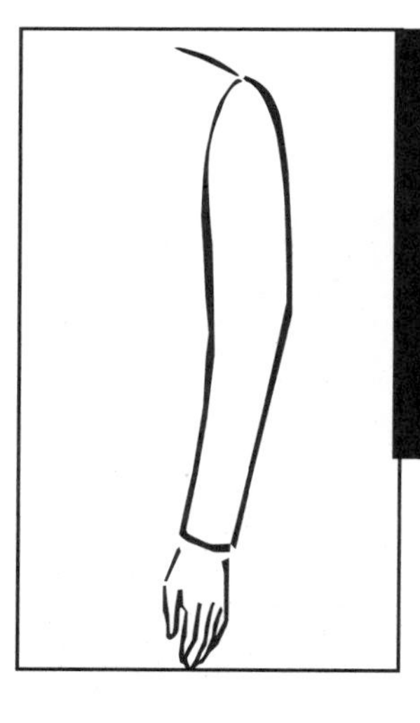

一片紧身袖

它是一片袖的应用，比普通一片袖放松量少，从肘开始到袖口，贴合手臂形状的袖子。常用于连衣裙、衬衣，还有柔软感的上衣等等。紧式袖，常用的一般式样在肘部也是比较容易伸出的。更紧的话，肘部分开量要多。这种袖因为与手腕贴合，在袖下线缝线处要做 7 ～ 8 cm 的开口。

① 画横线 53 cm 作为袖长，左端为袖山，右端为袖口。

② 从左端画 13 cm 线为袖山高，并画垂直线，上下分别取 16.5 cm 为袖宽线。
[16.5=(手臂围度 28+ 放松量 5) ÷ 2]

③ 连接袖山和袖宽线。

④ 将袖宽线 3 等分，并在向袖山侧引垂直线。

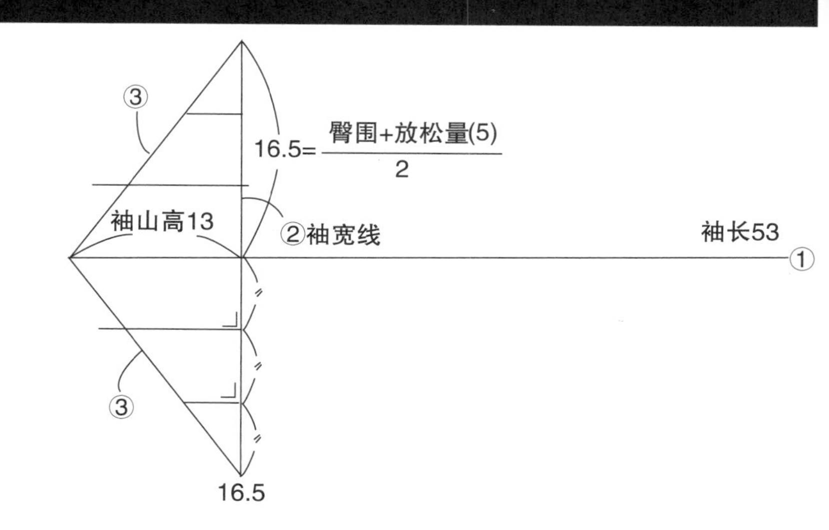

⑤ 后袖窿线，在 a 线上，从斜线处朝袖山侧伸出 2.5 cm处，通过b线与斜线上的交叉点，图连接起来。

⑥ 前袖笼线，图的 c 线上，从斜线处向袖山侧伸出 2 cm 处，在 d 线上从斜线向内侧深 1.5 cm 处，图画线。

⑦ 在① 线的右端画垂直线，上下各取 8.5 cm 画袖口线。
[8.5 cm=(手腕围长 16+ 放松量 1) ÷ 2]

⑧ 从袖山量取 29 cm 为肘长，并画垂直线，上下各取 14 cm 为肘线。
[肘长 29= (袖子 53 ÷ 2) +2.5]
[14= 肘部围度 28 ÷ 2]

* 肘部围度 28 cm，是肘部稍弯曲时所测的尺寸，也可以不加放松量。标准状况下，与手臂围度大致相当。

⑨ 袖下线，是袖宽线、肘线、袖口线的端点的连线。

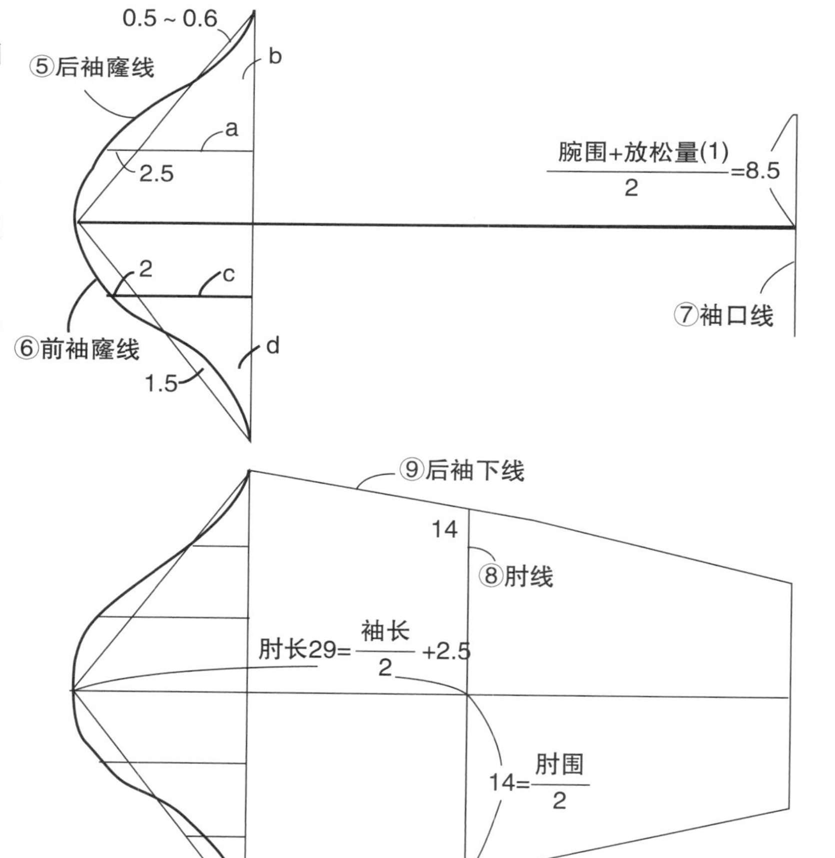

⑩ 在肘线的后袖侧处切开 2 cm（假定尺寸），在前袖侧画直线，在此线上量取肘线长 a+b。

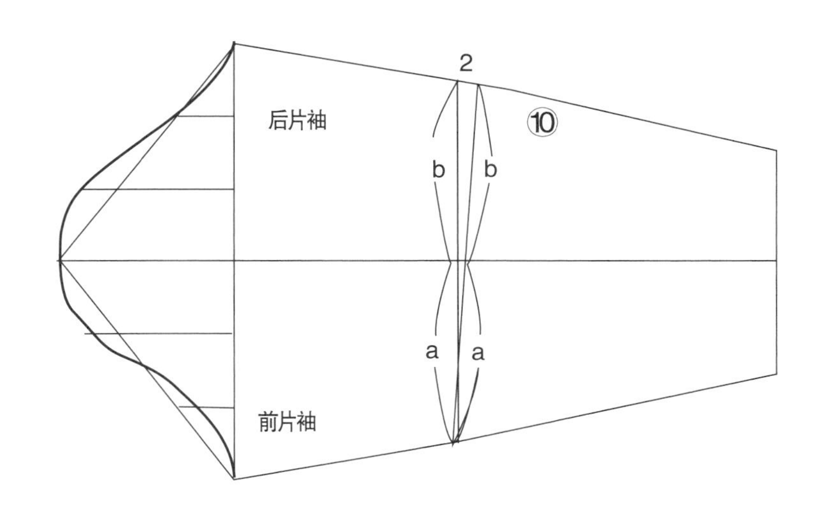

⑪ 在重画的肘线的前袖侧量取 a 的尺寸，并从那点朝袖口方向引垂线。

⑫ 在这垂直线上，从肘线到袖口线为 c，并垂直地画袖口线 d、e。

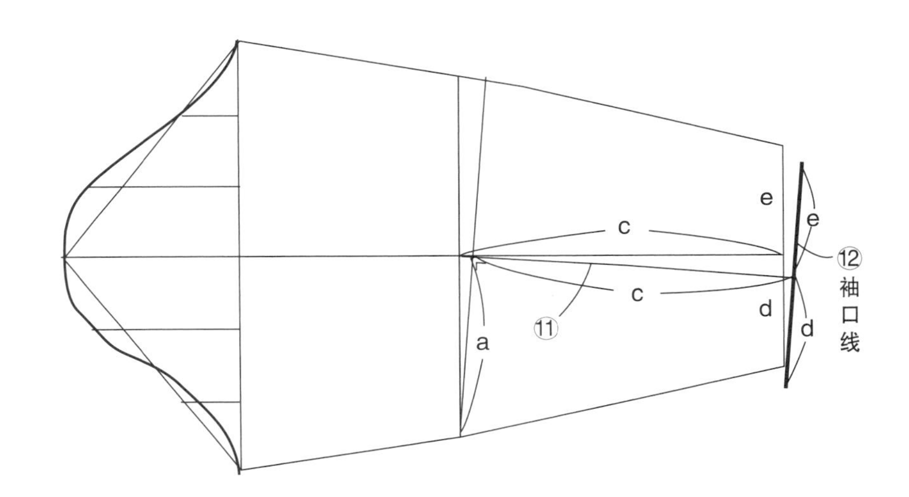

⑬ 前袖侧的袖下线处，从袖口线到肘线用缓和弧线连接起来。后袖侧的袖下线，从袖口线、通过肘线、到袖宽线用弧线连接起来。

★ 因为在肘处切开的关系，前后袖下线尺寸不一样，这个差异可作成省道、归拢、伸拔处理（或展开成袖省）。

★ 肘的倾倒，可以照上述的方法画，也可以肘线处剪开，在图纸的肘线上分开 2 cm，这些方法是一样的。

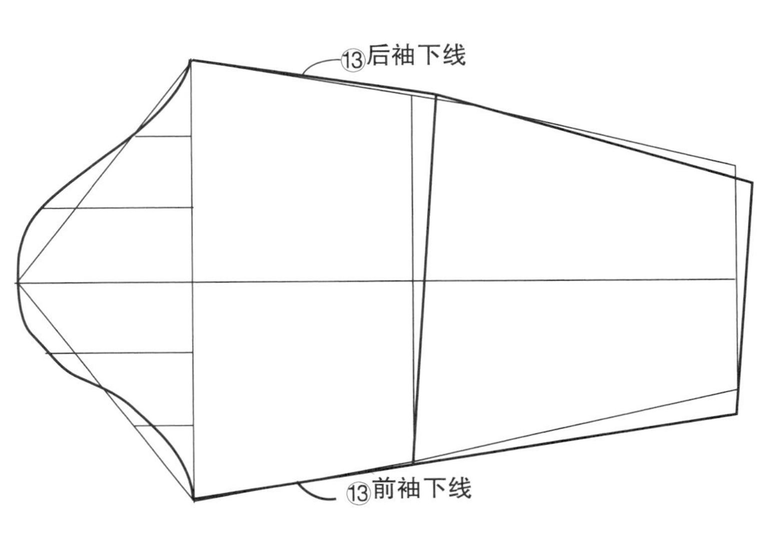

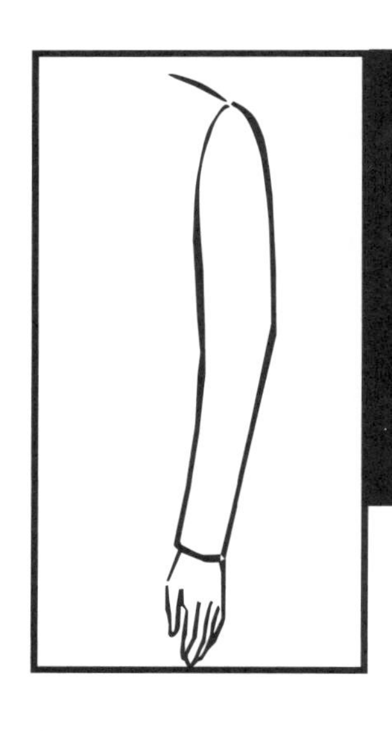

两片袖

它是分成内袖、外袖两片的袖子。
多用于上衣、大衣等。

① 画袖长 53 cm、袖宽线 23 cm 的长方形，右边为袖山，左边为袖口。
[袖宽线 23=（手臂围 28+ 放松量 7）÷2+ 规定尺寸 5.5]

* 规定尺寸 5.5 是外袖宽和内袖宽差的 的尺寸

② 从长方形右上角向左侧量取 29 cm，引垂直线为肘线。
[肘长 29= 袖长 53 ÷ 2+2.5]

③ 从长方形右上角向左侧量取 7.3 cm(a 点）引垂直线。
[7.3= 袖宽 23 ÷ 4 ＋规定尺寸 1.5]

④ 将右端的袖宽线 2 等分并打上记号，再上移 1 cm 为袖山位置，然后将袖山位置与 a 点连接起来。

⑤ 从长方形的右下角向左处量 13 cm(b 点），并与袖山连接。
[13= 袖宽 23 ÷ 2+ 规定尺寸 1.5]

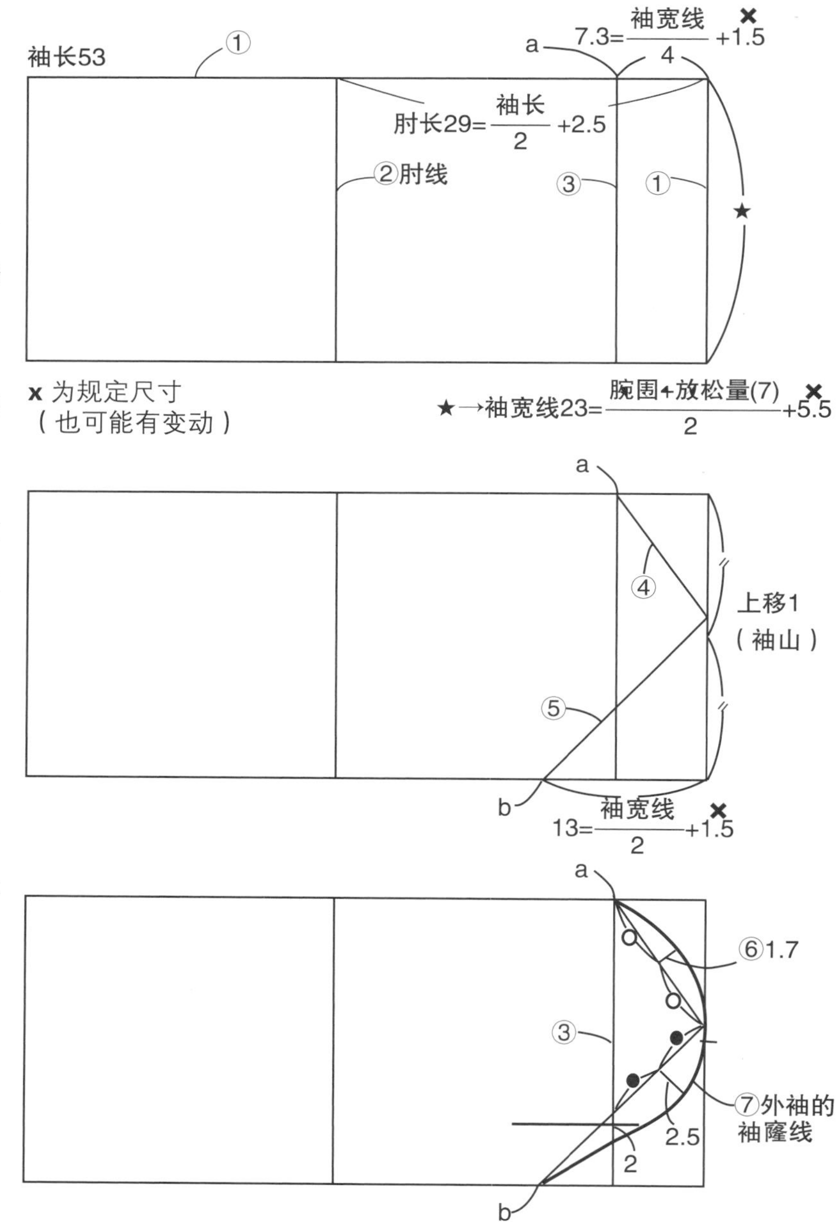

⑥ 在④的线 2 等分的位置垂直引出 1.7 cm。

⑦ 将袖山到⑤线与③线交叉点的距离 2 等分，并从这点垂直引出 2.5 cm. 在③的线上与⑤线的交叉点向下取 2 cm，并打上记号，图用弧线画出外袖的袖窿线。

* 袖窿线，首先以袖山的位置为中心，上下圆顺地画出，再在 2 cm 的记号处开始，图用弧线连接。

⑧　从长方形左下角向右取 2 cm 为（c 点），从 c 点取 14 cm 与长方形左边纵线相交，画直线，为袖口线。

[14=(手掌围度 20+ 放松量 4) ÷ 2 + 规定尺寸 2]

* 规定尺寸 2 cm 是内袖与外袖差的 $\frac{1}{2}$。

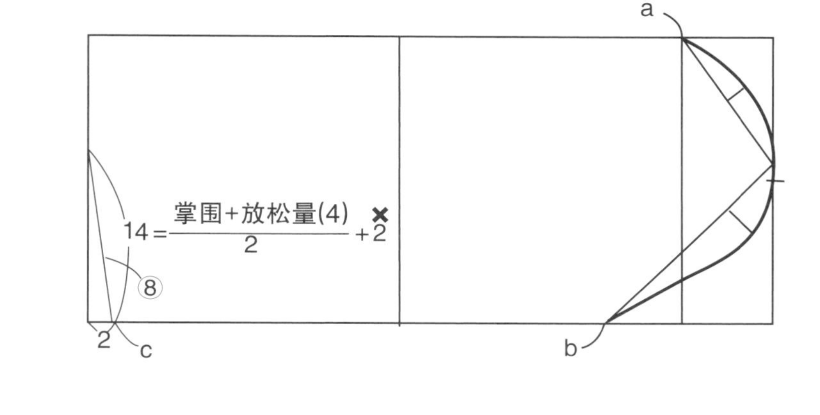

⑨　在肘线上，从上端向下取 2 cm 为 d 点，从下端向上取 2 cm 为 e 点，将袖口线的上端点、d 点、a 点以肘线为中心用弧线连接起来，画成外袖与内袖的连接线。

⑩　再在袖口处延长 1 cm 为 f 点，重画袖口线。

⑪　将 c 点、e 点、b 点，以肘线为中心图用弧线连接，画出外袖与内袖连接线。

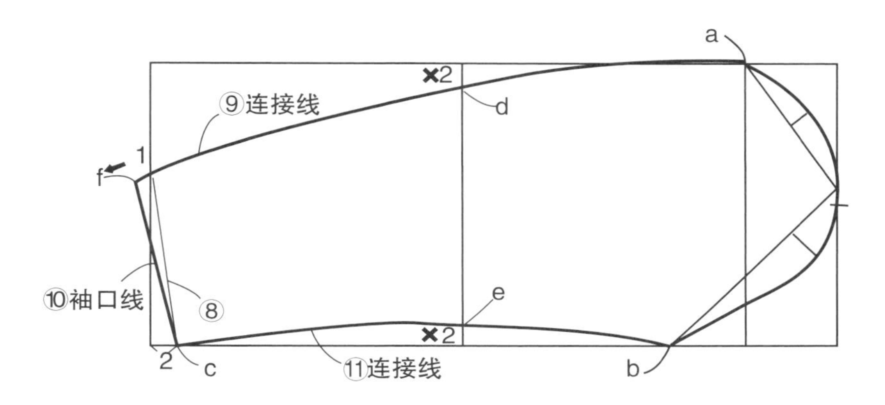

⑫　外袖的 a 点向下取 6 cm（为 g 点），d 点向下取 3 cm，将这 2 点与 f 点图用弧线连接起来。

⑬　从 b 点引垂直线取 5 cm、袖口线上从 c 点向上取 4 cm、从 e 点向上取 4.5 cm，分别打上记号，图用弧线连接，画出外袖与内袖的连接线，再向袖窿线延长 0.6 cm(为 h 点)。

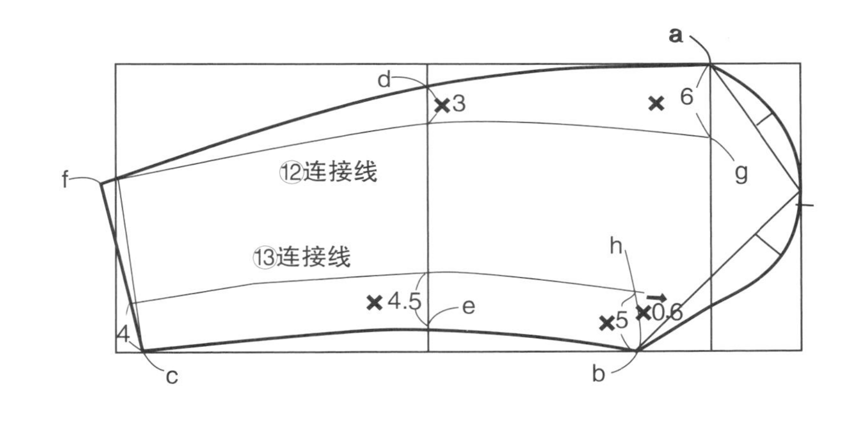

⑭　连接 g 点和 h 点，从它的中点再向下移 1 cm，再从这点向内凹进 3 cm，画出内袖的袖窿线。

* 将内袖与外袖线合并一下，就会发现，肘侧处的线外袖稍长一点，袖下处的内袖长一点。缝合时，为使外袖与内袖长度一致，外袖的肘侧归拢一些，袖下侧伸拔一些，进行缝合。

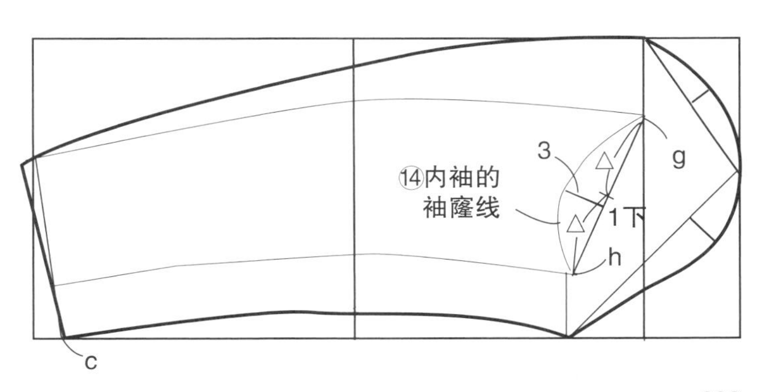

女装原形

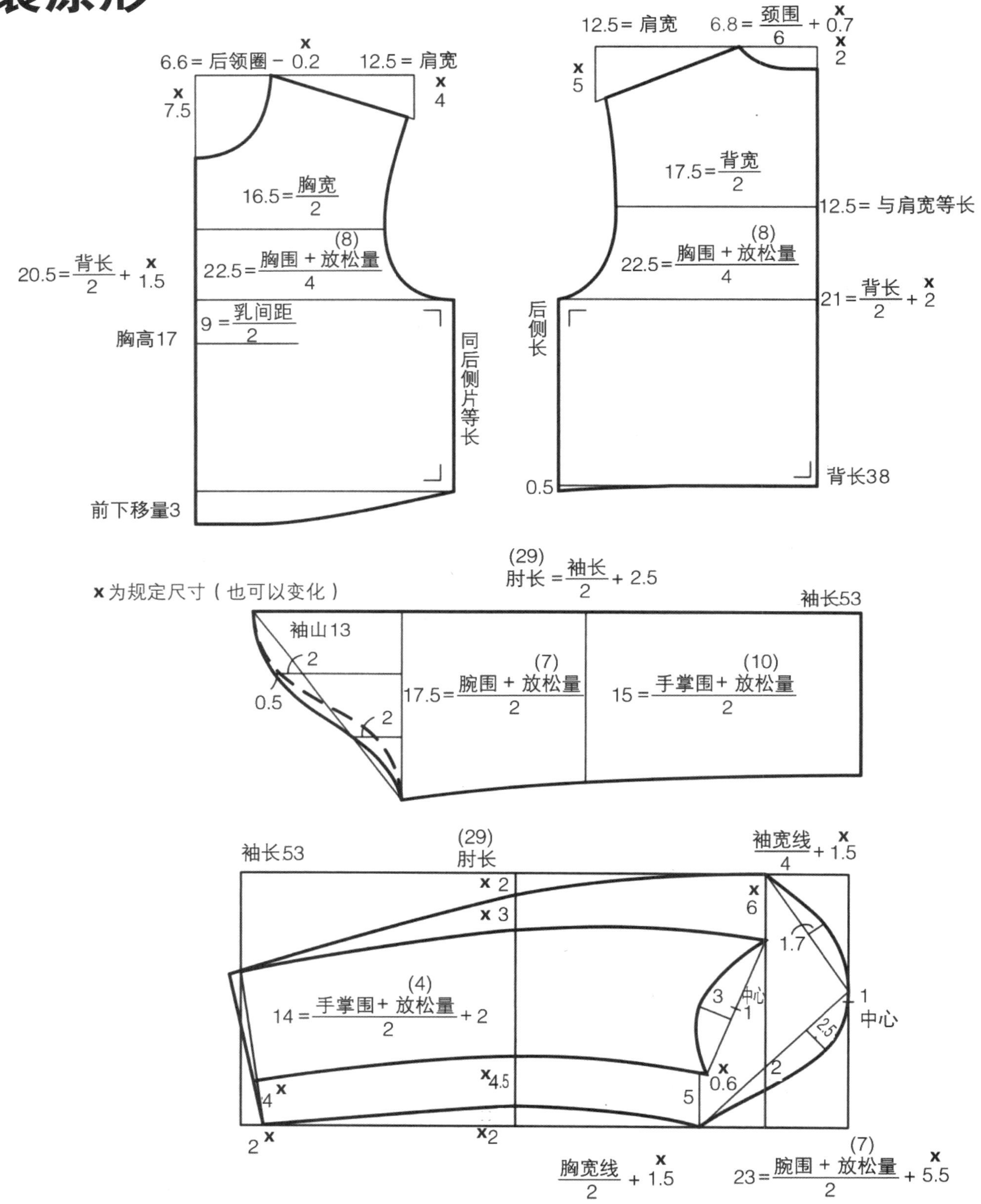

6.6＝后领圈－0.2
12.5＝肩宽
7.5
4
16.5＝胸宽/2
(8)
22.5＝胸围＋放松量/4
20.5＝背长/2＋1.5
9＝乳间距/2
胸高17
同后侧片等长
前下移量3
12.5＝肩宽
6.8＝颈围/6＋0.7
2
5
17.5＝背宽/2
12.5＝与肩宽等长
(8)
22.5＝胸围＋放松量/4
21＝背长/2＋2
后侧长
0.5
背长38
x为规定尺寸（也可以变化）
(29)
肘长＝袖长/2＋2.5
袖长53
袖山13
2
0.5
2
(7)
17.5＝腕围＋放松量/2
(10)
15＝手掌围＋放松量/2
袖长53
(29)
肘长
袖宽线/4＋1.5
2
3
6
1.7
(4)
14＝手掌围＋放松量/2＋2
3
中心
1
1
中心
2.5
4.5
0.6
2
5
4
2
2
胸宽线/2＋1.5
(7)
23＝腕围＋放松量/2＋5.5

原型的倾倒方法

1　画一条纵线（前中心线）作为基准线，按住胸高位置，将原型倾倒，使胸高位置以上的外轮廓线移至使袖窿到B点为止，并画上胸宽线和胸围线。

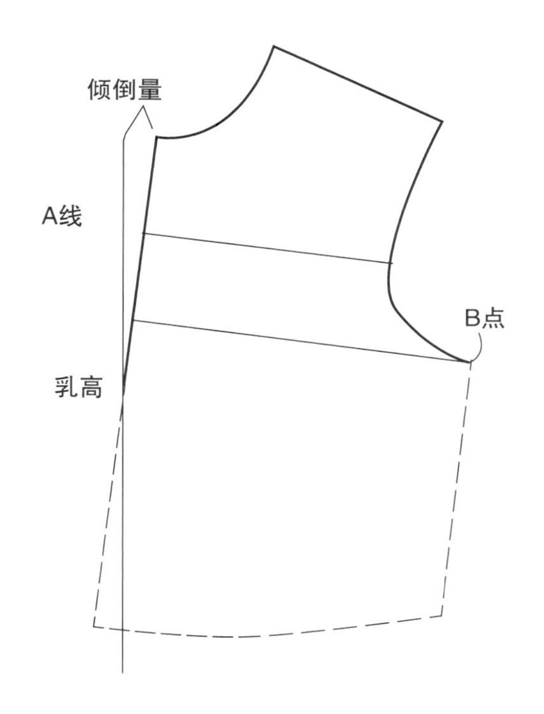

< 注意 >
倾倒量和前下移量不是一个规定尺寸，所以可根据体型、服装种类、款式等不同而有所增减。

2　按住B点，将原型扶直与A线平行，画侧缝线，然后从侧缝线画A线(前中心线)的垂直线(C线)。

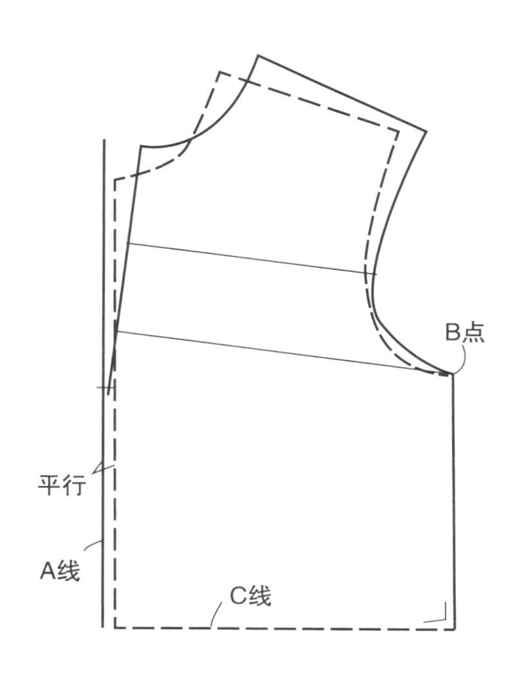

3　在前中心线上量出前下移量，图画腰围弧线。并画与A线垂直的胸高线。

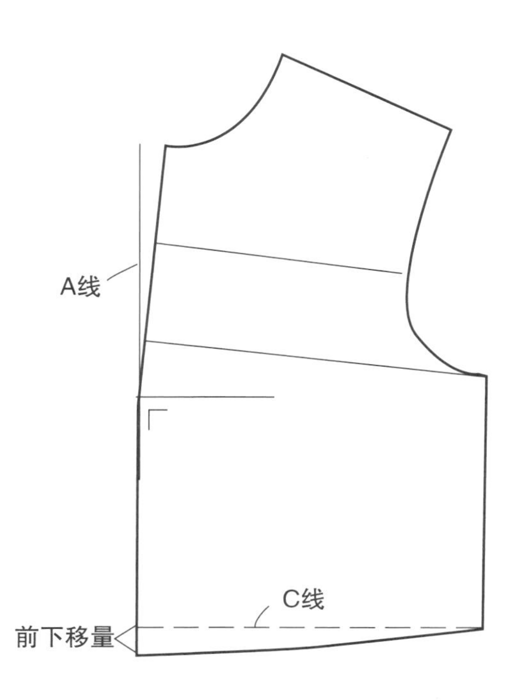

布料整理

关于面料

布边

面料布幅两边称为布边。布边上通常印有制造厂、织物的名称等。布边较硬，而且颜色也较浓。根据布边可以区分面料的正反面。

面料经向

面料的经向、纬向织纹称为“布纹”。面料的经线方向称为“经向”。因为径向纱不容易拉伸（弹性面料除外），因此裁剪时常常以它为基准。常有“沿布纹方向”或“与布纹平行”的说法。制图、纸样中画的箭头标记↕、↔、⤢、⤡的方向都表示面料经向，任何情况下面料径向都要和箭头方向符合。

面料纬向

面料的纬线方向称为“纬向”。一般面料纬向比经向容易拉伸（弹性面料除外）。

面料斜向

就是斜向的意思。与布纹成45°角的称“正斜纹”。面料斜向非常容易拉伸，因此在裁剪时要特别注意。

幅宽

在面料布幅上，从布边到布边的横向尺寸称为幅宽。

面料裁剪过的边缘都称为裁边。

校正布纹的方法

面料经向和纬向不成直角时需要将其校正。抽出一根纬纱，然后沿抽掉的纬纱方向裁剪，裁边就是纬向。容易撕开的面料也可以将其沿纬向撕开。

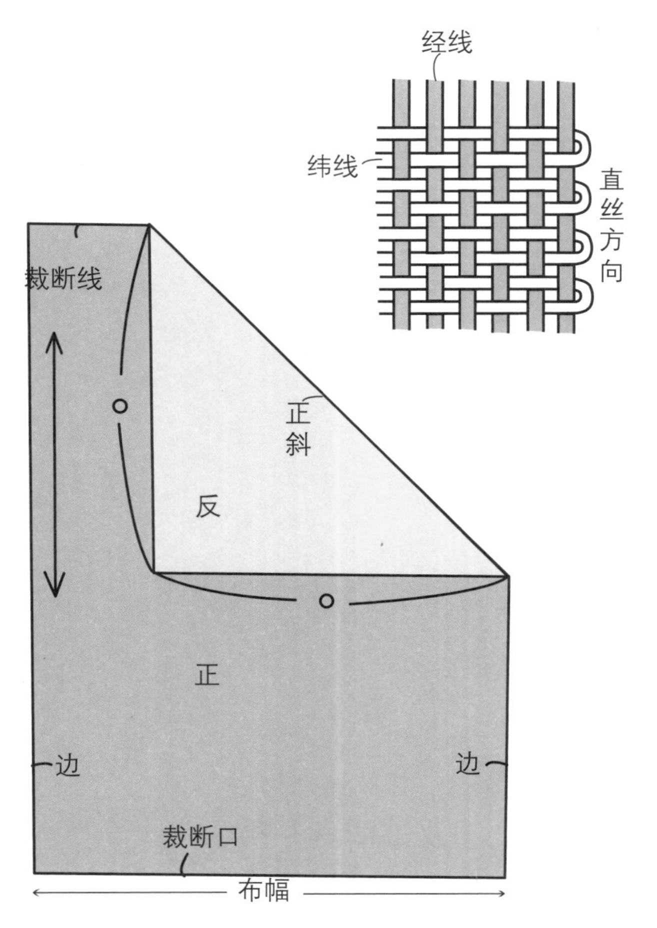

〈抽纬纱的情况〉

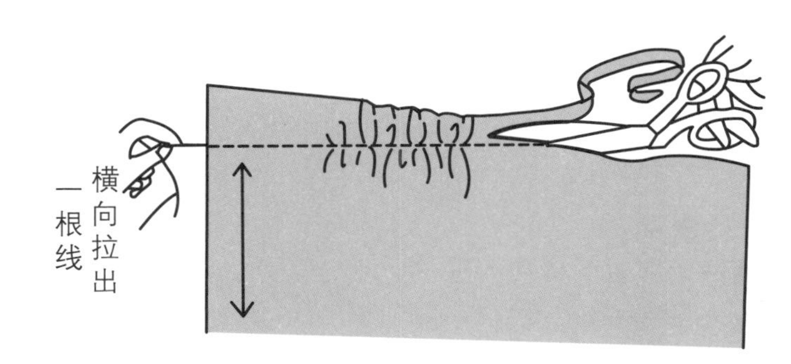

〈撕布的情况〉

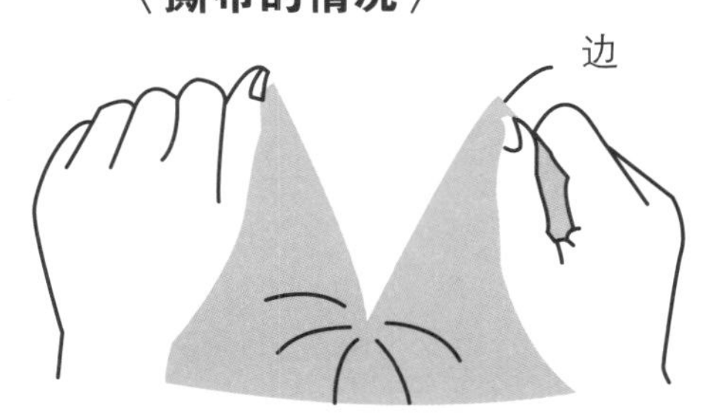

布料整理的方法

在面料织造过程中会产生布纹歪斜和收缩，在裁剪前将其纠正的操作称为布料整理。如果不进行布料整理，西服做好后，在洗涤时尺寸会缩小，穿着时容易变形，因此，布料整理是非常重要的。可是，最近出现了经过防缩加工的面料，因此在购买时应弄清楚。

毛料

1　将面料正面朝里对折。从反面将面料全部喷湿。

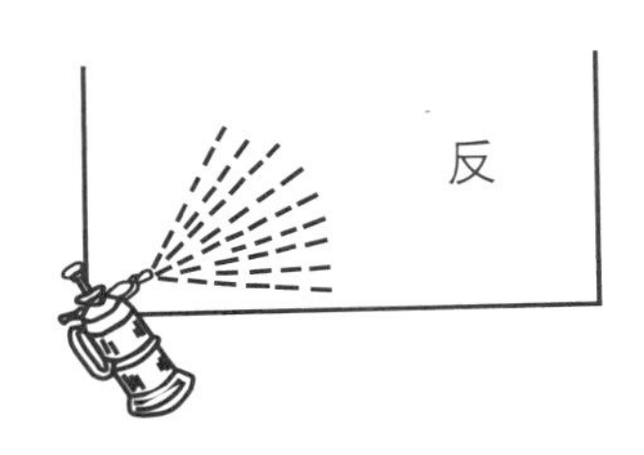

2　面料轻轻折叠，将其放入塑料袋中，使湿气全部浸透面料。

3　将面料放在平台上，用直角尺检查是否有纬斜存在。

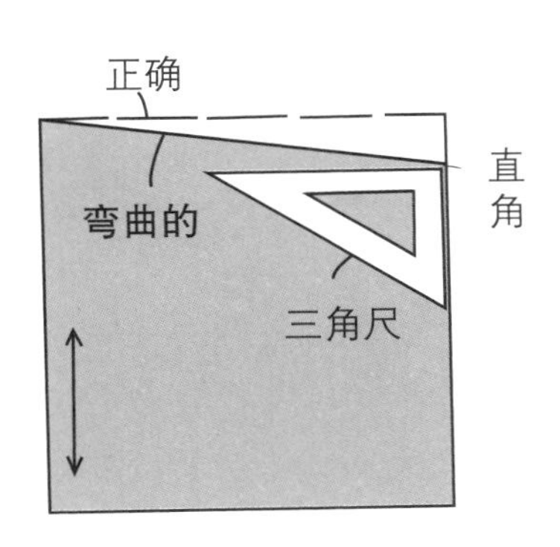

4　沿斜向拉伸面料，分多次慢慢地校正布纹。

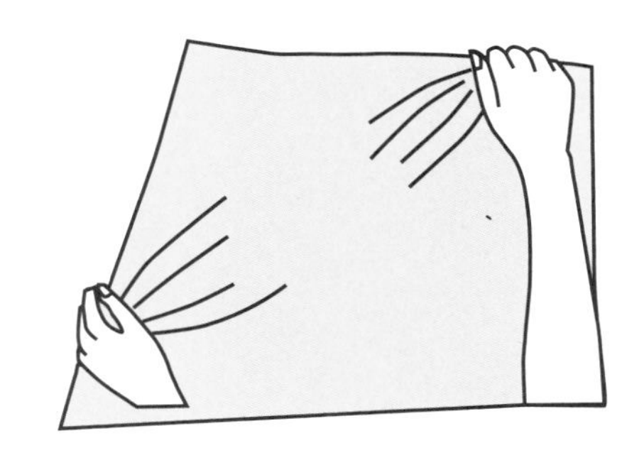

5　在面料反面用蒸汽熨斗熨烫，以消除皱纹、折痕等。一边纠正布纹，一边沿经向、纬向熨烫，注意不要熨烫面料斜向。

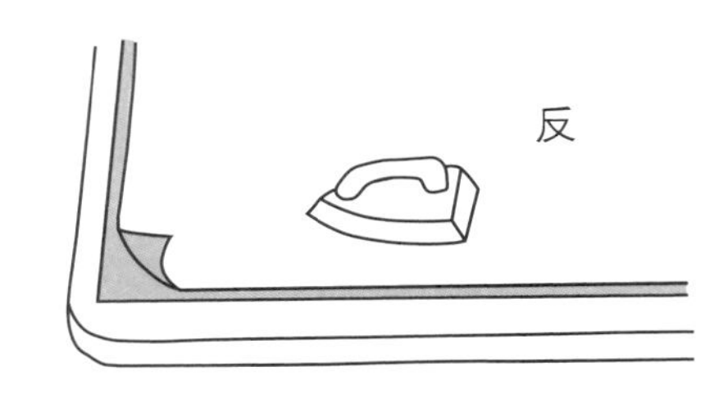

棉、麻料

1　将未经防缩加工的面料在水中浸 1h 左右，使水分完全浸透。如果是印染面料，可先将布边沾点水看其是否褪色。经过防缩加工的面料可以不要浸水。

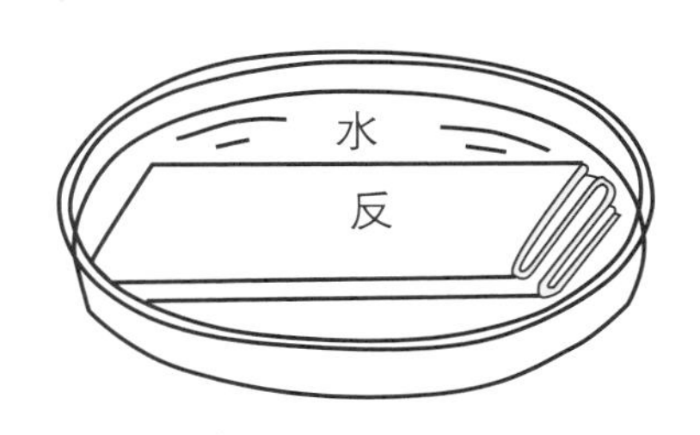

2　将面料正面朝里拉平皱褶，展平晾干。必须阴干。避免用脱水机或手绞，否则会留下皱褶。

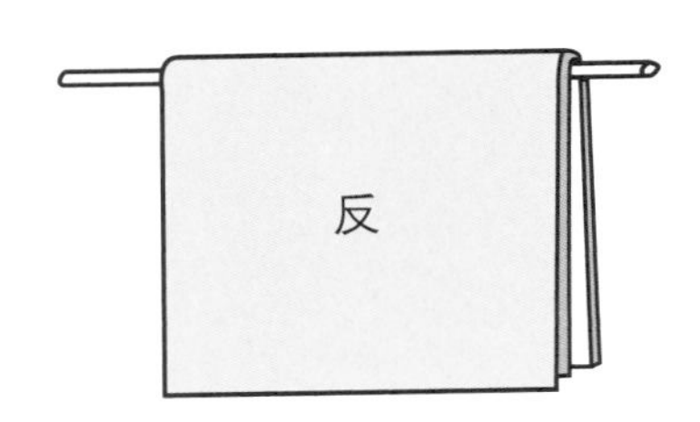

3　干至 80% 左右，将面料展放在平台上再用直角尺检查一下纬斜。

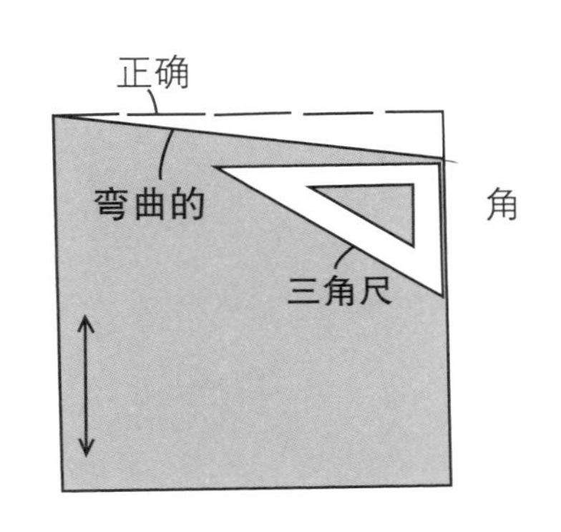

4　若有纬斜，在面料对角线上拉伸面料，一点一点地校正布纹。

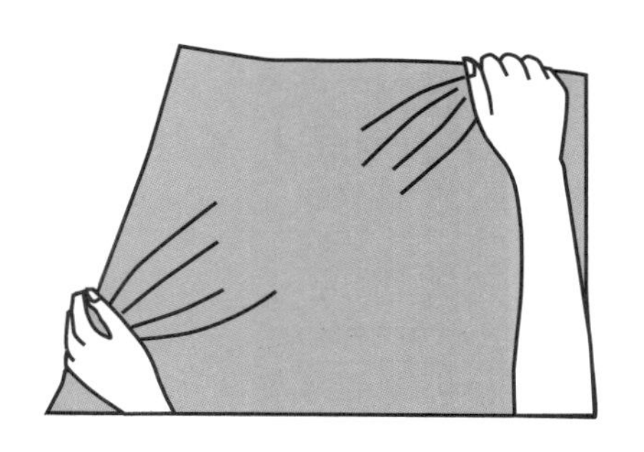

5　在反面用蒸汽熨斗熨烫，消除皱褶和折痕。纠正布纹，同时沿面料经向和纬向熨烫，注意不要熨烫面料斜向。

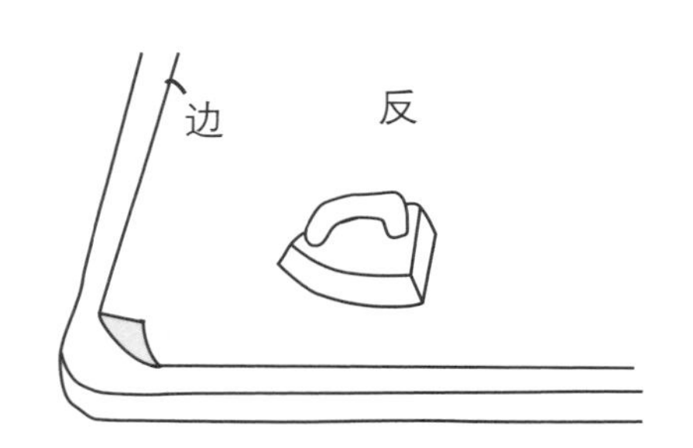

真丝

真丝耐热性差，而且遇水容易留下水渍，因此在要反面干烫。熨烫温度以刚刚能消除皱褶为好。

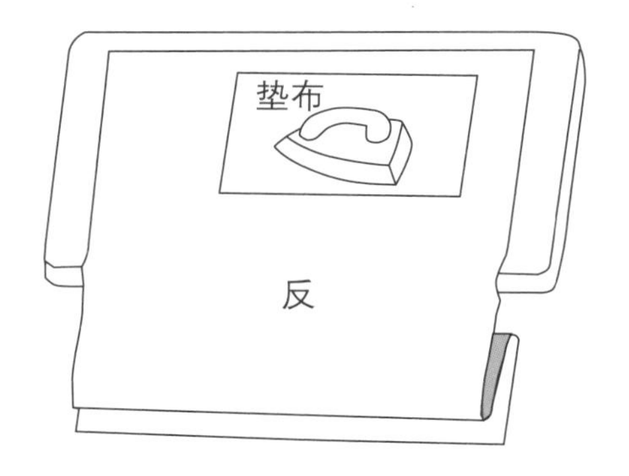

有绒毛的面料

有绒毛的面料（如天鹅绒、丝绒、灯心绒、海豹绒等），在布料整理过程中要注意不要熨倒绒毛。将面料正面朝里，使绒毛处于相互穿插状态，或者使用针板，沿绒毛方向（面料绒毛排列状态）将皱褶轻轻熨烫消去。有绒毛的面料喷水后会出现绒毛倒伏、无光泽的现象，因此应要加以注意。

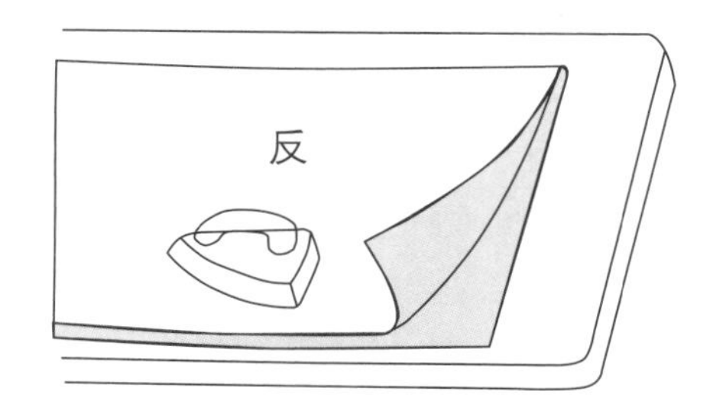

*** 针板**　是天鹅绒等有绒毛的面料熨烫时使用的专用烫台。细密的针状物可防止熨倒绒毛。

化学纤维面料

化学纤维遇水大多不会收缩，而且耐热性差，因此要根据面料选择合适的熨烫温度，在面料反面进行干烫。

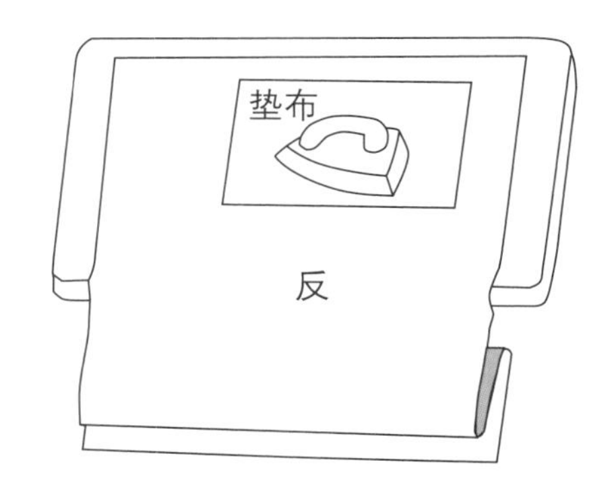

格子花纹和条纹面料

如果不将弯曲、歪斜的花纹纠正，裁剪时和制成后会出现花纹无法对合的情况。用熨斗对弯曲和歪斜的花纹进行校正，根据面料不同，可干烫或使用蒸汽。

不同纤维类别的熨烫温度

纤维名		温　度 /℃
麻		160 ~ 200
棉		150 ~ 180
毛		140 ~ 160
丝		120 ~ 150
化纤	人造丝	110 ~ 150
	铜氨纤维	
	聚脂纤维	
	醋脂纤维	
	尼龙	110 ~ 130
	维尼龙	
	丙烯腈类纤维	90 ~ 110
	聚氯乙烯纤维	60℃以下或不熨烫
	聚丙氯乙烯纤维	

关于衬布

衬布的种类和目的

将衬布按大的方面分类，可分为与面料黏合的类型和不与面料黏合的类型。与面料黏合的那一类特别称为黏合衬。其他类型的都称呼它们各自的名称，主要有毛衬、麻衬、棉衬（轧光斜纹棉布等）、胖哔叽、纱罗、蝉翼沙等。衬布使用目的汇总如下。

1　面料贴衬，可以做出漂亮的造型。

2　防止穿着时和洗涤时服装变形。

3　使部分地方具有厚度和硬度，增加牢度。

4　防止容易伸长的面料和部位伸长，易于缝制。

5　使难以缝制的面料更容易缝制。

关于黏合衬

黏合衬是在基布反背面涂上黏合树脂制成的，用熨斗加热后可以在需要的地方黏贴。以下是各类黏合衬根据基布和黏合方式、黏合树脂的形状可进行分类的说明。

按基布分类

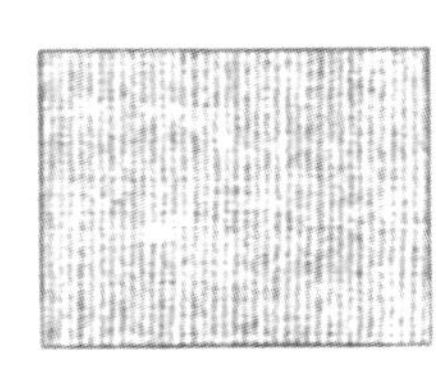

机织物

具有优良的保湿性。防止面料伸长、与面料有良好的融合性。斜向可以伸长。

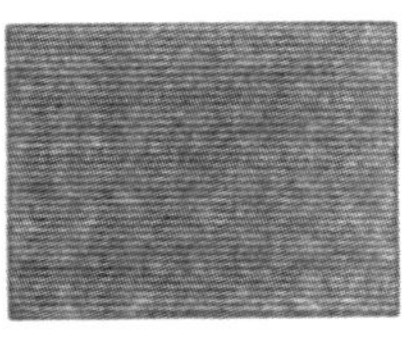

编织物

具有伸缩性和优良的风格。经向稳定性较好。沿纬向黏贴，身骨较好。

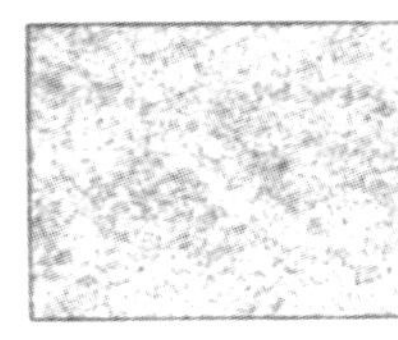

非织造布

不易起皱。通气性较好。具有优良的保型性。洗涤时不会缩水。

复合布

经向尺寸比较稳定。纬向有一定的拉伸性。有弹性。

按黏合方式分类

完全黏合方式　黏合力较强，广泛用于维持西装的形状，耐干洗。

暂时黏合方式　黏合力较弱，在洗涤时黏时黏合衬会剥落，因此它并不用于保型。它是以暂时黏合为目的的类型，主要用于使面料安定，容易缝制，或袋口等部位补强用。

按黏合树脂的形状分类

	形状	特征
完全黏合	圆点状	黏合树脂为圆点状，有限强的黏合力 圆点从大到小都有 大颗粒圆点状－用于厚型面料 小颗粒圆点状－用于薄型面料
完全黏合	喷网状	黏合树脂像蛛网状附着于基布的，因此即使是家庭用熨斗，也是很容易黏合的
完全黏合	蜘蛛网	没有基布，黏合树脂象蜘蛛网那样密布，因此两面都可以黏合。主要用于下摆部分固定、两面用服装缝制时缝头的暂时固定等
暂时黏合方式	粉末状	黏合树脂像粉末一样附着于基布 这种形状的黏合力较弱，因此用于缝制时的暂时固定

黏合衬的选择

根据黏合衬种类、黏合部位、目的来选择黏合衬。黏合衬是由基布和黏合树脂的形状、黏合方式来分类的，因此在选用黏合衬时应注意以下几点。

1　弄清是完全黏合方式还是暂时黏合方式。

2　基布（机织物、编织物、不织布、复合布）的特征。

3　黏合树脂的形状和特征。

4　制成后想变硬还是变软。

选择时注意与面料颜色相配也是非常必要的。特别是面料较薄的情况，可选择与面料同色的或比面料稍稍深色的黏合衬。一般黏合衬比面料要薄一点。

在实际面料黏合时，考虑到是否与面料颜色相配或黏合后面料风格变化等情况，先试贴进行确认，这是非常必要的。

黏合衬使用方法

衬布整理

基布在不织布的情况下无需整理，在机织物、编织物的情况下要检查布纹是否弯曲，如果存在弯曲，就要在斜向拉扯对其进行纠正。因为有黏合树脂，因此不能用熨斗熨烫，直接用手操作。另外如果布边有牵吊现象，可在布边上打刀口。有折痕的地方可进行喷雾，将其弄平整后再使用。

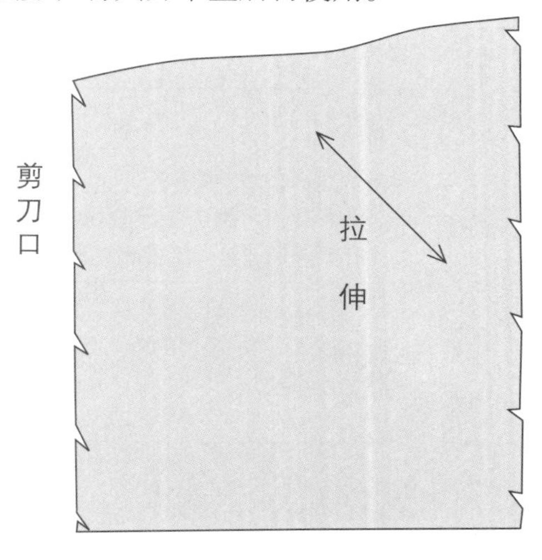

裁剪方法

原则上黏合衬的布纹要和面料布纹相同。

裁剪时将附有黏合树脂的那一面朝里折叠，进行裁剪。黏合范围较广的情况下，制图时要记录黏合位置，并做黏衬纸样，然后进行裁剪。领子和克夫等小部件也可以使用面料裁剪纸样进行裁剪。

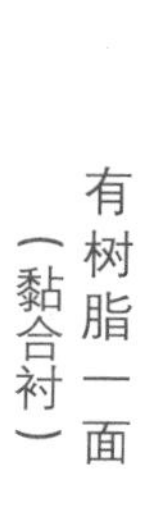

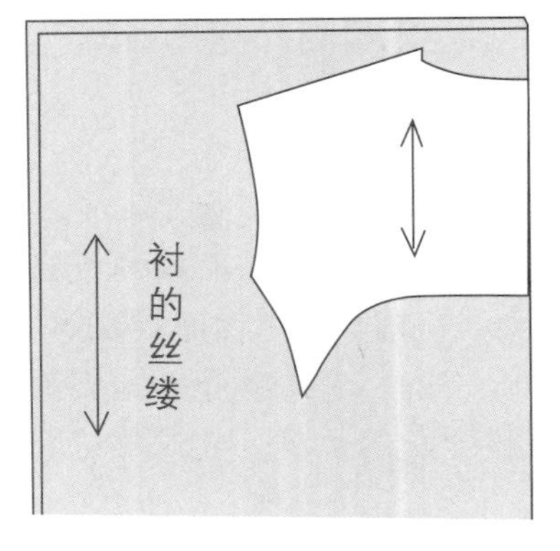

试贴

在正式黏合之前，要先进行试贴，检查以下几个方面。

1　检查黏合后面料的手感、弹性、硬度是否适当。

2　检查面料是否变色、黏合树脂是否渗出、风格是否发生变化，贴黏合衬的部位和未贴的部位是否有大的差异。

3　检查贴黏合衬的部位是否产生收缩，或者是否弯曲起翘。

4　用力拉一下面料，看黏衬是否剥落，是否有未黏合的地方。

如果不存在以上几点问题，就可以在实物上进行黏贴。

黏合衬黏贴方法

1　将面料反面朝上放在较硬的烫台上。

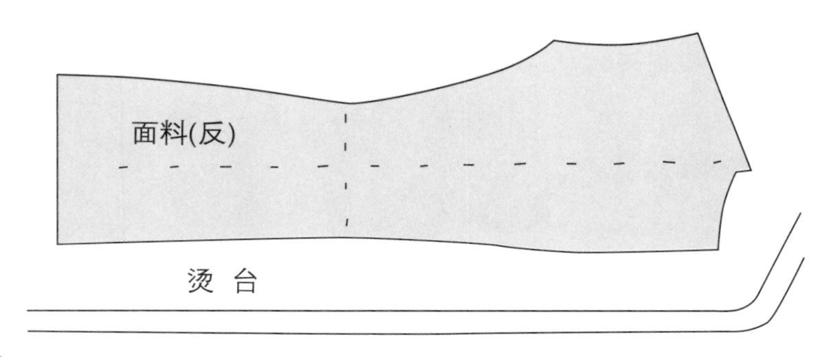

2　将黏合衬有黏合树脂的那一面（以下通称反面）安放于面料的反面。

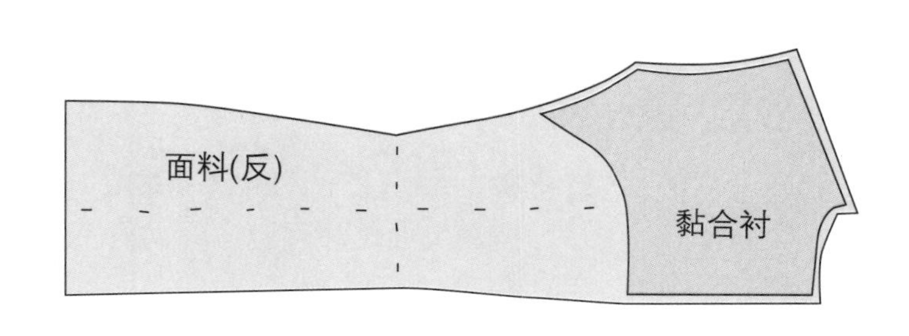

3　在垫布上喷雾，覆盖在两片之上。真丝、人造丝之类不能沾水的面料可少喷点水。

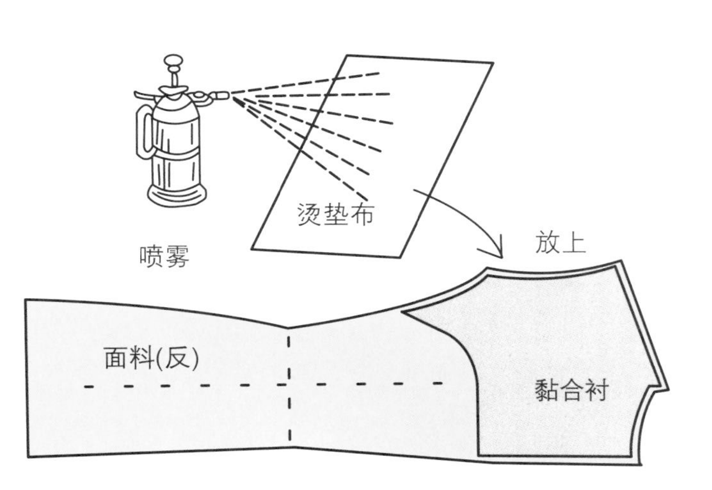

4　用熨斗在垫布上压烫，烫干水份，每一处烫 10 ~ 15 S 左右。也有不喷雾直接用蒸汽熨斗的。熨烫温度以 140℃为基准，根据面料再调整一下熨烫温度和时间。

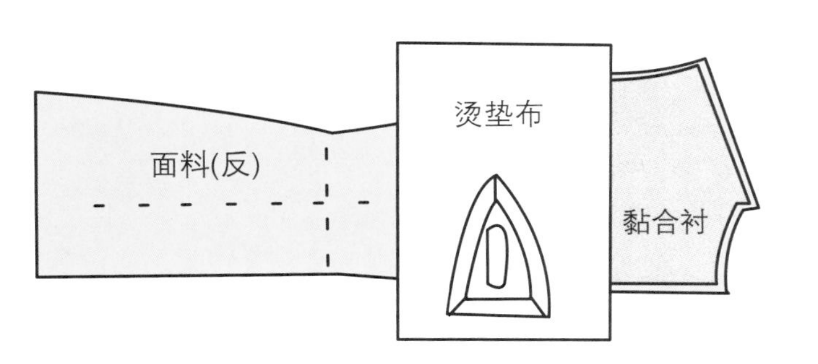

5　不要漏烫，进行全面熨烫。熨烫时不要滑移不要起条纹。

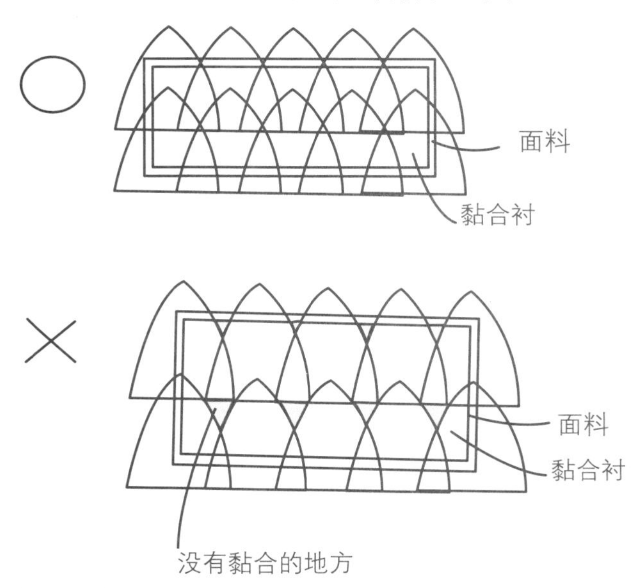

黏合条件

黏合温度（使黏合树脂熔化）、压力（使黏合树脂渗透到面料上）、时间（提高温度和压力的效果）是黏合的三个必要条件，如果不具备这三个条件，就会出现种种问题。

温度	过高	树脂熔融过度，黏合力降低 树脂渗出面料和衬布
	过低	树脂不能充分熔融
压力 时间	过大 过长	面料风格变差 黏合位置在正面显现明显
	过小 过短	黏合衬和面料不能黏合

面料黏贴时的注意事项

- 要先对布料进行整理。如果不进行布料整理，黏合时会发生收缩现象。
- 衬布的布纹原则上与面料布纹方向相同。
- 注意在面料和衬布之间不要混入线头或面料碎料等。
- 衬布放到面料上时，检查是否有松皱的情况。
- 黏合后做线钉标记。如果在线钉线或疏缝线上贴衬，线钉线就没法拿掉。

钮眼

钮眼有很多制作方法，有用线锁的钮眼和用布挖的双开线钮眼、切口式钮眼等。这些都要与服装款式和面料相匹配，以及根据当时的流行等因素而变化。锁式钮眼感觉比较低档和牢固，主要用于以实用性为主的服装和休闲服装，双开线钮眼多用于感觉比较柔和、考究的服装。

钮眼大小确定方法

钮眼大小是由钮扣直径加上钮扣厚度来决定的。但是，由于钮扣的形状和材料种类很多，因此在确定钮眼大小时有必要先试验一下。

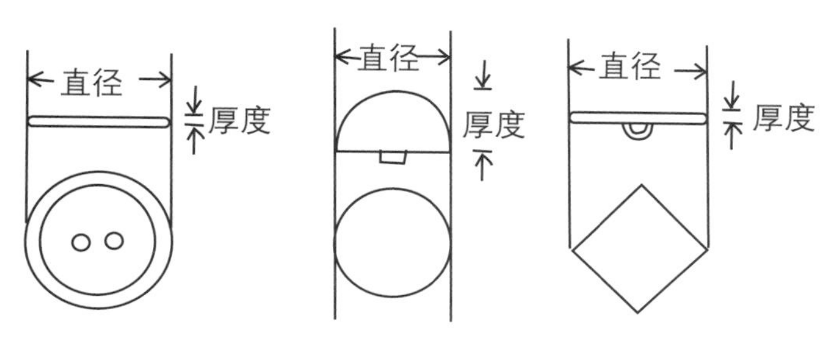

扣眼大小=钮扣的直径+厚度

钮眼位置确定方法

钮眼有与门襟开门相垂直的横钮眼和与之平行的直钮眼。横钮眼较为多见，根据款式不同也可以做出直钮眼。门襟原则上是女性右片在上，男性左片在上，男女通用的一般是左片在上较多。要注意钮眼和钮扣正确对位，注意上片和下片不要错位。

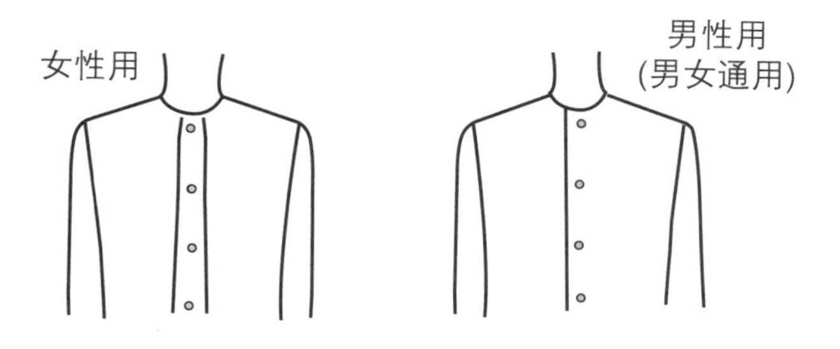

横钮眼的情况

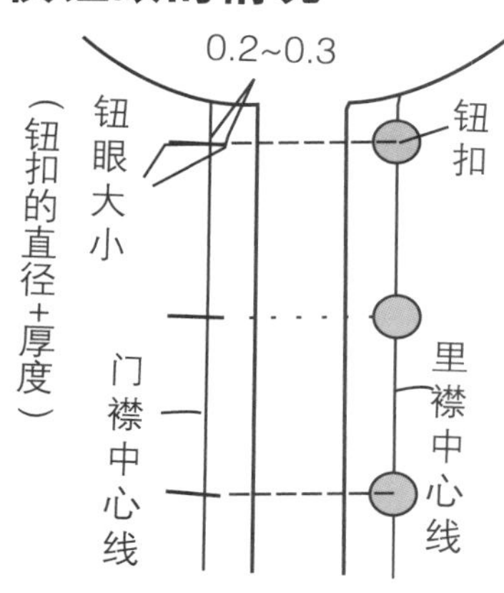

门襟前中心线往叠门止口方向延伸 0.2 ~ 0.3 cm 处开始量取钮眼尺寸。

钮眼（直钮眼 A）的情况

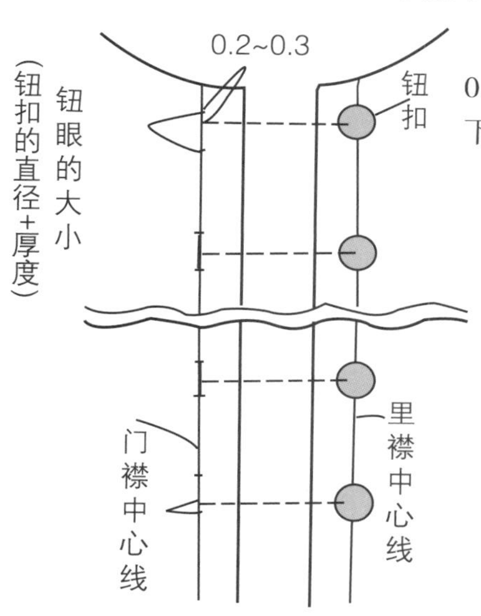

以钉扣位置往上 0.2 ~ 0.3 cm 处开始往下量取钮眼尺寸。

钮眼（直钮眼 B）的情况

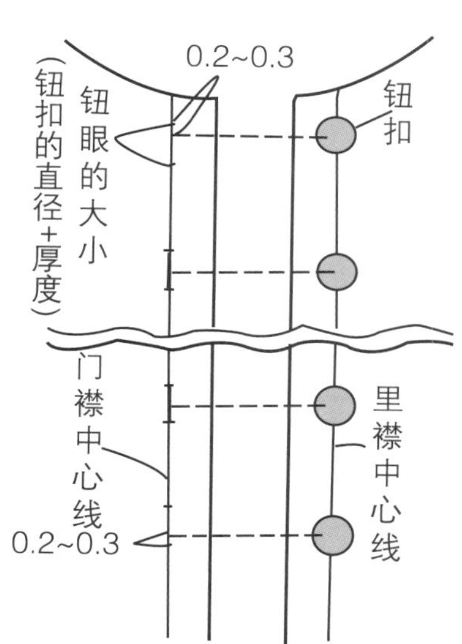

最上面是从钉扣位置往上延长 0.2 ~ 0.3 cm 处开始往下量取钮眼尺寸，最下面是在钉扣位置往下延长 0.2 ~ 0.3 cm 处开始往上量取钮眼尺寸。

在这中间的钮眼是以钉扣位置为中心，上下量取钮眼尺寸。

钮眼制作方法

平圆头钮眼

多用于棉、麻、薄毛料、丝织物等比较柔软的面料和薄型面料。线的长度为钮眼大小的 25 ~ 30 倍。

1　在钮眼线周围用很细的针脚缉（缝一周。图，按长方形中间开始缝制，沿箭头方向到转角处转弯，最后重叠 2 ~ 3 针。容易散边的面料单单缝一周还不够，还要在中间缝制几道，在中心处剪切口。

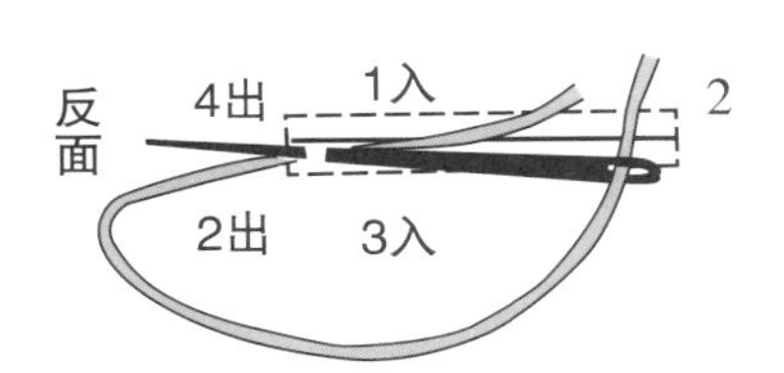

2　线头不打结，在反面细细地缝两道固定。称此为暂缝线。

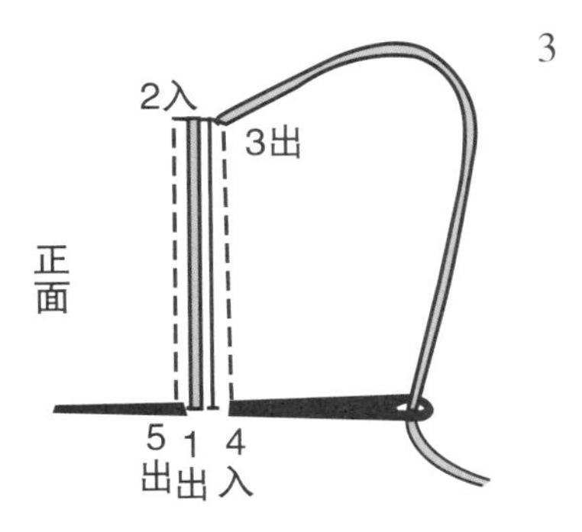

3　从正面角头出针（1 出）在周圆图内侧拉两条衬线（2 入，3 出，4 入，5 出）

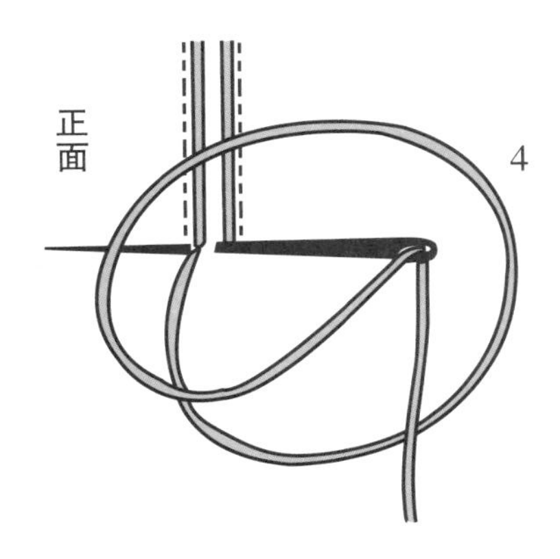

4　在切口处从下面进针，在缝道外侧出针，将针尾线由跟前绕向针尖，向斜上方拉线。拉线时稍稍用力，使拉线后缝线在钮眼位置锁结。

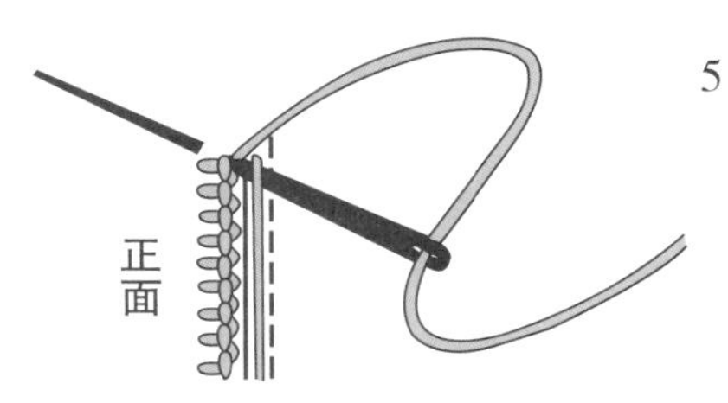

5　这样重复操作，缝至转角处为止。

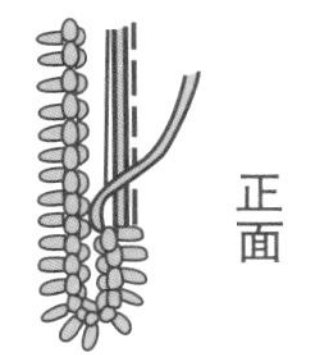

6　锁至转角处，锁线要呈放射状，锁至另一侧。

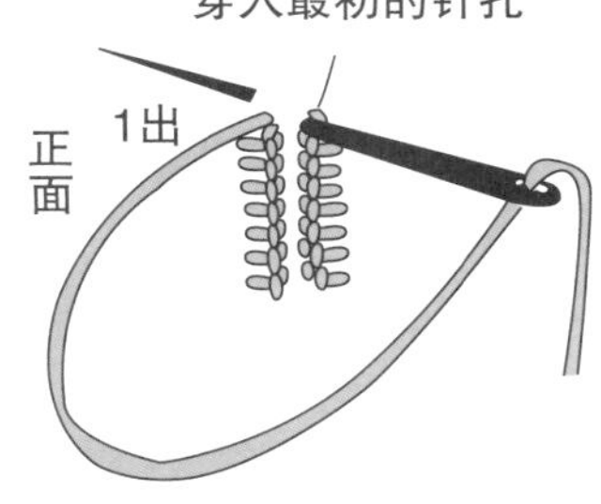

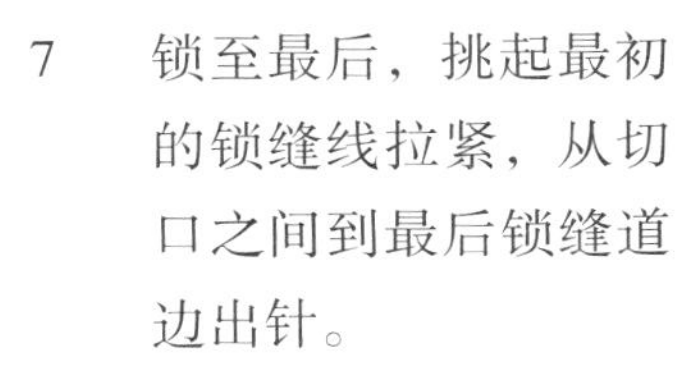

7　锁至最后，挑起最初的锁缝线拉紧，从切口之间到最后锁缝道边出针。

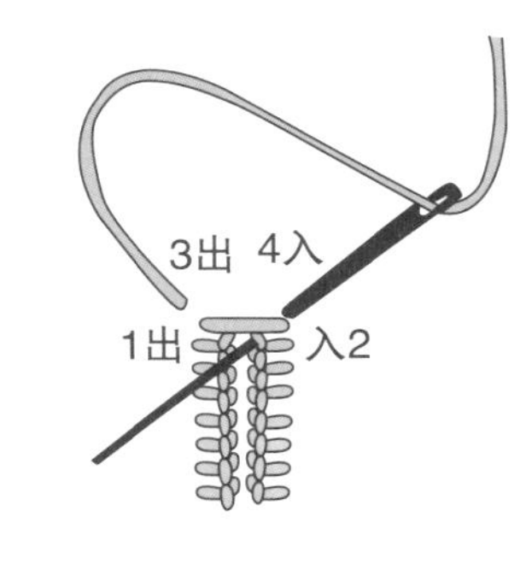

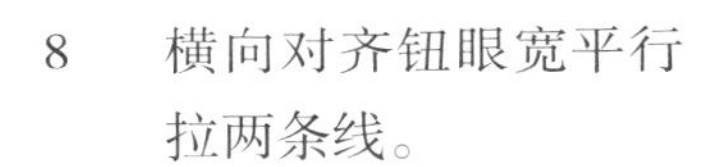

8　横向对齐钮眼宽平行拉两条线。

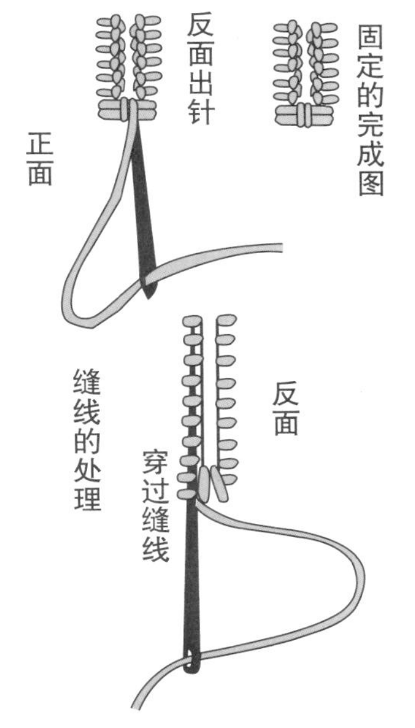

9　从钮眼处出针，纵向缝两针，在反面出针。

10　图将针从缝线下穿过，倒回针缝 2 ~ 3 针固定，将线剪短。

圆头钮眼

多用于休闲上衣或外套之类感觉比较硬挺的服装。因为称为圆头钮眼。缝线长度为钮眼大小的 25 ~ 30 倍。

*在叠门止口侧开圆头孔眼

1　在钮眼周围用很细的针脚缲缝一周。图，按长方形中间开始缝制，沿箭头方向到转角处转弯，最后重叠 2 ~ 3 针。容易散边的面料单单缝一周还不够，还要在中间缝制几道，在中心处剪切口。

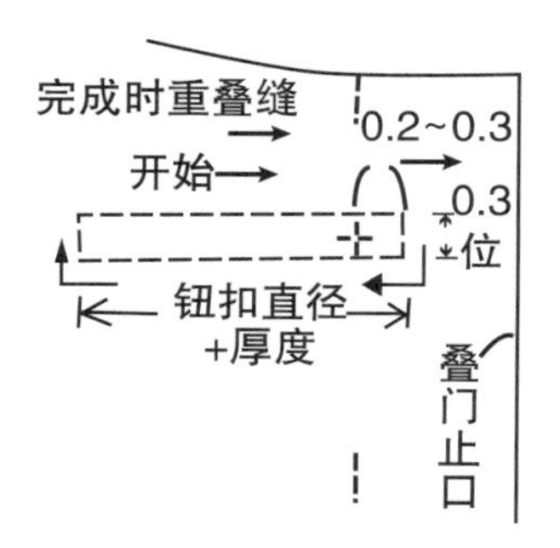

2　从开圆孔处开始在中心剪切口，剪去尖角部分，使其自然圆顺。

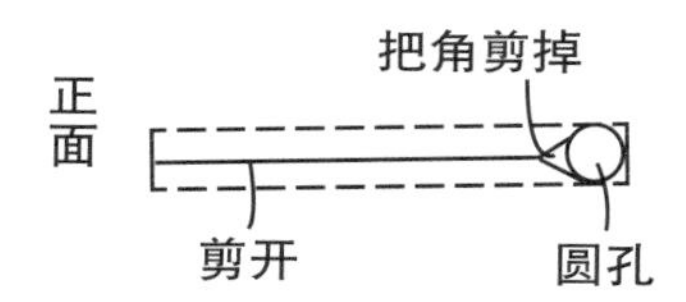

3　线头不打结，在反面细细地缝两道固定。称此为暂缝线。

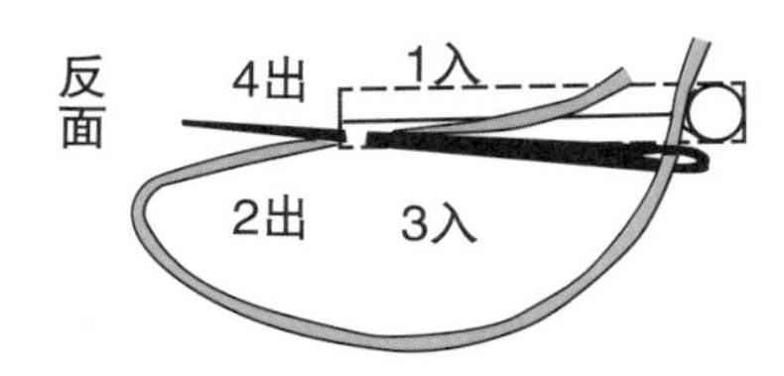

4　图在缝道内侧拉衬线，圆头周围图细密缝制。

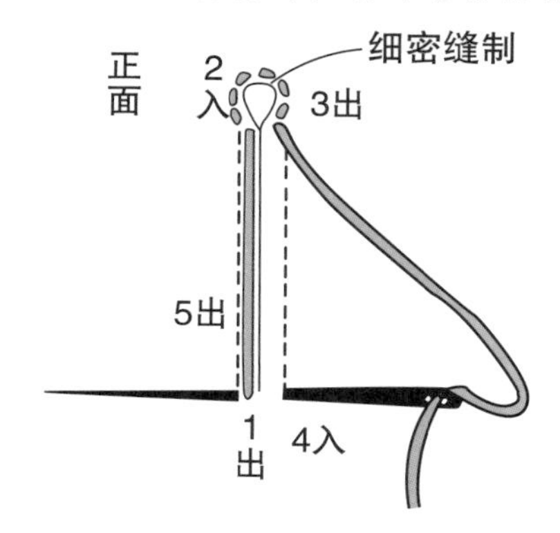

5　在切口处进针，在缝道外侧出针，将针尾的线由跟前绕向针尖。拔出手针，向着切口方向将缝线往斜上方拉出。拉线时稍稍用力，使拉线后缝线在钮眼位置锁结。

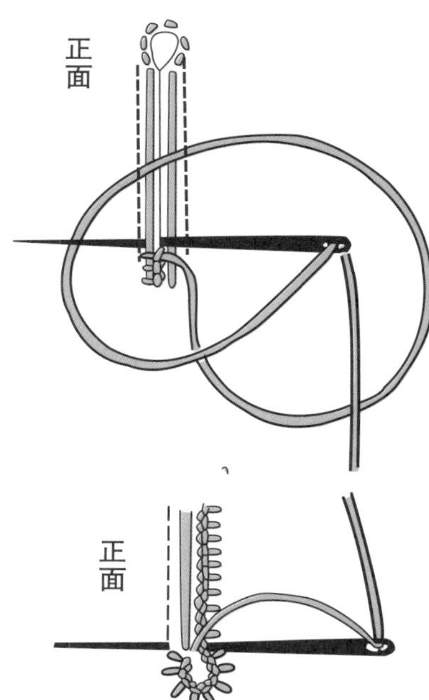

6　圆头处用力往上方抽拉缝线，缝线呈放射状。

7　同样锁另一侧。锁至最后，挑起最初的锁缝线拉紧，从切口之间到最后锁缝道边出针。

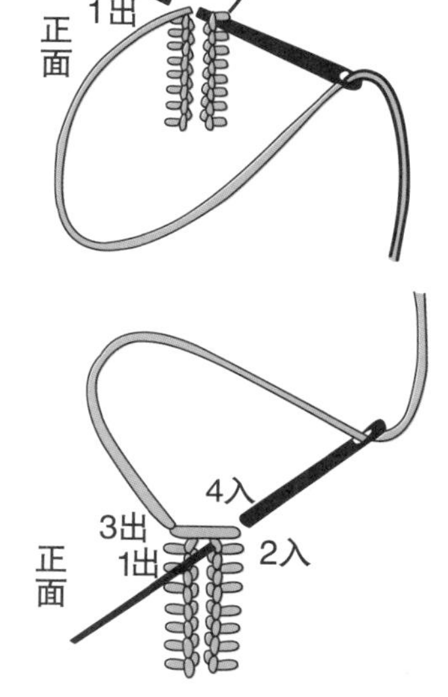

8　横向对齐钮眼宽，平行地拉两条衬线。

9　从钮眼处出针，纵向缝两针，在反面出针。

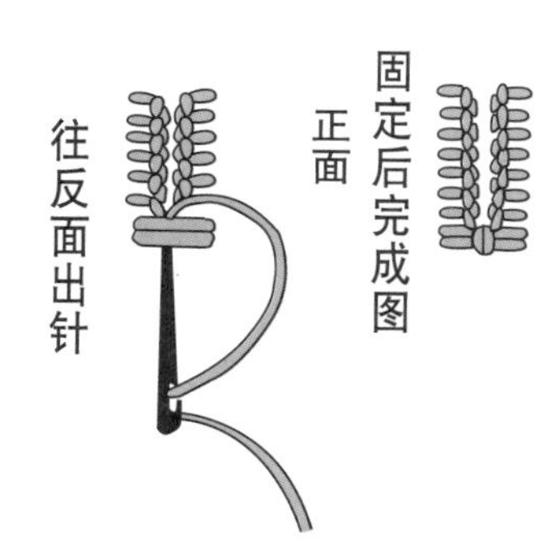

10　图将针从缝线下穿过，用回针缝 2 ~ 3 针固定，将线剪短。

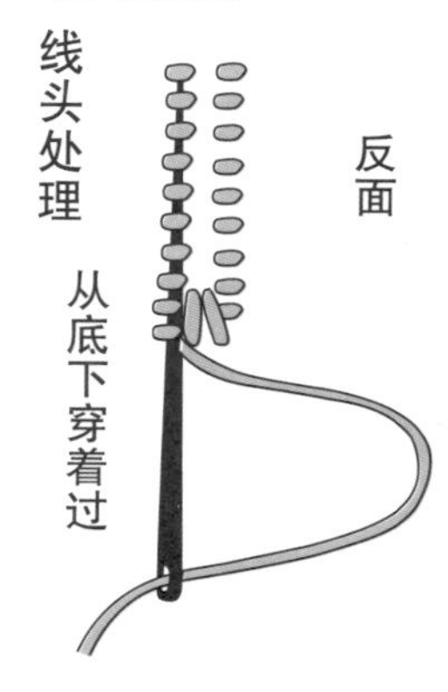

钉钮扣

钉扣方法

钉扣时，为了使钮扣稳定，留叠门厚度长的线脚，所谓线脚，就是钮扣和面料之间的缝纫线。

1　缝针穿双股线后从正面进针，不打结，细细的回两针后固定，称此为暂缝线。根据面料厚薄，也可以用单股线。

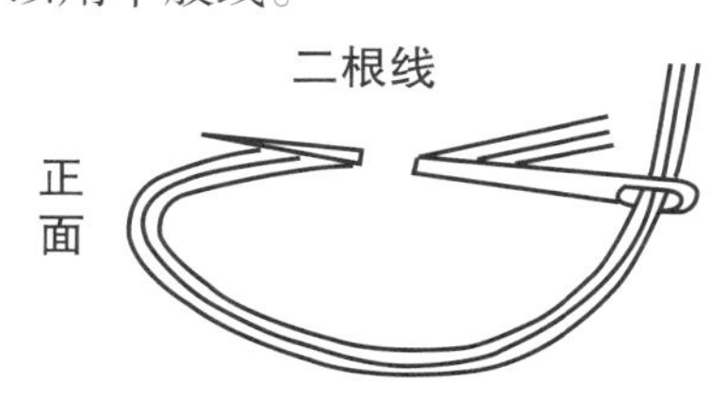

2　从钮扣反面进针，再将针刺入面料。此时，要考虑门襟厚度留出线脚。

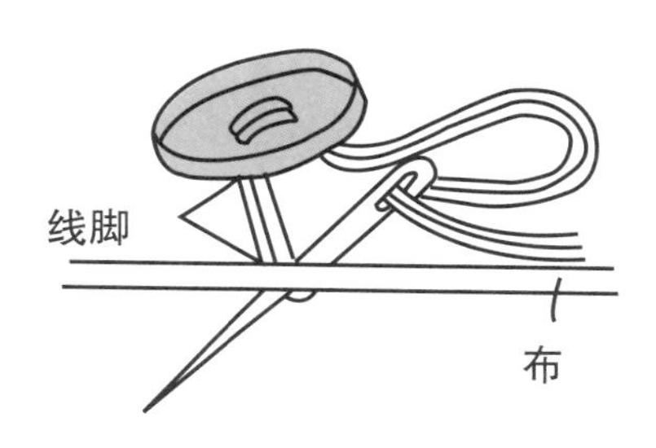

3　和 2 同样重复操作 3 ～ 4 次。
线脚根部不要太粗。由于面料挑起的部分很小，要注意不要将面料拉破。

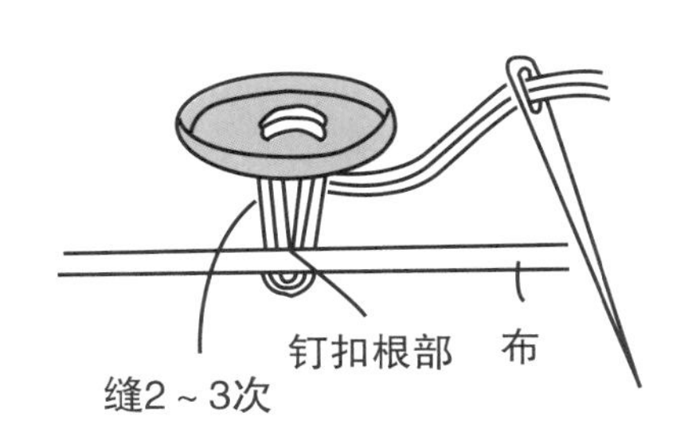

4　在线脚处从上到下绕线，增加线脚硬度。为防止钉扣开始处暂缝线头散出，将其和线脚一齐绕进去。

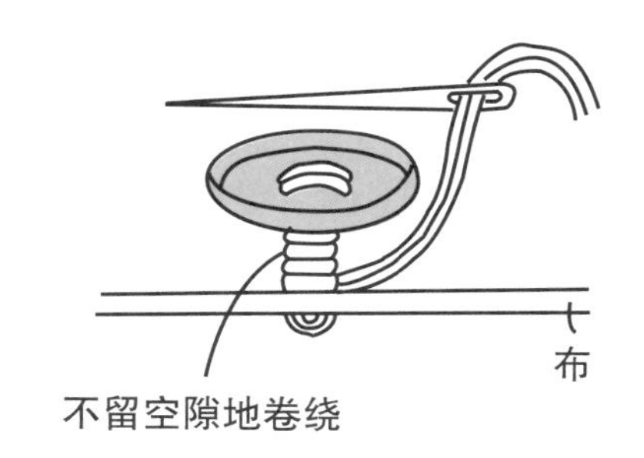

5　将线拉到反面，牢牢固定。

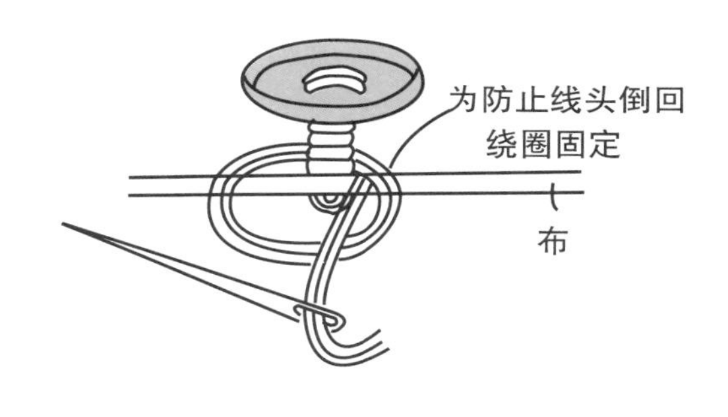

6　从反面出针，细细地回两针（挑起固定），将线剪短。

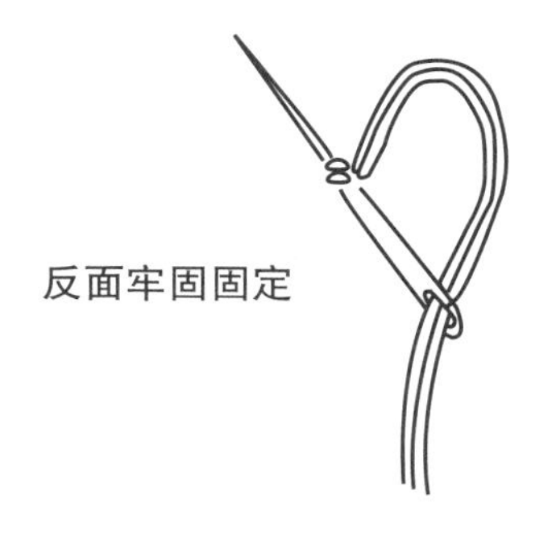

有柄的钮扣钉扣方法

钮扣反面有穿线的凸出物的钮扣称为“有柄的钮扣”。因为就这样牢牢钉住的话，钮扣很难移动，要固定钮扣比较困难，所以要稍稍留点线脚。面料不是很厚的情况下也可以不留线脚。

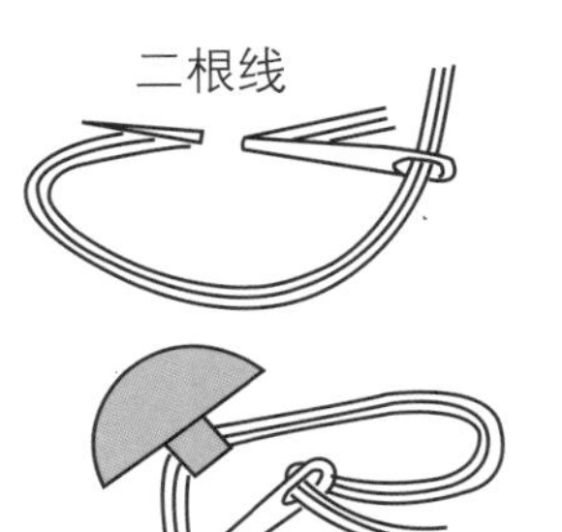

1　从正面进针，细细地回两针（暂缝线）固定。

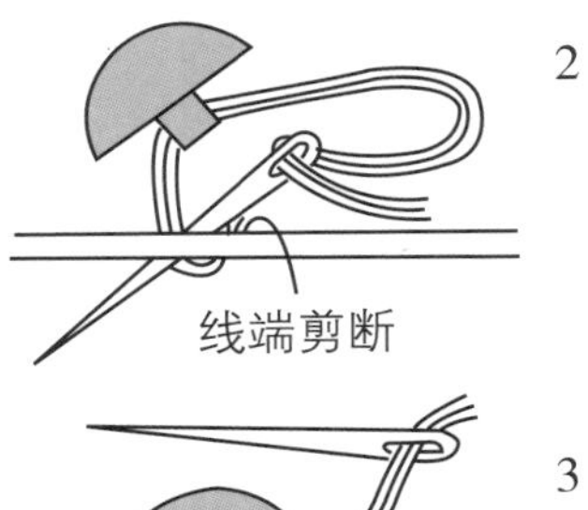

2　将线穿过扣洞，针穿过面料。此时，要稍稍留点线脚。

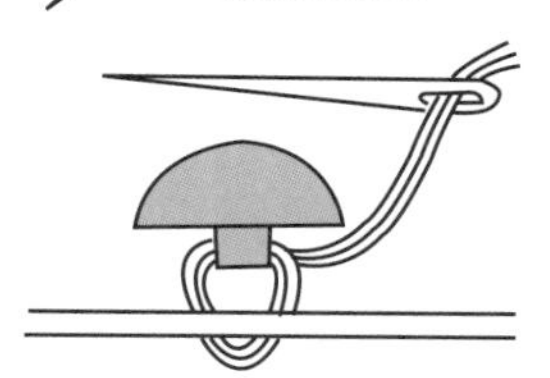

3　2 的动作重复 2 ~ 3 次。

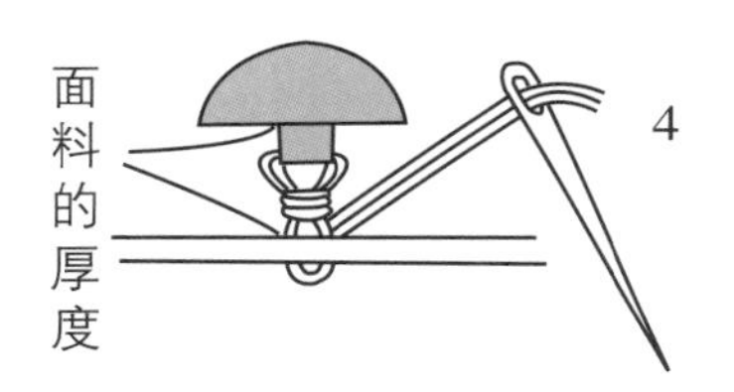

4　在线脚上纵向绕 2 ~ 3 圈。

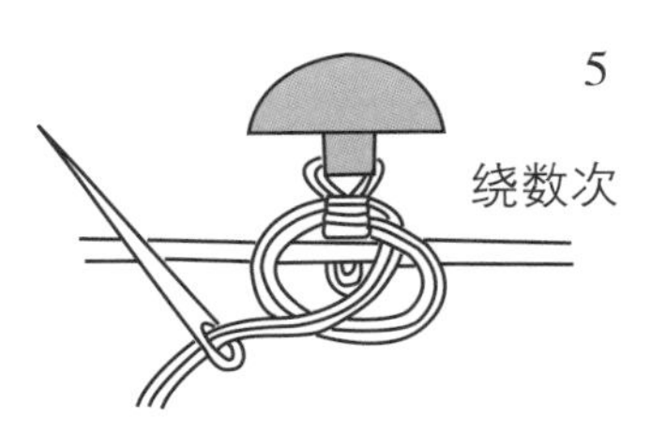

5　线拉至反面，为了线头不逃出，将其绕一个环后固定。

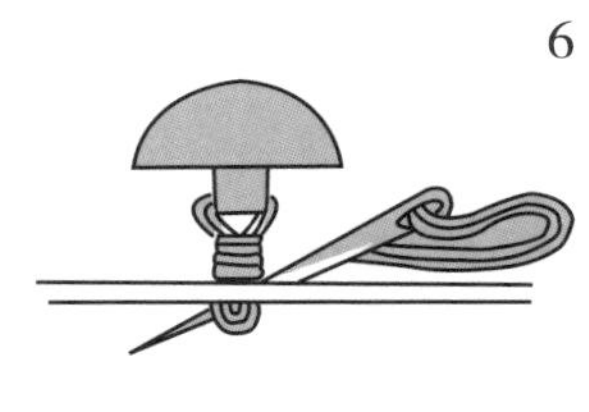

6　向反面出针，细细地回 2 ~ 3 针（挑起固定）后将线剪短。

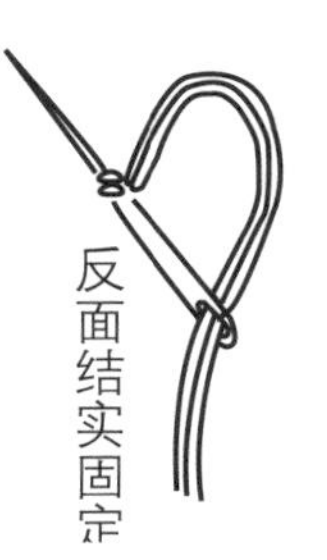

装饰扣钉扣方法

钉装饰扣时，如果留线脚的话，由于钮扣的重量使钮扣下垂，因此不用留线脚。钮扣穿线方式与其他钮扣钉扣方法相同。

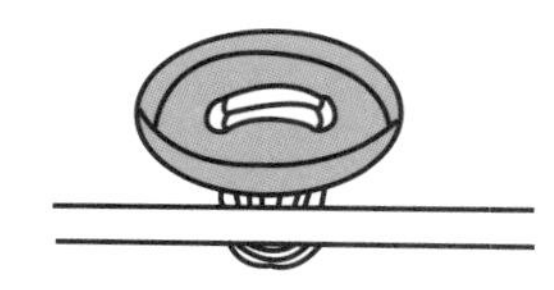
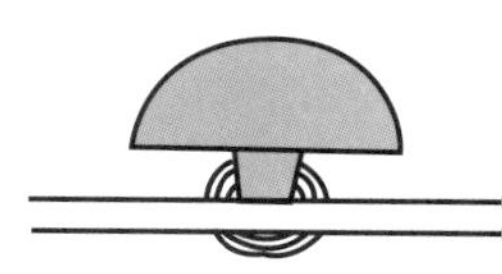

缝有衬扣的情况

在厚料上钉扣时，为了不损坏面料，通常在反面一齐钉一颗小钮扣（衬扣）。

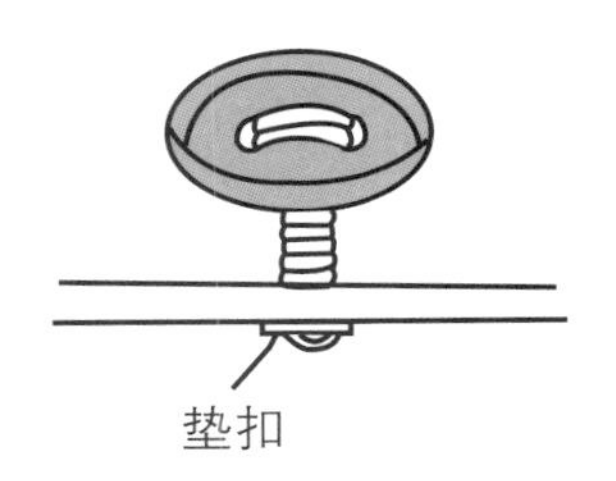

四眼钮扣的穿线方式

四眼钮扣有各种穿线方式。一般的是双股线平行地穿线。也可以交叉穿线。

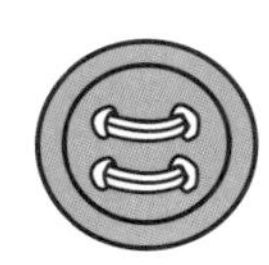

线袢制作方法

线袢 A（套结制作方法）

1　在下摆（面料）缝头上打一回针，然后挑起里料缝头（面料、里料相同位置）。

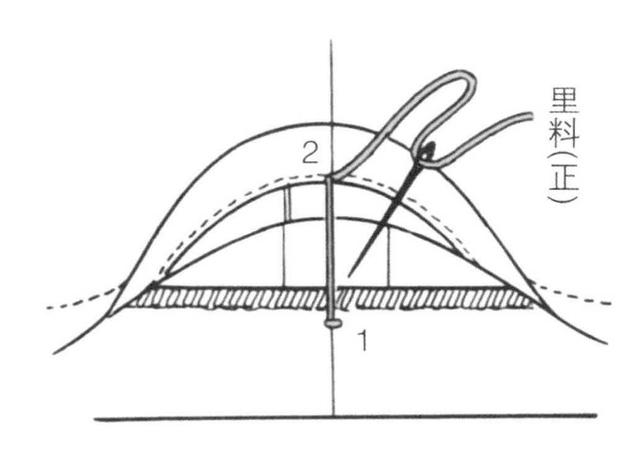

2　不留间隙，在（3、4、5）处挑线，拉两道线（3 cm长）。

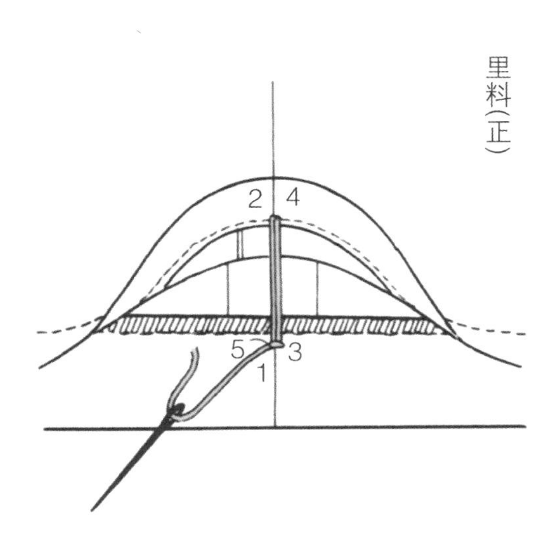

3　如锁眼（或月牙边）一样的方法用双股线锁缝。

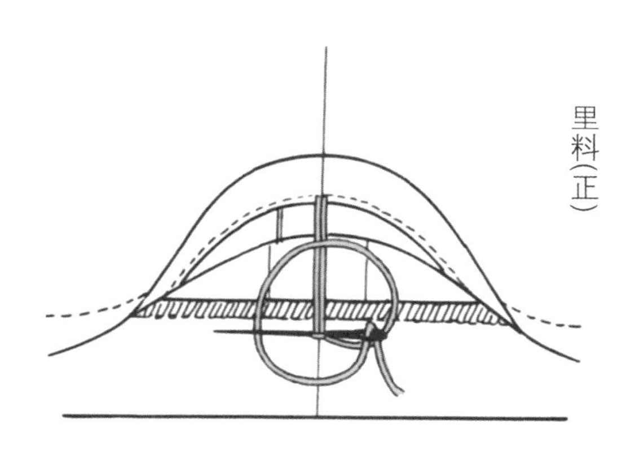

4　锁完后线在里料上回针缝，打结固定。

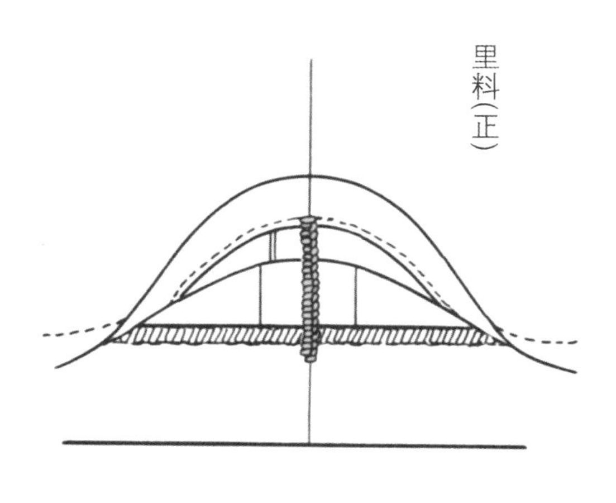

线袢 B（锁编式制作方法）

1　从下摆缝头反面出针，再在同一地方进针，挑起面料。

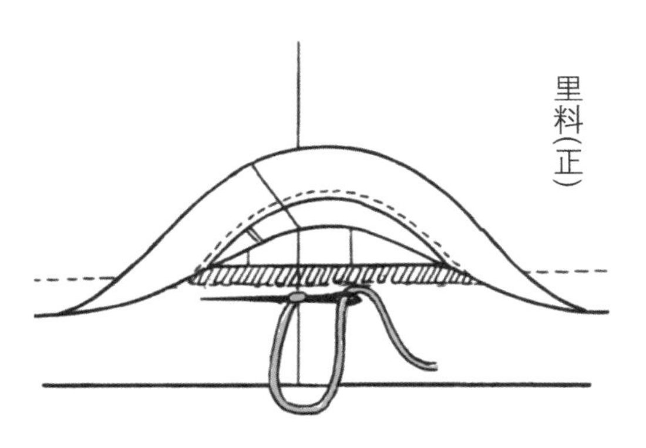

2　图做线袢，手指穿过线环，拉线。这样重复数次。

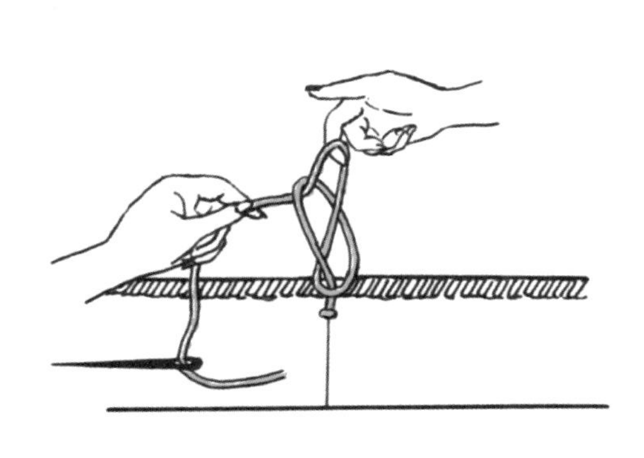

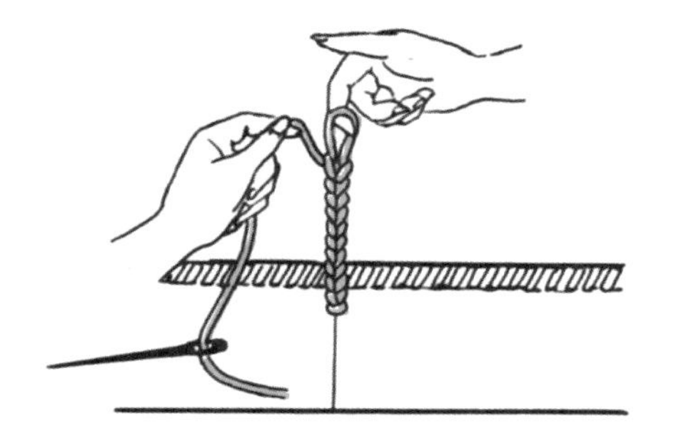

3　最后将针从线环中穿过，拉紧。

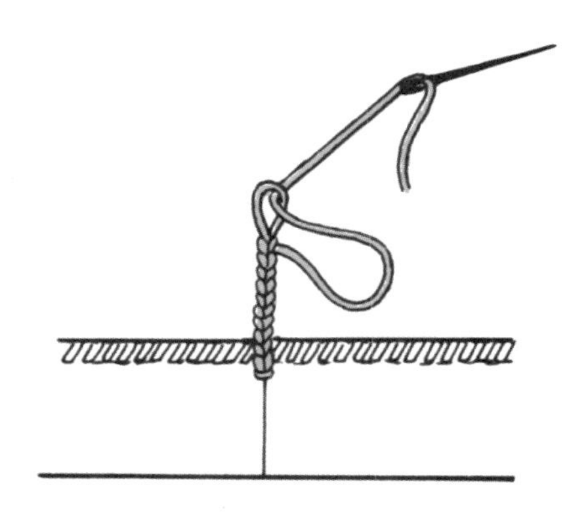

4　在里料反面固定。

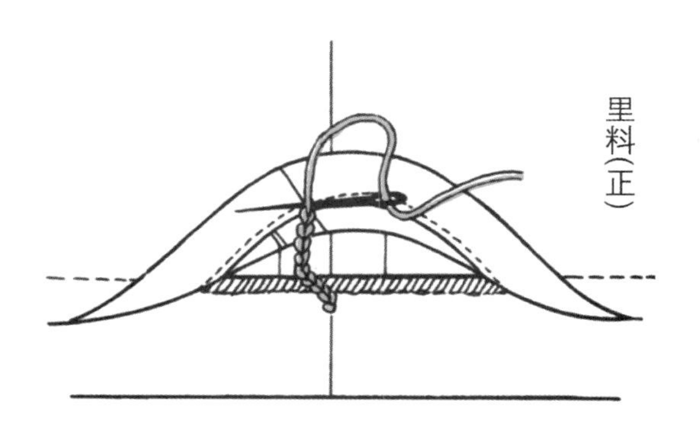

斜条制作方法

所谓斜条就是面料按与布纹线呈 45° 角裁剪成条装。准备时的斜条宽要比完成后的宽度大一些。

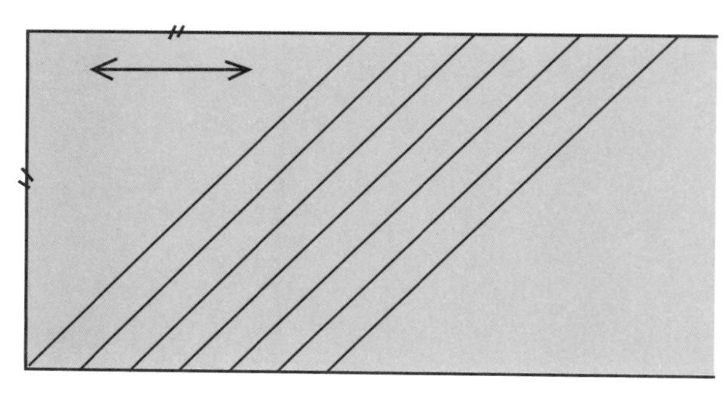

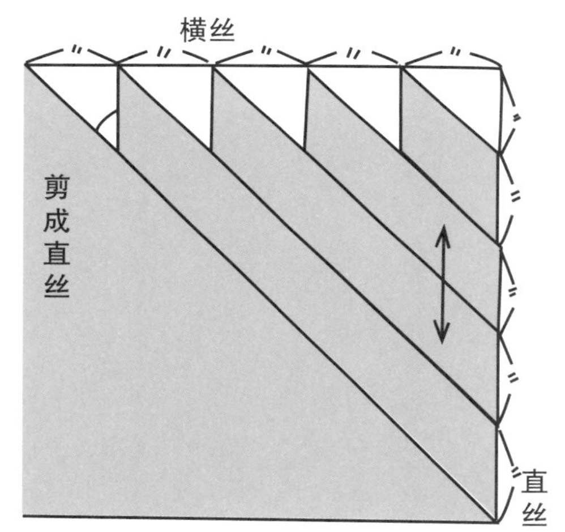

缝接斜条时，正确对合布纹缝合，缝合结束后，将宽度方向多出的部分剪掉

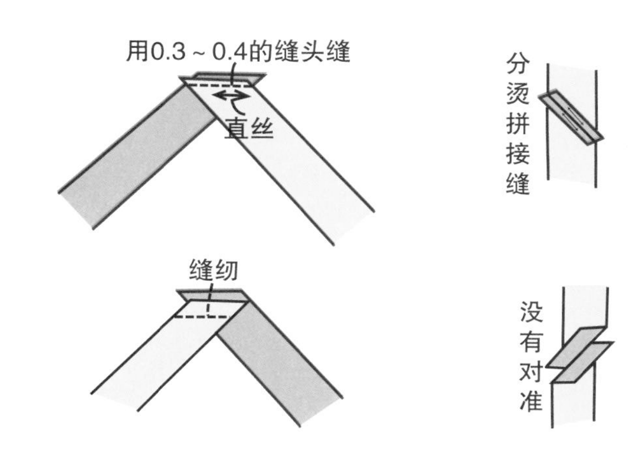

长斜条制作方法

做长斜条时，预先在面料上画斜面条宽线，错开一根斜条宽缝合。然后，沿斜条宽线剪开。

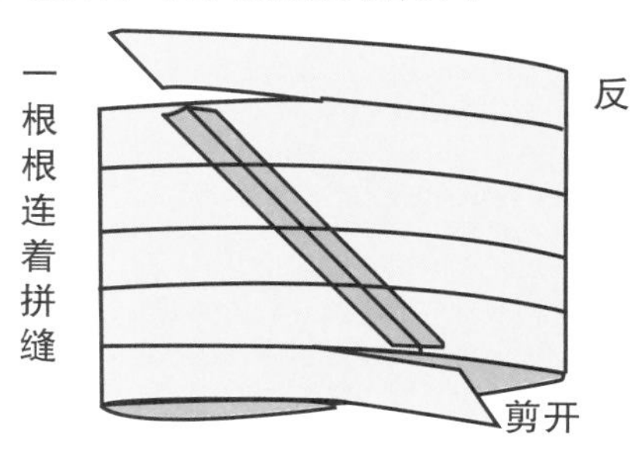

斜条使用方法

斜条在使用之前先用熨斗稍稍拔伸，完成后其宽度就比较整齐，比较漂亮，但要注意不要拉得太过头。图在镶边等操作时，可使用厚纸板或布条折叠工具等折边比较方便。

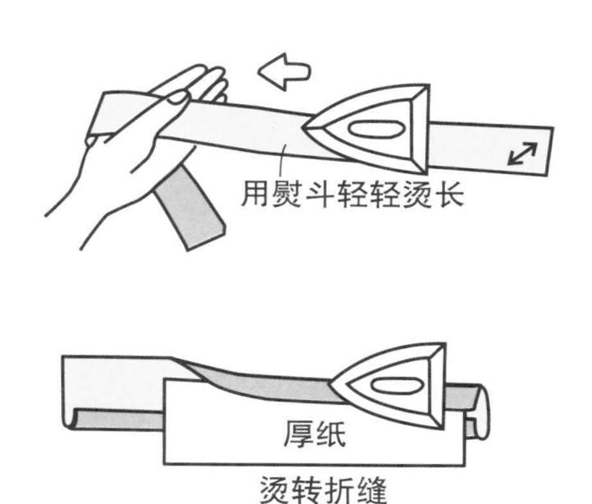

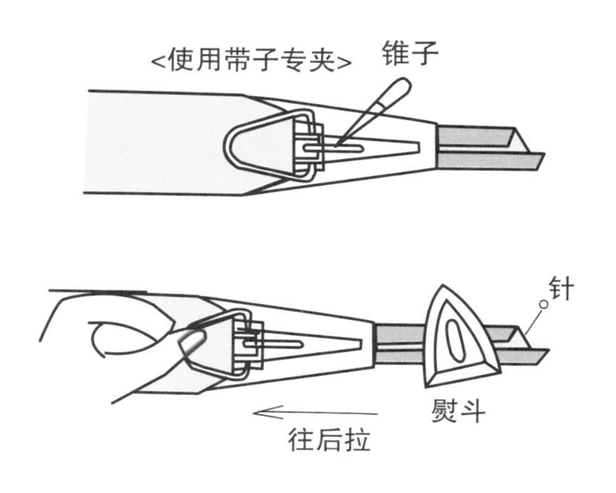